Schmidt-Gröttrup / Best / Risse

Mathe - kann ich

Markus Schmidt-Gröttrup
Katharina Best
Thomas Risse

Mathe - kann ich

Band 2: Geometrie und Funktionen

Über die Autor:innen:
Dr. Markus Schmidt-Gröttrup, Hochschule Osnabrück
Dr. Katharina Best, Hochschule Hamm-Lippstadt
Dr. Thomas Risse, Hochschule Bremen

Print-ISBN: 978-3-446-47469-7
E-Book-ISBN: 978-3-446-47475-8

Bibliografische Information der Deutschen Nationalbibliothek:
Die Deutsche Nationalbibliothek verzeichnet diese Publikation in der Deutschen Nationalbibliografie; detaillierte bibliografische Daten sind im Internet unter http://dnb.d-nb.de abrufbar.

www.hanser-fachbuch.de
Lektorat: Dipl.-Ing. Natalia Silakova-Herzberg
Coverkonzept: Marc Müller-Bremer, www.rebranding.de, München
Covergestaltung: Max Kostopoulos
Titelmotiv: © Max Kostopoulos, unter Verwendung von Grafiken von © shutterstock.com/ValentinDrul
Satz: Dr. Katharina Best
Druck: CPI Books GmbH, Leck
Printed in Germany

Inhaltsverzeichnis

Vorwort

Selbstgesteuertes Lernen mit Aufgaben zum SEFI-Curriculum

Dem Buch *Mathe - kann ich, Band 1* liegt die Idee zugrunde, sich mathematische Grundlagen entlang des SEFI-Curriculums in Alpers (2014) selbstgesteuert anzueignen. Die positiven Rückmeldungen zu Band 1 bestärken uns, dieses Projekt fortzusetzen. Studierende haben die Struktur der Kapitel von Band 1 als besonders hilfreich beurteilt. Sie besteht aus Einleitung zum Thema, Kann-Liste zu den Lernzielen, Aufgaben und Lösungen, und bleibt daher unverändert bestehen. Kann-Listen enthalten zum Lernziel Referenzen auf Lerneinheiten, die hier jeweils Aufgaben sind. Der Spaltentitel in den Kann-Listen heißt daher jetzt einfach „Aufgabe". Band 2 setzt die Kapitelnummerierung von Band 1 fort. Da die Bearbeitungsdauern für einzelne Aufgaben individuell sehr verschieden sind, gibt es in diesem Band nur Vielfache von 5 Minuten als Zeitangabe zur ungefähren Orientierung.

B. Alpers. *A Framework for Mathematics Curricula in Engineering Education*. European Society for Engineering Education (SEFI), 3. Auflage, 2014

Von Core Zero zu Core Level 1

Das SEFI-Curriculum ist als Schichten-Modell mit Core Zero als Kern aufgebaut, um den sich die drei Schichten Core Level 1, Level 2 und Level 3 legen. Core Zero enthält Material, das idealerweise schon vor dem Beginn eines ingenieurwissenschaftlichen Studiums erarbeitet wurde. Core Level 1 baut darauf auf und wird als mathematische Grundlage aller Disziplinen aus diesen Studien betrachtet. Level 2 enthält fortgeschrittenes Material, das die Lösung realer technischer Probleme betrifft. Die enthaltenen Themen betreffen nicht mehr jede ingenieurwissenschaftliche Disziplin. Level 3 enthält mathematische Spezialthemen. Jede dieser Schichten führt Themen aus den mathematischen Teilgebieten Algebra, Analysis, Diskrete Mathematik, Geometrie und Statistik auf. Nachdem der Band 1 unserer Reihe die Themen der ersten drei Teilgebiete von Core Zero enthielt, startet dieses Buch jetzt mit Geometrie und Statistik, um ab Kapitel 22 die Themen der Analysis aus Core Level 1 aufzunehmen. Diese setzen inhaltlich die Themen von Band 1 fort. Tabelle 1 zeigt die jeweiligen Fortsetzungen.

Tabelle 1: Fortsetzung der Kapitel aus Band 1 in Band 2

Thema	Kapitel Band 1	Kapitel Band 2
Funktionen	4, 5, 7	22, 23, 25
Folgen	6	27
Differentiation	8, 9	26
Integration	10, 11	28, 29
Komplexe Z.	12	24

Trotz dieser inhaltlichen Fortsetzung haben wir versucht, die Kapitel selbsterklärend zu machen. Daher gibt es mitunter Wiederholungen und

Aufgaben, die Lernziele der ersten Kapitel aufgreifen. Nicht zu übersehen ist aber, dass der Stoff ab Kapitel 22 anspruchsvoller wird. Das zeigt sich auch an Themen wie der Algorithmik zum näherungsweisen Lösen nicht-linearer Gleichungen.

Auswahl und Themenfolge

Zielgruppen und der Aufbau von Lehrveranstaltungen sind so verschieden, dass die Lernziele des SEFI-Curriculums nicht sequentiell abzuarbeiten sind, sondern Auswahl und Themenfolge dem jeweiligen Bedarf angepasst werden. So wird den Bedürfnissen der Studierenden am ehesten entsprochen: mit der Fokussierung auf den Lernprozess, mit der Rückmeldung zum Lernerfolg und mit der erwünschten Selbststeuerung.

An wenigen Stellen haben wir Lernziele des SEFI-Curriculums ergänzt und auch ausgelassen. So sind Anwendungen rationaler Funktion oder komplexer Zahlen aus unserer Sicht wichtig, während uns die reziproken Funktionen hyperbolischer Funktionen verzichtbar erscheinen. Von uns ergänzte Lernziele sind mit einem Stern markiert. Die Reihenfolge der Themen bleibt die des Curriculums, woraus sich gelegentlich Verweise auf spätere Kapitel ergeben.

Wenn die vorliegenden Bände als Wegweiser, als Motivator, als Orientierung, als Begleitlektüre oder als Nachschlagewerk dienen, können wir Autoren zufrieden sein.

Zusatzmaterial

Den Zugangscode finden Sie auf Seite 1.

Kannlisten zum Abhaken finden Sie wieder als separate Dateien auf plus.hanserfachbuch.de. So können Sie diese wiederholt, zum ersten Lernen, zur Vorbereitung auf Klausuren oder zur Wiederholung aktiv verwenden. Viele Aufgaben können mit Hilfe von Software gelöst und vertieft werden. Code in gängigen mathematischen Software-Programmen zu einigen Aufgaben finden Sie ebenfalls online.

Dank

Ein besonderer Dank geht an Studierenden des Studiengangs Wirtschaftsinformatik am Campus Lingen, die mit ihren Antworten in der Befragung zur Nutzung von Band 1 wichtige Hinweise für die Weiterentwicklung und einen ordentlichen Motivationsschub gegeben haben. Die konstruktive Zusammenarbeit mit unserer Lektorin Frau Silakova macht immer Freude. Wir sind froh, trotz Corona, verschiedener Krankkeiten und familiärer Krisen sowie langer Diskussionen um Inhalte und Form endlich fertig mit diesem Band zu sein. Hoffentlich trägt er dazu bei, dass viele Lernende sagen können: „Mathe - kann ich".

Bremen, Naumburg (Saale), August 2023

Markus Schmidt-Gröttrup, Thomas Risse, Katharina Best

15 Geometrie

15.1 Einleitung

Die Geometrie, ursprünglich die Kunst der Erdvermessung, befasst sich mit der Lehre von Objekten in der Ebene und im Raum und ihren Beziehungen zueinander. In diesem Kapitel werden Punkte und Geraden, Längen und Winkel, Dreiecke und Polygone sowie Kreise vorgestellt. Weiterhin werden dreidimensionale Körper und ihre Projektionen in die Ebene betrachtet. Für eine weitführende Darstellung zur Geometrie und ihren Anwendungen in den Ingenieurwissenschaften wird in Bär (2001) empfohlen.

G. Bär. *Geometrie*. Vieweg+Teubner Verlag, Wiesbaden, 2 Auflage, 2001

15.1.1 Punkte, Geraden und Längen

Ein Punkt ist ein Objekt ohne Ausdehnung. Gezeichnet wird mit kleiner, gerade noch sichtbarer Ausdehnung oder als Schnittpunkt zweier Linien.

Eine *Gerade* g ist eine gerade, in beide Richtungen unendliche Linie. Sie ist durch zwei Punkte definiert. Werden diese verbunden, entsteht eine *Strecke*. Die Strecke zwischen den Punkten A und B wird mit $\overline{AB}$ bezeichnet und ihre Länge mit $|\overline{AB}|$. Wird die Linie über einen Punkt hinaus verlängert, entsteht ein *Strahl* in die Richtung und es wird von einer *Halbgeraden* gesprochen.

Winkel werden meistens mit griechischen Buchstaben bezeichnet, meist mit α, β, γ und δ sowie bei Bedarf mit weiteren Buchstaben.

15.1.2 Winkel

Zwei Halbgeraden mit dem selben Anfangspunkt begrenzen einen *Winkel*, die Halbgeraden werden als *Schenkel* bezeichnet. Der Winkel ist definiert durch eine Drehung gegen den Uhrzeigersinn des einen Schenkels zum anderen. Auf diese Weise werden die zwei Winkel bezüglich der zwei Schenkel unterschieden, siehe Bild 15.1.

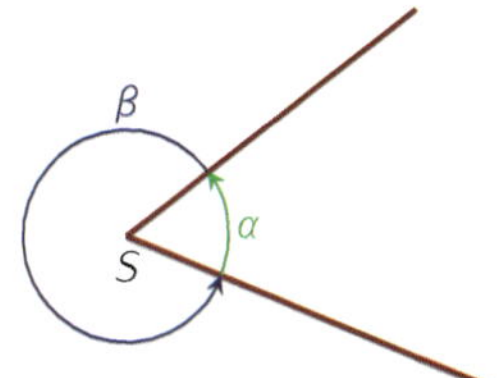

Bild 15.1: Zwei Halbgeraden mit dem Anfangspunkt S definieren den Winkel α und den Winkel $\beta = 360° - \alpha$. Als Innenwinkel wird der Winkel $\leq 180°$ bezeichnet. Der andere Winkel wird Außenwinkel genannt.

Die beiden Winkel in Bild 15.1 drehen den Schenkel einmal vollständig auf sich selbst. Eine solche Volldrehung wird auch als 360°-Drehung bezeichnet, ein Winkel von 360° als *Vollwinkel*. Entsprechend ist eine halbe Drehung 180° und der zugehörige Winkel ein *gestreckter Winkel* sowie eine Vierteldrehung 90° und der zugehörige Winkel ein *rechter Winkel*.

Tabelle 15.1: Einordnung von Winkeln.

Winkelname	Wertebereich
Nullwinkel	0°
Spitzer Winkel	$(0^\circ, 90^\circ)$
Rechter Winkel	90°
Stumpfer W.	$(90^\circ, 180^\circ)$
Gestreckter W.	180°
Überstumpfer W.	$(180^\circ, 360^\circ)$
Vollwinkel	360°

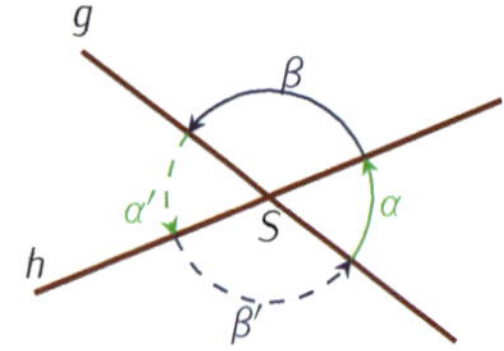

Bild 15.2: Zwei Geraden g und h schneiden sich im Schnittpunkt S mit dem Schnittwinkel α und dem Nebenwinkel β.

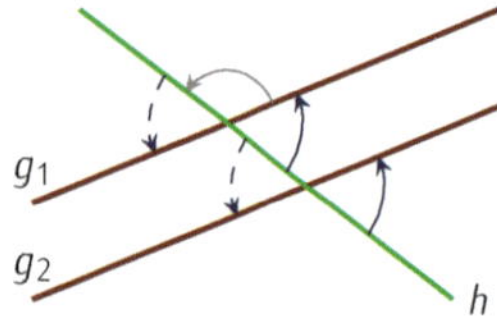

Bild 15.3: Eine Gerade schneidet zwei parallele Geraden. Die blauen Winkel sind nur verschoben (Stufenwinkel) und identisch. Auch die blau gestrichelten Winkel (Wechselwinkel) sind mit diesen identisch.

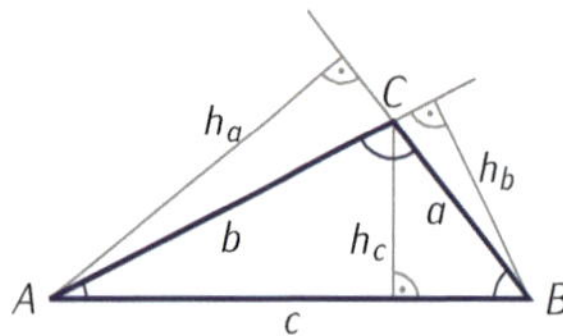

Bild 15.4: Dreieck mit den Seiten a, b, c, seinen Winkeln und den Höhen h_a, h_b und h_c. Zu sehen ist, dass bei den Höhen von Nachbarseiten eines stumpfen Winkels der Höhenfußpunkt außerhalb des Dreiecks liegt, hier bei h_a und h_b.

Der rechte Winkel wird mit einem Punkt markiert. Diese Größenzuordnung wird in Tabelle 15.1 zusammengefasst.

Die Angabe der Winkel in der Einheit 1°, wie oben verwendet, wird *Gradmaß* genannt.

Zwei Geraden in einer Ebene schneiden sich entweder in einem *Schnittpunkt* oder sie sind *parallel*. Falls sie sich schneiden, entstehen ein Schnittpunkt sowie vier Winkel, siehe Bild 15.2. Da sich α und β zu einem gestreckten Winkel addieren, sind der dritte und der vierte Winkel wieder genauso groß wie α bzw. β. Diese Art der Argumentation lässt sich auf viele Schnittkonstellationen anwenden.

> **Beispiel.** In Bild 15.3 schneidet eine dritte Gerade h die zwei parallelen Geraden g_1 und g_2. Welche Winkel sind identisch?
>
> Da g_2 gegenüber g_1 nur verschoben ist, sind die zwei blauen Winkel, die sich im Schnitt mit h ergeben, identisch. Außerdem sind sie auch mit den blau gestrichelten Winkeln identisch, da der blaue mit dem grauen Winkel sich zu 180° Grad ergänzen, genauso wie der blau gestrichelte mit dem grauen.

15.1.3 Dreiecke und Polygone

Ein *Dreieck* besteht aus drei Punkten, die nicht auf einer Geraden liegen und ihren Verbindungsstrecken. Die den *Seiten* a, b, c gegenüberliegenden Winkel werden mit α, β, γ bezeichnet (Bild 15.4). Mit h_a, h_b, h_c werden die *Höhen* des Dreiecks über den Seiten a, b, c bezeichnet. Eine Höhe steht auf der zugehörigen Seite senkrecht.

Ein Dreieck mit einem rechten Winkel wie im Bild 15.5 wird *rechtwinkliges Dreieck* genannt. Ein Dreieck heißt *spitzwinklig*, wenn sein größter Winkel kleiner als 90° ist. Es heißt *stumpfwinklig*, wenn er größer als 90° ist. Sind zwei der drei Seiten gleich lang, heißt ein Dreieck *gleichschenklig*; sind alle drei Seiten gleich lang, so heißt es *gleichseitig*.

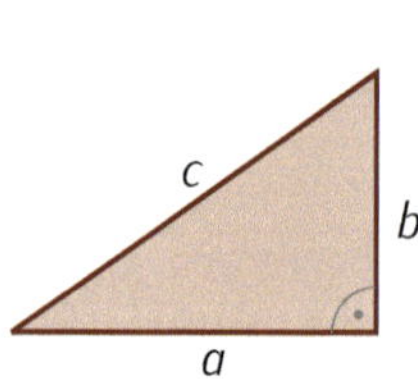

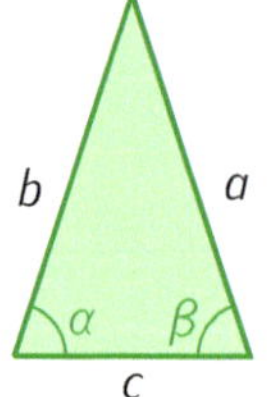

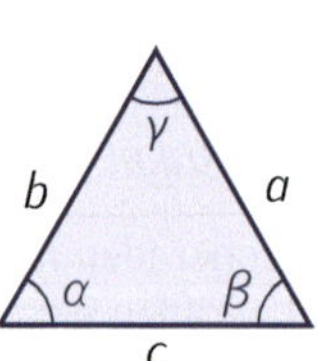

Bild 15.5: Das linke Dreieck ist ein rechtwinkliges Dreieck. Der rechte Winkel ist mit einem Punkt markiert. Das mittlere Dreieck ist gleichschenklig, es gilt $a = b$ und $\alpha = \beta$. Das rechte Dreieck ist gleichseitig, d.h. $a = b = c$ und $\alpha = \beta = \gamma$.

Tabelle 15.2: Flächeninhalte der speziellen Dreiecke mit den Notationen aus Bild 15.5.

Dreieck	Flächeninhalt
rechtwinklig	$\frac{1}{2}ab$
gleichschenklig	$\frac{1}{4}c\sqrt{4a^2 - c^2}$
gleichseitig	$\frac{\sqrt{3}}{4}a^2$

Bei Dreiecken sind der *Flächeninhalt* A und der *Umfang* U interessant. Der Umfang eines Dreiecks ist die Summe seiner Seitenlängen,

$$U = a + b + c.$$

Für den Flächeninhalt gilt

$$A = \tfrac{1}{2}gh,$$

wobei g die Seitenlänge einer Seite ist und h die zugehörige Höhe des Dreiecks, siehe Bild 15.7. Die Flächeninhalte spezieller Dreiecke sind in Tabelle 15.2 zusammengestellt.

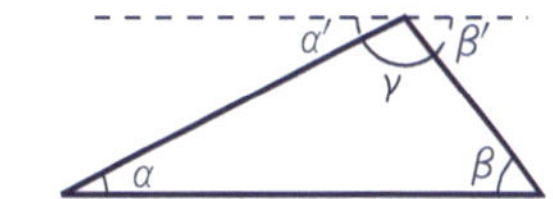

Bild 15.6: Im obigen Dreieck ergänzen sich der Winkel γ, der Wechselwinkel β' zu β und der Wechselwinkel α' zu α zu 180° an der gestrichelten Geraden.

Die Summe der drei Winkel eines Dreiecks beträgt 180°, siehe Bild 15.6. Damit lässt sich aus zwei Winkeln immer der dritte ausrechnen.

Vgl. dazu Band 1, Kapitel 13

Für rechtwinklige Dreiecke gilt der *Satz des Pythagoras*

$$a^2 + b^2 = c^2,$$

wobei a und b die *Katheten* und c die *Hypotenuse* des Dreiecks sind. Wieso das gilt, ist im Bild 15.8 gezeigt. Aus zwei bekannten Seitenlängen lässt sich die dritte zu berechnen.

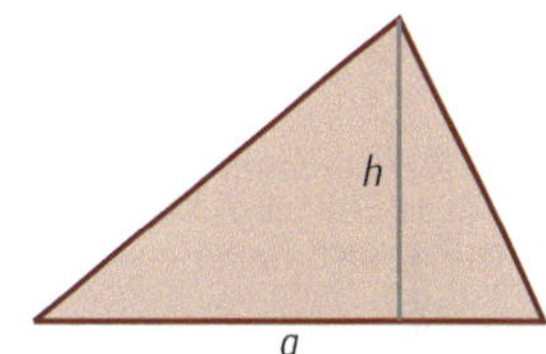

Bild 15.7: Zur Berechnung des Flächeninhalts eines Dreiecks wird eine Seite g, Grundseite genannt, und die zugehörige Höhe h benötigt.

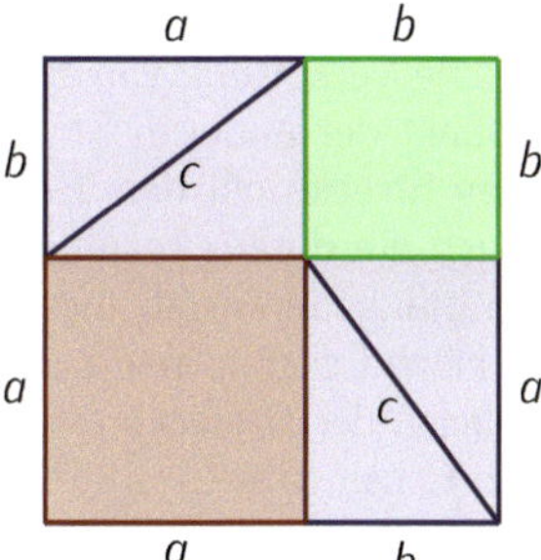

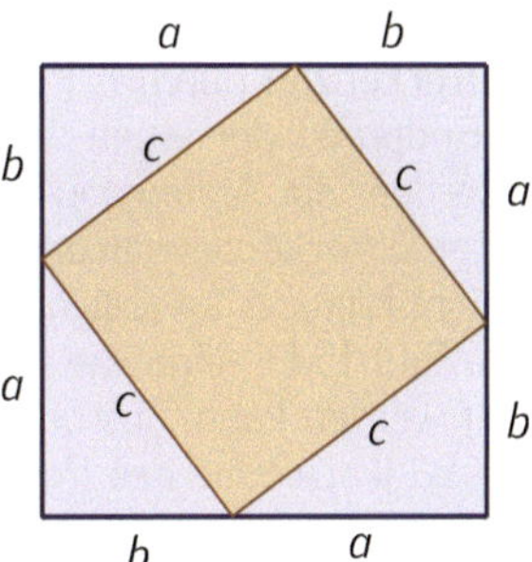

Bild 15.8: Der Satz des Pythagoras: Im linken Bild ist a^2 (rot) $+b^2$ (grün) $+4 \cdot A_D$ (blau), im rechten Bild ist auf der selben Fläche c^2 (gelb) $+4 \cdot A_D$ (blau).

Zwei Dreiecke heißen *kongruent*, wenn sie durch eine Verschiebung, Drehung oder Spiegelung oder eine geeignete Aneinanderreihung dieser Operationen ineinander überführt werden können. Die Seitenlängen des einen Dreiecks finden sich auch im zweiten Dreieck, genauso wie die drei Winkel in beiden Dreiecken gleich groß sind. Zur Überprüfung der Kongruenz muss eine der folgenden Aussagen nachgewiesen werden:

sss: Die Längen der drei Seiten stimmen überein.

sws: Zwei Seitenlängen stimmen überein sowie der eingeschlossene Winkel.

ssw: Zwei Seitenlängen stimmen überein sowie der Winkel, der der längeren Seite gegenüberliegt.

wsw: Eine Seitenlänge stimmt überein sowie die an dieser Seite anliegenden Winkel.

wws: Eine Seitenlänge stimmt überein sowie ein dieser Seite anliegende und der dieser Seite gegenüberliegende Winkel.

In diesem Fall sind die Dreiecke kongruent und alle Aussagen erfüllt.

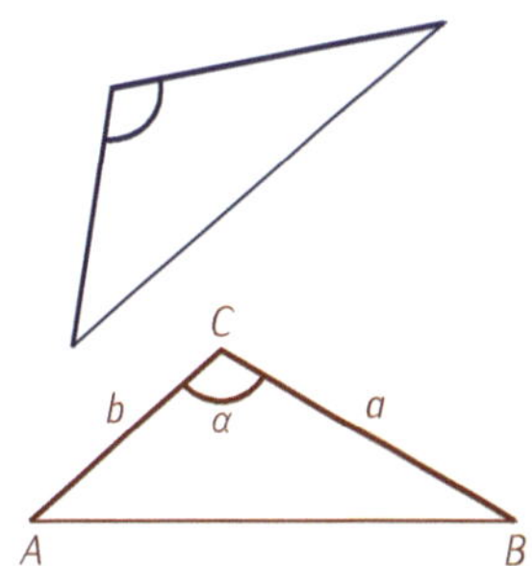

Bild 15.9: Das rote und das blaue Dreieck sind kongruent.

Beispiel. In Bild 15.9 sind im roten Dreieck die Seiten a, b und der Winkel α hervorgehoben, also zwei Seiten und der dazwischenliegende Winkel. Damit kommt die sws-Version der Kongruenzsätze zum Vergleich in Frage. Die entsprechenden Seiten und Winkel sind im blauen Dreieck hervorgehoben. Sie stimmen überein und damit sind die Dreiecke kongruent.

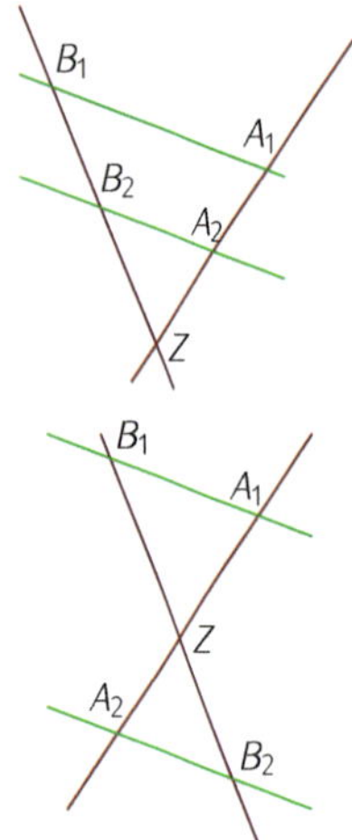

Bild 15.10: Zwei Geraden (rot) schneiden sich im Zentrum Z. Die zwei parallelen Geraden (grün) können auf der gleichen Seite (oben) oder verschiedenen Seiten von Z liegen.

Bei *ähnlichen Dreiecken* müssen nicht die Längen übereinstimmen, sondern nur die Winkelgrößen. Eine wichtige Anwendung hierbei ergibt sich aus dem *Strahlensatz*. Zwei sich schneidende Geraden werden von zwei parallelen Geraden gekreuzt, siehe Bild 15.10.

Über die Verhältnisse der resultierenden Längen in den Dreiecken $\triangle(ZA_1B_1)$ und $\triangle(ZA_2B_2)$ gilt:

$$\frac{|\overline{ZA_1}|}{|\overline{ZA_2}|} = \frac{|\overline{ZB_1}|}{|\overline{ZB_2}|} = \frac{|\overline{A_1B_1}|}{|\overline{A_2B_2}|}$$

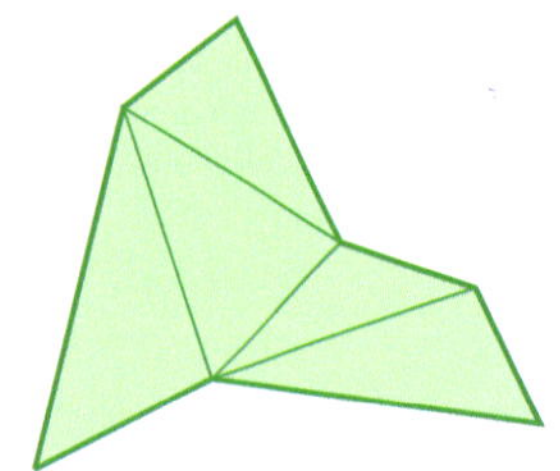

Bild 15.11: Ein 7-Eck mit Aufteilung in fünf Dreiecke.

Ein *Polygon* ist ein allgemeines Vieleck und entsteht durch einen geschlossenen Streckenzug durch n Punkte, also eine Verkettung von Strecken, wo der Endpunkt der einen der Anfangspunkt der anderen Strecke ist und außerdem der Anfangspunkt der ersten Strecke mit dem Endpunkt der letzten Strecke zusammenfällt. Falls sich die daraus resultierenden Seiten nicht kreuzen, lässt sich ein Polygon triangulieren, d.h. in Dreiecke aufteilen. Bild 15.11 zeigt, wie ein Polygon mit n Ecken in $n-2$ Dreiecke aufgeteilt werden kann. Aus den Winkelsummen der Dreiecke ergibt sich, dass die Winkelsumme des Polygons mit n Ecken $(n-2) \cdot 180°$ ist.

Beispiel. Welche Summe haben die Winkel eines Siebenecks?
Ein Siebeneck wie z.B. in Bild 15.11 lässt sich in fünf Dreiecke aufteilen, damit ergibt sich $5 \cdot 180° = 900°$ als Winkelsumme.

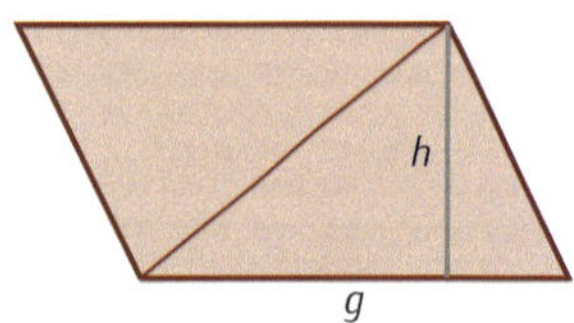

Bild 15.12: Das Parallelogramm wird in zwei kongruente Dreiecke aufgeteilt. Die Höhe h des Dreiecks ist auch die des Parallelogramms.

Ein besonderes Polygon ist das *Viereck*, das sich in zwei Dreiecke teilen lässt. Die Winkelsumme im Viereck beträgt deswegen 360°. Aus den zwei Dreiecken lässt sich der Flächeninhalt bestimmen.

Bei einem *Parallelogramm* sind je zwei der Seiten parallel. Das Parallelogramm lässt sich damit in zwei kongruente Dreiecke zerlegen, wie in Bild 15.12 gezeigt, und damit beträgt der Flächeninhalt

$$A_p = 2\,A_D = 2 \cdot \tfrac{1}{2}\,gh = gh.$$

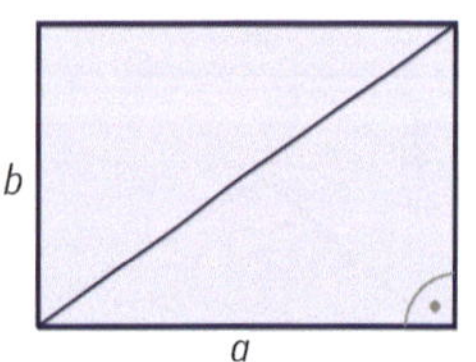

Bild 15.13: Ein Rechteck aus zwei kongruenten rechtwinkligen Dreiecken.

Ein spezieller Fall eines Parallelogramm ist das *Rechteck*. Dabei stehen die Seiten aufeinander senkrecht. Die Zerlegung ergibt dann zwei rechtwinklige Dreiecke und der Flächeninhalt vereinfacht sich zu $A_R = a\,b$, wenn a und b die Seitenlängen sind, siehe Bild 15.13.

15.1.4 Kreise

Ein *Kreis* ist durch einen Punkt M, den *Mittelpunkt* und einen *Radius* r gegeben als die Menge aller Punkte X einer Ebene, für die gilt:

$$|\overline{MX}| = r,$$

siehe Bild 15.14. Das Innere des Kreises heißt *Kreisfläche* oder *Kreisscheibe*. Die Fläche A_K und der Umfang U_K des Kreises lassen sich mittels der *Kreiszahl* π aus dem Radius r berechnen als

$$A_K = \pi\, r^2$$
$$U_K = 2\pi\, r$$

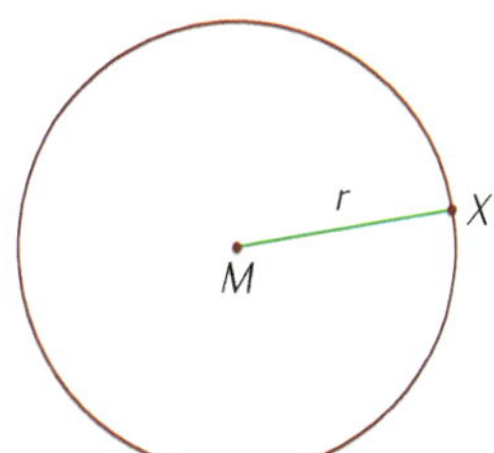

Bild 15.14: Ein Kreis, gegeben durch Mittelpunkt M und Radius r.

Zwei Strahlen, ausgehend vom Mittelpunkt eines Kreises schneiden den Kreis in zwei Teile. Ein von den Strahlen begrenzte Teil des Kreises heißt *Kreisbogen*, die von den Strahlen und dem Kreis begrenzte Fläche *Kreissektor*. Die zwei Schnittpunkte des Kreises mit den beiden Strahlen lassen sich zur *Kreissehne verbinden*, die durch Kreissehne und Kreis begrenzte Fläche ist das *Kreissegment*. Deren Länge bzw. Flächeninhalt lässt sich aus dem Radius und dem Winkel errechnen.

Das Kreissegment lässt sich erst unter Nutzung der trigonometrischen Funktionen aus Kapitel 19 berechnen.

Die Länge des Kreisbogens und der Flächeninhalt des Kreissektor lassen sich aus Radius und Winkel berechnen. Dabei entsprechen die Länge L_B des Kreisbogens und der Flächeninhalt A_S des Kreissektors dem gleichen Anteil am Umfang bzw. am Flächeninhalt des Kreises wie der eingeschlossene Winkel α am Vollwinkel. Ist α im Gradmaß gegeben, gilt

$$L_B = \frac{\alpha}{360°} U_K = \frac{\alpha}{360°} 2\pi r$$
$$A_S = \frac{\alpha}{360°} A_K = \frac{\alpha}{360°} \pi r^2.$$

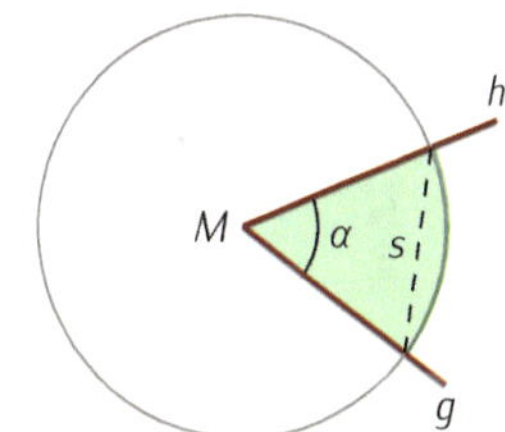

Bild 15.15: Zwei Strahlen g und h gehen vom Mittelpunkt M eines Kreises aus. Grün sind der Kreissektor und der Kreisbogen zu sehen. Sie Sehne s ist schwarz gestrichelt, das Kreissegment ist der rechts der Sehne liegende Teil des Segmentes.

15.1.5 Bogenmaß

Aus der Längenformel des Kreisbogens ergibt sich das *Bogenmaß* als alternative Maßeinheit für Winkel. Dabei wird der Winkel als Länge des Bogens des *Einheitskreises*, das ist der Kreis mit Radius 1, angegeben. Dessen Umfang ist 2π. Dies entspricht dem Bogenmaß des Vollwinkels. Die Einheit wird *Radiant* genannt und als 1 rad geschrieben. Dann gilt für das Verhältnis von Bogenmaß x und Gradmaß y eines Winkels das Verhältnis

$$\frac{x}{y} = \frac{\pi}{180°} = \frac{2\pi}{360°}.$$

15.1.6 In die dritte Dimension

Die wichtigsten Konzepte in der dreidimensionalen Geometrie sind Körper und ihre Lage und Orientierung im Raum. Bei den Körpern selbst interessieren Oberflächen und Volumina. Es gibt verschiedene Arten von Körpern, z.B. Würfel, Kugeln, Zylinder und Pyramiden.

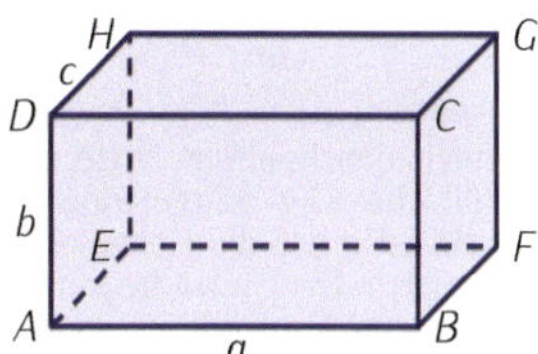

Bild 15.16: Ein Quader. Die Rechtecke $ABCD$ und $EFGH$ sowie $AEHD$ und $BFGC$ und auch $ABFE$ und $DCGH$ sind jeweils gleich groß.

Der rechnerisch einfachste Körper ist der *Quader*. Er ist von sechs Rechtecken begrenzt, diejenigen auf gegenüberliegenden Seiten sind jeweils kongruent. Der Flächeninhalt der Oberfläche ist somit die Summe der Flächeninhalte der sechs Rechtecke. Mit den Seitenlängen a, b und c (wie in Bild 15.16) ergibt sich

$$A_{\text{Quader}} = 2ab + 2ac + 2bc = 2(ab + ac + bc),$$

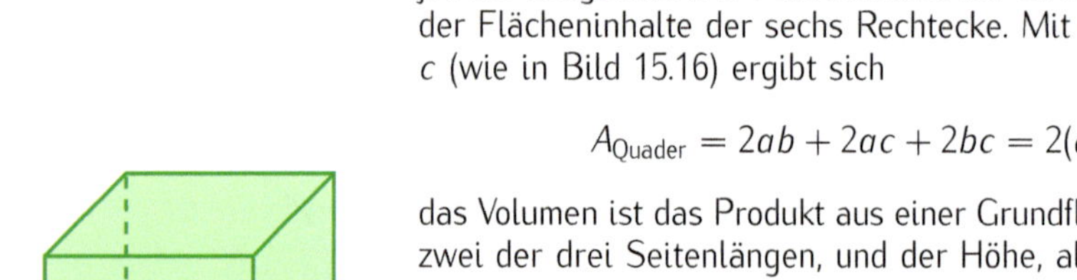

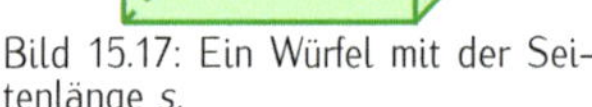

Bild 15.17: Ein Würfel mit der Seitenlänge s.

das Volumen ist das Produkt aus einer Grundfläche, also dem Produkt von zwei der drei Seitenlängen, und der Höhe, also der dritten Seitenlänge:

$$V_{\text{Quader}} = abc\,.$$

Ein besonderer Quader ist der Würfel, siehe Bild 15.17. Hier sind alle sechs Seiten kongruente Quadrate. Wenn s deren Seitenlänge ist, vereinfachen sich die obigen Formeln zu

$$A_{\text{Würfel}} = 6s^2 \qquad \text{und} \qquad V_{\text{Würfel}} = s^3\,.$$

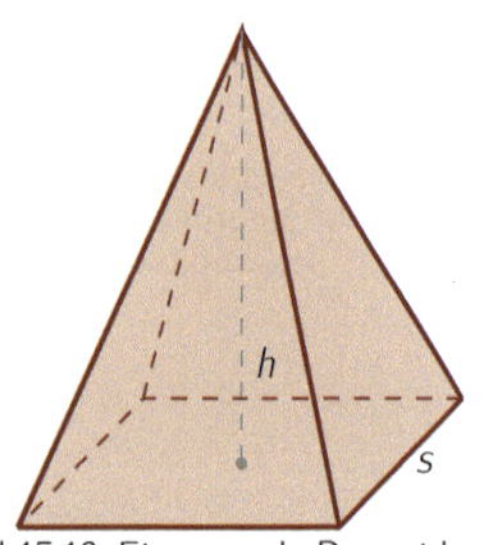

Bild 15.18: Eine gerade Pyramide mit einer quadratischen Grundfläche mit der Seitenlänge s und vier gleichen Seiten, mit der Höhe h. Die Spitze liegt mittig oberhalb des Quadrats.

Eine *Pyramide* ist ein dreidimensionaler Körper mit einem Polygon als Grundfläche und Dreiecken, deren eine Seite jeweils eine Kante des Polygons ist, während die anderen Seiten jeweils durch die Verbindungslinien zu einem gemeinsamen Punkt, der *Spitze*, gebildet werden. Der wichtigste Spezialfall ergibt sich, wenn das Grundflächenpolygon regelmäßig ist und die Spitze oberhalb von dessen Mittelpunkt liegt. In diesem Fall sind Dreiecke kongruent und die Pyramide wird *gerade Pyramide* genannt.

Das Volumen einer Pyramide ergibt sich aus der Grundfläche A_G und der Höhe h als

$$V_{\text{Pyramide}} = \tfrac{1}{3} A_G\, h,$$

bei einer Pyramide mit einer quadratischen Grundfläche, siehe Bild 15.18 ergibt sich das Volumen dann als $V_{\text{Pyramide}} = \frac{1}{3}s^2h$. Für das Volumen der Pyramide mit einem gleichseitigen Dreieck mit Seitenlänge a als Grundfläche (Bild 15.19) gilt entsprechend $V_{\text{Pyramide}} = \frac{\sqrt{3}}{12}a^2h$.

Sind dabei die Seitendreiecke zum Dreieck der Grundfläche kongruent, heißt die Pyramide *Tetraeder*.

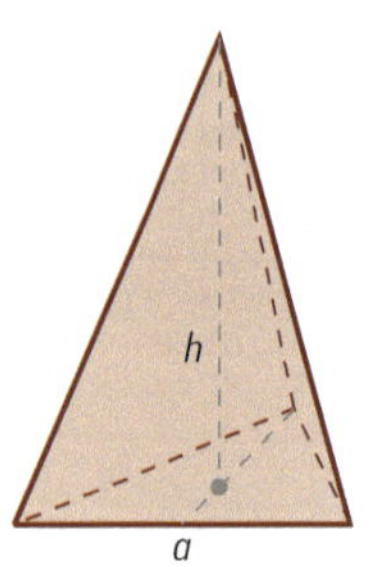

Bild 15.19: Eine gerade Pyramide mit einem gleichseitigen Dreieck als Grundfläche. Die Seitenlänge des Dreiecks ist a und die Höhe der Pyramide ist h. Die Spitze liegt mittig oberhalb der Grundfläche, so dass die Seitenflächen der Pyramide kongruente gleichschenklige Dreiecke sind.

Mit einem Kreis statt eines Polygons als Grundfläche entsteht ein *Kegel*. Liegt die Spitze oberhalb des Kreismittelpunkts, so wird von einem *geraden* Kegel gesprochen, andernfalls von einem *schiefen* Kegel. Die Berechnung lässt sich genauso übertragen, das Volumen eines Kegels berechnet sich als $V_{\text{Kegel}} = \frac{1}{3}\pi r^2 h$. Wird die Seite aufgeschnitten, entsteht ein Kreissektor. Dieser heißt *Mantel*. Der Kreis hat den Radius s, die Länge der Schnittlinie. Mit dem Satz des Pythagoras ist $s = \sqrt{r^2 + h^2}$. Der Kreisbogen ist gerade der Umfang der kreisförmigen Grundfläche, als $2\pi r$. Damit gilt für den Winkel α des Sektors $\frac{\alpha}{360°} = \frac{2\pi r}{2\pi s} = \frac{r}{s}$, und weiter

$$A_{M_{\text{Kegel}}} = \tfrac{\alpha}{360°}\pi s^2 = \tfrac{r}{s}\pi s^2 = \pi r s.$$

Die gesamte Oberfläche besteht neben dem Mantel noch aus der Grundkreisfläche (Boden des Kegels).

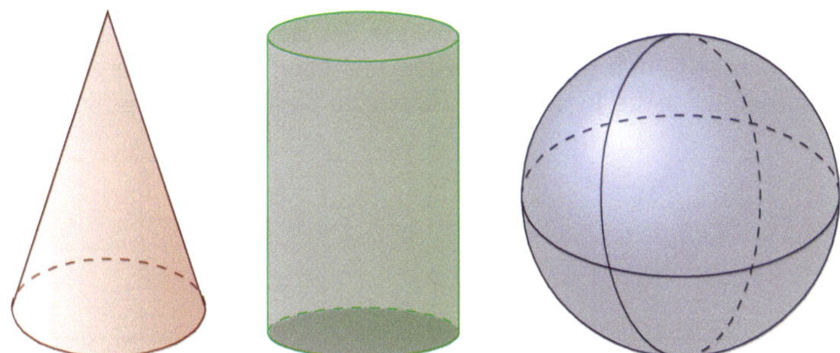

Bild 15.20: Links ein Kegel, in der Mitte ein Zylinder und rechts eine Kugel.

Ein *Zylinder* hat ebenfalls eine kreisförmige Grundfläche sowie eine dazu senkrecht stehende Seitenfläche, als *Mantel* bezeichnet. Nach oben wird der Zylinder von einem zweiten, zum ersten kongruenten und parallelen Kreis begrenzt. Die Höhe des Zylinders h ist die Entfernung zwischen den beiden Grundflächen. Das Volumen ist dann

Der Mantel des Zylinders bildet nach Aufschneiden ein Rechteck.

$$V_{\text{Zylinder}} = \pi r^2 h.$$

Der Flächeninhalt des Mantels ist $A_{M_{\text{Zylinder}}} = 2\pi r h$. Die gesamte Oberfläche des Zylinders ist

$$A_{\text{Zylinder}} = 2\pi r h + 2\pi r^2 = 2\pi r(r + h),$$

da neben dem Mantel noch die beiden Kreisflächen dazu gehören.

Analog zum Kreis ist die *Kugel* gegeben durch einen Mittelpunkt M und einen Radius r als die Menge aller Punkte X im Raum, für die gilt

$$|\overline{MX}| = r.$$

Für das Volumen und den Flächeninhalt der Kugeloberfläche gilt

$$V_{\text{Kugel}} = \tfrac{4}{3}\pi r^3,$$
$$A_{\text{Kugel}} = 4\pi r^2.$$

15.1.7 *Darstellende Geometrie*

In einer perspektivischen Darstellung eines dreidimensionalen Körpers wie z.B. in Bild 15.21 wird ein guter Eindruck des Körpers vermittelt. Dabei werden die Raumpunkte auf eine vor oder hinter dem Körper liegende Ebene (Bildebene) projiziert. Es werden die Zentral- und die Parallelprojektion unterschieden. Für eine *Zentralprojektion* wird zunächst ein Zentralpunkt festgelegt. Jeder Raumpunkt wird dann durch eine Gerade mit dem Zentralpunkt verbunden. Der projizierte Punkt ist der Schnittpunkt dieser Verbindungsgeraden mit der Bildebene. Der Übergang zur *Parallelprojektion* erfolgt durch Verschieben des Zentralpunkts in unendliche Ferne, die projizierenden Geraden stehen somit senkrecht auf der Bildebene. Beide Projektionsarten sind geradentreu, d.h. gerade

Der Zentralpunkt bei der Zentralprojektion kann als das beobachtende Auge gedacht werden.

Linien im Raum bleiben gerade Linien in der Bildebene. Längen bleiben dabei nicht erhalten. Winkel werden nur dann in der wahren Größe abgebildet, wenn sie in einer zur Bildebene parallelen Ebene liegen.

Meistens werden drei aufeinander senkrecht stehende Projektionsebenen verwendet, um einen Gesamteindruck des Körpers zu vermitteln. Manchmal ist es sinnvoll, sowohl vor als auch hinter dem Körper liegende Ebenen zu verwenden, um Eindeutigkeit herzustellen.

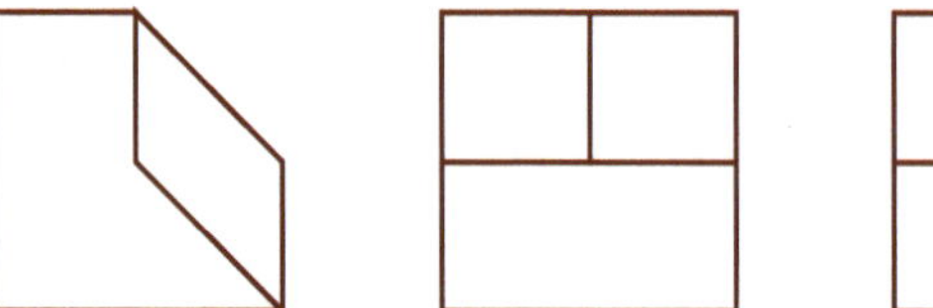

Bild 15.22: Orthogonale Parallelprojektionen des Körpers aus Bild 15.21, links die Projektion auf die $y - z$-Ebene und rechts die Projektion auf die $z - x$-Ebene. In der Mitte ist die Projektion auf $x - y$-Ebene.

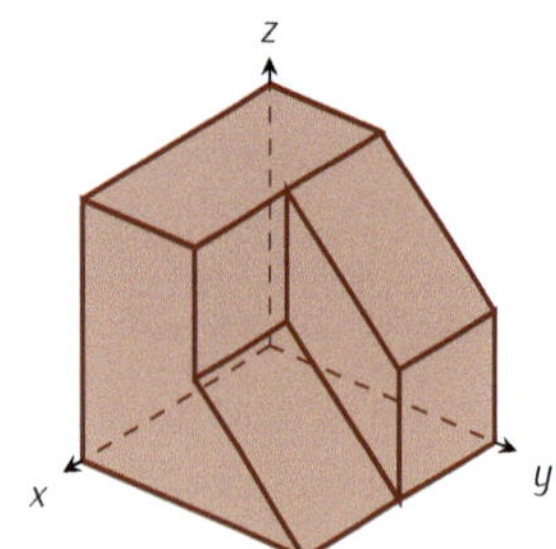

Bild 15.21: Ein Körper, dessen Parallelprojektionen in Bild 15.22 betrachtet werden.

Beispiel. Das Bild 15.21 zeigt einen dreidimensionalen Körper. Wie sehen seine Parallelprojektionen aus? Dazu werden die folgenden drei Sichten eingenommen:

- ▷ von vorne links, auf die $y - z$-Ebene, wie links in Bild 15.22,
- ▷ von vorne rechts, auf die $z - x$-Ebene, wie rechts in Bild 15.22,
- ▷ von oben auf die $x - y$-Ebene, wie in der Mitte in Bild 15.22.

15.1.8 Geometrische Transformationen der Ebene

Eine geometrische Figur kann in ihrer Lage oder ihrer Größe verändert oder auch verformt werden. Eine solche Änderung nennt sich *Transformation*. Einige geometrische Transformationen in der Ebene sind beispielsweise die *Translation*, *Rotation*, *Spiegelung*, *Streckung* und *Skalierung*. Komplexere Transformationen können aus diesen aufgebaut werden.

- ▷ Bei der Translation handelt es sich um eine Verschiebung. Dabei ändert sich nur die Lage einer geometrischen Figur. Ihre weiteren Eigenschaften bleiben unverändert. Dazu zählen Form und Größe.
- ▷ Bei der Rotation handelt es sich um eine Drehung um einen festen Punkt. Dieser Drehpunkt kann innerhalb, aber auch außerhalb der Figur liegen. Bei der Rotation werden die Lage und Ausrichtung der Figur verändert, Form und Größe bleiben unverändert.
- ▷ Bei der Spiegelung wird eine Figur an einer Geraden, auch *Spiegelachse* genannt, gespiegelt. Die Form und Grüße der Figur bleiben erhalten, es ändert sich aber ihre Orientierung.
- ▷ Bei der Streckung in eine Richtung wird eine Figur in einer festen Richtung um einen Faktor gestreckt (Faktor > 1) oder gestaucht (Faktor < 1). Dabei verändert sich die Größe der Figur in der gegebenen Richtung. Die Winkel verändern sich im Allgemeinen, die Orientierung der Figur bleibt unverändert, siehe Beispiel in Bild 15.23.
- ▷ Bei der gleichmäßigen Streckung in alle Richtungen werden alle Längen in der Figur mit einem gemeinsamen Faktor multipliziert und damit entweder *gestreckt* (Faktor > 1) oder *gestaucht* (Faktor < 1). Die Form bleibt dabei gleich. Dies lässt sich durch Hintereinanderausführung zweier Streckungen in senkrecht zueinander stehenden Richtungen mit gleichem Faktor erreichen.

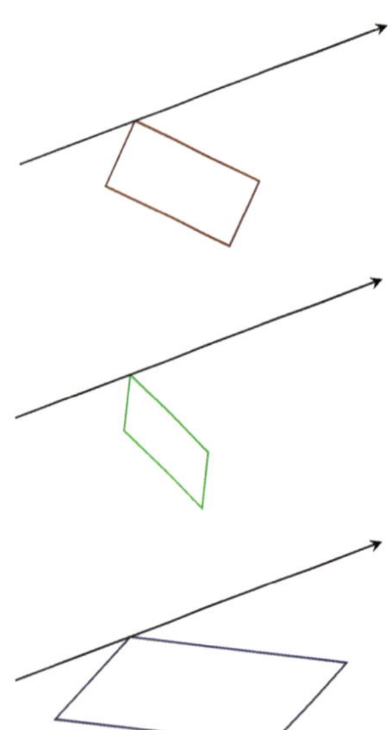

Bild 15.23: Die Richtung (als Pfeil dargestellt), in der das obere Rechteck transformiert wird. Dabei wird es mit einem Faktor < 1 gestaucht (Mitte) oder mit Faktor > 1 gestreckt (unten).

Eine *Isometrie* ist eine geometrische Transformation, bei der die Abstände zwischen den Punkten einer Figur beibehalten werden. Dazu gehören die Translation, die Rotation und die Spiegelung. Streckungen sind keine Isometrien.

Zwei Figuren sind ähnlich, wenn alle Verhältnisse ihrer Abstände gleich sind. Die Figuren können aber unterschiedlich groß sein. Das ist eine Verallgemeinerung der ähnlichen Dreiecke aus Bild 15.10. Die Ähnlichkeit erhalten die Translation, Rotation, Spiegelung und die gleichmäßige Streckung in alle Richtungen. Die Streckung in eine Richtung führt im Allgemeinen zu nicht ähnlichen Figuren.

15.2 Lernziele

Nr	Ich kann	Aufgabe	√
	Winkel		
146	verschiedene Typen von Winkeln erkennen	15.1	
147	gleiche Winkel beim Schnitt paralleler Geraden erkennen	15.2-b, 15.3, 15.4	
	Dreiecke und Polygone		
148	verschiedene Typen von Dreiecken identifizieren	15.5, 15.6	
149	die Formel für die Winkelsumme im Innern eines Polygons angeben und benutzen	15.6	
150	die Fläche eines Dreiecks berechnen	15.8, 15.11-b	
151	kongruente Dreiecke anhand der Regeln erkennen	15.9, 15.10	
152	die Ähnlichkeit zweier Dreiecke erkennen	15.12, 15.13, 15.14	
153	den Satz des Pythagoras anwenden	15.2-a, 15.15, 15.16, 15.17, 15.18, 15.19, 15.20	
	Winkel messen		
154	die Einheit Radiant verstehen	15.22	
155	Winkel in Grad- und Bogenmaß angeben und umrechnen	15.33, 15.35	
	Kreise		
156	Fläche und Umfang eines Kreises berechnen und als Formel angeben	15.18, 15.21, 15.22	
157	die Länge eines Kreisbogens berechnen	15.30	
158	die Flächen von Kreissektoren oder Kreissegmenten berechnen	15.11-c, 15.22	
	Figuren in der Ebene		
159	die Formeln für Flächen einfacher ebener Figuren angeben	15.20, 15.23	
	Körper		
160	die Formeln für Volumina von Zylinder, Pyramide mit quadratischer oder dreieckiger Grundfläche, Kegel und Kugel angeben	15.24, 15.25, 15.26, 15.28	
161	die Formeln für Oberflächen von Zylinder, Kegel und Kugel angeben	15.25, 15.26	
162	elementare geometrische Körper durch Parallelprojektion skizzieren	15.29	
	Transformationen		
163	geometrische Transformationen in der Ebene verstehen	15.34-a,b	
164	Beispiele von isometrischen und affinen Transformationen erkennen	15.32,15.34-c	
165	das Bild einer ebenen durch geometrische Transformation wie Translation, Rotation, Spiegelung oder Streckung entstandenen Figur ermitteln	15.31	

15.3 Aufgaben

Aufgabe 15.1 (10 Min) Benennen Sie alle in Bild 15.24 gezeigten Winkel.

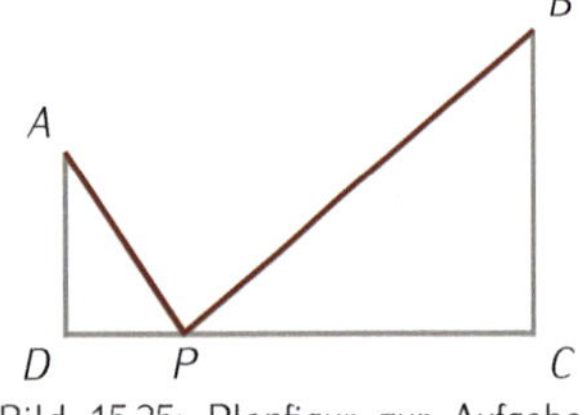

Bild 15.25: Planfigur zur Aufgabe 15.2.

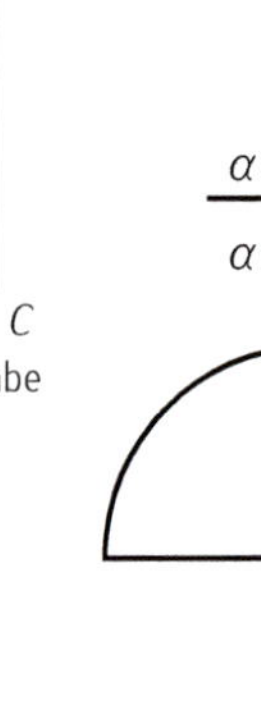

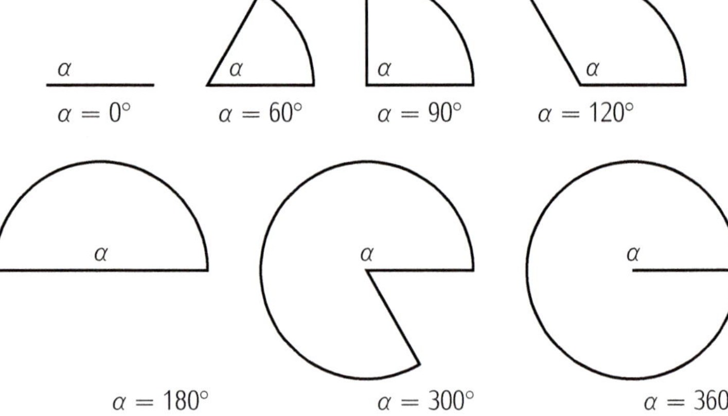

Bild 15.24: Sieben Winkel zur Aufgabe 15.1

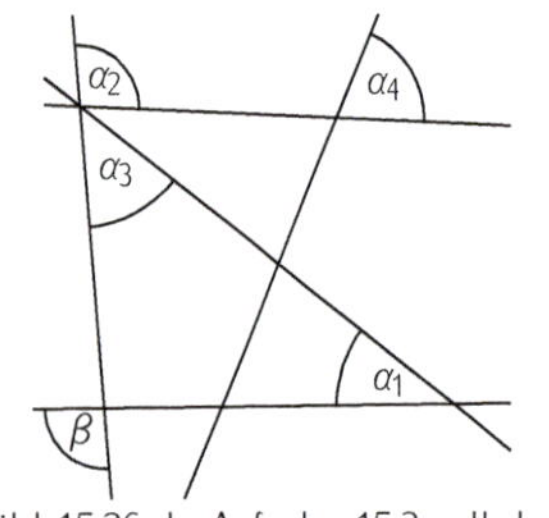

Bild 15.26: In Aufgabe 15.3 soll der Winkel β durch die anderen Winkel ausgedrückt werden.

Aufgabe 15.2 (15 Min) Die in Bild 15.25 gezeigte Figur hat die Längen $|\overline{AD}| = 3\text{cm}$, $|\overline{DC}| = 8\text{cm}$, $|\overline{BC}| = 5\text{cm}$ und es gilt $\overline{AD} \perp \overline{DC}$ und $\overline{BC} \perp \overline{DC}$. Gesucht ist der Punkt P auf $\overline{DC}$, sodass die Summe der Strecken $|\overline{AP}| + |\overline{PB}|$ minimal wird.

a) Lösen Sie die Aufgabe mit Hilfe der Differentialrechnung.
b) Finden Sie einen geometrischen Grund für das Ergebnis.

Aufgabe 15.3 (5 min) Der Winkel β in Bild 15.26 ist mit Hilfe der vorliegenden Winkel α_i auszudrücken.

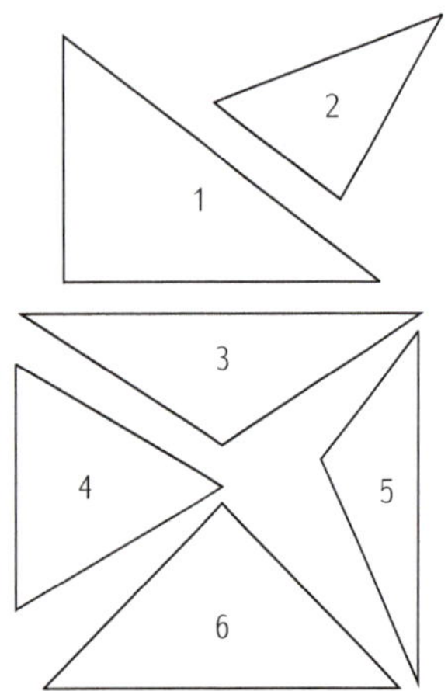

Bild 15.27: Verschiedene Dreieckstypen aus Aufgabe 15.5.

Aufgabe 15.4 (10 Min) Es sind Aussagen über Winkel gegeben. Kreuzen Sie nur die an, die immer richtig sind.

- ☐ Scheitelwinkel addieren sich zu 90°.
- ☐ Nebenwinkel addieren sich zu 180°.
- ☐ Scheitelwinkel sind gleich groß.
- ☐ Stufenwinkel sind gleich groß.
- ☐ Wechselwinkel an parallelen Geraden unterscheiden sich um 90°.
- ☐ Nebenwinkel unterscheiden sich um 90°.
- ☐ Wechselwinkel an parallelen Geraden sind gleich groß.
- ☐ Stufenwinkel addieren sich zu 180°.

Aufgabe 15.5 (5 Min) Es geht um verschiedene Typen von Dreiecken. Welche sind gleichseitig oder gleichschenklig? Welche sind spitz-, stumpf- oder rechtwinklig? Geben Sie zu jedem der sechs in Bild 15.27 gezeigten Dreiecke an, um welchen Typ es sich handelt.

Aufgabe 15.6 (10 Min) Welche Arten von Dreiecken kennen Sie? Werden Seiten oder Winkel für die Typisierung benutzt? Beschreiben Sie jeden Typ. Welche Kombinationen gibt es?

Aufgabe 15.7 (10 Min) Die Summe der Innenwinkel eines Dreiecks beträgt 180° oder π.

a) Berechnen Sie die Summe der Innenwinkel eines Fünfecks. Tipp: Teilen Sie das Fünfeck dazu in Dreiecke ein.
b) Leiten Sie analog eine Winkelsummenformel für einen geschlossenen Polygonzug mit n Ecken ohne Selbstüberschneidung her.

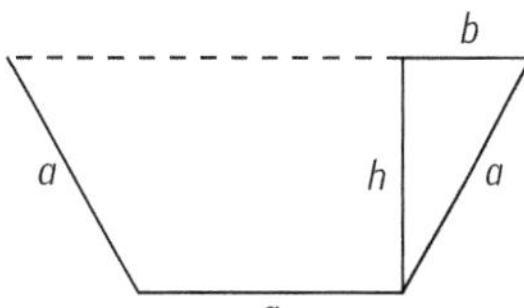

Bild 15.28: Querschnittsfläche der Rinne aus Aufgabe 15.8 als gleichschenkliges Trapez.

Aufgabe 15.8 (10 Min) Aus drei Brettern der Breite a soll eine Rinne hergestellt werden, deren Querschnitt ein gleichschenkliges Trapez ist. Welche Höhe (in Abhängigkeit von a) muss das Trapez haben, damit der Flächeninhalt des Querschnitts maximal ist?

Aufgabe 15.9 (10 Min) Gegeben sind die Punkte $A = (12, 16), B = (11.2, 15.4), C = (0, 7), D = (11.2, 0.4)$ und $E = (12, 2)$. Stellen Sie fest, ob die Dreiecke $\triangle(ACE)$ und $\triangle(BCD)$ kongruent sind. Vergleichen Sie ebenso die Dreiecke $\triangle(AEB)$ und $\triangle(AED)$.

Die nebenstehenden Aufgaben 15.9 und 15.10 verwenden Koordinatensysteme zur Definition von Eckpunkten von Figuren. Koordinatensysteme werden detailliert in Kapitel 17 behandelt.

Aufgabe 15.10 (5 Min) Gegeben ist ein Dreieck $D = \triangle(A, B, C)$ mit den Eckpunkten $A = (0, 0), B = (4, 3)$, und $C = (1, 4)$. Überprüfen Sie, ob D zum Dreieck $D' = \triangle(A', B', C'$ mit folgenden Angaben $A' = (0, 3),\ B' = (3, 4),\ C' = (4, 0)$ kongruent ist.

Für Winkel und Seiten bei Dreiecken wird vereinbart: Winkel α liegt bei Ecke A, β bei B und γ bei C, die Seite a liegt gegenüber Winkel α, b gegenüber β und c gegenüber von γ.

Aufgabe 15.11 (10 Min) Ein Thales-Dreieck verbindet die beiden Eckpunkte eines Halbkreises mit einem Punkt auf dem Kreisbogen. Der Satz des Thales besagt, dass der Winkel bei dem Punkt auf dem Kreisbogen immer ein rechter Winkel ist.

a) Skizzieren Sie einen waagrecht liegenden Halbkreis mit Eckpunkten A und B. Zeichnen Sie eine Linie mit einem Winkel von 60° zur Grundlinie vom Kreismittelpunkt M aus. Der Schnittpunkt der Linie mit dem Kreisbogen ist der Punkt C.
b) Bestimmen Sie die Seitenlängen des Dreiecks $\triangle(ABC)$ und seine Fläche. Der Radius des Kreises ist r.
c) Bestimmen Sie die Größen des Flächenstücks, das durch die kurze Dreieckseite vom Halbkreis abgetrennt wird.

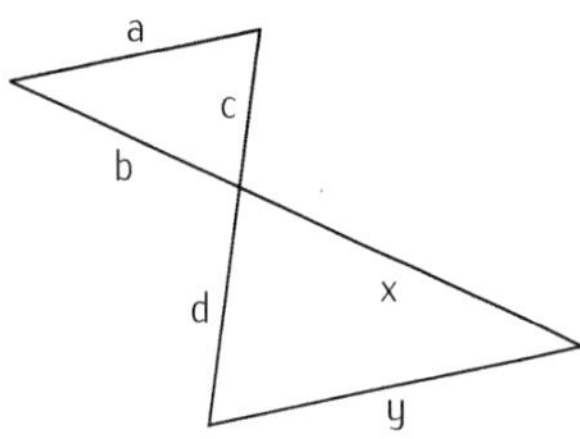

Bild 15.29: Figur zwischen parallelen Strecken a und y zur Aufgabe 15.12.

Aufgabe 15.12 (5 Min) Die Strecken a, b, c und d in Bild 15.29 sind bekannt, a und y sind parallel. Geben sie die Längen von x und y an.

Aufgabe 15.13 (5 Min) Ein Turm wirft einen Schatten von 42 m Länge. Zur gleichen Zeit ist der Schatten einer 1.80 m großen Person 2.25 m lang.

a) Welche Höhe hat der Turm?
b) Neben dem Turm steht ein 19 m hoher Baum. Wie lang ist der Schatten des Baumes?
c) Wie ändert sich die Höhe des Turmes, wenn der Schatten der Person um 15 cm länger wird?

Aufgabe 15.14 (10 Min) Gegeben ist ein spitzwinkliges Dreieck $\triangle(ABC)$. Von A wird das Lot auf die gegenüberliegende Seite gefällt, der dort liegende *Höhenfußpunkt* heiße P. Entsprechend sei Q der Höhenfußpunkt von B und S der Schnittpunkt beider Höhen. Zeichnen Sie den dargestellten Sachverhalt und begründen dann, dass je zwei der vier Dreiecke $\triangle(APC)$, $\triangle(ASQ)$, $\triangle(BCQ)$, $\triangle(BPS)$ einander ähnlich sind.

Aufgabe 15.15 (5 Min) Gegeben ist ein Dreieck, in dem die Winkel α, β, γ den Seiten a, b, c gegenüberliegen.

a) Wann gilt $a^2 + b^2 = c^2$?
   - ☐ Wenn α ein rechter Winkel ist,
   - ☐ wenn β ein rechter Winkel ist,
   - ☐ wenn γ ein rechter Winkel ist,
   - ☐ die Beziehung ist immer richtig.

b) Wann gilt $a + b < c$?
   - ☐ Immer,
   - ☐ wenn a die längste Seite ist,
   - ☐ wenn b die längste Seite ist,
   - ☐ wenn c die längste Seite ist,
   - ☐ niemals.

Aufgabe 15.16 (5 Min) Finden Sie zwei verschiedene Möglichkeiten, um eine Strecke der Länge $\sqrt{5}$ geometrisch zu konstruieren.

Bild 15.30: Der Schrank aus Aufgabe 15.17 nach dem Zusammenbau im Zimmer.

Aufgabe 15.17 (5 Min) Ein Schrank wurde seitlich auf dem Boden liegend zusammengebaut, siehe Bild 15.30. Als er aufgerichtet werden soll, ergeben sich Bedenken.

a) Was ist da schiefgegangen?
b) Welche Größen werden zur Lösung benötigt?
c) Die Maße des Schranks sind: $h = 2.10$ m; $b = 1.20$ m; T: 0.90 m. Die Raumhöhe ist $r = 2.25$ m. Lässt sich der Schrank mit diesen Maßen in dem Raum aufrichten?
d) Durch Abschrauben der Füße kann die Höhe des Schranks noch reduziert werden. Welche Höhe müssen die Füsse mindestens haben, damit das Aufrichten erfolgreich wird?

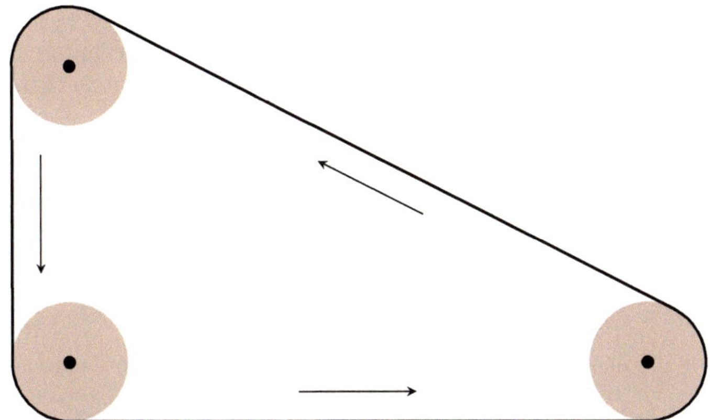

Bild 15.31: Modell des Förderbandes aus Aufgabe 15.18.

Aufgabe 15.18 (10 Min) Ein Förderband für Schüttgut läuft über drei Rollen. Die Rollen haben jeweils einen Radius von $r = 25$ cm. Die Achsen der drei Rollen bilden ein rechtwinkliges Dreieck mit 10 m Länge und 5 m Höhe. Bild 15.31 verdeutlicht die Geometrie, ist jedoch nicht maßstabsgerecht. Berechnen Sie die Länge des Förderbands, wobei Sie zwischen den Anliegepunkten an den Rollen einen geradlinigen Verlauf annehmen können.

Aufgabe 15.19 (5 Min) Ein rechtwinklig gebauter Hörsaal hat die Abmessungen $l = 11.20\text{m}$, $b = 4.40\text{m}$, $h = 3.20\text{m}$. Wie lang ist die Raumdiagonale?

Aufgabe 15.20 (15 Min) Ein gerader Kreiskegel hat als Grundfläche einen Kreis mit dem Radius r. Genau über dessen Mittelpunkt liegt die Spitze in Höhe h. Die Mantellinie ist eine Verbindungsstrecke von Spitze und Rand des Grundkreises der Länge s.

a) Skizzieren Sie einen Kreiskegel und zeichnen Sie die drei genannten Größen ein.
b) Welche Beziehung besteht zwischen r, h und s? Begründen Sie das.
c) Das Volumen V des Kegels ist durch $V = \frac{\pi}{3}r^2h$ gegeben. Welches ist das maximale Volumen aller möglichen Kreiskegel bei gegebener Mantellinie s?

Aufgabe 15.21 (5 Min) Welchen Flächeninhalt hat die Fläche, die durch einen Kreis mit Radius 2 um den Ursprung begrenzt wird?

Aufgabe 15.22 (5 Min) Welchen Flächeninhalt A hat ein Kreissektor mit Radius $r = 1$ und Öffnungswinkel $\beta = 1\text{rad}$? Welchen Radius hat ein Kreis mit demselben Flächeninhalt?

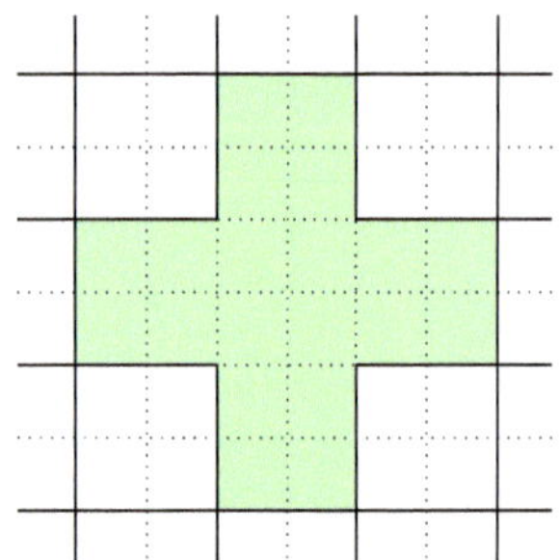
Bild 15.32: Aufgabe 15.23 fragt nach der Quadratur des Pluszeichens.

Aufgabe 15.23 (15 Min) Gegeben ist das Pluszeichen in Bild 15.32.

a) Zerlegen Sie das Pluszeichen mit vier geraden Schnitten so, dass aus den Teilen ein Quadrat zusammengesetzt werden kann.

b) Lösen Sie die Aufgabe mit zwei Schnitten.

Tipp: Welche Größe hat das Quadrat?

Aufgabe 15.24 (5 Min) Der Innendurchmesser d eines dünnen Glasrohrs wird bestimmt, indem dieses mit Quecksilber gefüllt wird. Die Masse des Quecksilbers wird als $m = 0.145\text{g}$ bestimmt. Die Dichte beträgt $\rho_{Hg} = 13.6\frac{\text{g}}{\text{cm}^3}$. Die Länge des Glasrohrs ist $l = 50\text{cm}$.

Wie berechnet sich das Innenvolumen V aus den vorliegenden Messwerten? Geben Sie eine Formel für den Innendurchmesser d mit Hilfe der vorhandenen Messwerte an.

Aufgabe 15.25 (5 Min) Gegeben ist ein gerader Kreiszylinder mit dem Radius $r = 20$ cm und einer Länge von $l = 80$ cm.

a) Bestimmen Sie das Volumen des Zylinders.

b) Bestimmen Sie die Größe der gesamten Zylinderoberfläche.

Aufgabe 15.26 (10 Min) Die Cheops-Pyramide hat eine quadratische Grundfläche mit einer Seitenlänge von 230 m. Aus dem Neigungswinkel von 52° berechnet sich eine Höhe von 147.19 m. Bestimmen Sie das Volumen dieser ältesten und höchsten Pyramide der Welt.

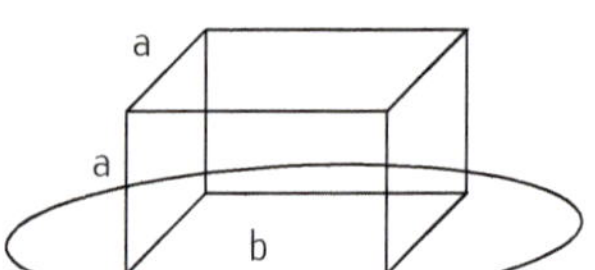

Bild 15.33: Durch eine kreisförmige Öffnung passender Quader zur Aufgabe 15.28.

Aufgabe 15.27 (15 Min) Ein Zylinder mit Boden und Deckel soll bei einem gegebenen Materialverbrauch $A = 10$ ein möglichst großes Volumen umschließen. Berechnen Sie den optimalen Radius r und die optimale Höhe h sowie das daraus resultierende Volumen.

Aufgabe 15.28 (15 Min) Der Quader in Bild 15.33 hat die Bodenfläche $a \cdot b$ und die Höhe a. Er soll mit der Bodenfläche durch eine kreisförmige Öffnung mit dem Durchmesser $d = 1$ passen. Zu bestimmen ist der bezogen auf sein Volumen größt mögliche Quader. Berechnen Sie seine Abmessungen a und b sowie sein Volumen V.

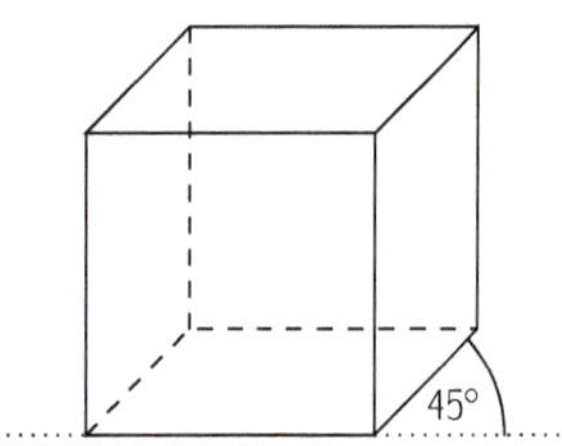

Bild 15.34: Die Kavaliersperspektive aus Aufgabe 15.29 als Parallelprojektion eines Würfels.

Aufgabe 15.29 (15 Min) Die *Kavaliersperspektive* ist eine Parallelprojektion. Der Körper wird so gezeigt, dass horizontal und vertikal verlaufende Linien maßstabsgerecht sind. In die Tiefe verlaufende Linien werden in der Länge auf die Hälfte gekürzt und mit 45° zur Horizontalen dargestellt. Bild 15.34 zeigt einen Würfel in Kavaliersperspektive. Ein Zylinder, dessen Länge doppelt so groß ist wie sein Durchmesser, soll in Kavaliersperspektive dargestellt werden. Erstellen Sie je eine Zeichnung des Zylinders wenn er steht oder wenn er liegt, das einmal die Mantelfläche und einmal die Kreisfläche in Blickrichtung liegt.

Aufgabe 15.30 (10 Min) Der Erdradius am Äquator beträgt 6378 km. Die Städte Quito und Singapur liegen beide fast genau auf dem Äquator und liegen sich auf der Erdkugel beinahe gegenüber. Quito liegt 78.51° westlich vom Nullmeridian, Singapur 103.85° östlich. Wie weit sind Quito und Singapur voneinander entfernt (Luftlinie)? Berechnen Sie beide Bogenlängen auf dem Äquator. Welche ist kürzer?

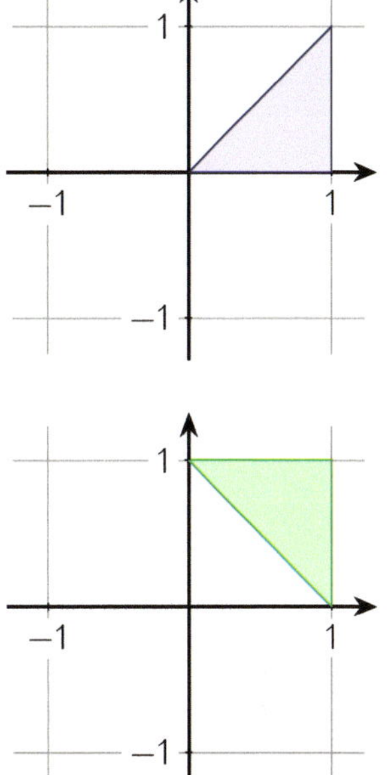

Bild 15.35: Zwei Figuren, die von Transformationen ineinander zu überführen sind, siehe Aufgabe 15.31.

Aufgabe 15.31 (10 Min) Welche Abfolge von zwei Transformationen überführt die obere Figur in Bild 15.35 in die untere Figur? Geben Sie drei verschiedene Varianten an.

Aufgabe 15.32 (5 Min) Die technische Zeichnung eines Bauteils wird

a) vom Maßstab 1 : 10 auf den Maßstab 1 : 20 umgestellt,
b) um 90° gedreht, um die Papiergröße besser auszunutzen,
c) um 2 cm zur Seite geschoben, um Platz für eine Beschriftung zu schaffen.

Benennen Sie die Transformationsschritte. Bei welchem dieser Bearbeitungsschritte handelt es sich um eine Isometrie?

Aufgabe 15.33 (10 Min) Rechnen Sie die folgenden Winkel im Gradmaß ins Bogenmaß um:

□ 90°	□ 135°	□ 80°
□ 30°	□ 150°	□ 45°
□ 60°	□ 20°	□ 75°

Aufgabe 15.34 (10 Min) Gegeben ist das Rechteck $R = \square(A, B, C, D)$ mit den Koordinaten $A = (0, 0)$, $B = (2, 0)$,$C = (2, 1)$, $D = (0, 1)$.

a) Das Rechteck wird rotiert, so dass die neuen Koordinaten des rotierten Rechtecks $R' = \square(A', B', C', D')$ wie folgt sind: $A' = (0, 0)$, $B' = (0, 2)$,$C' = (-1, 2)$, $D' = (-1, 0)$. Geben Sie den Rotationswinkel der zugehörigen Rotation an.
b) Das ursprüngliche Rechteck wird skaliert, sodass die neuen Koordinaten des Rechtecks $R'' = (A'', B'', C'', D'')$ wie folgt sind: $A'' = (0, 0)$, $B'' = (1, 0)$,$C'' = (1, 1)$, $D'' = (0, 1)$. Bestimmen Sie die Skalierungsrichtung und den Skalierungsfaktor und geben Sie an, ob es sich um eine Streckung oder Stauchung handelt.
c) Auf das ursprüngliche Rechteck wird eine Transformation angewendet, so dass eine neue Figur $R''' = \square(A''', B''', C''', D''')$ mit den Eckpunkten $A''' = (0, 2)$, $B''' = (2, 2)$,$C''' = (2, 3)$, $D''' = (0, 3)$. entsteht. Um welche Transformation handelt es sich?

Hinweis: Eine graphische Darstellung erleichtert die Lösung der Aufgabe.

Aufgabe 15.35 (10 Min) Rechnen Sie die folgenden Winkel im Bogenmaß in Gradmaß um:

□ $\frac{1}{3}\pi$	□ $\frac{7}{12}\pi$	□ $\frac{1}{6}\pi$
□ $\frac{1}{4}\pi$	□ $\frac{2}{9}\pi$	□ $\frac{11}{12}\pi$
□ $\frac{2}{3}\pi$	□ $\frac{1}{5}\pi$	□ $\frac{1}{9}\pi$

15.4 Lösungen

Lösung 15.1 $\alpha = 0°$: Nullwinkel, $\alpha = 60°$: spitzer Winkel, $\alpha = 90°$: rechter Winkel, $\alpha = 120°$: stumpfer Winkel, $\alpha = 180°$: gestreckter Winkel, $\alpha = 300°$: überstumpfer (erhabener) Winkel, $\alpha = 360°$: voller Winkel, Vollwinkel (Vollkreis).

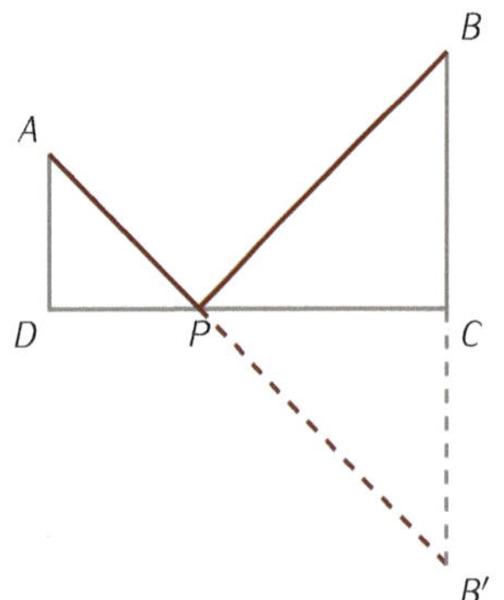

Bild 15.36: Graphische Darstellung zur Lösung der Aufgabe 15.2.

Lösung 15.2

a) Sei $x = |\overline{DP}|$ und die zu minimierende Streckensumme $d(x)$. Alle Entfernungen werden in [cm] angegeben. Es gilt im Dreieck $\triangle(ADP)$: $|\overline{AP}| = \sqrt{3^2 + x^2}$, ebenso im Dreieck $\triangle(PCB)$: $|\overline{BP}| = \sqrt{(8-x)^2 + 5^2}$. Dann ist $d(x) = |\overline{AP}| + |\overline{BP}| = \sqrt{x^2+9} + \sqrt{x^2 - 16x + 89}$ und $d'(x) = \frac{x}{\sqrt{x^2+9}} + \frac{x-8}{\sqrt{x^2-16x+89}}$.
Im Minimum gilt
$d'(x) = 0 \Rightarrow \frac{x}{\sqrt{x^2+9}} = -\frac{x-8}{\sqrt{x^2-16x+89}} \Rightarrow \frac{x^2}{x^2+9} = \frac{x^2-16x+64}{x^2-16x+89} \Rightarrow$

$1 - \frac{x^2}{x^2+9} = 1 - \frac{x^2-16x+64}{x^2-16x+89} \Rightarrow \frac{9}{x^2+9} = \frac{25}{x^2-16x+89} \Rightarrow$
$9x^2 - 144x + 801 = 25x^2 + 225 \Rightarrow$

$16x^2 + 144x - 576 = 0 \Rightarrow x^2 + 9x - 36 = 0 \Rightarrow$
$x_{1/2} = -\frac{9}{2} \pm \sqrt{\frac{81}{4} + 36} = -\frac{9}{2} \pm \frac{15}{2}$ Daraus folgt $x_1 = 3$ oder $x_2 = -12$.

Wegen $d'(x_1) = 0$ und $d'(x_2) < 0$ gibt es nur eine Nullstelle der Ableitung d'. Es muss sich um das Minimum handeln, da $d(x) \to \infty$ für $x \to \pm\infty$.

b) Die geometrische Auszeichnung der minimalen Stelle P ist durch die Abstände $|\overline{DP}| = |\overline{AD}| = 3$ und $|\overline{BP}| = |\overline{BC}| = 5$ erkennbar. Wird die Spiegelung des Punkt B an $\overline{DC}$ mit B' benannt, geht die kürsteste Verbindung von A nach B' über den minimalen Punkt P. Die Strecken $\overline{BP}$ und $\overline{B'P}$ sind natürlich gleich lang. Geometrisch formuliert, die kürzeste Strecke von A nach B über die Spiegellinie $\overline{DC}$ führt über den Schnittpunkt der Verbindungsstrecke $\overline{AB'}$ mit der Spiegellinie $\overline{DC}$, siehe Bild 15.36.

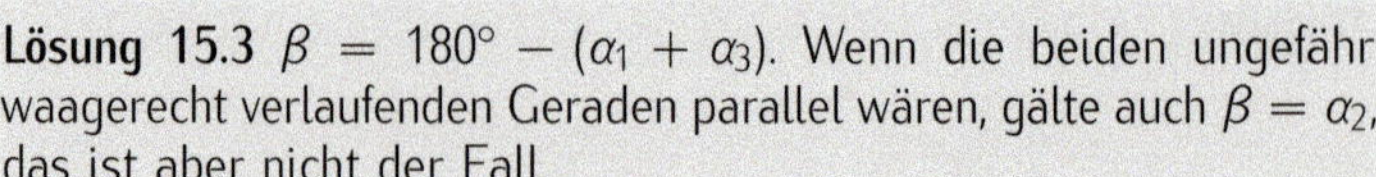
Lösung 15.3 $\beta = 180° - (\alpha_1 + \alpha_3)$. Wenn die beiden ungefähr waagerecht verlaufenden Geraden parallel wären, gälte auch $\beta = \alpha_2$, das ist aber nicht der Fall.

Lösung 15.4

- ☐ Scheitelwinkel addieren sich zu 90°. Erläuterung: Scheitelwinkel sind die gegenüberliegenden Winkel beim Schnittpunkt zweier Geraden, sie sind gleich groß und addieren sich nur zu 90°, wenn sie beide Winkel von 45° sind.
- ☒ Nebenwinkel addieren sich zu 180°. Erläuterung: Nebenwinkel sind die benachbarten Winkel beim Schnittpunkt von zwei Geraden, die sich folglich zu 180° ergänzen.
- ☒ Scheitelwinkel sind gleich groß. Erläuterung siehe oben.
- ☐ Stufenwinkel sind gleich groß. Erläuterung: Stufenwinkel sind die Winkel, die beim Schnitt einer Gerade mit zwei anderen Geraden entstehen und die beide auf der gleichen Seite der ersten Gerade und auf der sich entsprechenden Seite der beiden andern Geraden befinden. Sie sind nur dann gleich groß, wenn die beiden anderen Geraden Parallelen sind.
- ☐ Wechselwinkel an parallelen Geraden unterscheiden sich um 90°. Erläuterung: Wechselwinkel sind die Winkel, die beim Schnitt einer Gerade mit zwei anderen Geraden entstehen und die sich beide auf verschiedenen Seiten der ersten Gerade und auf der entgegengesetzten Seiten der beiden andern Geraden befinden. An zwei parallelen Geraden sind sie gleich groß.
- ☐ Nebenwinkel unterscheiden sich um 90°. Erläuterung: Nebenwinkel unterscheiden sich nur um 90°, wenn einer 45° und der andere 135° beträgt.
- ☒ Wechselwinkel an parallelen Geraden sind gleich groß. Erläuterung: siehe oben.
- ☐ Stufenwinkel addieren sich zu 180°. Erläuterung siehe oben.

Lösung 15.5 Es ist Dreieck 1 rechtwinklig,
Dreieck 2 spitzwinklig,
Dreieck 3 gleichschenklig und stumpfwinklig,
Dreieck 4 gleichseitig mit drei spitzen 60° Winkeln,
Dreieck 5 stumpfwinklig sowie
Dreieck 6 gleichschenklig und rechtwinklig.

Lösung 15.6 Anhand des größten *Winkels* α im Dreieck werden unterschieden:

- ▷ spitzwinklig: $\alpha < 90°$
- ▷ rechtwinklig: $\alpha = 90°$
- ▷ stumpfwinklig: $\alpha > 90°$

Anhand der Seitenlängen werden unterschieden:

- ▷ gleichseitig: alle drei Seiten sind gleich lang.
- ▷ gleichschenklig: zwei Seiten sind gleich lang, die dritte Seite hat eine andere Länge.
- ▷ ungleichseitig: alle drei Seiten haben verschiedene Längen.

Gleichseitige Dreiecke haben drei gleiche Winkel von 60°, sind also spitzwinklig. Gleichschenklige wie ungleichseitige Dreiecke können spitz-, recht- oder stumpfwinkig sein.

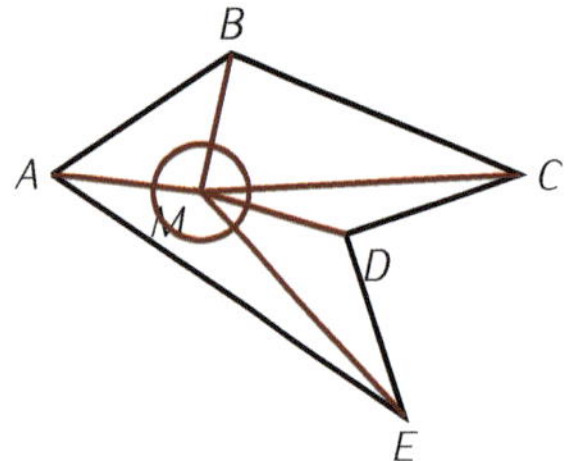

Bild 15.37: Winkelsumme im Fünfeck zur Lösung der Aufgabe 15.7.

Lösung 15.7

a) Eine Möglichkeit, die Winkelsumme eines beliebigen Fünfecks zu berechnen, ist es, einen beliebigen Punkt M in der Mitte zu wählen. Dieser Punkt verbunden mit den Eckpunkten des Fünfecks ergibt fünf Dreiecke. Jedes dieser Dreiecke besitzt eine Winkelsumme von 180° oder π. In Bild 15.37 wird deutlich, dass alle Winkelsummen der fünf Dreiecke zusammen ($5 \cdot 180° = 5 \cdot \pi$), alle Innenwinkel des Fünfecks beinhalten. Die Winkel der fünf Dreiecke, die sich um den Punkt M befinden, sind allerdings auch mit inbegriffen. In der Grafik wird jedoch zusätzlich deutlich, dass die Summe der Winkel am Punkt M genau 360° oder 2π groß ist. Zusammengefasst werden also die Winkelsummen der fünf Dreiecke aufaddiert und mit 360° oder 2π subtrahiert: $5{\cdot}180°{-}360° = 5{\cdot}180°{-}2{\cdot}180° = (5{-}2){\cdot}180° = 3{\cdot}180° = 540°$ oder $5 \cdot \pi - 2 \cdot \pi = (5-2) \cdot \pi = 3 \cdot \pi$.

b) Für ein Polygon mit n Ecken stimmt die Vorgehensweise mit der der vorherigen Aufgabenstellung überein. Einen beliebigen Punkt in einem Polygon mit n Ecken gewählt und diesen Punkt mit den n Ecken verbunden, ergibt genau n Dreiecke, die das n-Eck darstellen. Werden nun wieder die Winkelsummen aller n Dreiecke aufaddiert, sind darin wie in der vorigen Aufgabenstellung alle Innenwinkel des n-Ecks und zusätzlich alle Winkel um den Punkt M enthalten. Die Summe der Winkel um den Punkt M ist also noch abzuziehen: $n{\cdot}180°{-}360° = n{\cdot}180°{-}2{\cdot}180° = (n{-}2){\cdot}180°$ oder $n\pi - 2\pi = (n-2)\pi$.

Lösung 15.8 Es bezeichnen h die Höhe der Rinne $0 < h < a$, b die Breite der seitlichen Dreiecke der Rinne und Q den Flächeninhalt des Querschnitts der Rinne, vergleiche Skizze in Bild 15.28.

Die Breite b ergibt sich aus $a^2 = b^2 + h^2 \Leftrightarrow b = \sqrt{a^2 - h^2}$, Q setzt sich aus den Flächeninhalten des Rechtecks und der beiden Dreiecke zusammen: $Q = ha + 2 \cdot \frac{1}{2}hb = h(a + b)$.

Durch Ersetzen von b wird Q eine Funktion von h: $Q(h) = h(a{+}b) = ha + h\sqrt{a^2 - h^2}$, und $Q'(h) = a + \sqrt{a^2 - h^2} - h^2\frac{1}{\sqrt{a^2-h^2}}$ abgeleitet nach h.

Damit die Querschnittsfläche maximal wird, muss $Q'(h) = 0$ sein:

$$a + \sqrt{a^2 - h^2} - h^2\frac{1}{\sqrt{a^2-h^2}} = 0 \Leftrightarrow a\sqrt{a^2 - h^2} + a^2 - h^2 - h^2 = 0$$

$$\Leftrightarrow a\sqrt{a^2 - h^2} = 2h^2 - a^2 \Leftrightarrow a^4 - a^2h^2 = 4h^4 - 4a^2h^2 + a^4$$

$$\Leftrightarrow -a^2h^2 = 4h^4 - 4a^2h^2 \Leftrightarrow -a^2 = 4h^2 - 4a^2 \Leftrightarrow 3a^2 = 4h^2$$

$$\Leftrightarrow h = \frac{\sqrt{3}}{4}a \approx 0.866\, a.$$

Die obigen Äquivalenzen gelten in den Schritten, in denen quadriert wurde, da $a, b, h \geq 0$ gilt.

Die Berechnung des maximalen Flächeninhalts des Querschnitts war in der Aufgabenstellung nicht gefordert. Es gilt aber: $Q_{\max} = \frac{\sqrt{3}}{4}a^2 + \frac{\sqrt{3}}{4}a\sqrt{a^2 - \frac{3}{4}a^2} = \frac{\sqrt{3}}{4}a^2(1 + \frac{1}{2}) = \frac{3\sqrt{3}}{4}a^2 \approx 1.299\,a^2$

An den Grenzen des Definitionsbereichs für $h = 0$ oder $h = a$ ist $Q(h) = 0$. Da $Q(h)$ im gesamten Intervall differenzierbar ist, stellt der gefundene Wert somit das eindeutige Maximum dar. Die Berechnung von $Q''(h) < 0$ kann entfallen.

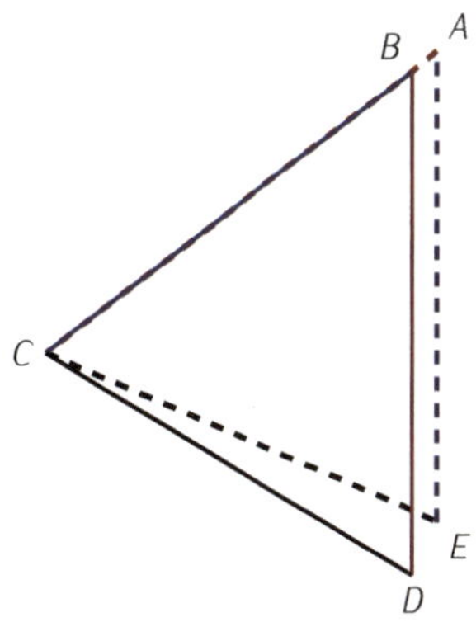

Bild 15.38: Zwei kongruente Dreiecke zur Aufgabe 15.9: gleich lange Seiten sind mit gleichen Farben gezeichnet.

Lösung 15.9 Es sind die Seitenlängen $|\overline{AC}| = \sqrt{12^2 + 9^2} = 15 = |\overline{DB}|$ sowie $|\overline{AE}| = 14 = \sqrt{11.2^2 + 8.4^2} = |\overline{BC}|$ und $|\overline{CE}| = \sqrt{12^2 + 5^2} = 13 = \sqrt{11.2^2 + 6.6^2} = |\overline{CD}|$. Die Dreiecke sind daher kongruent. Vergleiche Bild 15.38. Beim Dreieck $\triangle(AEB)$ sind die Seitenlängen $14, 13.424, 1$ während sie bei $\triangle(AED)$ die Werte $14, 1.789, 15.62$ haben. Damit sind diese beiden Dreiecke nicht kongruent.

Lösung 15.10 Es werden die Längen der Seiten beider Dreiecke miteinander verglichen. Für Dreieck D gilt

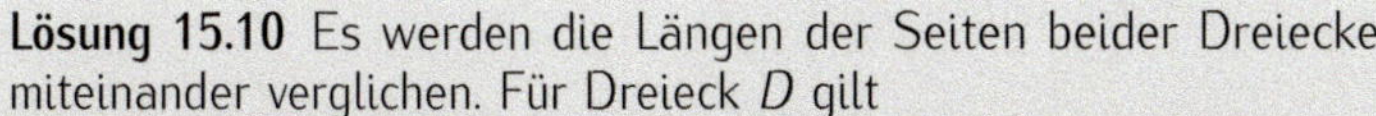

$a = \sqrt{(C_x - B_x)^2 + (C_y - B_y)^2} = \sqrt{(1-4)^2 + (4-3)^2} = \sqrt{10}$

und dementsprechend $b = \sqrt{17}$ sowie $c = 5$. Für Dreieck D' gilt: $a' = \sqrt{17}$, $b' = 5$, $c' = \sqrt{10}$. Die Dreiecke D und D' sind kongruent, da die Seitenlängen übereinstimmen.

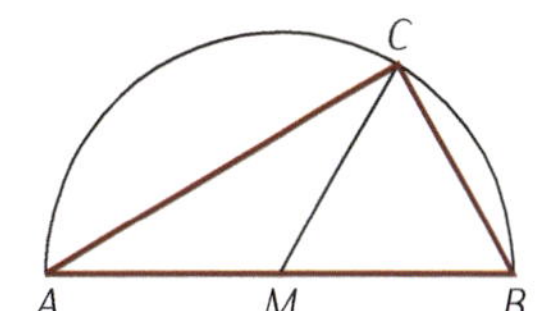

Bild 15.39: Thales-Kreis zur Aufgabe 15.11.

Lösung 15.11

a) Siehe Bild 15.39.

b) Die Strecken $\overline{AM}, \overline{MB}$ und $\overline{MC}$ haben die Länge r, da sie Kreisradien sind, $|\overline{AB}| = 2r$. Wegen $\angle(BMC) = 60°$ ist das Dreieck $\triangle(BMC)$ gleichseitig. Es gilt $\overline{BC} = r$.

   Das Thalesdreieck $\triangle(ABC)$ ist rechtwinklig, damit ist nach Pythagoras $\overline{AC} = \sqrt{(2r)^2 - r^2} = \sqrt{3}r$. Die Dreiecksfläche F ist die Hälfte des Produkts der Kathetenlängen mit $F = \frac{1}{2}|\overline{AC}|\,|\overline{BC}| = \frac{1}{2}\sqrt{3}rr = \frac{\sqrt{3}}{2}r^2 \approx 0.866\,r^2$.

c) Das durch $\overline{CB}$ definierte Kreissegment hat den Öffnungswinkel 60°. Deswegen ist sein Anteil an der gesamten Kreisfläche $\frac{60}{360} = \frac{1}{6}$ und damit ist sein Flächeninhalt $\frac{1}{6}A_K = \frac{1}{6} \cdot \pi r^2$, wenn A_K der Flächeninhalt des vollen Kreises ist.

   Das Kreissegment setzt sich aus dem Dreieck $\triangle(BMC)$ und dem gesuchten Flächenstück zusammen. Das Dreieck $\triangle(BMC)$ hat den Flächeninhalt $A_D = \frac{1}{2}r\frac{\sqrt{3}}{2}r = \frac{\sqrt{3}}{4}r^2$. Damit ist der gesuchte Flächeninhalt

   $\frac{1}{6}r^2\pi - \frac{\sqrt{3}}{4}r^2 = (\frac{\pi}{6} - \frac{\sqrt{3}}{4})r^2 \approx 0.0906\,r^2$.

Lösung 15.12 Die Dreiecke sind ähnlich, daher verhält sich c zu d wie b zu x und wie a zu y. Es folgt $x = \frac{bd}{c}$ sowie $y = \frac{ad}{c}$.

Lösung 15.13 Machen Sie sich die notwendigen Schritte klar (dann sind alle nachfolgenden Teilaufgaben viel einfacher) und vergeben Sie eindeutige Bezeichnungen, z.B. h_T: Höhe des Turms, h_P: Höhe der Person, s_T: Schattenlänge des Turms, s_P: Schattenlänge der Person.

a) Es gilt die Beziehung $\frac{h_T}{s_T} = \frac{h_P}{s_P}$. Daraus folgt: $h_T = \frac{h_P s_T}{s_P}$.

   Mit den gegebenen Werten ergibt sich: $h_T = \frac{1.80 \cdot 42}{2.25}\text{m} = 33.6\text{m}$.

b) $s_B = \frac{h_B s_T}{h_T} = \frac{19 \cdot 42}{33.6}\text{ m} = 23.75\text{m}$.

c) Gar nicht! Der Schatten des Turms wird länger:

   $$s_T = \frac{h_T \cdot s_P}{h_P} = \frac{33.6 \cdot (2.25+0.15)}{1.8}\text{m} = 44.8\text{m}.$$

   Alternativ wird nur mit der zusätzlichen Schattenlänge gerechnet: $z_P = 0.15$, gesucht $z_T = \frac{z_P h_T}{h_P} = \frac{0.15 \cdot 33.6}{1.8} = 2.8$ ergibt zu 42 addiert den selben Wert.

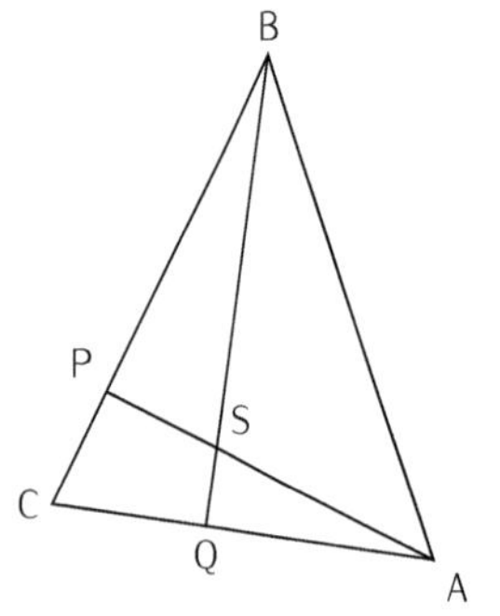

Bild 15.40: Spitzwinkliges Dreieck mit zwei Höhenlinien zur Aufgabe 15.14.

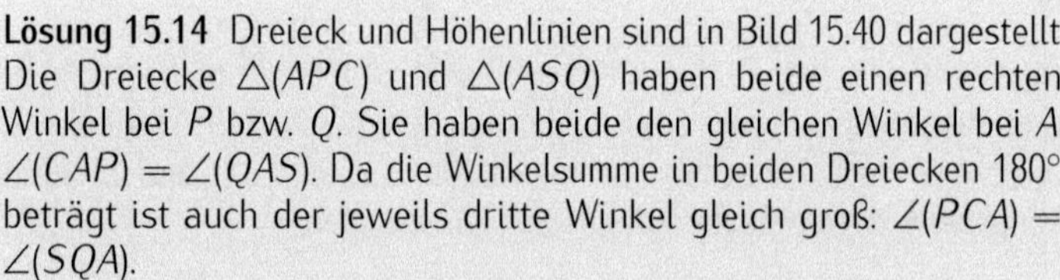
Lösung 15.14 Dreieck und Höhenlinien sind in Bild 15.40 dargestellt. Die Dreiecke $\triangle(APC)$ und $\triangle(ASQ)$ haben beide einen rechten Winkel bei P bzw. Q. Sie haben beide den gleichen Winkel bei A: $\angle(CAP) = \angle(QAS)$. Da die Winkelsumme in beiden Dreiecken 180° beträgt ist auch der jeweils dritte Winkel gleich groß: $\angle(PCA) = \angle(SQA)$.

Entsprechendes gilt für die Dreiecke $\triangle BCQ$ und $\triangle(BPS)$. Wiederum haben auch $\triangle(APC)$ und $\triangle(BCQ)$ je einen rechten Winkel und den gleichen Winkel bei C.

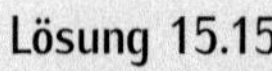
Lösung 15.15

a) Der Satz des Pythagoras $a^2 + b^2 = c^2$ gilt, wenn zwischen a und b der rechte Winkel γ liegt.

b) Die Dreiecksungleichung (siehe Kapitel 2 in Band 1) besagt für beliebige Dreiecke $a + b \geq c$, deswegen ist niemals $a + b < c$.

Lösung 15.16 Zeichnen Sie ein rechtwinkliges Dreieck mit Kathetenlängen $a = 2$ und $b = 1$. Wegen $2^2 + 1^2 = 5 = (\sqrt{5})^2$ hat die Hypotenuse die Länge $\sqrt{5}$.

Da $4 + 5 = 9 \Leftrightarrow 2^2 + (\sqrt{5})^2 = 3^2$ ist, kann die Strecke wie folgt konstruiert werden: Zeichnen Sie vom Ursprung die Strecke a mit der Länge 2 in x-Richtung. Zeichnen Sie am Ende der Strecke eine zu a senkrechte Gerade in y-Richtung. Schlagen Sie um den Ursprung einen Kreis mit dem Radius $c = 3$. Schnittpunkt von Kreis und Gerade ergänzen sich mit der Strecke zu einem rechtwinkligen Dreieck, dessen zweite Kathete die Länge $\sqrt{5}$ hat.

Lösung 15.17

a) Es ist nicht sichergestellt, dass die Diagonale des Schrankes zwischen Höhe und Tiefe kleiner ist als die Raumhöhe.

b) Der Schrank wird über die hintere Kante der Grundfläche gekippt, die maximale Höhe des Schranks während des Aufrichtens ist daher die Diagonale aus Höhe und Tiefe. Die Diagonale aus Höhe und Breite wäre größer. Die Länge der Diagonale wird mit der Raumhöhe verglichen. Benötigt werden h, t und r.

c) Dazu müsste Diagonale d kleiner gleich Raumhöhe r sein:

$d = \sqrt{h^2 + t^2} \approx 2.2847\text{m} > 2.25\text{m} = r$. Die Aussage $d \leq r$ ist falsch, die Antwort auf die Frage ist daher nein.

d) Bezeichnet h_f die Höhe der Füße, muss $\sqrt{(h - h_f)^2 + t^2} \leq r \Leftrightarrow (h - h_f)^2 + t^2 \leq r^2 \Leftrightarrow (h - h_f)^2 \leq r^2 - t^2 \Leftrightarrow h - h_f \leq \sqrt{r^2 - t^2} \Leftrightarrow h_f \geq H - \sqrt{r^2 - t^2} \approx 0.03784\text{m}$.

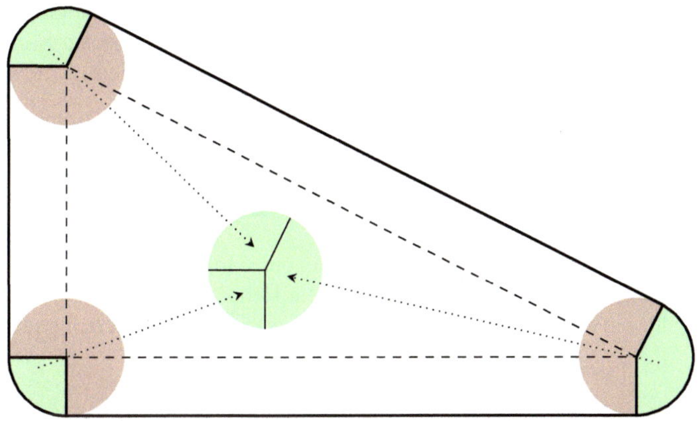

Bild 15.41: Die Winkel der Kreissegmente addieren sich zu 360° (zur Aufgabe 15.18).

Lösung 15.18 Das Förderband besteht aus drei geradlinigen Stücken, zwischen den Anliegepunkten, wo das Band tangential von den Kreisen abläuft, und drei Kreissegmenten. Die drei Kreissegmente summieren sich zu 360°, wie in Bild 15.41 dargestellt. Die an den Rollen anliegende Länge des Bands ist damit $2\pi r = \frac{\pi}{2}\text{m}$. Die drei geradlinigen Seiten des Förderbands sind parallel zu den Seiten des Dreiecks, das durch die Achsen gegeben ist. Dieses ist in Bild 15.41 gestrichelt dargestellt. Seine Längen sind 10m, 5m und $\sqrt{10^2 + 5^2}\text{m} = \sqrt{125}\text{m} = 5\sqrt{5}\text{m}$.

Damit ist die Gesamtlänge $L = 10 + 5 + \sqrt{125} + \frac{\pi}{2} \approx 27.7511\text{m}$.

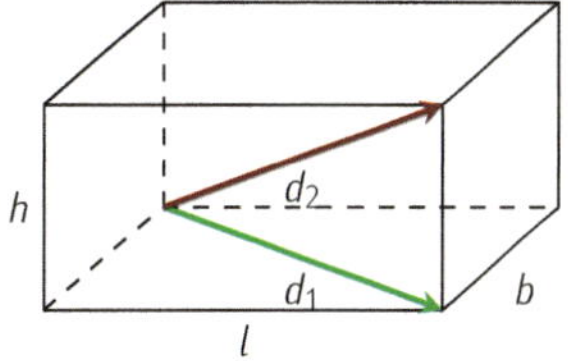

Bild 15.42: Die Bodendiagonale (grün) und die Raumdiagonale (rot) des Hörsaals aus Aufgabe 15.19.

Lösung 15.19 Bild 15.42 veranschaulicht das Dreieck aus Länge, Breite und Bodendiagonale. Für die Bodendiagonale d_1 gilt $d_1^2 = l^2 + b^2$ da die Grundfläche rechtwinklig ist. Ebenfalls zu sehen ist das rechtwinklige Dreieck aus Bodendiagonale, Höhe und Raumdiagonale. Für d_2 gilt $d_2^2 = d_1^2 + h^2$ da die Grundfläche senkrecht zur Wand ist. Damit ist $d_2^2 = l^2 + b^2 + h^2 \approx 155.04\text{m}^2$ oder $d_2 \approx 12.452\text{m}$.

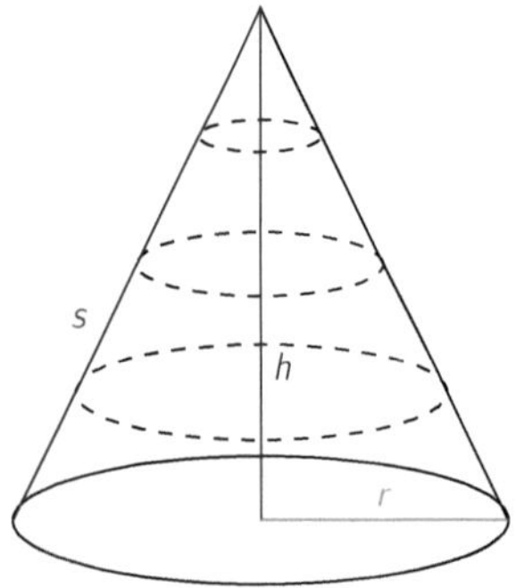

Bild 15.43: Kreiskegel zur Aufgabe 15.20.

Lösung 15.20

a) Siehe Bild 15.43.
b) Die Beziehungen zwischen den drei Größen sind durch den Satz von Pythagoras gegeben: $s^2 = h^2 + r^2$ (rechtwinkliges Dreieck).
c) Die Formel für V wird umgeformt, so dass sie nur noch von h und festen Größen (wie s) abhängt. $V = \frac{\pi}{3}r^2h = \frac{\pi}{3}(s^2 - h^2)h = \frac{\pi}{3}(s^2h - h^3)$ Der Definitionsbereich für $V(h)$ ist das Intervall $[0, s]$. Für $h = s$ entartet der Kegel zu einem senkrechten Stab, für $h = 0$ zu einer Scheibe.

   Anmerkung: Der Schritt, den Definitionsbereich zu ermitteln, ist einfach, aber wichtig! Ohne Definitionsbereich können die Extremwerte nicht gefunden werden, denn sie können am Rand liegen, die Ableitung muss dort jedoch nicht 0 werden.

   $V'(h) = \frac{\pi}{3}(s^2 - 3h^2)$. Wenn V bei $h_e \in (0, s)$ einen Extremwert hat, ist dort $V'(h_e) = 0$:

   $$0 = V'(h_e) = \frac{\pi}{3}(s^2 - 3h_e^2) \Leftrightarrow 3h_e^2 = s^2 \Rightarrow h_e = \sqrt{\tfrac{1}{3}}s.$$

   Dieser Extremwert muss ein Maximum sein, denn im Innern des Definitionsbereichs ist V positiv, am Rand aber 0. Als Argument für ein Maximum ist ebenso gültig, dass $V''(h_e) = -2\pi h_e$ negativ ist. $h_e = \sqrt{\frac{1}{3}}s \approx 0.5774s$ ergibt einen Radius $r_e = \sqrt{\frac{2}{3}}s \approx 0.8165s$.

   Der resultierende Kegel wird recht flach und sein Spitzenwinkel stumpf.

Lösung 15.21 $A = \pi r^2 = 4\pi \approx 12.5664$

Lösung 15.22 Flächeninhalt des gesamten Kreises ist πr^2. Umfang des Kreises ist $2\pi r$. Der Anteil des Kreissektorfläche an der Gesamtfläche der Kreisfläche entspricht dem Anteil des Öffnungswinkels am Vollwinkel 2π. Daher ist $A = \pi r^2 \frac{\beta}{2\pi} = \frac{\beta}{2}r^2$. Für $\beta = r = 1$ ist $A = \frac{1}{2}$. Aus $\pi r^2 = \frac{1}{2}$ ergibt sich $r = \sqrt{\frac{1}{2\pi}} \approx 0.3989$.

Lösung 15.23

a) Bei der Lösung hilft die Überlegung, welche Seitenlänge das Quadrat haben muss. Da die Gesamtfläche aus 5 Einheitsquadraten besteht, muss die Seitenlänge des Quadrats $\sqrt{5}$ betragen. Wegen $5 = 4 + 1 = 2^2 + 1^2$ ist $\sqrt{5}$ die Hypotenuse eines rechtwinkligen Dreiecks mit Katheten der Längen 2 und 1. Eine solche Länge ist etwa von der unteren Ecke des linken Arms zur linken Ecke des oberen Arms gegeben. Ein Schnitt entlang dieser Linie schneidet links unten ein kleines Dreieck ab, das sich oberhalb passend einsetzen lässt. An den anderen Seiten entsprechend fortgesetzt ergibt sich das gewünschte Quadrat, siehe obere Figur in Bild 15.44.

b) Schnitte von der oberen Kantenhälfte des linken Arms zur unteren Kantenhälfte des rechten Arms, sowie von der linken Kantenhälfte des unteren Arms zu rechten Kantenhälfte des oberen Arms sind in der mittleren Darstellung in Bild 15.44 gezeigt. Sie lassen das selbe Quadrat entstehen. Dazu werden die vier entstandenen Teile auf die jeweils entgegengesetzte Seite der Figur parallel verschoben. Die unterste Darstellung zeigt das Ergebnis dieser Verschiebungen.

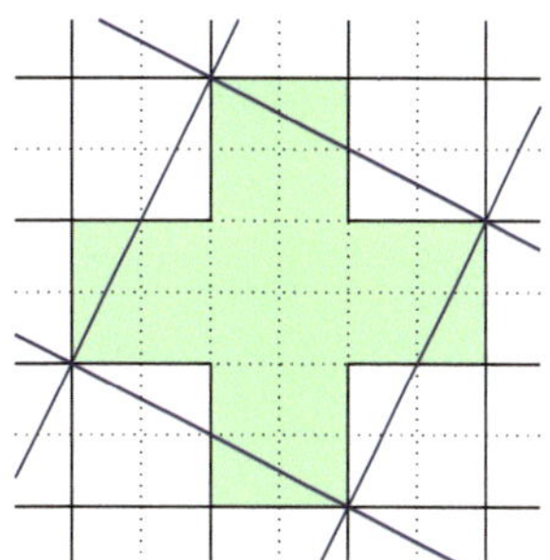

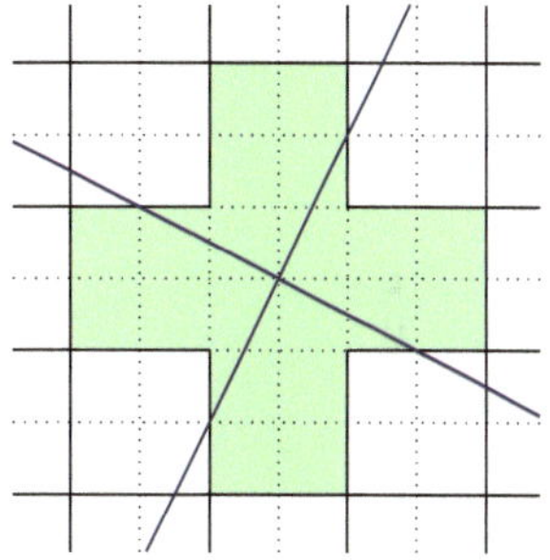

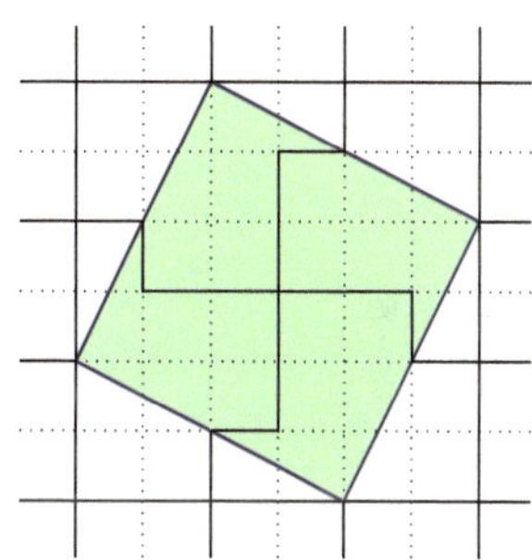

Bild 15.44: Das obere Bild zeigt eine Möglichkeit, Schnitte zur Aufgabe 15.23 durchzuführen. Die kleinen Dreiecke können direkt um 180° gedreht werden. Eine andere Möglichkeit zeigt das mittlere Bild. Die Neuanordnung der so entstandenen Flächen ist in der unteren Darstellung zu sehen.

Lösung 15.24 Die Dichte ρ quantifiziert die Masse pro cm^3. Es gilt $m = \rho V \Rightarrow V = \frac{m}{\rho}$.

Der Innenquerschnitt des Rohrs ist $\frac{\pi}{4}d^2$. Der Flächeninhalt der Kreisfläche ist $r^2\pi$ mit Radius $r = \frac{d}{2}$. Und damit beträgt das Volumen $V = \frac{\pi}{4}d^2\, l$. Nach d aufgelöst ergibt sich $d = \frac{2}{\sqrt{\pi}}\sqrt{\frac{m}{l\rho}}$. Es folgt $d = 0.165$mm - ein sehr dünnes Röhrchen!

Lösung 15.25

a) Das Volumen V des Zylinders ist $V = lr^2\pi = 20^2 \cdot 80\pi = 32000\pi \approx 100531\,[cm^3] \approx 100\,[l]$.

b) Die Oberfläche eines Zylinders besteht aus der vorderen und hinteren Kreisfläche mit je einem Flächeninhalt $r^2\pi$ und der Zylinderfläche mit dem Flächeninhalt $l\,2r\pi$. $A = 2r^2\pi r^2 + 2lr\pi = 2r(r + l)\pi = 2 \cdot 20(20 + 80)\pi = 4000\pi \approx 12566\,[cm^2]$.

Lösung 15.26 Für das Volumen V einer Pyramide gilt $V = \frac{1}{3}hA$, wobei h die Höhe und A der Flächeninhalt der Grundfläche ist. Damit berechnet sich $V = \frac{1}{3} \cdot 147.19 \cdot 230^2 m^3 \approx 2.595 \cdot 10^6 m^3$.

Lösung 15.27 Aus Umfang $U = 2\pi r$ ergibt sich die Flächeninhalte $M = Uh$ (Mantelfläche) und $D = \pi r^2$ (Deckelflächen). Der Gesamtflächeninhalt ist $A = M + 2D = 2(r^2 + rh)\pi$. Das Volumen $V = hD = hr^2\pi$.

Die Vorgabe $A = 10$ führt auf $h = \frac{5}{r\pi} - r$ und $V(r) = 5r - r^3\pi$. Es gilt $V'(r) = 5 - 3r^2\pi$ mit der positiven Nullstelle $r = \sqrt{\frac{5}{3\pi}}$. Wegen $V''(r) = -6r < 0$ liegt ein Maximum vor. Außerdem gilt

$$h = \left(\frac{5}{r^2\pi} - 1\right) r = \left(\frac{5}{\left(\sqrt{\frac{5}{3\pi}}\right)^2 \pi} - 1\right) r = \left(\frac{5}{\frac{5}{3\pi}\pi} - 1\right) r = 2r.$$

Damit wird $r = \sqrt{\frac{5}{3\pi}} \approx 0.728366$ und $h = 2r \approx 1.45673$ und das Volumen ist $V = \frac{10}{3}\sqrt{\frac{5}{3\pi}} \approx 2.42789$.

Lösung 15.28 Die Zeichnung der Bodenfläche ergibt, dass die Diagonale der Quadergrundfläche der Durchmesser der kreisförmigen Öffnung ist. Daher ist $a^2 + b^2 = d^2 = 1$. Das Volumen des Quaders ist durch $V = a^2 b$ gegeben. Als Funktion von b dargestellt, ist daher $V(b) = (1 - b^2)b$ mit $0 \leq b \leq d = 1$. An den Rändern des Definitionsbereichs ist $V(0) = V(1) = 0$. Mit $V'(b) = 1 - 3b^2$ gilt $V'(b) = 0 \Leftrightarrow b = \sqrt{\frac{1}{3}} \approx 0.5774$. Für a ergibt sich $a = \sqrt{\frac{2}{3}} \approx 0.8165$. Das Volumen dieses Quaders beträgt $V(\sqrt{\frac{1}{3}}) = \frac{2}{3}\sqrt{\frac{1}{3}} \approx 0.384900$. Da dieser Wert positiv ist, muss es sich wegen der Werte am Rand um das gesuchte Maximum handeln.

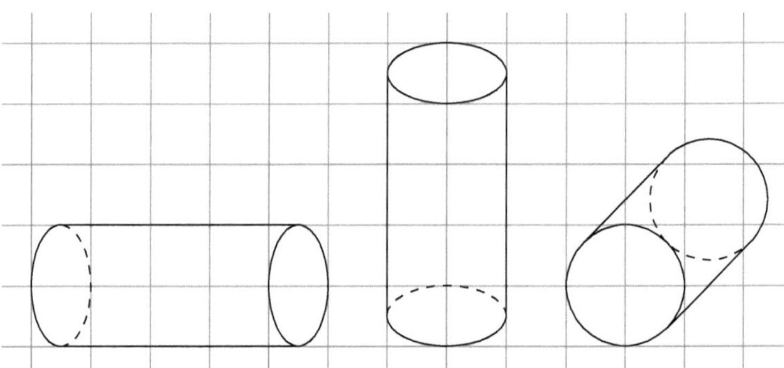

Bild 15.45: Ein horizontal liegender, ein vertikal liegender und ein nach hinten ausgerichteter Zylinder in Kavaliersperspektive aus Aufgabe 15.29.

Lösung 15.29 Bild 15.45 zeigt die drei Ansichten nebeneinander. Die Abstände der Gitterlinien sind gerade der Radius des Zylinders. Beim nach hinten ausgerichteten Zylinder berühren sich die Kreise in der Zeichnung, da die Hälfte der nach hinten liegenden Länge gerade dem Zweifachen des Zylinderradius entspricht.

Lösung 15.30 Der Bogen von Quito nach Singapur in östlicher Richtung entspricht einem Winkel von $78.51° - (-103.85°) = 78.51° + 103.85° = 182.36°$.

In westlicher Richtung sind es dann $360° - 182.36° = 177.64°$. Die Luftlinienentfernung ist die zugehörige Bogenlänge $L_B = 2\pi R \frac{\alpha}{360°}$, also in östlicher Richtung $L_{\mathrm{Ost}} = \pi \cdot 6378\mathrm{km} \cdot \frac{182.36°}{180°} = 20300\mathrm{km}$ und in westlicher Richtung $L_{\mathrm{West}} = \pi \cdot 6378\mathrm{km} \cdot \frac{177.64°}{180°} = 19774\mathrm{km}$. Damit ist die Entfernung in westlicher Richtung kürzer.

Erste Lösung:

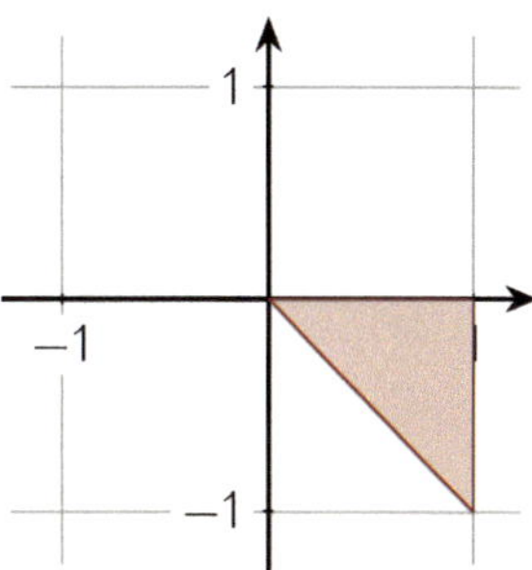

Zweite Lösung:

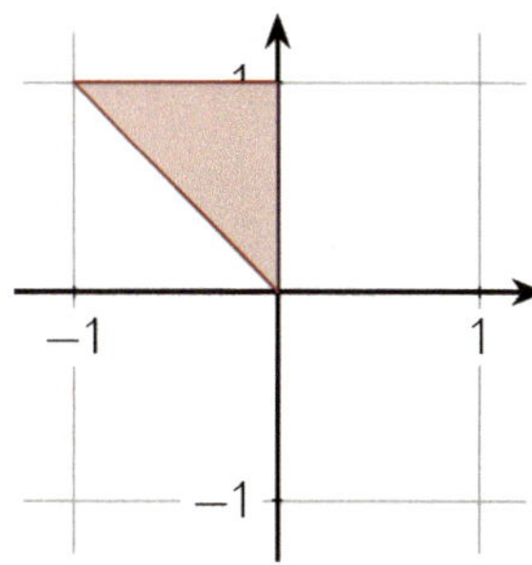

Dritte Lösung:

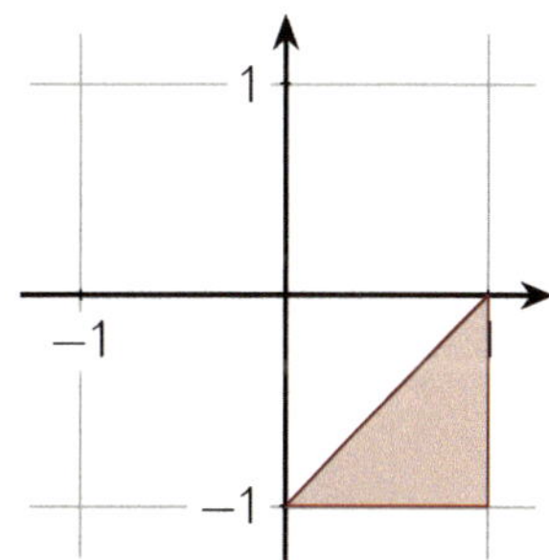

Bild 15.46: Zwei Figuren sind von Transformationen ineinander überzuführen, siehe Aufgabe 15.31. Dargestellt ist immer die Lage der Figur nach dem ersten der zwei Schritte der drei Lösungen.

Lösung 15.31 Es werden drei Lösungen präsentiert, wobei jede aus zwei nacheinander ausgeführten Transformationen besteht. Der Zwischenzustand des Dreiecks, also nach der jeweils ersten Transformation, ist in Bild 15.46 rot dargestellt.

Lösung 1: Spiegelung an der Abszisse, gefolgt von einer Translation nach oben.

Lösung 2: Rotation um 90° um den Ursprung, gefolgt von einer Translation nach rechts.

Lösung 3: Translation nach unten, gefolgt von einer Spiegelung an der Abszisse.

Selbstverständlich sind auch Lösungen mit mehr als zwei Transformationen möglich. Bei jeder Transformationsfolge muss mindestens eine Translation enthalten sein, da sonst die Ecke des blauen Dreiecks im Ursprung verbleibt.

Lösung 15.32 Die Transformationen sind:
a) gleichmäßige Streckung in alle Richtungen
b) Rotation
c) Translation

Die Rotation und die Translation sind Isometrien.

Lösung 15.33 Für einen Winkel γ im Gradmaß ist das Bogenmaß $x = \frac{\gamma}{180°}\pi$.

□ $\frac{90°}{180°}\pi = \frac{1}{2}\pi$	□ $\frac{3}{4}\pi$	□ $\frac{4}{9}\pi$
□ $\frac{1}{6}\pi$	□ $\frac{5}{6}\pi$	□ $\frac{1}{4}\pi$
□ $\frac{1}{3}\pi$	□ $\frac{1}{9}\pi$	□ $\frac{5}{12}\pi$

Bei der letzten Aufgabe ist es hilfreich, den Winkel als Summe zu sehen: $75° = 45° + 30°$.

Lösung 15.34 Die Transformationen werden in der graphischen Darstellung von ursprünglichen und transformierten Rechteck-Koordinaten in Bild 15.47 verdeutlicht.

a) Die Rotation ist 90° gegen den Uhrzeigersinn.

a)

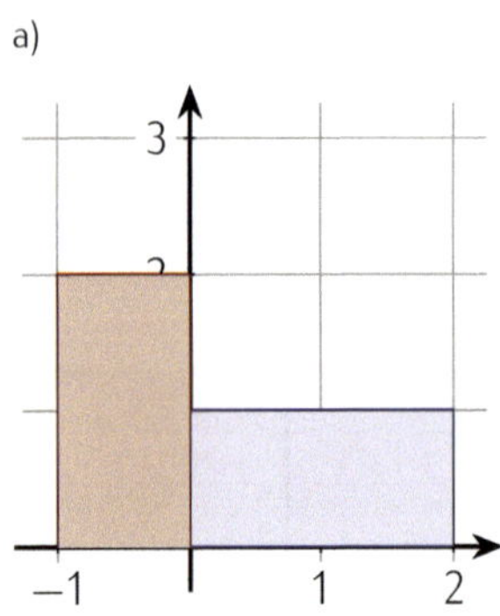

b)

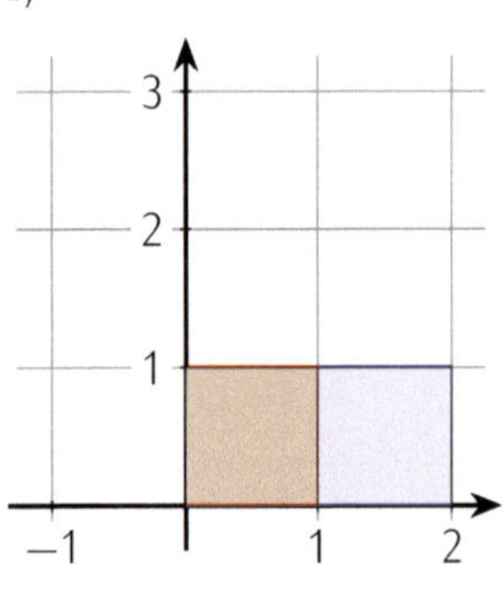

c)

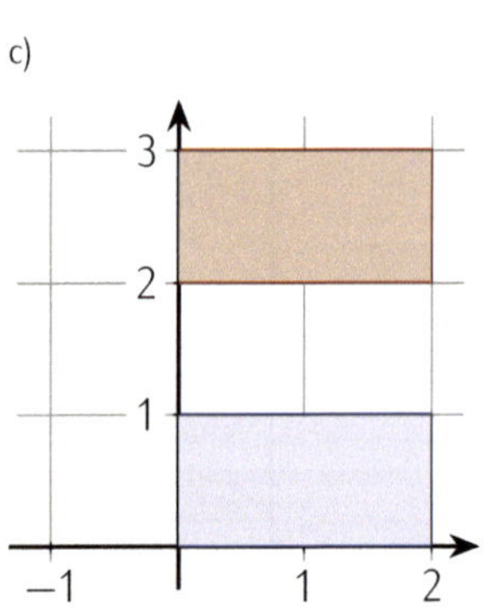

Bild 15.47: Die ursprünglichen (blau) und transformierten (rot) Rechtecke aus der Lösung zur Aufgabe 15.34.

b) Die Skalierungsrichtung ist die x-Achse mit dem Faktor 0.5, es handelt sich um eine Stauchung. Aus dem Rechteck wird dabei ein Quadrat.

c) Es handelt sich um eine Translation, die den Ursprung in den Punkt $(0, 2)$ überführt.

Lösung 15.35 Für einen Winkel x im Bogenmaß ist das Gradmaß $y = \frac{x}{\pi}180°$.

- □ 60°
- □ 45°
- □ 120°
- □ 105°
- □ 40°
- □ 36°
- □ 30°
- □ 165°
- □ 20°

16 Trigonometrie

16.1 Einleitung

Trigonometrie ist die Lehre von der Messung der Dreiecke. Sie ist hier auf die zweidimensionale Ebene beschränkt und wird *ebene Trigonometrie* genannt. Im Unterschied dazu behandelt z.B. die *sphärische Trigonometrie* Dreiecke auf Kugeloberflächen. Die wichtigen trigonometrischen Funktionen bilden einen Schwerpunkt des Kapitels, erste Identitäten werden benutzt. Weiteres über die trigonometrischen Funktionen, ihre Anwendungen und deren Identitäten folgt in den Kapiteln 18 und 19. Der Sinus- und der Cosinussatz eignen sich beide, um in geometrischen Anordnungen Winkel zu bestimmen. Die Bestimmung von Dreiecken aus Teilinformationen bildet den Abschluss dieses Kapitels.

Einen ausführlichen Einstieg in Geometrie und Trigonometrie ist in Fritzsche (2016) zu finden.

K. Fritzsche. *Tutorium Mathematik für Einsteiger.* Springer Spektrum, Berlin Heidelberg, 2016

16.1.1 Geometrie am Dreieck

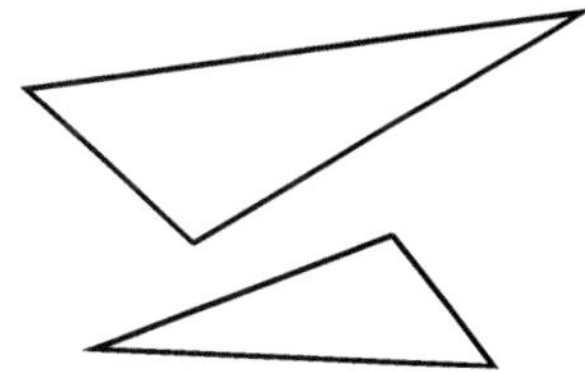

Bild 16.1: Ähnliche Dreiecke haben gleiche Winkel. Die Verhältnisse der Seitenlängen von je zwei Seiten sind gleich.

Zwei Dreiecke, deren Winkel gleich groß sind, werden *ähnlich* genannt. Ihre Seitenlängen stehen jeweils im gleichen Verhältnis zueinander. Siehe Bild 16.1. In einem rechtwinkligen Dreieck legt bereits die Angabe eines Winkels wegen der Winkelsumme von 180° den dritten Winkel fest. Deshalb sind alle rechtwinkligen Dreieck, die in einem der anderen Winkel übereinstimmen, ähnlich und haben identische Seitenverhältnisse.

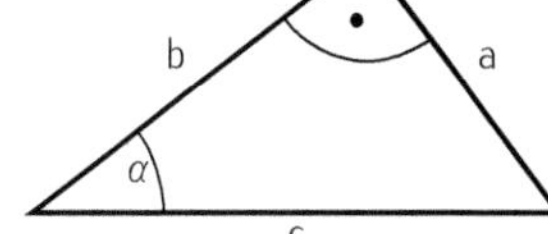

Bild 16.2: Rechtwinkliges Dreieck mit Katheten a, b und Hypotenuse c, a ist *Gegenkathete*, b *Ankathete* zu α.

Im rechtwinkligen Dreieck sind die *Katheten* die am rechten Winkel anliegenden Seiten. Die *Hypotenuse* liegt ihm gegenüber. Für einen der anderen Winkel α ist die Ankathete die anliegende Seite und die Gegenkathete die gegenüberliegende. Siehe Bild 16.2.

Die Seitenverhältnisse im rechtwinkligen Dreieck in Abhängigkeit vom Winkel sind die trigonometrischen Funktionen.

16.1.2 Die trigonometrischen Funktionen

Sinus ist das Verhältnis von Gegenkathete zur Hypotenuse, *Cosinus* das Verhältnis der Ankathete zur Hypotenuse und *Tangens* das Verhältnis von Gegenkathete zu Ankathete, siehe Tabelle 16.1. Die drei Funktionen *Cotangens*, *Secans* und *Cosecans* werden seltener verwendet, da sie einfach nur die Kehrwerte von Tangens, Cosinus und Sinus sind.

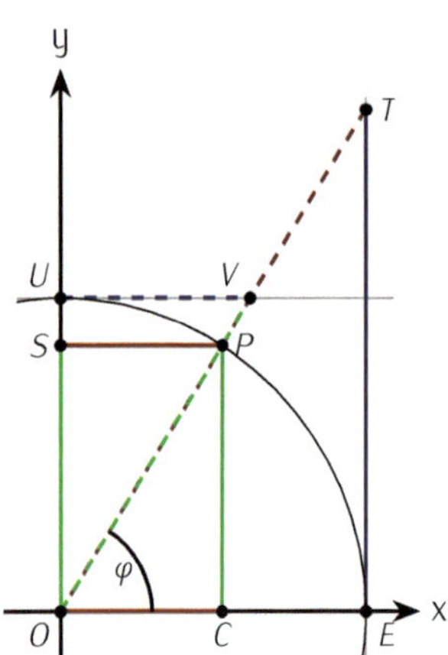

Bild 16.3: Trigonometrische Funktionen am Einheitskreis mit $|OE| = |OP| = |OU| = 1$: $\sin(\varphi) = |OS|$, $\csc(\varphi) = |OV|$, $\cos(\varphi) = |OC|$, $\sec(\varphi) = |OT|$, $\tan(\varphi) = |ET|$, $\cot(\varphi) = |UV|$.

Tabelle 16.1: Trigonometrische Funktionen als Seitenverhältnisse im rechtwinkligen Dreieck. Winkel α gegenüber Gegenkathete a, anliegend an Ankathete b und Hypotenuse c

Name	Formelname	Verhältnis	Name	Formelname	Verhältnis
Sinus	$\sin(\alpha)$	a/c	Cosecans	$\csc(\alpha)$	c/a
Cosinus	$\cos(\alpha)$	b/c	Secans	$\sec(\alpha)$	c/b
Tangens	$\tan(\alpha)$	a/b	Cotangens	$\cot(\alpha)$	b/a

Betrachten Sie die Darstellung 16.3. Im rechtwinkligen Dreieck $\Delta(OCP)$ hat die Hypotenuse $\overline{OP}$ die Länge 1, weil P auf dem Rand des Einheitskreises mit Mittelpunkt O liegt. $\overline{CP}$ ist die Gegenkathete zum Winkel φ und hat somit die Länge $\sin(\varphi)$. Entsprechend hat die Ankathete $\overline{OC}$ die Länge $\cos(\varphi)$. Im rechtwinkligen Dreieck $\Delta(OET)$ hat die Ankathete $\overline{OE}$ des Winkels φ die Länge 1, deswegen hat die Gegenkathete $\overline{ET}$ die Länge $\tan(\varphi)$. Die Hypotenuse $\overline{OT}$ in diesem Dreieck hat somit die Länge $\sec(\varphi)$. Im rechtwinkligen Dreieck $\Delta(UOV)$ hat der Winkel bei V als Wechselwinkel zu φ die gleiche Größe. Dessen Gegenkathete $\overline{OU}$ hat die Länge 1, also hat die Ankathete $\overline{UV}$ die Länge $\cot(\varphi)$. Die Hypotenuse $\overline{OV}$ hat entsprechend die Länge $\csc(\varphi)$.

16.1.3 Verlauf und Identitäten der trigonometrischen Funktionen

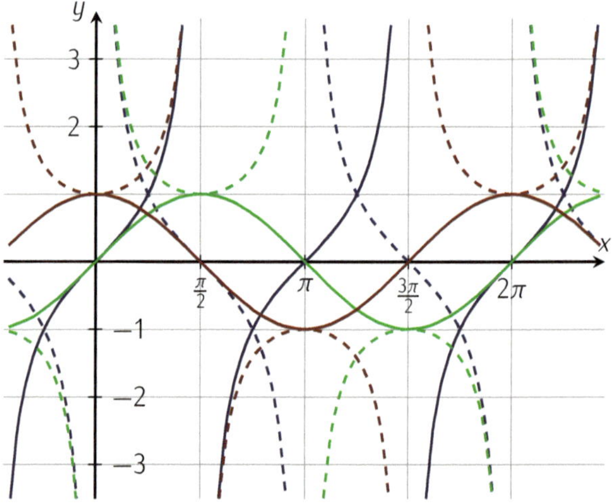

Bild 16.4: Die Graphen der trigonometrischen Funktionen $\sin(x)$, $\cos(x)$, $\tan(x)$ und gestrichelt die Kehrwerte $\csc(x)$, $\sec(x)$ und $\cot(x)$

Statt der Definition am rechtwinkligen Dreieck lassen sich die trigonometrischen Funktionen als Strecken am Einheitskreis auffassen. Siehe Bild 16.3. Es sind $\cos(\varphi)$ und $\sin(\varphi)$ die Koordinaten des Punktes auf dem Kreis, dessen Verbindungsstrecke zum Ursprung den Winkel φ mit der positiven x-Achse einschließt. Es sind $\tan(\varphi)$ und $\cot(\varphi)$ die y- bzw. x-Koordinate der Schnittpunkte der Geraden $x = 1$ bzw. $y = 1$ mit dem vom Ursprung ausgehenden Strahl in Richtung φ. Und $\sec(\varphi)$ und $\csc(\varphi)$ sind betragsmäßig die Entfernungen dieser Schnittpunkte zum Ursprung. Ihr Vorzeichen hängt davon ab, ob der Strahl in Richtung des Schnittpunktes weist oder in seine Gegenrichtung. Die trigonometrischen Funktionen sind für alle reellen Werte definiert und sie sind periodisch. Nach einem Umlauf um den Einheitskreis, also der Strecke 2π wiederholen sich die Werte. Bei tan und cot wiederholen sich die Werte schon nach π. Die Verläufe sind Bild 16.4 zu entnehmen.

Merkregel der Sinus- und Cosinuswerte für spezielle Winkel.

$\sin(\phi)$	ϕ	$\cos(\phi)$
$\sqrt{0}/2$	$0 = 0^o$	$\sqrt{4}/2$
$\sqrt{1}/2$	$\pi/6 = 30^o$	$\sqrt{3}/2$
$\sqrt{2}/2$	$\pi/4 = 45^o$	$\sqrt{2}/2$
$\sqrt{3}/2$	$\pi/3 = 60^o$	$\sqrt{1}/2$
$\sqrt{4}/2$	$\pi/2 = 90^o$	$\sqrt{0}/2$

Aus der nebenstehenden Merkregel lassen sich alle in Tabelle 16.2 angegebenen Werte ableiten. Tabelle 16.3 fasst auf den Symmetrieeigenschaften beruhende Regeln zusammen.

Tabelle 16.2: Werte der trigonometrischen Funktionen für besondere Winkel

Winkel φ in Rad / Grad	$0 = 0°$	$\frac{\pi}{6} = 30°$	$\frac{\pi}{4} = 45°$	$\frac{\pi}{3} = 60°$	$\frac{\pi}{2} = 90°$
$\sin(\varphi) = \cos(\frac{\pi}{2} - \varphi)$	0	$\frac{1}{2}$	$\frac{\sqrt{2}}{2}$	$\frac{\sqrt{3}}{2}$	1
$\tan(\varphi) = \cot(\frac{\pi}{2} - \varphi)$	0	$\frac{\sqrt{3}}{3}$	1	$\sqrt{3}$	∞
$\sec(\varphi) = \csc(\frac{\pi}{2} - \varphi)$	1	$\frac{2}{3}\sqrt{3}$	$\sqrt{2}$	2	∞

In Tabelle 16.2 wird vom *Komplementwinkel* oder *Komplementärwinkel* Gebrauch gemacht, der einen Winkel zu $\frac{\pi}{2} = 90°$ ergänzt, im rechtwinkligen Dreieck ist das der andere spitze Winkel. Für ihn sind einfach die Rollen von Ankathete und Gegenkathete vertauscht. Deshalb ist $\sin(\frac{\pi}{2} - \varphi) = \cos(\varphi)$ und ganz entsprechend $\tan(\frac{\pi}{2} - \varphi) = \cot(\varphi)$ sowie $\sec(\frac{\pi}{2} - \varphi) = \csc(\varphi)$.

Besonders einfach sind die Beziehungen beim *Supplementwinkel* oder *Ergänzungswinkel*, der einen Winkel zu $\pi = 180°$ ergänzt. Es ist $\sin(\pi - \varphi) = \sin(\varphi), \cos(\pi - \varphi) = -\cos(\varphi), \tan(\pi - \varphi) = \tan(\varphi)$. Für die Kehrwertfunktionen gilt das Entsprechende.

Bei Verschiebungen um 90° oder 180° ergeben sich anhand der Graphen entsprechend offensichtliche Beziehungen.

Beispiel. Bestimmung trigonometrischer Funktionswerte

- ▷ $\cos(30°) = \sin(90° - 30°) = \sin(60°) = \frac{\sqrt{3}}{2}$
- ▷ $\sin(315°) = \sin(315° - 360°) = \sin(-45°) = -\sin(45°) = -\frac{\sqrt{2}}{2}$
- ▷ $\tan(\frac{5\pi}{6}) = \tan(-\frac{\pi}{6}) = -\tan(\frac{\pi}{6}) = -\frac{\sqrt{3}}{3}$
- ▷ $\cot(-\frac{\pi}{6}) = -\cot(\frac{\pi}{6})$ da Cotangens wie Tangens ungerade ist. $-\cot(\frac{\pi}{6}) = -\tan(\frac{\pi}{2} - \frac{\pi}{6}) = -\tan(\frac{\pi}{3}) = -\sqrt{3}$

Tabelle 16.3: Symmetrieeigenschaften der trigonometrischen Funktionen. Wenn nicht explizit aufgeführt, gelten für die Funktionen csc, sec, cot die analogen Beziehungen wie für ihre Kehrwerte sin, cos, tan. Ein Komplementwinkel ergänzt den Winkel zu $\frac{\pi}{2} = 90°$, der *Supplementwinkel* ergänzt den Winkel zu $\pi = 180°$.

Gerade Symmetrie
$\cos(-x) = -\cos(x)$
Ungerade Symmetrie
$\sin(-x) = -\sin(x)$
$\tan(-x) = -\tan(x)$
Komplementärwinkel
$\sin(\pi/2 - x) = \cos(x)$
$\cos(\pi/2 - x) = \sin(x)$
$\tan(\pi/2 - x) = \cot(x)$
$\cot(\pi/2 - x) = \tan(x)$
$\sec(\pi/2 - x) = \csc(x)$
$\csc(\pi/2 - x) = \sec(x)$
Supplementwinkel
$\sin(\pi - x) = \sin(x)$
$\cos(\pi - x) = -\cos(x)$
$\tan(\pi - x) = -\tan(x)$
Verschieben um $\pi/2 = 90°$
$\sin(x + \pi/2) = \cos(x)$
$\cos(x + \pi/2) = -\sin(x)$
$\tan(x + \pi/2) = -\cot(x)$
$\cot(x + \pi/2) = -\tan(x)$
$\sec(x + \pi/2) = -\csc(x)$
$\csc(x + \pi/2) = \sec(x)$
Verschieben um $\pi = 180°$
$\sin(x + \pi) = -\sin(x)$
$\cos(x + \pi) = -\cos(x)$
$\tan(x + \pi) = \tan(x)$

16.1.4 Folgerungen aus dem Satz des Pythagoras

Für rechtwinklige Dreiecke gilt der *Satz des Pythagoras*, siehe Bild 16.5. Daraus ergibt sich die trigonometrische Identität als Relation zwischen den Funktionen sin und cos.

$$\sin^2(x) + \cos^2(x) = 1 \qquad \text{für alle } x \in \mathbb{R}$$

Aus dieser Beziehung ergeben sich die anderen Beziehungen zwischen den trigonometrischen Funktion, wie sie in Tabelle 16.4 angegeben werden.

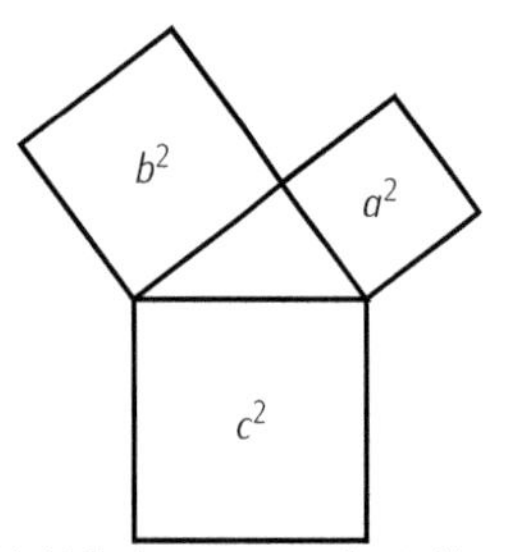

Bild 16.5: In einem rechtwinkligen Dreieck gilt für die Seitenlängen a, b der Katheten und die der Hypotenuse c der Satz des Pythagoras: $a^2 + b^2 = c^2$.

Tabelle 16.4: Die trigonometrischen Funktionen sin, cos und tan lassen sich auf andere zurückführen. Für die Funktionen $\csc = \frac{1}{\sin}$, $\sec = \frac{1}{\cos}$ und $\cot = \frac{1}{\tan}$ lassen sich direkt die Kehrwerte nutzen. Die richtigen Vorzeichen sind Tabelle 16.5 zu entnehmen.

$\sin(x) =$	$\pm\sqrt{1-\cos^2(x)}$	$\pm\frac{\sqrt{\sec^2(x)-1}}{\sec(x)}$	$\pm\frac{\tan(x)}{\sqrt{1+\tan^2(x)}}$	$\pm\frac{1}{\sqrt{1+\cot^2(x)}}$
$\cos(x) =$	$\pm\sqrt{1-\sin^2(x)}$	$\pm\frac{\sqrt{\csc^2(x)-1}}{\csc(x)}$	$\pm\frac{1}{\sqrt{1+\tan^2(x)}}$	$\pm\frac{\cot(x)}{\sqrt{1+\cot^2(x)}}$
$\tan(x) =$	$\pm\frac{\sin(x)}{\sqrt{1-\sin^2(x)}}$	$\pm\frac{1}{\sqrt{\csc^2(x)-1}}$	$\pm\sqrt{\sec^2(x)-1}$	$\pm\frac{\sqrt{1-\cos^2(x)}}{\cos(x)}$

Tabelle 16.5: Die Vorzeichen der trigonometrischen Funktion unterscheiden sich je nach Quadrant, in die der Winkel ihres Arguments gerichtet ist. Dabei notieren die Intervalle $(0, \frac{\pi}{2})$; $(\frac{\pi}{2}, \pi)$; $(\pi, \frac{3}{2}\pi)$; $(\frac{3}{2}\pi, 2\pi)$ als Quadrant I;II;III;IV.

Quadrant	I	II	III	IV
$\sin(x), \csc(x)$	+	+	-	-
$\cos(x), \sec(x)$	+	-	-	+
$\tan(x), \cot(x)$	+	-	+	-

16.1.5 Der Sinussatz

Der Sinussatz besagt, dass die Seitenlängen eines Dreiecks alle im gleichen Verhältnis zum Sinus des gegenüberliegenden Winkels stehen: $\frac{a}{\sin(\alpha)} = \frac{b}{\sin(\beta)} = \frac{c}{\sin(\gamma)}$. Er erklärt sich durch die Höhe h_c über der Seite c. Diese zerlegt das Dreieck in zwei rechtwinklige Dreiecke, in denen die Beziehungen $h_c = b \sin(\alpha)$ sowie $h_c = a \sin(\beta)$ gelten. Die erste Aussage des Sinussatzes folgt durch Gleichsetzen, siehe Bild 16.6. Mithilfe dieser Beziehung lassen sich Winkel oder Seitenlängen berechnen, wenn nur zwei Seiten und ein Winkel oder eine Seite und zwei Winkel bekannt sind.

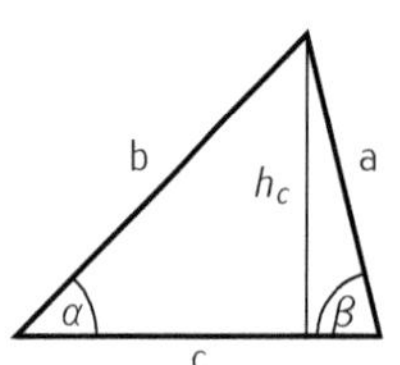

Bild 16.6: Der Sinussatz: Für die Höhe über der Grundseite c gilt $h_c = b \sin\alpha$ wie auch $h_c = a \sin\beta$. Also ist $\frac{a}{\sin\alpha} = \frac{b}{\sin\beta}$.

Beispiel. Dreiecksbestimmung aus einer Seite und zwei Winkeln:

Auf einer Bergwanderung wird von einem Wegweiser zwischen dem Berggipfel und dem nächsten Wegweiser ein Winkel von 52° bestimmt. Die Entfernung zum nächsten Wegweiser wird durch Abschreiten als etwa 250 m bestimmt. Von dort ergibt die Messung einen Winkel von 122° zwischen dem ersten Wegweiser und dem Berggipfel. Wie weit ist der Gipfel entfernt?

Lösung mit dem Sinussatz:

Die Dreieckspunkte 1. Wegweiser, 2. Wegweiser und Gipfel werden als A, B, und C bezeichnet. Dann ist $\alpha = 52°$, $\beta = 122°$ und folglich $\gamma = 180° - (52° + 122°) = 6°$. $c = 250$m ist die Länge zwischen A und B, a ist die gesuchte Länge zwischen B und C. Mit $\frac{a}{\sin(\alpha)} = \frac{c}{\sin(\gamma)}$ berechnet sich $a = \frac{c \cdot \sin(\alpha)}{\sin(\gamma)} \approx 1885$m. Da der Weg zum Gipfel nicht auf der Luftlinie liegt, sind es sicher noch mehr als 2 km. Vergleiche Bild 16.7.

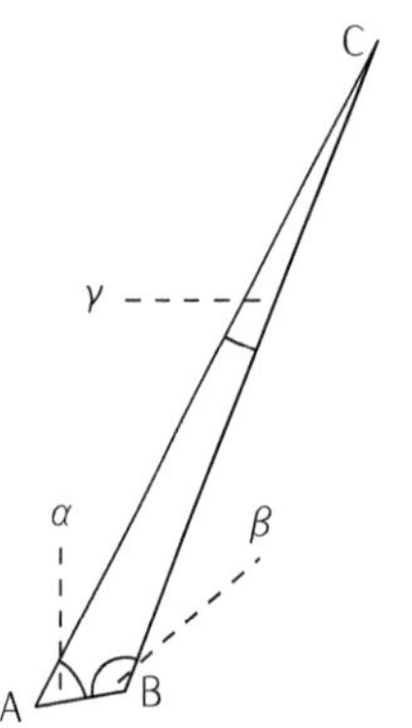

Bild 16.7: Dreieck $\Delta(ABC)$ aus Wegweisern 1, 2 und Berggipfel

Eine Erweiterung des Sinussatzes ist die Aussage, dass das Verhältnis aus Seitenlänge zu Sinus des Winkels gerade $2R$ beträgt, wobei R der Radius des *Umkreises* des Dreiecks ist.

$$\frac{a}{\sin(\alpha)} = \frac{b}{\sin(\beta)} = \frac{c}{\sin(\gamma)} = 2R$$

Dies ergibt sich aus dem *Peripheriewinkel-Satz*. Er besagt, dass der Winkel bei einem Dreieckspunkt gerade die Hälfte des Winkels beträgt, der sich am Mittelpunkt des Kreises mit den andern beiden Dreieckspunkten ergibt. An Bild 16.8 wird der Grund erläutert. Die Dreiecke, die der Mittelpunkt M mit zwei anderen Punkten des Dreiecks bildet, sind gleichschenklig, da zwei Seiten Radien des Kreises sind. Deswegen ist z.B. $\angle ACM = \frac{1}{2}(180° - \angle CMA)$. Damit wird berechnet: $\gamma = \angle ACB = \angle ACM + \angle MCB = \frac{1}{2}(180° - \angle CMA) + \frac{1}{2}(180° - \angle BMC) = \frac{1}{2}(360° - \angle CMA - \angle BMC) = \frac{1}{2}\angle AMB = \frac{1}{2}\varphi$. In der Konsequenz ergibt sich bei jedem anderen Punkt auf dem Kreisbogen derselbe Winkel wie bei C, also auch vom Punkt aus, der mit dem Punkt B einen Durchmesser bildet. Dieser hat bei A einen rechten Winkel und daher ist $\sin\gamma = \frac{c}{2R}$.

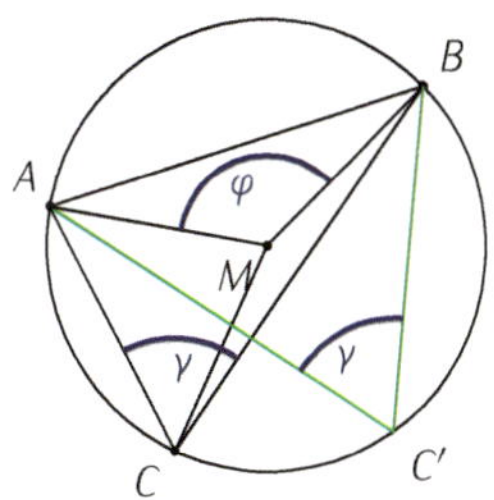

Bild 16.8: Der Peripheriewinkel-Satz: Die Strecke $\overline{AB}$ der auf einem Kreis mit C liegenden Punkte erscheint vom Kreismittelpunkt M unter doppeltem Winkel wie unter C: $\varphi = 2\gamma$. Folglich erscheint die Strecke $\overline{AB}$ auch von C' aus unter dem gleichen Winkel wie von C aus.

16.1.6 Der Cosinussatz

Zur Bestimmung von Winkeln aus einem Dreieck mit bekannten Längen ist der *Cosinussatz* hilfreich. Er verallgemeinert den Satz von Pythagoras für nichtrechtwinklige Dreiecke. Angenommen, die Dreiecksseiten a, b, c liegen den Winkeln α, β, γ gegenüber. Dann gilt:

$$\begin{aligned} a^2 &= b^2 + c^2 - 2bc\cos(\alpha), \\ b^2 &= c^2 + a^2 - 2ca\cos(\beta), \\ c^2 &= a^2 + b^2 - 2ab\cos(\gamma). \end{aligned}$$

Bearbeiten Sie Aufgabe 16.10 zum Beweis des Cosinussatzes.

Beispiel. Berechnung der Winkel aus Seitenlängen:

Ein Dreieck mit den Seitenlängen $a = 2, b = 3, c = 4$ sei gegeben. Die Formel des Cosinussatzes wird umgestellt. $\cos(\alpha) = \frac{b^2+c^2-a^2}{2bc}$, daraus berechnet sich $\cos(\alpha) = \frac{7}{8} \Rightarrow \alpha = \arccos(\frac{7}{8}) \approx 28.96°$. Entsprechend ist $\beta = \arccos(\frac{11}{16}) \approx 46.57°$ und $\gamma = \arccos(-\frac{1}{4}) \approx 104.48°$.

16.1.7 Dreiecke ausmessen und bestimmen

Zur Bestimmung von Seitenlängen und Winkeln eines Dreiecks stehen mit dem Sinus- und dem Cosinussatz wichtige Hilfsmittel zur Verfügung. Weitere wichtige Größen sind

- ▷ der Umfang U,
- ▷ der Flächeninhalt A,
- ▷ die Höhen über einer Seite h_a, h_b, h_c,

▷ der Umkreisradius R,

▷ der Inkreisradius r.

Der *Umfang* U ergibt sich als Summe der Seitenlängen, $U = a + b + c$.

Der *Flächeninhalt* kann mit Hilfe der Heron-Formel bestimmt werden, $A = \sqrt{s(s-a)(s-b)(s-c)}$ mit $s = \frac{1}{2}U$.

Die *Höhe* über einer Seite ergibt sich als Produkt aus Sinus eines an der Seite anliegenden Winkels und der Länge der an dem Winkel anliegenden Seite. Also z.B. $h_a = b\,\sin(\gamma)$. Mit einer Höhe h_a und deren Grundseite a berechnet sich der Flächeninhalt durch $A = \frac{1}{2}a\,h_a$ und entsprechend für die anderen beiden Höhen.

Der *Umkreisradius* R ergibt sich aus dem Sinussatz. Es ist $R = \frac{a}{2\sin\alpha} = \frac{b}{2\sin\beta} = \frac{c}{2\sin\gamma}$. Der Mittelpunkt des Umkreises liegt im Schnittpunkt der Mittelsenkrechten, da die Entfernungen eines Punktes der Ebene zu zwei Endpunkten einer Strecke nur auf deren Mittelsenkrechten übereinstimmen. Mit dem Umkreisradius lässt sich der Flächeninhalt als $A = \frac{abc}{4R}$ berechnen.

Der *Inkreisradius* r kann aus Längen und halbem Umfang s so berechnet werden: $r = \frac{\sqrt{(s-a)(s-b)(s-c)}}{\sqrt{s}}$. Der Mittelpunkt des Inkreises liegt im Schnittpunkt der Winkelhalbierenden, da nur auf der Winkelhalbierenden Punkte mit gleicher Entfernung zu zwei sich schneidenden Gerade liegen. Mit dem Inkreis ergibt sich die einfache Flächenformel $A = s \cdot r$.

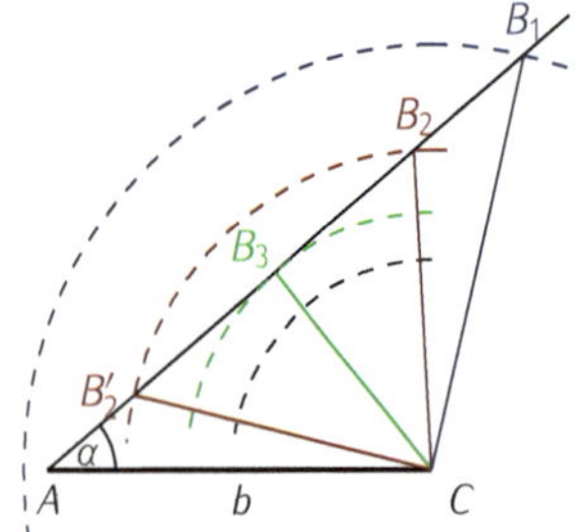

Bild 16.9: Geometrische Konstruktion des Dreieck bei gegebenen Seiten a, b und dem Winkel α. An die Strecke b wird der Schenkel zu c im Winkel α angelegt. Um den Punkt C wird dann ein Kreisbogen mit dem Radius a geschlagen. B ist der Schnittpunkt von Bogen und Schenkel. Fall 1: eindeutiges Dreieck, Fall 2: zwei mögliche Dreiecke, Fall 3: rechtwinkliges Dreieck, Fall 4: Seite a zu kurz.

Beispiel. Gegeben sind zwei Seiten a, b eines Dreiecks und ein Winkel α. Es sollen die Länge der Seite c bestimmt werden, sowie die anderen Winkel. Der Sinussatz liefert eine Beziehung mit der $\sin(\beta)$ ermittelt werden kann: $\frac{a}{\sin(\alpha)} = \frac{b}{\sin(\beta)} \Rightarrow \sin(\beta) = \frac{b}{a}\sin(\alpha)$. Nun ergeben sich vier verschiedene Fälle, die mit der geometrischen Konstruktion in Bild 16.9 verdeutlicht werden.

1) $a \geq b$: der Winkel β ist kleiner gleich α und eindeutig bestimmt. Falls $a = b$ liegt ein gleichschenkliges Dreieck vor.
2) $b\,\sin(\alpha) < a < b$: hier gibt es zwei mögliche Werte für β, die sich als spitzer Winkel $\arcsin(\frac{b}{a}\sin(\alpha))$ und als stumpfer Winkel $\pi - \arcsin(\frac{b}{a}\sin(\alpha))$ ergeben.
3) $a = b\,\sin(\alpha)$: hier entsteht ein rechtwinkliges Dreieck mit $\beta = 90°$.
4) $a < b\,\sin(\alpha)$: hier gibt es kein Dreieck, da die Länge a zu kurz ist, um den Schenkel für c zu erreichen.

16.2 Lernziele

Nr	Ich kann	Aufgabe	√
	Trigonometrische Funktionen definieren		
166	Sinus, Cosinus und Tangens durch Seitenverhältnisse im rechtwinkligen Dreieck ausdrücken	16.1, 16.2, 16.4, 16.5-bc, 16.6, 16.7-c, 16.8,	
167	die umgekehrten Beziehungen Cosecans, Secans und Cotangens definieren	16.7-c, 16.8,	
	Eigenschaften der trigonometrischen Funktionen		
168	die grundlegenden Identitäten angeben und benutzen, die sich aus dem Satz von Pythogoras ergeben	16.7-d, 16.9, 16.10,	
169	die trigonometrischen Verhältnisse eines Winkels zu denen des Komplementwinkels in Beziehung setzen	16.3, 16.11,	
170	die trigonometrischen Verhältnisse eines Winkels zu denen des Ergänzungs- oder Supplementwinkels in Beziehung setzen	16.11,	
171	die Vorzeichen der trigonometrischen Funktionen in den vier Quadranten angeben	16.12,	
	Sinus- und Cosinussatz benutzen		
172	den Sinussatz angeben und anwenden	16.4, 16.13, 16.14, 16.15, 16.16,	
173	den Cosinussatz angeben und anwenden	16.4, 16.10, 16.14, 16.16, 16.17, 16.18,	
	Anwendung auf Dreiecken		
174	die Fläche eines Dreiecks aus der Länge zweier Seiten und ihrem eingeschlossenen Winkel berechnen	16.19,	
175	ein Dreieck bestimmen, wenn genügend Information über Seiten und Winkel vorliegt.	16.14, 16.17,	
176	erkennen, wenn Information über Seiten und Winkel kein oder zwei Dreiecke möglich machen	16.20,	

16.3 Aufgaben

Aufgabe 16.1 (5 Min) Gegeben ist ein Dreieck mit den Seiten a, b und c und den zugehörigen Seitenlängen 6, 8 und 10. Die den Seiten a, b, c gegenüberliegenden Winkel heißen α, β, γ.

a) Zeichnen Sie das Dreieck mit Zirkel und bestimmen Winkel γ.
b) Drücken Sie $\sin(\alpha), \cos(\alpha), \sin(\beta), \cos(\beta)$ als Quotienten der Seiten aus und berechnen die Werte.

Aufgabe 16.2 (5 Min) Gegeben ist ein *gleichschenkliges Dreieck*. Die Schenkellänge ist $a = 30$cm. Der Winkel zwischen den beiden gleich langen Seiten ist $\gamma = 30°$. Bestimmen Sie die Länge der Grundseite, die zugehörige Höhe h und die übrigen Winkel.

Aufgabe 16.3 (5 Min) In Bild 16.10 ist M der Mittelpunkt des Kreises. Bestimmen Sie die Winkel α, β, γ und δ.

Aufgabe 16.4 (5 Min) Die *Kreissehne d* in Bild 16.10 verbindet zwei Punkte auf dem Rand des Kreissektors um M. Drücken Sie die Länge von d durch den Radius des Kreises r und den Winkel α aus.

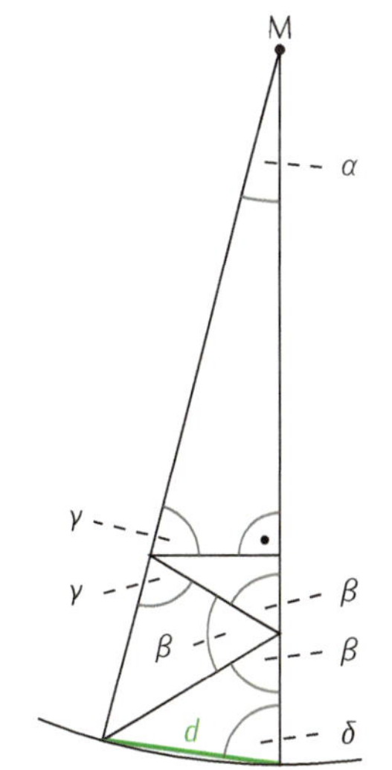

Bild 16.10: Winkel und Streckenbestimmung in Dreiecken in dem Kreissektor eines Kreises um M.

Aufgabe 16.5 (15 Min) In einer Halle wird eine Lampe mit vier Seilen aufgehängt. Alle Seile sind am einem Punkt der Lampe befestigt an der Decke dagegen an vier Haken in den Eckpunkten eines Quadrates der Seitenlänge $a = 1.2$m. Die Seile sind $l = 4$m lang.

a) Wie weit hängt die Lampe unter der Decke?
b) Welchen Winkel schließen zwei nebeneinander liegende Seile am Befestigungsounkt der Lampe ein?
c) Welchen Winkel schließen zwei gegenüberliegende Seile am Befestigungspunkt der Lampe ein?

Aufgabe 16.6 (5 Min) Wie groß müssen die Katheten eines rechtwinkligen Dreiecks mit konstantem Umfang gewählt werden, damit die *Hypotenuse* möglichst klein wird?

Aufgabe 16.7 (15 Min) *Trigonometrische Identitäten* sind der Gegenstand dieser Aufgabe. Eine geometrische Konstellation besteht aus vier Punkten, O im Koordinatenursprung, X auf der x-Achse bei 2, Y als Schnittpunkt der y-Achse mit einer Tangente an den Einheitskreis, die durch X verläuft. Die Tangente berührt den Kreis im ersten Quadranten im Punkt P.

a) Erstellen Sie eine Skizze.
b) Bezeichne mit φ den Winkel der Strecke $\overline{OP}$ mit der positiven x-Achse. Bestimmen Sie diesen Winkel.
c) Drücken Sie die Längen aller Strecken zwischen je zwei der vier Punkte mit Hilfe der trigonometrischen Funktionen aus.
d) Bestimmen Sie die trigonometrischen Identitäten, die sich aus der Skizze und dem Satz des Pythagoras ergeben.

Aufgabe 16.8 (5 Min) Im Dreieck heißen die den Seiten a, b, c gegenüber liegenden Winkel α, β, γ. Skizzieren Sie ein Dreieck, bei dem $\gamma = 90°$ ist und geben Sie die folgenden Quotienten mithilfe der Winkelfunktionen für α und β an.

$\frac{a}{b}, \quad \frac{a}{c}, \quad \frac{c}{b}$

Aufgabe 16.9 (15 Min) Bestimmen Sie die Lösungen des folgenden nicht linearen Gleichungssystems:

$$6\cos(x) - 4\cos(y) = 0$$

$$6\sin(x) - 4\sin(y) = 3$$

Aufgabe 16.10 (10 Min) Der *Cosinussatz* besagt, dass für die drei Seiten a, b und c eines Dreiecks und dem a gegenüberliegenden Winkel α die Gleichung $a^2 = b^2 + c^2 - 2bc\cos(\alpha)$ gilt.

a) Skizzieren Sie ein Dreieck und zeichnen die Höhe über c ein. Diese unterteilt c in zwei Teilstrecken.

b) Welche Strecken können Sie mit $\cos\alpha$ und $\sin\alpha$ ausdrücken?
c) Nutzen Sie den Satz des Pythagoras für beide Teildreiecke und zeigen damit das Gewünschte.

Aufgabe 16.11 (5 Min) Gegeben ist der Wert $\sin(75°) \approx 0.966$. Für welchen der folgenden trigonometrischen Werte können Sie daraus einen Näherungswert ohne Benutzung eines Taschenrechners ableiten?

□ $\sin(-75°)$ □ $\sin(105°)$ □ $\cos(165°)$
□ $\cos(15°)$ □ $\cos(75°)$ □ $\cos(-75°)$

Aufgabe 16.12 (5 Min) Welche Funktionen haben in allen Quadranten dasselbe Vorzeichen wie $\cos(x)$?

□ $-\sin(x)$ □ $\sin(\frac{\pi}{2} - x)$
□ $\sin(x) \cdot \tan(x)$ □ $\cot(x)$

Aufgabe 16.13 (10 Min) Wenden Sie den *Sinussatz* an: zwei Meßpunkte A und B haben einen Abstand von 10 Metern. Von ihnen aus wird ein Punkt C angepeilt. Von A aus ist zwischen B und C ein Winkel von 87 Grad. Von B aus ist zwischen C und A ein Winkel von 89 Grad. Welche Entfernung hat der Punkt C zum näheren der beiden? Tipp: Skizzieren Sie.

Aufgabe 16.14 (10 Min) Ein Dreieck habe die Seitenlängen $a = 6$, $c = 11$ und die Höhe $h_c = 2$. Bestimmen Sie alle anderen Seitenlängen, Höhen und Winkel. Ist das Dreieck eindeutig bestimmt?

Aufgabe 16.15 (10 Min) Ein Dreieck hat die Seitenlängen a, b, c mit $a > b > c$. Welche Größenrelation gilt für die Winkel α, β und γ? Begründen Sie Ihre Aussage.

Aufgabe 16.16 (10 Min) Gegeben ist ein Dreieck D mit den Eckpunkten $A = (0, 0)$, $B = (4, 3)$, und $C = (1, 4)$. Überprüfen Sie, ob die mit den folgenden Angaben beschriebenen Dreiecke kongruent zum Dreieck D sind.
a) Dreieck D_1 mit $A_1 = (0, 3)$, $B_1 = (3, 4)$, $C_1 = (4, 0)$
b) Dreieck D_2 mit $A_2 = A_1$, $B_2 = B_1$, $a_2 = 2\sqrt{5}$ und $\gamma_2 = 45°$
c) Dreieck D_3 mit $\cos(\alpha_3) = \frac{1}{\sqrt{170}}$, $\cos(\beta_3) = \frac{16\sqrt{17}}{85}$, $b_3 = \sqrt{10}$
Für Winkel und Seiten bei Dreiecken wird vereinbart: Winkel α liegt bei Ecke A, β bei B und γ bei C, die Seite a liegt gegenüber Winkel α, b gegenüber β und c gegenüber von γ.

Aufgabe 16.17 (5 Min) Ein Dreieck hat die Seitenlängen 7, 8 und 11. Hat das Dreieck einen stumpfen Winkel?

Aufgabe 16.18 (10 Min) Eine Person steht $d = 2.0$m entfernt von einem senkrecht auf dem Boden stehenden Stift. Die Augenhöhe der Person beträgt $h = 1.60$m, die Höhe des Stiftes beträgt $l = 0.20$m. Der Winkel α ist der Winkel zwischen horizontaler Blickrichtung und dem Blick auf das untere Ende des Stifts, β der zwischen horizontaler Blickrichtung und Blick auf das obere Ende des Stiftes. Skizzieren Sie die Situation und erstellen Sie trigonometrische Beziehungen für beide Winkel.

Aufgabe 16.19 (5 Min) Berechnen Sie die Flächeninhalte folgender Dreiecke.

a) $a = 1, b = 2, \gamma = 90° = \frac{\pi}{2}$
b) $a = 4, b = 3, \gamma = 30° = \frac{\pi}{6}$

Aufgabe 16.20 (15 Min) Zu einem vorhandenen Dreieck D sind nachstehende Informationen gegeben. Kreuzen Sie die Kombinationen an, bei denen aus den Angaben ein zu D *kongruentes Dreieck* eindeutig ermittelt werden kann.

□ Seiten a, b und Winkel γ,
□ Seiten a, c und Winkel α,
□ Seite b und Winkel α, γ,
□ Seite a, Flächeninhalt A und Winkel γ,
□ Seiten a, b und c,
□ Winkel α, β und γ.

Nun werden beliebige Werte angegeben, die nicht zu einem wirklichen Dreieck gehören müssen. Die einzelnen Angaben sind für sich sinnvoll: Seitenlängen und Flächeninhalt sind Werte aus $\mathbb{R}^+$, Winkel Werte aus $(0, \pi)$. Lässt sich in jedem Fall zu den gegebenen Werten ein Dreieck konstruieren und ist dieses bis auf Kongruenz eindeutig? Kreuzen Sie die Kombinationen an, bei denen beides gegeben ist.

□ Seiten a, b und Winkel γ,
□ Seiten a, c und Winkel α,
□ Seite b und Winkel α, γ,
□ Seite a, Flächeninhalt A und Winkel γ,
□ Seiten a, b und c,
□ Winkel α, β und γ.

16.4 Lösungen

Lösung 16.1

a) Wie in Bild 16.11 dargestellt, wird von einem Ende der Strecke mit Länge 10 mit Zirkel ein Kreis mit Radius 6 geschlagen, vom andern Ende einer mit Radius 8. Der Schnittpunkt ist der fehlende Eckpunkt des Dreiecks. Vermutung: zwischen a und b liegt ein rechter Winkel. Wenn es ein rechter Winkel ist, muss $a^2 + b^2 = c^2$ gelten also $36 + 64 = 100$ was richtig ist.

b) $\sin(\alpha) = \cos(\beta) = \frac{a}{c} = 0.6$, $\cos(\alpha) = \sin(\beta) = \frac{b}{c} = 0.8$

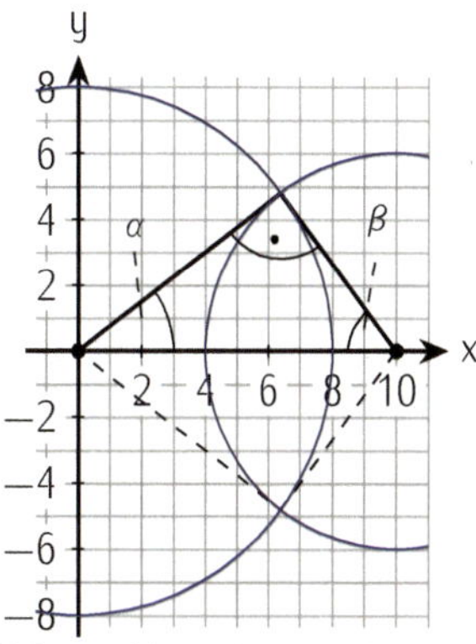

Bild 16.11: Konstruktion des Dreiecks bei gegebenen Seitenlängen

Lösung 16.2 Die Grundseite des *gleichschenkligen Dreiecks* wird mit c bezeichnet, die an der Grundseite anliegenden Winkel mit α, sie sind gleich groß. Siehe Bild 16.12. Alle Längen sind in cm angegeben. Es wird eines der beiden rechtwinkligen Dreiecke betrachtet, die aus der Höhe h über c, der halben Grundseite und der Hypotenuse a bestehen. Der spitze Winkel zwischen h und a beträgt $\frac{\gamma}{2}$.

Es ist $\frac{h}{a} = \cos(\frac{\gamma}{2}) = \cos(15°) \approx 0.965926 \Rightarrow h \approx 28.9778$.

Es ist $\frac{c/2}{a} = \sin(\frac{\gamma}{2}) = \sin(15°) \approx 0.258819 \Rightarrow c \approx 15.5291$.

Die Winkelsumme im gesamten Dreieck beträgt $2\alpha + \gamma = 180° \Rightarrow \alpha = 75°$.

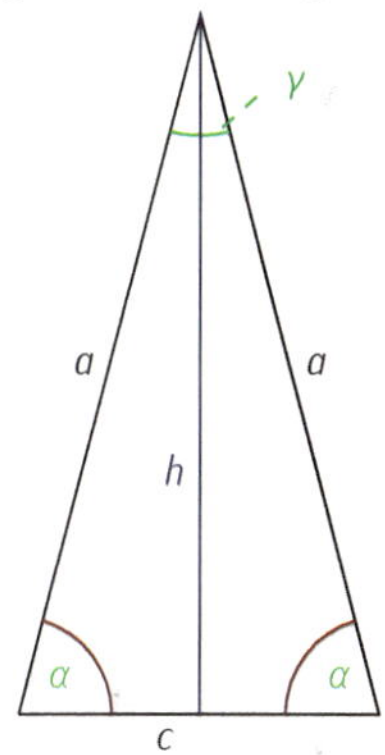

Bild 16.12: Höhe und Winkel beim gleichschenkligen Dreieck

Lösung 16.3 Dreimal Winkel β ergibt 180°, da diese entlang einer Geraden liegen. Der spitze Winkel zwischen den beiden mit γ bezeichneten Winkeln ist 30°, da es sich um dem Komplementwinkel zu $\beta = 60°$ handelt. Dieser und zweimal γ ergänzen sich zu 180°, γ ist daher 75°. Im rechtwinkligen Dreieck mit α ergibt sich daher $\alpha = 15°$. Die beiden Winkel am Kreisrand innerhalb des äußeren Dreiecks sind gleich, da es sich um ein gleichseitiges Dreieck handelt. Deswegen ist $\alpha + 2\,\delta = 180°$ und damit $\delta = 82.5°$.

Lösung 16.4 Die Strecke d ist Kreissehne. Daher bildet die halbe Strecke mit dem angrenzenden Radius und der Verbindungslinie zu M ein rechtwinkliges Dreieck mit Hypotenuse r. Deswegen ist $\sin(\frac{\alpha}{2}) = \frac{d/2}{r}$ oder $d = 2r\sin(\frac{\alpha}{2})$. Mit dem Halbwinkelsatz aus Kapitel 19 ist $\sin(\frac{\alpha}{2}) = \sqrt{\frac{1-\cos(\alpha)}{2}}$ und damit $d = r\sqrt{2 - 2\cos(\alpha)}$.

Alternativ mit Cosinus-Satz: $a^2 = b^2 + c^2 - 2bc\cos(\alpha)$: mit b und c als gleich lange Seiten des äußeren Dreiecks der Länge r, und a mit Länge d: $d^2 = 2r^2 - 2r^2\cos(\alpha) \Leftrightarrow d = r\sqrt{2 - 2\cos(\alpha)}$.

Alternativ mit Sinus-Satz: $\frac{\sin(\alpha)}{d} = \frac{\sin(\frac{180-\alpha}{2})}{r} \Leftrightarrow d = \frac{r\sin(\alpha)}{\sin(90-\frac{\alpha}{2})}$. Es ist $\sin(90° - \frac{\alpha}{2}) = \cos(\frac{\alpha}{2})$. Ebenfalls mit dem Halbwinkelsatz wird

$\cos(\frac{\alpha}{2}) = \sqrt{\frac{1+\cos(\alpha)}{2}} = \sqrt{\frac{1-\cos^2(\alpha)}{2-2\cos(\alpha)}} = \frac{\sqrt{\sin^2(\alpha)}}{2-2\cos(\alpha)} = \frac{\sin(\alpha)}{2-2\cos(\alpha)}$. Damit ergibt sich die gleiche Formel für d wie oben.

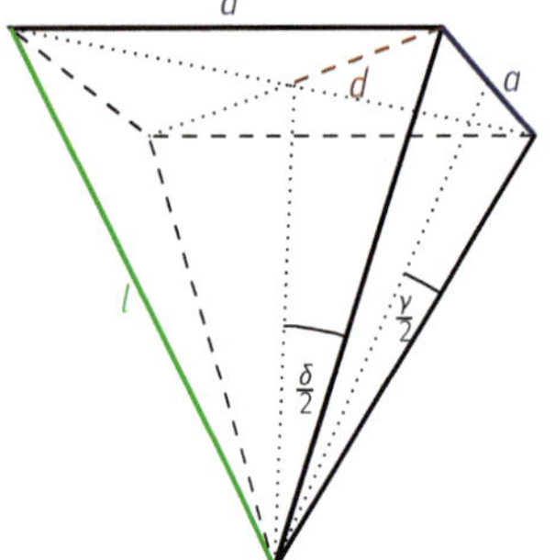

Bild 16.13: Modell für die Lampenaufhängung

Lösung 16.5 Modell für die Lampenaufhängung ist eine Pyramide, deren quadratische Grundfläche durch die vier Haken an der Decke gegeben ist, siehe Bild 16.13. Alle Längen werden in Metern angegeben.

a) Die Höhe h der Pyramide ist eine Kathete des rechtwinkligen Dreiecks aus einem Eckpunkt der Aufhängung, dem Mittelpunkt des Aufhängungsquadrats und der Pyramidenspitze. Der Abstand d des Mittelpunkts des Quadrates von einem Eckpunkt ergibt sich aus $(2d)^2 = a^2 + a^2 \Rightarrow d = \frac{\sqrt{2}}{2}a$.

   Damit ergibt sich $l^2 = h^2+d^2 = h^2+\frac{a^2}{2} \Rightarrow h = \sqrt{l^2 - 0.5a^2} = \sqrt{16 - 0.72} \approx 3.90896$. Die Lampe hängt also etwa 3.91m unter der Decke.

b) Im Seitendreieck ist $\sin(\frac{\gamma}{2}) = \frac{0.5a}{l} \Rightarrow \gamma = 2\arcsin(\frac{a}{2l}) = 2\arcsin(0.15) \approx 2 \cdot 8.6269° \approx 17.2539°$.

c) Im Diagonaldreieck gilt $\sin(\frac{\delta}{2}) = \frac{d}{l} \Rightarrow \delta = 2\arcsin(\frac{d}{l}) \approx 2\arcsin(0.212132) \approx 24.4946°$.

Lösung 16.6 Die Seiten des Dreiecks heißen a, b, c. Die Hypotenuse ist c. Der Winkel gegenüber der Seite a heiße α. Dann ist $a = c\cos(\alpha)$ und $b = c\sin(\alpha)$. Für den Umfang U gilt dann $U = a + b + c = c(\cos(\alpha) + \sin(\alpha) + 1)$. Damit ist die Länge der Hypotenuse als Funktion des Winkels

$c(\alpha) = \frac{U}{\cos(\alpha)+\sin(\alpha)+1}$ mit der Ableitung $c'(\alpha) = \frac{-U(\cos(\alpha)-\sin(\alpha))}{(\cos(\alpha)+\sin(\alpha)+1)^2}$.

Die notwendige Bedingung für das Minimum $c'(\alpha) = 0$ führt zu

$\cos(\alpha) = \sin(\alpha) \Leftrightarrow \alpha = \frac{\pi}{4} = 45°$.

Statt mit der zweiten Ableitung wird die Prüfung der Art des Extremwertes durch Wertevergleich mit den Rändern vorgenommen. Für $\alpha = 0$ oder $\alpha = \frac{\pi}{2} = 90°$ wird jeweils $c(\alpha) = 0.5\,U$. Der Wert $c(\frac{\pi}{4}) = \frac{U}{1+\sqrt{2}} = (\sqrt{2}-1)\,U \approx 0.4142\,U$ ist kleiner.

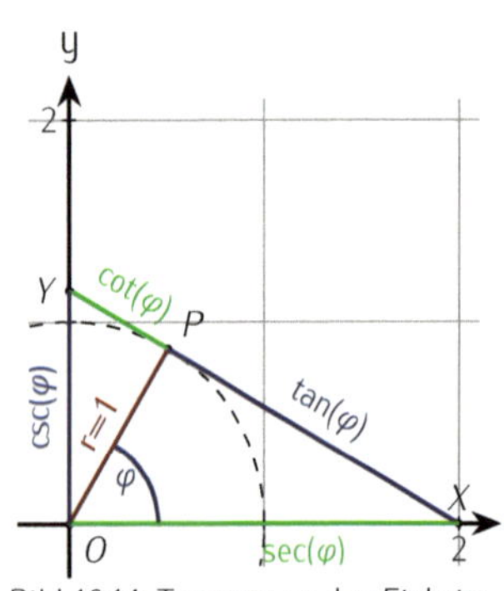

Bild 16.14: Tangente an den Einheitskreis

Lösung 16.7

a) Siehe Bild 16.14.

b) Im Dreieck $\Delta(OXP)$ ist das Verhältnis von Ankathete zu Hypotenuse $\frac{1}{2}$. Weil $\cos(60°) = 0.5$ ist $\varphi = 60°$.

c) Im Dreieck $\Delta(OXP)$ ist $\overline{OP}$ die Ankathete und $\overline{OX}$ die Hypotenuse zum Winkel φ. Ihre Längen stehen im Verhältnis $\cos(\varphi)$. Daher ist $|OX| = \frac{1}{\cos(\varphi)} = \sec(\varphi)$. Die Gegenkathete $\overline{PX}$ hat entsprechend die Länge $\sin(\varphi)\sec(\varphi) = \frac{\sin(\varphi)}{\cos(\varphi)} = \tan(\varphi)$. Im Dreieck $\Delta(OPY)$ ist φ der Winkel bei Y. Die Strecke $\overline{PY}$ ist die Ankathete hat also die Länge $\cot\varphi$ und $\overline{OY}$ die Hypotenuse mit einer Länge von $\csc(\varphi)$.

d) Es gelten $\sec^2(\varphi) = 1^2 + \tan^2(\varphi)$, $\csc^2(\varphi) = 1^2 + \cot^2(\varphi)$ und $\sec^2(\varphi) + \csc^2(\varphi) = (\tan(\varphi) + \cot(\varphi))^2$.

Lösung 16.8 Für das Dreieck, das in Bild 16.15 gezeigt ist, gilt

$\frac{a}{b} = \tan(\alpha) = \cot(\beta)$, $\frac{a}{c} = \sin(\alpha) = \cos(\beta)$ und

$\frac{c}{b} = \sec(\alpha) = \frac{1}{\cos(\alpha)} = \csc(\beta) = \frac{1}{\sin(\beta)}$.

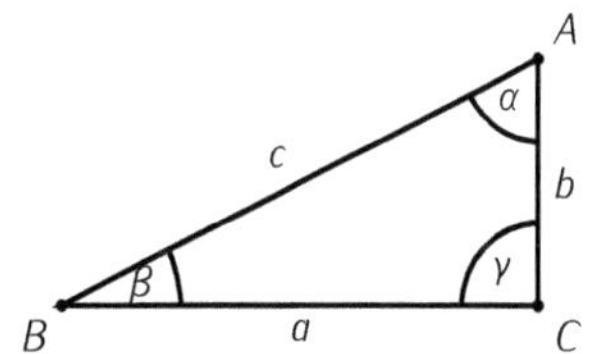

Bild 16.15: Rechtwinkliges Dreieck mit Standardbezeichnungen

Lösung 16.9 In beiden Gleichungen werden die Terme mit y auf die rechte Seite gebracht. Dann wird quadriert.

$36\cos^2(x) = 16\cos^2(y)$

$36\sin^2(x) = 9 + 24\sin(y) + 16\sin^2(y)$

Wegen $\sin^2(\alpha)+\cos^2(\alpha) = 1$ für beliebige Winkel ergibt sich aus der Addition beider Gleichungen: $36 = 9+24\sin(y)+16 \Leftrightarrow \sin(y) = \frac{11}{24}$. Dann ist mit der zweiten Gleichung $\sin(x) = \frac{1}{6}(4\sin(y) + 3) = \frac{29}{36}$. Aus der trigonomischen Identität folgen die Werte für Cosinus: $\cos(x) = \frac{\sqrt{455}}{36}$, $\cos(y) = \frac{\sqrt{455}}{24}$. Es ist $x \approx 53.66°$ und $y \approx 27.28°$.

Lösung 16.10

a) Siehe Bild 16.16, die beiden Teile von c werden p und q genannt.

b) Es ist $p = b\cos(\alpha)$ und $h_c = b\sin(\alpha)$.

c) Die pythagoreischen Gleichungen sind $a^2 = h_c^2 + q^2$ sowie $b^2 = p^2+h_c^2$. Es werden die Beziehungen aus b) genutzt. Mit $q = c-p = c-b\cos(\alpha)$ wird $a^2 = b^2\sin^2(\alpha) + (c-b\cos(\alpha))^2 = b^2\sin^2(\alpha)+c^2-2bc\cos(\alpha)+b^2\cos^2(\alpha) = b^2+c^2-2bc\cos(\alpha)$ wegen $\sin^2(\alpha) + \cos^2(\alpha) = 1$.

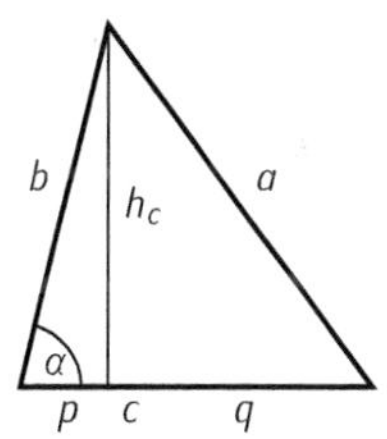

Bild 16.16: Beweis des Cosinussatzes: Dreieck mit Höhe über c

Lösung 16.11 Ohne Taschenechner lassen sich ermitteln:

☒ $\sin(-75°)$	☒ $\sin(105°)$	☒ $\cos(165°)$
☒ $\cos(15°)$	☐ $\cos(75°)$	☐ $\cos(-75°)$

Für den Sinus gilt ungerade Symmetrie, 15° ist der Komplementärwinkel, 105° der Supplementwinkel, 165° ist eine Verschiebung um 90°. Vergleiche dazu Tabelle 16.3. Für $\cos(-75°) = \cos(75°) = \sqrt{1-\sin^2(75°)}$ wird ein Taschenrechner benötigt.

Lösung 16.12 Dasselbe Vorzeichen wie $\cos(x)$ haben:

- ☐ $-\sin(x)$
- ☒ $\sin(x) \cdot \tan(x)$
- ☒ $\sin(\frac{\pi}{2} - x)$
- ☐ $\cot(x)$

Ein Gegenbeispiel für die erste und letzte Funktion ist durch den Winkel $x = \frac{7\pi}{6}$ gegeben. Positiv kann vom Komplementärwinkel Gebrauch gemacht werden, bzw. $\sin(x) \cdot \tan(x) = \frac{\sin^2(x)}{\cos(x)}$ bemerkt werden.

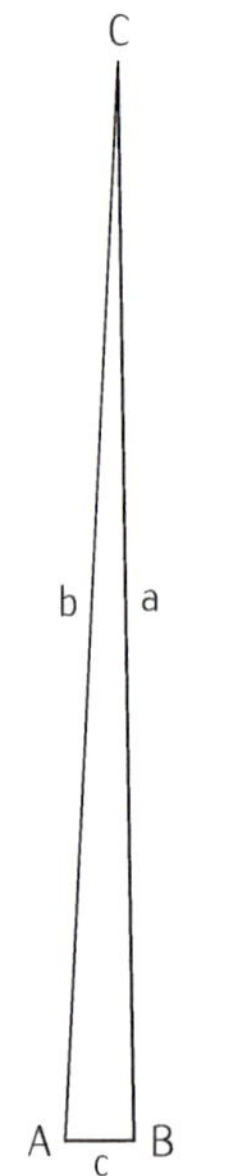

Bild 16.17: Entfernung des von A und B aus angepeilten Punktes C

Lösung 16.13 In Bild 16.17 ist die Situation dargestellt. Aus der Winkelsumme von 180° im Dreieck folgt, dass Winkel $\gamma = 180° - \alpha - \beta = 4°$ ist. Der *Sinussatz* lautet umgeformt: $a = \frac{\sin(\alpha)}{\sin(\gamma)} c$ bzw. $b = \frac{\sin(\beta)}{\sin(\gamma)} c$.

Aus $87° = \alpha < \beta = 89°$ folgt $\sin(\alpha) < \sin(\beta)$ und daher $a < b$.

Der nächste Eckpunkt zu C im Dreieck ist daher B. Seine Entfernung ist $a = \frac{\sin(\alpha)}{\sin(\gamma)} c \approx \frac{0.99862953}{0.069756474} \cdot 10\text{m} \approx 143.1594\text{m}$.

Lösung 16.14 Der Winkel β ist durch $\sin(\beta) = \frac{h_c}{a} = \frac{1}{3}$ nicht eindeutig bestimmt. Er kann kleiner oder größer als 90° sein, wie in Bild 16.18 gezeigt. Für $\beta_1 < 90°$ ist $\beta_1 = \arcsin(\frac{1}{3}) \approx 19.47°$. Dann ergibt sich aus dem Cosinussatz $b_1^2 = a^2 + c^2 - 2ac\cos(\beta_1) \approx 36 + 121 - 2 \cdot 6 \cdot 11 \cdot 0.9428 \approx 32.5492 \Rightarrow b_1 \approx 5.7052$. Mit dem Sinussatz ergibt sich $\sin(\alpha_1) = \frac{a}{b_1}\sin(\beta_1) \approx 0.3506$ und $\sin(\gamma_1) = \frac{c}{b_1}\sin(\beta_1) \approx 0.6427$. Da $\alpha_1 < 90°$ aber $\gamma_1 > 90°$ ist $\alpha_1 \approx \arcsin(0.3506) \approx 20.52°$ und $\gamma_1 \approx 180° - \arcsin(0.6427) \approx 140.01°$.

Die Höhen können aus dem Flächeninhalt bestimmt werden. $A = \frac{1}{2} a\, h_a = \frac{1}{2} b_1\, h_{b_1} = \frac{1}{2} c\, h_c = 11$. Es folgt $h_a = \frac{22}{6} \approx 3.6667$, $h_{b_1} \approx \frac{22}{5.7052} \approx 3.8561$.

Für $\beta_2 > 90°$ ist $\beta_2 = 180° - \arcsin(\frac{1}{3}) \approx 160.53$. Dann wird wieder mit dem Cosinussatz $b_2 \approx 16.7765$, $\alpha_2 \approx 6.85°$, $\gamma_2 \approx 12.62°$, $h_a \approx 3.6667$, $h_{b_2} \approx 1.3114$.

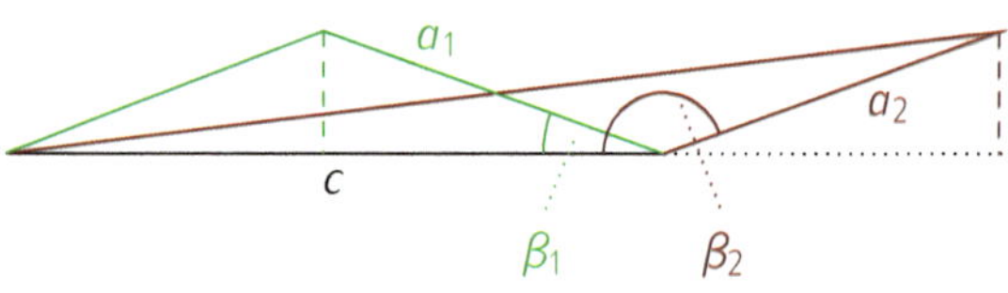

Bild 16.18: Zwei mögliche Dreiecke zu gegebener Höhe und zwei gegebenen Seitenlängen

Lösung 16.15 Es gilt $\alpha > \beta > \gamma$. Dies folgt aus der Monotonie der Sinus-Funktion und dem Sinussatz.

Die Monotonie des Sinus garantiert für Winkel $0 \leq \varphi_i \leq \frac{\pi}{2}$, dass $\varphi_1 > \varphi_2 \Leftrightarrow \sin(\varphi_1) > \sin(\varphi_2)$ gilt.

Für die Winkel α und β gilt nach dem Sinussatz $\frac{\sin(\alpha)}{a} = \frac{\sin(\beta)}{b} \Leftrightarrow \frac{\sin(\alpha)}{\sin(\beta)} = \frac{a}{b} > 1$ wegen $a > b$. Also ist $\sin(\alpha) > \sin(\beta)$ falls beide Winkel kleiner 90° sind und damit $\alpha > \beta$. Analog gilt dann $\beta > \gamma$.

Ist in einem Dreieck ein Winkel größer oder gleich $\frac{\pi}{2}$ ist die Winkelsumme der anderen beiden kleiner gleich $\frac{\pi}{2}$, da die Winkelsumme im Dreieck π beträgt. Sei der Winkel $\beta \geq \frac{\pi}{2}$, dann ist $\sin(\beta) = \sin(\frac{\pi}{2} - \beta) = \sin(\alpha + \gamma) > \sin(\alpha)$, denn α und $\alpha + \gamma$ sind beide kleiner gleich $\frac{\pi}{2}$. Ebenso ist dann $\sin(\beta) > \sin(\gamma)$. Der größte Winkel hat somit den größten Sinuswert.

Wegen des Sinussatzes gilt $a > b > c \Leftrightarrow \sin(\alpha) > \sin(\beta) > \sin(\gamma)$. Nur α kann dann größer gleich $90° sein$ und es folgt $\alpha > \beta > \gamma$.

Lösung 16.16

a) Es werden die Seitenlängen beider Dreiecke miteinander verglichen. Für Dreieck D gilt
$$a = \sqrt{(C_x - B_x)^2 + (C_y - B_y)^2} = \sqrt{(1-4)^2 + (4-3)^2} = \sqrt{10}$$
und dementsprechend $b = \sqrt{17}$ sowie $c = 5$. Im Dreieck D_1 gilt $a_1 = \sqrt{17}$, $b_1 = 5$, $c_1 = \sqrt{10}$. Die Dreiecke D und D_1 sind kongruent, da die Seitenlängen übereinstimmen.

b) Mithilfe des Sinussatzes und der Winkelsumme von 180° können die anderen Winkel und die Längen des Dreiecks D_2 bestimmt werden. Es ist $\alpha_2 = 90°, \beta_2 = 45°$ und $b = c = \sqrt{10}$. Für die Kongruenz zu D reicht es aber aus, dass die Länge $a_2 = 2\sqrt{5}$ mit keiner Seitenlänge im Dreieck D übereinstimmt. Damit können die Dreiecke nicht kongruent sein, da kongruente Dreiecke gleiche Seitenlängen besitzen.

c) Die angegebene Seitenlänge $b_3 = \sqrt{10}$ stimmt mit Seite a aus Dreieck D überein. Für den gegenüberliegenden Winkel gilt $\cos(\beta_3) = \frac{16\sqrt{17}}{85}$. Der a gegenüberliegende Winkel α wird mit dem Cosinussatz bestimmt: $\cos(\alpha) = \frac{b^2+c^2-a^2}{2bc} = \frac{17+25-10}{2\cdot\sqrt{17}\cdot 5} = \frac{32}{10\sqrt{17}} = \frac{16\sqrt{17}}{85}$ und ebenso $\cos(\gamma) = \frac{a^2+b^2-c^2}{2ab} = \frac{1}{\sqrt{170}}$. Die Dreieck D und D_3 haben also eine gemeinsame Seitenlängen und in der Anordnung identische Winkel, sind also kongruent.

Lösung 16.17 Mit $a^2 + b^2 = c^2$ wäre das Dreieck rechtwinklig. Da $a^2 + b^2 = 113 < 121 = c^2$ ist der Winkel zwischen a und b größer 90°, das Dreieck also stumpfwinklig. Es ist $\gamma = \arccos(\frac{a^2+b^2-c^2}{2ab}) \approx 94.096°$.

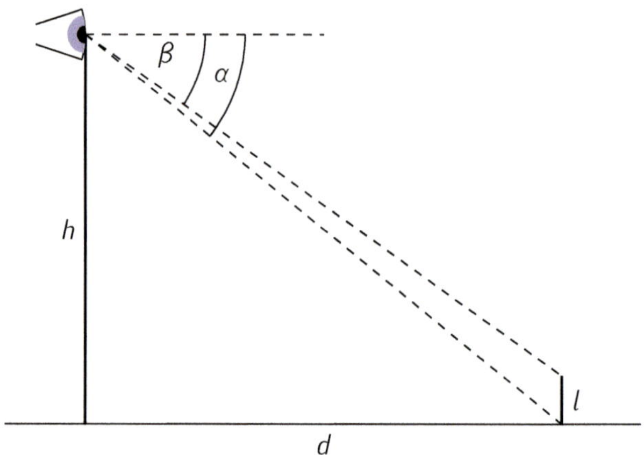

Bild 16.19: Winkel zwischen Horizontale und unterem Stiftende α sowie oberem Stiftende

Lösung 16.18 Die Winkel werden über den Tangens bestimmt. $\tan(\alpha) = \frac{h}{d}$, $\tan(\beta) = \frac{h-l}{d}$ $\alpha \approx 38.66°, \beta \approx 34.99°$. Der Öffnungswinkel beträgt $\alpha - \beta \approx 3.67°$, siehe Bild 16.19. Mit Hilfe des Cosinussatzes kann der Öffnungswinkel genauso bestimmt werden. In den hier gewählten Bezeichnungen ist $l^2 = s_1^2 + s_2^2 - 2s_1s_2\cos(\alpha - \beta)$. Dabei sind l, $s_1 = \sqrt{h^2 + d^2}$ und $s_2 = \sqrt{(h-l)^2 + d^2}$ die Seitenlängen des Dreiecks mit dem Öffnungswinkel $\alpha - \beta$.

Lösung 16.19

a) Da das Dreieck rechtwinklig ist, kann der Flächeninhalt als Hälfte der Fläche des Rechtecks, das von den Katheten a und b aufgespannt wird, berechnet werden. $A = \frac{1}{2} A_{\text{Rechteck}} = \frac{a\,b}{2} = 1$.

b) Der Flächeninhalt kann über die Formel $A = \frac{1}{2} \cdot \text{Grundseite} \cdot \text{Höhe}$ berechnet werden. Aus einer Skizze ergibt sich, dass die Höhe über Seite a die Länge der Seite b mal dem Sinus des von a und b eingeschlossenen Winkels ist. Damit ist $A = \frac{1}{2}\, a\, b\, \sin\gamma = \frac{1}{2} \cdot 4 \cdot 3 \cdot \frac{1}{2} = 3$.

Lösung 16.20 Ein zu D kongruentes Dreieck kann eindeutig ermittelt werden, wenn diese Angaben von D gegeben sind.

☒ Seiten a, b und Winkel γ, *Über den Cosinussatz kann in jedem Fall die Seite c ermittelt werden.*

☐ Seiten a, c und Winkel α, *falls* $c > a > c\sin(\alpha)$ *ist das Dreieck nicht eindeutig, vergleiche Bild 16.9.*

☒ Seite b und Winkel α, γ, *der Winkel* β *ergibt sich als Supplementwinkel von* $\alpha + \gamma$. *Die anderen Seitenlängen ergeben sich eindeutig aus dem Sinussatz.*

☒ Seite a, Flächeninhalt A und Winkel γ, *mit dem Flächeninhalt ist die Höhe* h_a *über Seite* a *bestimmbar. Die Parallele zu Seite* a, *die im Abstand* h_a *verläuft, hat einen eindeutigen Schnittpunkt mit dem im Winkel* γ *angesetzten Schenkel an* a.

☒ Seiten a, b und c, *mit drei gleichen Seitenlängen sind Dreiecke kongruent.*

☐ Winkel α, β und γ, *mit drei gleichen Winkeln sind Dreiecke ähnlich, aber gleiche Seitenlängen müssen nicht gegeben sein.*

Lässt sich ein eindeutiges Dreieck zu den gemachten Angaben konstruieren, wenn diese nicht notwendig von einem vorhandenen Dreieck stammen?

☒ Seiten a, b und Winkel γ,

☐ Seiten a, c und Winkel α, *falls* $c > a > c\sin(\alpha)$ *ist das Dreieck nicht eindeutig, falls* $a < c\sin(\alpha)$ *existiert kein Dreieck,*

☐ Seite b und Winkel α, γ, *sollte die Summe* $\alpha + \gamma \geq 180°$ *betragen, gibt es kein Dreieck,*

☒ Seite a, Flächeninhalt A und Winkel γ,

☐ Seiten a, b und c, *wenn die Summe der beiden kleineren Werte nicht den größeren Wert überschreitet, gibt es kein Dreieck,*

☐ Winkel α, β und γ.

17 Geometrie in Koordinatensystemen

17.1 Einleitung

Werden geometrische Objekte in der Ebene oder im Raum positioniert, so bekommen sie Koordinaten und werden einer analytischen, d.h. rechnerischen Behandlung zugänglich. Der Ansatz heißt *analytische Geometrie*, s.a. Abschnitt 3.1 und Abschnitt 4.5 in Brauch et al. (2006).

W. Brauch, H. J. Dreyer, und W. Haake. *Mathematik für Ingenieure*. Teubner Verlag, 11. Auflage, 2006

17.1.1 Punkte

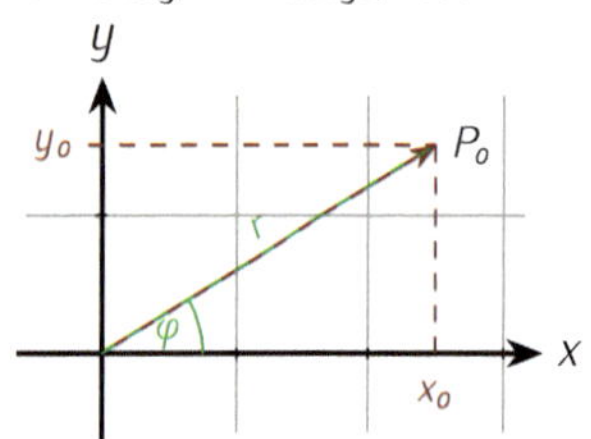

Bild 17.1: Punkt P_0 mit kartesischen Koordinaten (x_0, y_0) sowie Polar-Koordinaten (r, φ)

René Descartes (latinisiert Renatus Cartesius) (1596-1650)

Sobald ein (rechtwinkliges) Koordinaten-System für die Ebene $\mathbb{R}^2$ oder den Raum $\mathbb{R}^3$ festgelegt ist, kann jeder Punkt (x, y) der Ebene durch zwei und jeder Punkt (x, y, z) des Raumes durch drei *kartesische Koordinaten* eindeutig beschrieben werden. Die Koordinaten sind gerade die Abschnitte der Projektion des Punktes auf die jeweilige Koordinaten-Achse. Polar-Koordinaten messen neben dem Abstand eines Punktes vom Ursprung noch den Winkel φ zwischen positiver x-Achse und dem Ortsvektor dieses Punktes in der Ebene, s. Bild 17.1 bzw. Polar-Winkel ϑ und Azimut-Winkel φ im Raum, s. Bild 17.2.

2D-Koordinaten-Transformation von Punkten der Ebene
cartesisch $(x, y) \longleftrightarrow (r, \varphi)$ polar

$(x, y) \longrightarrow (r, \varphi) = \left(\sqrt{x^2 + y^2}, \text{atan2}(y, x)\right)$ mit $\text{atan2}(y, x) = \arctan \frac{y}{x}$ unter Berücksichtigung des Quadranten, in dem (x, y) liegt.

$(r, \varphi) \longrightarrow (x, y) = \left(r\cos(\varphi), r\sin(\varphi)\right)$.

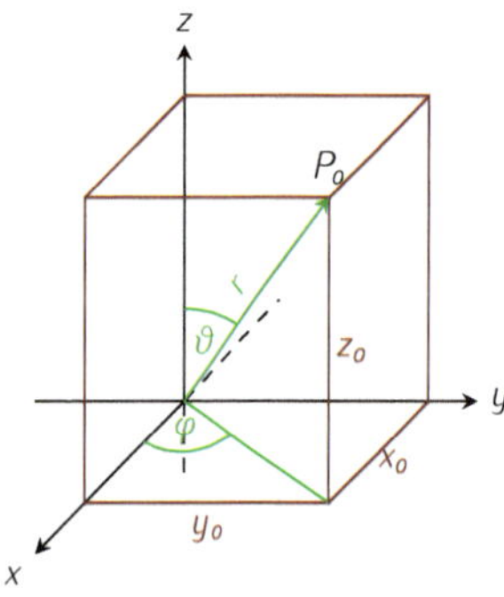

Bild 17.2: Punkt P_0 mit kartesischen Koordinaten (x_0, y_0, z_0) und Polar-Koordinaten (r, ϑ, φ)

3D-Koordinaten-Transformation von Punkten im Raum
cartesisch $(x, y, z) \longleftrightarrow (r, \vartheta, \varphi)$ *Kugel-Koordinaten*

$(x, y, z) \longrightarrow (r, \vartheta, \varphi) = \left(\sqrt{x^2 + y^2 + z^2}, \arccos(\frac{z}{r}), \text{atan2}(y, x)\right)$ mit $\text{atan2}(y, x) = \arctan \frac{y}{x}$ unter Berücksichtigung des Quadranten in der x-y-Ebene, in dem (x, y) liegt.

$(r, \vartheta, \varphi) \longrightarrow (x, y, z) = \left(r\sin(\vartheta)\cos(\varphi), r\sin(\vartheta)\sin(\varphi), r\cos(\vartheta)\right)$.

In diesem Zusammenhang heißt die x-y-Ebene *Äquator-Ebene*, die z-Achse *Pol-Achse*, $\vartheta \in [0, \pi)$ *Polar-Winkel* und $\varphi \in [0, 2\pi)$ *Azimut-Winkel*. Auf dem Globus messen *Längengrade* den Azimut-Winkel in Grad, wobei der *Nullmeridian* $\varphi = 0^o$ durch die Londoner Sternwarte in Greenwich verläuft. Die *Breitengrade* werden durch $90^o - \vartheta \in (-90^o, 90^o)$ gemessen. Der Äquator fällt so mit dem nullten Breitengrad zusammen. Das alles ist allerdings nur eine Näherung, da die Erde eher ein Ellipsoid als eine Kugel ist: Äquator'radius' ca 6378km, Pol'radius' ca 6357km.

Pythagóras (um 570-nach 510)

Euklid (3. Jahrhundert v. Chr.)

Laut Pythagoras beträgt der (Euklid'sche) Abstand $|P_2 - P_1|$ zweier Punkte $P_1 = (x_1, y_1)$ und $P_2 = (x_2, y_2)$ der Ebene (s. Bild 17.3)

$$|P_2 - P_1| = \sqrt{(x_2 - x_1)^2 + (y_2 - y_1)^2}$$

bzw. für $P_1 = (x_1, y_1, z_1)$ und $P_2 = (x_2, y_2, z_2)$ im Raum

$$|P_2 - P_1| = \sqrt{(x_2 - x_1)^2 + (y_2 - y_1)^2 + (z_2 - z_1)^2}.$$

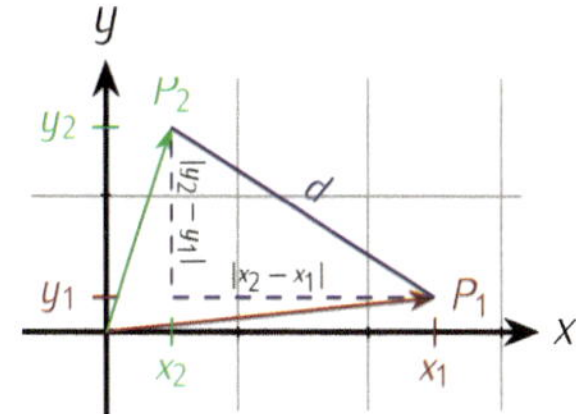

Bild 17.3: Abstand $d = |P_2 - P_1| = \sqrt{(x_2-x_1)^2+(y_2-y_1)^2}$ der Punkte $P_1 = (x_1, y_1)$ und $P_2 = (x_2, y_2)$

17.1.2 Geraden

Geraden in der Ebene haben je nach Vorgaben verschiedene Darstellungen.

vgl. Abschnitt 3.1.2 in Band 1

allgemeine Geraden-Gleichung $Ax+By+C=0$ mit reellen Koeffizienten $A, B, C \in \mathbb{R}$, die nur bis auf einen gemeinsamen Faktor eindeutig bestimmt sind: jede Gerade ist so darstellbar.

Steigung-Ordinaten-Abschnittsform $y = mx + b$ wo m die Steigung und b der Ordinaten-Abschnitt ist: die Geraden $x = x_o$ lassen sich *nicht* in Steigung-Ordinaten-Abschnittsform darstellen.

Achsen-Abschnittsform $\frac{x}{a} + \frac{y}{b} = 1$ wo $a \neq 0$ der Abszissen-Abschnitt und $b \neq 0$ der Ordinaten-Abschnitt ist.

Punkt-Steigungsform $\frac{y-y_o}{x-x_o} = m$ wo $P=(x_o, y_o)$ ein Punkt der Geraden und m ihre Steigung ist. (Ähnlichkeit von Steigungsdreiecken)
Für Geraden der Form $x = x_o$ entarten die Steigungsdreiecke: Derartige Geraden lassen sich *nicht* in Punkt-Steigungsform darstellen.

Zwei-Punkte-Form $\frac{y-y_1}{x-x_1} = \frac{y_2-y_1}{x_2-x_1}$ wo $P_1=(x_1, y_1)$ und $P_2=(x_2, y_2)$ zwei Punkte der Geraden sind. (Ähnlichkeit von Steigungsdreiecken)
Falls $x_o := x_1 = x_2$ und $y_1 \neq y_2$, so liegt eine Gerade der Form $x = x_o$ vor, die sich *nicht* in Zwei-Punkte-Form darstellen läßt.

Hesse'sche-Normalform $\boldsymbol{r} \cdot \boldsymbol{n} = d \geq 0$ wo $\boldsymbol{r}$ Ortsvektor eines jeden Punktes der Geraden, $\boldsymbol{n}$ ihr normierter Normalen-Vektor, $\boldsymbol{r} \cdot \boldsymbol{n}$ das Skalarprodukt (s. Kapitel 38 in Band 3) und $d \geq 0$ der Abstand der Geraden vom Ursprung ist. Mit $\boldsymbol{r} = (x, y)$ und $\boldsymbol{n} = (n_x, n_y)$ gilt also $x\,n_x + y\,n_y = d$ genau dann, wenn (x, y) Punkt der Geraden ist.

Otto Hesse (1811-1874)

Ebenso gibt es je nach Vorgaben verschiedene Parameter-Darstellungen:

Punkt-Richtungsvektor-Form $\boldsymbol{r}(t) = \boldsymbol{r}_o + t\boldsymbol{d}$ wo $\boldsymbol{r}_o$ Ortsvektor eines Punktes der Geraden, $\boldsymbol{d}$ ein Richtungsvektor und $t \in \mathbb{R}$ der Parameter ist.

Zwei-Punkte-Parameter-Form $\boldsymbol{r}(t) = \boldsymbol{r}_1 + t(\boldsymbol{r}_2 - \boldsymbol{r}_1)$ wo $\boldsymbol{r}_1$ und $\boldsymbol{r}_2$ zwei Punkte der Geraden sind und $t \in \mathbb{R}$ der Parameter ist.

Jede Gerade hat Parameter-Darstellungen und zwar so viele, wie es Punkte auf der Geraden und Richtungsvektoren oder eben Punkte-Paare auf der Geraden gibt.

Geraden in der Ebene spielen dieselbe Rolle wie Ebenen im Raum. Insofern überraschen die vielen Parallelen nicht.
Ebenen im Raum haben je nach Vorgaben verschiedene Darstellungen:

allgemeine Ebenen-Gleichung $A\,x + B\,y + C\,z + D = 0$ mit reellen Koeffizienten $A, B, C, D \in \mathbb{R}$, die nur bis auf einen gemeinsamen Faktor eindeutig bestimmt sind.

Achsen-Abschnittsform $\frac{x}{a} + \frac{y}{b} + \frac{z}{c} = 1$ wo $a \neq 0$ der Abszissen-Abschnitt, $b \neq 0$ der Ordinaten-Abschnitt und $c \neq 0$ der Applikaten-Abschnitt ist.

Otto Hesse (1811-1874)

Hesse'sche-Normalform $\boldsymbol{r} \cdot \boldsymbol{n} = d \geq 0$ wo $\boldsymbol{r}$ Ortsvektor eines jeden Punktes der Ebene, $\boldsymbol{n}$ ihr normierter Normalen-Vektor, $\boldsymbol{r} \cdot \boldsymbol{n}$ das Skalarprodukt (s. Kapitel 38 in Band 3) und $d \geq 0$ der Abstand der Ebenen vom Ursprung ist. Mit $\boldsymbol{r} = (x, y, z)$ und $\boldsymbol{n} = (n_x, n_y, n_z)$ gilt also $x\,n_x + y\,n_y + z\,n_z = d$ genau dann, wenn $\boldsymbol{r} = (x, y, z)$ Punkt der Ebene ist.

Ebenso gibt es je nach Vorgaben verschiedene Parameter-Darstellungen:

Punkt-zwei-Richtungsvektoren-Form $\boldsymbol{r}(t) = \boldsymbol{r}_o + t\boldsymbol{d}_1 + s\boldsymbol{d}_2$, wo $\boldsymbol{r}_o$ Ortsvektor eines Punktes der Ebene ist und wo $\boldsymbol{d}_1$ und $\boldsymbol{d}_2$ nicht kollineare Richtungsvektoren und $t, s \in \mathbb{R}$ die beiden Parameter sind.

zwei-Punkte-Richtungsvektor-Form $\boldsymbol{r}(t) = \boldsymbol{r}_1 + t(\boldsymbol{r}_2 - \boldsymbol{r}_1) + s\boldsymbol{d}$, wo $\boldsymbol{r}_1$ und $\boldsymbol{r}_2$ Ortsvektoren der beiden Punkte der Ebene sind und Richtungsvektor $\boldsymbol{d}$ nicht kollinear zu $\boldsymbol{r}_2 - \boldsymbol{r}_1$ ist. $t, s \in \mathbb{R}$ sind die beiden Parameter.

Drei-Punkte-Parameter-Form $\boldsymbol{r}(t) = \boldsymbol{r}_o + t(\boldsymbol{r}_1 - \boldsymbol{r}_o) + t(\boldsymbol{r}_2 - \boldsymbol{r}_o)$, wo $\boldsymbol{r}_o$, $\boldsymbol{r}_1$ und $\boldsymbol{r}_2$ drei Punkte der Ebene und $t, s \in \mathbb{R}$ die beiden Parameter sind.

Wie jede Gerade so hat auch jede Ebene verschiedene Parameter-Darstellungen: Parameter-Darstellungen sind nie eindeutig.

17.1.3 Kegelschnitte

Kegelschnitte, d.h. die Schnittkurven eines Doppelkegels mit einer Ebene im Raum, s. Bild 17.4, werden ausführlicher und vollständig in Kapitel 35 in Band 3 behandelt. Hier beschränken wir uns auf Kreis, Ellipse und Parabel.

Kreis

Kreise entstehen als Kegelschnitt genau dann, wenn die Rotationsachse des Doppelkegels senkrecht auf der Schnitt-Ebene steht und die Doppelkegel-Spitze nicht Punkt der Schnitt-Ebene ist. Ein Kreis ist dabei die Ortslinie aller Punkte, die einen festen Abstand vom *Mittelpunkt* haben. Der Abstand heißt *Radius*.
Sei $M = (x_o, y_o)$ Mittelpunkt und r Radius eines Kreises. Für Punkte $P = (x, y)$ auf der Kreislinie gilt also $|P - M| = r = \sqrt{(x - x_o)^2 + (y - y_o)^2}$ oder eben die *Kreisgleichung*

$$(x - x_o)^2 + (y - y_o)^2 = r^2.$$

Oberer bzw. unterer Halbkreis ist Graph von $f(x) = y_o + \sqrt{r^2 - (x - x_o)^2}$ bzw. $g(x) = y_o - \sqrt{r^2 - (x - x_o)^2}$ mit $\mathbb{D}_f = [x_o - r, x_o + r] = \mathbb{D}_g$. Beide Funktionen sind also implizit definiert, vgl. Abschnitt 26.1.3. Weiter ist

$$\boldsymbol{r}(t) = \big(x_o + r\cos(t), y_o + r\sin(t)\big) \in \mathbb{R}^2 \quad \text{für } t \in [0, 2\pi)$$

eine Parametrisierung des Kreises um $M = (x_o, y_o)$ mit Radius r.

Sei $B = (x_b, y_b)$ ein Punkt des Kreises um $M = (x_o, y_o)$ mit Radius r. Dann hat die Tangente (vgl. Kapitel 26) an diesen Kreis im Berührpunkt B die gut zu merkende Geraden-Gleichung

$$(x - x_o)(x_b - x_o) + (y - y_o)(y_b - y_o) = r^2.$$

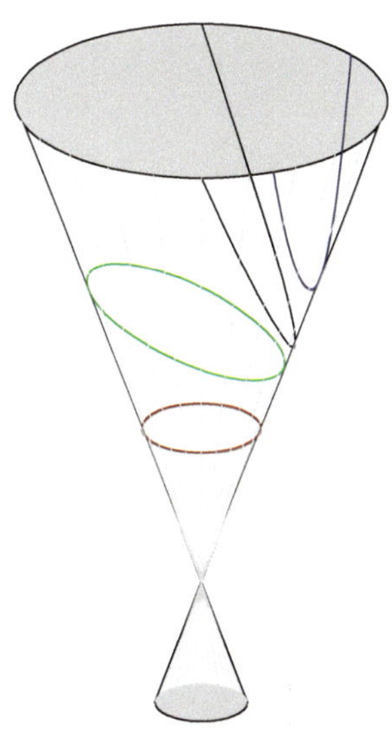

Bild 17.4: Doppelkegel mit Kreis, Ellipse und Parabel

Beispiel. Die Punkte des *Einheitskreises*, des Kreises um den Ursprung mit Radius 1, erfüllen genau die Kreisgleichung $x^2 + y^2 = 1$. Der obere bzw. untere Halbkreis ist Graph der Funktion $f(x) = \sqrt{1 - x^2}$ bzw. $g(x) = -\sqrt{1 - x^2}$ mit $\mathbb{D}_f = [-1, 1] = \mathbb{D}_g$ und $\boldsymbol{r}(t) = \big(\cos(t), \sin(t)\big)$ ist eine Parametrisierung des Einheitskreises. Die Tangente $x\frac{\sqrt{2}}{2} + y\frac{\sqrt{2}}{2} = 1$ in $\big(\frac{\sqrt{2}}{2}, \frac{\sqrt{2}}{2}\big)$ liegt mehr oder weniger schon in Achsen-Abschnittsform vor, s. Bild 17.5.

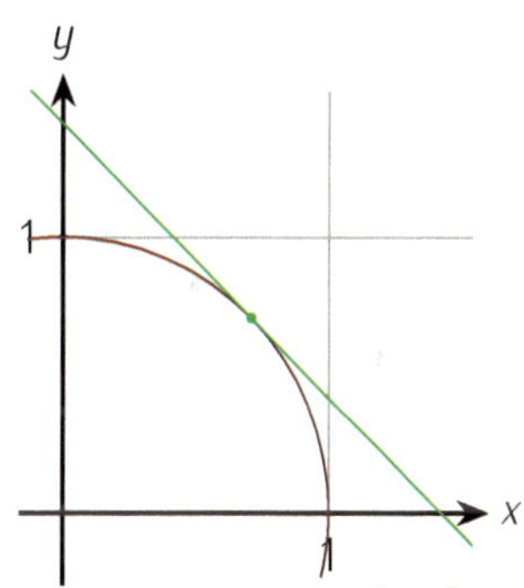

Bild 17.5: Einheitskreis $x^2 + y^2 = 1$ mit Tangente $\frac{x}{\sqrt{2}} + \frac{y}{\sqrt{2}} = 1$ im Punkt $(\frac{\sqrt{2}}{2}, \frac{\sqrt{2}}{2})$

Ellipse

Ellipsen entstehen, wenn der Neigungswinkel der Schnittebene (nicht durch die Spitze) kleiner ist als der Neigungswinkel der Mantellinie des Kegels. Kreise sind also einfach besondere Ellipsen. Die Kepler'schen Planetenbahnen sind Ellipsen.

Johannes Kepler (1571-1630)

Ellipsen sind die Ortslinie aller Punkte mit fester Summe der Abstände von den sogenannten beiden *Brennpunkten*. Gärtner legen eine genügend lange Seilschlaufe um zwei Pflöcke, eben um die beiden Brennpunkte, und umfahren mit dem Spaten bei gespannter Seilschlaufe ein elliptisches Beet. Werden die Brennpunkte $F_\pm$ auf der Abszisse zentriert zum Ursprung anordnet, d.h. $F_- = (-e, 0)$ und $F_+ = (e, 0)$ mit $a^2 = e^2 + b^2$, so entsteht eine Ellipse mit Mittelpunkt im Ursprung und sogenannten Achsen-parallelen *Halbachsen* a und b, s. Bild 17.6.

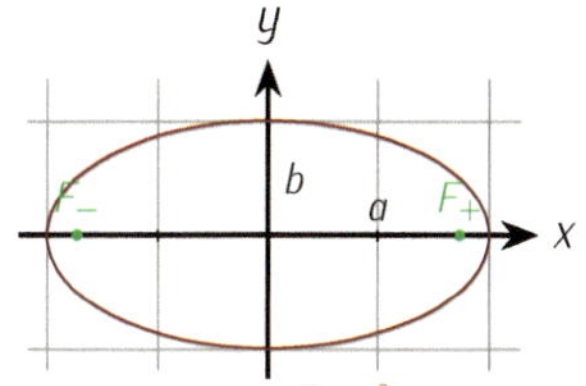

Bild 17.6: Ellipse $\frac{x^2}{a^2} + \frac{y^2}{b^2} = 1$ mit Mittelpunkt im Ursprung, Halbachsen $a = 2$ und $b = 1$ und Brennpunkten $(\pm e, 0) = (\pm\sqrt{3}, 0)$ mit $a^2 = e^2 + b^2$

Die Ellipse um $M = (x_o, y_o)$ mit Achsen-parallelen Halbachsen a und b hat die Ellipsen-Gleichung

$$\frac{(x - x_o)^2}{a^2} + \frac{(y - y_o)^2}{b^2} = 1.$$

Eine Parameterdarstellung der Ellipse um Mittelpunkt $M = (x_o, y_o)$ mit Achsen-parallelen Halbachsen a und b ist

$$\boldsymbol{r}(t) = \big(x_o + a\cos(t), y_o + b\sin(t)\big) \in \mathbb{R}^2 \qquad \text{für } t \in [0, 2\pi).$$

Für $a = b = r$ ergibt sich offensichtlich der Kreis um M mit Radius r.

Die Tangente im Berührpunkt $B = (x_b, y_b)$ an die Ellipse um $M = (x_o, y_o)$ mit Achsen-parallelen Halbachsen a und b hat die wieder gut zu merkende Geraden-Gleichung (vgl. Tangente an Kreis)

$$\frac{(x_b - x_o)(x - x_o)}{a^2} + \frac{(y_b - y_o)(y - y_o)}{b^2} = 1.$$

Parabel

Parabeln entstehen als Kegelschnitte genau dann, wenn eine Mantel-Linie des Doppelkegels parallel zur Schnitt-Ebene verläuft und die Doppelkegel-Spitze nicht Punkt der Schnitt-Ebene ist. Eine Parabel ist dabei die Ortslinie aller Punkte, die denselben Abstand von einem festen Punkt, dem *Brennpunkt* und von einer festen Geraden, der *Leitlinie* haben. Das Lot vom Brennpunkt auf die Leitlinie schneidet die Parabel im sogenannten *Scheitel.* Die Gerade durch Scheitel und Brennpunkt ist die (einzige) Symmetrie-Achse der Parabel.

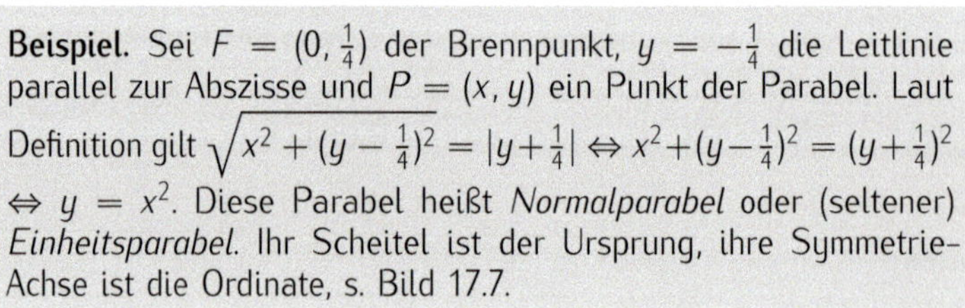

Beispiel. Sei $F = (0, \frac{1}{4})$ der Brennpunkt, $y = -\frac{1}{4}$ die Leitlinie parallel zur Abszisse und $P = (x, y)$ ein Punkt der Parabel. Laut Definition gilt $\sqrt{x^2 + (y - \frac{1}{4})^2} = |y + \frac{1}{4}| \Leftrightarrow x^2 + (y - \frac{1}{4})^2 = (y + \frac{1}{4})^2$ $\Leftrightarrow y = x^2$. Diese Parabel heißt *Normalparabel* oder (seltener) *Einheitsparabel.* Ihr Scheitel ist der Ursprung, ihre Symmetrie-Achse ist die Ordinate, s. Bild 17.7.

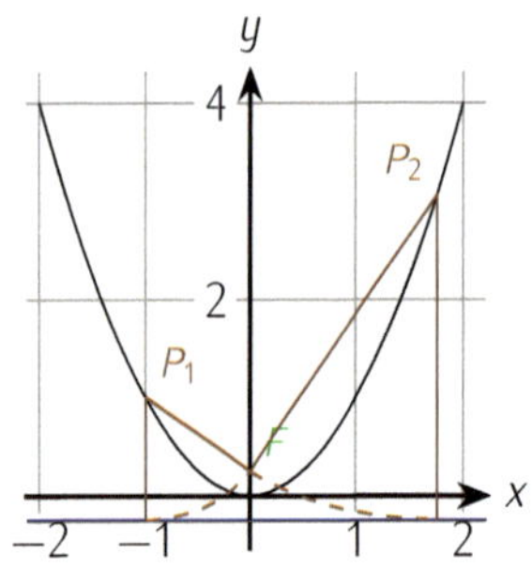

Bild 17.7: Zwei Punkte P_1 und P_2 auf der Normalparabel: $|P_i - F| = |(x_i, y_i) - (0, \frac{1}{4})| = y_i + \frac{1}{4}$ mit Brennpunkt $F = (0, \frac{1}{4})$, Leitlinie $y = -\frac{1}{4}$ und Scheitel $(0, 0)$

Wenn die Leitlinie parallel zur Abszisse verläuft, fällt die Parabel mit dem Graphen eines Polynoms zweiten Grades $y = ax^2 + bx + c$ zusammen. Es gibt verschiedene Darstellungsformen:

Allgemeine Form $y = ax^2 + bx + c$ mit Koeffizienten $0 \neq a \in \mathbb{R} \ni b, c$.

Scheitelform $y = y_o + d(x - x_o)^2$ mit Scheitel (x_o, y_o) und Koeffizient $d \neq 0$: die Parabel ist nach oben bzw. unten geöffnet genau dann, wenn $d > 0$ bzw. $d < 0$.

Nullstellenform $y = d(x - x_1)(x - x_2)$ mit Koeffizient $d \neq 0$ und den beiden Nullstellen x_1 und x_2, wobei drei Fälle zu unterscheiden sind:
▷ zwei verschiedene reelle Nullstellen,

▷ eine reelle, doppelte Nullstelle,
▷ zwei zueinander konjugiert komplexe Nullstellen (s. Kapitel 24).

Drei-Punkte-Form Jeder Punkt der Parabel durch die drei Punkte $P_i = (x_i, y_i)$ mit paarweise verschiedenen Abszissen erfüllt die Gleichung

$$\frac{\frac{y-y_1}{x-x_1}-\frac{y-y_2}{x-x_2}}{x_1-x_2}=\frac{\frac{y_3-y_1}{x_3-x_1}-\frac{y_3-y_2}{x_3-x_2}}{x_1-x_2}.$$

Auflösen nach y liefert die explizite Parabel-Gleichung, s. Aufgabe 17.19.

Durch Spiegelung an der Haupt-Diagonalen $y = x$ gehen Parabeln mit Leitlinie parallel zur Abszisse in solche mit Leitlinie parallel zur Ordinate über. Dabei wird die zugehörige Funktion $f(x) = y_o + c(x - x_o)^2$ in ihre Umkehrfunktionen $f^{\text{inv}}(x) = x_o \pm \sqrt{\frac{1}{c}(x - y_o)}$ für $x \geq y_o$ falls $c > 0$ und $x \leq y_o$ falls $c < 0$ überführt. Die zugehörige Parabel hat also den Brennpunkt $\left(y_o + \frac{1}{4c}, x_o\right)$ und die Leitlinie $x = x_o - \frac{1}{4c}$, vgl. Aufgabe 17.21. Wir ersparen uns hier Parabeln mit Leitlinien, die nicht parallel zu einer der Koordinaten-Achsen verlaufen.

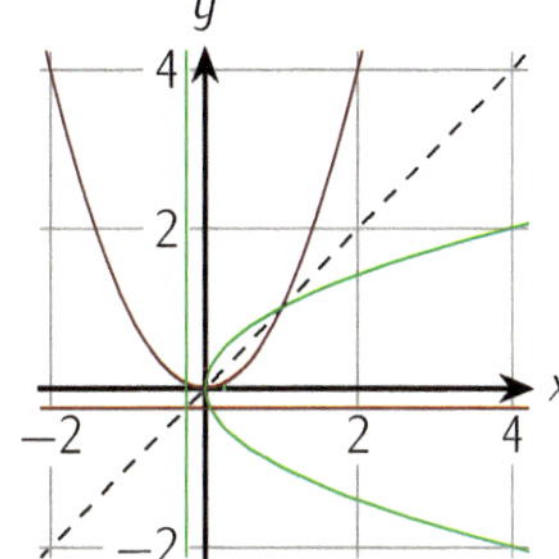

Bild 17.8: Normal-Parabel $y = x^2$ mit $B = (0, \frac{1}{4})$ und Leitlinie $y = -\frac{1}{4}$ und Normal-Parabel $y = \pm\sqrt{x}$ mit $B^{\text{inv}} = (\frac{1}{4}, 0)$ und Leitlinie $x = -\frac{1}{4}$

Beispiel. Spiegelung der Normal-Parabel $y = f(x) = x^2$ mit Brennpunkt $B = \left(0, \frac{1}{4}\right)$ und Leitlinie $y = -\frac{1}{4}$ an der Hauptdiagonalen liefert die um -90° um den Ursprung gedrehte Parabel $y = f^{\text{inv}}(x) = \pm\sqrt{x}$ mit Brennpunkt $B^{\text{inv}} = \left(\frac{1}{4}, 0\right)$ und Leitlinie $x = -\frac{1}{4}$. Da für jeden Punkt $P = (x, \sqrt{x})$ auf dem Graphen von f^{inv} $|(x, \sqrt{x}) - B^{\text{inv}}| = |x + \frac{1}{4}| \Leftrightarrow (x - \frac{1}{4})^2 + (\sqrt{x} - 0)^2 = (x + \frac{1}{4})^2$ $\Leftrightarrow -\frac{1}{2}x + x = \frac{1}{2}x$ gilt, ist der Graph von f^{inv} als Ortslinie einer Parabel identifiziert, s. Bild 17.8.

Tangenten an Parabeln bestimmt man über die Schnittbedingung (genau ein Schnittpunjkt = Berührpunkt), geometrisch oder naheliegenderweise mit Hilfe der Differentialrechnung, s. Kapitel 26.
Sei die Parabel als Graph der Funktion $f(x) = y_o + c(x - x_o)^2$ gegeben. Dann ist $F = (x_o, y_o + \frac{1}{4c})$ der Brennpunkt und $y = y_o - \frac{1}{4c}$ die Leitlinie. Durch Translation kann man o.B.d.A. $f(x) = cx^2$ für eine Konstante $c \neq 0$ annehmen. Sei $B = \left(x_b, cx_b^2\right)$ ein Punkt der Parabel. $\frac{y - cx_b^2}{x - x_b} = m$ $\Leftrightarrow y = cx_b^2 + m(x - x_b)$ beschreibt die Familie der Geraden durch den Berührpunkt B. Gesucht ist die Steigung m, für die B der einzige Schnittpunkt der Geraden mit der Parabel ist, d.h. die Gleichung $cx^2 = cx_b^2 + m(x - x_b) \Leftrightarrow x^2 - x_b^2 = \frac{m}{c}(x - x_b) \Leftrightarrow x^2 - \frac{m}{c}x - x_b^2 + \frac{m}{c}x_b = 0$ $\Leftrightarrow x_{1,2} = \frac{m}{2c} \pm \frac{1}{2c}\sqrt{m^2 + 4c^2x_b^2 - 4cmx_b} = \frac{m}{2c} \pm \frac{1}{2c}\sqrt{(m - 2cx_b)^2}$ hat genau eine Lösung $\Leftrightarrow m = 2cx_b$. Die Tangente $t(x)$ an die Parabel $f(x) = cx^2$ in $B = \left(x_b, cx_b^2\right)$ hat also die Gleichung

$$t(x) = cx_b^2 + 2cx_b(x - x_b) = f(x_b) + f'(x_b)\,(x - x_b).$$

Abschließend sei angemerkt, dass sich alle Kegelschnitte, also Kreise, Ellipsen, Parabeln und auch Hyperbeln, implizit durch

$$ax^2 + by^2 + cx + dy + e = 0$$

mit geeigneten Koeffizienten $a, b, c, d, e \in \mathbb{R}$ darstellen lassen.

17.2 Lernziele

Nr	Ich kann	Aufgabe	√
	Geometrie in Koordinatensystemen		
177	den Abstand zwischen zwei Punkten berechnen	17.2	
178	den Ort des Punktes finden, der eine Strecke im gegebenen Verhältnis teilt	17.3	
179	den Winkel zwischen zwei Geraden oder Vektoren bestimmen	17.6	
180	den Abstand zwischen einem Punkt und einer Geraden berechnen	17.4	
181	eine Dreiecksfläche bei gegebenen Koordinaten der Ecken berechnen	17.7	
182	Beispiele einer Ortslinie nennen	17.20	
183	Kreisgleichungen erkennen und aufstellen sowie Radius und Mittelpunkt bestimmen	17.8, 17.10	
	Kreis		
184	eine allgemeine Kreisgleichung in Standardform bringen	17.10	
185	parametrische Kreisgleichungen erkennen	17.13	
186	die Gleichung der Kreis-Tangenten im Berührpunkt aufstellen	17.14	
	Ellipse		
187 *	Ellipsengleichungen erkennen und aufstellen sowie Halbachsen und Mittelpunkt bestimmen	17.12	
188 *	eine allgemeine Ellipsengleichung in Standardform bringen	17.12	
189 *	parametrische Ellipsengleichungen erkennen	17.13	
190 *	die Gleichung der Ellipsen-Tangenten im Berührpunkt aufstellen	17.15	
	Parabel		
191	eine Parabel als Ortslinie definieren	17.18, 17.21	
192	die Gleichung einer Parabel in Standardform erkennen und Scheitelpunkt, Brennpunkt, Symmetrieachse und Leitlinie angeben	17.18, 17.21	
193	die parametrische Form einer Parabel erkennen	17.22	
194	die Gleichung der Parabel-Tangenten an einem Punkt herleiten	17.16	
195	das Konzept einer parametrischen Repräsentation einer Kurve verstehen	17.13, 17.22	
196	Polarkoordinaten benutzen und in kartesische Koordinaten umrechnen und umgekehrt	17.2	

17.3 Aufgaben

Aufgabe 17.1 (5 min) Gegeben sei die Gerade mit den Achsen-Abschnitten a und b. Bestimmen Sie für diese Gerade alle Darstellungen aus Abschnitt 17.1.

Aufgabe 17.2 (10 min) Verifizieren Sie:

a) Der Abstand d der beiden Punkte P_1 und P_2 in der Ebene, gegeben in Polar-Koordinaten $P_1 = (r_1, \varphi_1)$ und $P_2 = (r_2, \varphi_2)$, beträgt $d = \sqrt{r_1^2 + r_2^2 - 2r_1 r_2 \cos(\varphi_2 - \varphi_1)}$.

b) Der Abstand d der Punkte P_1 und P_2 im Raum, gegeben in Polar-Koordinaten $P_1 = (r_1, \vartheta_1, \varphi_1)$ und $P_2 = (r_2, \vartheta_2, \varphi_2)$, beträgt $d = \sqrt{r_1^2 + r_2^2 - 2r_1 r_2 \big(\sin(\vartheta_1)\sin(\vartheta_2)\cos(\varphi_2 - \varphi_1) + \cos(\vartheta_1)\cos(\vartheta_2)\big)}$.

Aufgabe 17.3 (5 min) Gegeben die beiden Punkte P_1 und P_2 in der Ebene oder im Raum. Bestimmen Sie den Punkt, der die Verbindungsstrecke $\overline{P_o P_1}$ in einem vorgegebenen Verhältnis teilt.

Aufgabe 17.4 (10 min) Der *Abstand* eines Punktes von einer Geraden in Hesse-Normalform ist leicht zu bestimmen: Hat die Gerade die Hesse-Normalform $x\,n_x + y\,n_y = d \geq 0$ mit normiertem Normalen-Vektor $\boldsymbol{n} = (n_x, n_y)$ mit $|\boldsymbol{n}| = 1$, so beträgt der Abstand des Punktes $P = (x_o, y_o)$ von der Geraden gerade $|x_o\,n_x + y_o\,n_y - d|$.

a) Das *Pythagoräische Tripel* 3,4,5 gibt Anlaß, einige Geraden in Hesse-Normalform $\pm\frac{3}{5}x \pm \frac{4}{5}y = 1$ zu untersuchen. Welche Geraden sind so darstellbar?
b) Sei $x\,n_x + y\,n_y = d \geq 0$ die Hesse-Normalform einer Geraden der Ebene. Wieso gibt es genau einen Winkel φ mit $\cos(\varphi) = n_x$ und $\sin(\varphi) = n_y$, was $x\cos(\varphi) + y\sin(\varphi) - d = 0$ impliziert? Welche Bedeutung hat φ?
c) Gegeben eine Gerade $n_x x + n_y y = d \geq 0$ mit normiertem Normalen-Vektor $\boldsymbol{n}$ und ein Punkt $P_o = (x_o, y_o)$. Bestimmen Sie den Fußpunkt des Lotes von P_o auf die Gerade.

Aufgabe 17.5 (15 min)

a) Die beiden Geraden $A_1x+B_1y+C_1 = 0$ und $A_2x+B_2y+C_2 = 0$ in der Ebene seien gegeben. Bestimmen Sie den Schnittpunkt der beiden Geraden, soweit er existiert.
b) Wenden Sie Ihre Erkenntnisse auf das Geraden-Paar $x + y = 1$ und $y = x$ an. Wieso ist Ihr Ergebnis geometrisch plausibel?
c) Geben Sie Beispiele von zwei sich nicht schneidenden Geraden an. Wie zeigt der Gauß-Algorithmus (s. Kapitel 40 in Band 3), dass in Ihren Beispielen kein Schnittpunkt existiert?

Aufgabe 17.6 (15 min) Der von zwei Vektoren $\boldsymbol{a}$ und $\boldsymbol{b}$ eingeschlossene *Winkel* $\angle(\boldsymbol{a}, \boldsymbol{b})$ genügt der Gleichung $\cos(\angle(\boldsymbol{a}, \boldsymbol{b})) = \frac{\boldsymbol{a}\cdot\boldsymbol{b}}{|\boldsymbol{a}|\cdot|\boldsymbol{b}|}$ mit dem Skalarprodukt $\boldsymbol{a} \cdot \boldsymbol{b} = a_x\,b_x + a_y, b_y$, die man umgekehrt auch zur Definition des Skalarproduktes $\boldsymbol{a} \cdot \boldsymbol{b} = |\boldsymbol{a}| \cdot |\boldsymbol{b}| \cos(\angle(\boldsymbol{a}, \boldsymbol{b}))$ nutzen kann. Der Winkel zwischen zwei Geraden ist also just der von ihren beiden Richtungsvektoren eingeschlossene Winkel.

vgl. Kapitel 38 in Band 3

a) Bestimmen Sie den von den beiden Geraden $y = (\sqrt{2} - 1)x + 1$ und $y = (\sqrt{2} + 1)x - 1$ eingeschlossenen Winkel.
b) Bestimmen Sie den von den beiden Geraden $\frac{x}{2} - y = 1$ und $x - \frac{y}{2} = 1$ eingeschlossenen Winkel.
Welche allgemeine Einsicht vermittelt dieses Beispiel?
c) Welche Steigung haben die Geraden, die senkrecht zu $Ax + By + C = 0$ verlaufen? Unterscheiden Sie die Fälle $A = 0$, $B = 0$ und $A \neq 0 \neq B$.

Aufgabe 17.7 (10 min) Seien $\boldsymbol{A}$, $\boldsymbol{B}$ und $\boldsymbol{C}$ die Ortsvektoren der Ecken eines Dreiecks. Dieses hat dann die drei Seiten $\boldsymbol{c} = \boldsymbol{B} - \boldsymbol{A}$, $\boldsymbol{a} = \boldsymbol{C} - \boldsymbol{B}$ und $\boldsymbol{b} = \boldsymbol{A} - \boldsymbol{C}$ mit Winkeln $\alpha = \angle(\boldsymbol{b}, \boldsymbol{c})$, $\beta = \angle(\boldsymbol{c}, \boldsymbol{a})$ und $\gamma = \angle(\boldsymbol{a}, \boldsymbol{b})$.

a) $|\Delta(\boldsymbol{A}, \boldsymbol{B}, \boldsymbol{C})| = \frac{1}{2}|\boldsymbol{b}|\,|\boldsymbol{c}| \sin(\alpha) = \frac{1}{2}|\boldsymbol{c}|\,|\boldsymbol{a}| \sin(\beta) = \frac{1}{2}|\boldsymbol{a}|\,|\boldsymbol{b}| \sin(\gamma)$. Verifizieren Sie diese Formel für den Flächeninhalt $|\Delta(A, B, C)|$ des Dreiecks $\Delta(A, B, C)$.

b) Identifizieren Sie das Dreieck $\Delta(A, B, C)$ mit den Eckpunkten $A = (-1/2, -\sqrt{3}/6)$, $B = (1/2, -\sqrt{3}/6)$ sowie $C = (0, \sqrt{3}/3)$ und bestimmen Sie seinen Flächeninhalt.

Aufgabe 17.8 (15 min)

a) Bestimmen Sie den Kreis durch die drei Punkte $P = (0, 1)$, $Q = (2, -3)$ und $R = (-2, 1)$.

b) Verifizieren Sie: die verschwindende Determinante

Mehr zu Determinanten s. Kapitel 39 in Band 3

$$\begin{vmatrix} x^2 + y^2 & x & y & 1 \\ x_1^2 + y_1^2 & x_1 & y_1 & 1 \\ x_2^2 + y_2^2 & x_2 & y_2 & 1 \\ x_3^2 + y_3^2 & x_3 & y_3 & 1 \end{vmatrix} = 0$$

ist äquivalent zur Kreisgleichung des Kreises durch die drei nicht kollinearen Punkte (x_1, y_1), (x_2, y_2) und (x_3, y_3).

Thales von Milet (um 623 v.Chr. - um 546 v.Chr.)

Aufgabe 17.9 (10 Min) Der Satz des *Thales* besagt, dass ein Dreieck genau dann rechtwinklig ist, wenn die drei Eckpunkte auf einem Kreis liegen und eine Seite den Kreis halbiert. Verwenden Sie die Gleichung für den Einheitskreis $x^2 + y^2 = 1$, um den Satz von Thales 'analytisch' zu beweisen.

Aufgabe 17.10 (10 min) Gegeben die Gleichung $Ax^2 + Bx + Dy^2 + Ey = C$ mit reellen Koeffizienten $A, B, C, D, E \in \mathbb{R}$. Unter welchen Bedingungen ist die Lösungsmenge der Gleichung ein Kreis? Bestimmen Sie Mittelpunkt M und Radius $r > 0$.
Hinweis: Verwenden Sie die quadratische Ergänzung.

Aufgabe 17.11 (5 min) Bestimmen Sie das der Ellipse $\frac{x^2}{16} + \frac{y^2}{9} = 1$ einbeschriebene achsenparallele Quadrat.

Aufgabe 17.12 (10 min) Gegeben die Gleichung $Ax^2 + Bx + Dy^2 + Ey = C$ mit reellen Koeffizienten $A, B, C, D, E \in \mathbb{R}$. Unter welchen Bedingungen ist die Lösungsmenge der Gleichung eine Ellipse? Bestimmen Sie Mittelpunkt M und Achsen-parallele Halbachsen a und b. Hinweis: quadratische Ergänzung wie in Aufgabe 17.10.

Aufgabe 17.13 (10 min) Verifizieren Sie:

a) $\boldsymbol{r}(t) = \big(x_o + r\cos(t), y_o + r\sin(t)\big)$ für $t \in [0, 2\pi)$ ist eine Parameterdarstellung des Kreises mit Radius r um $M = (x_o, y_o)$,

b) $\boldsymbol{r}(t) = \big(x_o + a\cos(t), y_o + b\sin(t)\big)$ für $t \in [0, 2\pi)$ ist eine Parameterdarstellung der Ellipse um $M = (x_o, y_o)$ mit Achsen-parallelen Halbachsen a und b.

Aufgabe 17.14 (10 min)

a) $(x-x_o)(x_b-x_o)+(y-y_o)(y_b-y_o) = r^2$ ist die Geraden-Gleichung der Tangenten in $B = (x_b, y_b)$ an den Kreis um $M = (x_o, y_o)$ mit Radius r. Verifizieren Sie.

b) Bestimmen Sie die beiden Tangenten an den Kreis um den Ursprung mit Radius r durch den Punkt $P = (c, c)$ für geeignete $c \in \mathbb{R}$. Inwiefern ist Ihre Lösung (geometrisch) plausibel?

Aufgabe 17.15 (5 min) Verifizieren Sie: $\frac{(x-x_o)(x_b-x_o)}{a^2} + \frac{(y-y_o)(y_b-y_o)}{b^2} = 1$ ist die Geraden-Gleichung der Tangenten im Berührpunkt $B = (x_b, y_b)$ an die Ellipse um $M = (x_o, y_o)$ mit Achsen-parallelen Halbachsen a und b.

Aufgabe 17.16 (10 min)

a) $t(x) = ax_b^2 + bx_b + c + (2ax_b + b)(x - x_b) = f(x_b) + f'(x_b)\,(x - x_b)$ ist die Geraden-Gleichung der Tangenten an die Parabel $f(x) = ax^2 + bx + c$ im Berührpunkt $B = \big(x_b, f(x_b)\big)$. Verifizieren Sie.

b) Bestimmen Sie die Tangente an die Parabel $f(x) = ax^2 + bx + c$ mit vorgegebener Steigung $m \in \mathbb{R}$.

Aufgabe 17.17 (10 min) Bestimmen Sie die Gerade, die Tangente sowohl an die Normal-Parabel als auch an den Kreis um $(x_o, y_o) = (4, 2)$ mit Radius $r = \sqrt{5}$ ist.

Aufgabe 17.18 (15 min) Als Gegenstück zu Aufgabe 17.21:

a) Eine Parabel sei Graph der Funktion $f(x) = y_o + c(x - x_o)^2$. Verifizieren Sie, dass $F = (x_f, y_f) = \big(x_o, y_o + \frac{1}{4c}\big)$ Brennpunkt und $y_\ell = y_o - \frac{1}{4c}$ Leitlinie der Parabel ist.

b) Gegeben Brennpunkt (x_f, y_f) und Leitlinie $y = y_\ell$. Bestimmen Sie die Funktion $f(x) = y_o + c(x - x_o)^2$, deren Graph mit der zu Brennpunkt und Leitline gehörigen Parabel zusammenfällt.

Aufgabe 17.19 (15 min) Eine Parabel sei durch die drei Punkte $P_1 = (x_1, y_1)$, $P_2 = (x_2, y_2)$ und $P_3 = (x_3, y_3)$ spezifiziert. Hier ist die Drei-Punkte-Form $\frac{y-y_1}{x-x_1} - \frac{y-y_2}{x-x_2} = \frac{y_3-y_1}{x_3-x_1} - \frac{y_3-y_2}{x_3-x_2}$ nützlich.

a) Zeigen Sie, dass es sich bei der Drei-Punkte-Form um eine Parabel-Gleichung handelt.

b) Wieso erfüllen die Koordinaten eines jeden der drei Punkte die Gleichung der Drei-Punkte-Form?
c) Geben Sie die allgemeine Form $y = f(x) = ax^2 + bx + c$ einer in Drei-Punkte-Form gegebenen Parabel an.

Aufgabe 17.20 (15 min) Allgemein ist $\min_t |\boldsymbol{r}(t) - (x_1, y_1)|$ der Abstand des Punktes (x_1, y_1) von einer Kurve $\boldsymbol{r}(t)$ in Parameter-Darstellung. Graphen von Funktionen $f(x)$ sind spezielle Kurven. Damit ist $\min_{x \in \mathbb{D}_f} \left|\big(x, f(x)\big) - (x_1, y_1)\right|$ der *Abstand* des Punktes (x_1, y_1) vom Graphen der Funktion $f(x)$.
a) Bestimmen Sie den Abstand des Punktes $P = (3, 0)$ von der Normalparabel.
b) Jede Tangente an die Normal-Parabel hat im Berührpunkt B eine Normale. Bestimmen Sie die durch $P = (3, 0)$ verlaufende Normale. Verifizieren Sie, dass der Abstand $|B - P|$ mit dem Ergebnis aus Teil a) übereinstimmt.
c) Eine Parabel sei Graph der Funktion $f(x) = cx^2$. Bestimmen Sie den Abstand des Punktes $P = (3, 0)$ zur Parabel. Warum ist jetzt der Einsatz eines Computer-Algebra-Systems ratsam?

Aufgabe 17.21 (15 min) Als Gegenstück zu Aufgabe 17.18:
a) Eine Parabel sei Graph der Funktionen $f(x) = y_o \pm \sqrt{\frac{1}{c}(x - x_o)}$. Verifizieren Sie: $F = (x_o + \frac{1}{4c}, y_o)$ ist Brennpunkt und $x = x_\ell = x_o - \frac{1}{4c}$ Leitlinie der Parabel.
b) Gegeben Brennpunkt $F = (x_f, y_f)$ und Leitlinie $x = x_\ell$. Bestimmen Sie die Funktionen $f(x) = y_o \pm \sqrt{\frac{1}{c}(x - x_o)}$, deren vereinigte Graphen mit der zu Brennpunkt und Leitline gehörigen Parabel zusammenfallen.

Aufgabe 17.22 (10 min) Eine Parameter-Darstellung von allgemeinen Parabeln in der Ebene ist $\boldsymbol{r}(t) = \boldsymbol{s} + \boldsymbol{u}\,t + \boldsymbol{v}\,t^2$ mit $\boldsymbol{s}, \boldsymbol{u}, \boldsymbol{v} \in \mathbb{R}^2$ und für $t \in \mathbb{R}$.
a) Welche Parameter-Darstellung obiger Art hat die Parabel $y = y_o + a(x - x_o)^2$?
b) Welche Parameter-Darstellung obiger Art hat die Parabel $y = y_o \pm \sqrt{\frac{1}{c}(x - x_o)}$?

17.4 Lösungen

Lösung 17.1 Aus den gegebenen Achsen-Abschnitten ergibt sich sofort
▷ die Achsen-Abschnittsform $\frac{x}{a} + \frac{y}{b} = 1$ und damit
▷ die allgemeine Geraden-Gleichung $cbx + cay - cab = 0$ für jedes Vielfache $0 \neq c \in \mathbb{R}$,

▷ die Steigung-Ordinaten-Abschnittsform $y = mx + b$ mit $m = -\frac{b}{a}$,
▷ die Punkt-Steigungsform $\frac{y-b}{x-0} = m$ oder $\frac{y-0}{x-a} = m$ mit $m = -\frac{b}{a}$,
▷ die Zwei-Punkte-Form $\frac{y-b}{x-0} = \frac{b-0}{0-a}$ oder $\frac{y-0}{x-a} = \frac{b-0}{0-a}$,
▷ die Hesse'sche-Normalform $\frac{\pm b}{\sqrt{a^2+b^2}}x + \frac{\pm a}{\sqrt{a^2+b^2}}y = \frac{\pm ab}{\sqrt{a^2+b^2}} =: d$, wobei das Vorzeichen so zu wählen ist, dass $d \geq 0$ gilt,
▷ die Punkt-Richtungsvektor-Form $\boldsymbol{r}(t) = \boldsymbol{r}_o + t\boldsymbol{d}$ mit Punkt wahlweise $\boldsymbol{r}_o = (a, 0)$ oder $\boldsymbol{r}_o = (0, b)$ und Richtungsvektor $\boldsymbol{d} = c(0 - a, b - 0)$ für beliebiges $0 \neq c \in \mathbb{R}$ sowie Parameter $t \in \mathbb{R}$,
▷ die Zwei-Punkte-Parameter-Form $\boldsymbol{r}(t) = \boldsymbol{r}_1 + t(\boldsymbol{r}_2 - \boldsymbol{r}_1)$ mit $\boldsymbol{r}_1 = (a, 0)$ und $\boldsymbol{r}_2 = (0, b)$ (oder umgekehrt) und mit Parameter $t \in \mathbb{R}$.

Lösung 17.2

a) Mit Hilfe von $\cos^2 + \sin^2 = 1$ und der Umrechnung in Cartesische Koordinaten gilt für den Abstand $d = |P_2 - P_1|$

$$\begin{aligned} d^2 &= \big(r_2\cos(\varphi_2) - r_1\cos(\varphi_1)\big)^2 + \big(r_2\sin(\varphi_2) - r_1\sin(\varphi_1)\big)^2 \\ &= r_1^2 + r_2^2 - 2r_1r_2\big(\cos(\varphi_2)\cos(\varphi_1) - \sin(\varphi_2)\sin(\varphi_1)\big) \quad \text{Additions-} \\ &= r_1^2 + r_2^2 - 2r_1r_2\cos(\varphi_2 - \varphi_1) = |P_2 - P_1|^2 \quad \text{theorem s. Kap. 19} \end{aligned}$$

wobei die letzte, bestätigende Identität dem Cosinus-Satz (s. Kapitel 16) im Dreieck $\Delta(OP_1P_2)$ geschuldet ist, s. Bild 17.9.

b)
$$\begin{aligned} d^2 &= \big(r_2\sin(\vartheta_2)\cos(\varphi_2) - r_1\sin(\vartheta_1)\cos(\varphi_1)\big)^2 + \quad \text{ausmultiplizieren} \\ &\quad + \big(r_2\sin(\vartheta_2)\sin(\varphi_2) - r_1\sin(\vartheta_1)\sin(\varphi_1)\big)^2 + \quad \text{und vereinfachen} \\ &\quad + \big(r_2\cos(\vartheta_2) - r_1\cos(\vartheta_1)\big)^2 \quad \text{mit } \cos^2(x)+\sin^2(x) = 1 \\ &= r_2^2\sin^2(\vartheta_2) - 2r_1r_2\sin(\vartheta_1)\cos(\varphi_1)\sin(\vartheta_2)\cos(\varphi_2) \\ &\quad -2r_1r_2\sin(\vartheta_1)\sin(\varphi_1)\sin(\vartheta_2)\sin(\varphi_2) + r_1^2\sin^2(\vartheta_1) \\ &\quad +r_2^2\cos^2(\vartheta_2) - 2r_1r_2\cos(\vartheta_1)\cos(\vartheta_2) + r_1^2\cos^2(\vartheta_1) \\ &= r_1^2 + r_2^2 - 2r_1r_2\sin(\vartheta_1)\sin(\vartheta_2)\big(\cos(\varphi_1)\cos(\varphi_2) + \sin(\varphi_1)\sin(\varphi_2)\big) \\ &\quad -2r_1r_2\cos(\vartheta_1)\cos(\vartheta_2) \quad \text{Additionstheorem, s. Kap. 19} \\ &= r_1^2 + r_2^2 - 2r_1r_2\big(\sin(\vartheta_1)\sin(\vartheta_2)\cos(\varphi_2 - \varphi_1) + \cos(\vartheta_1)\cos(\vartheta_2)\big). \end{aligned}$$

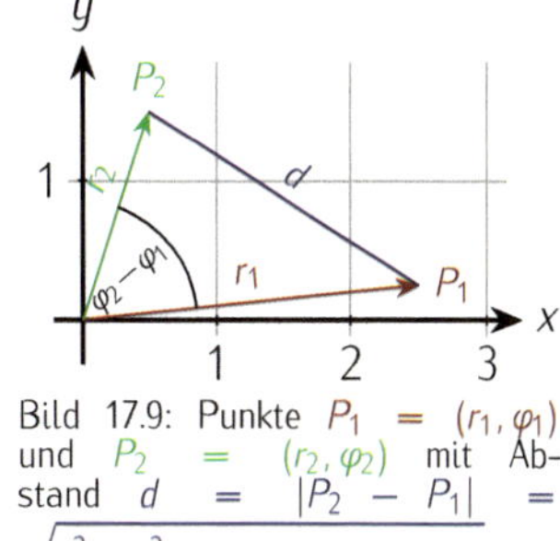

Bild 17.9: Punkte $P_1 = (r_1, \varphi_1)$ und $P_2 = (r_2, \varphi_2)$ mit Abstand $d = |P_2 - P_1| = \sqrt{r_1^2 + r_2^2 - 2r_1r_2\cos(\varphi_2 - \varphi_1)}$

Lösung 17.3 Sei $\boldsymbol{r}_i$ der Ortsvektor des Punktes P_i für $i = 1, 2$. Dann ist $\boldsymbol{r}(t) = \boldsymbol{r}_o + t(\boldsymbol{r}_1 - \boldsymbol{r}_o) = (1-t)\,\boldsymbol{r}_o + t\,\boldsymbol{r}_1$ eine Parameter-Darstellung der Geraden durch P_o und P_1 mit $\boldsymbol{r}(0) = \boldsymbol{r}_o$ und $\boldsymbol{r}(1) = \boldsymbol{r}_1$. Der Punkt $\boldsymbol{r}(t)$ teilt die Strecke $\overline{P_oP_1}$ von P_o nach P_1 im Verhältnis $t : (1-t)$ für $t \in [0, 1]$. Beispielsweise ist der Vektor $\boldsymbol{r}(\frac{1}{2}) = \frac{1}{2}(\boldsymbol{r}_o + \boldsymbol{r}_1)$ Ortsvektor des Mittelpunktes der Strecke $\overline{P_oP_1}$.

Lösung 17.4

a) Die Vektoren $\boldsymbol{n} = \big(\pm\frac{3}{5}, \pm\frac{4}{5}\big)$ sind normiert, weil $\sqrt{(\pm\frac{3}{5})^2 + (\pm\frac{4}{5})^2} = \frac{1}{5}\sqrt{3^2 + 4^2} = 1$. Die Hesse-Normalform läßt sich hier auch als Achsen-Abschnittsform $\pm\frac{x}{5/3} \pm \frac{y}{5/4} = 1$ auffassen und so lassen sich die Ergebnisse leicht prüfen, s. Bild 17.10.

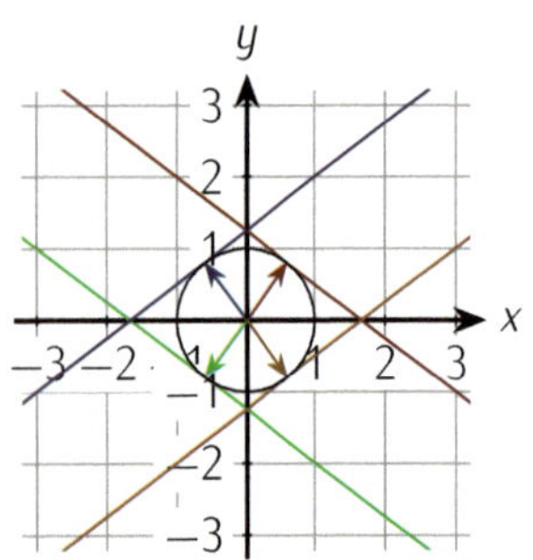

Bild 17.10: Geraden vom Typ $\pm\frac{3}{5}x \pm \frac{4}{5}y = 1$ mit Abstand $d = 1$ vom Ursprung und zugehörigen normierten Normalen sowie mit Abszissen-Abschnitten $\pm\frac{5}{3}$ und Ordinaten-Abschnitten $\pm\frac{5}{4}$

b) Sei $\varphi = \arctan(\frac{n_y}{n_x})$ und zwar unter Berücksichtigung des Quadranten, in dem $\boldsymbol{n}$ liegt, d.h. im Wesentlichen

$$\varphi = \begin{cases} \arctan(\frac{y}{x}) & \text{1. oder 4. Quadranten} \\ \arctan(\frac{y}{x}) + \pi & \text{2. Quadranten} \\ \arctan(\frac{y}{x}) - \pi & \text{3. Quadranten} \end{cases}$$

$\boldsymbol{n}$ ist normiert, d.h. $|\boldsymbol{n}| = 1$ und damit $\cos(\varphi) = \frac{n_x}{1} = n_x$ und $\sin(\varphi) = \frac{n_y}{1} = n_y$. Und φ ist der Winkel, den der Einheitsvektor $\boldsymbol{e}_x = (1, 0)$ in x-Richtung und der Normalen-Vektor $\boldsymbol{n}$ einschließen.

c) Die Normale zur Geraden durch P_o hat die Parameter-Darstellung $\boldsymbol{r}(t) = P_o + t\boldsymbol{n}$ und schneidet die Gerade für $t_o \in \mathbb{R}$ mit $(x_o + n_x t_o)n_x + (y_o + n_y t_o)n_y = d \Leftrightarrow t_o(n_x^2 + n_y)^2 = d - n_x x_o - n_y y_o$ $\Leftrightarrow t_o = d - n_x x_o - n_y y_o$, da ja $n_x^2 + n_y^2 = 1$. Also gilt für den Fußpunkt F des Lotes $F = P_o + t_o\boldsymbol{n}$, was eigentlich schon bekannt war, ist doch $|t_o|$ gerade der Abstand von P_o zur Geraden.

Lösung 17.5

a) Der Schnittpunkt (x, y) liegt auf jeder der beiden Geraden und erfüllt daher beide Geraden-Gleichungen. Das entstehenden lineare Gleichungssystem

$$\begin{aligned} A_1x + B_1y &= -C_1 \\ A_2x + B_2y &= -C_2 \end{aligned}$$

aus zwei Gleichungen in den beiden Unbekannten x und y wird mit dem Gauß-Algorithmus (s. Kapitel 40 in Band 3) gelöst. Man erhält

$$x = \frac{B_2C_1 - B_1C_2}{A_2B_1 - A_1B_2} \text{ und } y = \frac{A_1C_2 - A_2C_1}{A_2B_1 - A_1B_2} \text{ falls } A_2B_1 \neq A_1B_2.$$

b) Der Schnittpunkt $\left(\frac{1}{2}, \frac{1}{2}\right)$ erfüllt offensichtlich beide Geraden-Gleichungen. Die Gerade $x + y = 1$ mit Abszissen-Abschnitt 1 und Ordinaten-Abschnitt 1 kreuzt die Winkelhalbierende oder Hauptdiagonale senkrecht. Der Schnittpunkt der beiden Geraden muß daher Mittelpunkt $\left(\frac{1}{2}, \frac{1}{2}\right)$ der die Achsen-Abschnitte verbindenden Strecke sein.

c) Jedes Paar paralleler Geraden stellt ein solches Beispiel dar. Seien etwa $y = mx + 1$ und $y = mx - 1$ oder $A_1x + B_1y + C_1 = mx - y + 1 = 0$ und $A_2x + B_2y + C_2 = mx - y - 1$ die beiden Geraden-Gleichungen. Dann verschwindet der gemeinsame Nenner $A_2B_1 - A_1B_2 = m(-1) - m(-1) = 0$ der Schnittpunktskoordinaten, so dass kein Schnittpunkt existiert.

Lösung 17.6

a) Mit den beiden Richtungsvektoren $\boldsymbol{d}_1 = (1, \sqrt{2} - 1)$ und $\boldsymbol{d}_2 = (1, \sqrt{2} + 1)$ gilt für den Winkel $\varphi = \angle(\boldsymbol{d}_1, \boldsymbol{d}_2)$ also $\cos(\varphi) =$

$\frac{d_1 \cdot d_2}{|d_1| \cdot |d_2|} = \frac{1+(\sqrt{2}-1)(\sqrt{2}+1)}{\sqrt{1+(\sqrt{2}-1)^2} \cdot \sqrt{1+(\sqrt{2}+1)^2}} = \frac{1+(2-1)}{\sqrt{4-2\sqrt{2}} \cdot \sqrt{4+2\sqrt{2}}} = \frac{2}{\sqrt{16-8}} = \frac{\sqrt{2}}{2}$ und damit $\varphi = \angle(\boldsymbol{d}_1, \boldsymbol{d}_2) = \frac{\pi}{4} = 45^o$, s. Bild 17.11.

b) Werden beide Geraden-Gleichungen als Achsen-Abschnittsform aufgefasst, ergeben sich Richtungsvektoren $\boldsymbol{d}_1 = (2,0)-(0,-1) = (2,1)$ und $\boldsymbol{d}_2 = (1,0) - (0,2) = (1,-2)$ und damit $\boldsymbol{d}_1 \cdot \boldsymbol{d}_2 = 2 \cdot 1 - 1 \cdot 2 = 0$, was wegen $\cos(\varphi) = 0 \Leftrightarrow \varphi \in \frac{\pi}{2} + \pi\mathbb{Z}$ impliziert, dass sich die beiden Geraden senkrecht schneiden, s. Bild 17.12. Grundsätzlich stehen also zwei Vektoren $\boldsymbol{a}$ und $\boldsymbol{b}$ bzw. zwei Geraden mit Richtungsvektoren $\boldsymbol{a}$ und $\boldsymbol{b}$ senkrecht aufeinander genau dann, wenn das Skalarprodukt $\boldsymbol{a} \cdot \boldsymbol{b}$ verschwindet.

c) Im Fall $A = 0 = B$ und damit notwendigerweise $C = 0$ ist die Lösungsmenge die ganze Ebene und eben keine Gerade, so dass dieser Fall im weiteren ausgeschlossen wird.
Falls $A = 0$, so definiert $By + C = 0$ eine Parallele zur Abszisse. Senkrecht dazu stehen alle Parallelen $x = a$ zur Ordinate.
Falls $B = 0$, so definiert $Ax + C = 0$ eine Parallele zur Ordinate. Senkrecht dazu stehen alle Parallelen $y = b$ zur Abszisse.
Falls $A \neq 0 \neq B$, so hat die Gerade $y = -\frac{1}{B}(Ax + C)$ die Steigung $m = -\frac{A}{B}$. Damit ist $\boldsymbol{d} = (1, -\frac{A}{B})$ ein Richtungsvektor. Mit $\boldsymbol{d}^\perp = (1, \frac{B}{A})$ verschwindet das Skalarprodukt $\boldsymbol{d} \cdot \boldsymbol{d}^\perp = 1 - \frac{B}{A}\frac{A}{B} = 0$, so dass $\boldsymbol{d}$ und $\boldsymbol{d}^\perp$ senkrecht aufeinander stehen. $\boldsymbol{d}^\perp$ ist also ein Richtungsvektor einer jeden Normalen und ihre Steigung ist $m^\perp = -\frac{1}{m}$.

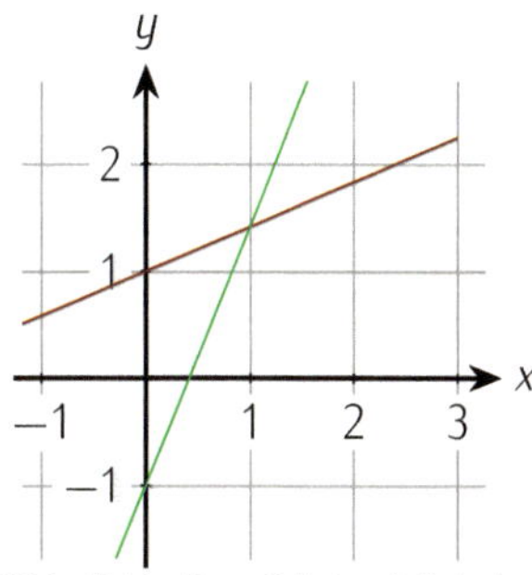

Bild 17.11: Der Schnittwinkel der Geraden $y = (\sqrt{2} - 1)x + 1$ und $y = (\sqrt{2} + 1)x - 1$ beträgt 45°.

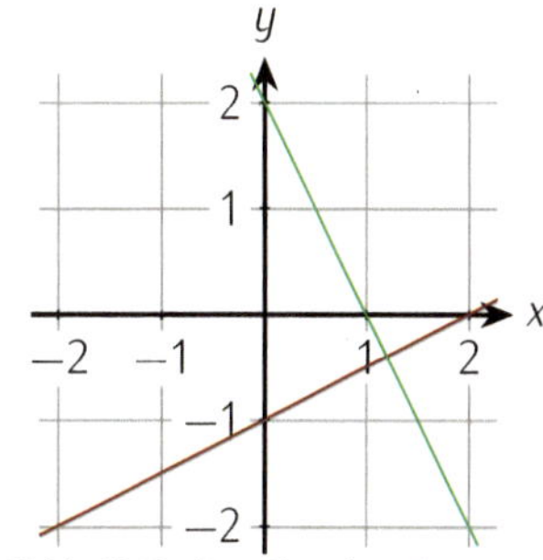

Bild 17.12: Die Geraden $\frac{x}{2} - y = 1$ und $x + \frac{y}{2} = 1$ schneiden sich rechtwinklig.

Lösung 17.7

a) Beispielsweise ist $h_b = |\boldsymbol{c}| \sin(\alpha)$ die (Länge der) Höhe auf die Seite $\boldsymbol{b}$ und damit ist $\frac{1}{2}|\boldsymbol{b}|\,|\boldsymbol{c}| \sin(\alpha)$ der Flächeninhalt des Dreiecks. Die beiden anderen Ausdrücke entstehen durch Rotation, s. Bild 17.13.

b) Wegen $|\overline{AB}| = 1$ und $|\overline{AC}|^2 = |\overline{BC}|^2 = \left(\frac{1}{2}\right)^2 + \left(\frac{\sqrt{3}}{+}\frac{\sqrt{3}}{6}\right)^2 = \frac{1}{4} + \frac{3}{4} = 1$ ist $\Delta(A, B, C)$ gleichseitig mit Seitenlänge 1, sozusagen das *Einheitsdreieck*, mit Flächeninhalt $|\Delta(A, B, C)| = \frac{1}{2}h \cdot 1 = \frac{1}{2}\frac{\sqrt{3}}{2} = \frac{\sqrt{3}}{4}$. Mit Teil a) ergibt sich ebenfalls $|\Delta(A, B, C)| = \frac{1}{2} 1 \cdot 1 \cdot \sin(60^o) = \frac{1}{2}\frac{\sqrt{3}}{2} = \frac{\sqrt{3}}{4}$.

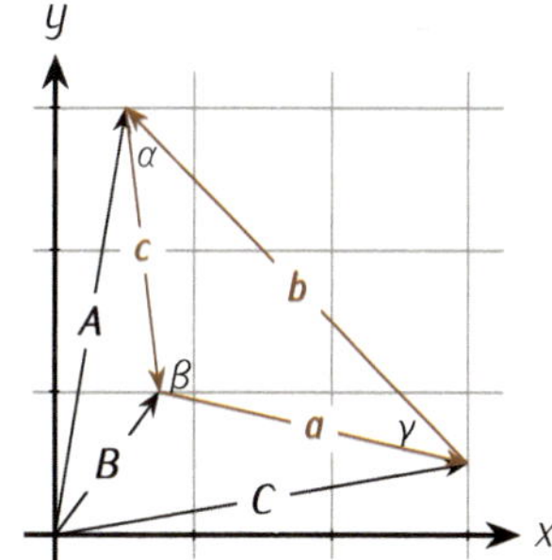

Bild 17.13: Flächeninhalt des Dreiecks bei Kenntnis eines Winkels und seiner beiden Schenkel

Lösung 17.8

a) Die drei nicht-linearen Gleichungen

$$\begin{aligned} (0 - x_o)^2 + (1 - y_o)^2 &= r^2 \qquad I \\ (2 - x_o)^2 + (-3 - y_o)^2 &= r^2 \qquad II \\ (-2 - x_o)^2 + (1 - y_o)^2 &= r^2 \qquad III \end{aligned}$$

in Unbekannten (x_o, y_o) und r sind unschön. Differenzen von

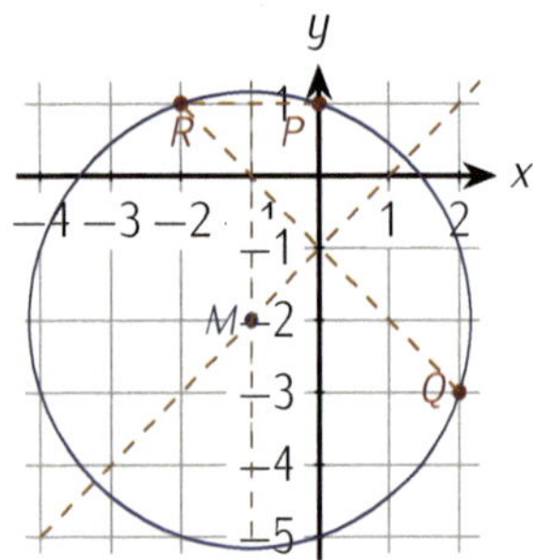

Bild 17.14: Kreis um $M = (-1, -2)$ mit $r^2 = 10$ durch die drei Punkte P, Q und R

Gleichungen eliminieren r im linearen Gleichungssystem

$$\begin{array}{rcll} 4x_o - 8y_o &=& 12 & IV = I - II \\ -8x_o + 8y_o &=& -8 & V = II - III \\ \hline 4x_o &=& -4 & -IV - V \end{array}$$

mit $(x_o, y_o) = (-1, -2)$ und $r^2 = (0 - -1)^2 + (1 - -2)^2 = 1 + 9 = 10$, d.h. $r = \sqrt{10}$.

In diesem Beispiel führt geometrisches Argumentieren schneller zum Ziel: der Mittelpunkt liegt auf der Mittelsenkrechten der Strecke $\overline{PR}$, was $x_o = -1$ impliziert; der Mittelpunkt $(-1, y_o)$ liegt auf der Mittelsenkrechten $\frac{y--1}{x-0} = 1$, d.h. $y = x - 1$ der Strecke $\overline{QR}$, was $y_o = -2$ und dann wie oben $r = \sqrt{10}$ impliziert, s. Bild 17.14.

b) Entwickeln der Determinanten nach der ersten Zeile liefert $D(x^2 + y^2) + D_x x + D_y y + D_o = 0$ mit $D = \begin{vmatrix} x_1 & y_1 & 1 \\ x_2 & y_2 & 1 \\ x_3 & y_3 & 1 \end{vmatrix}$, $D_x = \begin{vmatrix} x_1^2 + y_1^2 & y_1 & 1 \\ x_2^2 + y_2^2 & y_2 & 1 \\ x_3^2 + y_3^2 & y_3 & 1 \end{vmatrix}$, $D_y = \begin{vmatrix} x_1^2 + y_1^2 & x_1 & 1 \\ x_2^2 + y_2^2 & x_2 & 1 \\ x_3^2 + y_3^2 & x_3 & 1 \end{vmatrix}$ und $D_o = \begin{vmatrix} x_1^2 + y_1^2 & x_1 & y_1 \\ x_2^2 + y_2^2 & x_2 & y_2 \\ x_3^2 + y_3^2 & x_3 & y_3 \end{vmatrix}$. Die Gleichung $x^2 + y^2 + \frac{D_x}{D} x + \frac{D_y}{D} y + \frac{D_o}{D}$ in x, y und $x^2 + y^2$ wird von den drei Punkten erfüllt, da die Determinante dann jeweils zwei identische Zeilen hat, vgl. Kapitel 39 in Band 3.

$D(x^2 + y^2) + D_x x + D_y y + D_o = 0 \Leftrightarrow x^2 + 2\frac{D_x}{2D} x + \frac{D_x^2}{4D^2} + y^2 + 2\frac{D_y}{2D} y + \frac{D_y^2}{4D^2} = \frac{D_x^2 + D_y^2}{4D^2} - \frac{D_o}{D} \Leftrightarrow (x - x_m)^2 + (y - y_m)^2 = r^2$ mit $x_m = -\frac{D_x}{2D}$, $y_m = -\frac{D_y}{2D}$ und $r = \frac{1}{2|D|}\sqrt{D_x^2 + D_y^2 - 4DD_o}$. Es bleibt zu zeigen, dass die drei Punkte tatsächlich auf dem Kreis um (x_m, y_m) mit Radius r liegen.

$(x_i - x_m)^2 + (y_i - y_m)^2 = r^2 \Leftrightarrow (2Dx_i + D_x)^2 + (2Dy_i + D_y)^2 = D_x^2 + D_y^2 - 4DD_o \Leftrightarrow 4D^2 x_i^2 + 4DD_x x_i + D_x^2 + 4D^2 y_i^2 + 4DD_y y_i + D_y^2 = D_x^2 + D_y^2 - 4DD_o \Leftrightarrow 4D^2(x_i^2 + y_i^2) + 4D(D_x x_i + D_y y_i + D_o) = 0 \Leftrightarrow D(x_i^2 + y_i^2) + D_x x_i + D_y y_i + D_o = 0$, was die Struktur der 4×4 Determinante uns oben schon geliefert hat.

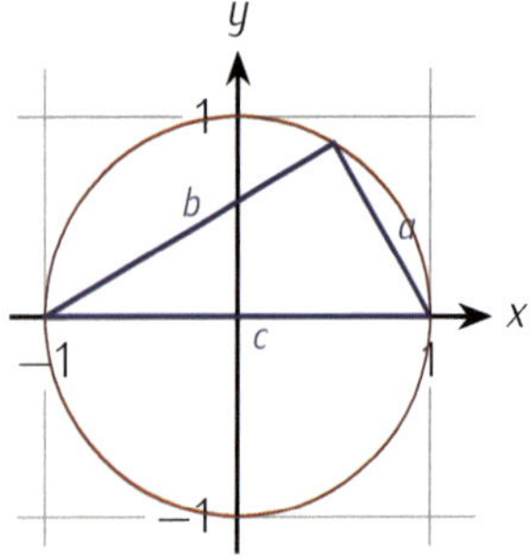

Bild 17.15: Dreieck $\Delta(ABC)$ mit $A = (-1, 0)$, $B = (1, 0)$ und $C = (x, y) = \left(x, \sqrt{1 - x^2}\right)$ ist einem Thales-Kreis einbeschrieben $\Leftrightarrow$ rechtwinklig.

Lösung 17.9 Die Punkte auf dem Kreis in Bild 17.15 erfüllen $x^2 + y^2 = 1$. Der Kreis wird durch die Abszisse halbiert. Durch Skalieren fallen Durchmesser und Seite $c = 2$ zusammen.

Wenn ein Punkt auf der Kreislinie die Koordinaten (x, y) hat, ist die Länge der rechten Dreiecksseite zum Punkt $(1, 0)$) gerade $\sqrt{(x - 1)^2 + y^2}$ und die der linken Dreiecksseite $\sqrt{(x + 1)^2 + y^2}$.

Die Summe der Quadrate der Seitenlängen ist also $a^2 + b^2 = (x-1)^2+y^2+(x+1)^2+y^2 = x^2-2x+1+y^2+x^2+2x+1+y^2 = 2+2(x^2+y^2) = 4 = 2^2$ wegen $x^2+y^2 = 1$. Die Gleichung von Pythagoras besagt also, dass der Winkel im Dreieck ein rechter ist. Die Umkehrung zeigen wir zur Abwechselung ohne Skalierung. Sei das Dreieck $\Delta(A, B, C)$ mit $A = (-\frac{c}{2}, 0)$, $B = (\frac{c}{2}, 0)$ und $C = (x, y)$ rechtwinklig. Dann gilt $a^2+b^2 = \left((x+\frac{c}{2})^2+y^2\right)+\left((x-\frac{c}{2})^2+y^2\right) = c^2$ $\Leftrightarrow 2x^2 + 2\frac{c^2}{4} + 2y^2 = c^2 \Leftrightarrow x^2 + y^2 = \frac{c^2}{2} - \frac{c^2}{4} = \left(\frac{c}{2}\right)^2$ und damit liegt $C = (x, y)$ auf dem Kreis um den Ursprung, für den die Strecke $\overline{AB}$ ein Durchmesser der Länge c ist.

Lösung 17.10 $Ax^2+Bx+Dy^2+Ey = C \Leftrightarrow A\left(x^2+2\frac{B}{2A}x+\frac{B^2}{4A^2}\right)+D\left(y^2+2\frac{E}{2D}y+\frac{E^2}{4D^2}\right) = C+\frac{B^2}{4A}+\frac{E^2}{4D}$ ist sicher nur dann eine Kreisgleichung, wenn $A = D$ gilt, d.h. $\left(x-\frac{-B}{2A}\right)^2+\left(y-\frac{-E}{2A}\right)^2 = \frac{4AC+B^2+E^2}{4A^2}$. Nur wenn die rechte Seite positiv ist, erhalten wir die Kreisgleichung des Kreises mit Mittelpunkt $M = \left(\frac{-B}{2A}, \frac{-E}{2A}\right)$ und Radius $r = \frac{1}{2|A|}\sqrt{4AC+B^2+E^2}$.

Lösung 17.11 Die Ecken $(\pm x_o, \pm y_o)$ des Quadrates liegen auf der Haupt- bzw. der Nebendiagonalen. Sie erfüllen also die Gleichung $\frac{x_o^2}{16}+\frac{x_o^2}{9} = 1$ oder eben $25x_o^2 = 144$, d.h. $x_o = \pm\frac{12}{5} = \pm 2.4$, s. Bild 17.16.

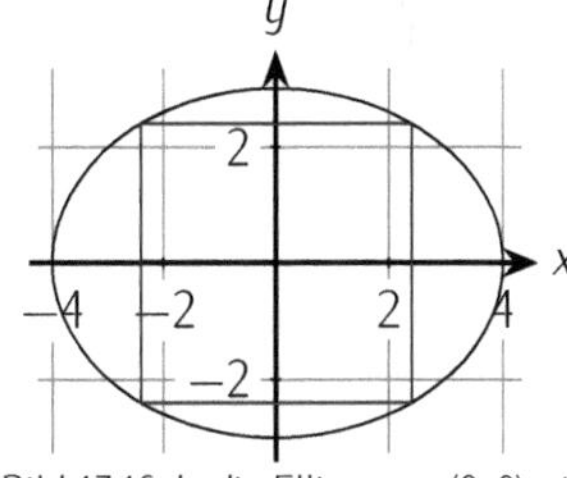

Bild 17.16: In die Ellipse um (0, 0) mit Achsen-parallelen Halbachsen $a = 4$ und $b = 3$ ist das Quadrat mit Ecken $(\pm 2.4, \pm 2.4)$ einbeschrieben.

Lösung 17.12 $Ax^2+Bx+Dy^2+Ey = C \Leftrightarrow A\left(x^2+2\frac{B}{2A}x+\frac{B^2}{4A^2}\right)+D\left(y^2+2\frac{E}{2D}y+\frac{E^2}{4D^2}\right) = A\left(x-\frac{-B}{2A}\right)^2+D\left(y-\frac{-E}{2D}\right)^2 = C+\frac{B^2}{4A}+\frac{E^2}{4D} =: H$ $\Leftrightarrow \frac{(x-x_o)^2}{H/A}+\frac{(y-y_o)^2}{H/D} = 1$ mit $x_o = \frac{-B}{2A}$, $y_o = \frac{-E}{2D}$. Wenn nun A, D und H dasselbe Vorzeichen haben, kann $A > 0$, $D > 0$ und $H > 0$ garantiert werden. Die obige Gleichung ist dann die einer Ellipse mit Mittelpunkt $M = \left(\frac{-B}{2A}, \frac{-E}{2D}\right)$ und Achsen-parallelen Halbachsen $a = \sqrt{H/A}$ und $b = \sqrt{H/D}$.

Lösung 17.13

a) Jedes $\boldsymbol{r}(t) = (x(t), y(t)) = (x_o + r\cos(t), y_o + r\sin(t))$ mit $t \in [0, 2\pi)$ erfüllt die Kreisgleichung, da $\left(x(t)-x_o\right)^2+\left(y(t)-y_o\right)^2 = r^2\cos^2(t)+r^2\sin^2(t) = r^2\left(\cos^2(t)+\sin^2(t)\right) = r^2$. Der Winkel t durchläuft einen ganzen Umlauf, so dass $\boldsymbol{r}(t)$ für $t \in [0, 2\pi)$ jeden Punkt der Kreis-Peripherie annimmt.

b) Jedes $\boldsymbol{r}(t) = (x(t), y(t)) = (x_o + a\cos(t), y_o + b\sin(t))$ mit $t \in [0, 2\pi)$ erfüllt die Ellipsengleichung, da $\frac{(x(t)-x_o)^2}{a^2}+\frac{(y(t)-y_o)^2}{b^2} = \cos^2(t)+\sin^2(t) = 1$. Der Winkel t durchläuft einen ganzen Umlauf, so dass $\boldsymbol{r}(t)$ für $t \in [0, 2\pi)$ jeden Punkt der Ellipsen-Peripherie annimmt.

Lösung 17.14

a) Da $B = (x_b, y_b)$ auf der Kreislinie liegt, erfüllt B die Geraden-Gleichung. Jeder Richtungsvektor $\boldsymbol{d}$ der Tangenten in B steht senkrecht auf dem Ortsvektor $\overrightarrow{(M,B)}$, also $\boldsymbol{d} \perp \overrightarrow{(M,B)}$. Wegen $y = y_o + \frac{1}{y_b - y_o} - (x - x_o)\frac{x_b - x_o}{y_b - y_o}$ hat die Tangente Richtungsvektoren wie $\boldsymbol{d}_1 = \left(1, -\frac{x_b - x_o}{y_b - y_o}\right)$ oder $\boldsymbol{d}_2 = \big(y_b - y_o, -(x_b - x_o)\big)$. Die Geraden-Gleichung repräsentiert also eine Gerade durch B mit Richtungsvektor $\boldsymbol{d}_2 \perp \big(x_b - x_o, y_b - y_o\big) = \overrightarrow{(M,B)}$ und damit die Tangente.

b) Für den Berührpunkt $B = (x_b, y_b)$ gilt einerseits $c(x_b + y_b) = r^2$ und andererseits $x_b^2 + y_b^2 = r^2$. Einsetzen von $y_b = \frac{r^2}{c} - x_b$ aus der ersten Gleichung in die zweite liefert die quadratische Gleichung $2x_b^2 - 2\frac{r^2}{c}x_b + \frac{r^4}{c^2} - r^2 = 0$ mit den Lösungen $B_1 = (x_{b_1}, y_{b_1}) = \left(\frac{r^2 - r\sqrt{2c^2 - r^2}}{2c}, \frac{r^2 + r\sqrt{2c^2 - r^2}}{2c}\right)$ und $B_2 = (x_{b_2}, y_{b_2}) = (y_{b_1}, x_{b_1})$. Die beiden Berührpunkte B_1 und B_2 gehen durch Vertauschen der Koordinaten und damit durch Spiegelung an der Haupt-Diagonalen $y = x$ auseinander hervor. So spiegelt sich wider, dass das Problem selbst symmetrisch zur Hauptdiagonalen gestellt ist. Zudem existieren reelle Berührpunkte nur dann, wenn $c^2 + c^2 \geq r^2$, d.h. wenn der Punkt P außerhalb des Kreises liegt, s. Bild 17.17. Anderenfalls könnten ja auch keine Tangenten durch P existieren, da jede Gerade durch einen Punkt im Kreis-Inneren eine Sekante ist.

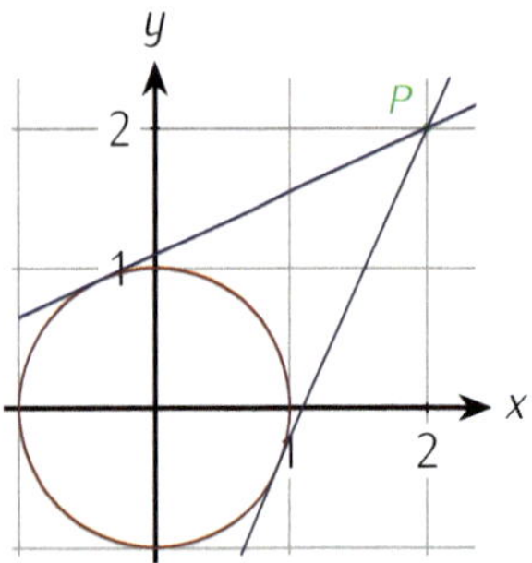

Bild 17.17: Es gibt zwei Tangenten durch $P = (2,2)$ an den Einheitskreis $x^2 + y^2 = 1$

Lösung 17.15 Sei zunächst die Steigung der Tangenten im Berührpunkt $B = (x_b, y_b)$ per impliziter Differentation (vgl. Kapitel 26) von $\frac{(x - x_o)^2}{a^2} + \frac{(y - y_o)^2}{b^2} = 1$ bestimmt: Auflösen von $2\frac{x - x_o}{a^2} + 2\frac{(y - y_o)y'}{b^2} = 0$ liefert $y' = -\frac{b^2}{a^2}\frac{x - x_o}{y - y_o}$, in B also $y'(x_b) = -\frac{b^2}{a^2}\frac{x_b - x_o}{y_b - y_o}$. Damit ergibt sich die Tangenten-Gleichung zu $y = y_b - y'(x_b)(x - x_b)$ oder $\frac{(x_b - x_o)(x - x_b)}{a^2} + \frac{(y_b - y_o)(y - y_b)}{b^2} = 0$. Addition der Ellipsen-Gleichung $\frac{(x_b - x_o)^2}{a^2} + \frac{(y_b - y_o)^2}{b^2} = 1$ in B ergibt $\frac{(x_b - x_o)(x - x_o)}{a^2} + \frac{(y_b - y_o)(y - y_o)}{b^2} = 1$.

Lösung 17.16

a) Parabel und gegebene Gerade haben genau einen Punkt gemein, nämlich den Berührpunkt B. Denn

$$f(x) = t(x) \Leftrightarrow ax^2 + bx + c = ax_b^2 + bx_b + c + (2ax_b + b)(x - x_b)$$
$$\Leftrightarrow (x^2 - x_b^2) = (x - x_b)(x + x_b) = 2x_b(x - x_b) \qquad \text{für } x \neq x_b$$
$$\Leftrightarrow x + x_b = 2x_b \Leftrightarrow x = x_b \qquad \text{explizit ausgeschlossen!}$$

Also ist der Berührpunkt der einzige gemeinsame Punkt: die Gerade ist die Tangente.

b) Die Berührpunktsabszisse x_b muss $2ax_b + b = m$ erfüllen, damit die Tangente die Steigung m aufweist. Die Tangente an die Parabel in $B = \big(x_b, f(x_b)\big)$ mit $x_b = \frac{m - b}{2a}$ ist $t(x) = f(x_b) + m(x - x_b)$ und hat die gegebene Steigung m.

Lösung 17.17

a) Die Tangente an die Normal-Parabel im Berührpunkt $B_p = (x_p, x_p^2)$ hat die Geraden-Gleichung $\frac{y-x_p^2}{x-x_p} = 2x_p$. und ist identisch der Tangenten $(x-4)(x_k-4)+(y-2)(y_k-2) = 5$ in $B_k = (x_k, y_k)$ mit $y_k = x_p^2 + 2x_p(x_k - x_p)$ und $(x_k - 4)^2 + (y_k - 2)^2 = 5$ an den Kreis um $M = (4, 2)$ mit Radius $r = \sqrt{5}$. Die Normalen haben den Anstieg $\frac{-1}{2x_p}$. Die Gleichung der Normalen durch M ist $\frac{y-2}{x-4} = \frac{-1}{2x_p}$, d.h. es gilt speziell $y_k = 2 - \frac{1}{2x_p}(x_k - 4)$. Elimination von y_k liefert folgendes System zweier nicht-linearer Gleichungen in den beiden Unbekannten x_p und x_k.

$$x_p^2 + 2x_p(x_k - x_p) = 2 - \frac{1}{2x_p}(x_k - 4)$$
$$(x_p - 4)(x_k - 4) + (x_p^2 - 2)\big(x_p^2 + 2x_p(x_k - x_p) - 2\big) = 5$$

Einsetzen des Ausdrucks für $x_p^2 + 2x_p(x_k - x_p)$ aus der ersten in die zweite Gleichung liefert

$$(x_p^2 - 8x_p + 2)(x_k - 4) = \big(2x_p(x_p - 4) - (x_p^2 - 2)\big)(x_k - 4) = 10x_p$$

Auflösen nach x_k eliminiert x_k in der ersten Gleichung. Es resultiert die polynomiale Gleichung vierten Grades

$$2x_p\Big(4 + \frac{10x_p}{x_p^2-8x_p+2}\Big) - x_p^2 = 2 - \frac{5}{x_p^2-8x_p+2}$$

oder

$$20x_p^2 - (x_p^2 - 8x_p + 2)^2 + 5 = 0$$

mit vier reellen Lösungen. Weil 1 ein Teiler von 5 ist, ist die Lösung $B_p = (x_p, y_p) = (1, 1)$ und $B_k = (x_k, y_k) = (2, 3)$ naheliegend und leicht zu verifizieren. Eine weitere der insgesamt vier Lösungen ist in Bild 17.18 gestrichelt dargestellt.

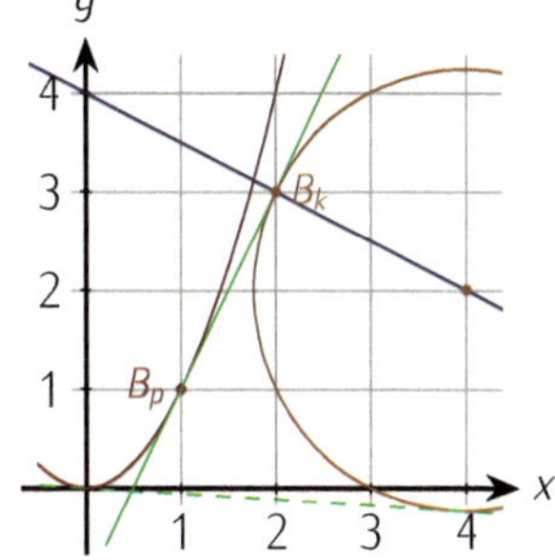

Bild 17.18: Tangente $\frac{y-1^2}{x-1} = 2$ wie ebenso auch $(x-4)(2-4)+(y-2)(3-2) = 5$ sowohl an den Graphen der Normal-Parabel $f(x) = x^2$ als auch an den Kreis um $(4, 2)$ mit Radius $r = \sqrt{5}$; eine weitere Tangente ist gestrichelt dargestellt.

Lösung 17.18

a) Mit $F = (x_f, y_f) = \big(x_o, y_o + \frac{1}{4c}\big)$ und $y_\ell = y_o - \frac{1}{4c}$ gilt für jeden Punkt $P = \big(x, f(x)\big)$ auf dem Graphen von f

$|P - F| = |f(x) - y_\ell| \Leftrightarrow |P - F|^2 = |f(x) - y_\ell|^2$

$\Leftrightarrow (x - x_o)^2 + \big(f(x) - y_o - \frac{1}{4c}\big)^2 = \big(f(x) - y_o + \frac{1}{4c}\big)^2$

$\Leftrightarrow (x - x_o)^2 + \big(c(x - x_o)^2 - \frac{1}{4c}\big)^2 = \big(c(x - x_o)^2 + \frac{1}{4c}\big)^2$

$\Leftrightarrow (x - x_o)^2 - \frac{1}{2}(x - x_o)^2 = +\frac{1}{2}(x - x_o)^2.$ ✓

b) Für Scheitel $S = (x_o, y_o) = \big(x_f, \frac{y_f+y_\ell}{2}\big)$ und für Funktion $f(x) = y_o + c(x - x_o)^2$ mit $c = \frac{1}{2(y_f-y_\ell)}$ gilt für jedes $x \in \mathbb{R}$

$|(x, f(x)) - F| = |f(x) - y_\ell| \Leftrightarrow |(x, f(x)) - F|^2 = (f(x) - y_\ell)^2$

$\Leftrightarrow (x - x_f)^2 + (f(x) - y_f)^2 = (f(x) - y_\ell)^2$

$\Leftrightarrow (x - x_f)^2 - 2y_f f(x) + y_f^2 = -2y_\ell f(x) + y_\ell^2$

$\Leftrightarrow (x - x_f)^2 + 2(y_\ell - y_f)\big(\frac{y_f+y_\ell}{2} + \frac{1}{2(y_f-y_\ell)}(x - x_f)^2\big) = y_\ell^2 - y_f^2$

$\Leftrightarrow y_\ell^2 - y_f^2 = y_\ell^2 - y_f^2.$ ✓

Lösung 17.19

a) Multiplikation von $\frac{y-y_1}{x-x_1} - \frac{y-y_2}{x-x_2} = \frac{y_3-y_1}{x_3-x_1} - \frac{y_3-y_2}{x_3-x_2} =: D$ mit $(x-x_1)(x-x_2)$ liefert $(y-y_1)(x-x_2) - (y-y_2)(x-x_1) = D(x-x_1)(x-x_2) \Leftrightarrow y(x_1-x_2) = D(x-x_1)(x-x_2) + x(y_1 - y_2) + y_2x_1 - y_1x_2 \Leftrightarrow y = \frac{D(x-x_1)(x-x_2)+x(y_1-y_2)+y_2x_1-y_1x_2}{x_1-x_2}$ wo die rechte Seite ein quadratisches Polynom in x ist.

b) Vorweg sei $\frac{y_i-y_k}{x_i-x_k} = \frac{a(x_i^2-x_k^2)+b(x_i-x_k)}{x_i-x_k} = \frac{a(x_i+x_k)(x_i-x_k)+b(x_i-x_k)}{x_i-x_k} = a(x_i+x_k)+b$ und $\lim_{x\to x_i} \frac{f(x)-y_i}{x-x_i} = f'(x_i) = 2ax_i + b$ angemerkt.
Für $(x,y) = (x_3, y_3)$ sind linke und rechte Seite der Gleichung identisch. $\surd$
Für $(x,y) = (x_2,y_2)$ ergibt sich $\frac{y_2-y_1}{x_2-x_1} - (2ax_2+b) = \frac{y_3-y_1}{x_3-x_1} - \frac{y_3-y_2}{x_3-x_2}$
$\Leftrightarrow a(x_2+x_1)+b-(2ax_2+b) = a(x_3+x_1)+b-\big(a(x_2+x_2)+b\big)$
$\Leftrightarrow a(x_1-x_2) = a(x_1-x_2)$. $\surd$
Für $(x,y) = (x_1,y_1)$ ergibt sich $2ax_1+b-\frac{y_1-y_2}{x_1-x_2} = \frac{y_3-y_1}{x_3-x_1} - \frac{y_3-y_2}{x_3-x_2}$
$\Leftrightarrow 2ax_1+b-\big(a(x_1+x_2)+b\big) = a(x_3+x_1)+b-\big(a(x_3+x_2)+b\big) \Leftrightarrow 2ax_1-a(x_1+x_2) = a(x_3+x_1)-a(x_3+x_2) \Leftrightarrow a(x_1-x_2) = a(x_1-x_2)$. $\surd$

c) Die drei Gleichungen $f(x_i) = y_i$ für $i = 1,2,3$ liefern ein System von drei linearen Gleichungen in den Unbekannten a, b und c: $V\begin{pmatrix}a\\b\\c\end{pmatrix} := \begin{pmatrix}x_1^2 & x_1 & 1\\ x_2^2 & x_2 & 1\\ x_3^2 & x_3 & 1\end{pmatrix}\begin{pmatrix}a\\b\\c\end{pmatrix} = \begin{pmatrix}y_1\\y_2\\y_3\end{pmatrix}$ und – da die Vandermonde-Matrix $\boldsymbol{V}$ regulär ist, d.h. $|\boldsymbol{V}| \neq 0$ – mit der Lösung

$$\begin{pmatrix}a\\b\\c\end{pmatrix} = \begin{pmatrix}\frac{x_1(y_2-y_3)+x_2(y_3-y_1)+x_3(y_1-y_2)}{(x_1-x_2)(x_1-x_3)(x_3-x_2)}\\ \frac{x_1^2(y_2-y_3)+x_2^2(y_3-y_1)+x_3^2(y_1-y_2)}{(x_1-x_2)(x_1-x_3)(x_2-x_3)}\\ \frac{x_1^2(x_2y_3-x_3y_2)+x_2^2(x_3y_1-x_1y_3)+x_3^2(x_1y_2-x_2y_1)}{(x_1-x_2)(x_1-x_3)(x_2-x_3)}\end{pmatrix}.$$

Plausibel ist, dass die Abszissen der drei Punkte paarweise verschieden sein müssen, d.h. $x_1 \neq x_2$, $x_1 \neq x_3$ und $x_2 \neq x_3$, dass also der Nenner nicht verschwindet, und dass das Ergebnis (a,b,c) unabhängig von der Nummerierung der drei Punkte ist.

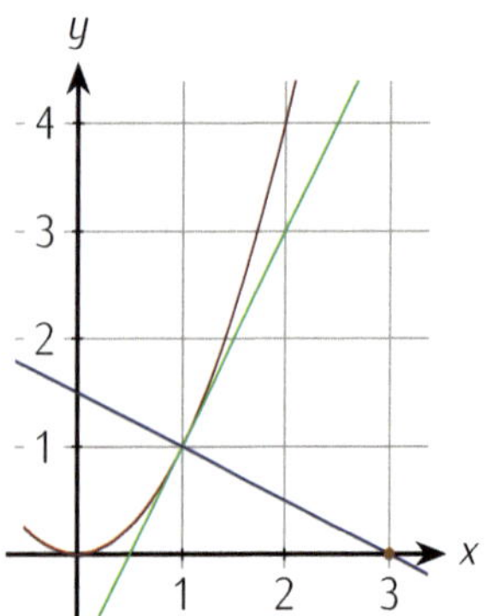

Bild 17.19: Abstand $\min_x \left|(x,x^2) - (3,0)\right|$ des Punktes $(3,0)$ vom Graphen der Normalparabel $f(x) = x^2$ wird im Punkt $(1,1)$ des Graphen angenommen

Lösung 17.20

a) Das Minimum des Abstandes wird an der selben Stelle angenommen, an der auch das Minimum des quadratischen Abstandes angenommen wird. Sei also $a(x) := \left|(x,x^2)-(3,0)\right|^2 = (x-3)^2+x^4$ mit $a'(x) = 2(x-3)+4x^3 = 0 \Leftrightarrow p(x) := 2x^3+x-3 = 0$. Die Bestimmung der Nullstellen von p fällt hier leicht, weil die Nullstelle 1 offensichtlich ist: $p(x) = (x-1)(2x^2+2x+3)$. Die beiden übrigen Nullstellen sind komplex und 1 ist als einzige Extremwertstelle aus geometrischen Gründen globale Minimumsstelle. Der Abstand beträgt $\sqrt{a(1)} = |(1,1)-(3,0)| = \sqrt{2^2+1^2} = \sqrt{5}$, s. Bild 17.19.

b) Die Tangente an die Normal-Parabel im Berührpunkt $B = (x_b, x_b^2)$ hat die Steigung $f'(x_b) = 2x_b$. Die zugehörige Normale hat die

Geraden-Gleichung $\frac{y-x_b^2}{x-x_b} = \frac{-1}{f'(x_b)} = -\frac{1}{2x_b}$. Eine diese Normalen verläuft durch P, wenn $\frac{0-x_b^2}{3-x_b} = -\frac{1}{2x_b} \Leftrightarrow x_b^2 = \frac{1}{2x_b}(3-x_b) \Leftrightarrow 2x_b^3 + x_b - 3 = 0$. Die Berührpunkt-Abszisse x_b muss also die kubische Gleichung aus Teil a) erfüllen, so dass sich erneut der Abstand $|B-P| = \sqrt{5}$ ergibt.

c) Die Tangente an die Parabel im Berührpunkt $B = (x_b, cx_b^2)$ hat die Steigung $2cx_b$. Damit ist $\frac{y-cx_b^2}{x-x_b} = -\frac{1}{2cx_b}$ die Gleichung der Normalen in B. Die Normale verläuft durch P genau dann, wenn $0-cx_b^2 = -\frac{1}{2cx_b}(3-x_b) \Leftrightarrow 2c^2x_b^3+x_b-3 = 0 \Leftrightarrow x_b^3+px_b+q = 0$ mit $p = \frac{1}{2c^2}$ und $q = -\frac{3}{2c^2}$. Die reelle Lösung ist $x_b = \frac{\sqrt[3]{2}\sqrt[3]{\sqrt{12p^3+81q^2}-9q}^{\,2} - 2\sqrt[3]{3}p}{\sqrt[3]{36}\sqrt[3]{\sqrt{12p^3+81q^2}-9q}} = \frac{\sqrt[3]{\sqrt{241c^2+6}+27c}^{\,2} - \sqrt[3]{3}}{\sqrt[3]{36}\,c\sqrt[3]{\sqrt{241c^2+6}+27c}} \approx 0.663478$ für $c = 2$ mit Abstand $|B-P| \approx 2.496888$ für $c = 2$, s. Bild 17.20. Es ist ersichtlich, dass schon bei dieser simplen Fragestellung der Einsatz eines Computer-Algebra-Systems unerläßlich ist, etwa wenn die Ortslinie(n) der Punkte zu bestimmen ist, die von einer gegebenen Parabel einen vorgegebenen Abstand haben.

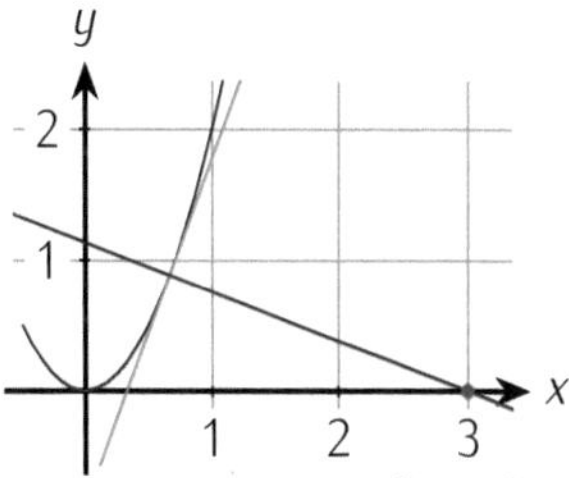

Bild 17.20: Abstand $\min_x \left|(x, 2x^2) - (3,0)\right|$ des Punktes $(3,0)$ vom Graphen der Parabel $f(x) = 2x^2$ wird ungefähr im Punkt $(0.663478, 0.88)$ des Graphen angenommen

Lösung 17.21

a) Mit Brennpunkt $F = (x_o + \frac{1}{4c}, y_o)$ und Leitlinie $x = x_\ell = x_o - \frac{1}{4c}$ gilt für jedes $P = \big(x, f(x)\big) = \big(x, y_o \pm \sqrt{\tfrac{1}{c}(x-x_o)}\big)$
$|P-F| = |x-x_\ell| \Leftrightarrow |P-F|^2 = |x-x_\ell|^2 \Leftrightarrow (x-x_o-\frac{1}{4c})^2 + (y_o \pm \sqrt{\frac{1}{c}(x-x_o)} - y_o)^2 = (x-x_o+\frac{1}{4c})^2 \Leftrightarrow (x-x_o)^2 - \frac{1}{2c}(x-x_o) + \frac{1}{c}(x-x_o) = (x-x_o)^2 + \frac{1}{2c}(x-x_o) \Leftrightarrow \frac{1}{c}(x-x_o) = \frac{1}{2c}(x-x_o)$. $\surd$

b) Mit $f(x) = y_o \pm \sqrt{\frac{1}{c}(x-x_o)}$ wobei $x_o := \frac{1}{2}(x_\ell + x_f)$, $y_o := y_f$ und $c := \frac{1}{2(x_f-x_\ell)}$ gilt für jedes $P = \big(x, f(x)\big)$ auf jedem der beiden Graphen
$|P-F| = |x-x_\ell| \Leftrightarrow |P-F|^2 = |x-x_\ell|^2 \Leftrightarrow (x-x_f)^2 + \big(y_o \pm \sqrt{\frac{1}{c}(x-x_o)} - y_f\big)^2 = (x-x_\ell)^2 \Leftrightarrow -2x_f x + x_f^2 + \frac{1}{c}(x-x_o) = -2x_\ell x + x_\ell^2 \Leftrightarrow x_f^2 - x_\ell^2 + \frac{1}{c}x - \frac{\frac{x_f+x_\ell}{1}}{\frac{1}{x_f-x_\ell}} = 2(x_f-x_\ell)x \Leftrightarrow 2(x_f-x_\ell)x = 2(x_f-x_\ell)x$. $\surd$

Lösung 17.22 Eine Parameter-Darstellung allgemeiner Parabeln in der Ebene ist $\boldsymbol{r}(t) = \boldsymbol{s} + \boldsymbol{u}\,t + \boldsymbol{v}\,t^2$ für $\boldsymbol{s}, \boldsymbol{u}, \boldsymbol{v} \in \mathbb{R}^2$ und $t \in \mathbb{R}$.

a) Mit $y = y_o + a(x-x_o)^2$ und $x(t) = x_o + t$ sowie $y(t) = y_o + at^2$ gilt $t = x - x_o$ und eingesetzt $y = y_o + a(x-x_o)^2$, wie gefordert. Sei $\boldsymbol{s} = \begin{pmatrix} x_o \\ y_o \end{pmatrix}$, $\boldsymbol{u} = \begin{pmatrix} 1 \\ 0 \end{pmatrix}$ und $\boldsymbol{v} = \begin{pmatrix} 0 \\ a \end{pmatrix}$. Dann beschreibt $\boldsymbol{r}(t) = \boldsymbol{s} + \boldsymbol{u}\,t + \boldsymbol{v}\,t^2$ die Parabel $y = y_o + a(x-x_o)^2$.

b) Mit $y = y_o \pm \sqrt{\frac{1}{c}(x - x_o)}$ und $x(t) = x_o + ct^2$ sowie $y(t) = y_o + t$ gilt $t^2 = \frac{1}{c}(x - x_o)$ und eingesetzt $y = y_o \pm \sqrt{\frac{1}{c}(x - x_o)}$, wie gefordert. Sei $\boldsymbol{s} = \begin{pmatrix} x_o \\ y_o \end{pmatrix}$, $\boldsymbol{u} = \begin{pmatrix} 0 \\ 1 \end{pmatrix}$ und $\boldsymbol{v} = \begin{pmatrix} c \\ 0 \end{pmatrix}$. Dann beschreibt $\boldsymbol{r}(t) = \boldsymbol{s} + \boldsymbol{u}\,t + \boldsymbol{v}\,t^2$ die Parabel $y = y_o \pm \sqrt{\frac{1}{c}(x - x_o)}$.

18 Trigonometrische Funktionen und ihre Anwendungen

18.1 Einleitung

In Kapitel 16 wurden Sinus und Cosinus und daraus abgeleitet weitere trigonometrische Zusammenhänge an Winkeln im Grad- und Bogenmaß vorgestellt.

Die geometrische Anschauung hinter sich zu lassen, führt zur Betrachtung trigonometrischer Funktionen, die auf der ganzen reellen Achse definiert sind und interessante analytische Eigenschaften haben. Auf Grund dieser eignen sie sich für eine Reihe von Anwendungen, die mit geometrischen Problemen wenig bis ichts zu tun haben.

Eine wichtige Anwendung trigonometrischer Funktionen sind Schwingungen und Wellen. Letztere werden in diesem Kapitel vorgestellt. Um Gleichungen unter Verwendung trigonometrischer Funktionen lösen zu können, werden die entsprechenden Umkehrfunktionen benötigt und deren Eigenschaften betrachtet. In den Abschnitten 4.6 und 4.7 von Westermann (2020) sind die trigonometrischen Funktionen ebenfalls und deutlich ausführlicher dargestellt zu finden.

T. Westermann. *Mathematik für Ingenieure: ein anwendungsorientiertes Lehrbuch*. Springer, Berlin, 8. Auflage, 2020

18.1.1 Sinus und Kosinus

Sinus und Cosinus lassen sich als geometrische Verhältnisse in rechtwinkligen Dreiecken verstehen. Werden die Winkel im Bogenmaß ausgedrückt, so können die Funktionen $\sin : [0, 2\pi] \mapsto [-1, 1]$ bzw. $\cos : [0, 2\pi] \mapsto [-1, 1]$ formuliert werden. Sie lassen sich durch die *periodische Fortsetzung*

$$\sin(x) = \sin(x + k \cdot 2\pi) \qquad \text{und} \qquad \cos(x) = \cos(x + k \cdot 2\pi)$$

mit geeignetem $k \in \mathbb{Z}$ auf den reellen Zahlen definieren.

Argumente außerhalb des Intervalls $[0, 2\pi]$ lassen sich im Bogenmaß als mehrfacher Umlauf interpretieren. Damit ist auch klar, dass die periodische Fortsetzung die einzig sinnvolle ist.

Für die Vorzeichen folgt durch Vergleich mit Tabelle 16.5, dass der Sinus im Intervall $(0, \pi)$ positiv und im Intervall $(\pi, 2\pi)$ negativ ist. Der Cosinus ist im Intervall $(-\frac{1}{2}\pi, \frac{1}{2}\pi)$ positiv und im Intervall $(\frac{1}{2}\pi, \frac{3}{2}\pi)$ negativ.

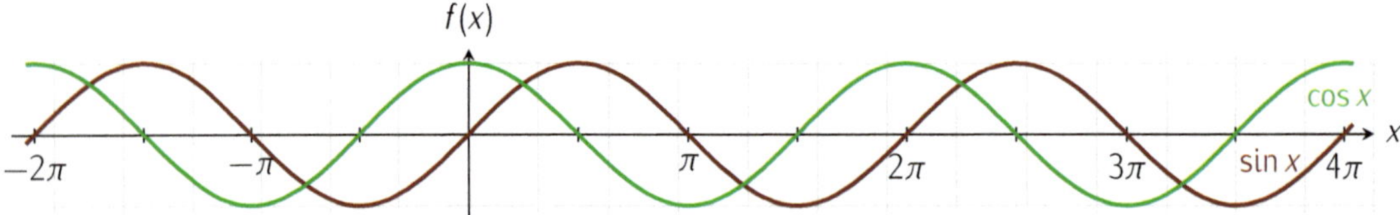

Bild 18.1: Die Graphen der Funktionen Sinus und Cosinus auf den reellen Zahlen, dargestellt von -2π bis 4π.

Zur Notation sei noch gesagt, dass

$$\sin^2(x) = (\sin(x))^2 \quad \text{und}$$
$$\cos^2(x) = (\cos(x))^2$$

sind, siehe dazu auch die Tabelle 18.1.

Sowohl die Sinus- als auch der Cosinusfunktion lassen sich ableiten und es gilt

$$\sin'(x) = \cos(x) \qquad \text{und} \qquad \cos'(x) = -\sin(x)$$

sowie die Abschätzung $|\sin(x)| \leq |x|$. Daraus und aus der Vorzeicheneigenschaft aus Tabelle 16.5 folgt, dass der Sinus im Intervall $(-\frac{1}{2}\pi, \frac{1}{2}\pi)$ monoton steigt und im Intervall $(\frac{1}{2}\pi, \frac{3}{2}\pi)$ monoton fällt, und der Cosinus im Intervall $(0, \pi)$ monoton fällt und im Intervall $(\pi, 2\pi)$ monoton steigt.

Zu Symmetrien, geraden und ungeraden Funktionen sei hier auf Kapitel 25 verwiesen.

Wie Bild 18.1 vermuten lässt, weisen die Funktionen Symmetrien auf. Der Graph des Cosinus ist achsensymmetrisch bezüglich der y-Achse, der Graph des Sinus ist punktsymmetrisch bezüglich des Ursprungs. Es gilt

$$\sin(-x) = -\sin(x) \qquad \text{(ungerade)} \qquad \text{und}$$
$$\cos(-x) = \cos(x) \qquad \text{(gerade).}$$

Außerdem gehen auf den reellen Zahlen Sinus und Cosinus mit einer *Phasenverschiebung* von $\frac{\pi}{2}$ ineinander über:

$$\sin(x) = \cos\left(\frac{\pi}{2} - x\right) \qquad \text{und} \qquad \cos(x) = \sin\left(\frac{\pi}{2} + x\right).$$

Es ist daher möglich, nach Belieben nur Sinus- oder nur Cosinusfunktionen einzusetzen.

18.1.2 Phasenverschiebung

Eine allgemeine Phasenverschiebung der Form $\sin(x + \varphi)$ bzw. $\cos(x + \varphi)$ mit $\varphi \in (0, \infty)$ führt zu einer Verschiebung des Funktionsgraphen auf der x-Achse um φ nach links. Entsprechend führen negative Werte von φ zu einer Verschiebung nach rechts, siehe Bild 18.2. Dies ist eine Möglichkeit, in Anwendungen die Nullstellen der Funktionen auf gewünschte Werte zu schieben. Auf Grund der oben beschriebenen Periodizität führen Phasenverschiebungen φ und $\varphi + k \cdot 2\pi$ zu identischen Graphen.

Eine Verschiebung des Funktionsgraphen in vertikaler Richtung wird erreicht durch Addition einer Konstanten, siehe auch Tabelle 5.1 in Band 1.

18.1.3 Streckung und Stauchung

Für die Anwendung der Sinus- und Cosinusfunktionen ist es wichtig, dass beliebige Periodizitäten und Wertebereiche erreicht werden können. Sowohl die Skalierung der x- als auch der y-Achse lässt sich anpassen.

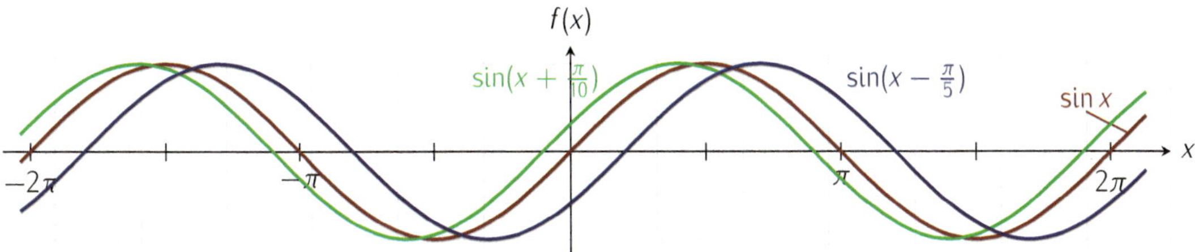

Bild 18.2: Die Graphen der Funktionen Sinus, sowie der zwei Phasenverschiebungen $\sin(x + \frac{\pi}{10})$ und $\sin(x - \frac{\pi}{5})$ mit Nulldurchgängen bei $-\frac{\pi}{10}$ bzw. $\frac{\pi}{5}$.

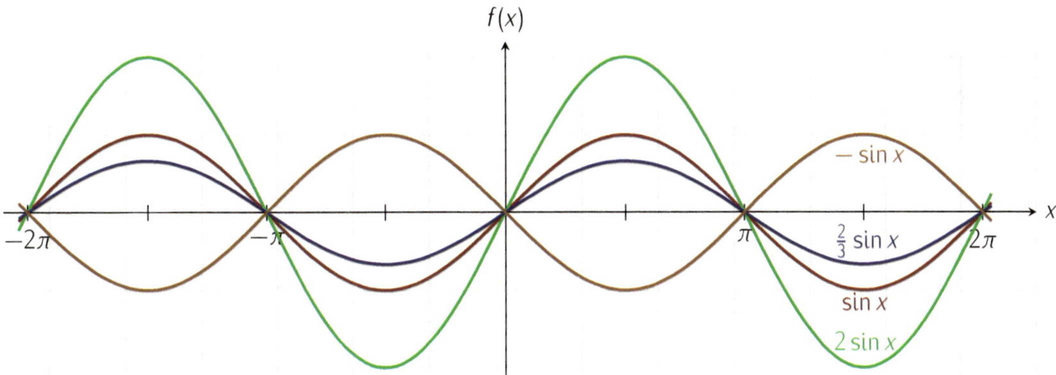

Bild 18.3: Die Graphen der Funktionen $\sin x$, $2 \sin x$ und $\frac{2}{3} \sin x$ sowie der gespiegelten Funktion $-\sin x$.

Für die Streckung entlang der y-Achse muss der Wert auf der y-Achse verändert werden, das bedeutet, dass der Funktionswert mit einem Faktor $a > 0$ angepasst wird,

$$f(x) = a \sin x \qquad \text{und} \qquad f(x) = a \cos x,$$

wobei für den Faktor a gilt, dass a mit $a < 1$ den Graphen staucht und a mit $a > 1$ den Graphen streckt. Wird ein negativer Vorfaktor a gewählt, so wird der Funktionsgraph an der x-Achse gespiegelt. Beispiele für die Sinusfunktion zeigt Bild 18.3. Entsprechendes gilt für die Cosinusfunktion.

Wird hingegen der x-Wert modifiziert, so wird die Funktion entlang der x-Achse skaliert,

$$f(x) = \sin(ax) \qquad \text{und} \qquad f(x) = \cos(ax),$$

und für den Faktor gilt, dass ihr Graph für a mit $|a| < 1$ gestreckt wird und für a mit $a > 1$ gestaucht wird. Für die Sinusfunktion sind in Bild 18.4 gestauchte und gestreckte Varianten gezeigt.

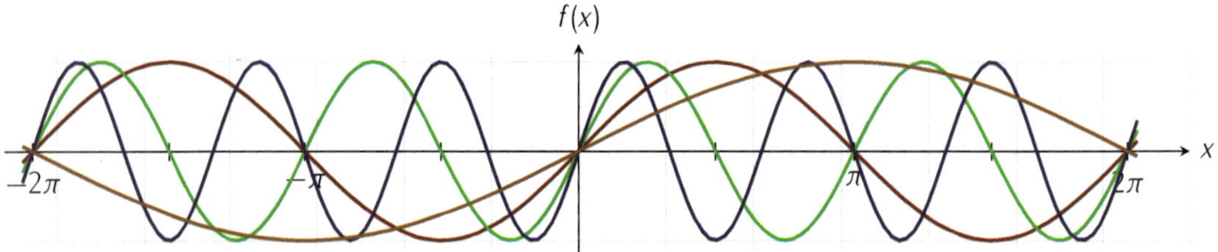

Bild 18.4: Die Graphen der Funktionen Sinus $\sin(x)$ und der Stauchungen $\sin(2x)$, $\sin(3x)$ sowie der Streckung $\sin(\frac{1}{2}x)$ entlang der x-Achse.

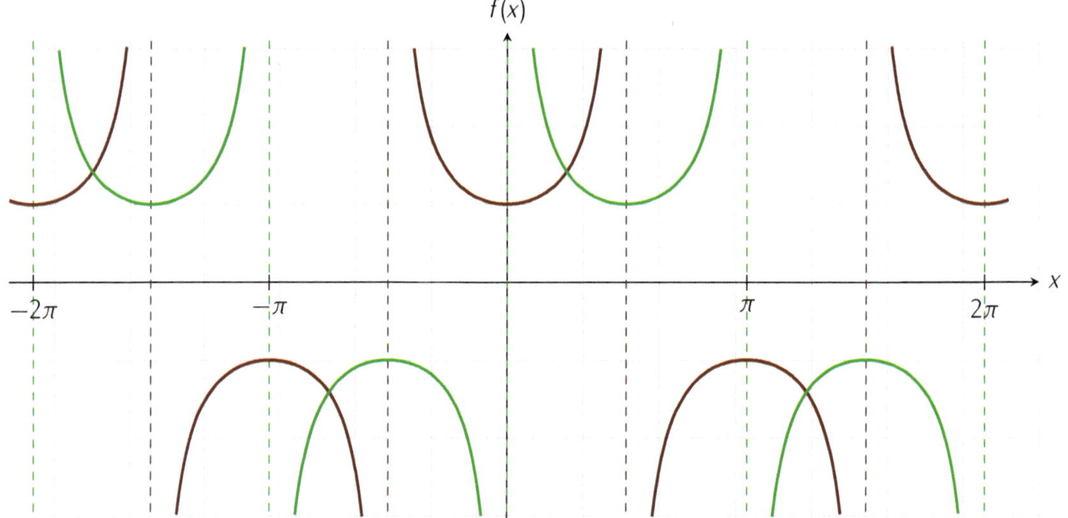

Bild 18.5: Der Graph der Secansfunktion mit den Unstetigkeitsstellen $\frac{1}{2}\pi + k\pi$ (rot gestrichelt), den Nullstellen der Cosinusfunktion; sowie der Graph der Cosecansfunktion mit den Unstetigkeitsstellen $k\pi$ (grün gestrichelt), den Nullstellen der Sinusfunktion.

18.1.4 Secans und Cosecans

Gelegentlich, vor allem in der angelsächsischen Literatur, sind die reziproken Funktionen als eigenständige Funktionen definiert. Die üblichen Bezeichnungen sind *Secans* $\sec(x) = \frac{1}{\cos x}$ und *Cosecans* $\csc(x) = \frac{1}{\sin x}$.

Die Symmetrieeigenschaften bleiben erhalten. Die Secansfunktion ist wie die Cosinusfunktion achsensymmetrisch. Sie hat an den Nullstellen der Cosinusfunktion, also für $x = \frac{1}{2}\pi + k\pi$ mit $k \in \mathbb{Z}$, Unstetigkeitsstellen. Ganz analog ist die Cosecansfunktion punktsymmetrisch mit $\csc(-x) = -\csc(x)$ und den Unstetigkeitsstellen $k\pi$ mit $k \in \mathbb{Z}$. Graphen beider Funktionen sind in Bild 18.5 dargestellt.

18.1.5 Schwingungen

Eine harmonische Schwingung ist eine periodische Bewegung um eine Gleichgewichtslage, bei der ein System zwischen zwei äußersten Positionen hin und her schwingt. Sie wird durch die Funktion $f : \mathbb{R} \to \mathbb{R}$

mit

$$f(x) = A\sin(\omega x + \varphi)$$

mit der *Amplitude* $A > 0$, der *Kreisfrequenz* ω und dem *Phasenwinkel* φ beschrieben. Der Kehrwert der Frequenz $T = \frac{1}{f} = \frac{2\pi}{\omega}$ heißt *Schwingungsdauer* und entspricht der Zeitdauer, bis das schwingende System wieder in seine Ausgangslage zurückkehrt.

Die Variable x steht für die Zeit, aus dem Grund wird manchmal auch t verwendet, wie im Beispiel des Federpendels.

An Stelle der Kreisfrequenz wird häufig auch die Frequenz $f = \frac{\omega}{2\pi}$ verwendet.

Beispiel (Federpendel). Ein Federpendel mit einem Pendelkörper der Masse m, das horizontal um seinen Ruhepunkt $y_0 = 0$ schwingt und eine Feder mit der Federkonstanten D hat, erfüllt die Ortsfunktion

$$y(t) = A\sin(\omega t)$$

mit der Amplitude A und der Kreisfrequenz $\omega = \sqrt{\frac{D}{m}}$. Die Schwingungsdauer ist $T = \sqrt{\frac{m}{D}}\,2\pi$. Dieser Zusammenhang lässt sich unter Beachtung der Phasenverschiebungseigenschaften auch mittels der Cosinusfunktion beschreiben als

$$y(t) = A\cos\left(\omega t - \frac{\pi}{2}\right)$$

für jeden Zeitpunkt t. Für eine Ruhelage $y_0 \neq 0$ wird dies zu $y(t) = y_0 + A\sin(\omega t)$ verallgemeinert.

Der Phasenwinkel ist in diesem Fall $\varphi = 0$. Das verkörpert die Tatsache, dass eine solche Schwingung zum Zeitpunkt $t = 0$ in der Mittellage beginnt.

Es können auch andere Vorgänge, die nicht im engeren Sinne Bewegungen sind, als Schwingungen beschrieben werden. Dies zeigt das folgende Beispiel.

Beispiel (Elektrische Spannung). Ein elektromagnetischer Schwingkreis besteht aus einer Spannungsquelle mit der Spannungsamplitude U_0, einer Spule mit der Induktivität L und einem Kondensator mit der Kapazität C. Ist er ungedämpft, so ist die Schwingungsdauer $T = \sqrt{LC}\cdot 2\pi$ und für die Spannung gilt

$$U(t) = U_0\cos\left(\sqrt{\frac{1}{LC}}\,t\right) = U_0\sin\left(\sqrt{\frac{1}{LC}}\,t + \frac{\pi}{2}\right)$$

für jeden Zeitpunkt t. Die schwingende Größe ist in diesem Fall die Spannung.

Hier ist auch die Umrechnung zwischen Cosinus- und Sinusfunktion zu sehen. Die Phasenverschiebung ergibt sich aus den Randbedingungen der jeweiligen Situation. Wie die Kenngrößen einer Schwingung aus dem beobachteten Verhalten ermittelt werden, zeigt das folgende Beispiel.

Beispiel. An einem elektromagnetischen Schwingkreis wird für den Zeitpunkt $t_{max} = 1\text{ms}$ ein Maximalwert der Spannung $U_{max} = 4.5\text{V}$ und zum Zeitpunkt $t_{min} = 2.2\text{ms}$ eine Spannung $U_{min} = 0.5\text{V}$ gemessen. Der Schwingkreis soll durch die Gleichung

$$U(t) = U_0 \sin\left(\omega t + \frac{\pi}{2} + \varphi_0\right) + U_{DC}$$

mit dem Gleichspannungsanteil U_{DC} beschrieben werden.

Die Amplitude U_0 und die vertikale Verschiebung U_{DC} ergibt sich aus $U_{min} = -U_0 + U_{DC} \leq U(t) \leq U_0 + U_{DC} = U_{max}$ zu $U_0 = \frac{1}{2}(U_{max} - U_{min})$ und $U_{DC} = \frac{1}{2}(U_{max} + U_{min})$.

Eingesetzt folgt $U_0 = \frac{1}{2}(4.5\text{V} - 0.5\text{V}) = 2\text{V}$ und $U_{DC} = \frac{1}{2}(4.5\text{V} + 0.5\text{V}) = 2.5\text{V}$.

Der Abstand von Maximum und Minimum auf der Zeitachse ist die Hälfte einer Schwingungsdauer T. Für die Kreisfrequenz ergibt sich $\omega = \frac{2\pi}{T} = \frac{2\pi}{2(t_{min}-t_{max})} = \frac{\pi}{2.2\text{ms}-1\text{ms}} \approx 2618\text{s}^{-1}$.

Das Maximum der Schwingung wird dann angenommen, wenn die Sinusfunktion ihren Maximalwert 1 annimmt. Dies ist der Fall, wenn $\omega t_{max} + \frac{\pi}{2} + \varphi_0 = \frac{\pi}{2}$, also $\varphi_0 = -\omega t_{max}$, eingesetzt $\varphi_0 \approx -2618s^{-1} \cdot 1\text{ms} = -2.618$.

Bild 18.6 veranschaulicht die Kenngrößen der Schwingung.

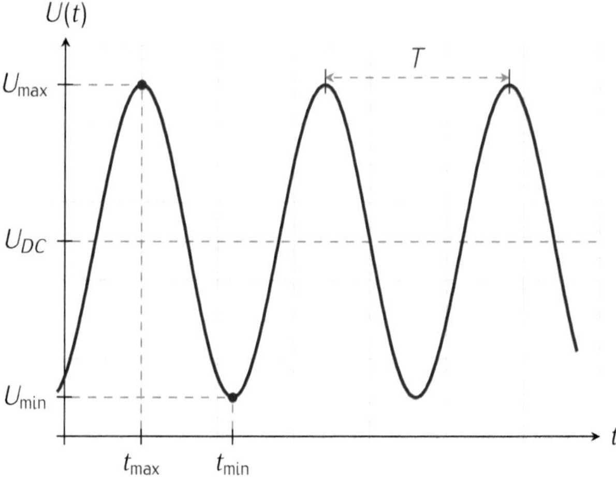

Bild 18.6: Die Schwingung aus dem obigen Beispiel mit den beobachteten Minimal- und Maximalwerten, der Periodendauer T und der vertikalen Verschiebung U_{DC}

18.1.6 Tangens

Auch für die in Kapitel 19 eingeführten Verhältnisse Tangens und Cotangens lässt sich eine Fortsetzung als Funktion auf den reellen Zahlen definieren.

$$\tan x = \frac{\sin x}{\cos x}, \qquad \text{und} \qquad \cot x = \frac{1}{\tan x} = \frac{\cos x}{\sin x}.$$

Dabei sind die Definitionsbereiche zu beachten. Die Nullstellen des Nenners bei der *Tangensfunktion* sind die Nullstellen der Cosinusfunktion, $\frac{1}{2}\pi + k\pi$. Damit ist $\mathbb{D}_{\tan} = \mathbb{R} \setminus \{\frac{1}{2}\pi + k\pi : k \in \mathbb{Z}\}$ und der Tangens hat die Periode π wie in Bild 18.7 zu sehen. Analog müssen im Definitionsbereich der *Cotangensfunktion* die Nullstellen der Sinusfunktion $k\pi$ ausgeschlossenen werden, so dass $\mathbb{D}_{\cot} = \mathbb{R} \setminus \{k\pi : k \in \mathbb{Z}\}$ gilt.

Die Graphen der Tangens- und der Cotangensfunktion sind in Bild 18.7 dargestellt. Zwischen den jeweiligen Unstetigkeitsstellen gilt

$$\tan(x + \pi) = \tan x \qquad \text{und} \qquad \cot(x + \pi) = \cot x.$$

Der Graph der Tangensfunktion ist punktsymmetrisch bezüglich des Ursprungs des Koordinatensystems mit $\tan(-x) = -\tan(x)$.

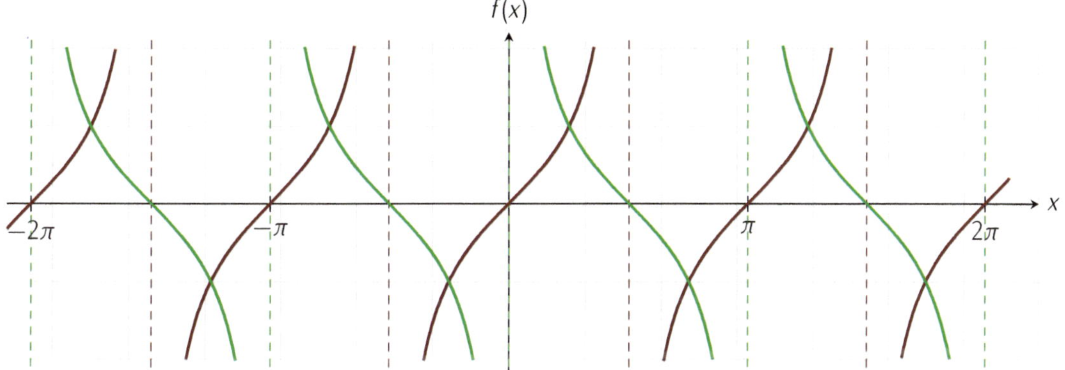

Bild 18.7: Der Graph der Tangensfunktion mit den zugehörigen Unstetigkeitsstellen $\frac{1}{2}\pi + k\pi$ (gestrichelt), den Nullstellen der Cosinusfunktion; sowie der Graph der Cotangensfunktion mit den hier zugehörigen Unstetigkeitsstellen $k\pi$ (gestrichelt), den Nullstellen der Sinusfunktion.

Die Periodenlänge kann mittels eines Vorfaktors im Argument verändert werden, es gilt $\tan(ax) = \frac{\sin(ax)}{\cos(ax)}$, wobei der Effekt genauso ist wie bei den Sinus- und Cosinusfunktionen.

Tabelle 18.1: Eine Übersicht über die Exponenten bei trigonometrischen Funktionen und ihre Bedeutung, exemplarisch für Sinus.

Notation	Bedeutung
$\sin^2(x)$	$(\sin(x))^2$
$(\sin^{-1}(x))$	$\frac{1}{\sin(x)}$
$\sin^{<-1>}(x)$	$\arcsin(x)$

18.1.7 *Inverse trigonometrische Funktionen*

Um Gleichungen lösen zu können, die trigonometrische Funktionen enthalten, wird deren Umkehrfunktion benötigt. Da die Funktionen periodisch sind, kann eine solche Umkehrung allerdings nicht eindeutig sein. Wird der Definitionsbereich so eingeschränkt, dass eine monotone Funktion

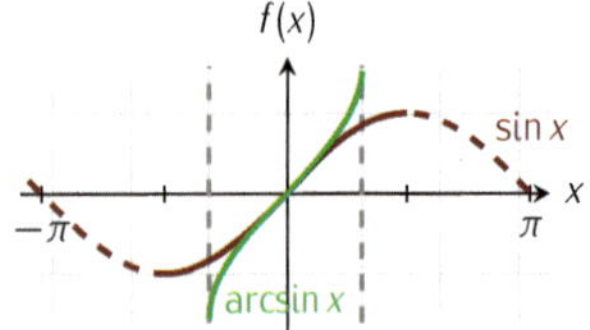

Bild 18.8: Der Graph der Funktion Sinus, durchgezogen auf dem eingeschränkten Definitionsbereich, auf dem die Funktion monoton und damit umkehrbar ist, außerhalb gestrichelt dargestellt. Der Graph der Umkehrfunktion Arcussinus ist definiert auf $[-1, 1]$, dem Wertebereich der Sinusfunktion.

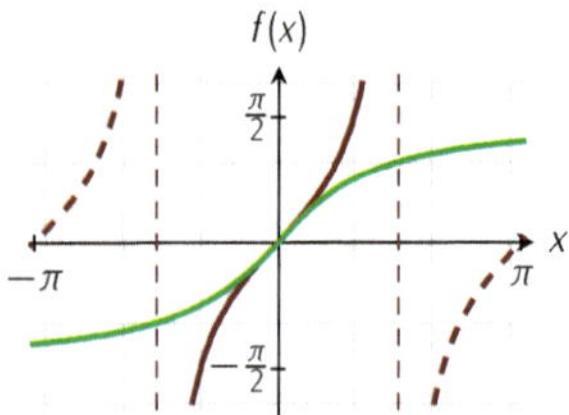

Bild 18.9: Der Graph der Tangensfunktion tan, durchgezogen zwischen den Unstetigkeitsstellen $(-\frac{\pi}{2}, \frac{\pi}{2})$, außerhalb gestrichelt. Der Graph der Umkehrfunktion Arcustangens auf ist $\mathbb{R}$ definiert, hier dargestellt in $[-\pi, \pi]$. Der Wertebereich ist $(-\frac{\pi}{2}, \frac{\pi}{2})$.

entsteht, existiert die Umkehrfunktion. Die Umkehrfunktionen der trigonometrischen Funktionen heißen *Arcusfunktionen*.

Wird die Sinusfunktion auf das Intervall $\left[-\frac{\pi}{2}, \frac{\pi}{2}\right]$ eingeschränkt, so lässt sich die Sinusfunktion umkehren, die *Arcussinus*-Funktion ist definiert auf $[-1, 1]$ mit dem Wertebereich $\left[-\frac{\pi}{2}, \frac{\pi}{2}\right]$, dargestellt in Bild 18.8.

Die Sinusfunktion lässt sich auf andere Bereiche einschränken, das obige Intervall ist dabei jeweils um π verschoben.

Ganz analog kann die Cosinusfunktion eingeschränkt werden. Auf dem Intervall $[0, \pi]$ ist die Cosinusfunktion monoton. Die Umkehrfunktion ist die *Arcuscosinus*-Funktion. Auch diese ist auf dem Intervall $[-1, 1]$ definiert, ihr Wertebereich ist $[0, \pi]$.

Die Tangensfunktion ist im Intervall $\left(-\frac{\pi}{2}, \frac{\pi}{2}\right)$ monoton mit dem Wertebereich $\mathbb{R}$. Die Umkehrfunktion *Arcustangens* ist dann auf ganz $\mathbb{R}$ definiert, dargestellt in Bild 18.9.

Mit diesen Funktionen können jetzt trigonometrische Gleichungen gelöst werden, wie in den folgenden Beispielen vorgestellt wird.

Beispiel (Sinusfunktion). Gesucht ist die Lösung der Gleichung $\sin x = \frac{1}{2}$. Mit $x = \arcsin(\frac{1}{2}) = \frac{1}{6}\pi$ ist eine Lösung gefunden.

Auf dem Intervall $\left[\frac{\pi}{2}, \frac{3}{2}\pi\right]$ ist die Sinusfunktion fallend und mit der Identität $\sin(\pi - x) = \sin x$ folgt, dass auch $\frac{5}{6}\pi$ eine Lösung der obigen Gleichung ist.

Mit der periodischen Verschiebung um 2π folgt, dass

$\{x \in \mathbb{R} : x = \frac{1}{6}\pi + 2k\pi\} \cup \{x \in \mathbb{R} : x = \frac{5}{6}\pi + 2k\pi\}$
$= \{x \in \mathbb{R} : x = \pm\frac{\pi}{3} + (\frac{1}{2} + 2k)\pi\}$ die Menge aller Lösungen ist.

Beispiel (Cosinusfunktion). Gesucht ist die Lösung der Gleichung $\cos x = \frac{1}{2}$. Analog zu oben ist eine Lösung durch $x = \arccos(\frac{1}{2}) = \frac{1}{3}\pi$ gegeben. Wegen der Symmetrie der Cosinusfunktion gilt, dass auch $x = \arccos(\frac{1}{2}) = -\frac{1}{3}\pi$ eine weitere Lösung ist.

Mit der periodischen Verschiebung um 2π folgt, dass $\{x \in \mathbb{R} : x = \pm\frac{\pi}{3} + k \cdot 2\pi\}$ die Menge aller Lösungen ist.

Beispiel (Tangensfunktion). Gesucht ist die Lösung der Gleichung $\tan x = 1$. Über die Definition der Tangensfunktion ist x gefunden, wenn $\sin x = \cos x$. Das ist für $\frac{\pi}{4}$ der Fall.

Mit der periodischen Verschiebung um π folgt, dass $\{x \in \mathbb{R} : x = \frac{\pi}{4} + k\pi\}$ die Menge aller Lösungen ist.

18.2 Lernziele

Nr	Ich kann	Aufgabe	√
	trigonometrische Funktionen		
197	periodische Funktionen erkennen	18.1	
198	die Graphen der Funktionen $\sin(x), \cos(x)$ und $\tan(x)$ skizzieren und ihre wichtigsten Eigenschaften angeben	18.2, 18.3	
199	die Graphen der reziproken Funktionen $\csc(x), \sec(x)$ und $\cot(x)$ herleiten	18.9	
200	Graphen der Form $a\sin(x)$, $a\cos(x)$ und $a\tan(x)$ herleiten	18.4-a, 18.5	
201	Graphen der Form $\sin(ax), \cos(ax)$ und $\tan(ax)$ herleiten	18.4-b, 18.5, 18.6	
202	Graphen der Form $\sin(x+a)$ und $a+\sin(x)$ herleiten	18.4-c, 18.5	
	Gleichungen		
203	Gleichungen der Form $\sin(x)=c, \cos(x)=c, \tan(x)=x$ lösen	18.10, 18.11, 18.12	
	Schwingungen		
204	den Ausdruck $a\sin(\omega t+\varphi)$ zur Repräsentation einer Schwingung nutzen und die Parameter der Bewegung angeben	18.3, 18.7, 18.8	

18.3 Aufgaben

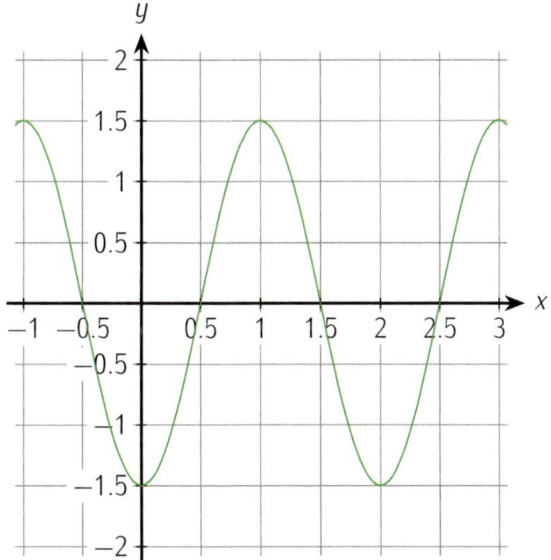

Bild 18.10: Eine periodische Funktion zur Aufgabe 18.1.

Aufgabe 18.1 (10 Min) In Bild 18.10 ist eine periodische Funktion dargestellt. Um welche Funktion handelt es sich? Geben Sie die Funktionsgleichung an.

Aufgabe 18.2 (5 Min) Gesucht ist das größtmögliche Intervall $[a, b]$, mit $a \leq 0 \leq b$, für das die Funktion $f : [a, b] \to [-1, 1]$, $f(x) = \sin(x)$ injektiv ist.

Aufgabe 18.3 (10 Min) Über eine Sinusschwingung der Form $y = A\sin(\omega t + \varphi)$ mit $A > 0$ und $\omega > 0$ ist für $t \geq 0$ bekannt: das erste Maximum $y_{max} = 5$ cm wird nach $t_1 = 3$ s erreicht und das erste Minimum $y_{min} = -5$ cm nach $t_2 = 10$ s.

a) Bestimmen Sie die Amplitude A, die Schwingungsdauer oder Periode T, die Frequenz $f = \frac{1}{T}$, Kreisfrequenz ω und die Phasenverschiebung φ. Hinweis: es gilt $f = \frac{\omega}{2\pi}$.
b) Skizzieren Sie den Funktionsverlauf.

Aufgabe 18.4 (10 Min) Überlegen Sie sich zu folgenden Funktionen die Lage der Nullstellen und Extremwerte und skizzieren Sie ihre Graphen:

a) $f(x) = 2\cos(x)$
b) $g(x) = \cos(2x)$
c) $h(x) = \sin(2x - 1)$

Aufgabe 18.5 (10 Min) In Bild 18.11 sind zwei periodische Funktionen dargestellt. Geben Sie die Funktionsgleichungen beider Funktionen an.

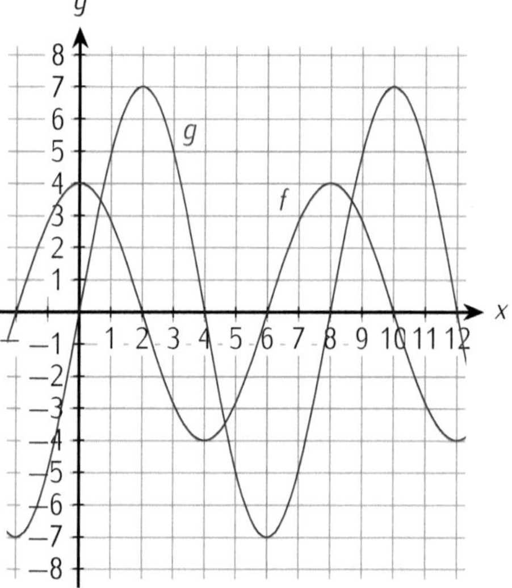

Bild 18.11: Zwei periodische Funktionen zur Aufgabe 18.5.

Aufgabe 18.6 (10 Min) Geben Sie zu folgenden Funktionen einen maximalen Definitionsbereich (als Intervall) an, so dass die Umkehrfunktion definiert ist. Er soll den Wert 0 enthalten.

a) $f(x) = \sin(2x)$
b) $g(x) = \cos(3x)$
c) $h(x) = \tan(\frac{1}{4}x)$

Aufgabe 18.7 (10 Min) Für das Maximum und Minimum einer Pendelschwingung liegen diese Angaben von Zeit in Sekunden und Auslenkung in Metern: $t_{max} = 1.5$, $t_{min} = 5.2$, $a_{max} = 0.28$, $a_{min} = 0.12$. Beschreiben Sie die Schwingung $y(t)$ mit einer Sinusfunktion.

Aufgabe 18.8 (10 Min) Nach dem Einbetonieren eines sehr hohen Windrades wird das Schwingungsverhalten untersucht. Der Turm hat am oberen Ende einen Durchmesser von 9,50 m. Bei Windstärke 8 wird der Turm mit langer Belichtung fotografiert. Der Turm erscheint auf der Fotografie 11,20 m breit zu sein. Auf 250 Bildern einer Serienbildaufnahme, die in 2 Minuten erstellt wurde, ist zu sehen, dass der Turm 18 mal ganz nach links und 18 mal ganz nach rechts ausgelenkt ist.

Beschreiben Sie das Schwingungsverhalten des Turms mit einer Funktion der Form $x(t) = a \sin(\omega t)$.

Die Aufgabe enthält zwei Vereinfachungen. Zum Einen ist die Phasenlage zu Beginn der Bilderserie nicht vorgegeben. Das ist mit steigender Periodenzahl, hier 18, jedoch immer unbedeutender. Zum Anderen ist ein Turm kein Pendel. Die reale Bewegung wird komplizierter sein. Details dazu sind in Groth (2015) zu finden.

Aufgabe 18.9 (5 Min) Auf die Graphen welcher trigonometrischen Funktionen passt die folgende Beschreibung?

a) Der Graph der Funktion f ist achsensymmetrisch bezüglich der y-Achse. Die x-Achse schneidet er nicht.
b) Der Graph der Funktion g ist punktsymmetrisch bezüglich des Ursprungs. Er schneidet die x-, aber nicht die y-Achse.

Aufgabe 18.10 (5 Min) Zu lösen ist die Gleichung $\sin(x) = -0.5$.

Aufgabe 18.11 (5 Min) Zu lösen ist die Gleichung $\cos(x) = \frac{1}{2}\sqrt{2}$.

Aufgabe 18.12 (5 Min) Zu lösen ist die Gleichung $\tan(x) = \frac{1}{3}\sqrt{3}$.

18.4 Lösungen

Lösung 18.1 Es handelt sich um eine trigonometrische Funktion, die achsensymmetrisch zur y-Achse ist. Ihre Amplitude ist 1.5 und sie hat bei $x = 0$ ein Minimum.

Daraus folgt $f(x) = -1.5 \cos(\pi x) = 1.5 \cos(\pi x + \pi) = 1.5 \sin(\pi x - \frac{\pi}{2})$.

Lösung 18.2 Bei 0 ist die Sinusfunktion monoton steigend. Bei ungeraden Vielfachen von $\frac{\pi}{2}$ hat die Sinusfunktion ihre Extrema.

Daher ist die Sinusfunktion zwischen $-\frac{\pi}{2}$ und $\frac{\pi}{2}$ monoton und das gesuchte Intervall ist $[a, b] = [-\frac{\pi}{2}, \frac{\pi}{2}]$.

Lösung 18.3

a) Die Sinusfunktion hat eine Amplitude von 1, d.h. die Werte schwanken zwischen −1 und 1. Die gesuchte Sinusschwingung schwankt zwischen −5 cm und 5 cm, deswegen ist ihre Amplitude $A = 5$ cm.

Zwischen Maximum und Minimum liegt die halbe Schwingungsdauer $\frac{T}{2} = t_2 - t_1 = 7$ s, damit ist $T = 14$ s, die Frequenz $f = \frac{1}{14}\mathrm{s}^{-1}$ und $\omega = 2\pi f = \frac{\pi}{7}\mathrm{s}^{-1}$.

Die Phasenverschiebung ergibt sich aus der Position des Maximums der Schwingung:

$\omega t_1 + \varphi = \frac{\pi}{2} \Rightarrow \varphi = \frac{\pi}{2} - \omega t_1 = \frac{\pi}{2} - \frac{\pi}{7}3 = \frac{\pi}{14}$.

Damit ist $y(t) = 5\mathrm{cm}\,\sin\left(\frac{\pi}{7}\mathrm{s}^{-1}\,t + \frac{\pi}{14}\right)$.

b) Siehe Bild 18.12.

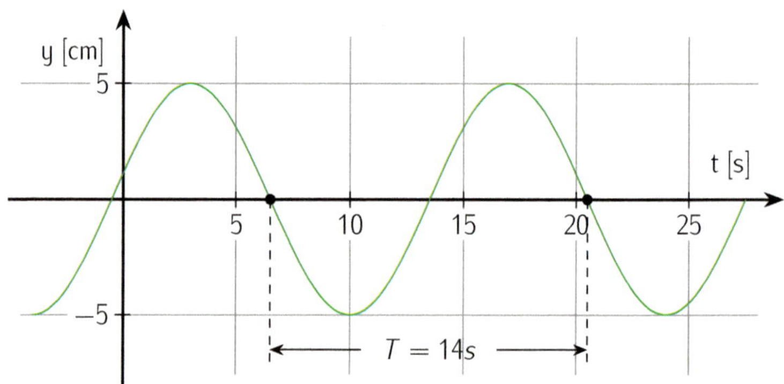

Bild 18.12: Der Graph der Funktion aus Lösung der Aufgabe 18.3.

Lösung 18.4 Siehe Bild 18.13.

Lösung 18.5 Es handelt sich um Graphen der Funktionen $f(x) = 4\cos(\frac{4}{\pi}x)$ und $g(x) = 7\sin(\frac{4}{\pi}x)$.

Lösung 18.6

a) $\mathbb{D}_f = [-\frac{\pi}{4}, \frac{\pi}{4}]$
b) $\mathbb{D}_g = [0, \frac{\pi}{3}]$
c) $\mathbb{D}_h = [-2\pi, 2\pi]$

Lösung 18.7 Die Schwingung wird formuliert als $y(t) = a_0 + a\sin(\omega t + \varphi)$. Dabei ist $a_0 = 0.2$, $a = 0.08$. Aus Maximum und Minimum der Sinusfunktion bei $\frac{\pi}{2}$ bzw. $\frac{3\pi}{2}$ folgt $\omega = \frac{\pi}{5.2-1.5} \approx 0.849$ und $\varphi = \frac{\pi}{2} - \frac{1.5\pi}{3.7} \approx 0.297$. Das entspricht 17°.

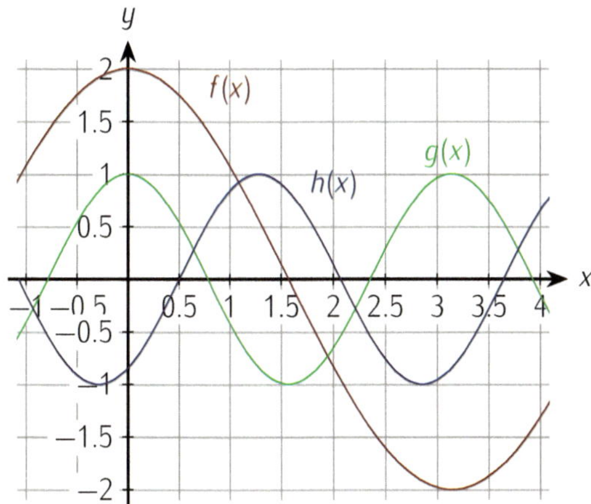

Bild 18.13: Die Funktionen $f(x) = 2\cos(x)$, $g(x) = \cos(2x)$ und $h(x) = \sin(2x - 1)$ zur Lösung der Aufgabe 18.4.

Lösung 18.8 Da die Breite auf der Langzeitaufnahme den Durchmesser um 1.70 m übersteigt, entspricht dies der Differenz von Maximum und Minimum der Schwingung. Daher ist $a = 0.85[\mathrm{m}]$. Die beobachteten 18 Auslenkungen in 120 Sekunden ergeben eine Schwingungsdauer von $T = \frac{120}{18} \approx 6.7[\mathrm{s}]$ oder eine Frequenz $f = 0.15[1/\mathrm{s}]$.

Damit ist die Schwingung beschrieben durch die Funktion

$x(t) = a\sin(\omega t) = a\sin(2\pi f t) \approx 0.85\,\sin(0.94\mathrm{s}^{-1}t)$.

Lösung 18.9

a) Achsensymmetrisch bezüglich der y-Achse sind die Cosinus- und die Sekans-Funktion. Der Graph des Cosinus schneidet die x-Achse bei ungeradzahligen Vielfachen von $\frac{\pi}{2}$. Somit kann f nur Sekans sein, da dessen Graph die x-Achse nicht schneidet.
b) Punktsymmetrisch zum Ursprung sind Sinus, Tangens, Cotangens und Cosekans. Cosekans scheidet aus, weil sein Graph die x-Achse nicht schneidet. Die Graphen von Sinus und Tangens schneiden (im Ursprung) die y-Achse, scheiden daher auch aus. Somit kann g nur der Cotangens sein, dessen Graph die x-, aber nicht die y-Achse schneidet.

Lösung 18.10 Es gilt $x = \arcsin(-\frac{1}{2}) = -\frac{1}{6}\pi$ ist eine Lösung gefunden. Auf dem Intervall $\left[-\frac{3}{2}\pi, -\frac{\pi}{2}\right]$ ist die Sinusfunktion fallend und es folgt, dass auch $-\frac{5}{6}\pi$ die Gleichung löst. Da die Sinusfunktion periodisch mit der Periode 2π ist, ist $\{x \in \mathbb{R} : x = \pm\frac{\pi}{3} + (2k - \frac{1}{2})\pi, k \in \mathbb{Z}\}$ die Menge aller Lösungen.

Lösung 18.11 Eine Lösung der Gleichung ist $x = \arccos(\frac{1}{2}\sqrt{2}) = \frac{1}{4}\pi$. Wegen der Achsensymmetrie ist $-\frac{1}{4}\pi$ ebenfalls eine Lösung der Gleichung. Auf Grund der Periodizität ist $\{x \in \mathbb{R} : x = \pm\frac{\pi}{4} + 2k\pi, k \in \mathbb{Z}\}$ die Menge aller Lösungen.

Das ergibt sich beispielsweise aus der Betrachtung eines rechtwinkligen Dreiecks mit der Hypotenusenlänge 1 und einem Winkel $\frac{\pi}{6}$.

Lösung 18.12 Mit $x = \arctan(\frac{1}{3}\sqrt{3}) = \frac{\pi}{6}$.

Das folgt aus $\frac{\sin(\frac{\pi}{6})}{\cos(\frac{\pi}{6})} = \frac{\frac{1}{2}}{\frac{\sqrt{3}}{2}} = \frac{1}{\sqrt{3}} = \frac{\sqrt{3}}{3}$.

Die Tangensfunktion ist auf dem Intervall $\left[-\frac{\pi}{2}, \frac{\pi}{2}\right]$ steigend und auf Grund der Periodizität ist $\{x \in \mathbb{R} : x = \frac{\pi}{6} + k\pi, k \in \mathbb{Z}\}$ die Menge aller Lösungen.

19 Trigonometrische Beziehungen

19.1 Einleitung

In diesem Kapitel werden die Beziehungen unter den trigonometrischen Funktionen ergänzt. Wie bei linearen oder Exponential-Funktionen gibt es Rechenregeln für Summen oder Produkte. Die *Additionstheoreme* drücken trigonometrische Funktionen für Winkelsummen aus. Daraus ergeben sich Formeln für doppelte und halbe Winkel. Summen oder Produkte trigonometrischer Funktionen lassen sich ebenfalls aus den Additionstheoremen ableiten. Eine wichtige Anwendung ist die additive Überlagerung von Schwingungen gleicher Frequenz aber verschiedener Phase. Diese können mit einem *Zeigerdiagramm* veranschaulicht werden.

Die Fülle an Formeln ist nicht zum Auswendiglernen gedacht. Bei der Lösung trigonometrischer Gleichungen oder der Bestimmung von Integralen erweisen sie sich aber als überaus nützlich, dafür lohnt etwas Übung. Ausführlicher zum Thema in Papula (2014).

L. Papula. *Mathematik für Ingenieure und Naturwissenschaftler Band 1*. Springer Vieweg, Wiesbaden, 14. Auflage, 2014

19.1.1 Additionstheoreme

Algebraisch lassen sich die Additionstheoreme über die Eulersche Identität $e^{jx} = \cos(x) + j\sin(x)$ herleiten. Aus ihr ergeben sich diese Darstellungen für Sinus und Cosinus:

Hierbei werden die Winkel im Bogenmaß angegeben.

$$\cos(x) = \frac{e^{jx} + e^{-jx}}{2} = \cosh(jx)$$
$$\sin(x) = \frac{e^{jx} - e^{-jx}}{2j} = \frac{1}{j}\sinh(jx).$$

Dann ergibt das Produkt $\sin(x)\cos(y) =$

$$\frac{e^{jx} - e^{-jx}}{2j}\,\frac{e^{jy} + e^{-jy}}{2} = \frac{e^{j(x+y)} + e^{j(x-y)} - e^{j(y-x)} - e^{-j(x+y)}}{4j}.$$

Werden x und y vertauscht, ändern sich die Vorzeichen der beiden mittleren Summanden im Zähler. Deswegen ist

$$\sin(x)\cos(y) + \sin(y)\cos(x) = \frac{2e^{j(x+y)} - 2e^{-j(x+y)}}{4j} = \frac{e^{j(x+y)} - e^{-j(x+y)}}{2j} = \sin(x+y).$$

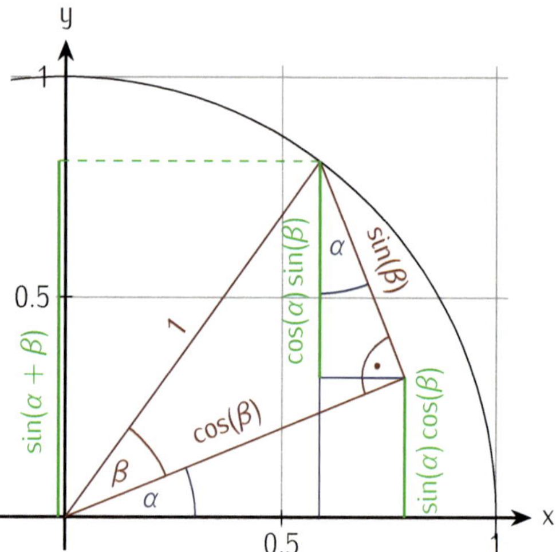

Bild 19.1: Geometrische Veranschaulichung des Additionstheorems $\sin(\alpha+\beta) = \sin(\alpha)\cos(\beta) + \cos(\alpha)\sin(\beta)$. Die Katheten des roten Dreiecks zum Winkel β sind Hypotenusen der Dreiecke zum Winkel α.

In Bild 19.1 wird geometrisch gezeigt, wie sich der Sinus von $\alpha+\beta$ zerlegen lässt. Die Formeln für alle trigonometrischen Funktionen von Winkelsummen und -differenzen listet Tabelle 19.1 auf.

Tabelle 19.1: Additionstheoreme der trigonometrischen Funktionen

Winkelsummen und -differenzen	
$\sin(x \pm y) = \sin(x)\cos(y) \pm \cos(x)\sin(y)$	$\csc(x \pm y) = \frac{\csc(x)\csc(y)}{\cot(x)\pm\cot(y)}$
$\cos(x \pm y) = \cos(x)\cos(y) \mp \sin(x)\sin(y)$	$\sec(x \pm y) = \frac{\sec(x)\sec(x)}{1\mp\tan(x)\tan(y)}$
$\tan(x \pm y) = \frac{\tan(x)\pm\tan(y)}{1\mp\tan(x)\tan(y)}$	$\cot(x \pm y) = \frac{\cot(x)\cot(y)\mp 1}{\cot(x)\pm\cot(y)}$

Beispiel. Verifikation von $\sin(15°) = \frac{\sqrt{6}-\sqrt{2}}{4}$ und $\sin(75°) = \frac{\sqrt{6}+\sqrt{2}}{4}$.

Es ist $15° = \frac{\pi}{12} = \frac{\pi}{4} - \frac{\pi}{6}$ und $75° = \frac{5\pi}{12} = \frac{\pi}{4} + \frac{\pi}{6}$ und so gilt $\sin(\frac{\pi}{12}) = \sin(\frac{\pi}{4} - \frac{\pi}{6}) = \sin(\frac{\pi}{4})\cos(\frac{\pi}{6}) - \sin(\frac{\pi}{6})\cos(\frac{\pi}{4}) = \frac{\sqrt{2}}{2}\left(\cos(\frac{\pi}{6}) - \sin(\frac{\pi}{6})\right) = \frac{\sqrt{2}}{2}(\frac{\sqrt{3}}{2} - \frac{1}{2}) = \frac{\sqrt{6}-\sqrt{2}}{4}$, sowie $\sin(\frac{5\pi}{12}) = \sin(\frac{\pi}{6} + \frac{\pi}{4}) = \sin(\frac{\pi}{6})\cos(\frac{\pi}{4}) + \sin(\frac{\pi}{4})\cos(\frac{\pi}{6}) = \frac{\sqrt{2}}{2}\left(\sin(\frac{\pi}{6}) + \cos(\frac{\pi}{6})\right) = \frac{\sqrt{2}}{2}(\frac{1}{2} + \frac{\sqrt{3}}{2}) = \frac{\sqrt{6}+\sqrt{2}}{4}$.

19.1.2 Doppelte und halbe Winkel

Formeln für doppelte und halbe Winkel folgen aus den Additionstheoremen, siehe Tabelle 19.2. Beachten Sie bei den Formeln, die eine Wurzel enthalten, die Vorzeichen der Funktionen, siehe in Tabelle 16.5. So ist $\csc(200°) \approx -2.9238$, während die Doppelwinkelformel $\frac{\csc^2(100°)}{2\sqrt{\csc^2(100°)-1}}$ nur den Betrag berechnet. Alle Formeln, die ohne Wurzel auskommen, liefern immer die richtigen Vorzeichen.

Tabelle 19.2: Doppel- und Halbwinkel - bei Wurzeln bis auf Vorzeichen richtig

Doppelwinkel	
$\sin(2x) = 2\sin(x)\cos(x)$	$\csc(2x) = \frac{\csc^2(x)}{2\sqrt{\csc^2(x)-1}}$
$\cos(2x) = \cos^2(x) - \sin^2(x)$	$\sec(2x) = \frac{\sec^2(x)}{2-\sec^2(x)}$
$\tan(2x) = \frac{2\tan(x)}{1-\tan^2(x)}$	$\cot(2x) = \frac{\cot^2(x)-1}{2\cot(x)}$
Halbwinkel	
$\sin(\frac{x}{2}) = \sqrt{\frac{1-\cos(x)}{2}}$	$\csc(\frac{x}{2}) = \frac{\sqrt{\csc^2(x)-1}}{\csc^2(x)}$
$\cos(\frac{x}{2}) = \sqrt{\frac{1+\cos(x)}{2}}$	$\sec(\frac{x}{2}) = \sqrt{\frac{2\sec(x)}{\sec(x)+1}}$
$\tan(\frac{x}{2}) = \sqrt{\frac{1-\cos(x)}{1+\cos(x)}} = \frac{\sin(x)}{1+\cos(x)}$	$\cot(\frac{x}{2}) = \sqrt{\frac{1+\cos(x)}{1-\cos(x)}} = \frac{\sin(x)}{1-\cos(x)}$

Beispiel. Berechnung von $\cos(\frac{\pi}{2^k})$ mit der Halbwinkelformel.
Wegen der Periode 2π des Cosinus ist $\cos(2\pi) = \cos(0) = 1$. Nun ist $|\cos(\pi)| = \sqrt{\frac{1+\cos(2\pi)}{2}} = 1$. Da der Cosinus im Intervall $(\pi/2, 3\pi/2)$ negativ ist, ergibt sich $\cos(\pi) = -1$. Alle weiteren Werte sind nichtnegativ. Es ist $\cos(\pi/2) = \sqrt{\frac{1+\cos(\pi)}{2}} = 0$, $\cos(\pi/4) = \sqrt{\frac{1+\cos(\pi/2)}{2}} = \sqrt{\frac{1}{2}} = \frac{\sqrt{2}}{2}$, $\cos(\pi/8) = \sqrt{\frac{1+\cos(\pi/4)}{2}} = \frac{\sqrt{2+\sqrt{2}}}{2}$, $\cos(\pi/16) = \sqrt{\frac{1+\cos(\pi/8)}{2}} = \frac{\sqrt{2+\sqrt{2+\sqrt{2}}}}{2}$, usw.

19.1.3 *Summen und Produkte trigonometrischer Funktionen*

Aus den Additionstheorem leiten sich Summen- und Produktformeln der trigonometrischen Funktionen ab, wie in Tabelle 19.3 angegeben.

Beispiel. Summe von Tangenswerten
$\tan(x) + \tan(y) = \frac{\sin(x)}{\cos(x)} + \frac{\sin(y)}{\cos(y)} = \frac{\sin(x)\cos(y)+\sin(y)\cos(x)}{\cos(x)\cos(y)} = \frac{\sin(x+y)}{\cos(x)\cos(y)}$.

19.1.4 *Überlagerung gleichfrequenter Schwingungen mit dem Zeigerdiagramm*

Die Pendelmasse des Feder-Pendels in Bild 19.2 ist nach unten um y ausgelenkt. Sie erfährt eine Rückstellkraft F, die sie nach oben bewegt. Oberhalb der Gleichgewichtslage wirkt die Kraft nach unten, das Feder-Pendel führt eine *Schwingung* aus. Die Auslenkung $y(t)$ der schwingenden Pendelmasse und ihre Beschleunigung $a(t) = y''(t)$ sind proportional zueinander mit negativer Proportionalitätskonstante. Da für die Sinus- und die Cosinus-Funktion $\sin''(t) = -\sin(t)$ bzw. $\cos''(t) = -\cos(t)$ gilt (s. Kap. 26), eignen sich diese beiden Funktionen besonders zur Beschreibung von Schwingungen.

Tabelle 19.3: Summen, Differenzen und Produkte trigonometrischer Funktionen

Sinus und Cosinus	Tangens und Cotangens
Summen und Differenzen	
$\sin(x) \pm \sin(y) = 2\sin(\frac{x\pm y}{2})\cos(\frac{x\mp y}{2})$	$\tan(x) \pm \tan(y) = \frac{\sin(x\pm y)}{\cos(x)\cos(y)}$
$\cos(x) + \cos(y) = 2\cos(\frac{x+y}{2})\cos(\frac{x-y}{2})$	$\cot(x) \pm \cot(y) = \pm\frac{\sin(x\pm y)}{\sin(x)\sin(y)}$
$\cos(x) - \cos(y) = -2\sin(\frac{x+y}{2})\sin(\frac{x-y}{2})$	$\tan(x) + \cot(y) = \frac{\cos(x-y)}{\cos(x)\sin(y)}$
$\sin(x) \pm \cos(x) = \sqrt{2}\sin(\frac{\pi}{4} \pm x) = \sqrt{2}\cos(\frac{\pi}{4} \mp x)$	$\cot(x) - \tan(y) = \frac{\cos(x+y)}{\sin(x)\cos(y)}$
Produkte	
$\sin(x)\sin(y) = \frac{1}{2}\big(\cos(x-y) - \cos(x+y)\big)$	$\tan(x)\tan(y) = \frac{\tan(x)+\tan(y)}{\cot(x)+\cot(y)}$
$\cos(x)\cos(y) = \frac{1}{2}\big(\cos(x-y) + \cos(x+y)\big)$	$\cot(x)\cot(y) = \frac{\cot(x)+\cot(y)}{\tan(x)+\tan(y)}$
$\sin(x)\cos(y) = \frac{1}{2}\big(\sin(x-y) + \sin(x+y)\big)$	$\tan(x)\cot(y) = \frac{\tan(x)+\cot(y)}{\cot(x)+\tan(y)}$

Bild 19.2: Beim Feder-Pendel sind die Auslenkung y und Rückstellkraft F proportional und von entgegengesetzter Richtung.

Schwingungsfunktionen wie die Auslenkung des Feder-Pendels werden durch den Ausdruck $A\sin(\omega t + \varphi)$ beschrieben. Dabei bezeichnet A die *Amplitude*, ω die *Kreisfrequenz* und φ die *Anfangsphase*. Mit einer Phase $\varphi = 0$ startet der positive Ausschlag der Schwingung zur Zeit $t = 0$. Der Beginn des nächsten positiven Ausschlags findet nach der Zeit $T = \frac{2\pi}{\omega}$, der *Schwingungsdauer*, statt. Ihr Kehrwert $f = \frac{1}{T} = \frac{\omega}{2\pi}$ ist die *Frequenz*, also die Anzahl an Schwingungen, die pro Sekunde durchlaufen werden.

Mehr zu Schwingungen ist in Kapitel 18 zu finden.

Beispiel. Die Funktion $f(t) = -2\cos(4\pi\, t)$ als Schwingung.
Die stets nichtnegative Amplitude der Schwingung ist $A = 2$. Sie hat die Kreisfrequenz $\omega = 4\pi\frac{1}{s}$ und die Phase $\varphi = \frac{3\pi}{2}$, da $-\cos(4\pi\, t) = \cos(4\pi\, t + \pi) = \sin(4\pi\, t + \frac{3\pi}{2})$. Ihre Schwingungsdauer T beträgt $0.5s$.

Im *Zeigerdiagramm* wird eine Schwingung $A\sin(\omega t + \varphi)$ als Vektor dargestellt, dessen Länge gerade die Amplitude A ist und dessen Winkel zur x-Achse gerade die Phase φ darstellt. Dieser Vektor oder *Zeiger* läuft mit der Geschwindigkeit ωt um den Ursprung. Die Polarkoordinaten des Zeigers sind damit (A, φ). Die Schwingung lässt sich als Linearkombination aus $\sin(\omega t)$ und $\cos(\omega t)$ schreiben, denn mit dem Additionstheorem ist $A\sin(\omega t + \varphi) = A\cos(\varphi)\sin(\omega t) + A\sin(\varphi)\cos(\omega t)$. Die Koordinaten dieser Kombination sind gerade die cartesischen Koordinaten $(A\cos(\varphi), A\sin(\varphi))$ des Zeigers. Die additive Überlagerung gleichfrequenter Schwingungen lässt sich so als Vektoraddition ihrer Zeiger darstellen.

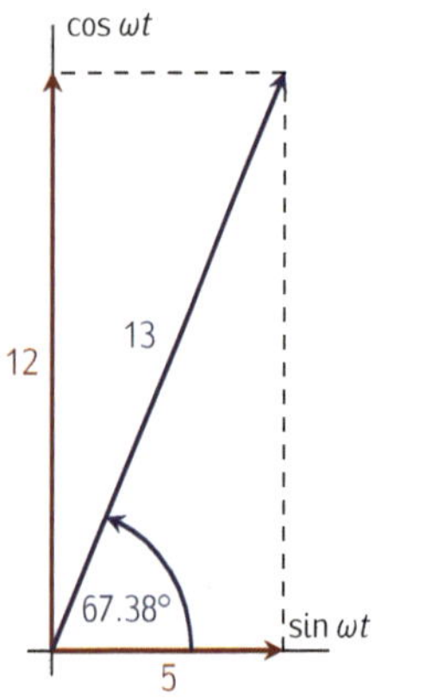

Bild 19.3: Zeigerdiagramm für die Summe $5\sin(\omega t) + 12\cos(\omega t)$.

Beispiel. Summe zweier Schwingungen $5\sin(\omega t) + 12\cos(\omega t)$.
Wegen $\cos(x) = \sin(x + \frac{\pi}{2})$ wird der Cosinus-Anteil auf der y-Achse aufgetragen. Die Summe ergibt eine Schwingung $A\sin(\omega t + \varphi)$. Wegen $5^2 + 12^2 = 13^2$ ist $A = 13$ und $\varphi = \arctan(12/5) \approx 67.38°$. Siehe Bild 19.3.

19.2 Lernziele

Nr	Ich kann	Aufgabe	√
205	Additionstheoreme für Winkelsummen und doppelte Winkel benutzen	19.1, 19.2, 19.3, 19.4, 19.5, 19.7	
206 *	trigonometrische Summenformeln benutzen	19.6, 19.9	
207	trigonometrische Produktformeln benutzen	19.4, 19.7, 19.10, 19.12	
208	einfache Probleme mithilfe dieser Identitäten lösen	19.6, 19.8, 19.10, 19.13	

19.3 Aufgaben

Aufgabe 19.1 (10 Min) Bestimmen Sie die *Phasenverschiebung* φ in

$$\tfrac{1}{2}\sin(x) + \tfrac{\sqrt{3}}{2}\cos(x) = \sin(x+\varphi).$$

Aufgabe 19.2 (10 Min) Zeigen Sie mithilfe der Additionstheoreme, dass sich $f(x) = \sin(x) + \sqrt{3}\cos(x)$ ebenso in der Form $f(x) = 2\sin(x + \frac{\pi}{3})$ schreiben lässt.

Aufgabe 19.3 (10 Min) Lösen Sie die Gleichung $\cos(x) - \sin(2x) = 0$ für x aus $(0, 2\pi)$.

Aufgabe 19.4 (10 Min) Vereinfachen Sie diese Terme:

a) $\frac{\sin^2(x)-\sin^4(x)}{\cos^2(x)-\cos^4(x)}$

b) $\frac{\tan(x)}{1+\tan^2(x)}$

c) $\frac{1}{1+\sin(x)} + \frac{1}{1-\sin(x)}$

d) $\frac{\sin^2(x)-\cos^2(x)}{\sin^4(x)-\cos^4(x)}$

Aufgabe 19.5 (10 Min) In dieser Aufgabe zeigen Sie das *Additionstheorem für den Tangens.*

a) Zeigen Sie mit Hilfe der Eulerschen Identität, dass sich die Tangens-Funktion als $\tan(x) = \frac{1}{j}\frac{e^{2jx}-1}{e^{2jx}+1}$ schreiben lässt.

b) Mit $u = e^{2jx}$ lässt sich dann $\tan(x) = \frac{1}{j}\frac{u-1}{u+1}$ schreiben. Verwenden Sie zusätzlich $v = e^{2jy}$ und drücken den Term $\tan(x+y)$ mit u und v aus.

c) Fassen Sie $\tan(x) + \tan(y)$ mit diesen Ausdrücken zusammen.

d) Fassen Sie $\tan(x)\tan(y)$ mit diesen Ausdrücken zusammen.

e) Zeigen Sie damit die Additionsformel $\tan(x+y) = \frac{\tan(x)+\tan(y)}{1-\tan(x)\tan(y)}$.

Aufgabe 19.6 (5 Min) Zeigen Sie die Formel für die *Summen zweier Sinus-Werte* $\sin(x) \pm \sin(y) = 2\sin(\frac{x\pm y}{2})\cos(\frac{x\mp y}{2})$ mit Hilfe des Additionstheorem für die Winkelsummen. Tipp: Verwenden Sie letzteres mit $\alpha = \frac{x+y}{2}, \beta = \frac{x-y}{2}$.

Aufgabe 19.7 (10 Min) Vereinfachen Sie diese Terme:

a) $\big(\sin(x) + \cos(x)\big)^2 + \big(\sin(x) - \cos(x)\big)^2$

b) $\cos^2(x) + \cos^2(x)\tan^2(x)$

c) $\sin(x)\sqrt{1 + \tan^2(x)}$

d) $\cos(x)\sqrt{1 + \tan^2(x)}$

Aufgabe 19.8 (5 Min) Bestimmen Sie mit Hilfe eines Diagramms *näherungsweise* Amplitude und Phase der additiven Überlagerung der beiden Schwingungen $4\sin(\omega t)$ und $7\cos(\omega t)$.

Aufgabe 19.9 (5 Min) Leiten Sie mit Hilfe von $\cos(x) = \sin(x + \frac{\pi}{2})$ und der Additionsformel $\sin(x) + \sin(y) = 2\sin(\frac{x+y}{2})\cos(\frac{x-y}{2})$ die entsprechenden Ausdrücke für den Cosinus ab: $\cos(x) + \cos(y)$ und $\cos(x) - \cos(y)$.

Aufgabe 19.10 (5 Min) Leiten Sie aus den Additionstheoremen bzw. den Summenformeln folgende *Produktformeln* ab.

a) $\sin(x)\sin(y) = \frac{1}{2}\big(\cos(x-y) - \cos(x+y)\big)$

b) $\tan(x)\tan(y) = \frac{\tan(x)+\tan(y)}{\cot(x)+\cot(y)}$

Aufgabe 19.11 (10 Min) Auf einem Flachdach wird eine Photovoltaik-Anlage verlegt. Die PV-Module haben eine Länge $l = 1.5m$. Sie werden nicht flach auf den Boden gelegt, sondern der Länge nach unter einem Neigungswinkel von 40° auf ein Gestell montiert.

a) Um wie viel größer ist die auf das Modul bei diesem Neigungswinkel auftreffende Sonnenstrahlung als bei horizontalen Verlegung des Moduls? Legen Sie der Berechnung einen Sommertag zugrunde, an dem die Sonne 50° über dem Horizont steht.

b) Die geneigten Module sollen in mehreren Reihen hintereinander aufgestellt werden. Welcher Abstand ist zwischen den Aufliegepunkten benachbarter Module mindestens einzuhalten, wenn das jeweils vordere Modul auf das dahinter befindliche keinen Schatten werfen soll? Rechnen Sie hier mit einer mittäglichen Sonnenhöhe von 15° im Winter.

Aufgabe 19.12 (10 Min) Bestimmen Sie das Produkt

$$\sin(7.5°)\sin(22.5°)\sin(37.5°)\sin(52.5°)\sin(67.5°)\sin(82.5°)$$

als Ausdruck, der aus natürlichen Zahlen lediglich durch Grundrechenarten und dem Ziehen von Quadratwurzeln gebildet werden kann. Hinweis: Verwenden Sie die Produktformeln.

Aufgabe 19.13 (10 Min) Eine *Schwebung* entsteht durch die additive Überlagerung zweier Schwingungen mit etwa gleicher Amplitude aber leicht verschiedenen Frequenz. Bei akustischen Schwingungen ist sie als ein Pulsieren des Tons wahrnehmbar.

Bestimmen Sie mit Hilfe der trigonometrischen Summenformel zu den Schwingungen $s_1(t) = A\cos(\omega_1 t)$ und $s_2(t) = A\cos(\omega_2 t + \varphi)$ die Pulsfrequenz bei deren Überlagerung.

19.4 Lösungen

Lösung 19.1 Mit $\sin(x+y) = \sin(x)\cos(y) + \cos(x)\sin(y)$ muss für die Phasenverschiebung φ gelten: $\cos(\varphi) = 0.5$, $\sin(\varphi) = \sqrt{3}/2$.

Im Intervall $[0, 2\pi]$ nimmt die Cosinus-Funktion den Wert 0.5 zweimal an: $\cos(\frac{\pi}{3}) = \cos(60°) = 0.5 = \cos(360° - 60°) = \cos(300°) = \cos(\frac{5}{3}\pi)$. Im Intervall $[0, 2\pi]$ nimmt die Sinus-Funktion den Wert $\sqrt{3}/2$ zweimal an: $\sin(\frac{\pi}{3}) = \sin(60°) = \sin(180° - 60°) = \sin(120°) = \sin(\frac{2}{3}\pi)$. Es ist daher $\varphi = \frac{\pi}{3} = 60°$.

Die Phase lässt sich im Zeigerdiagramm darstellen und bestimmen, siehe Bild 19.4.

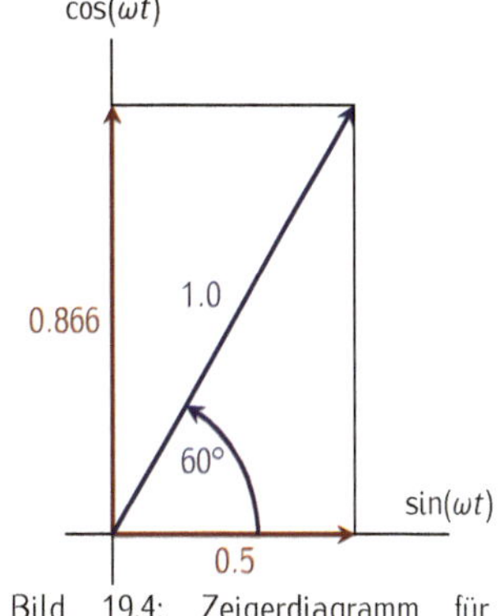

Bild 19.4: Zeigerdiagramm für $0.5\sin(x) + \sqrt{3}/2\cos(x)$

Lösung 19.2 Es ist $\sin(a+b) = \sin(a)\cos(b) + \cos(a)\sin(b)$ und daher gilt $2\sin(x + \frac{\pi}{3}) = 2\left(\sin(x)\cos(\frac{\pi}{3}) + \cos(x)\sin(\frac{\pi}{3})\right) = 2\left(\frac{1}{2}\sin(x) + \frac{\sqrt{3}}{2}\cos(x)\right) = \sin(x) + \sqrt{3}\cos(x)$.

Lösung 19.3 Der Schlüssel zur Lösung ist das Additionstheorem. Danach ist $\sin(2x) = 2\sin(x)\cos(x)$.

Damit folgt aus $\cos(x) - \sin(2x) = 0 \Leftrightarrow \cos(x)(1 - 2\sin(x)) = 0 \Leftrightarrow \cos(x) = 0$ oder $\sin(x) = \frac{1}{2}$. Jetzt lassen sich bekannte Funktionswerte von Sinus- und Cosinus-Funktion nutzen; $\cos(\frac{\pi}{2}) = \cos(\frac{3}{2}\pi) = 0$ und $\sin(\frac{\pi}{6}) = \sin(\pi - \frac{\pi}{6}) = \sin(\frac{5\pi}{6}) = \frac{1}{2}$. Damit gibt es vier Lösungen $\frac{\pi}{6} = 30°$, $\frac{\pi}{2} = 90°$, $\frac{5\pi}{6} = 150°$ und $\frac{3\pi}{2} = 270°$.

Lösung 19.4

a) $\frac{\sin^2(x)-\sin^4(x)}{\cos^2(x)-\cos^4(x)} = \frac{\sin^2(x)\left(1-\sin^2(x)\right)}{\cos^2(x)\left(1-\cos^2(x)\right)} = \frac{\sin^2(x)\cos^2(x)}{\cos^2(x)\sin^2(x)} = 1.$

b) $\frac{\tan(x)}{1+\tan^2(x)} = \frac{\tan(x)}{1+\frac{\sin^2(x)}{\cos^2(x)}} = \frac{\tan(x)\cos^2(x)}{\cos^2(x)+\sin^2(x)} = \frac{\cos(x)\sin(x)}{1} = \frac{1}{2}\sin(2x).$

Vergleiche Lösung zu Aufgabe 19.3.

c) $\frac{1}{1+\sin(x)} + \frac{1}{1-\sin(x)} = \frac{1-\sin(x)}{1-\sin^2(x)} + \frac{1+\sin(x)}{1-\sin^2(x)} = \frac{2}{1-\sin^2(x)} = \frac{2}{\cos^2(x)}.$

d) $\frac{\sin^2(x)-\cos^2(x)}{\sin^4(x)-\cos^4(x)} = \frac{\sin^2(x)-\cos^2(x)}{\left(\sin^2(x)+\cos^2(x)\right)\left(\sin^2(x)-\cos^2(x)\right)} = \frac{1}{\sin^2(x)+\cos^2(x)} = 1.$

Lösung 19.5 Beweis zum *Additionstheorem* für den Tangens.

a) Es ist $\sin(x) = \frac{e^{jx}-e^{-jx}}{2j}$ und $\cos(x) = \frac{e^{jx}+e^{-jx}}{2}$. Daraus folgt $\tan(x) = \frac{\sin(x)}{\cos(x)} = \frac{1}{j}\frac{e^{jx}-e^{-jx}}{e^{jx}+e^{-jx}} = \frac{1}{j}\frac{e^{2jx}-1}{e^{2jx}+1}$. Zuletzt wurde mit e^{jx} erweitert.

b) Mit $u = e^{2jx}$ und $v = e^{2jy}$ wird $u\,v = e^{2jx}\,e^{2jy} = e^{2j(x+y)}$ und damit $\tan(x+y) = \frac{1}{j}\frac{e^{2j(x+y)}-1}{e^{2j(x+y)}+1} = \frac{1}{j}\frac{e^{2jx}\,e^{2jy}-1}{e^{2jx}\,e^{2jy}+1} = \frac{1}{j}\frac{u\,v-1}{u\,v+1}$.

c) $\tan(x) + \tan(y) = \frac{1}{j}\left(\frac{u-1}{u+1} + \frac{v-1}{v+1}\right) = \frac{1}{j}\left(\frac{(u-1)(v+1)+(u+1)(v-1)}{(u+1)(v+1)}\right) = \frac{1}{j}\frac{uv+u-v-1+uv-u+v-1}{uv+u+v+1} = \frac{1}{j}\frac{2uv-2}{uv+u+v+1}$.

d) $\tan(x)\tan(y) = \frac{1}{j^2}\frac{u-1}{u+1}\frac{v-1}{v+1} = \frac{1}{-1}\frac{uv-u-v+1}{uv+u+v+1} = \frac{u+v-uv-1}{uv+u+v+1}$.

e) Es ist $1-\tan(x)\tan(y) = 1-\frac{u+v-uv-1}{uv+u+v+1} = \frac{uv+u+v+1-u-v+uv+1}{uv+u+v+1} = \frac{2uv+2}{uv+u+v+1}$. Daraus folgt $\frac{\tan(x)+\tan(y)}{1-\tan(x)\tan(y)} = \frac{\frac{1}{j}\frac{2uv-2}{uv+u+v+1}}{\frac{2uv+2}{uv+u+v+1}} = \frac{1}{j}\frac{2uv-2}{2uv+2} = \frac{1}{j}\frac{uv-1}{uv+1} = \tan(x+y)$.

Lösung 19.6 Die Additionstheoreme besagen

$\sin(\alpha+\beta) = \sin(\alpha)\cos(\beta) + \cos(\alpha)\sin(\beta)$ und

$\sin(\alpha-\beta) = \sin(\alpha)\cos(\beta) - \cos(\alpha)\sin(\beta)$.

Werden beide Gleichungen addiert, ergibt sich

$\sin(\alpha+\beta) + \sin(\alpha-\beta) = 2\sin(\alpha)\cos(\beta)$.

Aus $\alpha = \frac{x+y}{2}$ und $\beta = \frac{x-y}{2}$ wird $\alpha+\beta = x$ und $\alpha-\beta = y$ und damit folgt. $\sin(x) + \sin(y) = 2\sin(\frac{x+y}{2})\cos(\frac{x-y}{2})$. Analog folgt die zweite Gleichung.

Lösung 19.7

a) $\left(\sin(x)+\cos(x)\right)^2 + \left(\sin(x)-\cos(x)\right)^2 = \sin^2(x)+2\sin(x)\cos(x)+\cos^2(x)+\sin^2(x)-2\sin(x)\cos(x)+\cos^2(x) = 2\left(\sin^2(x)+\cos^2(x)\right) = 2.$

b) $\cos^2(x) + \cos^2(x)\tan^2(x) = \cos^2(x)\left(1+\tan^2(x)\right) = \cos^2(1+\frac{\sin^2}{\cos^2}) = \cos^2+\sin^2 = 1.$

c) $\sin(x)\sqrt{1+\tan^2(x)} = \sin(x)\sqrt{1+\frac{\sin^2(x)}{\cos^2(x)}} =$

$\sin(x)\sqrt{\frac{\cos^2(x)+\sin^2(x)}{\cos^2(x)}} = \frac{\sin(x)}{\cos(x)}\frac{\cos(x)}{\sqrt{\cos^2(x)}} = \tan(x)\,\mathrm{sgn}\left(\cos(x)\right).$

d) Analog zu c) $\cos(x)\sqrt{\frac{\cos^2(x)+\sin^2(x)}{\cos^2(x)}} = \frac{\cos(x)}{\sqrt{\cos^2(x)}} = \mathrm{sgn}\left(\cos(x)\right).$

Lösung 19.8 Bestimmt wird die Schwingungsüberlagerung mit einem *Zeigerdiagramm*, siehe Bild 19.5.

Wegen $4^2 + 7^2 = 65 \approx 8^2$ beträgt die Amplitude etwa 8. Es ist $\tan(60°) = \sqrt{3} \approx \frac{7}{4} = 1.75$, daher beträgt die Phase etwa $\frac{\pi}{3} = 60°$.

$4\sin(\omega t) + 7\cos(\omega t) \approx 8\sin(\omega t + \frac{\pi}{3})$.

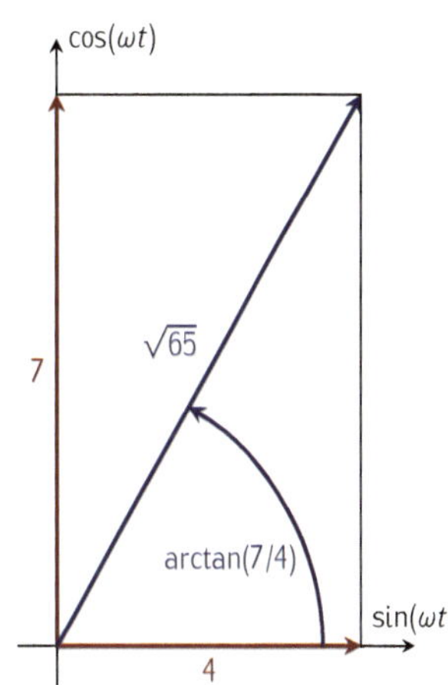

Bild 19.5: Zeigerdiagramm für $4\sin(\omega t) + 7\cos(\omega t)$

Lösung 19.9 Für die Summe gilt: $\cos(x) + \cos(y) = \sin(x + \frac{\pi}{2}) + \sin(y + \frac{\pi}{2}) = 2\sin(\frac{x+y+\pi}{2})\cos(\frac{x-y}{2}) = 2\cos(\frac{x+y}{2})\cos(\frac{x-y}{2})$.
Die Differenz ist $\cos(x) - \cos(y) = \sin(x + \frac{\pi}{2}) - \sin(y + \frac{\pi}{2}) = \sin(x + \frac{\pi}{2}) + \sin(y - \frac{\pi}{2}) = 2\sin(\frac{x+y}{2})\cos(\frac{x-y+\pi}{2}) = 2\sin(\frac{x+y}{2})(-\cos(\frac{x-y-\pi}{2})) = -2\sin(\frac{x+y}{2})\sin(\frac{x-y}{2})$.

Lösung 19.10

a) Es ist $\cos(x-y) = \cos(x)\cos(y) + \sin(x)\sin(y)$ und $\cos(x+y) = \cos(x)\cos(y) - \sin(x)\sin(y)$. Daraus folgt $\cos(x-y) - \cos(x+y) = 2\sin(x)\sin(y)$ und damit die Produktformel.

b) Es ist $\tan(x) + \tan(y) = \frac{\sin(x+y)}{\cos(x)\cos(y)}$ und $\cot(x) + \cot(y) = \frac{\sin(x+y)}{\sin(x)\sin(y)}$. Damit wird $\frac{\tan(x)+\tan(y)}{\cot(x)+\cot(y)} = \frac{\sin(x)\sin(y)}{\cos(x)\cos(y)} = \tan(x)\tan(y)$.

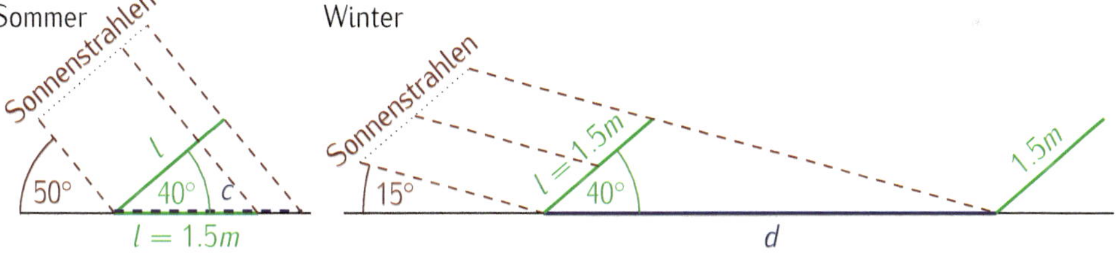

Bild 19.6: Solardach bei Sommer- und Wintersonne zu Aufgabe 19.11

Lösung 19.11

a) Die Geometrie ist in Bild 19.6 links dargestellt. Das aufgeständerte Modul liefert mehr Leistung als das auf dem Boden liegende. Ihre Leistungen verhalten sich wie c zu l, wobei c die Länge des Modulschattens auf dem Boden ist. Da c und l mit den Sonnenstrahlen ein rechtwinkliges Dreieck bilden, gilt $l = c\cos(40°)$. Es ist also $\frac{c}{l} = \frac{1}{\cos(40°)} \approx 1.3054 = 130.54\%$. Auf das aufgeständerte Modul fällt 30.5% mehr Sonne.

b) Im Dreieck zwischen Aufliegepunkt des Moduls, seinem oberen Ende und dem Aufliegepunkt des nächsten Moduls wird der Sinussatz angewandt. Solarmodul und Dach stehen Winkel von 40° zueinander, Dach und Sonnenstrahl im Winkel 15°, daher bilden

Sinussatz siehe Kapitel 16.

Modul und Sonnenstrahl den Winkel 125°. Für den gesuchten Abstand der Module d ist: $\frac{\sin(125°)}{d} = \frac{\sin(15°)}{l} \Rightarrow d = l\,\frac{\sin(125°)}{\sin(15°)} \approx 1.5 \cdot \frac{0.81915}{0.258819}\mathrm{m} = 4.74744\mathrm{m}$. Siehe Bild 19.6 rechts.

Lösung 19.12 Die Formel $\sin(x)\cdot\sin(y) = \frac{1}{2}(\cos(x-y) - \cos(x+y))$ findet Anwendung, nachdem die Winkel geeignet sortiert werden.

Es ist $\sin(7.5°)\,\sin(22.5°)\,\sin(37.5°)\,\sin(52.5°)\,\sin(67.5°)\,\sin(82.5°) = \big(\sin(37.5°)\,\sin(7.5°)\big)\,\big(\sin(82.5°)\,\sin(52.5°)\big)\,\big(\sin(67.5°)\,\sin(22.5°)\big) = \frac{1}{2}(\cos(30°) - \cos(45°))\,\frac{1}{2}(\cos(30°) - \cos(135°))\,\frac{1}{2}(\cos(45°) - \cos(90°)) = \frac{1}{8}(\frac{\sqrt{3}}{2} - \frac{\sqrt{2}}{2})(\frac{\sqrt{3}}{2} + \frac{\sqrt{2}}{2})\,\frac{\sqrt{2}}{2} = \frac{1}{8}\,(\frac{3}{4} - \frac{2}{4})\,\frac{\sqrt{2}}{2} = \frac{\sqrt{2}}{64} \approx 0.0221$.

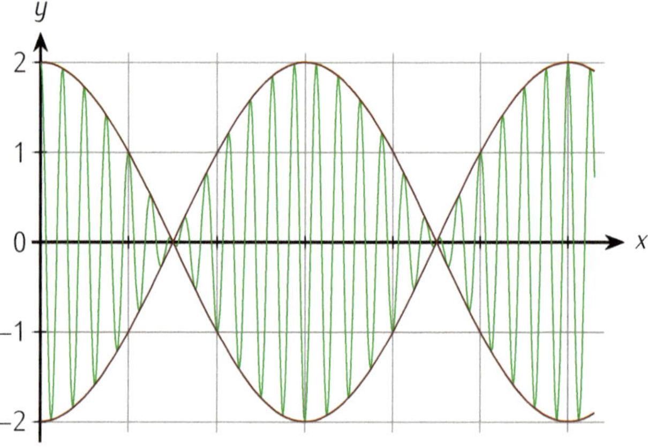

Bild 19.7: Die Schwebung entsteht aus additiver Überlagerung zweier Schwingungen ähnlicher Frequenz, die durch das wahrgenommene Pulsieren eingehüllt wird.

Lösung 19.13 Aus $\cos(x) + \cos(y) = 2\cos(\frac{x-y}{2})\,\cos(\frac{x+y}{2})$ ergibt sich $s_1(t) + s_2(t) = A\,\cos(\omega_1 t) + A\,\cos(\omega_2 t + \varphi) =$

$2A\,\cos(\frac{\omega_1-\omega_2}{2}t - \frac{\varphi}{2})\,\cos(\frac{\omega_1+\omega_2}{2}t + \frac{\varphi}{2})$. Da die Differenz $\omega_1 - \omega_2$ klein ist, wirkt das Produkt aus $2A$ mit dem ersten Cosinus-Faktor wie eine veränderliche Amplitude der höherfrequenten Schwingung mit $\cos(\frac{\omega_1+\omega_2}{2} + \frac{\varphi}{2})$ oder eine *Amplitudenmodulation*. Akustisch wird ein Pulsieren mit der Frequenz $\frac{\omega_1-\omega_2}{2}$ wahrgenommen. Bild 19.7 demonstriert das Pulsieren. In der analogen Radiotechnik wird auf Mittelwelle die Amplitudenmodulation (AM) verwendet, während auf Ultrakurzwelle (UKW) eine Frequenzmodulation (FM) benutzt wird.

20 Daten visualisieren und zusammenfassen

20.1 Einleitung

Bei jeder empirischen Untersuchung, jedem Versuch, jeder Umfrage entstehen Daten. Die Datenmenge kann unübersichtlich werden. In diesem Kapitel werden einige Einstiegsmethoden zur Beschreibung und Analyse von Daten, sowohl visuell als auch mittels Kennzahlen beschrieben. Daten werden klarer, verständlicher, sie lassen sich leichter nutzen und kommunizieren. Eine Einführung in das Thema bieten Kapitel 1 und 3 Sachs und Hedderich (2020).

L. Sachs und J. Hedderich. *Angewandte Statistik*. Springer Spektrum, Berlin, Heidelberg, 17. Auflage, 2020

20.1.1 Merkmale

Der erste Schritt einer statistischen Untersuchung ist die Einordnung der *Daten*. Welche *Variablen* sind in den Daten enthalten? Welche *Ausprägungen* bzw. Wertebereiche weisen die Variablen auf? Für die Methodenauswahl ist es entscheidend, zwischen metrischen und kategorialen Variablen zu unterscheiden. Kategoriale Variablen liegen immer dann vor, wenn die Ausprägungen Werte aus einer vorgegebenen Menge annehmen. Sie werden in Gruppen eingeteilt, ihre Ausprägung ist dabei eine der möglichen Gruppenbezeichnungen. Metrische Variablen liegen dann vor, wenn ihre Ausprägungen Zahlen sind, mit denen gerechnet werden kann.

Für die statistische Behandlung ist es wichtig, zwischen Variablen und deren Werten zu unterscheiden, während mit Daten oft die Gesamtheit aller erhobenen Variablen und ihrer Werte bezeichnet wird. Liegen die Daten in Tabellenform vor, entsprechen die Variablen den Spaltenbezeichnern der Tabellen, die Werte den Einträgen der Spalte.

Anstelle von Variablen wird auch von *Merkmalen* und dann entsprechend auch von Merkmalsausprägungen gesprochen.

Beispiel. Ein Maschinenbauunternehmen verwendet verschiedene Bauteile. Dazu werden zu jedem Bauteil verschiedene Eigenschaften vorgehalten. Die Merkmalsausprägungen einer Schraube sind exemplarisch in der Tabelle 20.1 gezeigt. Dabei ist jeweils notiert, ob es sich um eine kategoriale oder metrische Variable handelt.

Wenn das Unternehmen wissen möchte, welche Schraubentypen es vorhält und eine Übersicht über die Materialien haben möchte,

Tabelle 20.1: Inventarliste verschiedener Bauteile mit Aufschlüsselung der Variablen, ihrer Werte am Beispiel einer Schraube, sowie Einordnung kategoriale bzw. metrische Variable.

Variable	Wert	Typ
Bauteil	Schraube	kategorial
Material	Stahl	kategorial
Anzahl	21	metrisch
Norm	M8	kategorial

Unter Aggregation wird die Zusammenfassung von Daten an Hand spezifischer Kriterien bezüglich der Werte verstanden.

kann es aus der gesamten Liste eine entsprechende *Aggregation* und Visualisierung erstellen, siehe hierzu Tabelle 20.2 und Bild 20.1.

Beispiel. Nicht immer, wenn die Daten Zahlen sind, handelt es sich um metrische Variablen. Dazu gehören Seriennummern, Postleitzahlen, Raumnummern oder Kodierungen. Beispielsweise können Türen links anschlagend mit 0 und rechts anschlagend mit 1 kodiert werden. Bei vier links anschlagenden und sechs rechts anschlagenden Türen liegen folgende Daten vor: 1, 0, 0, 0, 1, 0, 1, 1, 1, 1

Eine Tür kann aber nicht zu 60% rechts anschlagend sein. Der Anteil rechts anschlagender Türen kann jedoch erhoben werden. Es sind hier 60% der Türen rechts anschlagend.

Eine Auflistung aller Daten kann unübersichtlich wirken. Daten werden zusammengefasst, um ein klareres Verständnis zu erlangen. Eine graphische Darstellung ist oft prägnanter als bloße Werte. Oder anders gesagt, auch in der Statistik gilt: Ein Bild sagt mehr als tausend Worte.

Tabelle 20.2: Alle Kategorien zur Variablen Material aus dem Beispiel in Tabelle 20.1.

Kategorie	Häufigkeit	%
Stahl	12	0.48
Messing	4	0.16
Titan	5	0.20
Kunststoff	1	0.04
Edelstahl	3	0.12

20.1.2 Kategoriale Daten visualisieren und zusammenfassen

Bei kategorialen Daten wird eine *Häufigkeitstabelle* erstellt, die alle Kategorien enthält und die Häufigkeit ihres Auftretens in den Daten. Die Häufigkeiten können absolut angegeben werden oder relativ, d.h. als Anteil dieser Kategorie an der Gesamtzahl, häufig in Prozent. Ein Beispiel ist in Tabelle 20.2 zu sehen.

Gelelgentlich findet sich die Bezeichnung *Tortendiagramm* statt Kreisdiagramm.

Diese Häufigkeitstabelle kann visualisiert werden. Dazu bieten sich ein *Balkendiagramm* (horizontal) resp. ein *Säulendiagramm* (vertikal) oder ein *Kreisdiagramm* an.

Balken- oder Säulendiagramme sind immer dann vorzuziehen, wenn es um die Verhältnisse der Kategorien zueinander geht. Es ist schnell zu sehen, ob eine Kategorie öfter oder seltener als eine andere vorkommt. Für ein Säulendiagramm werden die Kategorien unterhalb der x-Achse angebracht. Die y-Achse repräsentiert die Häufigkeiten. Für jede Kategorie wird eine Säule in Höhe der entsprechenden Häufigkeit gezeichnet. Um den Vergleich der Kategorien zu vereinfachen, werden horizontale Linien eingezeichnet. Das Säulendiagramm zum Beispiel aus Tabelle 20.2 ist in Bild 20.1 links zu sehen.

Sollen vor allem die Anteile der einzelnen Kategorien am Ganzen im Fokus stehen, eignet sich ein *Kreisdiagramm*, welches einen Kreis (entspricht dem Ganzen) in Sektoren einteilt. Die Flächeninhalte der Sektoren entsprechen den Anteilen der Kategorien. Das Kreisdiagramm zum Schraubenbeispiel aus Tabelle 20.2 ist in Bild 20.1 rechts dargestellt. Um eine Kategorie hervorzuheben, kann ein Sektor ausgeschnitten und teilweise aus dem Kreis herausgezogen werden. Dies ist in Bild 20.2 gezeigt.

Einen Sonderfall bietet eine kategoriale Variable, deren Kategorien Zahlen, meist ganze oder natürlich Zahlen, sind. Es kann eine vorher

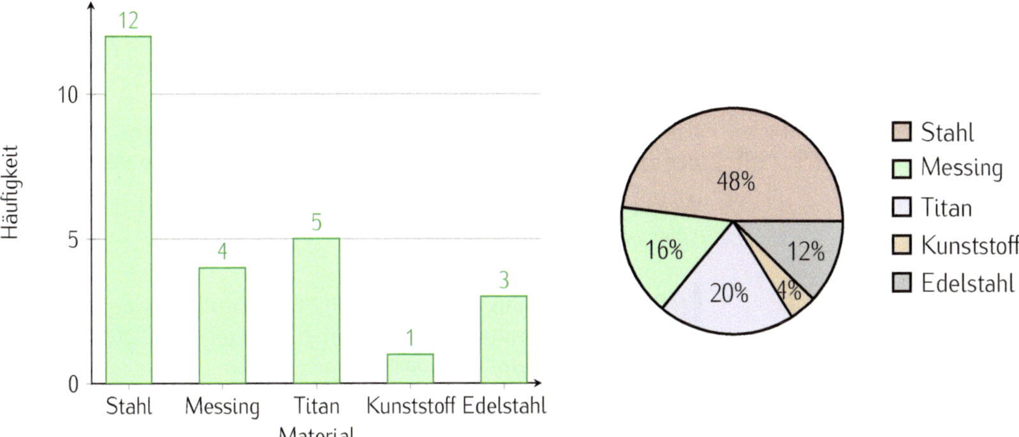

Bild 20.1: Säulendiagramm (links) und Kreisdiagramm (rechts) der Schraubenmaterialien aus Tabelle 20.2 mit den fünf Materialien. Die Angabe der Häufigkeiten oberhalb der Säulen des Säulendiagramms ist optional.

festgelegte Anzahl an Kategorien existieren, wie z.B. die Kategorien 1 bis 6 bei Schulnoten. Es kann aber auch eine prinzipiell unbeschränkte Kategorienanzahl existieren, z.B. bei der Zählung der täglich gegessenen Portionen an Obst, die natürlich endlich ist, aber nicht vorgegeben begrenzt. Solche Variablen nennt man Zählvariablen. Für diese gibt es, ausgehend von der Tabelle, die Möglichkeit, die am häufigsten gewählte Kategorie zu bestimmen. Die Kategorie wird der *Modus* genannt und ist ein den zahlenkodierten Kategorien vorbehaltenes *Lagemaß*.

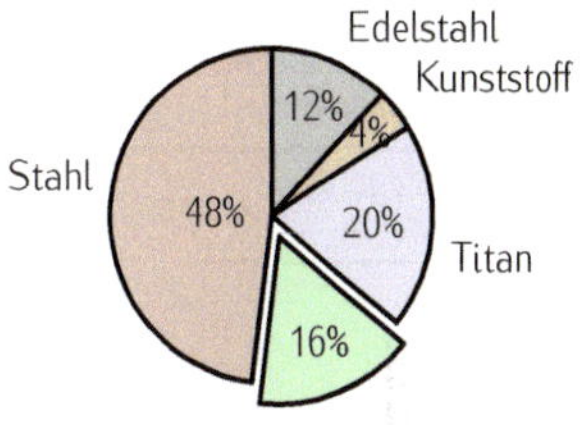

Bild 20.2: Kreisdiagramm der Schraubenmaterialien aus Tabelle 20.2 mit hervorgehobener Kategorie *Messing*.

Neben Lagemaßen sind auch Streuungsmaße sehr aussagekräftig. Diese werden in Kapitel 43 in Band 3 behandelt.

20.1.3 Metrische Daten visualisierung und zusammenfassen

Im Umgang mit metrischen Variablen bieten sich andere Möglichkeiten. Das bekannteste Lagemaß, der *Mittelwert*, ist hier anwendbar. Der Mittelwert der Werte $x_1, \ldots, x_n$ ist als deren *arithmetisches Mittel*

$$\overline{x} = \frac{1}{n}\sum_{i=1}^{n} x_i$$

definiert. Allerdings ist bei seiner Nutzung zu beachten, dass er sehr empfindlich für weiter entfernt liegende Werte ist.

Es kommt regelmäßig vor, dass einzelne Werte sehr stark vom Rest der Daten abweichen. Dies kann, muss aber nicht, bedeuten, dass sie z.B. fehlerhaft erfasst wurden. Um auszusagen, dass ein solcher Wert unplausibel erscheint, wird er als *Ausreißer* bezeichnet. Solche Ausreißer können den Mittelwert stark beeinflussen und im Extremfall ungeeignet zur Beurteilung der Daten machen. Probleme ergeben sich auch bei asymmetrischen Daten. Das sind Daten, die verstärkt auf einer Seite des Wertebereichs liegen. Aus diesem Grund sollte der Mittelwert immer in Begleitung eines weiteren Lagemaßes verwendet werden. Hierzu eignet sich der *Median*, definiert als

Für den Median ist auch die Schreibweise $x_{0.5}$ geläufig.

$$\tilde{x} = \begin{cases} x_{(m+1)}, & \text{wenn } n \text{ ungerade ist und } n = 2m+1, \\ \frac{x_{(m)}+x_{(m+1)}}{2}, & \text{wenn } n \text{ gerade ist und } n = 2m, \end{cases}$$

Die geordneten Werte werden als $x_{(k)}$, die ursprüngliche Anordnung als x_k indiziert.

d.h. es ist der mittlere Wert der n geordneten Werte bzw. der Mittelwert der zwei mittleren Werte, falls eine gerade Anzahl von Werten vorliegt.

Weicht der Mittelwert vom Median stark ab, so sind die Daten nicht *symmetrisch*.

Beispiel (Median und Mittelwert). Es wird über zwei Wochen die Morgentemperatur ermittelt und die folgenden Daten (in Grad Celsius) werden aufgenommen:

12 11 5 4 13 15 15 14 14 14 12 9 7 9

Der Mittelwert ist $\overline{x} = 11$ und der Median ist $\tilde{x} = 12$, d.h. es sind einige kalte Tage dabei, die den Mittelwert nach unten ziehen.

IQR steht für interquartile range.

Oft wird noch der Median der zwei Datenhälften unterhalb und oberhalb des Medians errechnet, bezeichnet als das *1. Quartil* Q_1 und *3. Quartil* Q_2. Ihre Differenz ist der *Interquartilsabstand*, IQR.

Tabelle 20.3: Durchbiegungsdaten aus Bruchversuch und ihre Aufteilung in Stamm und Blatt als Vorbereitung für das Stamm-Blatt-Diagramm.

Durchbiegung in mm	Stamm	Blatt
65	6	5
67	6	7
53	5	3
54	5	4
57	5	7
79	7	9
61	6	1
63	6	3
71	7	1
64	6	4
65	6	5

Beispiel (Quartile und Interquartilsabstand). Aus dem vorigen Temperaturbeispiel ergibt sich $Q_1 = 9$ und $Q_2 = 14$ und damit IQR = 5.

Neben Kennzahlen liefern graphische Darstellungen einen guten Eindruck von der Verteilung. Es bieten sich hier drei verschiedene Visualisierungen an. Eine erste, sehr schnelle, Methode ist das *Stamm-Blatt-Diagramm*. Es eignet sich aber nur für nicht zu große Datensätze, da die Einträge nebeneinander in Zeilen passen müssen, siehe Bild 20.3. Stamm-Blatt-Diagramme kommen z.B. in der Qualitätssicherung vor, um einen schnellen Überblick zu geben.

```
5 | 3 4 7
6 | 1 3 4 5 5 7
7 | 1 9
```

Bild 20.3: Stamm-Blatt-Diagramm der Daten aus Tabelle 20.3. Die Zehner sind links der vertikalen Linie, die Einer rechts davon eingetragen. Zu sehen ist, dass für die 50er drei Werte, für die 60er sechs Werte und für die 70er zwei Werte vorliegen.

Die Werte werden unterteilt in die kleinste gemessene Einheit, das Blatt, und den Rest des Wertes, der Stamm. Wie die Aufteilung von statten geht, zeigt Tabelle 20.3 und das Stamm-Blatt-Diagramm ist in Bild 20.3 zu sehen. Neben der schnellen Erzeugung bietet das Stamm-Blatt-Diagramm den Vorteil, die Daten zu sortieren.

Eine weitere wichtige Visualisierung ist das *Histogramm*. Hierbei wird die x-Achse in Intervalle unterteilt. Nach oben werden über den Intervallen Rechtecke angetragen, deren Höhe die Anzahl der Datenpunkte angibt, die in diesem Intervall vorkommen. Sind alle Intervalle gleich breit, entsteht eine visuelle Ähnlichkeit zum Säulendiagramm, wobei keine Lücken zwischen den Säulen vorhanden sind.

Darüber hinaus bietet das Histogramm die Möglichkeit, unterschiedliche Intervallbreiten zu verwenden. Dies kann von Vorteil sein, wenn Bereiche mit sehr wenigen Datenpunkten vorhanden sind. Die Intervalle in diesen Bereiche können dann breiter gewählt werden.

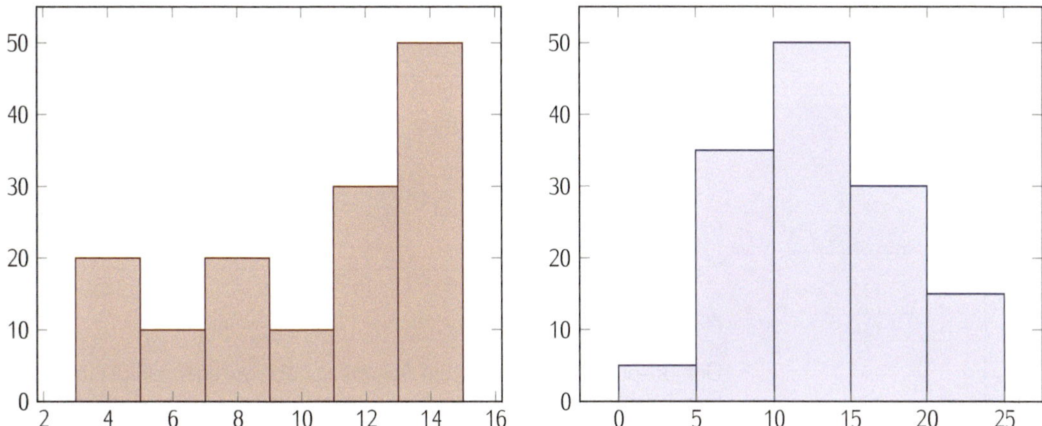

Bild 20.4: Histogramme für stark asymmetrische Daten (links) und symmetrische Daten (rechts). Auf der x-Achse sind entweder die Intervallmittelwerte (links) oder die Intervallgrenzen (rechts) notiert.

Ein Histogramm ermöglicht es, die Grundzüge der Verteilung der Daten zu sehen. Um ein ausgewogenes Verhältnis zwischen Übersicht und Details zu erreichen, muss die Anzahl der Intervalle geschickt gewählt werden. Eine gängige Faustregel empfiehlt $\sqrt{n}$ Intervalle für n Datenpunkte. Es existieren verschiedene alternative Empfehlungen. Alle diese Faustregeln liefern nur unter bestimmten Annahmen über die Daten sinnvolle Ergebnisse.

Die Intervallgrenzen sollten so gewählt werden, dass nach Möglichkeit keine Datenpunkte genau auf der Grenze zu liegen kommen. Andernfalls droht eine Verfälschung des Eindrucks durch die willkürliche Zuordnung zum jeweils rechts oder links der Grenze liegenden Intervall. Dieses Problem stellt sich insbesondere, wenn die vorliegenden Daten bereits stark gerundet wurden oder ganzzahlig sind.

Die dritte Visualisierung in diesem Abschnitt ist der *Boxplot*. Ein Boxplot besteht aus einer Box, die das untere Quartil, den Median und das obere Quartil darstellt. Die untere und die obere Kante der Box zeigen das untere Quartil Q_1 und das oberen Quartil Q_3 an, der Median ist durch eine Linie innerhalb der Box dargestellt.

Über die Box hinaus gehen in beide Richtungen Linien, *Whisker* genannt, und werden mit einem Querstrich abgeschlossen. Die Länge der Whisker beträgt maximal 1.5-fache des Interquartilsabstands. Der Whisker kann jedoch kürzer sein. Er endet beim minimalen bzw. maximalen Datenwert innerhalb dieses Bereichs. Werte, die jenseits der Whisker liegen, werden einzeln als Punkte eingezeichnet. Der Boxplot kann horizontal (Bild 20.5) oder vertikal (Bild 20.6) orientiert sein.

Die Whisker werden vom Median aus aufgetragen, sind aber innerhalb der Quartile von der Box überdeckt.

Gelegentlich werden auch leicht abweichende Definitionen für Box und Whisker verwendet.

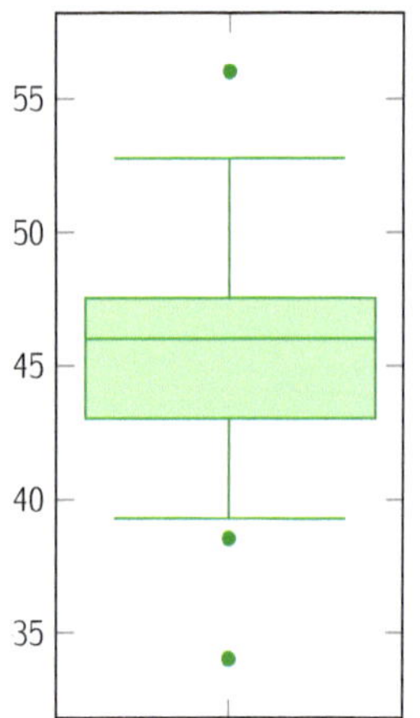

Bild 20.6: Vertikaler Boxplot mit drei ausreißerverdächtigen Datenpunkten jenseits der Whisker.

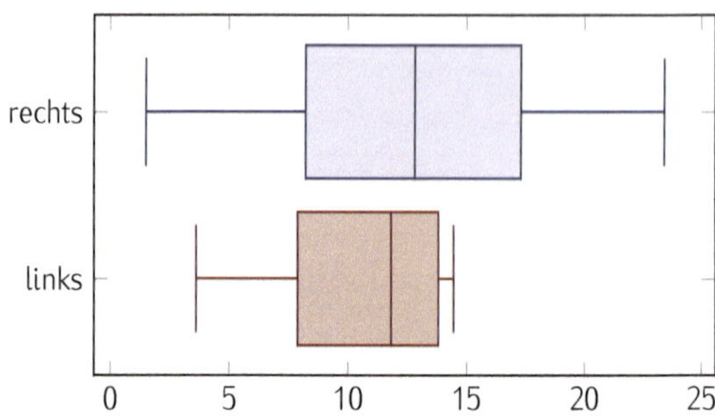

Bild 20.5: Boxplots der Daten aus den zwei Histogrammen aus Bild 20.4.

Der Boxplot wird genutzt, um Ausreißer oder Unregelmäßigkeiten in den Daten zu erkennen. Häufig werden die Punkte jenseits der Whisker als *ausreißerverdächtig* behandelt. Auch eine Asymmetrie zeigt sich gut im Boxplot. Eine gemeinsame Darstellung mehrerer Boxplots ist geeignet, um verschiedene Datensätze zu vergleichen (wie in Bild 20.5).

20.2 Lernziele

Nr	Ich kann	Aufgabe	√
209	als Balken- oder Kreisdiagramm präsentierte Daten interpretieren	20.8	
210	als Stamm-Blatt-Diagramm, Boxplot oder Histogrammdargestellte Daten interpretieren	20.7, 20.11	
211	Balken- oder Kreisdiagramme, Stamm-Blatt-Diagramm-Darstellungen, Boxplots oder Histogramme für geeignete Datensätze erstellen	20.4, 20.5-c, 20.9-b, 20.6-a, 20.10-b	
212	Modus, Median und Mittelwert eines Datensatzes berechnen	20.1, 20.3, 20.4, 20.5-b, 20.6-b, 20.10-c, 20.11	

20.3 Aufgaben

Aufgabe 20.1 (5 Min) Gegeben ist der folgende Datensatz:

i	1	2	3	4	5	6	7	8	9	10	11	12	13	14	15	16	17
x_i	3	3	4	5	5	5	6	6	7	7	8	10	10	11	13	16	17

Berechnen Sie diese Lage- und Streumaße!

- ▷ Mittelwert:
- ▷ Modus:
- ▷ Median:
- ▷ IQR:

Aufgabe 20.2 (20 Min) In einer Umfrage zum Thema *Alkohol* wurden unter anderen die in Tabelle 20.4 gezeigten Fragen gestellt.

a) Welche Merkmale werden in den vier Fragen erhoben? Wie lassen sich diese einordnen?

b) Welche Form der Darstellung eignet sich für die Befragungsergebnisse am besten für jede Frage?

c) Kommentieren Sie die Eignung der anvisierten Wertebereiche. Vergleichen Sie insbesondere die Fragen 4 und 7.

Tabelle 20.4: Auszug aus einer Erhebung zum Alkoholkonsum

4. Wie oft trinken Sie in der Woche Alkohol?

	niemals	0	1	2	3	4	5	6	7	jeden Tag
Bier		○	○	○	○	○	○	○	○	
Longdrinks		○	○	○	○	○	○	○	○	
Sekt		○	○	○	○	○	○	○	○	
Shots		○	○	○	○	○	○	○	○	
Wein		○	○	○	○	○	○	○	○	
Sonstige: ______________		○	○	○	○	○	○	○	○	

5. Wie viel Bier trinken Sie pro Woche in Flaschen Bier a 0.33l?

○ kein Bier ○ 3-4 ○ 7-8 ○ 11 und mehr
○ 1-2 ○ 5-6 ○ 9-10

6. Wo trinken Sie Alkohol?

	niemals	1	2	3	4	5	sehr oft
Campus		○	○	○	○	○	
Club		○	○	○	○	○	
Kneipe		○	○	○	○	○	
Privat mit Freunden		○	○	○	○	○	
WG		○	○	○	○	○	
Sonstiges: ______________		○	○	○	○	○	

7. Wie viel Geld geben Sie pro Woche für Alkohol aus? ______________ Euro

Aufgabe 20.3 (5 Min) Der Vorstand eines Unternehmens hat sich von der Personalabteilung Kennwerte für die Gehälter der Beschäftigten berechnen lassen. Bei einer anschließenden Prüfung der Daten wird festgestellt, dass bei den Bereichsleitungen vergessen wurde, die Erfolgsprämien zu den Gehältern hinzuzurechnen. Diese Gruppe stellt etwa 2 Prozent der Beschäftigten; auch ohne Berücksichtigung der Prämien sind es die am besten bezahlten Arbeitskräfte.
Die Leiterin der Personalabteilung denkt verärgert, dass sie nun die ganze Arbeit noch einmal machen muss. Doch ist das nicht ganz richtig, denn ein Teil der folgenden Kennwerte bleiben auch bei entsprechend korrigierten Daten unverändert und muss daher nicht neu berechnet werden.
Welche Kennwerte ändern sich nicht?

- ▷ das arithmetische Mittel
- ▷ der Median
- ▷ der Interquartilsabstand
- ▷ der Wert des 1. Quartils

Aufgabe 20.4 (10 Min) In einem Geschäft wird die tägliche Anzahl der Kunden per Strichliste festgehalten. Die letzten Daten sind:

Anzahl Kunden	60	59	75	57	58	66	67	54	62

Zeichnen Sie einen Boxplot für die Anzahlen und beschreiben Sie diesen. Berechnen Sie den Mittelwert und den Median.

Aufgabe 20.5 (15 Min) Gegeben sind die Fahrtzeiten in Stunden von Transporten einer innereuropäischen Route.

i	1	2	3	4	5	6	7	8	9	10	11	12	13	14	15	16	17
x_i	17	15	14	13	18	21	14	13	14	15	19	13	12	16	13	13	15

a) Sortieren Sie den Datensatz.
b) Berechnen Sie die folgenden Größen:

- ▷ Minimum
- ▷ Maximum
- ▷ Mittelwert
- ▷ Median
- ▷ 1. Quartil
- ▷ 3. Quartil
- ▷ Modus
- ▷ IQR

c) Erstellen Sie einen Boxplot für die Daten.

Aufgabe 20.6 (15 Min) Untersucht werden Nageltüten mit der Aufschrift *100 Stück*. Zur Kontrolle werden aus der Lieferung zweier verschiedener Firmen jeweils 20 Packungen ausgewählt und der Inhalt abgezählt. Dabei ergeben sich folgende absolute Häufigkeitstabellen der Anzahlen:

	96	97	98	99	100	101	102	103	104
Firma A:	-	-	1	4	8	4	3	-	-
Firma B:	1	2	2	2	4	3	3	1	2

a) Stellen Sie beide Häufigkeitstabellen in zwei übereinanderliegenden Boxplots dar.
b) Berechnen Sie jeweils den Mittelwert.
Tipp: Verwenden Sie zur Mittelwertberechnung statt x_i die Werte $x_i - 100$ und addieren Sie im Anschluss 100.
c) Beschreiben Sie Ihr Ergebnis in einem Satz.

1	889
2	00267
3	133699
4	0223569
5	23

Bild 20.7: Diagramm der geleisteten Stunden zur Aufgabe 20.7.

Aufgabe 20.7 (10 Min) Die Mitarbeiterinnen und Mitarbeiter eines Dienstleistungsunternehmens waren in der vergangenen Woche sehr unterschiedlich beschäftigt. Die Anzahl der geleisteten Stunden finden sich im Diagramm in Bild 20.7.

a) Um was für ein Diagramm handelt es sich? Beschreiben Sie, wie es erstellt wird.
b) Geben Sie die fünf Werte an, die für einen Boxplot benötigt werden.

Aufgabe 20.8 (10 Min) In einer Erhebung wird das Alter der Befragten zusammengefasst, siehe Bild 20.8.

a) Wie nennt sich die Art der Darstellung? Erläutern Sie, wie sie erstellt wird.
b) Fassen Sie die wesentlichen Informationen des Diagramms in drei Sätzen zusammen.
c) Wie ließe sich die Aussagekraft des Diagramms verbessern? Nennen Sie mindestens drei Änderungen.

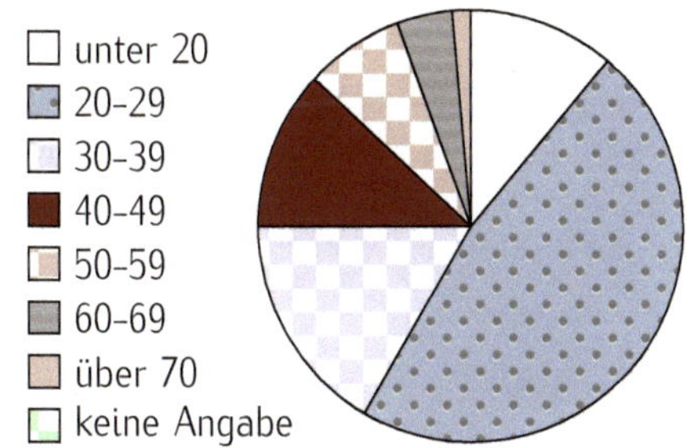

Bild 20.8: Kreisdiagramm der erfragten Altersgruppen aus Aufgabe 20.8.

Aufgabe 20.9 (10 Min) Die Lebensdauer von Staubsaugern eines bestimmten Modells werden für einen mehrjährigen Zeitraum erfasst: (Lebensdauer in Monaten)

65 40 21 35 75 12 110 42 42 51 24 96 88 42 53

a) Berechnen Sie den Median und die Quartile.
b) Erstellen Sie für die Daten einen Boxplot.
c) Berechnen Sie den Mittelwert.

Tabelle 20.5: Anzahlen der Auftragseingänge für die Tage 1 bis 17 aus Aufgabe 20.10.

Tag	1	2	3	4	5	6	7	8	9	10	11	12	13	14	15	16	17
Zahl Eingänge	2	3	3	2	6	3	5	3	1	1	8	4	4	7	10	2	4

Aufgabe 20.10 (10 Min) Die Auftragseingänge einer Energieberatungsfirma im laufenden Monat sind in Tabelle 20.5 registriert.

a) Erstellen Sie eine Häufigkeitstabelle für die täglichen Auftragseingänge.
b) Erstellen Sie einen Boxplot für die Anzahl der täglichen Auftragseingänge. Beschreiben Sie diesen.
c) Berechnen Sie den Mittelwert.

Aufgabe 20.11 (5 Min) Es wurden die täglich eingenommenen Portionen an Obst ermittelt. Der Datensatz ist in Bild 20.9 visualisiert. Aus der Visualisierung lassen sich die Werte auslesen.

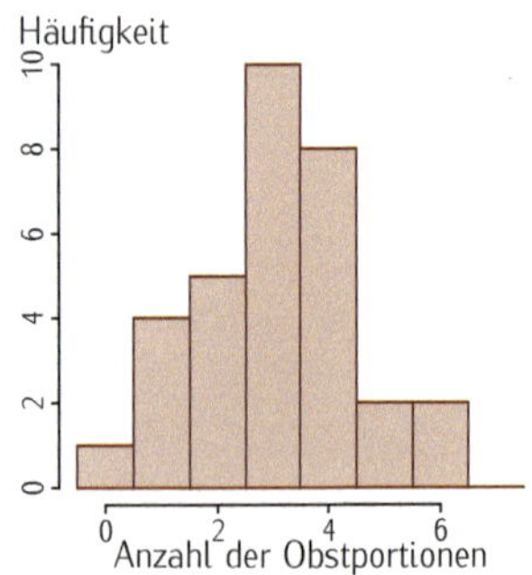

Bild 20.9: Diagramm der Portionen an Obst aus Aufgabe 20.11.

a) Charakterisieren Sie das Merkmal.
b) Wie nennt sich dieses Diagramm?
c) Wie viele Personen haben geantwortet?
d) Was ist der Modus der Daten?
e) Was ist der Mittelwert der Daten? (Runden Sie auf eine Nachkommastelle.)

20.4 Lösungen

Lösung 20.1 Da nichts außer den Werten über den Datensatz gegeben ist, könnte es sich um eine kategoriale Zählvariable oder eine (ganzzahlige) metrische Variable handeln. Aus diesem Grund könnten alle drei Zentrumsmaße berechnet werden.

- ▷ Mittelwert: $\bar{x} = \frac{1}{17}\sum_{i=1}^{17} x_i = \frac{136}{17} = 8$
- ▷ Median: $\widetilde{x} = x_9 = 7$
- ▷ Modus: häufigster Wert ist 5
- ▷ IQR: $Q_3 - Q_1 = x_{13} - x_5 = 10 - 5 = 5$

Lösung 20.2

a) Es werden verschiedene Merkmale erhoben:

Frage 4: Die Merkmale sind die Häufigkeit des Bierkonsums pro Woche, die Häufigkeit des Longdrinkskonsums pro Woche, usw., insgesamt fünf Variablen, die kategorial sind. Unter Sonstiges kommen zwei weitere Variablen hinzu, die Art (im Freitextfeld) und die Häufigkeit des Konsums.

Frage 5: Das Merkmal ist die Menge des Bierkonsums pro Woche. Die Variable ist kategorial und gleichzeitig eine Zählvariable, die die Ausprägungen zusammenfasst.

Frage 6: Das Merkmal ist die Häufigkeit des Alkoholkonsums am Campus, und dessen im Club, usw., insgesamt also fünf kategoriale Variablen.

Frage 7: Das Merkmal sind die wöchentlichen Aufwendungen für Alkohol, die metrische Variable darstellen.

b) Für die einzelnen Merkmale der Fragen 4 und 6 sind ein Balkendiagramm geeignet, ebenso für Frage 5. Für das Merkmal der Frage 7 eignet sich ein Histrogramm.

Lösung 20.3 Es ändern sich nicht: der Median, der Interquartilsabstand, der Wert des 1. Quartils.

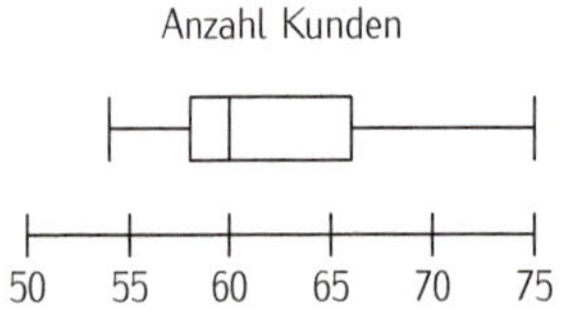

Anzahl Kunden

50 55 60 65 70 75

Bild 20.10: Boxplot der Kundenanzahlen zur Lösung der Aufgabe 20.4.

Lösung 20.4 Der Boxplot (siehe Bild 20.10) zeigt rechts eine breitere Boxhälfte und einen längeren Whisker, d.h. die Hälfte der Werte oberhalb des Medians sind über einen größeren Bereich verteilt.

Mittelwert $\bar{x} = \frac{1}{9} \cdot (54 + 57 + 58 + 59 + 60 + 62 + 66 + 67 + 75) = 62.$

Median $\widetilde{x} = 60.$

Lösung 20.5

a) Sortierte Daten:
12 13 13 13 13 13 14 14 14 15 15 15 16 17 18 19 21

b)
- ▷ Minimum: 12
- ▷ Maximum: 21
- ▷ Mittelwert: 15
- ▷ Median: 14
- ▷ 1. Quartil: 13
- ▷ 3. Quartil: 16
- ▷ Modus: 13
- ▷ IQR: 3

c) Siehe Bild 20.11.

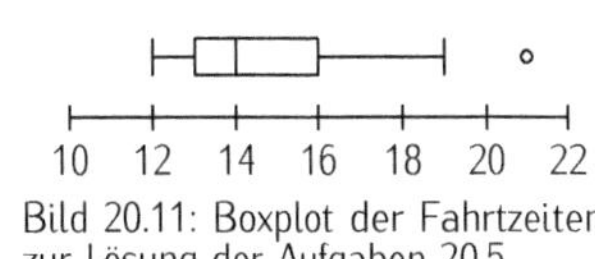

Bild 20.11: Boxplot der Fahrtzeiten zur Lösung der Aufgaben 20.5.

Lösung 20.6

a) Boxplot siehe Bild 20.12. Die dafür benötigten Werte sind in Tabelle 20.6.

b) Neben dem angeführten Tipp kann die Mittelung hier unter Verwendung der Häufigkeiten berechnet werden. Fallen die n Werte x_i in m Kategorien k_j mit jeweils einer Häufigkeit von H_j ist: $\bar{x} = \frac{1}{n}\sum_{i=1}^{n} x_i = \frac{1}{n}\sum_{j=1}^{m} H_j \cdot k_j$.

Firma A: $\bar{x} - 100 = \frac{1}{20} \cdot (1 \cdot (-2) + 4 \cdot (-1) + 8 \cdot 0 + 4 \cdot 1 + 3 \cdot 2) = \frac{4}{20} = 0.2 \Rightarrow \bar{x} = 100.2$

Firma B: $\bar{x} - 100 = \frac{1}{20} \cdot ((-4) + 2 \cdot (-3) + 2 \cdot (-2) + 2(-1) + 0 + 3 \cdot 1 + 3 \cdot 2 + 3 + 2 \cdot 4) = \frac{4}{20} = 0.2 \Rightarrow \bar{x} = 100.2$

c) Beide Firmen liefern im Durchschnitt nicht zu wenig und nicht zu viel Nägel. Bei Firma B sind die Abweichungen bei der einzelnen Tüte aber deutlich größer als bei Firma A.

Anmerkung: In der induktiven Statistik würde in dieser Situation ein *t-Test* durchgeführt, um zu prüfen, ob beide Firmen im Mittel die gleiche bzw. die aufgedruckte Anzahl an Nägeln liefern. Derartige Testverfahren werden in Kapitel 49 in Band 3 vorgestellt.

Tabelle 20.6: Kennzahlen der Nageltütenerfassung der Firmen A und B zur Lösung der Aufgabe 20.6.

	A	B
Minimum	98	96
1. Quartil	99.5	98.5
Median	100	100
3. Quartil	101	102
Maximum	102	104

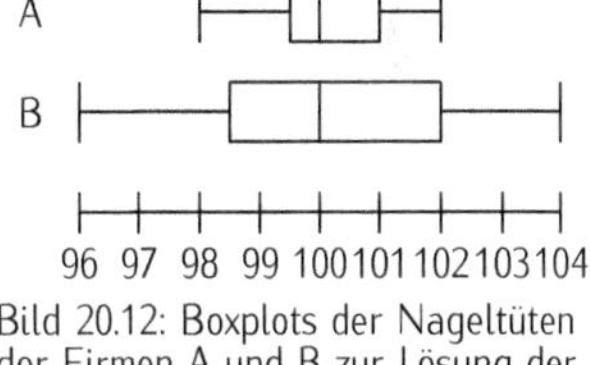

Bild 20.12: Boxplots der Nageltüten der Firmen A und B zur Lösung der Aufgabe 20.6.

Lösung 20.7

a) Es handelt sich um ein Stamm-Blatt-Diagramm. Die zweistelligen Werte werden sortiert. Für jeden Zehner wird eine Zeile geschrieben, in der links vom *Stamm* der Zehner und rechts davon alle zugehörigen Einer als *Blätter* aufgelistet werden.

b) Die fünf Werte für den Boxplot sind Minimum, 1. Quartil, Median, 3. Quartil sowie das Maximum. Die Indizes der sortierten Daten für Minimum und Maximum sind 1 und $n = 23$. Die Indizes für die drei Quartile werden durch Aufrunden des Produkts von n mit $p = 0.25, 0.5, 0.75$ berechnet. Somit ist $x_{\min} = x_{(1)} = 18$, $Q_1 = x_{(6)} = 22$, $\tilde{x} = x_{(12)} = 36$, $Q_3 = x_{(18)} = 45$, $x_{\max} = x_{(23)} = 53$.

Lösung 20.8

a) Es handelt sich um ein Kreisdiagramm. Die relativen Häufigkeiten werden als relativer Anteil des Vollwinkels von 360° in Sektoren eines Kreises dargestellt.

b) Die Altergruppen zwischen 20 und 70 wurden in Dekaden erhoben. Der Altersgruppe zwischen 20 und 29 entstammen knapp die Hälfte der Befragten, etwa ein Zehntel ist unter 20, und ein Sechstel zwischen 30 und 39. Über 40 Jahren sind nur ein Viertel aller Befragten mit abnehmender Größe in den älteren Jahrzehnten.

c) ▷ Prozentzahlen an den Sektoren angeben,
- ▷ die Gesamtzahl *n* aller Befragten aufführen,
- ▷ den im Diagramm nicht erkennbaren Anteil der Befragten, die keine Angabe gemacht haben, nennen,
- ▷ die Farbwahl etwas weniger willkürlich. Warum die 40-49-jährigen mit roter Signalfarbe hervorstechen, erschließt sich nicht.

Tabelle 20.7: Kennzahlen der Lebensdauer von Staubsaugern zur Aufgabe 20.9.

	Lebensdauer
Minimum	12
1. Quartil	35
Median	42
3. Quartil	75
Maximum	110

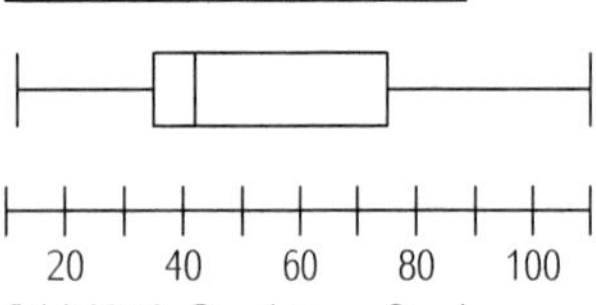

Bild 20.13: Boxplot zur Staubsaugerlebensdauer zur Lösung der Aufgabe 20.9.

Lösung 20.9

a) Die Kennzahlen für den Boxplot sind in Tabelle 20.7 aufgeführt, der Boxplot ist in Bild 20.13 dargestellt.

b) Mittelwert: $\bar{x} = 53.07$

Lösung 20.10

a) Häufigkeitstabelle:

Zahl Eingänge	0	1	2	3	4	5	6	7	8	9	10
Abs. Häufigkeit	0	2	3	4	3	1	1	1	1	0	1

b) Die Kennzahlen für den Boxplot sind in Tabelle 20.8 aufgeführt, der Boxplot ist in Bild 20.14 dargestellt.

c) $\bar{x} = 4.0$

Tabelle 20.8: Kennzahlen zur Anzahl der täglichen Auftragseingänge zur Lösung der Aufgabe 20.10.

	Anzahl
Minimum	1
1. Quartil	2
Median	3
3. Quartil	5
Maximum	10

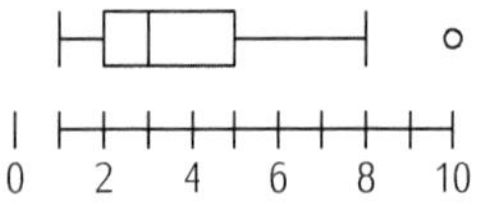

Bild 20.14: Boxplot der täglichen Auftragseingänge zur Lösung der Aufgabe 20.10.

Lösung 20.11

a) Es handelt sich um Zählwerte. Das sind metrische Daten, die nur diskrete Werte annehmen. Sie können daher auch kategorial interpretiert werden.

b) Histogramm

c) 32

d) 3

e) 3.1

21 Elementare Wahrscheinlichkeitsrechnung

21.1 Einleitung

Zum Begriff der Wahrscheinlichkeit gibt es unterschiedliche Herangehensweisen. Die heute gebräuchlichste, der hier gefolgt wird, ist die objektivistische. Hierbei wird darauf verzichtet, sich mit der Ursache von Wahrscheinlichkeiten zu beschäftigen. Es genügt stattdessen, sich mit Regeln für deren Berechnung auseinanderzusetzen. Allgemein werden Szenarien, deren Ausgang zwar ungewiss ist, deren mögliche Ausgänge aber beschrieben werden können, untersucht. Die Wahrscheinlichkeitsrechnung quantifiziert die Unsicherheit bzw. die Sicherheit, mit der ein möglicher Ausgang eintritt. In diesem Kapitel werden zuerst Ereignisse eingeführt und im Weiteren Rechenregeln für Wahrscheinlichkeiten untersucht. Eine ausführliche Darstellung ist in Georgii (2015) zu finden.

H.-O. Georgii. *Stochastik*. De Gruyter, Berlin, 5. Auflage, 2015

21.1.1 Zufallsexperimente und Ereignisse

Ein *Zufallsexperiment* ist ein wiederholbarer Vorgang eines definierten Szenarios, dessen Ausgang unsicher ist, dessen möglichen Ausgänge jedoch alle bekannt sind. Sie heißen *Elementarereignisse* oder *Ergebnisse* und schließen sich gegenseitig aus. Sie haben feste Chancen, die jedoch nicht bekannt sein müssen. Die Angabe einer Wahrscheinlichkeit (wird später genauer erläutert) kann als Vorhersage betrachtet werden.

Viele Beispiele beruhen auf Glücksspielen. Die Bedingungen des Zufalls sind hier kontrollierbar und der Vorgang ist prinzipiell beliebig oft wiederholbar. Alle Elementarereignisse bilden zusammen eine Menge, den *Ereignisraum*.

> **Beispiel** (Einfacher Würfelwurf). Ein Würfel wird geworfen und die Augenzahl notiert. Die Elementarereignisse sind die möglichen Augenzahlen $1, 2, 3, 4, 5, 6$.

Der griechiche Buchstabe Ω wird *Omega* gesprochen.

Der Ereignisraum wird meist mit Ω notiert. Von Interesse sind Teilmengen von Ω, die aufgrund bestimmter Eigenschaften oder Kriterien ausgewählt werden. Diese Teilmengen heißen Ereignisse.

Beispiel (Gerade Augenzahl beim einfachen Würfelwurf). Ein Würfel wird einmal geworfen. Der Ereignisraum ist $\Omega = \{1, 2, 3, 4, 5, 6\}$. Wenn das Ereignis A, eine gerade Zahl zu erzielen, zu untersuchen ist, müssen die Elementarereignisse zusammengefasst werden, für die das der Fall ist. Dann ist $A = \{2, 4, 6\}$.

Wahrscheinlichkeiten werden häufig auch in Prozent angegeben.

Die *Wahrscheinlichkeit* $P(A)$ ist eine mathematische Größe, die einem Ereignis A die Chance $P(A)$ zuordnet, mit der das Eintreten des Ereignisses A im Zufallsexperiment bewertet wird. Jeder Wahrscheinlichkeitswert liegt im Intervall $[0, 1]$. Damit sind Wahrscheinlichkeiten direkt vergleichbar. Ein Ereignis A, das mit $P(A) = 1$ bewertet wird, heißt *sicheres Ereignis*. Ist A hingegen mit $P(A) = 0$ bewertet, heißt A *unmögliches Ereignis*.

21.1.2 Laplace-Raum

Ein Ereignisraum, in dem jedes der endlich vielen Elementarereignisse gleich wahrscheinlich ist, wird *Laplace-Raum* genannt. Gibt es n Elementarereignisse, d.h. $|\Omega| = n$, ist die Wahrscheinlichkeit eines Elementarereignisses A gegeben durch $P(A) = \frac{1}{n}$. Für ein zusammengesetztes Ereignis B muss die Mächtigkeit errechnet werden, also die Anzahl der Elementarereignisse in B und es gilt $P(B) = \frac{|B|}{n}$.

Beispiel (Wahrscheinlichkeit gerader Augensumme beim einfachen Würfelwurf). Ein Würfel wird einmal geworfen, wie im obigen Beispiel dargestellt. Jedes Elementarereignis ist gleich wahrscheinlich mit der Wahrscheinlichkeit $\frac{1}{6}$.

Die Wahrscheinlichkeit für $A = \{2, 4, 6\}$ ist $P(A) = \frac{3}{6} = \frac{1}{2}$.

Beispiel (Zweifacher Würfelwurf). Wird ein Würfel zweimal geworfen, so sind die Elementarereignisse Tupel mit den Einzelergebnissen der zwei Würfe: $\Omega = \{(1, 1), (1, 2), \ldots, (6, 5), (6, 6)\}$ mit $|\Omega| = 36$, der Raum Ω entsteht als kartesisches Produkt der Ereignisräume eines einfachen Würfelwurfs. Ist jedes Elementarereignis gleich wahrscheinlich, handelt es sich um einen Laplace-Raum. Zu beachten ist, dass hier die Würfe hinsichtlich ihrer Reihenfolge markiert sind und die Ereignisse $(1, 2)$ und $(2, 1)$ zwei verschiedene Elementarereignisse darstellen.

Wenn das Ereignis B, die Augensumme 3 zu erzielen, interessiert, müssen nur alle Elementarereignisse, bei denen das der Fall ist zusammengefasst werden, das sind gerade die obigen zwei Elementarereignisse und es gilt $P(B) = \frac{2}{36} = \frac{1}{18}$.

Dieses Modell funktioniert für Beispiele des Glücksspiels sehr gut, denn dort lassen sich alle möglichen Ereignisse genau festhalten und die identische Eintrittswahrscheinlichkeit ist Voraussetzung. In anderen Situationen haben die Elementarereignisse aber nicht identische Wahrscheinlichkeiten. Die Wahrscheinlichkeiten müssen anders ermittelt werden, z.B. ergeben sie sich aus Erfahrung. Beispielsweise ist bekannt, dass an einer Produktionsanlage ein Ausschuss von 2% erzeugt wird.

Immer dann, wenn diese Voraussetzung nicht erfüllt ist, wird von mangelnder Fairness ausgegangen, z.B. bei gezinkten Karten.

21.1.3 Rechnen mit Wahrscheinlichkeiten

Sind die Wahrscheinlichkeiten von Elementarereignissen bekannt, kann mit ihnen gerechnet werden, um die Wahrscheinlichkeiten komplexerer Ereignisse zu ermitteln. Allgemein lassen sich aus bekannten Wahrscheinlichkeiten weitere Wahrscheinlichkeiten errechnen.

Das *Gegenereignis* $\overline{A}$ zu einem Ereignis A enthält alle Elementarereignisse, die nicht in A enthalten sind. Mathematisch ist $\overline{A} = \Omega \setminus A$ das Komplement von A bezüglich Ω, Damit gilt $A \cap \overline{A} = \emptyset$ und $A \cup \overline{A} = \Omega$. Für die Wahrscheinlichkeiten gilt

$$P(A) + P(\overline{A}) = 1.$$

Die Rechenregeln bei Wahrscheinlichkeiten beruhen auf den entsprechenden Mengenregeln, siehe Abschnitt 14.1.2 in Band 1.

Die Wahrscheinlichkeit $P(\overline{A}) = 1 - P(A)$ wird daher die *Gegenwahrscheinlichkeit* genannt.

Beispiel. Wie hoch ist die Wahrscheinlichkeit, beim Mensch-ärgere-dich-nicht keine Sechs zu würfeln?

Der Ereignisraum ist $\{1, 2, 3, 4, 5, 6\}$. Das gesuchte Ereignis ist das Gegenereignis des Ereignisses A, eine Sechs zu würfeln.
Es gilt $P(A) = \frac{1}{6}$ und damit $P(\overline{A}) = \frac{5}{6}$.

Um die Wahrscheinlichkeit, dass mindestens eines von zwei Ereignissen A und B eintritt, zu berechnen, müssen alle Elementarereignisse, die zu einem der beiden Ereignisse gehören, berücksichtigt werden.

Schließen sich die zwei Ereignisse gegenseitig aus, kommt kein Elementarereignis in beiden Ereignissen vor. Sie werden als *unvereinbar* bezeichnet und es gilt

$$P(A \cup B) = P(A) + P(B).$$

Kann hingegen ein Elementarereignis in beiden Ereignissen A und B vorkommen, gilt

$$P(A \cup B) \leq P(A) + P(B).$$

Für die Wahrscheinlichkeit, dass zwei Ereignisse eintreten, wird deren Schnittmenge gesucht. Diese besteht aus allen Elementarereignissen, die in beiden Ereignissen vorkommen. Ist sie bekannt, kann der *allgemeine Additionssatz*

$$P(A \cup B) = P(A) + P(B) - P(A \cap B)$$

verwendet werden. Die Wahrscheinlichkeit für die Schnittmenge lässt sich jedoch nicht allgemein angeben.

Beispiel. Die Wahrscheinlichkeit, dass es regnen wird, sei $P(A) = 0.7$, und dass es schneien wird, sei $P(B) = 0.35$. Dass es sowohl regnen als auch schneien wird, habe die Wahrscheinlichkeit $P(A \cap B) = 0.15$. Dann beträgt die Wahrscheinlichkeit für Regen, Schnee oder beides $P(A \cup B) = 0.7 + 0.35 - 0.15 = 0.9$.

21.1.4 *Unabhängigkeit*

Sind zwei Ereignisse unabhängig, so sind es auch ihre Gegenereignisse.

Beeinflusst das Eintreten eines Ereignisses A nicht das Eintreten eines anderen Ereignisses B, so sind diese Ereignisse *unabhängig*. Genau in diesem Fall gilt

$$P(A \cap B) = P(A) \cdot P(B).$$

Ist m die Augenzahl des ersten Wurfs und n die Augenzahl des zweiten, so kann das Ereignis $A = \{$Die Augenzahl des ersten Wurfs ist gerade$\}$ formal als $A = \{(m,n) : m \text{ ist gerade}\}$ geschrieben werden. Das Ereignis $B = \{$Die Augensumme beider Würfe ist gerade$\}$ ist formal $B = \{(m,n) : m + n \text{ ist gerade}\}$.

Die Wahrscheinlichkeit $P(B)$ ergibt sich daraus, dass die Summe einer geraden mit einer ungeraden Zahl ungerade ist, während die Summe zweier gerader oder zweier ungerader Zahlen gerade ist.

Beispiel. Ein Würfel wird zweimal geworfen. Sind die Ereignisse $A = \{$Die Augenzahl des ersten Wurfs ist gerade$\}$ und $B = \{$Die Augensumme beider Würfe ist gerade$\}$ unabhängig?

Der Ereignisraum ist $\Omega = \{(1,1), (1,2), \ldots, (6,5), (6,6)\}$ mit $|\Omega| = 36$. Es ist $P(A) = \frac{1}{2}$ und $P(B) = \frac{1}{2}$. Das Ereignis $A \cap B$ enthält die Elementarereignisse $(2,2), (2,4), (2,6), (4,2), (4,4), (4,6), (6,2), (6,4), (6,6)$ und es gilt somit $P(A \cap B) = \frac{9}{36} = \frac{1}{4} = P(A) \cdot P(B)$. Daher sind die Ereignisse unabhängig.

Beispiel. Eine Lieferung von 100 LEDs enthält zwei defekte LEDs. Der Lieferung werden zwei LEDs entnommen. Die Ereignisse

A: Beide entnommenen LEDs sind defekt.

B: Die erste entnommene LED ist defekt.

sind nicht unabhängig. Um dies zu sehen, müssen die Wahrscheinlichkeiten $P(A)$ und $P(B)$ berechnet werden.

Für A gibt es nur ein einziges zugehöriges Elementarereignis, wenn der Reihenfolge der LEDs keine Bedeutung zukommt. Wie viele Elementarereignisse beinhaltet der Ereignisraum insgesamt? Für die Wahl der ersten LED gibt es 100 Möglichkeiten, für die Wahl der zweiten LED gibt es, da eine weniger da ist, noch 99 Möglichkeiten. Da auch hierbei die Reihenfolge keine Rolle spielt, hat der Ereignisraum die Mächtigkeit $\frac{99 \cdot 100}{2} = 4950$. Damit ist die Wahrscheinlichkeit $P(A) = \frac{1}{4950}$. Die Wahrscheinlichkeit $P(B) = \frac{2}{100}$.

Zur Berechnung der Wahrscheinlichkeit des Ereignisses $A \subset B$, also $A \cap B = A$ ist zu beachten, dass diese Schnittmenge das selbe eine Elementarereignis enthält wie A. Damit ist die Wahrscheinlichkeit $P(A \cap B) = \frac{1}{4950}$ und es gilt $P(A)P(B) \neq P(A \cap B)$: Die Ereignisse A und B sind nicht unabhängig.

21.2 Lernziele

Nr	Ich kann	Aufgabe	√
213	die Begriffe Ergebnis, Ereignis und Wahrscheinlichkeit definieren	21.3-a,b, 21.6	
214	die Wahrscheinlichkeit von Ereignissen eines Laplaceraumes bestimmen	21.2, 21.3-d	
215	die Wahrscheinlichkeit eines Gegenereignisses bestimmen	21.4, 21.5, 21.7	
216	die Wahrscheinlichkeit der Vereinigung zweier sich gegenseitig ausschliessender Ereignisse bestimmen	21.3-d	
217	die Wahrscheinlichkeit der Vereinigung zweier Ereignisse bestimmen	21.4, 21.7	
218	die Wahrscheinlichkeit des Durchschnitts zweier unabhängiger Ereignisse bestimmen	21.1, 21.5, 21.7, 21.8	

21.3 Aufgaben

Aufgabe 21.1 (5 Min) Beim zweifachen Würfelwurf werden die Ereignisse

A: Augensumme durch 3 teilbar

B: Produkt der Augenzahlen größer oder gleich 15

betrachtet. Sind sie unabhängig?

Aufgabe 21.2 (5 Min) Wie groß ist die Wahrscheinlichkeit, mit zwei Würfeln die Augensumme 10 zu erwürfeln?

Aufgabe 21.3 (15 Min) Zwei Würfel mit den Zahlen 1 bis 6 werden geworfen. Es interessieren die Ereignisse

$$A = \{\text{gleiche Augenzahl auf beien Würfeln}\}$$
$$B = \{\text{Summe der Augenzahlen größer als 9}\}$$
$$C = \{\text{Summe der Augenzahlen gleich 7}\}$$
$$D = \{\text{Summe der Augenzahlen gerade}\}$$

a) Was ist der Ereignisraum?
b) Welche Elementarereignisse gehören jeweils zu den Ereignissen A, B, C, D?
c) Welche der Ereignisse sind unvereinbar?
d) Welche Wahrscheinlichkeiten haben folgende Ereignisse:
   1) A, B, C und D
   2) $A \cap B$
   3) $A \cup C$

Aufgabe 21.4 (5 Min) Bei einem Paketversand ist die Wahrscheinlichkeit verspäteter Zustellung 18%, die der Beschädigung des Pakets 8%. Bei 3% aller Zustellungen kommt es sowohl zu Verspätung als auch zu Beschädigung. Die Sendungsabwicklung gilt als einwandfrei, wenn beides nicht auftritt. Wie groß ist die Wahrscheinlichkeit der einwandfreien Sendungsabwicklung?

Aufgabe 21.5 (5 Min) Drei Freunde gehen Pizzaessen. Aus Erfahrung bestellen die drei Freunde eine Pizza Napoli mit den jeweiligen Wahrscheinlichkeiten 40%, 25% and 35%. Wie hoch ist die Wahrscheinlichkeit, dass diesmal keiner der Freunde eine Pizza Napoli bestellt, wenn sie sich bei der Wahl nicht gegenseitig beeinflussen?

Aufgabe 21.6 (5 Min) Beim Würfelspiel fallen diese Aussagen:
A.: Die Chance eine Zahl größer 3 zu würfeln, liegt bei mir mindestens bei 60%.
B.: Dein letzter Wurf war eine 2. Nicht mehr.
C.: Mich interessiert nur, dass Du keine 5 oder 6 würfelst.
D.: Ich weiß sicher, ich würfele als Erste eine 6.
Welcher der Begriffe Ergebnis, Ereignis und Wahrscheinlichkeit passt zur jeweiligen Aussage?

Aufgabe 21.7 (5 Min) Ein Hersteller von Laptoptaschen hat für verschiedene Problemteile die Wahrscheinlichkeit ermittelt, dass diese innerhalb von 24 Monaten kaputt gehen:
- Reißverschluss defekt: 4%
- Brechen der Gurtschnalle: 2.5%
- Riss des Gurtes: 1%
- Ausriss des Griffs: 3%

Mit entsprechender Annahme über die Unabhängigkeit der Fehler, mit welcher Rücklaufquote muss der Hersteller innerhalb der zweijährigen Garantiefrist rechnen?

Aufgabe 21.8 (5 Min) An der Ostsee gibt es an 175 Tagen Regen. Dabei ist es im April an etwa 12 Tagen verregnet. Sind die Ereignisse A: Apriltag und B: verregneter Tag unabhängig?

21.4 Lösungen

Lösung 21.1 Das Ereignis A ist

$$A = \{(1,2), (2,1), (1,5), (5,1), (2,4), (4,2), (3,3), (3,6), (6,3), (6,6)\}$$

und $P(A) = \frac{10}{36}$. Für B gilt

$$B = \{(3,5), (3,6), (4,4), (4,5), (4,6), (5,3), (5,4), (5,5), (5,6), (6,3), (6,4), (6,5), (6,6)\}$$

und $P(B) = \frac{13}{36}$. Für $A \cap B = \{(3,6), (6,3), (6,6)\}$ ist

$$P(A \cap B = \frac{3}{36} \approx 0.83 \text{ während } P(A) \cdot P(B) = \frac{10}{36} \cdot \frac{13}{36} \approx 0.10,$$

woraus folgt, dass die Ereignisse A und B nicht unabhängig sind.

Lösung 21.2 Wichtig ist, die zwei Würfel zu markieren, um die Ergebnisse zuordnen zu können. Eine Augensumme von 10 folgt aus den Würfen $(5,5)$, $(4,6)$, $(6,4)$, wobei die erste Zahl das Ereignis des ersten Würfels, die zweite Zahl das Ereignis des zweiten Würfels notiert. Das sind drei Elementarereignisse, die zum gewünschten Ereignis gehören. Insgesamt gibt es 36 Elementarereignisse. Damit ist die gesuchte Wahrscheinlichkeit $\frac{3}{36} = \frac{1}{12}$.

Lösung 21.3 Die Würfel werden markiert, um die Ergebnisse zuordnen zu können.

a) Der Ereignisraum besteht aus allen Tupeln der Augenzahlen der zwei Würfel, $\Omega = \{(1,1),(1,2),\ldots,(6,5),(6,6)\}$ und hat die Mächtigkeit 36.

b) $A = \{(1,1),(2,2),(3,3),(4,4),(5,5),(6,6)\}$
$B = \{(5,5),(4,6),(5,6),(6,6),(6,4),(6,5)\}$
$C = \{(1,6),(2,5),(3,4),(4,3),(5,2),(6,1)\}$
$D = \{(1,1),(1,3),(1,5),(2,2),(2,4),(2,6),(3,1),(3,3),(3,5),$
$(4,2),(4,4),(4,6),(5,1),(5,3),(5,5),(6,2),(6,4),(6,6)\}$

c) Unvereinbar sind A mit C, B mit C und C mit D.

d) 1) $P(A) = \frac{6}{36} = \frac{1}{6}$ und ebenfalls $P(B) = \frac{6}{36} = \frac{1}{6}$, $P(C) = \frac{6}{36} = \frac{1}{6}$ und $P(D) = \frac{18}{36} = \frac{1}{2}$
2) $P(A \cap B) = \frac{2}{36} = \frac{1}{18}$
3) $P(A \cup C) = \frac{12}{36} = \frac{1}{3}$

Lösung 21.4 Bezeichne die Ereignisse $V =$ *Verspätung* und $B =$ *Beschädigung*, dann ist $P(V) = 0.18$, $P(B) = 0.08$, $P(V \cap B) = 0.03$. Es gilt $P(V \cup B) = P(V) + P(B) - P(V \cap B) = 0.18 + 0.08 - 0.03 = 0.23$. Einwandfreie Zustellung ist gerade das Komplement, daher $P(\overline{V \cup B}) = 1 - P(V \cup B) = 1 - 0.23 = 0.77$. Die Wahrscheinlichkeit einwandfreier Sendungsabwicklung beträgt also 77%.

Lösung 21.5 Seien die drei Ereignisse A, B, C diejenigen für jeweils einen der Freunde, eine Pizza Napoli zu bestellen. Dann ist $P(A) = 0.4$, $P(B) = 0.25$ und $P(C) = 0.35$. Die Gegenereignisse, keine Pizza Napoli zu bestellen, haben die Wahrscheinlichkeiten $P(\overline{A}) = 0.6$, $P(\overline{B}) = 0.75$ und $P(\overline{C}) = 0.65$. Da sich die Freunde bei der Wahl nicht beeinflussen, gilt

$$P(\overline{A} \cap \overline{B} \cap \overline{C}) = P(\overline{A})\,P(\overline{B})\,P(\overline{C}) = 0.6 \cdot 0.75 \cdot 0.65 = 0.2925.$$

Lösung 21.6

A.: *Die Chance eine Zahl größer 3 zu würfeln, liegt bei mir mindestens bei 60%.* Es handelt sich um die Angabe einer Wahrscheinlichkeit: $P(\text{Ich würfele eine Zahl größer 3.}) \geq 0.6$.

B.: *Dein letzter Wurf war eine 2. Nicht mehr.* Es handelt sich um ein Ergebnis, also ein einzelnes Element $\omega \in \Omega$.
C.: *Mich interessiert nur, dass Du keine 5 oder 6 würfelst.* Hier handelt es sich um ein Ereignis, also eine Teilmenge von Ω.
D.: *Ich weiß sicher, ich würfele als Erste eine 6.* Hier handelt es sich wieder um eine Wahrscheinlichkeit: P(Ich würfele als Erste eine 6.) $= 1.0$.

Lösung 21.7 *Schritt 1*: Gegeben sind Daten, die Auskunft über die Wahrscheinlichkeit eines Defekts geben. Zu überlegen ist, welcher Anteil nicht zur Rücklaufquote gehört. Hier werden diese Wahrscheinlichkeiten $p_1, \dots, p_4$ genannt:

$$\begin{aligned} p_1 &= P(\text{Reißverschluss ok}) &&= 96\% = 0.96 \\ p_2 &= P(\text{Gurt ok}) &&= 99\% = 0.99 \\ p_3 &= P(\text{Gurtschnalle ok}) &&= 97.5\% = 0.975 \\ p_4 &= P(\text{Griff ok}) &&= 97\% = 0.97 \end{aligned}$$

Schritt 2: Mit der Annahme, dass vier Defekte sich unabhängig voneinander einstellen, multiplizieren sich die Wahrscheinlichkeiten. Daraus ergibt sich der Anteil der Ware, der nicht in die Rücklaufquote fällt:

$p_{\text{gesamt}} = p_1 \cdot p_2 \cdot p_3 \cdot p_4 = 0.96 \cdot 0.975 \cdot 0.99 \cdot 0.97 \approx 0.8988$. Zu 89.88% tritt kein Defekt auf.

Schritt 3: Mit der Wahrscheinlichkeit $100\% - 89.88\% = 10.12\%$ tritt ein Defekt auf. Der Hersteller hat eine Rücklaufquote von 10.12% zu erwarten.

Q: Warum werden die vier Fehlerwahrscheinlichkeiten nicht einfach addiert: $4 + 2.5 + 1 + 3 = 10.5\%$?

A: die Ereignisse sind nicht disjunkt. Bei disjunkten Wahrscheinlichkeiten addieren sich Wahrscheinlichkeiten. Bei überlappenden Ereignissen ist die Wahrscheinlichkeit der Schnittmengen von der Summe subtrahieren.

Lösung 21.8 Bei 365 Tagen im Jahr ist $P(A) = \frac{30}{365}$ und $P(B) = \frac{175}{365}$. Weiterhin ist $P(A \cap B) = \frac{12}{365} \approx 0.0329$. Im Vergleich dazu ist $P(A)\,P(B) = \frac{30}{365} \cdot \frac{175}{365} \approx 0.0394$ und damit folgt, dass A und B nicht unabhängig sind.

22 Hyperbolische Funktionen

22.1 Einleitung

Die hyperbolischen Funktionen und ihre Umkehrfunktionen, s.a. Abschnitt 3.5.4 in Brauch et al. (2006), dienen der Beschreibung bestimmter physikalischer Phänomene wie z.B. Geschwindigkeit eines Fallschirmes oder Durchhängen von Seilen, Ketten oder Hochspannungsleitungen, wo sie als Lösungen von Differentialgleichungen auftreten. Wichtig sind hyperbolische Funktionen aber auch als Werkzeug zur Integration, insbesondere bei der Substitution (s. Kapitel 28).

W. Brauch, H. J. Dreyer, und W. Haake. *Mathematik für Ingenieure*. Teubner Verlag, 11. Auflage, 2006

22.1.1 Definition und Hyperbelparametrisierung

Die *hyperbolischen* Funktionen *Sinus hyperbolicus*, sinh, *Cosinus hyperbolicus*, cosh, *Tangens hyperbolicus*, tanh und *Cotangens hyperbolicus*, coth werden üblicherweise mit Hilfe der Exponential-Funktion (s. Kapitel 7 in Band 1) eingeführt. Bild 22.1 zeigt die Funktionsgraphen. Häufig werden die Argumentklammern weggelassen, z.B. $\cosh 0 = \cosh(0) = 1$ und $\sinh 0 = \sinh(0) = 0$.

$$\sinh(x) := \tfrac{1}{2}\left(e^x - e^{-x}\right) \quad \text{und} \quad \cosh(x) := \tfrac{1}{2}\left(e^x + e^{-x}\right)$$
$$\tanh(x) := \frac{\sinh(x)}{\cosh(x)} \quad \text{und} \quad \coth(x) := \frac{\cosh(x)}{\sinh(x)}$$

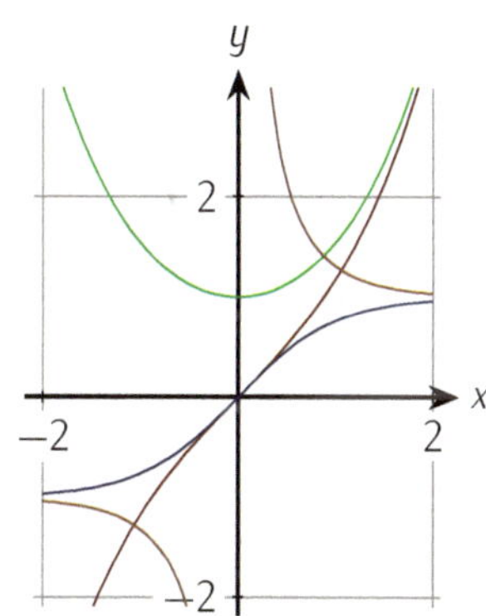

Bild 22.1: Funktionsgraphen von $y = \sinh(x)$, $y = \cosh(x)$, $y = \tanh(x)$ und $y = \coth(x)$

Die hyperbolischen Funktionen und ihre Umkehrfunktionen sind eng mit Hyperbeln (s. Kapitel 35 in Band 3) verknüpft. Simples Einsetzen zeigt beispielsweise, dass $\boldsymbol{r}(t) = \begin{pmatrix}\cosh(t)\\ \sinh(t)\end{pmatrix}$ eine Parametrisierung (s. z.B. Kapitel 26) des Astes im ersten und vierten Quadranten der *Einheitshyperbel* $x^2 - y^2 = 1$ ist, s. Bild 22.2.

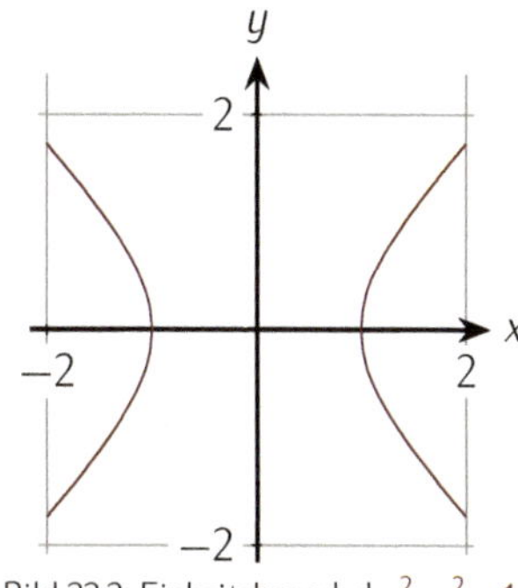

Bild 22.2: Einheitshyperbel $x^2 - y^2 = 1$

22.1.2 Bezug zu den trigonometrischen Funktionen

Parallelen aber auch Unterschiede von sinh und cosh zu den trigonometrischen Funktionen sin und cos sind unverkennbar. Beide Klassen von Funktionen sind sowohl für alle reellen wie auch alle komplexen

Argumente definiert. Beide sind als ganze Funktionen unendlich oft differenzierbar (s. Kapitel 26). Sie sind eng miteinander verwoben, wie die folgende tabellarische Gegenüberstellung zeigt. Unterschiede sind rot hervorgehoben.

Tabelle 22.1: Gegenüberstellung von Eigenschaften trigonometrischer vs. hyperbolischer Funktionen mit Verweisen auf Aufgaben.

	trigonometrisch	hyperbolisch	Aufgaben
	$\cos^2(x) + \sin^2(x) = 1 \ \forall x \in \mathbb{R}$	$\cosh^2(x) - \sinh^2(x) = 1 \ \forall x \in \mathbb{R}$	22.1
Parametrisierung	$\begin{pmatrix}\cos(t)\\ \sin(t)\end{pmatrix}$ des Einheitskreises	$\begin{pmatrix}\cosh(t)\\ \sinh(t)\end{pmatrix}$ der Einheitshyperbel	22.7
Symmetrie	$\begin{cases}\sin(-x) = -\sin(x)\\ \cos(-x) = \cos(x)\end{cases}$	$\begin{cases}\sinh(-x) = -\sinh(x)\\ \cosh(-x) = \cosh(x)\end{cases}$	22.1
Periodizität	$\begin{cases}\sin(x) = \sin(x + 2\pi)\\ \cos(x) = \cos(x + 2\pi)\end{cases}$	$\begin{cases}\sinh(z) = \sinh(z + 2\pi j)\\ \cosh(z) = \cosh(z + 2\pi j)\end{cases}$	22.1
Additions-theoreme	$\begin{cases}\sin(x \pm y)\\ = \sin(x)\cos(y) \pm \cos(x)\sin(y)\\ \cos(x \pm y)\\ = \cos(x)\cos(y) \mp \sin(x)\sin(y)\end{cases}$	$\begin{cases}\sinh(x \pm y)\\ = \sinh(x)\cosh(y) \pm \cosh(x)\sinh(y)\\ \cosh(x \pm y)\\ = \cosh(x)\cosh(y) \pm \sinh(x)\sinh(y)\end{cases}$	22.6
Ableitungen	$\begin{cases}\sin'(x) = \cos(x)\\ \cos'(x) = -\sin(x)\end{cases}$	$\begin{cases}\sinh'(x) = \cosh(x)\\ \cosh'(x) = +\sinh(x)\end{cases}$	22.1
Potenz-Reihen	$\begin{cases}\sin(x) = \sum_{i=0}^{\infty} \frac{(-1)^i}{(2i+1)!} x^{2i+1}\\ \cos(x) = \sum_{i=0}^{\infty} \frac{(-1)^i}{(2i)!} x^{2i}\end{cases}$	$\begin{cases}\sinh(x) = \sum_{i=0}^{\infty} \frac{1}{(2i+1)!} x^{2i+1}\\ \cosh(x) = \sum_{i=0}^{\infty} \frac{1}{(2i)!} x^{2i}\end{cases}$	22.1
trig vs hyp	$\begin{cases}\sin(x) = -j\sinh(jx)\\ \cos(x) = \cosh(jx)\end{cases}$	$\begin{cases}\sinh(x) = -j\sin(jx)\\ \cosh(x) = \cos(jx)\end{cases}$	22.1

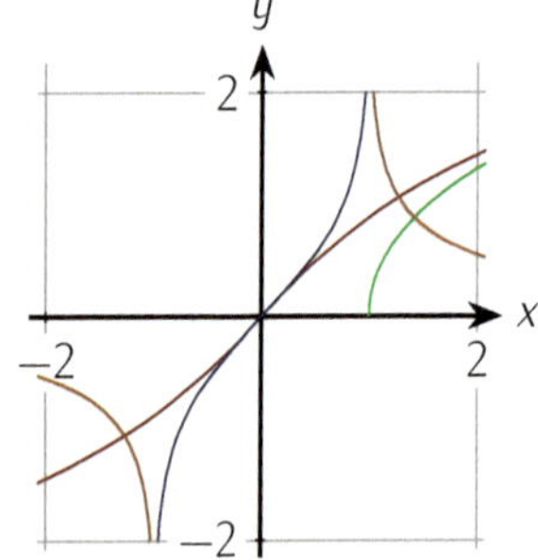

Bild 22.3: Funktionsgraphen von $y = \text{arsinh}(x)$, $y = \text{arcosh}(x)$, $y = \text{artanh}(x)$ und $y = \text{arcoth}(x)$

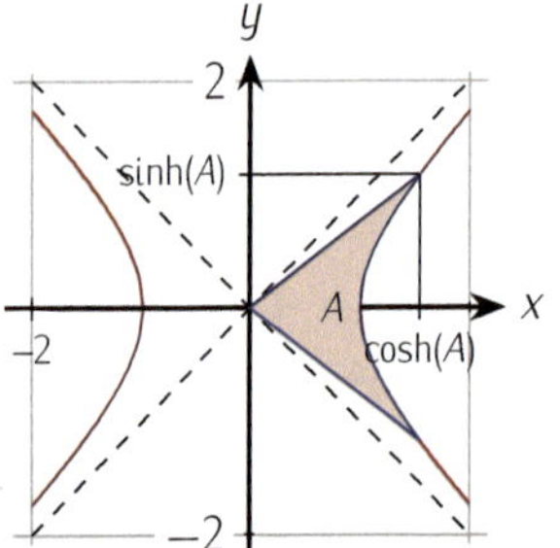

Bild 22.4: Einheitshyperbel $x^2 - y^2 = 1$ kann auch durch $(\cosh(A), \sinh(A))$ parametrisiert werden.

22.1.3 Die Area-Funktionen

Die inversen oder Umkehrfunktionen der hyperbolischen Funktionen heißen *Areafunktionen*, nämlich *area sinh*, *area cosh*, *area tanh* und *area coth*. Bild 22.3 zeigt die Funktionsgraphen.

$$\text{arsinh}(x) := \sinh^{\text{inv}}(x) \quad \text{und} \quad \text{arcosh}(x) := \cosh^{\text{inv}}(x)$$
$$\text{artanh}(x) := \tanh^{\text{inv}}(x) \quad \text{und} \quad \text{arcoth}(x) := \coth^{\text{inv}}(x)$$

Die Schreibweise $\sinh^{-1}$ usw. ist wegen ihrer Mehrdeutigkeit tunlichst zu vermeiden. Die Bezeichung Areafunktionen rührt daher, dass derartige Funktionen den Flächeninhalt von Sektoren der Einheitshyperbel angeben, s. Bild 22.4 sowie Aufgaben 22.7, 22.13 und 22.17.
Übrigens, Computer Algebra Systeme, CAS verwenden meist die Abkürzungen asinh, acosh, atanh und acoth.

Die Umkehrfunktionen der hyperbolischen Funktionen können mit Hilfe des Logarithmus auch wie folgt dargestellt werden, s.a. Aufgabe 22.17:

$$\begin{aligned}
\text{arsinh}(x) &= \ln\left(x + \sqrt{x^2 + 1}\right) && \text{für} \quad x \in \mathbb{R}\\
\text{arcosh}(x) &= \ln\left(x + \sqrt{x^2 - 1}\right) && \text{für} \quad x \in [1, \infty)\\
\text{artanh}(x) &= \tfrac{1}{2}\ln\left(\tfrac{1+x}{1-x}\right) && \text{für} \quad |x| < 1\\
\text{arcoth}(x) &= \tfrac{1}{2}\ln\left(\tfrac{x+1}{x-1}\right) && \text{für} \quad |x| > 1
\end{aligned}$$

22.2 Lernziele

Nr	Ich kann	Aufgabe	✓
	hyperbolische Funktionen verstehen		
219	die hyperbolischen Funktionen sinh, cosh und tanh definieren und skizzieren	22.1, 22.2, 22.4, 22.5, 22.14	
220	Definitions- und Bildmengen der inversen hyperbolischen Funktion angeben	22.3, 22.5, 22.13, 22.17	
221	die elementaren hyperbolischen Identitäten erkennen und benutzen	22.6, 22.7	
	hyperbolische Funktionen anwenden		
222	die hyperbolischen Funktionen auf ein praktisches Problem anwenden, z.B. ein mehr oder weniger gespanntes Seil	22.8, 22.9, 22.10, 22.11, 22.12	
223	hyperbolische Funktionen zur Vereinfachung bestimmter Integrale nutzen	22.16	

22.3 Aufgaben

Aufgabe 22.1 (20 min) Verifizieren Sie:

a) $\mathbb{D}_{\cosh} = \mathbb{R} = \mathbb{D}_{\sinh}$.

b) cosh ist wie cos eine gerade Funktion, d.h. $\cosh x = \cosh(-x)$ für alle $x \in \mathbb{R}$.

c) sinh ist wie sin eine ungerade Funktion, d.h. $\sinh x = -\sinh(-x)$ für alle $x \in \mathbb{R}$.

d) $\sinh(\mathbb{R}) = \mathbb{R}$ und $\cosh(\mathbb{R}) = [1, \infty)$.

e) $\cosh^2 x - \sinh^2 x = 1$ für alle $x \in \mathbb{R}$.

f) $\sinh'(x) = \cosh(x)$ und $\cosh'(x) = \sinh(x)$ für alle $x \in \mathbb{R}$.

g) $\sinh(x) = \sum_{i=0}^{\infty} \frac{x^{2i+1}}{(2i+1)!}$ und $\cosh(x) = \sum_{i=0}^{\infty} \frac{x^{2i}}{(2i)!}$
Vergleichen Sie die Potenz-Reihen (s. Kapitel 27) für sinh und cosh mit denen für sin und cos.

h) $\sinh(jx) = j\sin(x)$ und $\cosh(jx) = \cos(x)$ für alle $x \in \mathbb{R}$.

i) $\sinh(z) = \sinh(z + 2\pi j)$ und $\cosh(z) = \cosh(z + 2\pi j)$ für alle $z \in \mathbb{C}$.

Aufgabe 22.2 (10 min) Die trigonometrischen Funktionen können anhand des Einheitskreises, die hyperbolischen Funktionen anhand der Einheitshyperbel definiert werden.

a) Visualisieren Sie, wie $\cos(x)$, $\sin(x)$ und $\tan(x)$ am Einheitskreis abgelesen werden können.

b) Visualisieren Sie, wie $\cosh(x)$, $\sinh(x)$ und $\tanh(x)$ an der Einheitshyperbel abgelesen werden können.

Aufgabe 22.3 (5 min) Bestimmen Sie maximalen *Definitions-* und *Wertebereich* folgender Funktionen.

a) $f(x) = \operatorname{artanh}(x^2)$,

b) $g(x) = \coth\left(\sqrt{x}\right)$.

Aufgabe 22.4 (15 min) Bestimmen Sie die *Grenzwerte* folgender Funktionen.

a) $\lim_{x\to\infty} f(x)$ für $f(x) = \ln\left(\frac{\cosh(x)+1}{\sinh(x)-1}\right) + 3\cos\left(\frac{x}{x^2-1}\right)$,

b) $\lim_{x\to\infty} g(x)$ für $g(x) = \frac{\ln(x+2)\sinh(x)}{\ln(x+1)\sinh(x+1)}$,

c) $\lim_{x\to 0^+} h(x)$ für $h(x) = \left(x^2 + \sinh(x)\right)^{\frac{1}{\ln(\sinh(x))}}$.

Aufgabe 22.5 (10 min) Visualisieren Sie mit dem CAS Ihrer Wahl

a) die Funktionsgraphen der hyperbolischen Funktionen,

b) die Funktionsgraphen der inversen hyperbolischen Funktionen.

c) Welche Leistung erbringt ein CAS dabei und welche Methoden setzt es dazu ein?

Aufgabe 22.6 (20 min) Verifizieren Sie die *Additionstheoreme* von cosh und sinh und einige Folgerungen:

a) $\cosh(a \pm b) = \cosh(a)\cosh(b) \pm \sinh(a)\sinh(b)$ sowie $\sinh(a \pm b) = \sinh(a)\cosh(b) \pm \cosh(a)\sinh(b)$,

b) $\cosh(2x) = \cosh^2(x) + \sinh^2(x) = 2\cosh^2(x) - 1 = 2\sinh^2(x) + 1$ und $\sinh(2x) = 2\sinh(x)\cosh(x)$,

c) $\sinh^2(x) = \frac{1}{2}\cosh(2x) - \frac{1}{2}$ und $\cosh^2(x) = \frac{1}{2}\cosh(2x) + \frac{1}{2}$,

d) $\left(\cosh(x)+\sinh(x)\right)^n = e^{nx} = \cosh(nx)+\sinh(nx)$ für alle $n \in \mathbb{N}$ und $x \in \mathbb{R}$.

Aufgabe 22.7 (10 min) Zeigen Sie, dass der Parameter t in der Parametrisierung $\left(\cosh(t), \sinh(t)\right)$ der Einheitshyperbel mit dem Flächeninhalt der eingefärbten Fläche A in Bild 22.4 übereinstimmt.

In der Physik wird die Ableitung nach der Zeit üblicherweise mit einem Punkt bezeichnet.

Aufgabe 22.8 (30 min) Auf einen Körper der Masse m wirkt die Gewichtskraft mg und in entgegengesetzter Richtung die Kraft mkv^2 aufgrund der *(Newton-) Reibung*, d.h. $m\ddot{s} = m\dot{v} = mg - mkv^2$ mit der zum Zeitpunkt t zurückgelegten Strecke $s = s(t)$, mit der Momentangeschwindigkeit $v = \dot{s}$ z.Zt. t und Anfangsbedingung $v(0) = 0$ und mit einer vom fallenden Objekt und vom Medium, z.B. Luft, abhängigen Konstanten k. Im ersten Schritt ist also die Differentialgleichung $\dot{v} = g - kv^2$ zu lösen, d.h. $\frac{dv}{dt} = g - kv^2$ oder $\int \frac{dv}{g-kv^2} = \int dt = t + C$.

a) Zur Vorbereitung verifizieren Sie $\tanh' x = 1 - \tanh^2 x$ für alle $x \in \mathbb{R}$ und $\operatorname{artanh}'(x) = \frac{1}{1-x^2}$ für alle $|x| < 1$.

b) Überführen Sie das Integral $\int \frac{dv}{g-kv^2} = \frac{1}{g}\int \frac{dv}{1-\frac{k}{g}v^2} = \frac{1}{g}\int \frac{dv}{1-(v\sqrt{k/g})^2}$ durch Substitution in ein Vielfaches des Integrals der Form $\int \frac{du}{1-u^2} = \operatorname{artanh}(u)$ und resubstitutieren Sie. Auflösen nach $v = v(t)$ sollte $v(t) = \sqrt{\frac{g}{k}}\tanh\left(\sqrt{gk}(t + C)\right)$ liefern.

c) Bestimmen Sie die additive Integrationskonstante aus der Anfangsbedingung $v(0) = 0$ sowie $v_\infty = \lim_{t\to\infty} v(t)$.

d) Bestimmen Sie $s = s(t)$ als Lösung von $\int v(t)\,dt$ mit $s(0) = s_o$.
e) Visualisieren Sie mit dem CAS Ihrer Wahl $s(t)$ und $v(t)$ für verschiedene Werte der Konstanten k.

Aufgabe 22.9 (25 min) Die *Kettenlinie, Seilkurve* oder *Katenoide* beschreibt, wie im Schwerefeld der Erde ein Seil oder eine Kette durchhängt, wenn Seil oder Kette an den Enden fixiert ist.

a) Bestimmen Sie die Gewichtskraft dG des infinitesimal kleinen Seilstücks von $\big(x, y(x)\big)$ nach $\big(x+dx, y(x+dx)\big)$ der Länge dL, wenn μ das Verhältnis von Gewicht eines Seilstücks zu seiner Länge bezeichnet.
b) Sei $\boldsymbol{F}(x) = \big(F_x(x), F_y(x)\big)$ die Kraft, die im Punkt $\big(x, y(x)\big)$ auf das Seilstück einwirkt, und $\boldsymbol{F}(x+dx) = \big(F_x(x+dx), F_y(x+dx)\big)$ die Kraft, die im Punkt $\big(x+dx, y(x+dx)\big)$ auf das Seilstück einwirkt, s. Bild 22.5. Was gilt für die Kraft-Komponenten im Gleichgewicht? Bestimmen Sie $F_y'(x)$.
c) Ein Seil, eine Kette kann nur Zugspannungen aufnehmen. Also wirken alle Kräfte tangential. Was bedeutet das für y'?
d) Lösen Sie die in Teil b) für $F_y'(x) = \frac{d\,F_y(x)}{dx}$ gegebene Differentialgleichung durch Trennung der Veränderlichen.
e) Stellen Sie nun mit Teil c) und Teil d) eine Differentialgleichung für $y(x)$ auf und lösen Sie diese – wieder durch Trennung der Veränderlichen.

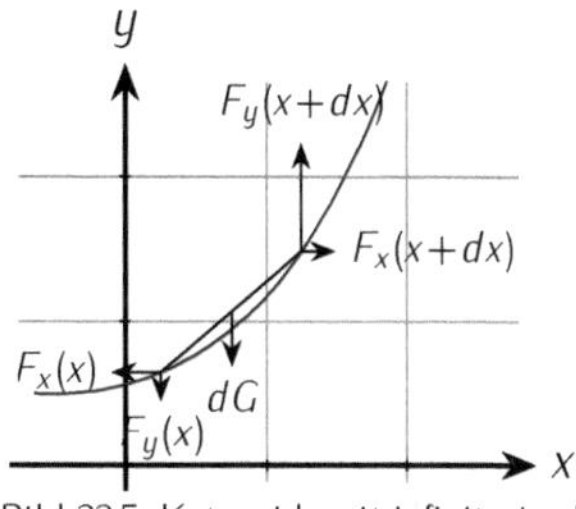

Bild 22.5: Katenoide mit infinitesimal kleinem Seilstück der Länge dL und zugehöriger Gewichtskraft dG sowie resultierenden Kräften

Aufgabe 22.10 (10 min) Zwischen zwei Häuserwänden wird eine Kette aufgehängt. Die Haken zur Aufhängung haben beide eine Höhe von 6m. Die Wände sind 12m voneinander entfernt. Die Kettenform wird durch die Gleichung $y(x) = 10\cosh(\frac{x}{10})$ beschrieben.

a) Skizzieren Sie den Verlauf der Kette.
b) Wie hoch ist die Kette am tiefsten Punkt?
c) Welchen Winkel schließt die Horizontale mit der Kette bei den Haken ein?

Aufgabe 22.11 (15 min) (s. Aufgabe 22.9)

a) Bestimmen Sie die Länge $L(x_1, x_2)$ der Katenoide $f(x) = a\cosh\big(\frac{x-x_o}{a}\big) + y_o - a$ im Intervall $[x_1, x_2]$.
b) Verifizieren Sie folgende charakteristische Eigenschaft: für beliebige Intervalle $[x_1, x_2]$ ist das Verhältnis $\frac{A}{L}$ der Fläche $A(x_1, x_2)$ unter der Katenoide $f(x) = a\cosh\big(\frac{x}{a}\big)$ zu ihrer Länge $L(x_1, x_2)$ konstant a.

Aufgabe 22.12 (15 min) (s. Aufgabe 22.9)
Katenoiden haben drei freie Parameter, etwa x_o, y_o und a (Scheitelform). Aber nicht durch alle Tripel von Punkten der Ebene verläuft eine Katenoide, wie das Beispiel von kollinearen Punkte-Tripeln zeigt.

Katenoiden durch zwei Punkte (x_1, y_1) und (x_2, y_2) haben eine Länge. Aber es gibt keine Katenoide durch diese beiden Punkte, wenn ihre vorgegebene Länge kleiner als der Abstand der beiden Punkte ist.

a) Bestimmen Sie die Katenoide durch (x_1, y_1), (x_2, y_2) und (x_3, y_3).
b) Bestimmen Sie die Katenoide vorgegebener Länge L durch zwei vorgegebene Punkte.
c) Unter welchen Bedingungen ist die Bestimmung von x_o, y_o und a vergleichsweise einfach?

Aufgabe 22.13 (15 min) Verifizieren Sie (vgl. auch Aufgabe 22.17):

a) $\operatorname{arcosh} x = \ln\left(x + \sqrt{x^2 - 1}\right)$ für alle $x \geq 1$,
b) $\operatorname{arsinh} x = \ln\left(x + \sqrt{x^2 + 1}\right)$ für alle $x \in \mathbb{R}$,
c) $\operatorname{arsinh}(x) = \operatorname{sgn}(x) \cdot \operatorname{arcosh} \sqrt{x^2 + 1}$ für alle $x \in \mathbb{R}$ wobei die Signum- oder Vorzeichenfunktion durch $\operatorname{sgn}(x) := \begin{cases} 1 & x > 0 \\ 0 & x = 0 \\ -1 & x < 0 \end{cases}$ definiert ist,
d) $\operatorname{arcosh}(x) = \operatorname{arsinh} \sqrt{x^2 - 1}$ für alle $x \geq 1$.

Bei Rotation um die Abszisse entsteht das *zweischalige Einheitshyperboloid.*

Aufgabe 22.14 (25 min) Rotation der Einheitshyperbel $x^2 - z^2 = 1$ um die z-Achse läßt eine Fläche entstehen, nämlich das *einschalige Einheitshyperboloid* Die Gleichung des einschaligen Einheitshyperboloids H_1 lautet $x^2 + y^2 - z^2 = 1$.

a) Geben Sie eine Parametrisierung des einschaligen Einheitshyperboloids H_1 an.
b) Verifizieren Sie anhand der Hyperboloid-Gleichung sowie anhand der Parametrisierung aus Teil a):
der Einheitskreis in der x-y-Ebene wie auch die beiden Geraden $g_\varrho^\pm(t) = \begin{pmatrix} \cos(\varrho) \\ \sin(\varrho) \\ 0 \end{pmatrix} + t \begin{pmatrix} -\sin(\varrho) \\ \cos(\varrho) \\ \pm 1 \end{pmatrix} = \begin{pmatrix} 1 \\ t \\ \pm t \end{pmatrix}$ für $\varrho = 0$ liegen in H_1. Wieso liegen dann auch alle Geraden $g_\varrho^\pm$ für $\varrho \in [0, 2\pi)$ in H_1?
c) Bestimmen Sie die Schnittkurven, wenn man H_1 etwa mit $x = 0$ oder mit $y = 0$ schneidet, anhand der Hyperboloid-Gleichung sowie anhand der Parameter-Darstellung des einschaligen Hyperboloids.
d) Visualisieren Sie die Schnittkurven f aus Teil c) sowie den Graphen von $g = \operatorname{arcosh}$. Vergleichen Sie f und g anhand ihrer ersten Ableitungen.

Aufgabe 22.15 (15 min) Bestimmen Sie die Kurvenlänge ℓ (s. Kapitel 26 und 29) des Abschnittes des Funktionsgraphen von $f(x) = \cosh(x)$ für $|x| \leq 1$.

Aufgabe 22.16 (15 min) Lösen Sie Integrale der Form $\int \sqrt{1+x^2}\,dx$ oder $\int \sqrt{x^2-1}\,dx$ durch Substitution mit hyperbolischen Funktionen.

a) Zur Vorbereitung bestimmen Sie $\int \cosh^2(x)\,dx$ sowie $\int \sinh^2(x)\,dx$ und verifizieren Sie Ihre Ergebnisse.
b) Lösen Sie $\int \sqrt{1+x^2}\,dx$ durch die Substitution $x = \sinh(u)$ und verifizieren Sie Ihr Ergebnis.
c) Lösen Sie $\int \sqrt{x^2-1}\,dx$ (durch welche Substitution?) und verifizieren Sie Ihr Ergebnis.

Aufgabe 22.17 (15 min) Leiten Sie alternative Darstellungen der *Umkehrfunktionen* der hyperbolischen Funktionen her, indem Sie (quadratische) Gleichungen in $z = e^x$ aufstellen und in z lösen. Anwendung des Logarithmus liefert dann die gewünschte Darstellung. Achten Sie dabei auf Randbedingungen wie $e^x > 0$ oder reell-Wertigkeit der Umkehrfunktionen.

a) $\operatorname{arsinh}(x) = \ln\left(x + \sqrt{x^2+1}\right)$ für $x \in \mathbb{R}$,
b) $\operatorname{arcosh}(x) = \ln\left(x + \sqrt{x^2-1}\right)$ für $x \in [1, \infty)$,
c) $\operatorname{artanh}(x) = \frac{1}{2}\ln\left(\frac{1+x}{1-x}\right)$ für $|x| < 1$.

22.4 Lösungen

Lösung 22.1

a) Summe und Differenz von auf ganz $\mathbb{R}$ definierten Funktionen sind wieder auf ganz $\mathbb{R}$ definiert.
b) $\cosh(-x) = \frac{1}{2}\left(e^{-x} + e^{x}\right) = \cosh(x)$ für alle $x \in \mathbb{R}$: der Graph ist symmetrisch zur Ordinate.
c) $\sinh(-x) = \frac{1}{2}\left(e^{-x} - e^{x}\right) = -\frac{1}{2}\left(e^{x} - e^{-x}\right) = -\sinh(x)$ für alle $x \in \mathbb{R}$: der Graph ist Punkt-symmetrisch zum Ursprung.
d) Wegen der Monotonie ist sinh auf ganz $\mathbb{R}$ bijektiv und damit invertierbar. Zudem gilt $\lim_{x\to\pm\infty} \sinh(x) = \pm\infty$. Also folgt $\sinh(\mathbb{R}) = \mathbb{R}$.
Wegen $\cosh(0) = 1$ und der Monotonie ist $\cosh|_{\mathbb{R}^+}$ bijektiv und damit invertierbar. Zudem gilt $\lim_{x\to\pm\infty} \cosh(x) = +\infty$. Also folgt $\cosh|_{\mathbb{R}^+}(\mathbb{R}^+) = \cosh(\mathbb{R}) = [1, \infty)$.
e) $\cosh^2 x - \sinh^2 x = \frac{1}{4}\left(e^{x} + e^{-x}\right)^2 - \frac{1}{4}\left(e^{x} - e^{-x}\right)^2 = \frac{1}{4}\left(e^{2x} + 2 + e^{-2x}\right) - \frac{1}{4}\left(e^{2x} - 2 + e^{-2x}\right) = \frac{2}{4} + \frac{2}{4} = 1$ für alle $x \in \mathbb{R}$.
f) $\sinh'(x) = \frac{1}{2}\left(e^{x} - e^{-x}\right)' = \frac{1}{2}\left(e^{x} + e^{-x}\right) = \cosh x$ und $\cosh'(x) = \frac{1}{2}\left(e^{x} + e^{-x}\right)' = \frac{1}{2}\left(e^{x} - e^{-x}\right) = \sinh x$ für alle $x \in \mathbb{R}$.
g) Es gilt zunächst $\cosh(0) = 1$, $\cosh'(0) = \sinh(0) = 0$, $\cosh''(0) = \sinh'(0) = \cosh(0) = 1$ usw. In der Taylor-Entwicklung (s. Kapitel 26) $\cosh(x) = \sum_{n=0}^{\infty} \cosh^{(n)}(0)\frac{x^n}{n!}$ von cosh verschwinden alle Summanden mit ungeraden Potenzen von x und es bleibt $\cosh(x) = \sum_{n=0}^{\infty} \frac{x^{2n}}{(2n)!}$.

In der Taylor-Entwicklung $\sinh(x) = \sum_{n=0}^{\infty} \sinh^{(n)}(0)\frac{x^n}{n!}$ von sinh verschwinden dagegen alle Summanden mit geraden Potenzen von x und es bleibt $\sinh(x) = \sum_{n=0}^{\infty} \frac{x^{2n+1}}{(2n+1)!}$.
Taylor-Entwicklungen von sinh bzw. cosh stimmen also bis auf den Vorzeichenwechsel in den Koeffizienten mit denen von sin bzw. cos überein.

h) $\sinh(jx) = \sum_{i=0}^{\infty} \frac{(jx)^{2i+1}}{(2i+1)!} = j\sum_{i=0}^{\infty}(-1)^i \frac{x^{2i+1}}{(2i+1)!} = j\sin(x)$ und $\cosh(jx) = \sum_{i=0}^{\infty} \frac{(jx)^{2i}}{(2i)!} = \sum_{i=0}^{\infty}(-1)^i \frac{x^{2i}}{(2i)!} = \cos(x)$ für alle $x \in \mathbb{R}$.

i) Wegen $e^{j2\pi} = \cos(2\pi) + j\sin(2\pi) = 1$ gilt $\sinh(z + 2\pi j) = \frac{1}{2}\left(e^{z+j2\pi} - e^{-z-j2\pi}\right) = \frac{1}{2}\left(e^{z} - e^{-z}\right) = \sinh(z)$ und $\cosh(z + 2\pi j) = \frac{1}{2}\left(e^{z+j2\pi} + e^{-z-j2\pi}\right) = \frac{1}{2}\left(e^{z} + e^{-z}\right) = \cosh(z)$ für alle $z \in \mathbb{C}$.

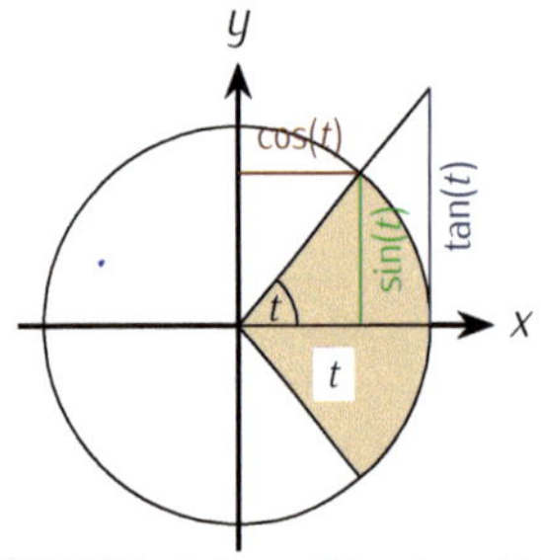

Bild 22.6: sin(t), cos(t) und tan(t) für Fläche t / Winkel t im Einheitskreis

Lösung 22.2

a) s. Bild 22.6.

b) s. Bild 22.7.

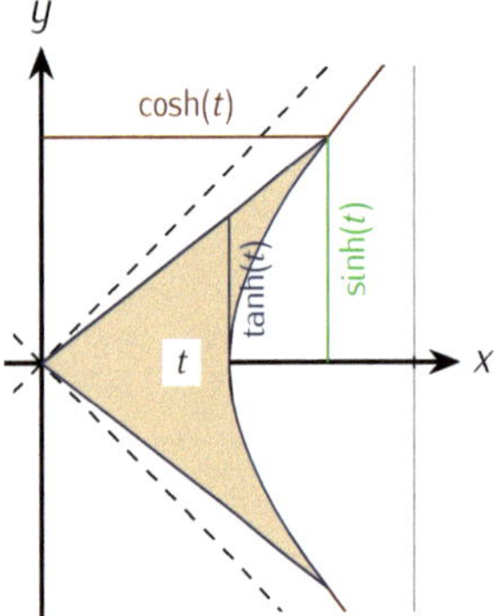

Bild 22.7: sinh(t), cosh(t) und tanh(t) für Fläche t an der Einheitshyperbel

Lösung 22.3

a) Die Umkehrfunktion artanh des Tangens hyperbolicus ist für Argumente in $(-1, 1)$ definiert. Also gilt $\mathbb{D}_f = \{x \in \mathbb{R} : x^2 < 1\} = (-1, 1)$ und $f(\mathbb{D}_f) = [0, \infty)$. f ist eine gerade Funktion (vgl. Kapitel 25). Der Funktionsgraph ist somit symmetrisch zur Ordinate, s. Bild 22.8.

b) Der Cotangens hyperbolicus ist für alle $0 \neq x \in \mathbb{R}$ definiert und $\sqrt{x}$ liefert reelle Werte nur für $x \geq 0$. Also gilt $D_g = (0, \infty)$ und $g(\mathbb{D}_g) = (1, \infty)$; s. Bild 22.9.

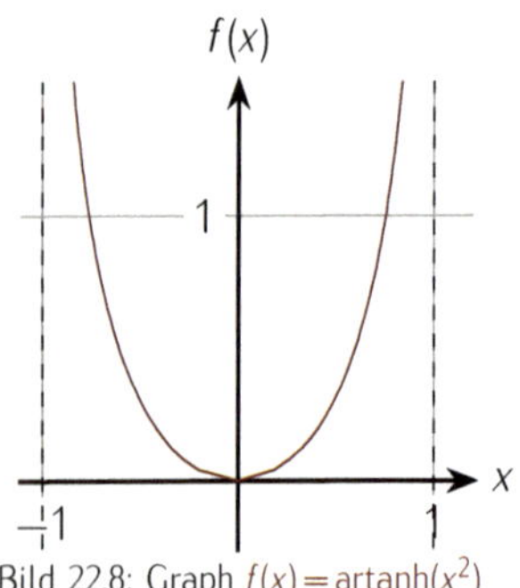

Bild 22.8: Graph $f(x) = \text{artanh}(x^2)$

Lösung 22.4

a) Die Grenzwerte eines jeden Summanden existieren: Grenzwert-Arithmetik ergibt $\lim_{x\to\infty} \frac{\cosh(x)+1}{\sinh(x)-1} = \lim_{x\to\infty} \frac{1+1/\cosh(x)}{\tanh(x)-1/\cosh(x)} = \lim_{x\to\infty} \frac{1}{\tanh(x)} = 1$ und die Stetigkeit des Logarithmus liefert $\lim_{x\to\infty} \ln\left(\frac{\cosh(x)+1}{\sinh(x)-1}\right) = 0$.
Grenzwert-Arithmetik ergibt $\lim_{x\to\infty} \frac{x}{x^2-1} = \lim_{x\to\infty} \frac{1}{x-1/x} = \lim_{x\to\infty} \frac{1}{x} = 0$ und die Stetigkeit des Cosinus in 0 liefert weiter $\lim_{x\to\infty} 3\cos\left(\frac{x}{x^2-1}\right) = 3\cos(0) = 3$.
Zusammen gilt also $\lim_{x\to\infty} f(x) = 3$.

b) Die Grenzwerte der beiden Faktoren $\frac{\ln(x+2)}{\ln(x+1)}$ und $\frac{\sinh(x)}{\sinh(x+1)}$ existieren. Der erste Bruch ist im Grenzfall von der Form $\frac{\infty}{\infty}$, so dass die Regel von L'Hospital (s. Aufgabe 26.16) angewendet werden darf: $\lim_{x\to\infty} \frac{\ln(x+2)}{\ln(x+1)} = \lim_{x\to\infty} \frac{x+1}{x+2} = \lim_{x\to\infty} \frac{1+\frac{1}{x}}{1+\frac{2}{x}} = 1$, und $\lim_{x\to\infty} \frac{\sinh(x)}{\sinh(x+1)} = \lim_{x\to\infty} \frac{e^x-e^{-x}}{e^{x+1}-e^{-x-1}} = \lim_{x\to\infty} \frac{1-e^{-2x}}{e-e^{-2x-1}} = \frac{1}{e}$.
Zusammen gilt also $\lim_{x\to\infty} g(x) = \frac{1}{e}$.

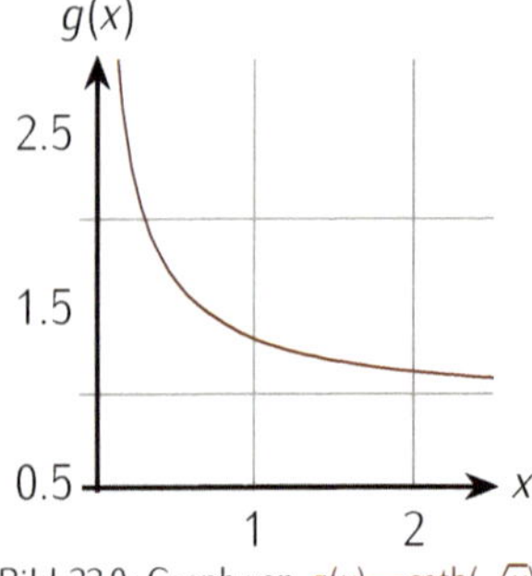

Bild 22.9: Graph von $g(x) = \coth(\sqrt{x})$

c) Zunächst gilt $\left(x^2+\sinh(x)\right)^{\frac{1}{\ln(\sinh(x))}} = \left(e^{\ln(x^2+\sinh(x))}\right)^{\frac{1}{\ln(\sinh(x))}} = e^{\frac{\ln(x^2+\sinh(x))}{\ln(\sinh(x))}}$. Der Bruch im Exponenten ist für $x \to 0^+$ von der Form $\frac{-\infty}{-\infty}$, so dass die Regel von L'Hospital (s. Aufgabe 26.16) angewendet werden darf:

$\lim_{x\to 0^+} \frac{\ln(x^2+\sinh(x))}{\ln(\sinh(x))}$ L'Hospital

$= \lim_{x\to 0^+} \frac{\sinh(x)}{x^2+\sinh(x)} \frac{2x+\cosh(x)}{\cosh(x)}$ $\frac{2x+\cosh(x)}{\cosh(x)} \to 1$

$= \lim_{x\to 0^+} \frac{\sinh(x)}{x^2+\sinh(x)} = \lim_{x\to 0^+} \frac{\cosh(x)}{2x+\cosh(x)} = 1$ L'Hospital

Mit der Stetigkeit der Exponential-Funktion gilt insgesamt $\lim_{x\to 0^+} h(x) = \exp\left(\lim_{x\to 0^+} \frac{\ln(x^2+\sinh(x))}{\ln(\sinh(x))}\right) = \exp(1) = e$.

Lösung 22.5

a) s. Bild 22.10

b) s. Bild 22.11

c) Zur Darstellung muss das CAS die hyperbolischen Funktionen jeweils in Stützstellen näherungsweise auswerten und die restlichen Punkte des Funktionsgraphen interpolieren (z.B. lineare, kubische, spline, Hermite-Interpolation). Beispielsweise Taylor-Polynome (s. Kapitel 27) approximieren die hyperbolischen Funktionen in den Stützstellen. Es gibt aber auch andere Verfahren wie etwa CORDIC-Algorithmen zur näherungsweisen Auswertung nicht nur hyperbolischer Funktionen.

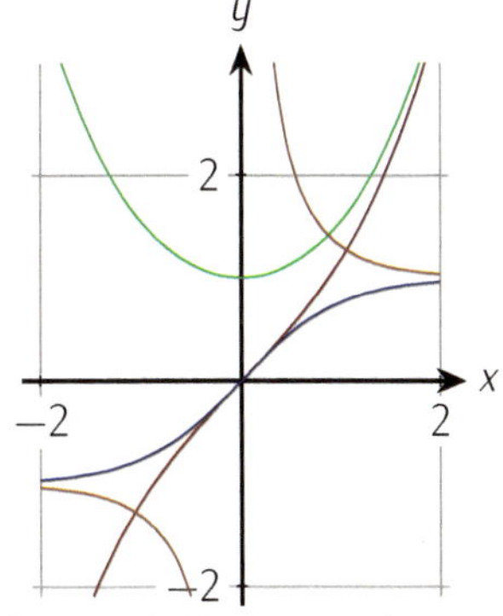

Bild 22.10: Funktionsgraphen von $y=\sinh(x)$, $y=\cosh(x)$, $y=\tanh(x)$ und $y=\coth(x)$

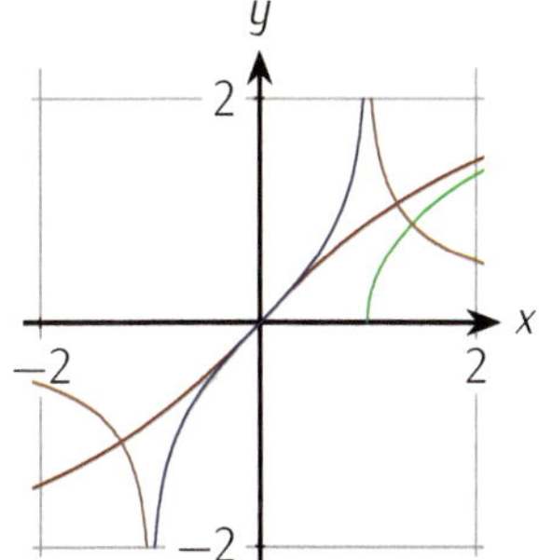

Bild 22.11: Funktionsgraphen von $y = \operatorname{arsinh}(x)$, $y = \operatorname{arcosh}(x)$, $y = \operatorname{artanh}(x)$ und $y=\operatorname{arcoth}(x)$

Lösung 22.6

a) $\cosh(a)\cosh(b)+\sinh(a)\sinh(b) = \frac{1}{4}\left(e^a+e^{-a}\right)\left(e^b+e^{-b}\right) + \frac{1}{4}\left(e^a-e^{-a}\right)\left(e^b-e^{-b}\right) = \frac{1}{4}\left(e^{a+b}+e^{a-b}+e^{-a+b}+e^{-a-b}\right) + \frac{1}{4}\left(e^{a+b}-e^{a-b}-e^{-a+b}+e^{-a-b}\right) = \frac{1}{2}\left(e^{a+b}+e^{-a-b}\right) = \cosh(a+b)$ während aufgrund der Symmetrie-Eigenschaften von cosh und sinh eben $\cosh(a)\cosh(b)-\sinh(a)\sinh(b) = \cosh(a)\cosh(-b)+\sinh(a)\sinh(-b) = \cosh(a-b)$ gilt.

$\sinh(a)\cosh(b)+\cosh(a)\sinh(b) = \frac{1}{4}\left(e^a-e^{-a}\right)\left(e^b+e^{-b}\right) + \frac{1}{4}\left(e^a+e^{-a}\right)\left(e^b-e^{-b}\right) = \frac{1}{4}\left(e^{a+b}+e^{a-b}-e^{-a+b}+e^{-a-b}\right) + \frac{1}{4}\left(e^{a+b}-e^{a-b}+e^{-a+b}-e^{-a-b}\right) = \frac{1}{2}\left(e^{a+b}-e^{-a-b}\right) = \sinh(a+b)$ während aufgrund der Symmetrie-Eigenschaften von cosh und sinh eben $\sinh(a)\cosh(b)-\cosh(a)\sinh(b) = \sinh(a)\cosh(-b)+\sinh(a)\sinh(-b) = \sinh(a-b)$ gilt.

b) Mit Teil a) gilt $\cosh(2x) = \cosh^2(x)+\sinh^2(x) = 2\cosh^2(x)-1 = 2\sinh^2(x)+1$ und $\sinh(2x) = 2\sinh(x)\cosh(x)$.

c) Mit Teil a) gilt $\frac{1}{2}\cosh(2x)-\frac{1}{2} = \frac{1}{2}\left(\cosh^2(x)+\sinh^2(x)-1\right) = \frac{1}{2}\left(\cosh^2(x)+\sinh^2(x)-\cosh^2(x)+\sinh^2(x)\right) = \sinh^2(x)$ und $\frac{1}{2}\cosh(2x)+\frac{1}{2} = \frac{1}{2}\left(\cosh^2(x)+\sinh^2(x)+1\right) = \frac{1}{2}\left(\cosh^2(x)+\sinh^2(x)+\cosh^2(x)-\sinh^2(x)\right) = \cosh^2(x)$.

d) Mit $\cosh(x)+\sinh(x) = \frac{1}{2}\left(e^x+e^{-x}\right)+\frac{1}{2}\left(e^x-e^{-x}\right) = e^x$ gilt

$$\left(\cosh(x)+\sinh(x)\right)^n = \left(e^x\right)^n = e^{nx} = \cosh(nx)+\sinh(nx).$$

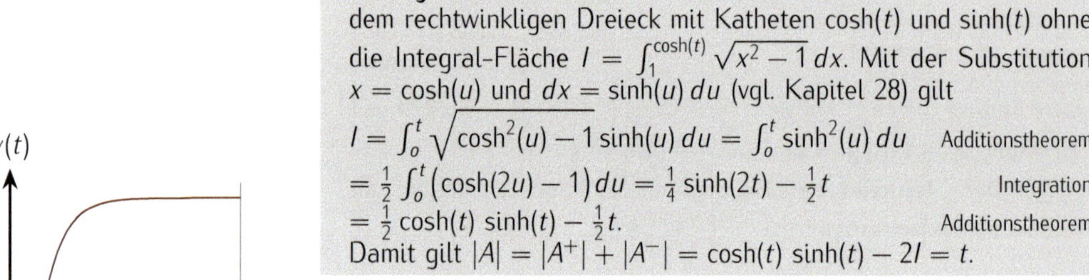

Lösung 22.7 Die Fläche A^+ oberhalb der Abszisse besteht aus dem rechtwinkligen Dreieck mit Katheten $\cosh(t)$ und $\sinh(t)$ ohne die Integral-Fläche $I = \int_1^{\cosh(t)} \sqrt{x^2-1}\,dx$. Mit der Substitution $x = \cosh(u)$ und $dx = \sinh(u)\,du$ (vgl. Kapitel 28) gilt

$$\begin{aligned} I &= \int_o^t \sqrt{\cosh^2(u)-1}\,\sinh(u)\,du = \int_o^t \sinh^2(u)\,du && \text{Additionstheorem}\\ &= \tfrac{1}{2}\int_o^t \left(\cosh(2u)-1\right)du = \tfrac{1}{4}\sinh(2t)-\tfrac{1}{2}t && \text{Integration}\\ &= \tfrac{1}{2}\cosh(t)\,\sinh(t)-\tfrac{1}{2}t. && \text{Additionstheorem}\end{aligned}$$

Damit gilt $|A| = |A^+|+|A^-| = \cosh(t)\,\sinh(t)-2I = t$.

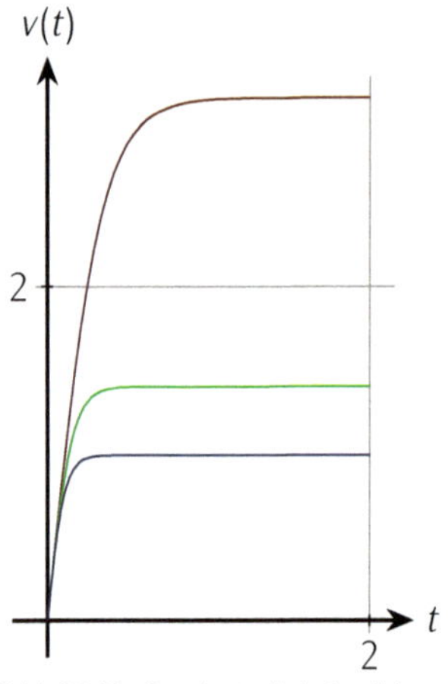

Bild 22.12: Geschwindigkeit $v(t) = \sqrt{\frac{g}{k}}\tanh(\sqrt{gk}t)$ für $k=1$, $k=5$ und $k=10$

Lösung 22.8

a) $\tanh' x = \left(\frac{\sinh(x)}{\cosh(x)}\right)' = \frac{\cosh^2(x)-\sinh^2(x)}{\cosh^2(x)} = \frac{\cosh^2(x)}{\cosh^2(x)} - \frac{\sinh^2(x)}{\cosh^2(x)} = 1 - \tanh^2 x$ und $\operatorname{artanh}'(x) = \frac{1}{\tanh'(\operatorname{artanh}(x))} = \frac{1}{1-\tanh^2(\operatorname{artanh}(x))} = \frac{1}{1-x^2}$ für alle $|x|<1$.

b) Die Substitution ist schon angedeutet: mit $u = v\sqrt{\frac{k}{g}}$ gilt $\int \frac{dv}{g-kv^2} = \frac{1}{g}\sqrt{\frac{g}{k}}\int\frac{du}{1-u^2} = \frac{1}{\sqrt{gk}}\operatorname{artanh}(u) = \frac{1}{\sqrt{gk}}\operatorname{artanh}\left(\sqrt{\frac{k}{g}}v\right)$. Auflösen von $\operatorname{artanh}\left(\sqrt{\frac{k}{g}}v\right) = \sqrt{gk}(t+C)$ nach v liefert $v = v(t) = \sqrt{\frac{g}{k}}\tanh\left(\sqrt{gk}(t+C)\right)$.

c) Aus $\tanh(0) = 0$ folgt $C = 0$ und aus $\lim_{x\to\infty}\tanh(x) = \lim_{x\to\infty}\frac{e^x-e^{-x}}{e^x+e^{-x}} = \lim_{x\to\infty}\frac{1-e^{-2x}}{1+e^{-2x}} = 1$ folgt $v_\infty = \lim_{t\to\infty} v(t) = \sqrt{\frac{g}{k}}$ und so $v(t) = v_\infty\tanh\left(\sqrt{gk}\,t\right)$.

d) Wegen $\left(\ln\left(\cosh(u)\right)\right)' = \frac{\cosh'(u)}{\cosh(u)} = \frac{\sinh(u)}{\cosh(u)} = \tanh(u)$ ist die Funktion $\ln\left(\cosh(u)\right)$ eine Stammfunktion von $\tanh(u)$. Mit $u = \sqrt{gk}\,t$ gilt $s = \int v(t)\,dt = v_\infty\int\tanh\left(\sqrt{gk}\,t\right)\,dt = \frac{v_\infty}{\sqrt{gk}}\int\tanh(u)\,du$ $= \frac{\sqrt{g/k}}{\sqrt{gk}}\left(\ln\cosh(u)+C\right) = \frac{1}{k}\left(\ln\left(\cosh(\sqrt{gk}\,t)\right)+C\right)$ und mit $C = \operatorname{arcosh}\left(e^{k\,s_o}\right)$ folgt $s(0) = \frac{1}{k}\ln\left(\cosh\left(\operatorname{arcosh}\left(e^{k\,s_o}\right)\right)\right) = \frac{1}{k}\ln\left(e^{k\,s_o}\right) = \frac{ks_o}{k} = s_o$.

e) Sei $v(0) = v_o = 0$ und $s(0) = s_o = 0$ unterstellt. Es ist ersichtlich, dass der Massepunkt nach kurzer Zeit fast v_∞ erreicht hat (s. Bild 22.12) und dass in guter Näherung $s(t)\approx s_o+v_\infty t$ gilt, s. Bild 22.13.

Bild 22.13: Zurückgelegte Strecke $s(t) = \frac{1}{k}\ln\left(\cosh(\sqrt{gk}t)\right)$ für $k=1$, $k=5$ und $k=10$

Lösung 22.9

a) Mit $dL = \sqrt{(dx)^2+(dy)^2} = \sqrt{1+(\frac{dy}{dx})^2}\,dx = \sqrt{1+(y'(x))^2}\,dx$ gilt $dG = \mu\,dL = \mu\sqrt{1+(y')^2}\,dx$.

b) Für die x-Komponente gilt $F_x(x+dx) - F_x(x) = 0$, d.h. $F_x(x) = F_x = \text{const}$, s. Bild 22.14.
Für die y-Komponente gilt $F_y(x+dx) - F_y(x) - dG = 0$, d.h. $F_y'(x) = \frac{F_y(x+dx)-F_y(x)}{dx} = \mu\, dL = \mu\sqrt{1+(y')^2}$, s. Bild 22.14.

c) An jeder Stelle der Katenoide gilt also $y' = \frac{F_y}{F_x}$ und damit $F_y = F_x y'$ mit laut Teil b) konstantem F_x.

d) Laut Teil b) gilt $F_y'(x) = \frac{d\,F_y(x)}{dx} = \mu\sqrt{1+(y'(x))^2} = \mu\sqrt{1+(\frac{F_y}{F_x})^2}$ und so $\frac{dz}{\sqrt{1+z^2}} = \frac{\mu}{F_x}\,dx$ mit $z = \frac{F_y(x)}{F_x}$ und Lösung $\operatorname{arsinh}\left(\frac{F_y(x)}{F_x}\right) = \frac{\mu}{F_x}x + C$ sowie aufgelöst $F_y(x) = F_x \sinh(\frac{x}{a} + C) = F_x \sinh(\frac{x-x_o}{a})$ mit $a = \frac{F_x}{\mu}$.

e) Mit $y' = \frac{F_y(x)}{F_x}$ aus Teil c) und mit Teil d) ergibt sich $y' = \frac{F_x \sinh(\frac{x-x_o}{a})}{F_x} = \sinh(\frac{x-x_o}{a})$ und so $y(x) = \int dy = \int \sinh\left(\frac{x-x_o}{a}\right)dx = a\cosh\left(\frac{x-x_o}{a}\right) + C$. Hier ist x_o die Abszisse des Scheitelpunktes (x_o, y_o) und damit gilt $C = y_o - a$.

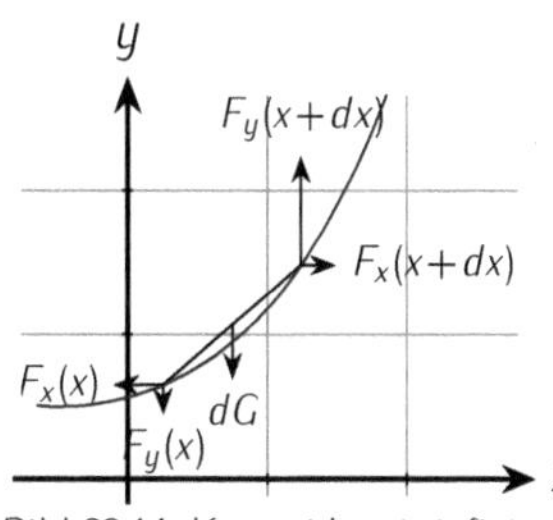

Bild 22.14: Katenoide mit infinitesimal kleinem Seilstück der Länge dL und zugehöriger Gewichtskraft dG sowie resultierenden Kräften

Lösung 22.10

a) Die Funktion cosh ist gerade, d.h. ihr Graph ist symmetrisch zur Ordinate. Da die Kette an beiden Häuserwänden gleich hoch angebracht ist, liegt der Ursprung des Koordinatensystems genau in der Mitte. Die Haken an den Hauswänden haben die Koordinaten $(-6, 6)$ und $(6, 6)$. Damit hat die Kette die Gleichung $y(x) = 10\cosh\left(\frac{x}{10}\right) + 6 - 10\cosh\left(\frac{6}{10}\right) \approx 10\cosh\left(\frac{x}{10}\right) - 5.8547$ und Bild 22.15 zeigt den Verlauf.

b) Der tiefste Punkt wird für $x = 0$ erreicht: $y(0) \approx 10 - 5.8547 = 4.1453$.

c) Der Tangens des Winkels, den die Horizontale und die Kette einschließen, ist die Steigung der Kettenfunktion bei $x = 6$. Dies ergibt sich aus dem Steigungsdreieck. $\tan(\alpha) = y'(6) = 10\sinh\left(\frac{6}{10}\right)\frac{1}{10} \approx 0.636654 \Leftrightarrow \alpha \approx 32.48^o$. Abszisse und Ordinate sind unterschiedlich skaliert. Daher ist die Abbildung nicht winkeltreu.

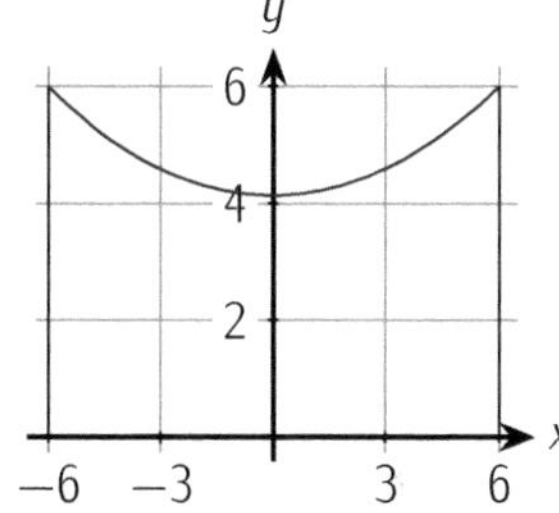

Bild 22.15: Funktionsgraph von $y = f(z) = 10\cosh(\frac{x}{10}) - 5.8547$: die Darstellung ist *nicht* winkeltreu, weil die Koordinaten-Achsen verschieden skaliert sind

Lösung 22.11

a) $L = \int_{x_1}^{x_2}\sqrt{1+(f'(x))^2}\,dx = \int_{x_1}^{x_2}\sqrt{1+\sinh^2(\frac{x-x_o}{a})}\,dx$ und mit $u = \frac{x-x_o}{a}$ eben $L = a\int\sqrt{1+\sinh^2(u)}\,du = a\int\cosh(u)\,du = a\sinh(u) = a\sinh\left(\frac{x-x_o}{a}\right)\Big|_{x_1}^{x_2} = a\sinh\left(\frac{x_2-x_o}{a}\right)) - a\sinh\left(\frac{x_1-x_o}{a}\right)$.

b) Mit $A(x_1, x_2) = \int_{x_1}^{x_2} f(x)\,dx = \int_{x_1}^{x_2} a\cosh\left(\frac{x}{a}\right)dx = a^2\sinh\left(\frac{x}{a}\right)\Big|_{x_1}^{x_2}$ und $L(x_1, x_2) = \int_{x_1}^{x_2}\sqrt{1+(f'(x))^2}\,dx = \int_{x_1}^{x_2}\sqrt{1+(\sinh^2(\frac{x}{a}))^2}\,dx = \int_{x_1}^{x_2}\cosh(\frac{x}{a})\,dx = a\sinh\left(\frac{x}{a}\right)\Big|_{x_1}^{x_2}$ gilt $\frac{A(x_1,x_2)}{L(x_1,x_2)} = a$.

Lösung 22.12

a) Die gesuchte Katenoide muß das nicht-lineare Gleichungssystem

$$a\cosh(\tfrac{x_1-x_o}{a})-(y_1-y_o+a)=0$$
$$a\cosh(\tfrac{x_2-x_o}{a})-(y_2-y_o+a)=0$$
$$a\cosh(\tfrac{x_3-x_o}{a})-(y_3-y_o+a)=0$$

in x_o, y_o und a erfüllen. Ein solches Gleichungssystem kann nur numerisch gelöst werden, z.B. durch Minimieren der Summe der Quadrate der linken Seiten, s. Kapitel 41 in Band 3.
Alle Computer-Algebra-Systeme bieten entsprechende Prozeduren, es gibt aber auch online-Anwendungen, z.B.
https://www.arndt-bruenner.de/mathe/scripts/gleichungssysteme2.htm

b) Die gesuchte Katenoide muss das nicht-lineare Gleichungssystem

$$a\cosh(\tfrac{x_1-x_o}{a})+y_o-a=y_1$$
$$a\cosh(\tfrac{x_2-x_o}{a})+y_o-a=y_2$$
$$\tfrac{a}{4}\left(\sinh(2\tfrac{x_2-x_o}{a})-\sinh(2\tfrac{x_1-x_o}{a})\right)=L-\tfrac{1}{2}(x_2-x_1)$$

in x_o, y_o und a erfüllen. Zur Lösung stehen dieselben numerischen Verfahren wie in Teil a) zur Verfügung.

c) Aus etwa $y_1 = y_2$ mit $x_1 \neq x_2$ folgt entweder geometrisch (Symmetrie-Achse verläuft parallel zur y-Achse durch den Scheitel) $x_o = \frac{1}{2}(x_1+x_2)$ oder analytisch $a\cosh\left(\frac{x_2-x_o}{a}\right)-a\cosh\left(\frac{x_1-x_o}{a}\right) = 0 \Leftrightarrow \cosh\left(\frac{x_2-x_o}{a}\right) = \cosh\left(\frac{x_1-x_o}{a}\right) \Leftrightarrow |x_2-x_o| = |x_1-x_o|$ eben $x_o = \frac{x_1+x_2}{2}$ und $|x_i-x_o| = \frac{1}{2}|x_2-x_1|$.

Wenn jetzt zufällig auch noch $x_3 = x_o$ gilt, ergibt sich sofort $y_o = y_3$. Den Parameter a gewinnen Sie dann numerisch, also näherungsweise aus $a\cosh\left(\frac{x_1-x_o}{a}\right)-a = y_1-y_o$ mit Hilfe eines der Verfahren aus Kapitel 30.

Lösung 22.13

a) Sei abgekürzt $u := x+\sqrt{x^2-1}$. Es gilt $x = \cosh(\operatorname{arcosh}(x)) = \cosh(\ln(u)) = \frac{1}{2}\left(e^{\ln(u)}+e^{-\ln(u)}\right) = \frac{1}{2}\left(u+\frac{1}{u}\right) = \frac{1}{2}\frac{u^2+1}{u} = \frac{1}{2}\frac{x^2+2x\sqrt{x^2-1}+x^2-1+1}{x+\sqrt{x^2-1}} = x$ für alle $x \geq 1$.

b) Sei abgekürzt $u := x+\sqrt{x^2+1}$. Es gilt $x = \sinh(\operatorname{arsinh}(x)) = \sinh(\ln(u)) = \frac{1}{2}\left(e^{\ln(u)}-e^{-\ln(u)}\right) = \frac{1}{2}\left(u-\frac{1}{u}\right) = \frac{1}{2}\frac{u^2-1}{u} = \frac{1}{2}\frac{x^2+2x\sqrt{x^2+1}+x^2+1-1}{x+\sqrt{x^2+1}} = x$ für alle $x \geq 1$.

c) Für $x > 0$ gilt mit Teil a) $\operatorname{arcosh}\sqrt{x^2+1} = \ln\left(\sqrt{x^2+1}+\sqrt{\sqrt{x^2+1}^2-1}\right) = \ln\left(\sqrt{x^2+1}+x\right) = \operatorname{arsinh}(x)$ mit Teil b).
Für $x = 0$ gilt $\operatorname{arcosh}\sqrt{0+1} = 0 = \operatorname{arsinh}(0)$. Der Fall $x < 0$ erledigt sich analog zum Fall $x > 0$.

d) Mit Teil b) gilt $\operatorname{arsinh}\sqrt{x^2-1} = \operatorname{arcosh}\sqrt{\sqrt{x^2-1}^2+1} = \operatorname{arcosh}(x)$ für alle $x \geq 1$.

Lösung 22.14

a) Mit der Parametrisierung $x(t) = \cosh(t)$, $y(t) = 0$ und $z(t) = \sinh(t)$ der Einheitshyperbel in der x-z-Ebene ergibt sich durch Rotation, d.h. durch Multiplikation mit der Rotationsmatrix $R_z = \begin{pmatrix} \cos(\varrho) & -\sin(\varrho) & 0 \\ \sin(\varrho) & \cos(\varrho) & 0 \\ 0 & 0 & 1 \end{pmatrix}$ die Parameter-Darstellung $\boldsymbol{r}(t, \varrho) = \begin{pmatrix} \cosh(t)\cos(\varrho) \\ \cosh(t)\sin(\varrho) \\ \sinh(t) \end{pmatrix}$ mit $t \in \mathbb{R}$ und $\varrho \in [0, 2\pi)$ des einschaligen Einheitshyperboloids, s. Bild 22.16.

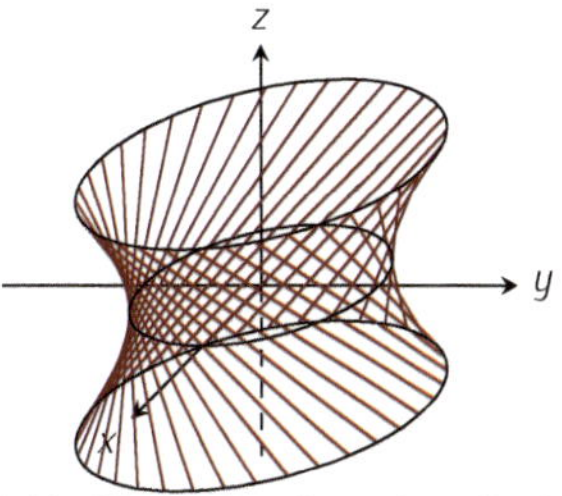

Bild 22.16: Durch jeden Punkt $\boldsymbol{r}(u) = \big(\cos(u), \sin(u), 0\big)$ des Einheitskreises in der x-y-Ebene verläuft die Gerade $\boldsymbol{s}(v) = \boldsymbol{r}(u) + \big(v\sin(u), -v\cos(u), v\big)$ in der Ebene durch $\boldsymbol{r}(u)$, normal zu $\boldsymbol{r}(u)$ und parallel zur z-Achse

b) $x^2 + y^2 = 1$ erfüllt die Hyperboloid-Gleichung für $z = 0$. Die Parametrisierung $x(\varrho) = \cos(\varrho)$ und $y(\varrho) = \sin(\varrho)$ des Einheitskreises in der x-y-Ebene erfüllt die Parametrisierung des Hyperboloids für $t = 0$.
Einerseits gilt $x^2(t)+y^2(t)-z^2(t) = 1^2+t^2-t^2 = 1$ und andererseits gibt es für jedes $t \in \mathbb{R}$ geeignete $s \in \mathbb{R}$ und $\varrho \in [0, 2\pi)$ mit $\begin{pmatrix} 1 \\ t \\ \pm t \end{pmatrix} = \begin{pmatrix} \cosh(s)\cos(\varrho) \\ \cosh(s)\sin(\varrho) \\ \sinh(s) \end{pmatrix}$. Zunächst gilt $s = \operatorname{arsinh}(t)$ und damit $\cosh(s) = \sqrt{1 + \sinh^2(s)} = \sqrt{1 + t^2}$. Aus $\cosh(s)\cos(\varrho) = 1$ folgt $\cos(\varrho) = \frac{1}{\sqrt{1+t^2}}$, was wie gewünscht $\cosh(s)\sin(\varrho) = \sqrt{1 + t^2}\sqrt{1 - \cos^2(\varrho)} = \sqrt{1 + t^2}\sqrt{1 - \frac{1}{1+t^2}} = t$ impliziert.
Das Hyperboloid ist eine Rotationsfläche und $g_\varrho^\pm$ geht aus $g_0^\pm$ durch Rotation um die z-Achse mit Rotationswinkel ϱ hervor. Mit $g_0^\pm$ liegen dann auch alle $g_\varrho^\pm$ in H_1.

c) $x^2+y^2-z^2 = 1$ liefert für etwa $y = 0$ die Gleichung $z^2 = x^2-1$ und identifiziert damit den Schnitt als die Funktionsgraphen von $z = \pm\sqrt{x^2 - 1}$. Die Forderung $y = 0$ impliziert $\cosh(t)\sin(\varrho) = 0$ und damit $\varrho = 0$ oder $\varrho = \pi$, was auf die Schnittkurve $\boldsymbol{r}(t, 0) = \begin{pmatrix} \cosh(t) \\ 0 \\ \sinh(t) \end{pmatrix}$ bzw. $\boldsymbol{r}(t, \pi) = \begin{pmatrix} -\cosh(t) \\ 0 \\ \sinh(t) \end{pmatrix}$ führt, also die Parametrisierung der Einheitshyperbel $x^2 - z^2 = 1$ in der x-z-Ebene, d.h. $z = \pm\sqrt{x^2 - 1}$.

d) Vgl. Bild 22.17 mit numerischen Ungenauigkeiten.
Mit $f(x) = \sqrt{x^2 - 1}$ und $g(x) = \operatorname{arcosh}(x)$ gilt $f(1) = 0 = g(1)$ sowie $f'(x) = \frac{x}{\sqrt{x^2-1}}$ und $g'(x) = \frac{1}{\sqrt{x^2-1}}$, also $f'(x) > g'(x)$ für $x > 1$ und damit $f(x) > g(x)$ für jedes $x > 1$.
Weder f noch g haben eine Taylor-Entwicklung um 1, weil die ersten Ableitungen in 1 nicht existieren. Für $1 \leq x \ll 2$, also x nahe bei 1, gilt aber $\sqrt{x^2 - 1} \approx \operatorname{arcosh}(x)$, weil mit Hilfe der

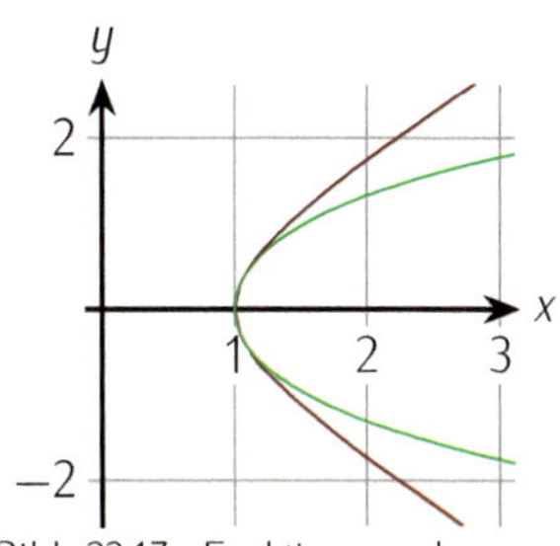

Bild 22.17: Funktionsgraphen von $f(x) = \pm\sqrt{x^2-1}$, $g(x) = \pm\operatorname{arcosh}(x)$

Victor Alexandre Puiseux (1820–1883)

Puiseux-Reihen
$\sqrt{x^2-1} \approx \sqrt{2}\sqrt{x-1} + \frac{\sqrt{2}}{4}\sqrt{x-1}^3 = \sqrt{2}\sqrt{x-1}\left(1+\frac{x-1}{4}\right)$
und
$\operatorname{arcosh}(x) \approx \sqrt{2}\sqrt{x-1} - \frac{\sqrt{2}}{12}\sqrt{x-1}^3 = \sqrt{2}\sqrt{x-1}\left(1-\frac{x-1}{12}\right)$
gilt.

Lösung 22.15 Für die Kurvenlänge $\ell = \int_{x_{\min}}^{x_{\max}} \sqrt{1+(f')^2(x)}\,dx$ gilt hier $\ell = \int_{-1}^{1} \sqrt{1+\sinh^2(x)}\,dx = \int_{-1}^{1} \cosh(x)\,dx = \sinh(x)|_{-1}^{1} = 2\sinh(1)$, da der Sinus hyperbolicus ungerade ist.

Lösung 22.16

a) Partielle Integration (s. Kapitel 28) liefert zunächst $\int \cosh^2(x)\,dx = \cosh(x)\sinh(x) - \int \sinh^2(x)\,dx$ und wegen $\cosh^2 - \sinh^2 = 1$ eben $\int \cosh^2(x)\,dx = \cosh(x)\sinh(x) - \int (\cosh^2(x)-1)\,dx = \cosh(x)\sinh(x) - \int \cosh^2(x)\,dx + x$, und nach dem unbekannten Integral aufgelöst $\int \cosh^2(x)\,dx = \frac{1}{2}\big(\cosh(x)\sinh(x)+x\big) + C$.
Probe: $\frac{d}{dx}\frac{1}{2}\big(\cosh(x)\sinh(x)+x\big) = \frac{1}{2}\big(\cosh^2(x)+\sinh^2(x)+1\big) = \frac{1}{2}\big(2\cosh^2(x)\big) = \cosh^2(x)$. ✓

Partielle Integration (s. Kapitel 28) liefert zunächst $\int \sinh^2(x)\,dx = \cosh(x)\sinh(x) - \int \cosh^2(x)\,dx$ und wegen $\cosh^2 - \sinh^2 = 1$ eben $\int \sinh^2(x)\,dx = \cosh(x)\sinh(x) - \int (1+\sinh^2(x))\,dx = \cosh(x)\sinh(x) - x - \int \sinh^2(x)\,dx$, und nach dem unbekannten Integral aufgelöst $\int \sinh^2(x)\,dx = \frac{1}{2}\big(\cosh(x)\sinh(x)-x\big) + C$.
Probe: $\frac{d}{dx}\frac{1}{2}\big(\cosh(x)\sinh(x)-x\big) = \frac{1}{2}\big(\cosh^2(x)+\sinh^2(x)-1\big) = \frac{1}{2}\big(2\sinh^2(x)\big) = \sinh^2(x)$. ✓

b) Mit $x = \sinh(u)$ und $dx = \cosh(u)\,du$ gilt $\int \sqrt{1+x^2}\,dx = \int \sqrt{1+\sinh^2(u)}\cosh(u)\,du = \int \cosh^2(u)\,du$ und mit Teil a) $\int \sqrt{1+x^2}\,dx = \frac{1}{2}\big(\cosh(u)\sinh(u)+u\big) + C$. Rücksubstitution liefert $\int \sqrt{1+x^2}\,dx = \frac{1}{2}\big(\cosh(\operatorname{arsinh}(x))x + \operatorname{arsinh}(x)\big) + C = \frac{1}{2}\big(x\sqrt{1+\sinh^2(\operatorname{arsinh}(x))} + \operatorname{arsinh}(x)\big) + C = \frac{1}{2}\big(x\sqrt{1+x^2} + \operatorname{arsinh}(x)\big) + C$.
Probe: $\frac{d}{dx}\frac{1}{2}\big(x\sqrt{1+x^2} + \operatorname{arsinh}(x)\big) = \frac{1}{2}\big(\sqrt{1+x^2} + \frac{x^2}{\sqrt{1+x^2}} + \frac{1}{\cosh(\operatorname{arsinh}(x))}\big) = \frac{1}{2}\big(\frac{1+2x^2}{\sqrt{1+x^2}} + \frac{1}{\sqrt{1+\sinh^2(\operatorname{arsinh}(x))}}\big) = \frac{1}{2}\big(\frac{1+2x^2}{\sqrt{1+x^2}} + \frac{1}{\sqrt{1+x^2}}\big) = \frac{1+x^2}{\sqrt{1+x^2}} = \sqrt{1+x^2}$. ✓

c) Mit $x = \cosh(u)$ und $dx = \sinh(u)\,du$ gilt $\int \sqrt{x^2-1}\,dx = \int \sqrt{\cosh^2(u)-1}\sinh(u)\,du = \int \sinh^2(u)\,du$ und mit Teil a) $\int \sqrt{x^2-1}\,dx = \frac{1}{2}\big(\cosh(u)\sinh(u)-u\big)+C$. Rücksubstitution liefert $\int \sqrt{x^2-1}\,dx = \frac{1}{2}\big(x\sqrt{\cosh^2(\operatorname{arcosh}(x))-1} - \operatorname{arcosh}(x)\big) + C = \frac{1}{2}\big(x\sqrt{x^2-1} - \operatorname{arcosh}(x)\big) + C$.

Probe: $\frac{d}{dx}\frac{1}{2}\big(x\sqrt{x^2-1} - \operatorname{arcosh}(x)\big) = \frac{1}{2}\Big(\sqrt{x^2-1} + \frac{x^2}{\sqrt{x^2-1}} - \frac{1}{\sinh(\operatorname{arcosh}(x))}\Big) = \frac{1}{2}\Big(\frac{2x^2-1}{\sqrt{x^2-1}} - \frac{1}{\sqrt{\cosh^2(\operatorname{arcosh}(x))-1}}\Big) = \frac{1}{2}\Big(\frac{2x^2-1}{\sqrt{x^2-1}} - \frac{1}{\sqrt{x^2-1}}\Big)$
$= \frac{1}{2}\Big(\frac{2x^2-2}{\sqrt{x^2-1}}\Big) = \sqrt{x^2-1}$. ✓

Lösung 22.17

a) Mit $y = \sinh(x) = \frac{1}{2}\big(e^x - e^{-x}\big) = \frac{1}{2}\big(z - \frac{1}{z}\big)$ gilt $z^2 - 2yz - 1 = 0$. Die quadratische Gleichung hat die Lösung $z_{1,2} = y \pm \sqrt{y^2+1} = e^x > 0$ für alle $y \in \mathbb{R}$. Wegen $z_2 = y - \sqrt{y^2+1} < 0$ ist z_2 zu verwerfen.
Also folgt $x = \operatorname{arsinh}(y) = \ln\big(y + \sqrt{y^2+1}\big)$ für alle $y \in \mathbb{R}$.

b) Nur Einschränkungen von $f(x) = \cosh(x)$ etwa auf $[0,\infty)$ oder auf $(-\infty, 0]$ sind bijektiv. Sei f auf Argumente in $\mathbb{D}_f = [0,\infty)$ eingeschränkt, d.h. $\mathbb{W}_f = f(\mathbb{D}_f) = [1,\infty)$.
Mit $y = \cosh(x) = \frac{1}{2}\big(e^x + e^{-x}\big) = \frac{1}{2}\big(z + \frac{1}{z}\big)$ gilt $z^2 - 2yz + 1 = 0$. Die quadratische Gleichung hat die Lösung $z_{1,2} = y \pm \sqrt{y^2-1} = e^x > 0$. Der Radikand ist nichtnegativ und damit f^{inv} reell-wertig, genau dann, wenn $|y| \geq 1$. Mit der Vorbemerkung gilt also $\mathbb{D}_{f^{\text{inv}}} = \mathbb{W}_f = [1,\infty)$ und $x = \operatorname{arcosh}(y) = \ln\big(y + \sqrt{y^2-1}\big)$ für $y \geq 1$.
Hätten wir uns für $x = \operatorname{arcosh}(y) = \ln\big(y - \sqrt{y^2-1}\big)$ für $y \geq 1$ entschieden, so hätten wir die Umkehrfunktion $\operatorname{arcosh}(y)$ für $y \leq -1$ von $\cosh(x)$ für $x \leq 0$ gewonnen.

c) Für $f(x) = \tanh(x)$ gilt $\mathbb{D}_f = \mathbb{R}$ und $\mathbb{W}_f = (-1, 1)$. Mit $z = e^x$ und $y = \tanh(x) = \frac{e^x - e^{-x}}{e^x + e^{-x}} = \frac{z - \frac{1}{z}}{z + \frac{1}{z}} = \frac{z^2-1}{z^2+1}$ gilt $(1-y)z^2 = y + 1$ oder $z^2 = \frac{1+y}{1-y}$. Die quadratische Gleichung hat die Lösung $z_{1,2} = \pm\sqrt{\frac{1+y}{1-y}} = e^x > 0$, so dass die negative Lösung zu verwerfen ist. Weiter ist der Radikand nicht negativ, falls $y \in \mathbb{W}_f = \mathbb{D}_{\text{artanh}}$. Also gilt $x = \operatorname{artanh}(y) = \ln(z) = \ln\Big(\sqrt{\frac{1+y}{1-y}}\Big) = \frac{1}{2}\ln\Big(\frac{1+y}{1-y}\Big)$.

d) Für $f(x) = \coth(x)$ gilt $\mathbb{D}_f = \mathbb{R} \setminus \{0\}$ und $\mathbb{W}_f = \mathbb{R} \setminus [-1, 1]$. Mit $z = e^x$ und $y = \coth(x) = \frac{e^x + e^{-x}}{e^x - e^{-x}} = \frac{z + \frac{1}{z}}{z - \frac{1}{z}} = \frac{z^2+1}{z^2-1}$ gilt $y(z^2-1) = z^2 + 1$ oder $z^2 = \frac{y+1}{y-1}$. Die quadratische Gleichung hat die Lösung $z_{1,2} = \pm\sqrt{\frac{y+1}{y-1}} = e^x > 0$, so dass die negative Lösung wieder zu verwerfen ist. Weiter ist der Radikand nicht negativ, falls $y \in \mathbb{W}_f = \mathbb{D}_{\text{arcoth}}$. Also gilt $x = \operatorname{arcoth}(y) = \ln(z) = \ln\Big(\sqrt{\frac{y+1}{y-1}}\Big) = \frac{1}{2}\ln\Big(\frac{y+1}{y-1}\Big)$.

23 Gebrochen rationale Funktionen

23.1 Einleitung

W. Brauch, H. J. Dreyer, und W. Haake. *Mathematik für Ingenieure*. Teubner Verlag, 11. Auflage, 2006

Gebrochen rationale Funktionen sind Quotienten von Polynomen, s.a. Abschnitt 3.2 mit Abschnitt 6.3.3 in Brauch et al. (2006). Sie kommen vielfach etwa in der Physik vor: der Gesamtwiderstand R einer Parallelschaltung zweier Widerstände R_1 und R_2 beträgt $R = R(R_1) = R(R_2) = R(R_1, R_2) = \frac{R_1 R_2}{R_1+R_2}$. Entsprechendes gilt für die Kapazität der Reihenschaltung zweier Kondensatoren oder die Federkonstante eines Systems bestehend aus zwei aneinandergehängten Federn. Weitere Bespiele sind Spannungsteiler, die Leistung $P(R) = \frac{R\,U^2}{(R+R_i)^2}$ eines Gerätes mit Widerstand R und Innenwiderstand R_i an einer Spannung U oder die Bremskraft $B(v) = \frac{a\,v}{b+v^2}$ einer Wirbelstrombremse in Abhängigkeit von der Geschwindigkeit v mit Konstanten a und b.

23.1.1 Definition und Eigenschaften

Die Funktion $f(x) := \frac{p(x)}{q(x)}$ ist eine gebrochen rationale Funktion, wenn p und q Polynome sind. Gebrochen rationale Funktionen sind also Verallgemeinerungen von Polynomen. Sei $m = \deg(p)$ der Grad von p und $n = \deg(q)$ der Grad von q. Falls $n = 0$, ist f ein Polynom. Wenn $n > 0$ und $m < n$ so heißt f *echt* gebrochen, wenn $n > 0$ und $m \geq n$ *unecht* gebrochene rationale Funktion. Wie bei Brüchen kann Polynomdivision jede unecht gebrochene rationale Funktion $f = \frac{p}{q} = p_o + \frac{p_1}{q}$ als Summe eines Polynoms p_o (sozusagen der ganzzahlige Anteil) und einer echt gebrochenen rationalen Funktion $\frac{p_1}{q}$ mit $\operatorname{grad} p_1 < n$ (sozusagen der gebrochene Anteil) darstellen.

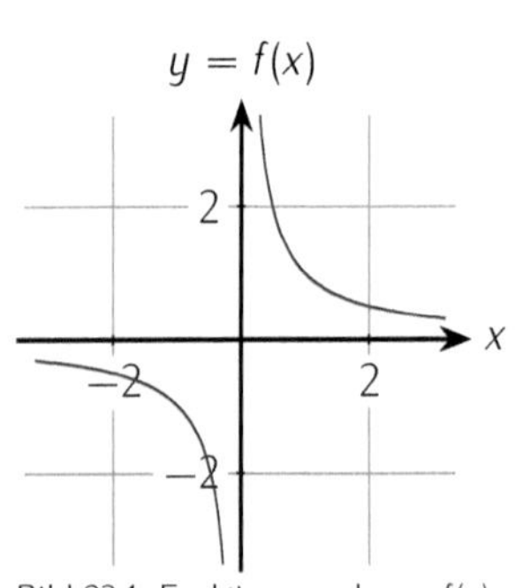

Bild 23.1: Funktionsgraph von $f(x) = \frac{1}{x}$, vgl. Abschnitt 5.1.4 in Band 1

Polynome sind auf ganz $\mathbb{R}$ definiert. Im Gegensatz dazu haben gebrochen rationale Funktionen Definitionslücken an den Stellen, in denen der Nenner verschwindet: $\mathbb{D}_f = \mathbb{R} \setminus \{x : q(x) = 0\}$ (genauere Untersuchung in Aufgabe 23.1). So ist beispielsweise die echt gebrochen rationale Funktion $f(x) = \frac{1}{x}$ auf $\mathbb{R} \setminus \{0\}$ definiert, s. Bild 23.1.

Wie bei Brüchen gefordert wird, dass Zähler und Nenner soweit gekürzt wurden, dass sie keine gemeinsamen Teiler mehr aufweisen, sei im Folgenden unterstellt, dass gemeinsame Linearfaktoren im Zähler und im Nenner gekürzt sind.

Gebrochen rationale Funktionen f sind stetig differenzierbar, f', f'' und $f^{(i)}$ werden – wenig überraschend – mit der Quotientenregel bestimmt.

Die Menge der gebrochen rationalen Funktionen ist wie die Menge der Polynome abgeschlossen unter Linearkombination, Multiplikation und Division und Hintereinanderausführung (s. Aufgabe 23.2). Die Ableitung f' einer gebrochen rationalen Funktion f ist wieder gebrochen rational.

23.1.2 Partialbruchzerlegung

Gebrochen rationale Funktionen lassen sich durch sogenannte *Partialbruchzerlegung* als Summe einfacherer gebrochen rationaler Funktionen darstellen und so vor allem für die Integration handhabbarer machen.

s.a. Abschnitt 28.1.1

Beispiel. Für beispielsweise $f(x) = \frac{p(x)}{q(x)} = \frac{2}{x^2-1} = \frac{2}{(x+1)(x-1)}$ liefert der Ansatz $f(x) = \frac{c_1}{x+1} + \frac{c_2}{x-1} = \frac{c_1(x-1)+c_2(x+1)}{(x+1)(x-1)} = \frac{(c_1+c_2)x-c_1+c_2}{x^2-1}$ durch Koeffizientenvergleich im Zähler $p(x) = 1 = (c_1+c_2)x + c_2 - c_1$ die beiden Gleichungen $c_1 + c_2 = 0$ und $c_2 - c_1 = 2$, also ein System von zwei linearen Gleichungen in c_1 und c_2 mit Lösung $c_1 = -1$ und $c_2 = 1$, so dass f mit $\deg q = 2$ in zwei einfachere gebrochen rationale Funktionen zerlegt werden kann, deren Nennerpolynome jeweils nur von erstem Grad sind.

Obiges Beispiel kann zur folgenden Beobachtung verallgemeinert werden: Sei $f(x) = \frac{p(x)}{q(x)}$ eine gebrochen rationale Funktion mit $\deg p \leq \deg q$ und $q(x) = c\prod_{i=1}^{\deg q}(x-x_i)$, wobei das Nennerpolynom nur einfache Nullstellen $x_1, x_2, \ldots, x_{\deg q}$ hat. Dann läßt sich f als Linearkombination $f(x) = \sum_{i=1}^{\deg q} \frac{c_i}{x-x_i}$ (wesentlich) einfacherer gebrochen rationaler Funktionen darstellen.

Im Fall von mehrfachen Nullstellen im Nennerpolynom verhilft folgender Ansatz zur Lösung:

Beispiel. Für beispielsweise $f(x) = \frac{p(x)}{q(x)} = \frac{3}{(x-1)(x-2)^2}$ liefert der Ansatz $f(x) = \frac{c_1}{x-1} + \frac{d_1}{x-2} + \frac{d_2}{(x-2)^2} = \frac{c_1(x-2)^2+d_1(x-1)(x-2)+d_2(x-1)}{(x-1)(x-2)^2} = \frac{c_1(x^2-4x+4)+d_1(x^2-3x+2)+d_2(x-1)}{(x-1)(x-2)^2} = \frac{(c_1+d_1)x^2-(4c_1+3d_1-d_2)x+4c_1+2d_1-d_2}{(x-1)(x-2)^2}$ das lineare Gleichungssystem $c_1 + d_1 = 0$, $4c_1 + 3d_1 - d_2 = 0$ und $4c_1 + 2d_1 - d_2 = 3$ mit Lösung $c_1 = 3$, $d_1 = -3$ und $d_2 = 3$, so dass sich $f(x) = \frac{3}{x-1} - \frac{3}{x-2} + \frac{3}{(x-2)^2}$ ergibt.

Bei Polynomen mit reellen Koeffizienten treten komplexe Nullstellen immer als Paare zueinander konjugiert komplexer Zahlen auf.

Beispiel. Für beispielsweise $f(x) = \frac{p(x)}{q(x)} = \frac{4}{(x-1)(x^2+1)}$ mit den Nullstellen $x_1 = 1$ und $x_{2,3} = \pm j$ des Nennerpolynoms liefert der Ansatz $f(x) = \frac{c_1}{x-1} + \frac{d_1 x + d_o}{x^2+1} = \frac{c_1(x^2+1)+(d_1 x + d_o)(x-1)}{(x-1)(x-2)^2} = \frac{(c_1+d_1)x^2+(d_o-d_1)x+c_1-d_o}{(x-1)(x-2)^2}$ das lineare Gleichungssystem $c_1 + d_1 = 0$, $d_o - d_1 = 0$ und $c_1 - d_o = 4$ mit Lösung $c_1 = 2$, $d_o = -2$ und $d_1 = -2$, so dass sich $f(x) = \frac{2}{x-1} - 2\frac{x+1}{x^2+1}$ ergibt.

Analog zum Fall mehrfacher reeller Nullstellen wird noch der Fall mehrfacher komplexer Nullstellen behandelt.

Beispiel. Für beispielsweise $f(x) = \frac{p(x)}{q(x)} = \frac{4}{(x-1)(x^2+1)^2}$ mit der einfachen Nullstelle $x_1 = 1$ und den doppelten Nullstellen $x_{2,3} = \pm j$ des Nennerpolynoms liefert der Ansatz $f(x) = \frac{4}{(x-1)(x^2+1)^2} = \frac{c_1}{x-1} + \frac{d_1 x + d_o}{x^2+1} + \frac{e_1 x + e_o}{(x^2+1)^2} = \frac{c_1(x^2+1)^2+(d_1 x + d_o)(x-1)(x^2+1)+(e_1 x + e_o)(x-1)}{(x-1)(x^2+1)^2} = \frac{(c_1+d_1)x^4+(d_o-d_1)x^3+(2c_1-d_o+d_1+e_1)x^2+(d_o-d_1+e_o-e_1)x+(c_1-d_o-e_o)}{(x-1)(x^2+1)^2}$ das lineare Gleichungssystem $c_1 + d_1 = 0$, $d_o - d_1 = 0$, $2c_1 + e_1 = 0$, $e_o - e_1 = 0$ und $c_1 - d_o - e_o = 4$ mit Lösung $c_1 = 1$, $d_o = -1 = d_1$ und $e_o = -2 = e_1$, so dass sich $f(x) = \frac{1}{x-1} - \frac{x+1}{x^2+1} - 2\frac{x+1}{(x^2+1)^2}$ ergibt.

Die Partialbruchzerlegung wird sich auch im Zusammenhang mit der Laplace-Transformation oder der z-Transformation als nützlich erweisen.

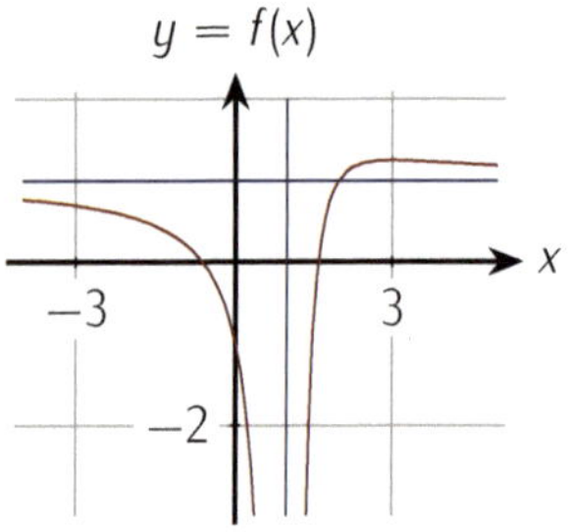

Bild 23.2: Graph der gebrochen rationalen Funktion $f(x) = \frac{x^2-x-1}{(x-1)^2}$ mit Asymptoten $x = 1$ und $y = 1$

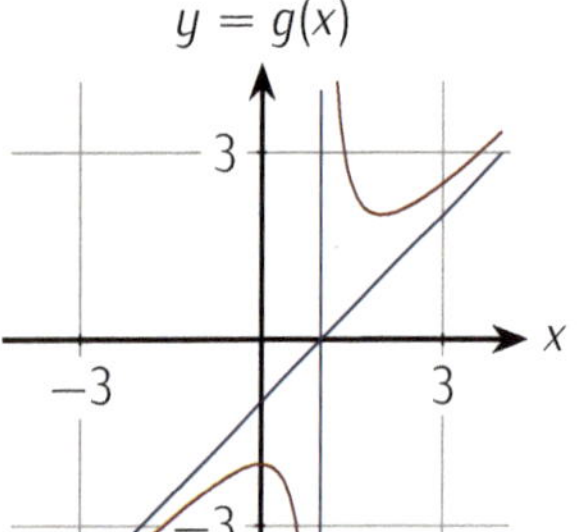

Bild 23.3: Graph der gebrochen rationalen Funktion $g(x) = \frac{x^2-2x+2}{x-1}$ mit Asymptoten $x = 1$ und $y = x - 1$

23.1.3 Asymptoten

Asymptoten sind Geraden oder Funktionsgraphen von Polynomen, denen sich der Funktionsgraph der betrachteten gebrochen rationalen Funktion beliebig gut annähert. Es werden *vertikale*, *horizontale* und sonstige oder *schiefe* Asymptoten unterschieden.

Beispiel.

- ▷ Die gebrochen rationale Funktion $f(x) = 1 + \frac{x-2}{(x-1)^2} = \frac{x^2-x-1}{(x-1)^2}$ hat zwei Asymptoten: die horizontale $y = 1$, der sich der Graph von f für $x \to \pm\infty$ beliebig gut annähert, und die vertikale Asymptote $x = 1$, also die Vertikale in der Polstelle 1 für $x \to 1$. Die Funktion f hat die Nullstellen $\frac{1}{2}(1 \pm \sqrt{5}) \approx \{-0.618, 1.618\}$ und das globale Maximum $(3, \frac{5}{4})$, weswegen sich der Funktionsgraph und die Asymptote $y = 1$ auch schneiden können, s. Bild 23.2.
- ▷ Die gebrochen rationale Funktion $g(x) = x - 1 + \frac{1}{x-1} = \frac{x^2-2x+2}{x-1}$ hat zwei Asymptoten: die Ordinate in der Polstelle 1 für $x \to 1$ und die 'schiefe' Asymptote $y = x - 1$ für $x \to \pm\infty$, s. Bild 23.3.

▷ Die gebrochen rationale Funktion $h(x) = (x-1)^2 - \frac{1}{x-1} = \frac{(x-1)^3-1}{x-1}$ hat zwei Asymptoten: die Vertikale in der Polstelle 1 für $x \to 1$ und die verschobene Normal-Parabel $y = (x-1)^2$ für $x \to \pm\infty$, s. Bild 23.4.

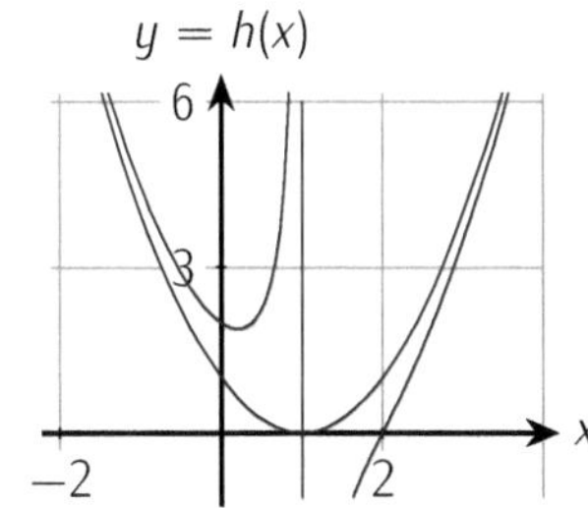

Bild 23.4: Graph der gebrochen rationalen Funktion $h(x) = \frac{(x-1)^3-1}{x-1}$ mit Asymptoten $x = 1$ und $y = (x-1)^2$

Die Konstruktion obiger Beispiele hat schon gezeigt, wie die Asymptoten zu bestimmen sind: Die Asymptoten sind zum einen die Vertikalen in Polstellen und zum anderen der ganz rationale Anteil der gebrochen rationalen Funktion. Polynom-Division liefert die Darstellung der gebrochen rationalen Funktion als Summe eines Polynoms und einer echt gebrochen rationalen Funktion.

23.2 Lernziele

Nr	Ich kann	Aufgabe	√
	gebrochen rationale Funktionen		
224	Graphen gebrochen rationaler Funktionen skizzieren	23.1, 23.2	
225 *	gebrochen rationale Funktionen verwenden	??, 23.4, 23.5, 23.7, 23.8, 23.9, 23.10	
226	eine Partialbruchzerlegung durchführen, um Integrale zu lösen	23.11	
227 *	Asymptoten gebrochen rationaler Funktionen bestimmen	23.4, 23.5, 23.6, 23.7	

23.3 Aufgaben

Aufgabe 23.1 (10 min) Sei $f = \frac{p}{q}$ eine gebrochen rationale Funktion und seien $p(x) = c_p \prod_{i=1}^{m}(x - p_i)^{m_i}$ bzw. $q(x) = c_q \prod_{j=1}^{n}(x - q_j)^{n_j}$ die Linearfaktor-Zerlegungen (s. Kapitel 4 in Band 1) von p bzw. q, d.h. p_i ist m_i-fache Nullstelle von p und q_j ist n_j-fache Nullstelle von q. Dabei sind c_p und c_q reelle Konstanten.
Untersuchen Sie den *Definitionsbereich* $\mathbb{D}_f$ von f.

a) Welche Fälle können grundsätzlich auftreten? mit welchen Konsequenzen für $\mathbb{D}_f$? mit welchen Konsequenzen für $\lim_{x\to\infty} f(x)$ bzw. für $\lim_{x\to-\infty} f(x)$?
b) Welche Fälle können für $p_{i_o} = x_o = q_{j_o}$ auftreten? Wie verhält sich jeweils f?

Aufgabe 23.2 (10 min) Zeigen Sie

a) Mit gebrochen rationalen Funktionen $f_i = \frac{p_i}{q_i}$ und Skalaren $c_i \in \mathbb{R}$ ist auch die Linearkombination $f = c_1 f_1 + c_2 f_2$ wieder eine gebrochen rationale Funktion.
b) Mit gebrochen rationalen Funktionen $f_i = \frac{p_i}{q_i}$ sind auch das Produkt $g = f_1 f_2$ und der Quotient $h = \frac{f_1}{f_2}$ wieder gebrochen rationale Funktionen.
c) Mit gebrochen rationalen Funktionen $f = \frac{p}{q}$ und $g = \frac{r}{s}$ ist auch die Hintereinanderausführung $f \circ g$ wieder gebrochen rational.

Aufgabe 23.3 (15 min) Gegeben seien die drei Wertepaare $(1, 4)$, $(2, 2)$ und $(3, 1)$. Bestimmen Sie die *interpolierende* Funktion, deren Graph durch diese drei Punkte verläuft,

a) der Form $f(x) = ax^2 + bx + c$, also Parabeln,
b) der Form $g(x) = \frac{ax+b}{x+c}$, also Elemente einer parametrisierten Menge gebrochen rationaler Funktionen,
c) der Form $h(x) = ax^2 + bx + c + \frac{1}{x-3/2}$, also Elemente einer parametrisierten Menge gebrochen rationaler Funktionen.

Aufgabe 23.4 (20 min) *Konstruieren* Sie jeweils eine gebrochen rationale Funktion:

a) mit Nullstelle in 2 und Polstelle in 3 mit $\lim_{x\to 3^-} f(x) = -\infty$ und $\lim_{x\to 3^+} f(x) = +\infty$,
b) mit Nullstelle in 5 und Polstelle in 4 mit $\lim_{x\to 4^-} g(x) = \infty$ und $\lim_{x\to 4^+} g(x) = \infty$,
c) mit waagerechter Asymptote $y = 2$ und Polstelle in 0 mit $\lim_{x\to 3^-} h(x) = -\infty$ und $\lim_{x\to 3^+} h(x) = -\infty$,
d) mit schiefer Asymptote $y = 2x - 1$ und senkrechter Asymptote $x = 2$.

Aufgabe 23.5 (10 min) Gegeben sei die gebrochen rationale Funktion $f(x) = \frac{2x}{(x-1)^2}$ für $x \in \mathbb{D}_f$.

a) Bestimmen Sie $\mathbb{D}_f$ und die *Extrema* von f, falls es solche gibt.
b) Bestimmen Sie die Asymptoten von f.

Aufgabe 23.6 (10 min) Gegeben $f(x) = \frac{x^2-2x}{2x+1}$.

a) Bestimmen Sie den maximalen Definitionsbereich $\mathbb{D}_f$ und charakterisieren Sie die Definitionslücken.
b) Hat f Wendepunkte?
c) Bestimmen Sie die schiefe Asymptote.

Aufgabe 23.7 (15 min) Für den *Gesamtwiderstand* R einer Parallelschaltung zweier Widerstände R_1 und R_2 gilt $\frac{1}{R} = \frac{1}{R_1} + \frac{1}{R_2}$, also $R = \frac{R_1 R_2}{R_1+R_2}$. Für die *Gesamtkapazität* C einer Serienschaltung zweier Kondensatoren mit Kapazitäten C_1 und C_2 gilt $\frac{1}{C} = \frac{1}{C_1} + \frac{1}{C_2}$, also $C = \frac{C_1 C_2}{C_1+C_2}$. Für die *Federkonstante* D einer Feder, die durch zwei aneinander gehängte Federn mit Federkonstanten D_1 und D_2 realisiert ist, gilt $\frac{1}{D} = \frac{1}{D_1} + \frac{1}{D_2}$, also $D = \frac{D_1 D_2}{D_1+D_2}$. (Es handelt sich übrigens um das *harmonische Mittel*.)

a) Berechnen Sie den Gesamtwiderstand $R^{(n)}$ der Parallelschaltung von n identischen Widerständen R für $n \in \mathbb{N}$.
b) Gesamt-Widerstand, -Kapazität und -Federkonstante sind als Funktion einer Teilsystem-Kenngröße durch gebrochen rationale Funktionen der Form $f(x) = \frac{ax}{x+b}$ mit Konstanten a und b gegeben. Bestimmen Sie Pole und Asymptoten von f.

Aufgabe 23.8 (15 min) Gegeben die Parabel $f(x) = (6x+5)^2$ und die gebrochen rationale Funktion $g(x) = \frac{35}{3x^2+5x+2}$.
a) Bestimmen Sie $\mathbb{D}_f$ und $\mathbb{D}_g$.
b) Warum existieren Schnittpunkte der Funktionsgraphen von f und g?
c) Bestimmen Sie die Schnittpunkte der Funktionsgraphen von f und g.

Aufgabe 23.9 (5 min) Gegeben ein rechtwinkliges Dreieck mit den Katheten a und b. Bestimmen Sie die Seitenlänge s des Flächen-maximalen Quadrates, das dem rechtwinkligen Dreieck einbeschrieben ist.

Aufgabe 23.10 (10 min) Gegeben die gebrochen rationale Funktion $f(x) = 20\frac{x-1}{x^3}$. Die Punkte $P = (1,0)$ und $Q = \big(u, f(u)\big)$ für $u \geq 1$ liegen auf dem Funktionsgraphen von f, $R = (u,0)$ ist der Fußpunkt des Lotes von Q auf die Abszisse. Der Flächeninhalt $A = A(u) = |\Delta(PQR)|$ des rechtwinkligen Dreiecks $\Delta(PQR)$ ist zu maximieren.

Aufgabe 23.11 (15 min) Führen Sie für folgende gebrochen rationale Funktionen die jeweilige Partialbruchzerlegung durch:
a) $f(x) = \frac{x^2}{x^2-1}$,
b) $g(x) = \frac{x}{x^2-x-2}$,
c) $h(x) = \frac{x^2}{x^4+2x^2+1}$.

23.4 Lösungen

Lösung 23.1
a) Falls die Mengen der Nullstellen von Zähler und Nenner disjunkt sind, so stimmen die Nullstellen p_i von p mit denen von f überein und die Nullstellen q_j des Nenners sind Polstellen von f. Anderenfalls siehe Teil b). $\deg(p) = \sum_{i=1}^m m_i$ ist der Grad von p und $\deg(q) = \sum_{j=1}^n n_j$ derjenige von q. Sei $d = \deg(p) - \deg(q)$. Falls $\deg(p) > \deg(q)$, gilt $\lim_{x\to\infty} f(x) = \lim_{x\to\infty} \frac{c_p\prod_{i=1}^m (x-p_i)^{m_i}}{c_q\prod_{j=1}^n (x-q_j)^{n_j}} = \lim_{x\to\infty} \frac{c_p\prod_{i=1}^m (1-p_i/x)^{m_i}}{(1/x)^d c_q\prod_{j=1}^n (1-q_j/x)^{n_j}} = \lim_{x\to\infty} \frac{c_p}{c_q}x^d = \mathrm{sgn}(\frac{c_p}{c_q})\infty$ und entsprechend $\lim_{x\to-\infty} f(x) = \lim_{x\to-\infty} \frac{c_p}{c_q}x^d = \mathrm{sgn}(\frac{c_p}{c_q})(-1)^d\infty$.
Falls $\deg(p) = \deg(q)$, gilt $\lim_{x\to\infty} f(x) = \lim_{x\to\infty} \frac{c_p\prod_{i=1}^m (1-p_i/x)^{m_i}}{c_q\prod_{j=1}^n (1-q_j/x)^{n_j}} = \frac{c_p}{c_q} = \lim_{x\to-\infty} f(x)$.
Falls $\deg(p) < \deg(q)$, gilt $\lim_{x\to\pm\infty} f(x) = \lim_{x\to\pm\infty} \frac{1}{x^{\deg(q)-\deg(p)}} \cdot \frac{c_p\prod_{i=1}^m (1-p_i/x)^{m_i}}{c_q\prod_{j=1}^n (1-q_j/x)^{n_j}} = \lim_{x\to\pm\infty} \frac{1}{x^{\deg(q)-\deg(p)}} = 0$.

b) Falls $m_{i_o} > n_{j_o}$, so ist f nach Kürzen ein Vielfaches von $(x - p_{i_o})^{m_{i_o}-n_{j_o}}$. Somit ist p_{i_o} eine $(m_{i_o} - n_{j_o})$-fache Nullstelle von f. Falls $m_{i_o} = n_{j_o}$, so kann f stetig ergänzt und damit die Definitionslücke geschlossen werden.
Falls $m_{i_o} < n_{j_o}$, so hat f einen Pol in q_{j_o}.

Lösung 23.2

a) $f = c_1 f_1 + c_2 f_2 = c_1 \frac{p_1}{q_1} + c_2 \frac{p_2}{q_2} = \frac{c_1 f_1 q_2 + c_2 f_2 q_1}{q_1 q_2} =: \frac{p}{q}$, wo $p = c_1 f_1 q_2 + c_2 f_2 q_1$ und $q = q_1 q_2$ wieder Polynome sind. Also ist f gebrochen rational.

b) $g = f_1 f_2 = \frac{p_1 p_2}{q_1 q_2} =: \frac{p}{q}$, wo $p = p_1 p_2$ und $q = q_1 q_2$ Polynome sind. Also ist g gebrochen rational. $h = \frac{f_1}{f_2} = \frac{p_1 q_2}{q_1 p_2} =: \frac{p}{q}$, wo $p = p_1 q_2$ und $q = q_1 p_2$ Polynome sind. Also ist auch h gebrochen rational.

c) Mit Teil b) sind Potenzen gebrochen rationaler Funktionen wieder gebrochen rational und mit Teil a) sind Linearkombinationen solcher gebrochen rationalen Funktionen wieder gebrochen rational. Polynome in gebrochen rationalen Funktionen wie etwa $p \circ g$ oder $q \circ g$ sind also gebrochen rational. Damit ist $(f \circ g)(x) = \frac{p\left(g(x)\right)}{q\left(g(x)\right)} = \frac{p\left(\frac{r(x)}{s(x)}\right)}{q\left(\frac{r(x)}{s(x)}\right)}$ als Quotient gebrochen rationaler Funktionen wieder gebrochen rational.

Lösung 23.3

a) Das lineare Gleichungssystem $\begin{matrix} a+b+c=4 \\ 4a+2b+c=2 \\ 9a+3b+c=1 \end{matrix}$ hat die Lösung $(a,b,c) = (\frac{1}{2}, -\frac{7}{2}, 7)$, d.h. $f(x) = \frac{1}{2}x^2 - \frac{7}{2}x + 7$, s. Bild 23.5.

b) Das lineare Gleichungssystem $\begin{matrix} a+b=4(1+c) \\ 2a+b=2(2+c) \\ 3a+b=3+c \end{matrix}$ hat die Lösung $(a,b,c) = (-2, 10, 1)$, d.h. $g(x) = \frac{10-2x}{x+1}$, s. Bild 23.5.

c) Das lineare Gleichungssystem $\begin{matrix} a+b+c-2=4 \\ 4a+2b+c+2=2 \\ 9a+3b+c+\frac{2}{3}=1 \end{matrix}$ hat die Lösung $(a,b,c) = \left(\frac{19}{6}, -\frac{31}{2}, \frac{55}{3}\right)$, d.h. $h(x) = \frac{19}{6}x^2 - \frac{31}{2}x + \frac{55}{3} + \frac{1}{x-3/2}$, s. Bild 23.5.

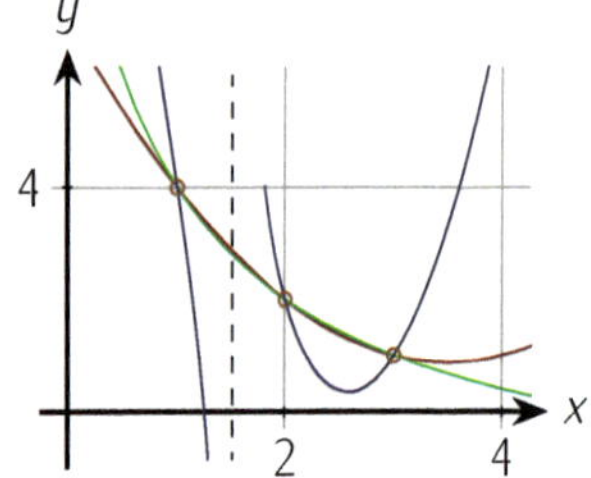

Bild 23.5: Das Polynom $f(x) = \frac{1}{2}x^2 - \frac{7}{2}x + 7$ sowie die gebrochen rationale Funktionen $g(x) = \frac{10-2x}{x+1}$ und $h(x) = \frac{19}{6}x^2 - \frac{31}{2}x + \frac{55}{3} + \frac{1}{x-3/2}$ interpolieren die drei Datenpunkte $(1,4)$, $(2,2)$ und $(3,1)$

Lösung 23.4

a) Die Funktion $f_o(x) = \frac{1}{x-3}$ hat einen Pol in 3 mit $\lim_{x\to 3^-} f_o(x) = -\infty$ und $\lim_{x\to 3^+} f_o(x) = +\infty$. Jede Funktion $f(x) = f_o(x) + c$ hat den Pol in 3 mit den selben Eigenschaften. $f(2) = f_o(2) + c = -1 + c = 0$ impliziert $c = 1$ und $f(x) = \frac{1}{x-3} + 1 = \frac{x-2}{x-3}$.

b) Die Funktion $g_o(x) = \frac{1}{(x-4)^2}$ hat einen Pol in 4 mit $\lim_{x\to 4^-} g_o(x) = +\infty = \lim_{x\to 3^+} g_o(x)$. Jede Funktion $g(x) = g_o(x)+c$ hat den Pol in 4 mit den selben Eigenschaften. $g(5) = g_o(5)+c = \frac{1}{4}+c = 0$ impliziert $c = -\frac{1}{4}$ und $g(x) = \frac{1}{(x-4)^2} - \frac{1}{4} = \frac{(x-4)^2+1}{(x-4)^2}$.

c) Die Funktion $h_o(x) = -\frac{1}{x^2}$ hat eine Polstelle in 0 mit $\lim_{x\to 0^-} h_o(x) = -\infty = \lim_{x\to 0^+} h_o(x)$. Jede Funktion $h(x) = h_o(x) + c$ hat den Pol in 0 mit den selben Eigenschaften. $g(x) = 2 - \frac{1}{x^2}$ erfüllt zudem $\lim_{x\to\pm\infty} h(x) = 2$.

d) Eine senkrechte Asymptote $x = 2$ impliziert eine Polstelle in 2 wie etwa bei $f_o(x) = \frac{1}{x-2}$. Funktionen der Form $f(x) = p(x)+f_o(x)$ mit beliebigem Polynom p haben wie f_o die Polstelle 2. Für $f(x) = 2x - 1 + \frac{1}{x-2}$ schmiegt sich für $x \to \pm\infty$ der Graph von f demjenigen von $p(x) = 2x - 1$ beliebig gut an: f hat die gewünschte schiefe Asymptote.

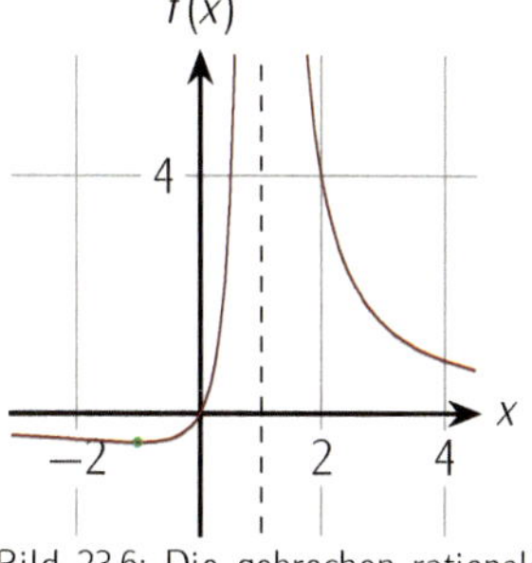

Bild 23.6: Die gebrochen rationale Funktion $f(x) = \frac{2x}{(x-1)^2}$ mit dem Minimum $\left(-1, -\frac{1}{2}\right)$

Lösung 23.5

a) Es gilt $\mathbb{D}_f = \mathbb{R} \setminus \{1\}$ und $f'(x) = 2\frac{(x-1)^2-2x(x-1)}{(x-1)^4} = 2\frac{(x-1)-2x}{(x-1)^3} = -2\frac{x+1}{(x-1)^3} = 0 \Leftrightarrow x = -1$. Wegen $f''(x) = -2\frac{(x-1)^3-3(x+1)(x-1)^2}{(x-1)^6} = -2\frac{(x-1)-3(x+1)}{(x-1)^4} = \frac{4x+8)}{(x-1)^4}$ mit $f''(-1) = \frac{4}{(-1-1)^4} > 0$ hat f in $x = -1$ das Minimum $\left(-1, f(-1)\right) = \left(-1, -\frac{1}{2}\right)$, s. Bild 23.6.

b) Zum Pol in 1 gehört die senkrechte Asymptote $x = 1$. Wegen $\lim_{x\to\pm\infty} f(x) = \lim_{x\to\pm\infty} \frac{2}{x-2+\frac{1}{x}} = 0$ per Grenzwert-Arithmetik ist die Abszisse $y = 0$ die zweite, waagerechte Asymptote, die den Funktionsgraphen im Ursprung, zuleich der einzigen Nullstelle, schneidet, s. Bild 23.6.

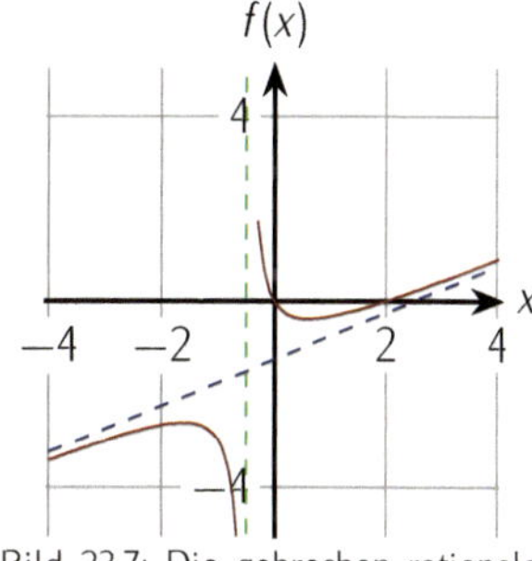

Bild 23.7: Die gebrochen rationale Funktion $f(x) = \frac{x^2-2x}{2x+1}$ mit Pol in $-\frac{1}{2}$ und der Asymptote $g(x) = \frac{1}{2}x - \frac{5}{4}$

Lösung 23.6

a) $f = \frac{p}{q}$ mit $q(x_o) = 0$ und $p(x_o) = \frac{1}{4} + 1 = \frac{5}{4} \neq 0$ für $x_o = -\frac{1}{2}$. Damit gilt $\mathbb{D}_f = \mathbb{R} \setminus \{-\frac{1}{2}\}$ und x_o ist eine Polstelle, s. Bild 23.7.

b) Aus $f'(x) = \frac{2(x-1)(2x+1)-(x^2-2x)2}{(2x+1)^2} = 2\frac{x^2+x-1}{(2x+1)^2} =: 2\frac{u(x)}{v(x)}$ und $f''(x) = 2\frac{(2x+1)^3-u(x)\,4(2x+1)}{(2x+1)^4} = \frac{10}{(2x+1)^3}$ folgt $f''(x) \neq 0$ für alle $x \in \mathbb{D}_f$. Also hat f keine Wendepunkte, s. Bild 23.7.

c) Polynomdivision liefert mit $f(x) = \frac{1}{2}x - \frac{5}{4} + \frac{5}{4}\,\frac{1}{2x+1} = g(x) + \frac{5}{4}\,\frac{1}{2x+1}$ die Asymptote $g(x) = \frac{1}{2}x - \frac{5}{4}$, s. Bild 23.7.

Lösung 23.7

a) Induktion (s. Kapitel 33) nach n erfolgt in zwei Schritten. Der Induktionsanfang zeigt, dass die Behauptung $R^{(n)} = \frac{1}{n}R$ für $n = 1$ richtig ist. Im Induktionsschritt sei $R^{(n)} = \frac{1}{n}R$ angenommen. Dann gilt $R^{(n+1)} = \frac{R^{(n)}R}{R^{(n)}+R} = \frac{R^2}{n(R/n+R)} = \frac{R}{1+n} = \frac{1}{n+1}R$.

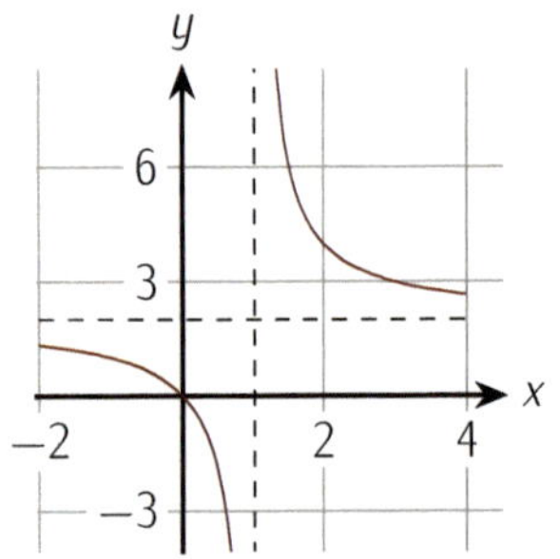

Bild 23.8: Gebrochen rationale Funktion $f(x) = \frac{2x}{x-1}$ mit vertikaler Asymptote $x = 1$ in der Polstelle 1 und horizontaler Asymptote $y = 2$

b) f hat eine Polstelle in $-b$ mit der Asymptote $x = -b$. Grenzwert-Arithmetik liefert $\lim_{x\to\pm\infty} f(x) = \lim_{x\to\pm\infty} \frac{1}{\frac{x}{ax}+\frac{b}{ax}} = a$ und damit die zweite Asymptote $y = a$, die sich nicht mit dem Funktionsgraphen schneidet, s. Bild 23.8.

Lösung 23.8

a) Polynome sind auf ganz $\mathbb{R}$ definiert, also gilt $\mathbb{D}_f = \mathbb{R}$. $3x^2 + 5x + 2 = 0 \Leftrightarrow x^2 + \frac{5}{3}x + \frac{2}{3} = 0$ mit $x_{1,2} = -\frac{5}{6} \pm \sqrt{\frac{25}{36} - \frac{2}{3}\frac{12}{12}} = \frac{1}{6}\left(-5 \pm \sqrt{25-24}\right) = \frac{1}{6}(-5 \pm 1)$, was $\mathbb{D}_g = \mathbb{R} \setminus \{-1, -\frac{2}{3}\}$ impliziert.

b) Es gilt $f(x) = (6x+5)^2 \geq 0$ für alle $x \in \mathbb{R}$ und $f(-\frac{5}{6}) = 0$, während $\lim_{x\to-\infty} g(x) = 0$ und $\lim_{x\to-1^-} g(x) = +\infty$ gilt. Wegen $f(x) > g(x)$ für betragsmäßig genügend große, negative x und $g(x) > f(x)$ für x nahe genug an der Polstelle -1 von g, müssen wegen der Stetigkeit von f und g Schnittpunkte der Funktionsgraphen existieren, s. Bild 23.9.

c) In $(6x+5)^2(3x^2+5x+2) - 35 = 0$ sei $x = u - \frac{5}{6}$ gesetzt, was $36u^2(3u^2 - \frac{1}{12}) - 35 = 0$ oder $u^4 - \frac{3}{108}u^2 - \frac{35}{108} = 0$ impliziert. Mit $v = u^2$ gilt dann $v^2 - \frac{1}{36}v - \frac{35}{108} = 0$ mit $v_{1,2} = \frac{1}{72} \pm \sqrt{\frac{1}{4\cdot 36^2} + \frac{35\cdot 36}{3\cdot 36^2}} = \frac{1}{72} \pm \sqrt{\frac{3+5040}{3\cdot 2^2\cdot 36^2}} = \frac{1}{72}\left(1 \pm \sqrt{1681}\right) = \frac{1}{72}(1 \pm 41)$ wo nur $v_1 > 0$. Also folgt $u = \pm\sqrt{\frac{7}{12}} = \pm\frac{1}{6}\sqrt{21}$ und damit $x = -\frac{5}{6} \pm \frac{1}{6}\sqrt{21} = \frac{1}{6}\left(-5 \pm \sqrt{21}\right)$ mit $f(x) = g(x) = 21$, s. Bild 23.9.

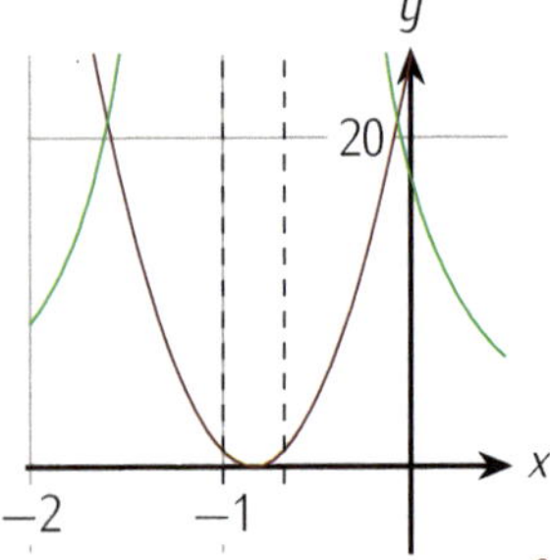

Bild 23.9: Parabel $f(x) = (6x+5)^2$ und gebrochen rationale Funktion $g(x) = \frac{35}{3x^2+5x+2}$ mit $g(x) \leq -420$ zwischen den Polen in -1 und $-\frac{2}{3}$

Lösung 23.9 Wenn Kathete a auf der Abszisse und Kathete b auf der Ordinate und C im Ursprung liegen, dann ist die Gleichung der Hypotenuse in Achsenabschnittsform gerade $\frac{x}{a} + \frac{y}{b} = 1$. Auf der Hypotenuse liegt die rechte, obere Ecke $(x_o, y_o) = (s, s)$ des Quadrates, d.h. $\frac{s}{a} + \frac{s}{b} = 1$, was $s(a+b) = ab$ und so $s = \frac{ab}{a+b}$ impliziert, s. Bild 23.10. $s = s(a,b)$ ist eine gebrochen rationale Funktion in a wie auch in b.

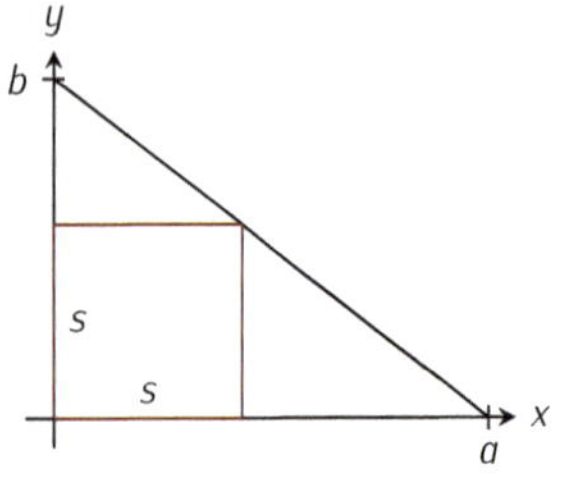

Bild 23.10: Flächen-maximales Quadrat im rechtwinkligen Dreieck

Lösung 23.10 Für den Flächeninhalt $A = A(u) = \frac{1}{2}(u-1)f(u) = 10\frac{(u-1)^2}{u^3}$ des Dreiecks $\Delta(PRQ)$ gilt $\frac{dA}{du} = 10\frac{2(u-1)u^3 - 3(u-1)^2u^2}{u^6} = 10\frac{2(u-1)u - 3(u-1)^2}{u^4} = 10\frac{2u^2-2u-3u^2+6u-3)}{u^4} = 10\frac{-u^2+4u-3)}{u^4} = 0 \Leftrightarrow u^2 - 4u + 3 = 0 \Leftrightarrow u_{1,2} = 2 \pm \sqrt{4-3} = 2 \pm 1$. Da das Dreieck für $u_2 = 1$ entartet, bleibt nur die Lösung $u_1 = 3$.

Weiter gilt $\frac{d^2A}{du^2} = 10\frac{(4-2u)u^4 + 4(u^2-4u+3)u^3}{u^8} = 10\frac{(4-2u)u + 4(u^2-4u+3)}{u^5} = 20\frac{u^2-6u+6)}{u^5}$ mit $\frac{d^2A}{du^2}(3) = 20\frac{9-18+6}{3^5} < 0$, so dass $(3, f(3)) = (3, \frac{40}{27})$ ein Maximum von $A = A(u)$ ist, s. Bild 23.11.

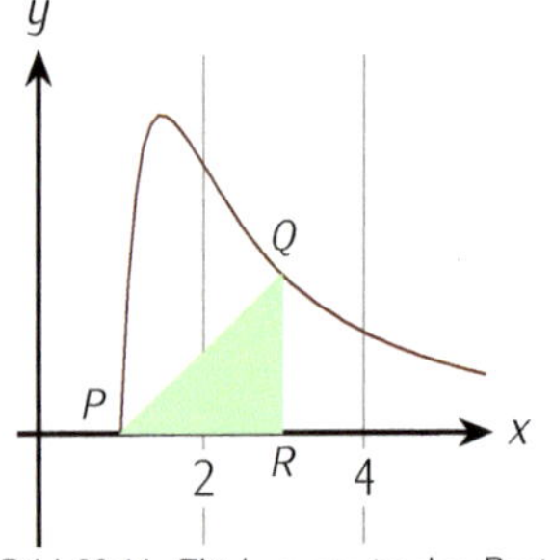

Bild 23.11: Flächen-maximales Dreieck $\Delta(PQR)$ mit $P = (1,0)$, $Q = (u, f(u))$ und $R = (u, 0)$

Lösung 23.11

a) Der Ansatz $f(x) = \frac{x^2}{x^2-1} = 1 + \frac{1}{(x+1)(x-1)} = 1 + \frac{a}{x+1} + \frac{b}{x-1} = 1 + \frac{a(x-1)+b(x+1)}{x^2-1} = 1 + \frac{(a+b)x-a+b}{x^2-1}$ führt auf das lineare Gleichungssystem $\begin{aligned} a+b&=0\\ -a+b&=1 \end{aligned}$ mit der Lösung $a = -\frac{1}{2}$ und $b = \frac{1}{2}$, was $f(x) = 1 - \frac{1}{2}\frac{1}{x+1} + \frac{1}{2}\frac{1}{x-1} = \frac{x^2}{x^2-1}$ impliziert.

b) Der Ansatz $g(x) = \frac{x}{x^2-x-2} = \frac{x}{(x+1)(x-2)} = \frac{a}{x+1} + \frac{b}{x-2}$ führt auf das lineare Gleichungssystem $\begin{aligned} a+b&=1\\ -2a+b&=0 \end{aligned}$ mit der Lösung $a = \frac{1}{3}$ und $b = \frac{2}{3}$, was $f(x) = \frac{1}{3}\frac{1}{x+1} + \frac{2}{3}\frac{1}{x-2} = \frac{x}{x^2-x-2}$ impliziert.

c) Wegen $x^4 + 2x^2 + 1 = (x^2+1)^2 = \big((x+j)(x-j)\big)^2$ hat der Nenner die doppelten Nullstellen j und $-j$. Der Linearfaktor x^2+1 kann nicht weiter in *reelle* Linearfaktoren zerlegt werden: er ist über $\mathbb{R}$ *irreduzibel*.
Der Ansatz $h(x) = \frac{x^2}{(x^2+1)^2} = \frac{ax+b}{x^2+1} + \frac{cx+d}{(x^2+1)^2} = \frac{(ax+b)(x^2+1)+cx+d}{(x^2+1)^2} = \frac{ax^3+bx^2+(a+c)x+b+d}{(x^2+1)^2}$ führt auf ein lineare Gleichungssystem mit der Lösung $a = 0$, $b = 1$, $c = 0$ und $d = -1$, was $h(x) = \frac{1}{x^2+1} - \frac{1}{(x^2+1)^2} = \frac{x^2}{(x^2+1)^2}$ impliziert.

24 Komplexe Zahlen

24.1 Einleitung

W. Brauch, H. J. Dreyer, und W. Haake. *Mathematik für Ingenieure*. Teubner Verlag, 11. Auflage, 2006

Bild 24.1: $\mathbb{N} \subset \mathbb{Z} \subset \mathbb{Q} \subset \mathbb{R} \subset \mathbb{C}$

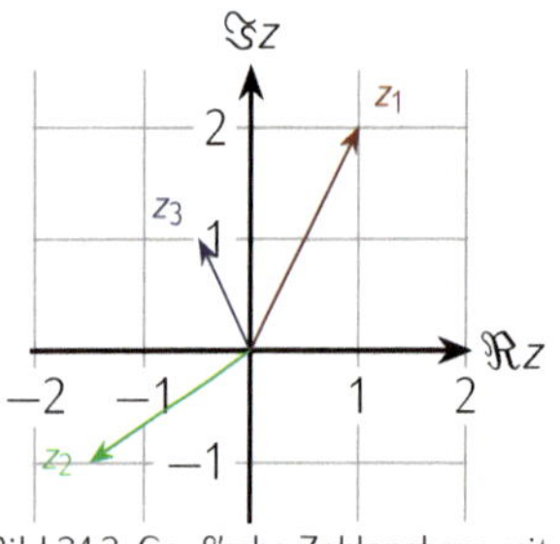

Bild 24.2: Gauß'sche Zahlenebene mit z.B. $z_1 = 1 + 2j$, $z_2 = -\frac{3}{2} - j$ und $z_3 = z_1 + z_2 = 1 - \frac{3}{2} + j(2-1) = -\frac{1}{2} + j$

Johann Carl Friedrich Gauß (1777-1855)

Dieses Kapitel vertieft den Stoff des Kapitels 12 im ersten Band, s.a. Abschnitt 11 in Brauch et al. (2006).
Die Menge $\mathbb{N}$ der natürlichen Zahlen ist abgeschlossen unter der Addition, aber $1 - 2 \notin \mathbb{N}$. Daher wird $\mathbb{N}$ zur Menge $\mathbb{Z}$ der ganzen Zahlen erweitert, die auch unter der Subtraktion abgeschlossen ist. Die Menge $\mathbb{Z}$ der ganzen Zahlen ist abgeschlossen unter der Multiplikation, aber $\frac{1}{2} \notin \mathbb{Z}$. Daher wird $\mathbb{Z}$ zur Menge $\mathbb{Q}$ der rationalen Zahlen erweitert, die auch unter der Division abgeschlossen ist. Die rationalen Zahlen $\mathbb{Q}$ werden zur Menge $\mathbb{R}$ der reellen Zahlen erweitert, die auch (und vor allem) irrationale Zahlen wie z.B. $\sqrt{2}, e, \pi \in \mathbb{R} \setminus \mathbb{Q}$ enthält. Die reellen Zahlen finden ihre Entsprechung in genau den Punkten des Zahlenstrahls. Allerdings sind nicht alle Lösungen polynomialer Gleichungen mit reellen Koeffizienten wieder reell. So gibt es beispielsweise keine reelle Zahl $x \in \mathbb{R}$ mit $x^2 + 1 = 0$.

Dies führt zur erneuten Erweiterung der Menge $\mathbb{R}$ der reellen Zahlen zur Menge $\mathbb{C} = \{x + jy : x, y \in \mathbb{R}\}$ der *komplexen* Zahlen, s. Bild 24.1. Dabei ist $j = \sqrt{-1}$ die *imaginäre Einheit*, die in der Mathematik meist mit i bezeichnet wird. Die Elektrotechnik dagegen verwendet j zur Unterscheidung vom Strom ι.

Für $z = x + jy \in \mathbb{C}$ heißt $x = \Re z$ der *Realteil* und $y = \Im z$ der *Imaginärteil* von z. Sowohl $\Re z$ als auch $\Im z$ sind also reell! Vermittels $z = x + jy \mapsto (x, y) = (\Re z, \Im z)$ läßt sich $\mathbb{C}$ mit $\mathbb{R}^2$ identifizieren (die Abbildung stiftet einen Isomorphismus reeller Vektorräume). M.a.W. kann man sich jede komplexe Zahl als genau einen Punkt der Ebene vorstellen, die in diesem Zusammenhang auch *Gaußsche Zahlenebene* heißt, s. Bild 24.2.

Man addiert zwei komplexe Zahlen z_1 und z_2,indem man jeweils Realteil und Imaginärteil addiert (vgl. Vektor-Addition im $\mathbb{R}^2$):

$$z_1 + z_2 = (\Re z_1 + \Re z_2) + j(\Im z_1 + \Im z_2)$$

und man bildet entsprechend skalare c-fache einer komplexen Zahl z als

$$c\,z = (c\Re z) + j(c\Im z)$$

für $c \in \mathbb{R}$ (vgl. skalare Vielfache von Vektoren im $\mathbb{R}^2$). Mit $j^2 = -1$ kann man das Produkt zweier komplexer Zahlen $z_1 = x_1 + jy_1$ und $z_2 = x_2 + jy_2$ leicht durch Ausmultiplizieren bilden:

$$z_1 \cdot z_2 = (x_1 + jy_1)(x_2 + jy_2) = (x_1x_2 - y_1y_2) + j(x_1y_2 + y_1x_2)$$

Aus den beiden Operationen lassen sich direkt Subtraktion und Division ableiten.
Die zu einer komplexen Zahl $z = x + jy$ *konjugiert* komplexe Zahl ist $\overline{z} = x - jy$, die durch Spiegelung von z an der Abszisse entsteht. Paare zueinander konjugiert komplexer Zahlen treten beispielsweise als Lösungen quadratischer Gleichungen auf, wenn die Diskriminante negativ ist.
Der *Betrag* $|z| = \sqrt{x^2 + y^2}$ einer komplexen Zahl $z = x + jy$ stimmt mit dem (Euklidschen) Abstand des z repräsentierenden Punktes der Ebene vom Ursprung überein. Es gilt $|z|^2 = z\overline{z}$.

Euklid (um 360 - um 280 v. Chr.)

Übrigens, $\mathbb{C}$ mit diesen Operationen ist ein Körper wie $\mathbb{Q}$ oder $\mathbb{R}$, der bzgl. Addition und Multiplikation jeweils eine kommutative Gruppe bildet und wo die beiden Operationen durch Distributivitätsgesetze miteinander verschränkt sind.

So wie es im $\mathbb{R}^2$ kartesische Koordinaten und Polar-Koordinaten gibt, gibt es für komplexe Zahlen neben der Darstellung $z = \Re z + j\Im z$ in kartesischen Koordinaten auch die Darstellung $z = r(\cos\varphi + j\sin\varphi)$ in Polar-Koordinaten, wobei $r = |z|$ der Betrag, d.h. die Länge von z und $\varphi = \arg(z)$ das Argument von z, d.h. der Winkel zwischen dem Ortsvektor von z und der positiven Abszisse ist. Mit der Euler'schen Gleichung

Leonhard Euler (1707-1783)

$$e^{j\varphi} = \cos\varphi + j\sin\varphi$$

gilt $z = re^{j\varphi} = |z|e^{j\arg(z)}$. Die kartesisch gegebene Zahl $z = x + jy$ lautet in Polarkoordinaten $z = r\,e^{j\varphi}$ mit $r = |z|$ und $\varphi = \arctan\frac{y}{x}$ unter Berücksichtigung des Quadranten, in dem z liegt. Die Zahl $z = re^{j\varphi}$ ist in kartesischen Koordinaten $z = x + jy$ mit $x = r\cos\varphi$ und $y = r\sin\varphi$.

Computer-Algebra-Systeme stellen dafür die Funktion **atan2** zur Verfügung.

Während Addition und Subtraktion sehr bequem in kartesischen Koordinaten auszuführen sind, sind Multiplikation und Division ähnlich bequem in Polar-Koordinaten auszuführen, insofern als

$$z_1 \cdot z_2 = r_1\,e^{j\varphi_1} \cdot r_2\,e^{j\varphi_2} = (r_1r_2)\,e^{j(\varphi_1+\varphi_2)}$$

und

$$\frac{z_1}{z_2} = \frac{r_1\,e^{j\varphi_1}}{r_2\,e^{j\varphi_2}} = \frac{r_1}{r_2}\,e^{j(\varphi_1-\varphi_2)}$$

gilt.

Dass der Winkel φ in der Polar-Darstellung nur bis auf Vielfache von 2π eindeutig bestimmt ist, spielt bei der Berechnung von Wurzeln komplexer Zahlen eine Rolle. Dies sei am Beispiel der Quadratwurzel illustriert.

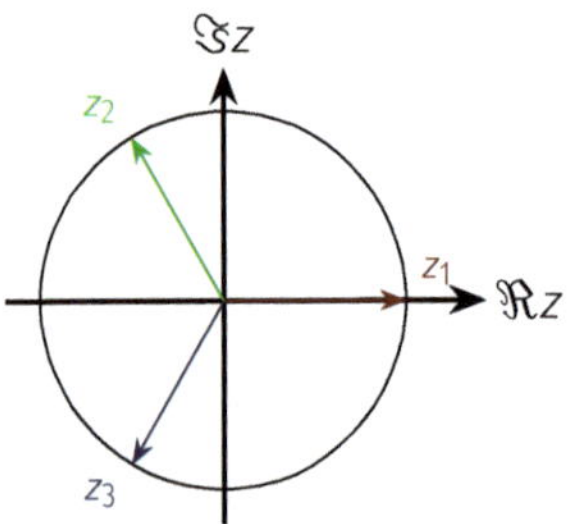

Bild 24.3: Die Zahlen $z_1 = 1$, $z_2 = e^{j2\pi/3} = \frac{1}{2}(-1 + j\sqrt{3})$ und $z_3 = e^{j4\pi/3} = \frac{1}{2}(-1 - j\sqrt{3})$ sind die drei dritten Einheitswurzeln.

Beispiel. Für $z = r\,e^{j\varphi}$ gilt $\sqrt{z} = \sqrt{r\,e^{j(\varphi+2\pi n)}} = \sqrt{r}\,e^{j\frac{\varphi+2\pi n}{2}} = \sqrt{r}\,e^{j(\frac{\varphi}{2}+\pi n)} = \pm\sqrt{r}\,e^{j\frac{\varphi}{2}}$, weil $e^{j\pi n} = 1$ für gerades n und $e^{j\pi n} = -1$ für ungerades n gilt.

Allgemein gibt es n verschiedene $\sqrt[n]{z}$, d.h. n komplexe Lösungen w der Gleichung $w^n = z$ für gegebenes $z \in \mathbb{C}$, nämlich

$$\sqrt[n]{z} = \sqrt[n]{r\,e^{j\varphi}} = \left(\sqrt[n]{r}\,e^{j\frac{\varphi}{n}}, \sqrt[n]{r}\,e^{j\frac{\varphi+2\pi}{n}}, \ldots, \sqrt[n]{r}\,e^{j\frac{\varphi+(n-1)2\pi}{n}}\right).$$

Die Zahlen $\sqrt[n]{1}$ heißen die *n-ten Einheitswurzeln*, vgl. Bild 24.3.

24.2 Lernziele

Nr	Ich kann	Aufgabe	√
	komplexe Zahlen		
228 *	komplexe Arithmetik anwenden	24.1, 24.2, 24.3, 24.4, 24.11, 24.13, 24.15, 24.18, 24.22	
229	Eulers Formel angeben und verwenden	24.5, 24.7, 24.8, 24.16, 24.17	
230	die De Moivre Identität angeben	24.5, 24.18	
231	die Wurzeln einer komplexen Zahl bestimmen	24.20	
232 *	komplexe Zahlen in geometrischen Problemen anwenden	24.4, 24.9, 24.10, 24.13, 24.14, 24.20, 24.19	
233	Regionen der komplexen Zahlen-Ebene durch Grenzen für Betrag und Argument beschreiben	24.21, 24.9	

24.3 Aufgaben

Aufgabe 24.1 (25 min) Eigenschaften der *komplexen Arithmetik* werden an folgenden Argumenten $z_o = 0$, $z_1 = j$, $z_2 = 1 - j \cdot e$, $z_3 = \sqrt{2} - 3j$ und $z_4 = \frac{1}{2}(3 - 2j)$ untersucht:

a) Bestimmen Sie $z_m + z_n$ und $z_m - z_n$ und $z_m\,z_n$ für $m < n$.

b) Sei $z = x + jy \in \mathbb{C}$. Berechnen Sie die reziproke komplexe Zahl $\frac{1}{z} = a + jb$, indem Sie die Gleichung $z(a + jb) = 1$ lösen. Hinweis: Zwei komplexe Zahlen sind identisch genau dann, wenn sowohl Realteil als auch Imaginärteil übereinstimmen.

c) Mit Teil b) bestimmen Sie $\frac{z_1}{z_2} = z_1\frac{1}{z_2}$ wo $z_i = x_i + jy_i$ für $i = 1, 2$.

d) Bestimmen Sie $\frac{z_i}{z_j}$ für $m < n$.

e) Bestimmen Sie $|z_o|$, $|z_1|$, $|z_2|$, $|z_3|$ und $|z_4|$.

Aufgabe 24.2 (15 min) Berechnen Sie $(1 + j)^n$ für $n \in \mathbb{N}$

a) in Polardarstellung.

b) und in kartesischer Darstellung.

c) Prüfen Sie die Übereinstimmung.

Aufgabe 24.3 (10 min) Wenn zwei natürliche Zahlen jeweils als Summe von zwei Quadratzahlen dargestellt werden können, dann gilt dies auch für das Produkt der beiden Zahlen, d.h. zeigen Sie: wenn $m = a^2 + b^2$ und $n = c^2 + d^2$, dann gibt es $p, q \in \mathbb{N}$ mit $mn = p^2 + q^2$. Hinweis: betrachten Sie $|(a + jb)(c + jd)|^2$.

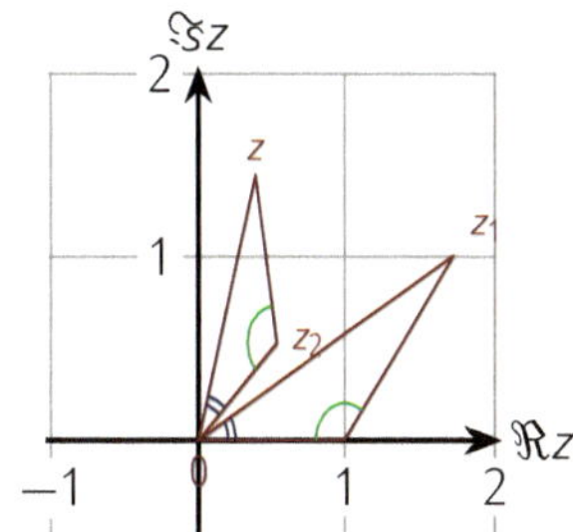

Bild 24.4: Das Produkt $z = z_1 z_2 = r_1 r_2 e^{j(\varphi_1+\varphi_2)}$ konstruiert man mit Hilfe ähnlicher Dreiecke

Aufgabe 24.4 (5 min) Mit Hilfe zweier ähnlicher Dreiecke in der Gauß'schen Ebene läßt sich das *Produkt* $ab \in \mathbb{C}$ für $a, b \in \mathbb{C}$ konstruieren, vgl. Bild 24.4. Erläutern Sie die Konstruktion.

Aufgabe 24.5 (20 min) Die *Eulersche Gleichung* läßt sich auch mit Hilfe der *Moivreschen Formeln* herleiten.

Abraham de Moivre (1667-1754)

Leonhard Euler (1707-1783)

a) Für $z_i = r_i\big(\cos(\varphi_i) + j\,\sin(\varphi_i)\big)$ zeigen Sie mit Hilfe der Additionstheoreme, dass $z_1 \cdot z_2 = r\big(\cos(\varphi) + j\,\sin(\varphi)\big)$ mit $r = r_1 r_2$ und $\varphi = \varphi_1 + \varphi_2$ gilt.
b) Verifizieren Sie die Moivreschen Formeln für $n \in \mathbb{N}$ und $\varphi \in \mathbb{R}$:
$$\big(\cos(\varphi) + j\,\sin(\varphi)\big)^n = \cos(n\varphi) + j\,\sin(n\varphi).$$
c) Machen Sie im Einheitskreis plausibel, dass $\cos(x) \approx 1$ und $\sin(x) \approx x$ für $|x| \ll 1$, d.h. für x nahe bei 0 gilt.
d) Leiten Sie aus den Moivreschen Formeln, Teil b) und $e^z = \lim_{n\to\infty}\big(1 + \frac{z}{n}\big)^n$ die Eulersche Gleichung her:
$$e^{j\varphi} = \cos(\varphi) + j\,\sin(\varphi)$$

Aufgabe 24.6 (20 min) Charakterisieren Sie die Transformationen in den Teilen a) bis d) geometrisch und beschreiben Sie umgekehrt die geometrischen Transformationen in den Teilen e) bis h) algebraisch, d.h. als Funktionen $z_i \mapsto f_i(z_i)$.
a) $z_1 \mapsto j\,z_1$,
b) $z_2 \mapsto \overline{z_2}$,
c) $z_3 \mapsto \frac{z_3}{|z_3|}$,
d) $z_4 \mapsto \frac{1}{2}(z_4 + \overline{z_4})$.
e) Rotation von z_5 um 180°,
f) Spiegelung von z_6 an der Ordinate,
g) Spiegelung von z_7 an der Hauptdiagonalen $y = x$,
h) Projektion von z_8 auf die Ordinate.

Aufgabe 24.7 (15 min) Bestimmen Sie
a) $\ln(j)$,
b) $\arg\big(\cos(1 - j)\big)$,
c) e^{e^j}.

Aufgabe 24.8 (5 min) Gegeben die Funktion $f(t) = c_1 e^{j\lambda t} + c_2 e^{-j\lambda t}$ für $t \in \mathbb{R}$ mit Koeffizienten $c_1 = a_1 + jb_1 \in \mathbb{C}$, $c_2 = a_2 + jb_2 \in \mathbb{C}$ und $\lambda \in \mathbb{R}$. Zeigen Sie: $f(t) \in \mathbb{R}$ für alle $t \Leftrightarrow c_1 = \overline{c_2}$.

Aufgabe 24.9 (10 min) Sei $c \in \mathbb{C}$ und $0 < r \in \mathbb{R}$. Verifizieren Sie, dass $|z - c| = r$ einen Kreis darstellt, und zwar

a) geometrisch
b) und rechnerisch.
c) Gegeben $|z + 3 - 4j| = 2$. Für welche Werte von z wird $\max |z|$ und $\min |z|$ angenommen?

Aufgabe 24.10 (5 min) Seien $a, b \in \mathbb{C}$ gegeben. Welche Punktmenge spezifiziert $|z - a| = |z - b|$?

Aufgabe 24.11 (10 min) Verifizieren Sie die folgenden Eigenschaften der *Konjugation*
$z = x + jy \mapsto \overline{z} = x - jy = z^*$ (Spiegelung an der Abszisse).

a) Involution: $\overline{(\overline{z})} = z$ für alle $z \in \mathbb{C}$,
b) Konjugation vertauscht mit Addition und Subtraktion:
$\overline{z \pm w} = \overline{z} \pm \overline{w}$ für alle $z, w \in \mathbb{C}$,
c) Konjugation vertauscht mit Multiplikation und Division:
$\overline{zw} = \overline{z}\,\overline{w}$ und $\overline{\left(\frac{z}{w}\right)} = \frac{\overline{z}}{\overline{w}}$ für alle $z, w \in \mathbb{C}$,
d) $\Re z$ und $\Im z$ können durch z und $\overline{z}$ ausgedrückt werden:
$\Re z = \frac{1}{2}(z + \overline{z})$ und $\Im z = \frac{1}{2j}(z - \overline{z})$.

Aufgabe 24.12 (15 min) Verifizieren Sie an folgenden Beispielen, dass die Konjugation auch mit den elementaren Funktionen *vertauscht*, vgl. Aufgabe 24.11 Teil b) und c).

a) $\sqrt{\overline{z}} = \overline{\sqrt{z}}$,
b) $e^{\overline{z}} = \exp(\overline{z}) = \overline{\exp(z)} = \overline{e^{z}}$,
c) $\sin(\overline{z}) = \overline{\sin(z)}$,
d) $\sinh(\overline{z}) = \overline{\sinh(z)}$.

s. Randnotiz auf S.40 in Band 1, Tabelle 12.3 in Band 1 und die Kapitel zur Vektor-Rechnung in Band 3

Aufgabe 24.13 (15 min) Ziel ist es, die *Dreiecksungleichung* $|z + w| \leq |z| + |w|$ für alle $z, w \in \mathbb{C}$ mit Hilfe der komplexen Arithmetik zu zeigen.

a) Zeigen Sie zunächst: $2xyuv \leq x^2v^2 + y^2u^2$ für alle $x, y, u, v \in \mathbb{R}$.
b) Zeigen Sie dann $|z + w|^2 \leq (|z| + |w|)^2$ für alle $z = x + jy \in \mathbb{C}$ und $w = u + jv \in \mathbb{C}$.
c) Zeigen Sie: $|z + w| = |z| + |w| \Leftrightarrow w = cz$ für $c \in \mathbb{R}$, d.h. w ist skalares Vielfaches von z.

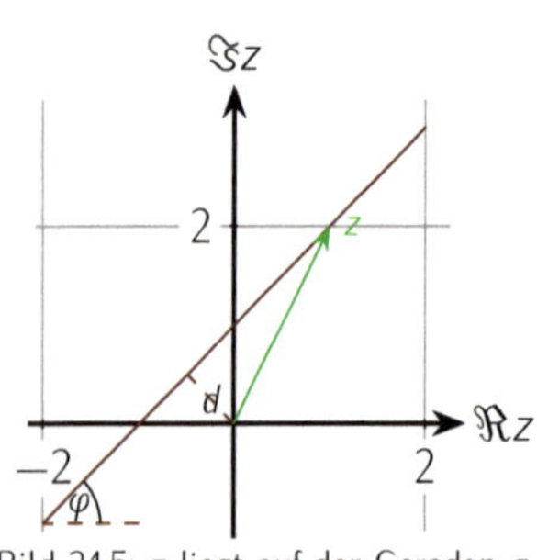

Bild 24.5: z liegt auf der Geraden g $\Leftrightarrow |\Im(e^{-j\varphi}z)| = d$

Aufgabe 24.14 (15 min) Die Gerade $g \subset \mathbb{C}$ schließe mit der positiven Abszisse den Winkel φ ein. Sei d der Abstand der Geraden g vom Ursprung, s. Bild 24.5.

a) Zeigen Sie: Wenn $z \in g$, dann gilt $|\Im(e^{-j\varphi}z)| = d$.
b) Gilt auch die Umkehrung?
c) Wie verhalten sich die Ergebnisse aus Teil a) und b) zur Hesse-Normalform (s. Kapitel 17) der Geraden g?

Aufgabe 24.15 (5 min) Untersuchen Sie das *Produkt* $(2+j)(3+j)$, um $\frac{\pi}{4} = \arctan\left(\frac{1}{2}\right) + \arctan\left(\frac{1}{3}\right)$ zu zeigen.

Aufgabe 24.16 (5 min) Stellen Sie $e^{j\frac{\pi}{4}}$, $e^{j\frac{\pi}{2}}$ und $e^{j\frac{\pi}{4}} + e^{j\frac{\pi}{2}}$ in kartesischen Koordinaten dar und zeigen Sie $\tan\left(\frac{3}{8}\pi\right) = 1 + \sqrt{2}$.

Aufgabe 24.17 (10 min) Verifizieren Sie $e^{j\vartheta} + e^{j\varphi} = 2\cos\left(\frac{\vartheta-\varphi}{2}\right)e^{j\frac{\vartheta+\varphi}{2}}$ und $e^{j\vartheta} - e^{j\varphi} = 2j\sin\left(\frac{\vartheta-\varphi}{2}\right)e^{j\frac{\vartheta+\varphi}{2}}$ für beliebige $\vartheta, \varphi \in \mathbb{R}$.

a) algebraisch, d.h. rechnerisch unter Verwendung der Additionstheoreme für Sinus und Cosinus (s. Kapitel 19)
b) und geometrisch.

Aufgabe 24.18 (10 min) Der *Binomische Lehrsatz*

s. Kapitel 6 in Band 1

$$(a+b)^n = \binom{n}{0}a^n b^0 + \binom{n}{1}a^{n-1}b^1 + \ldots + \binom{n}{n-1}a^1 b^{n-1} + \binom{n}{n}a^0 b^n$$

gilt genauso auch für komplexe Argumente a und b. Verwenden Sie diesen Umstand und die Formeln von Moivre, um für gerades n, also $n = 2m$ die folgende Gleichung zu verifizieren:

$$\binom{2m}{1} - \binom{2m}{3} + \binom{2m}{5} \mp \ldots + (-1)^{m+1}\binom{2m}{2m-1} = 2^m \sin(m\tfrac{\pi}{2}).$$

Aufgabe 24.19 (10 min) Gegeben reelle Konstanten $a, b \in \mathbb{R}$. Visualisieren Sie die Spirale $z(t) = e^{(a+jb)t}$ für $t \in \mathbb{R}^+$ in der Gaußschen Ebene und verifizieren Sie, dass $r = r(\varphi) = e^{\frac{a}{b}\varphi}$ für $\varphi \in \mathbb{R}^+$ eine ihrer Polardarstellungen ist.

Johann Carl Friedrich Gauß (1777-1855)

Aufgabe 24.20 (15 min) Gegeben die Gleichung $(z-1)^{10} = z^{10}$.

a) Zeigen Sie geometrisch, dass alle Lösungen auf der Vertikalen $\Re z = \frac{1}{2}$ liegen. Hinweis: siehe Aufgabe 24.10.
b) $(z-1)^{10} = z^{10} \Leftrightarrow w^{10} = 1$ mit $w = \frac{z-1}{z}$. Lösen Sie zunächst die Gleichung für w und dann diejenige für z.
c) Drücken Sie die Lösungen z in kartesischen Koordinaten aus, um das Ergebnis aus Teil a) zu verifizieren.

Aufgabe 24.21 (20 min) Visualisieren Sie die folgenden *Punkt-Mengen* in der Gauß'schen Zahlen-Ebene.

a) $M_1 = \{1 + x + j(1+y) \in \mathbb{C} : x^2 + \frac{1}{4}y^2 = 1\}$,
b) $M_2 = \{j - 1 + r\,e^{j\varphi} \in \mathbb{C} : \frac{1}{2} < r < 1, \frac{\pi}{2} < \varphi < \pi\}$,
c) $M_3 = \{-1 - j + z \in \mathbb{C} : |\Re z| + |\Im z| = 1\}$,
d) $M_4 = \{1 - j + z \in \mathbb{C} : |\Re z|, |\Im z| < \frac{1}{2}\}$,

Beschreiben Sie umgekehrt die Punkt-Mengen in jedem der vier Quadranten der Gauß'schen Zahlen-Ebene algebraisch, s. Bild 24.6.

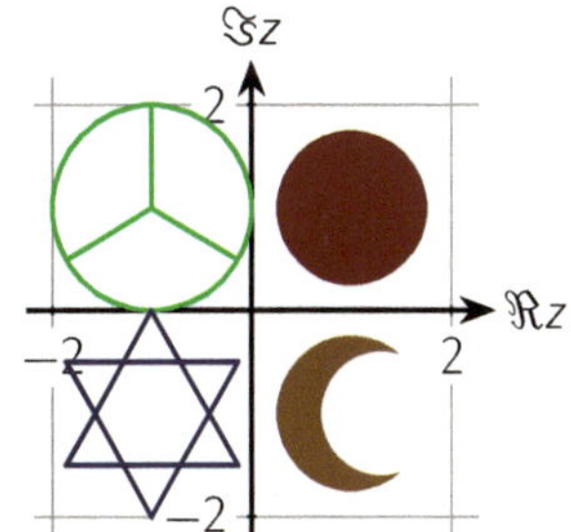

Bild 24.6: In den vier Quadranten: Kreis, Peace-Zeichen, Stern und Halbmond

Aufgabe 24.22 (15 min) Lineare zeitinvariante Systeme mit ausschließlich Sinus- bzw. Cosinus-förmigen Spannungen und Strömen erlauben im eingeschwungenen Zustand eine Übersetzung der Beschreibung durch Differentialgleichungen in algebraische Gleichungen. Fließt durch einen Ohmschen Widerstand R der Strom ι, so gilt $\iota = \frac{u}{R}$ für die an R abfallende Spannung u. An Induktivitäten L gilt $\frac{d\iota}{dt} = \frac{u}{L}$. An Kapazitäten C gilt $\frac{du}{dt} = \frac{\iota}{C}$. Wird nun der Strom $\iota(t) = \hat{\iota}\sin(\omega t + \varphi_\iota)$ oder $\iota(t) = \hat{\iota}\cos(\omega t + \varphi_\iota)$ als $\iota(t) = \hat{\iota}e^{j(\omega t + \varphi_\iota)}$ und die Spannung $u(t) = \hat{u}\sin(\omega t + \varphi_u)$ oder $u(t) = \hat{u}\cos(\omega t + \varphi_u)$ als $u(t) = \hat{u}e^{j(\omega t + \varphi_u)}$ geschrieben, so gilt für den *Wechselstromwiderstand*, die sogenannte *Impedanz* $Z = \frac{u}{\iota}$, im Fall des Widerstandes $Z_R = R$, im Fall der Induktivität $Z_L = j\omega L$ und im Fall der Kapazität $Z_C = \frac{1}{j\omega C}$. Netze werden gemäß der Kirchhoffschen Regeln behandelt. Die gesuchten (reellen) Größen gewinnt man als Real- oder Imaginärteile der komplexen Größen.

a) Berechnen Sie die Gesamtimpedanz, Betrag und Phase des Tiefpasses erster Ordnung in Bild 24.7. Zur Vereinfachung ist unterstellt, dass die Quellimpedanz von u_e null beträgt und die Lastimpedanz bei u_a unendlich hoch ist.

b) Berechnen Sie die Gesamtimpedanz, Betrag und Phase des Tiefpasses zweiter Ordnung in Bild 24.8. Zur Vereinfachung ist wieder unterstellt, dass die Quellimpedanz von u_e null beträgt und die Lastimpedanz bei u_a unendlich hoch ist.

c) Berechnen Sie die Gesamtimpedanz, Betrag und Phase der Schaltung in Bild 24.9 mit $R_1 = R_4 = 100\Omega$, $R_2 = R_3 = 200\Omega$, $L_1 = L_2 = 0.1\text{H}$ und $\omega = 1000\frac{1}{s}$.

24.4 Lösungen

Lösung 24.1 a) $z_o + z_n = 0 + z_n = z_n$ für $n = 1, 2, 3, 4$. $z_1 + z_2 = j + 1 - j \cdot e = 1 + j(1 - e)$, $z_1 + z_3 = j + \sqrt{2} - 3j = \sqrt{2} - 2j$, $z_1 + z_4 = j + \frac{3}{2} - j = \frac{2}{3}$ und $z_o - z_n = 0 - z_n = -z_n$ für $n = 1, 2, 3, 4$. $z_1 - z_2 = j - 1 + j \cdot e = -1 + j(1 + e)$, $z_1 - z_3 = j - \sqrt{2} + 3j = -\sqrt{2} + 4j$, $z_1 - z_4 = j - \frac{3}{2} + j = -\frac{2}{3} + 2j$, weitere Summen und Differenzen ganz entsprechend.

b) $z(a + jb) = (x + jy)(a + jb) = (xa - yb) + j(xb + ya) = 1$ $\Leftrightarrow xa - yb = 1$ und $xb + ya = 0$. Letzteres ist der Fall, wenn $a = cx$ und $b = -cy$ für eine Konstante $c \neq 0$. Einsetzen liefert $cx^2 + cy^2 = 1$, d.h. $c = \frac{1}{x^2+y^2}$ und $\frac{1}{z} = a + jb = \frac{x-jy}{x^2+y^2}$.

c) $\frac{z_1}{z_2} = z_1\frac{1}{z_2} = (x_1 + jy_1)\frac{x_2-jy_2}{x_2^2+y_2^2} = \frac{(x_1x_2+y_1y_2)+j(y_1x_2-x_1y_2)}{x_2^2+y_2^2}$.

d) $\frac{z_o}{z_i} = 0$ für $i = 1, 2, 3, 4$; $\frac{z_1}{z_2} = \frac{j}{1-j\cdot e} = \frac{j(1+j\cdot e)}{1+e^2} = \frac{-e}{1+e^2} + j\frac{1}{1+e^2}$, $\frac{z_1}{z_3} = \frac{j}{\sqrt{2}-3j} = \frac{j(\sqrt{2}+3j)}{11} = \frac{-3}{11} + j\frac{\sqrt{2}}{11}$, $\frac{z_1}{z_4} = \frac{2j}{3-2j} = \frac{2j(3+2j)}{13} = \frac{-4}{13} + j\frac{6}{13}$; $\frac{z_2}{z_3} = \frac{1-j\cdot e}{\sqrt{2}-3j} = \frac{(1-j\cdot e)(\sqrt{2}+3j)}{11} = \frac{\sqrt{2}+3j-j\cdot e\sqrt{2}+3e}{11} =$

$\frac{\sqrt{2}+3e}{11} + j\frac{3-e\sqrt{2}}{11}$, $\frac{z_2}{z_4} = \frac{2(1-j\cdot e)}{3-2j} = \frac{2(1-j\cdot e)(3+2j)}{13} = \frac{6+4j-j6e+4e}{13} = \frac{6+4e}{13} + j\frac{4-6e}{13}$; $\frac{z_3}{z_4} = \frac{2(\sqrt{2}-3j)}{3-2j} = \frac{2(\sqrt{2}-3j)(3+2j)}{13} = \frac{6\sqrt{2}+12}{13} + j\frac{4\sqrt{2}-18}{13}$.

e) $|z_o| = |0| = 0$, $|z_1| = |j| = \sqrt{0+1} = 1$, $|z_2| = |2 - j \cdot e| = \sqrt{4+e^2}$, $|z_3| = |\sqrt{2} - 3j| = \sqrt{2+9} = \sqrt{11}$, $|z_4| = |\frac{3}{2} - j| = \sqrt{\frac{9}{4}+1} = \frac{1}{2}\sqrt{13}$.

Lösung 24.2

a) Mit $z = (1+j) = \sqrt{2}\,e^{j\frac{\pi}{4}}$ sind für $z^n = \sqrt{2}^n\,e^{jn\frac{\pi}{4}}$ die acht Fälle

$$z^n = \begin{cases} \sqrt{2}^{8m}\,e^{j\,2m\pi} = 2^{4m} & n = 8m \\ \sqrt{2}\,2^{4m}\,e^{j\frac{\pi}{4}} & n = 8m+1 \\ 2^{4m+1}\,e^{j\frac{\pi}{2}} & n = 8m+2 \\ \sqrt{2}\,2^{4m+1}\,e^{j\frac{3}{5}\pi} & n = 8m+3 \\ 2^{4m+2}\,e^{j\pi} & n = 8m+4 \\ \sqrt{2}\,2^{4m+2}\,e^{j\frac{5}{4}\pi} & n = 8m+5 \\ 2^{4m+3}\,e^{j\,3\pi/2} & n = 8m+6 \\ \sqrt{2}\,2^{4m+3}\,e^{j\frac{7}{4}\pi} & n = 8m+7 \end{cases}$$

zu unterscheiden, was

$$\text{sich zu } z^n = \begin{cases} 16^m & n = 8m \\ 16^m\,z & n = 8m+1 \\ 16^m(2j) & n = 8m+2 \\ 16^m(-2\bar{z}) & n = 8m+3 \\ 4 \cdot 16^m & n = 8m+4 \\ 16^m(-4z) & n = 8m+5 \\ 16^m(-8j) & n = 8m+6 \\ 16^m(8\bar{z}) & n = 8m+7 \end{cases}$$

vereinfachen läßt, s. Bild 24.10.

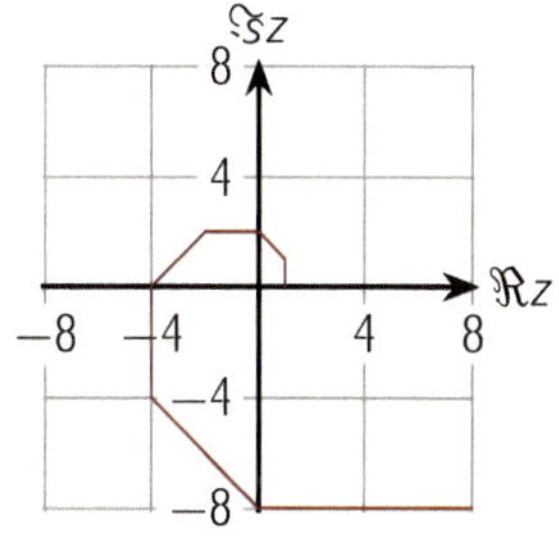

Bild 24.10: z^n für $z = 1 + j$ und $n = 0, 1, 2, \ldots, 7$

b) Sei zunächst $z^{8m} = 16^m$ durch Induktion (s. Kapitel 33) nach m gezeigt: Für $m = 0$ gilt $z^0 = 1 = 16^0$. Für den Induktionsschritt liefert der binomischen Satz (s. Kapitel 6 in Band 1) $z^8 = (1+j)^8 = \sum_{i=0}^{8} \binom{8}{i} j^i = \binom{8}{0} - \binom{8}{2} + \binom{8}{4} - \binom{8}{6} + \binom{8}{8} + j\left(\binom{8}{1} - \binom{8}{3} + \binom{8}{5} - \binom{8}{7}\right) = 1 - 28 + 70 - 28 + 1 + 0j = 16$ und damit $z^{8(m+1)} = z^{8m} \cdot z^8 = 16^m \cdot 16 = 16^{m+1}$. Die fehlenden Potenzen von z ergeben sich wie im Teil a): $z^{8m+1} = 16^m z = 16^m(1+j)$, $z^{8m+2} = 16^m z^2 = 16^m(1+j)^2 = 2j\,16^m$, $z^{8m+3} = 16^m z^3 = 16^m(1+j)^3 = 2(j-1)16^m = -2z\,16^m$, $z^{8m+4} = 16^m z^4 = 16^m(1+j)^4 = -4\,16^m$, $z^{8m+5} = 16^m z^5 = -4(1+j)16^m$, $z^{8m+6} = 16^m z^6 = -8j\,16^m$ und $z^{8m+7} = 16^m z^7 = -8j(1+j)16^m = 8(1-j)16^m$, s. Bild 24.10.

c) Mit HIlfe der Vereinfachung aus Teil b) ergibt sich $z^2 = (1+j)^2 = 1+2j-1 = 2j$, $z^3 = 2j(1+j) = -2+2j = -2\overline{z}$, $z^4 = (2j)^2 = -4$, $z^5 = -4z$, $z^6 = -4z^2 = -8j$, $z^7 = -4(-2\overline{z}) = 8\overline{z}$ sowie $z^{8m} = 16^m$ laut Teil b) fest.

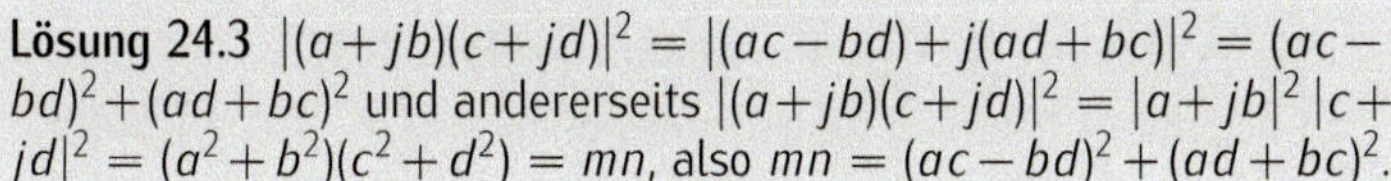

Lösung 24.3 $|(a+jb)(c+jd)|^2 = |(ac-bd)+j(ad+bc)|^2 = (ac-bd)^2+(ad+bc)^2$ und andererseits $|(a+jb)(c+jd)|^2 = |a+jb|^2\,|c+jd|^2 = (a^2+b^2)(c^2+d^2) = mn$, also $mn = (ac-bd)^2+(ad+bc)^2$.

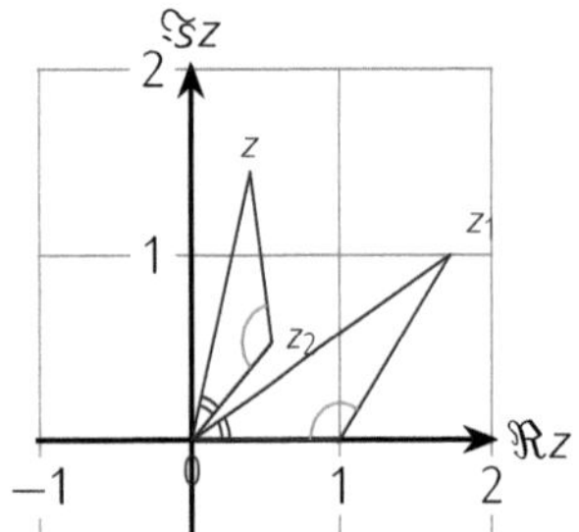

Bild 24.11: Konstruktion des das Produktes $z = z_1 z_2 = r_1 r_2 e^{j(\varphi_1+\varphi_2)}$ vermittels ähnlicher Dreiecke

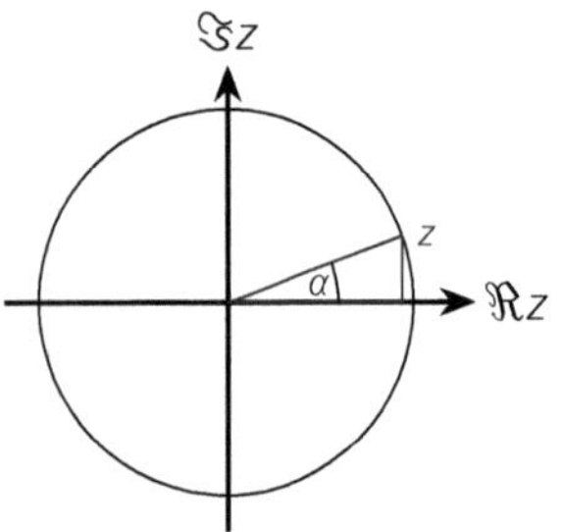

Bild 24.12: $\cos(\alpha) \approx 1$ und $\sin(\alpha) \approx \alpha$ für α nahe bei 0, d.h. $|\alpha| \ll 1$, wobei $z = (\cos(\alpha), \sin(\alpha))$

Abraham de Moivre (1667-1754)

Lösung 24.4 Da sie identische Winkel haben, sind die beiden Dreiecke $\Delta(O1z_1)$ und $\Delta(Oz_2 z)$ ähnlich. Also gilt $\frac{|z_1|}{1} = \frac{|z|}{|z_2|}$ oder eben $|z| = |z_1|\,|z_2|$. Zudem ist $\arg z = \arg z_1 + \arg z_2$, was $z = z_1 z_2$ impliziert, s. Bild 24.11

Lösung 24.5

a) Mit $x_i = r_i \cos(\varphi_i)$ und $y_i = r_i \sin(\varphi_i)$ gilt
$$\begin{aligned} z_1 \cdot z_2 &= (x_1 + j\,y_1)(x_2 + j\,y_2) = x_1x_2 - y_1y_2 + j(x_1y_2 + y_1x_2) \\ &= r_1r_2\big(\cos(\varphi_1)\cos(\varphi_2) - \sin(\varphi_1)\sin(\varphi_2)\big) \\ &\qquad + j\,r_1r_2\big(\cos(\varphi_1)\sin(\varphi_2) + \sin(\varphi_1)\cos(\varphi_2)\big) \\ &= r_1r_2\big(\cos(\varphi_1 + \varphi_2) + j\,\sin(\varphi_1 + \varphi_2)\big). \end{aligned}$$

b) Sei $z = \cos(\varphi) + j\,\sin(\varphi)$ ein Punkt des Einheitskreises. Dann gilt $z^n = \big(\cos(\varphi) + j\,\sin(\varphi)\big)^n = \cos(n\varphi) + j\,\sin(n\varphi)$ mit Teil a).

c) Die waagerechte Kathete $\cos(x)$ ist in erster Näherung 1, während die senkrechte Kathete $\sin(x)$ etwa dem Kreis-Bogen entspricht. Die Länge des Bogens ist aber gerade x, weil x ja im Bogenmaß gemessen wird, s. Bild 24.12.

d) $\cos(\varphi) + j\,\sin(\varphi) = \cos(n\frac{\varphi}{n}) + j\,\sin(n\frac{\varphi}{n})$ mit Moivre
$= \big(\cos(\frac{\varphi_1}{n}) + j\,\sin(\frac{\varphi_1}{n})\big)^n \approx \big(1 + j\,\frac{\varphi}{n}\big)^n$ für große n
was für $n \to \infty$ den Grenzwert $e^{j\varphi} = \cos(\varphi) + j\,\sin(\varphi)$ ergibt.

Lösung 24.6

a) $z_1 \mapsto j\,z_1$ ist eine Rotation des Ortsvektors z_1 um 90°,

b) $z_2 \mapsto \overline{z_2}$ ist eine Spiegelung des Ortsvektors z_2 an der Abszisse,

c) $z_3 \mapsto \frac{z_3}{|z_3|}$ ist eine 'Projektion' des Ortsvektors z_3 auf den Einheitskreis,

d) $z_4 \mapsto \frac{1}{2}(z_4 + \overline{z_4})$ ist eine Projektion des Ortsvektors z_4 auf die Abszisse.

e) Rotation des Ortsvektors von z_5 um 180° leistet $z_5 \mapsto -z_5$,

f) Spiegelung von z_6 an der Ordinate leistet $z_6 = x_6 + jy_6 \mapsto -x_6 + jy_6 = -\Re z_6 + j\Im z_6 = -\frac{z_6+\overline{z_6}}{2} + \frac{z_6-\overline{z_6}}{2} = -\overline{z_6}$,

g) Spiegelung von z_7 an der Hauptdiagonalen $y = x$ leistet $z_7 = x_7 + jy_7 \mapsto y_7 + jx_7 = \Im z_7 + j\Re z_7 = -j\frac{z_7-\overline{z_7}}{2} + j\frac{z_7+\overline{z_7}}{2} = j\,\overline{z_7}$,

h) Projektion von z_8 auf die Ordinate leistet $z_8 = x_8 + jy_8 \mapsto jy_8 = j\Im z_8 = \frac{1}{2}(z_8 - \overline{z_8})$.

Lösung 24.7

a) Mit $e^{j\frac{\pi}{2}} = \cos(\frac{\pi}{2}) + j\sin(\frac{\pi}{2}) = j$ (Euler-Gleichung) gilt $\ln(j) = \ln\big(e^{j\frac{\pi}{2}}\big) = j\frac{\pi}{2}$ (Hauptwert).

b) Mit $\cos(1-j) = \cos(1)\cos(j) + \sin(1)\sin(j)$ per Additionstheorem sowie $\sin(j) = j\sinh(1)$ und $\cos(j) = \cosh(1)$ aus Kapitel 22 gilt $\cos(1-j) = \cos(1)\cosh(1) + j\sin(1)\sinh(1)$ und damit $\arg\big(\cos(1-j)\big) = \arctan\big(\frac{\sin(1)\sinh(1)}{\cos(1)\cosh(1)}\big) = \arctan\big(\tan(1)\tanh(1)\big)$.
Computer Algebra-Systeme liefern dann $\arg\big(\cos(1-j)\big) \approx 0.87$.

Alternativ kann auch cos durch exp ausgedrückz werden: Mit $\cos(x)=\frac{1}{2}\left(e^{jx}+e^{-jx}\right)$ gilt $\cos(1-j)=\frac{1}{2}\left(e^{j(1-j)}+e^{-j(1-j)}\right) = \frac{1}{2}\left(e^{1+j}+e^{-1-j}\right) = \frac{1}{2}\left(e(\cos(1)+j\sin(1))+\frac{1}{e}(\cos(1)-j\sin(1))\right) = \frac{1}{2}\left(e+\frac{1}{e}\right)\cos(1)+j\frac{1}{2}\left(e-\frac{1}{e}\right)\sin(1)$, was $\arg\left(\cos(1-j)\right) = \arctan\left(\frac{\frac{1}{2}\left(e-\frac{1}{e}\right)\sin(1)}{\frac{1}{2}\left(e+\frac{1}{e}\right)\cos(1)}\right) = \arctan\left(\tanh(1)\tan(1)\right)$ impliziert.

c) $e^{e^j} = e^{\cos(1)+j\sin(1)} = e^{\cos(1)}\left(\cos\left(\sin(1)\right)+j\sin\left(\sin(1)\right)\right)$.

Lösung 24.8 Vorab ist $f(t) = (a_1+jb_1)\left(\cos(\lambda t)+j\sin(\lambda t)\right)+(a_2+jb_2)\left(\cos(\lambda t)-j\sin(\lambda t)\right)$ mit $\Im\left(f(t)\right) = a_1\sin(\lambda t)+b_1\cos(\lambda t)-a_2\sin(\lambda t)+b_2\cos(\lambda t) = (a_1-a_2)\sin(\lambda t)+(b_1+b_2)\cos(\lambda t)$. Nun gilt $f(t)\in\mathbb{R}$ für alle $t \Leftrightarrow \Im\left(f(t)\right)=0 \Leftrightarrow$ ($f(t)$ etwa in $t=0$ und in $t=\frac{\pi}{2}\frac{1}{\lambda}$ auswerten) $a_1=a_2$ und $b_1=-b_2 \Leftrightarrow c_1=\overline{c_2}$.

Lösung 24.9

a) Die Menge der z mit $|z-c|=r$ sind genau die $z\in\mathbb{C}$, die Abstand r von $c\in\mathbb{C}$ haben, die also auf der Kreis-Linie mit Radius r um c liegen.

b) $|z-c|^2=r^2 \Leftrightarrow (\Re z-\Re c)^2+(\Im z-\Im c)^2 = (x-x_o)^2+(y-y_o)^2 = r^2$ für $z=x+jy$ und $c=x_o+jy_o$. d.h. $z=x+jy$ liegt auf dem Kreis mit Radius r um $c=x_o+jy_o$.

c) Die Punkte $z(t) = M+2e^{jt}$ für $t\in[0,2\pi)$ auf dem Kreis um $M=-3+4j$ mit Radius 2 haben das Betragsquadrat $|z(t)|^2 = \left(-3+2\cos(t)\right)^2+\left(4+2\sin(t)\right)^2$. Das Betragsquadrat ist extremal, wenn $\frac{d}{dt}|z(t)|^2 = -2\left(-3+2\cos(t)\right)2\sin(t)+2\left(4+2\sin(t)\right)2\cos(t) = 0 \Leftrightarrow -3\sin(t)+4\cos(t)=0 \Leftrightarrow \tan(t) = -\frac{4}{3}$. Die Punkte $z_{\min}$ und $z_{\max}$ des Kreises mit minimalem bzw. maximalem Betrag liegen also wie der Mittelpunkt M auf der Ursprungsgeraden mit Steigung $-\frac{4}{3}$, nämlich $z_{\min}=\frac{3}{5}(-3+4j)$ und $z_{\max}=\frac{7}{5}(-3+4j)$, s. Bild 24.13.

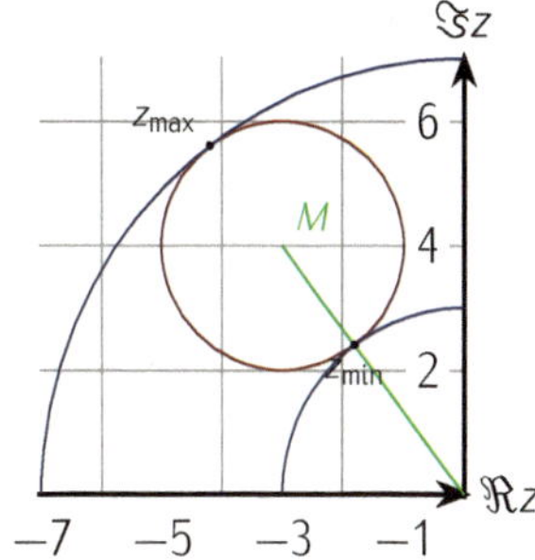

Bild 24.13: $z_1 = \text{argmin}_{z\in K}|z|$ und $z_2 = \text{argmax}_{z\in K}|z|$ für Kreis $K = \{z : |z-M|=2\}$ um $M=-3+4j$

Lösung 24.10 Jeder Punkt z mit $|z-a| = |z-b|$ liegt auf der Mittelsenkrechten der Verbindungsstrecke von a und b, s. Bild 24.14.

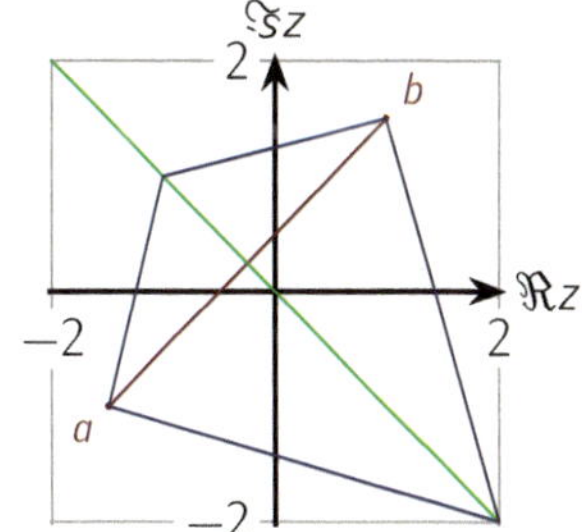

Bild 24.14: Zwei Punkte auf der Ortskurve zu $|z-a| = |z-b|$

Lösung 24.11

a) Mit $z=x+jy$ gilt $\overline{(\overline{z})} = \overline{x-jy} = x+jy = z$.

b) Mit $z=x+jy$ und $w=u+jv$ gilt $\overline{z\pm w} = \overline{x\pm u+j(y\pm v)} = x\pm u-j(y\pm v) = x-jy\pm(u-jv) = \overline{z}\pm\overline{w}$.

c) Mit $z=x+jy$ und $w=u+jv$ gilt $\overline{zw} = \overline{(x+jy)(u+jv)} = \overline{(xu-yv)+j(xv+yu)} = (xu-yv)-j(xv+yu) = (xu-yv)+j(-xv-yu) = (x-jy)(u-jv) = \overline{z}\,\overline{w}$ und $\overline{\left(\frac{1}{z}\right)} = \overline{\left(\frac{x-jy}{x^2+y^2}\right)} = \frac{x+jy}{x^2+y^2} = \frac{1}{\overline{z}}$ und daher $\overline{\left(\frac{z}{w}\right)} = \overline{\left(z\frac{1}{w}\right)} = \overline{z}\,\overline{\left(\frac{1}{w}\right)} = \overline{z}\frac{1}{\overline{w}} = \frac{\overline{z}}{\overline{w}}$.

d) $\frac{1}{2}(z+\overline{z}) = \frac{1}{2}(x+jy+x-jy) = x = \Re z$ und
$\frac{1}{2j}(z-\overline{z}) = \frac{1}{2j}(x+jy-x+jy) = y = \Im z$.

Lösung 24.12

a) Mit $z = r\,e^{j\varphi}$ gilt $\sqrt{\overline{z}} = \sqrt{r\,e^{-j\varphi}} = \sqrt{r}\,e^{-j\varphi/2} = \sqrt{r}\,\overline{e^{j\varphi/2}} = \overline{\sqrt{r}\,e^{j\varphi/2}} = \overline{\sqrt{r\,e^{j\varphi}}} = \overline{\sqrt{z}}$.

b) Mit $z = x+jy$ gilt $e^{\overline{z}} = e^{x-jy} = e^x\,e^{-jy} = e^x\big(\cos(-y) + j\sin(-y)\big) = e^x\,\overline{e^{-jy}} = \overline{e^{x-jy}} = \overline{e^{z}}$.

c) Mit $\sin z = \frac{1}{2j}\left(e^{jz} - e^{-jz}\right)$ gilt $\sin(\overline{z}) = \frac{1}{2j}\left(e^{j\overline{z}} - e^{-j\overline{z}}\right) = \frac{1}{2j}\left(\overline{e^{-jz}} - \overline{e^{jz}}\right) = \frac{1}{2j}\overline{\left(e^{-jz} - e^{jz}\right)} = \overline{\frac{1}{2j}\left(e^{jz} - e^{-jz}\right)} = \overline{\sin(z)}$.

d) Mit Teil b) gilt $\sinh(\overline{z}) = \frac{1}{2}\left(e^{\overline{z}} - e^{-\overline{z}}\right) = \overline{\frac{1}{2}\left(e^{z} - e^{-z}\right)} = \overline{\sinh(z)}$.

s. Randnotiz auf S.40 in Band 1, Tabelle 12.3 in Band 1 und die Kapitel zur Vektor-Rechnung in Band 3

Lösung 24.13

a) $0 \leq (xv-yu)^2 = x^2v^2 - 2xyuv + y^2u^2$ impliziert $2xyuv \leq x^2v^2 + y^2u^2$.

b) Abschätzung nach oben liefert:

$$\begin{aligned}
|z+w|^2 &= (x+u)^2 + (y+v)^2 \\
&= x^2+y^2+u^2+v^2+2(xu+yv) = |z|^2+|w|^2+2\sqrt{(xu+yv)^2} \\
&= |z|^2+|w|^2+2\sqrt{x^2u^2+2xyuv+y^2v^2} \qquad \text{mit Teil a)} \\
&\leq |z|^2+|w|^2+2\sqrt{x^2u^2+x^2v^2+y^2u^2+y^2v^2} \\
&= |z|^2+|w|^2+2\sqrt{(x^2+y^2)(u^2+v^2)} = |z|^2+|w|^2+2|z|\,|w| \\
&= (|z|+|w|)^2.
\end{aligned}$$

c) $|z+w| = |z|+|w| \Leftrightarrow (xv-yu)^2 = 0$ aus Teil a) $\Leftrightarrow xv = yu \Leftrightarrow \frac{y}{x} = \frac{v}{u} \Leftrightarrow w = cz$ für ein $c \in \mathbb{R}$.

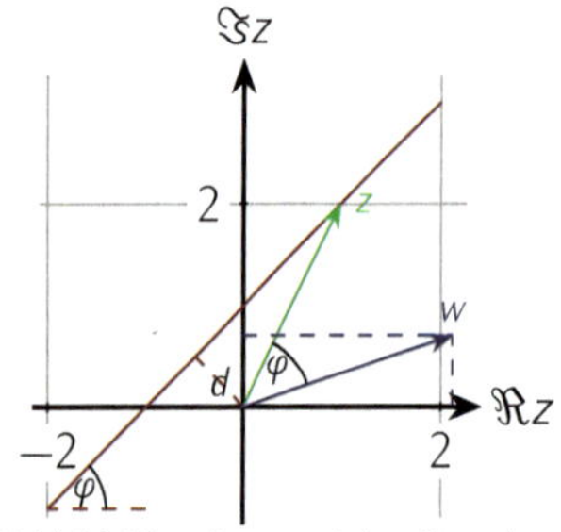

Bild 24.15: z liegt auf der Geraden $g \Leftrightarrow |\Im(e^{-j\varphi}z)| = d$

Lösung 24.14

a) Sei E der Fußpunkt des Lotes von O auf die Gerade g und F die Projektion des Punktes $w = e^{-j\varphi}z$ auf die imaginäre Achse. Dann sind die Dreiecke $\Delta(EOz)$ und $\Delta(FOw)$ mit $w = e^{-j\varphi}z$ kongruent, da $\Delta(FOw)$ durch Rotation um O aus $\Delta(EOz)$ hervorgeht. Also gilt $|\Im w| = d$ für jedes z auf g, s. Bild 24.15.

b) Wie in Teil a) gilt z auf $g \Leftrightarrow |\Im(e^{-j\varphi}z)| = d$.

c) $z = x+jy$ liege auf g, d.h. $\left|\Im(e^{-j\varphi}z)\right| = d$. Nun gilt $e^{-j\varphi}z = \big(\cos(\varphi) - j\sin(\varphi)\big)(x+jy)$ und so $\Im\left(e^{-j\varphi}z\right) = x\sin(-\varphi) + y\cos(-\varphi)$ und so $\left|\Im\left(e^{-j\varphi}z\right)\right| = \left|x\cos(\varphi+\frac{\pi}{2}) + y\sin(\varphi+\frac{\pi}{2})\right| = \left|(x,y)\cdot \boldsymbol{n}_1\right| = d$ mit dem einen normierten Normalenvektor $\boldsymbol{n}_1 = \left(\cos(\varphi+\frac{\pi}{2}), y\sin(\varphi+\frac{\pi}{2})\right)$ – der andere ist $\boldsymbol{n}_2 = \left(\cos(\varphi-\frac{\pi}{2}), y\sin(\varphi-\frac{\pi}{2})\right) = -\boldsymbol{n}_1$ und liefert das negative Skalarprodukt. In beiden Fällen bedeutet also $|\Im(e^{-j\varphi}z)| = d$ nichts anderes als die 'reelle' Hesse-Normalform der Geraden g in der (reellen) Ebene, vgl. Kapitel 17.1.2.

Lösung 24.15 Für $z_o = z_1 z_2 = (2+j)(3+j) = 5+5j$ gilt $\arg(z_o) = \frac{\pi}{4}$. Aus $\arg(z_1) = \arctan\left(\frac{1}{2}\right)$ und $\arg(z_2) = \arctan\left(\frac{1}{3}\right)$ folgt $\arg(z_o) = \frac{\pi}{4} = \arg(z_1) + \arg(z_2) = \arctan\left(\frac{1}{2}\right) + \arctan\left(\frac{1}{3}\right)$, s. Bild 24.16.

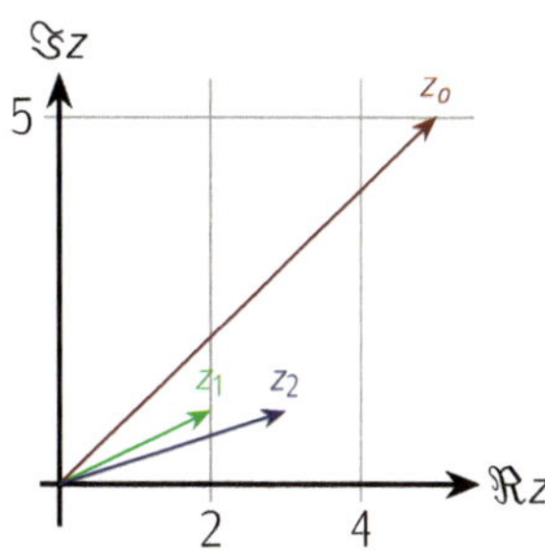

Bild 24.16: $z_o = 5+5j$, $z_1 = 2+j$, $z_2 = 3+j$ mit $z_o = z_1 z_2$, $\arg z_o = \arg z_1 + \arg z_2$

Lösung 24.16 Aus $z_1 = e^{j\frac{\pi}{4}} = \frac{\sqrt{2}}{2}(1+j)$, $z_2 = e^{j\frac{\pi}{2}} = j$ und $z = z_1 + z_2 = \frac{\sqrt{2}}{2} + \left(1 + \frac{\sqrt{2}}{2}\right)j$ folgt $\frac{3}{8}\pi = \arg z = \arctan\left(\frac{1+\frac{\sqrt{2}}{2}}{\frac{\sqrt{2}}{2}}\right) = \arctan\left(\frac{\sqrt{2}\sqrt{2}+\sqrt{2}}{\sqrt{2}}\right) = \arctan(1+\sqrt{2})$, also $\tan\left(\frac{3}{8}\pi\right) = 1+\sqrt{2}$, s. Bild 24.17.

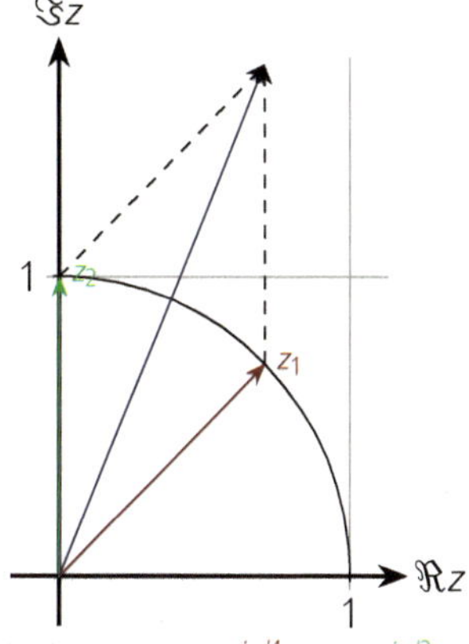

Bild 24.17: $z_1 = e^{j\pi/4}$, $z_2 = e^{j\pi/2} = j$ mit $z = z_1 + z_2$, $\arg z = \frac{3}{8}\pi$

Lösung 24.17

a) $e^{j\vartheta} + e^{j\varphi} = \cos(\vartheta) + j\sin(\vartheta) + \cos(\varphi) + j\sin(\varphi)$ — Euler
$= \big(\cos(\vartheta) + \cos(\varphi)\big) + j\big(\sin(\vartheta) + \sin(\varphi)\big)$
$= 2\cos\left(\frac{\vartheta-\varphi}{2}\right)\cos\left(\frac{\vartheta+\varphi}{2}\right) + 2j\cos\left(\frac{\vartheta-\varphi}{2}\right)\sin\left(\frac{\vartheta+\varphi}{2}\right)$ — Additionstheoreme
$= 2\cos\left(\frac{\vartheta-\varphi}{2}\right)e^{j(\vartheta+\varphi)/2}$ — Euler
und entsprechend
$e^{j\vartheta} - e^{j\varphi} = \cos(\vartheta) + j\sin(\vartheta) - \cos(\varphi) - j\sin(\varphi)$ — Euler
$= \big(\cos(\vartheta) - \cos(\varphi)\big) + j\big(\sin(\vartheta) - \sin(\varphi)\big)$
$= 2j^2\sin\left(\frac{\vartheta-\varphi}{2}\right)\sin\left(\frac{\vartheta+\varphi}{2}\right) + 2j\sin\left(\frac{\vartheta-\varphi}{2}\right)\cos\left(\frac{\vartheta+\varphi}{2}\right)$ — Additiontheoreme
$= 2j\sin\left(\frac{\vartheta-\varphi}{2}\right)e^{j(\vartheta+\varphi)/2}$. — Euler

b) Sei o.B.d.A. $\vartheta > \varphi$ und $\alpha = \frac{1}{2}(\vartheta - \varphi)$ gesetzt. Für $z = e^{j\vartheta} + e^{j\varphi}$ gilt $\arg z = \varphi + \alpha = \frac{1}{2}(\vartheta + \varphi)$ sowie $|z| = 2\cos(\alpha) = 2\cos\left(\frac{\vartheta-\varphi}{2}\right)$, was $z = e^{j\vartheta} + e^{j\varphi} = 2\cos\left(\frac{\vartheta-\varphi}{2}\right)e^{j(\vartheta+\varphi)/2}$ impliziert. Sei $z_1 = e^{j\vartheta}$, $z_2 = e^{j\varphi}$ und $z = z_1 - z_2$. Wegen $-z_2 = -e^{j\varphi} = e^{j(\varphi+\pi)}$ läßt sich der Fall der Differenz $z_1 - z_2$ auf den Fall der Summe $z_1 + z_2$ zurückführen:
$z = z_1 - z_2 = e^{j\vartheta} + e^{j(\varphi+\pi)} = 2\cos\left(\frac{\vartheta-\varphi-\pi}{2}\right)e^{j\frac{\vartheta+\varphi+\pi}{2}}$ — Summe
$= 2\cos\left(\frac{\vartheta-\varphi}{2} - \frac{\pi}{2}\right)e^{j\frac{\vartheta+\varphi}{2}+j\frac{\pi}{2}}$ — $\cos(\beta - \frac{\pi}{2}) = \sin(\beta)$, $e^{j\frac{\pi}{2}} = j$
$= 2j\sin\left(\frac{\vartheta-\varphi}{2}\right)e^{j\frac{\vartheta+\varphi}{2}}$, s. Bild 24.18.

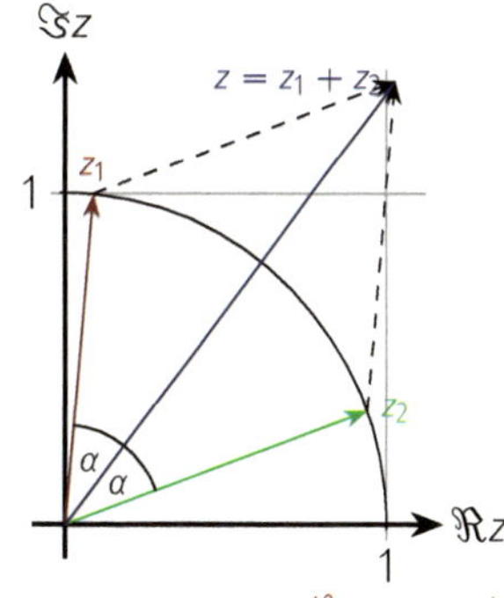

Bild 24.18: $z_1 = e^{j\vartheta}$, $z_2 = e^{j\varphi}$, $z = z_1 + z_2$ mit $|z| = 2\cos(\alpha)$ und $\arg z = \frac{\vartheta+\varphi}{2}$

Lösung 24.18 Mit $n = 2m$ und
$2^{-m}(1+j)^{2m} = \left(\frac{\sqrt{2}}{2}(1+j)\right)^{2m} = \left(\cos(\frac{\pi}{4}) + j\sin(\frac{\pi}{4})\right)^n$ — Moivre
$= \cos(n\frac{\pi}{4}) + j\sin(n\frac{\pi}{4}) = \cos(m\frac{\pi}{2}) + j\sin(m\frac{\pi}{2})$
gilt
$2^m\left(\cos(m\frac{\pi}{2}) + j\sin(m\frac{\pi}{2})\right) = (1+j)^{2m}$ — Binomischer Lehrsatz
$= \binom{2m}{0} + j\binom{n}{1} - \binom{2m}{2} - j\binom{2m}{3} + \binom{2m}{4} - \ldots + j^{2m-1}\binom{2m}{2m-1} + (-1)^m\binom{2m}{2m}$,
wobei $j^{2m-1} = -(-1)^m j$. Damit gilt für den Imaginärteil
$2^m\sin(m\frac{\pi}{2}) = \binom{2m}{1} - \binom{2m}{3} + \binom{2m}{5} \mp \ldots + (-1)^{m+1}\binom{2m}{2m-1}$.

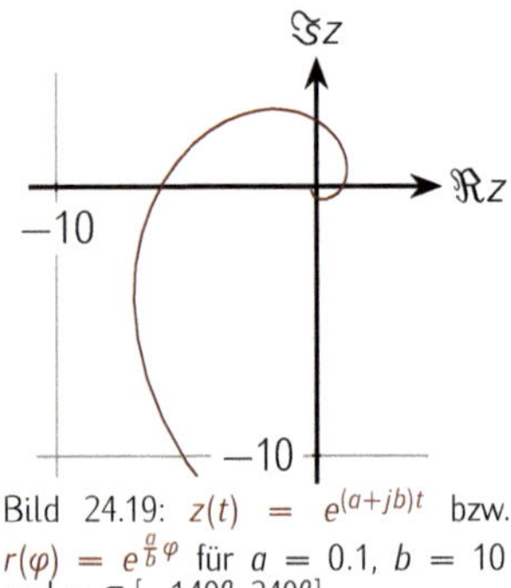

Bild 24.19: $z(t) = e^{(a+jb)t}$ bzw. $r(\varphi) = e^{\frac{a}{b}\varphi}$ für $a = 0.1$, $b = 10$ und $\varphi \in [-140^o, 240^o]$

Lösung 24.19 Bild 24.19 zeigt die Spirale für $a = 0.1$ und $b = 10$. Aus $z(t) = e^{at}\, e^{jbt}$ folgt $r(t) = |z(t)| = e^{at}$ und $\varphi(t) = \arg z(t) = bt$, was $t = \frac{1}{b}\varphi$ und damit die Polar-Darstellung $r(\varphi) = e^{\frac{a}{b}\varphi}$ impliziert. Diese gilt natürlich auch für negative φ.

Lösung 24.20

a) Zunächst ist $(z-1)^{10} = z^{10} - \binom{10}{1} z^9 \pm \ldots - \binom{10}{9} z + 1 = z^{10}$ eine polynomiale Gleichung neunten Grades, die neun Lösungen hat. Weiter gilt $(z-1)^{10} = z^{10} \Rightarrow \left|(z-1)^{10}\right| = |z-1|^{10} = |z|^{10} = \left|z^{10}\right| \Rightarrow |z-1| = |z|$, was mit dem Ergebnis der Aufgabe 24.10 die Behauptung $\Re z = \frac{1}{2}$ impliziert. Alternativ folgt aus $(x-1)^2 + y^2 = |x + jy - 1|^2 = |x + jy|^2 = x^2 + y^2$ eben $2x = 1$, d.h. $\Re z = \frac{1}{2}$.

b) Die w's sind zehnte Einheitswurzeln, d.h. $w_i = e^{j\,i\frac{\pi}{5}}$ für $i = 0, 1, ..., 9$. Also gilt $z - 1 = w_i z$ oder eben $(1 - w_i)z = 1$ und damit $z_i = \frac{1}{1-w_i}$ für $i = 1, ..., 9$, da es zu w_o keine Lösung z_o gibt.

c) $z_i = \frac{1}{1-e^{j\,i\frac{\pi}{5}}} = \frac{1}{1-\cos(i\frac{\pi}{5}) - j\sin(i\frac{\pi}{5})} = \frac{1-\cos(i\frac{\pi}{5}) + j\sin(i\frac{\pi}{5})}{(1-\cos(i\frac{\pi}{5}))^2 + \sin^2(i\frac{\pi}{5})}$ $= \frac{1-\cos(i\frac{\pi}{5}) + j\sin(i\frac{\pi}{5})}{2(1-\cos(i\frac{\pi}{5}))} = \frac{1}{2} + j\frac{\sin(i\frac{\pi}{5})}{2(1-\cos(i\frac{\pi}{5}))}$. Also gilt für alle neun Lösungen $\Re z_i = \frac{1}{2}$ mit $i = 1, 2, ..., 9$.

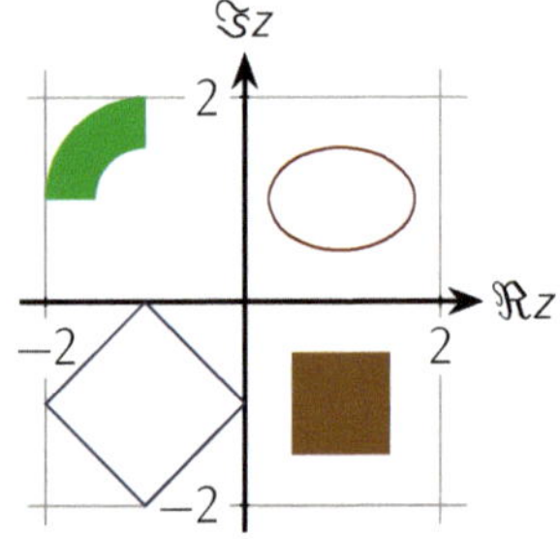

Bild 24.20: In den vier Quadranten: $M_1 = \{1 + x + j(1 + y) \in \mathbb{C} : x^2 + \frac{1}{4}y^2 = 1\}$, $M_2 = \{j - 1 + r\,e^{j\varphi} \in \mathbb{C} : \frac{1}{2} < r < 1, \frac{\pi}{2} < \varphi < \pi\}$, $M_3 = \{-1 - j + z \in \mathbb{C} : |\Re z| + |\Im z| = 1\}$ und $M_4 = \{1 - j + z \in \mathbb{C} : |\Re z|, |\Im z| < \frac{1}{2}\}$

Lösung 24.21

- ▷ s. Figur im ersten Quadranten in Bild 24.20
- ▷ s. Figur im zweiten Quadranten in Bild 24.20
- ▷ s. Figur im dritten Quadranten in Bild 24.20
- ▷ s. Figur im vierten Quadranten in Bild 24.20

Beschreiben Sie umgekehrt die Punkt-Mengen in jedem der vier Quadranten der Gaußschen Zahlen-Ebene algebraisch, s. Bild 24.21.

- ▷ Im ersten Quadranten liegt die Kreis-Scheibe um $1+j$ mit Radius 0.75, also die Punkte-Menge $M_1 = \{1 + j + z \in \mathbb{C} : |z| \le \frac{3}{4}\}$.
- ▷ Im zweiten Quadranten liegt der Kreis um $j - 1$ mit Radius 1 sowie die drei Strecken von $z_o = j - 1$ zu $z_1 = 2j - 1 = z_o + e^{j\frac{\pi}{2}}$, $z_2 = z_o + e^{j(\frac{\pi}{2} + \frac{2}{3}\pi)}$ und zu $z_3 = z_o + e^{j(\frac{\pi}{2} + \frac{4}{3}\pi)}$, also $M_2 = \{j - 1 + z \in \mathbb{C} : |z| = 1\} \cup \bigcup_{i=1,2,3} \{tz_o + (1-t)z_i \in \mathbb{C} : t \in [0, 1]\}$.
- ▷ Im dritten Quadranten liegt der sechszackige Stern um $z_o = -1 - j$ mit den sechs Ecken $z_i = z_o + e^{j(\frac{\pi}{2} + i\frac{2}{6}\pi)}$, also $M_3 = (-1 - j + M_o) \cup (-1 - j + M_o e^{j\frac{\pi}{3}})$ mit $M_o = \{tz_1 + (1-t)z_2 \in \mathbb{C} : t \in [0, 1]\} \cup \{tz_2 + (1-t)z_3 \in \mathbb{C} : t \in [0, 1]\} \cup \{tz_3 + (1-t)z_1 \in \mathbb{C} : t \in [0, 1]\}$.
- ▷ Im vierten Quadranten liegt der Halbmond – eine Kreis-Scheibe um $1 - j$ mit Radius $\frac{3}{4}$, aus der eine kleinere Kreis-Scheibe um $1.3 - j$ mit Radius 0.6 entfernt wurde, also etwa $M_4 = \{1 - j + z \in \mathbb{C} : |z| \le \frac{3}{4}\} \setminus \{1.3 - j + z \in \mathbb{C} : |z| \le 0.6\}$.

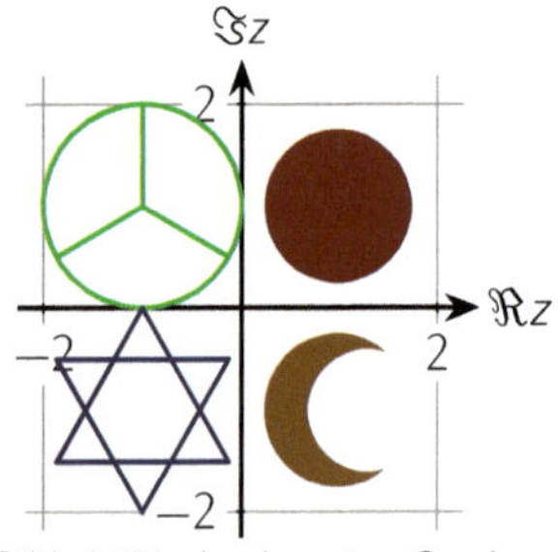

Bild 24.21: In den vier Quadranten: Kreis, Peace-Zeichen, Stern und Halbmond

Lösung 24.22

a) Der Tiefpass erster Ordnung ist ein Spannungsteiler. Also gilt für die Gesamtimpedanz $Z = \frac{u_a}{u_e} = \frac{Z_C}{Z_C+Z_R}$ mit $Z_R = R$ und $Z_C = \frac{1}{j\omega C}$. Einsetzen liefert $Z = \frac{\frac{1}{j\omega C}}{\frac{1}{j\omega C}+R} = \frac{1}{1+j\omega CR}$.
Die Polardarstellung des Nenners $w = 1 + j\omega CR$ ist $w = |w|e^{j\arg(w)} = \sqrt{1+(\omega CR)^2}e^{j\arctan(\omega CR)}$, was für die Gesamtimpedanz $Z = \frac{1}{w} = |Z|e^{j\arg(Z)}$ mit $|Z| = \frac{1}{\sqrt{1+(\omega CR)^2}}$ und $\arg(Z) = -\arctan(\omega CR)$ zur Folge hat.

b) Auch der Tiefpass zweiter Ordnung ist ein Spannungsteiler. Also gilt für die Gesamtimpedanz $Z = \frac{u_a}{u_e} = \frac{Z_C}{Z_C+Z_{LR}} = \frac{Z_C}{Z_C+Z_L+Z_R}$ mit $Z_C = \frac{1}{j\omega C}$, $Z_L = j\omega L$ und $Z_R = R$. Einsetzen liefert jetzt $Z = \frac{\frac{1}{j\omega C}}{\frac{1}{j\omega C}+j\omega L+R} = \frac{1}{1-\omega^2 CL+j\omega CR}$.
Die Polardarstellung des Nenners $w = 1-\omega^2 CL + j\omega CR$ ist $w = \sqrt{(1-\omega^2 CL)^2+(\omega CR)^2}e^{j\arctan(\frac{\omega CR}{1-\omega^2 CL})}$, was für die Gesamtimpedanz $Z = \frac{1}{w} = |Z|e^{j\arg(Z)}$ mit $|Z| = \frac{1}{\sqrt{(1-\omega^2 CL)^2+(\omega CR)^2}}$ und $\arg(Z) = -\arctan(\omega CR/(1-\omega^2 CL))$ zur Folge hat.

c) Das obere Subsystem ist eine Parallelschaltung von $R_1 + j\omega L_1$ und R_2 mit Impedanz $Z_{\text{oben}} = \frac{(R_1+j\omega L_1)R_2}{R_1+j\omega L_1+R_2}$. Das untere Subsystem ist eine Parallelschaltung von $R_3 + j\omega L_2$ und R_4 mit Impedanz $Z_{\text{unten}} = \frac{(R_3+j\omega L_2)R_4}{R_3+j\omega L_2+R_4}$. Das gesamte System ist eine Serienschaltung des oberen und des unteren Subsystems mit Impedanz
$Z = Z_{\text{oben}} + Z_{\text{unten}} = \frac{R_1R_2+j\omega L_1R_2}{R_1+R_2+j\omega L_1} + \frac{R_3R_4+j\omega L_2R_4}{R_3+R_4+j\omega L_2}$
$= \frac{(R_1R_2+j\omega L_1R_2)(R_3+R_4+j\omega L_2)+(R_1+R_2+j\omega L_1)(R_3R_4+j\omega L_2R_4)}{(R_1+R_2+j\omega L_1)(R_3+R_4+j\omega L_2)}$
$= \frac{R_1R_2(R_3+R_4)-\omega^2 L_1L_2R_2+j\omega(L_2R_1R_2+L_1(R_3+R_4)R_2)}{(R_1+R_2)(R_3+R_4)-\omega^2 L_1L_2+j\omega((R_1+R_2)L_2+(R_3+R_4)L_1)}$
$+\frac{(R_1+R_2)R_3R_4-\omega^2 L_1L_2R_4+j\omega(L_2(R_1+R_2)R_4+L_1R_3R_4)}{(R_1+R_2)(R_3+R_4)-\omega^2 L_1L_2+j\omega((R_1+R_2)L_2+(R_3+R_4)L_1)}$.
Erweitern mit dem konjugiert komplexen Nenner liefert $\Re Z$ und $\Im Z$. Um die Ausdrücke zu vereinfachen, seien schon jetzt die Zahlenwerte für R_1, R_2, R_3, R_4, L_1, L_2 und ω eingesetzt, was $Z = 150\Omega + j50\Omega$, d.h. $|Z| = \sqrt{150^2+50^2}\Omega \approx 158\Omega$ mit Phase $\varphi = \arctan(\frac{\Im Z}{\Re Z}) = \arctan(\frac{1}{3}) \approx 0.32175 \approx 18.43^o$ liefert.

25 Funktionen – weitere Eigenschaften

25.1 Einleitung

In Erweiterung der Eigenschaften von Funktionen (vgl. vor allem Kap. 5 aus Band 1) stehen hier Symmetrie-Eigenschaften sowie Krümmung (Konvexität und Konkavität) zusammen mit den Punkten, in denen Konvexität in Konkavität übergeht und umgekehrt, im Fokus, s.a. Abschnitt 2.5.3 und Abschnitt 5.3.3 in Brauch et al. (2006).

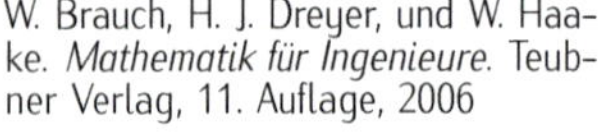

W. Brauch, H. J. Dreyer, und W. Haake. *Mathematik für Ingenieure*. Teubner Verlag, 11. Auflage, 2006

Im Vorgriff und in Vorbereitung auf die Kapitel 53ff in Band 3 werden darüber hinaus Funktionen zweier Veränderlicher eingeführt und zusammen mit ihren Extremwertstellen behandelt, s.a. Abschnitt 3.6 und Abschnitt 9 in Brauch et al. (2006).

25.1.1 Gerade und ungerade Funktionen

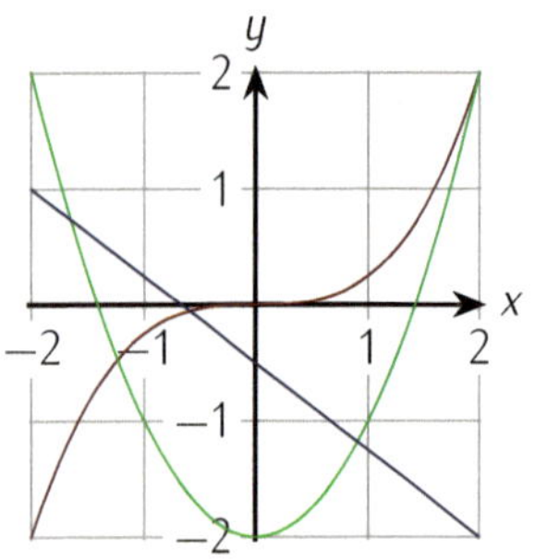

Bild 25.1: Ungerade Funktion $f(x) = \frac{1}{4}x^3$, gerade Funktion $g(x) = x^2 - 2$ und Funktion $h(x) = -\frac{3}{4}x - \frac{1}{2}$ ohne derartige Symmetrie-Eigenschaften

Eine Funktion f heißt *gerade* bzw. *ungerade* genau dann, wenn $f(x) = f(-x)$ bzw. $f(x) = -f(-x)$ für alle $x \in \mathbb{D}_f$. Eine Funktion f kann also nur dann gerade oder ungerade sein, wenn ihr Definitionsbereich $\mathbb{D}_f$ symmetrisch zum Ursprung ist, d.h. wenn mit $x \in \mathbb{D}_f$ auch $-x \in \mathbb{D}_f$ ist. Der Graph einer geraden Funktion ist Achsen-symmetrisch zur Ordinate. Der Graph einer ungeraden Funktion ist Punkt- oder rotationssymmetrisch zum Ursprung.

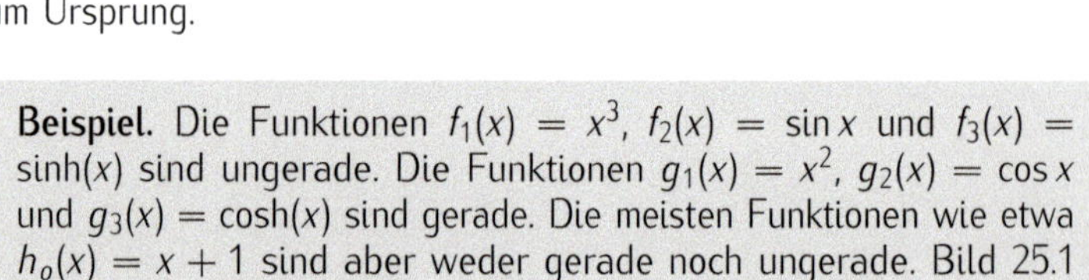

Beispiel. Die Funktionen $f_1(x) = x^3$, $f_2(x) = \sin x$ und $f_3(x) = \sinh(x)$ sind ungerade. Die Funktionen $g_1(x) = x^2$, $g_2(x) = \cos x$ und $g_3(x) = \cosh(x)$ sind gerade. Die meisten Funktionen wie etwa $h_o(x) = x + 1$ sind aber weder gerade noch ungerade. Bild 25.1 zeigt weitere Beispiele.

Symmetrien zu nutzen, kann Arbeit sparen, wenn beispielsweise für ungerades f a priori $\int_{-a}^{a} f(x)\,dx = 0$ bekannt ist, oder Einsichten ermöglichen, wenn beispielsweise eine gerade Funktion g mit maximalem Definitionsbereich nicht invertierbar sein kann, weil g nicht injektiv ist.

25.1.2 Konkave und konvexe Funktionen

Eine Funktion f heißt auf einem Intervall (a, b) *konkav* genau dann, wenn ihr Graph *oberhalb* (genauer: nicht unterhalb) jeder Verbindungsstrecke zweier seiner Punkte liegt. Eine Funktion g heißt auf einem Intervall (a, b) *konvex* genau dann, wenn ihr Graph *unterhalb* (genauer: nicht oberhalb) jeder Verbindungsstrecke zweier seiner Punkte liegt.
Analytisch gilt: f ist auf (a, b) *konkav* genau dann, wenn

$$f\big(\lambda u + (1-\lambda)v\big) \geq \lambda(fu) + (1-\lambda)\, f(v)$$

für alle $u, v \in (a, b)$ und $\lambda \in [0, 1]$ gilt.
f ist auf (a, b) *konvex* genau dann, wenn

$$f\big(\lambda u + (1-\lambda)v\big) \leq \lambda(fu) + (1-\lambda)\, f(v)$$

für alle $u, v \in (a, b)$ und $\lambda \in [0, 1]$ gilt.
Konkave Funktionen heißen auch *rechts-*, konvexe Funktionen *linksgekrümmt*.

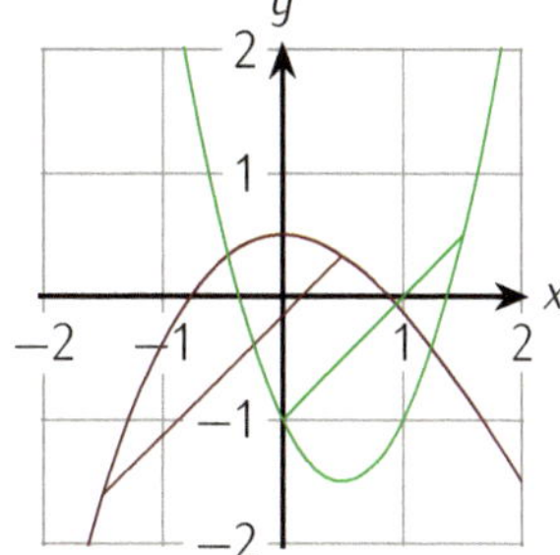

Bild 25.2: Auf $(-\infty, 2)$ konkave Funktion $f(x) = \frac{1}{8}x^3 - \frac{3}{4}x^2 + \frac{1}{2}$ und auf $\mathbb{R}$ konvexe Funktion $g(x) = 2(x-\frac{1}{2})^2 - \frac{3}{2}$ mit jeweils einer Verbindungsstrecke zweier Punkte des Graphen

Beispiel. Die Funktionen $f_1(x) = x^2$, $f_2(x) = \cosh(x)$ und $f_3(x) = e^x$ sind konvex. Die Funktionen $g_1(x) = \sqrt{x}$, $g_2(x) = -|x|$ und $g_3(x) = \ln(x)$ sind konkav. Bild 25.2 zeigt weitere Beispiele.

Bemerkung: Konkavität und Konvexität sind eng mit konvexen Mengen verknüpft. Eine Menge $M \subset \mathbb{R}^n$ heißt *konvex* genau dann, wenn mit zwei Punkten in M auch deren Verbindungsstrecke ganz in M liegt. Beispielsweise sind Kreise konvex, Kreisringe sind es nicht. (Konvexlinsen, auch Sammellinsen genannt, brechen parallel einfallende Lichtstrahlen so, dass sich die Lichtstrahlen im Brennpunkt kreuzen. Schnitte der Linse mit Ebenen bilden konvexe Mengen.) Nun ist eine Funktion konkav bzw. konvex genau dann, wenn die Menge der Punkte unterhalb bzw. oberhalb ihres Graphen konvex ist.

Bemerkung: Die obige Definition von Konvexität und Konkavität kann direkt auch für Funktionen mehrerer Veränderlicher verwendet werden: $f : \mathbb{R}^n \supset \mathbb{D}_f \to \mathbb{R}$ heißt konvex bzw. konkav auf $G \subset \mathbb{D}_f$ genau dann, wenn $f\big(\lambda u + (1-\lambda)v\big) \leq \lambda(fu) + (1-\lambda)\, f(v)$ bzw. $f\big(\lambda u + (1-\lambda)v\big) \geq \lambda(fu) + (1-\lambda)\, f(v)$ für alle $u, v \in G$ und $\lambda \in [0, 1]$ gilt. Hier wird deutlich, dass eine Funktion f nur dann konvex oder konkav in $G \subset \mathbb{D}_f$ sein kann, wenn mit jedem Paar $x, y \in G$ auch die ganze Verbindungsstrecke $\{\lambda x + (1-\lambda)y : \lambda \in (0, 1)\}$ in $G \subset \mathbb{D}_f$ liegt, d.h. wenn G konvex ist.

Wenn die betrachteten Funktionen f zweimal stetig differenzierbar sind, so kann man an f'' ablesen, ob f konkav oder konvex ist:
f ist auf (a, b) konkav genau dann, wenn $f''(x) \leq 0$ für alle $x \in (a, b)$.
f ist auf (a, b) konvex genau dann, wenn $f''(x) \geq 0$ für alle $x \in (a, b)$.

Die Stellen, an denen f'' das Vorzeichen wechselt, also die Nulldurchgänge von f'' trennen Intervalle, in denen f konkav ist, von solchen, in denen f konvex ist. Nulldurchgänge von f'' heißen *Wendepunkte* von f.

Beispiel.
- ▷ Die Funktionen $f(x) = x^3$ mit $f''(x) = 6x$ hat in 0 den Wendepunkt $\big(0, f(0)\big) = (0, 0)$, wobei f auf $(-\infty, 0)$ konkav und auf $(0, \infty)$ konvex ist.
- ▷ Die Funktion $f(x) = x^4$ ist offensichtlich auf ganz $\mathbb{R}$ konvex und $(0, 0)$ ist kein Wendepunkt, weil zwar $f''(0) = 4 \cdot 3x^2\big|_{x=0} = 0$, d.h. weil 0 eine Nullstelle von f'', aber kein Nulldurchgang sondern eine Berührstelle ist.

Inwiefern konvexe bzw. konkave Funktionen ausgezeichnet sind, zeigen folgende zwei Sachverhalte:
Ist f konvex, so ist jedes lokale Minimum auch globales Minimum.
Ist f konkav, so ist jedes lokale Maximum auch globales Maximum.
Konvexen und konkaven Funktionen wie auch konvexen Mengen kommen in der Optimierung eine besondere Bedeutung zu, z.B. bei der Linearen Programmierung (s. Band 3).

25.1.3 Funktionen zweier Veränderlicher

In dieses Kapitel gehören in Erweiterung von Kapitel 5 im Band 1 auch Funktionen mehrerer Veränderlicher oder Funktionen mehrerer Variabler und ihre Extremwertstellen. Wir behandeln hier zunächst nur Funktionen zweier Veränderlicher, solange die Hilfsmittel der linearen Algebra (s. Band 3) noch nicht zur Verfügung stehen.

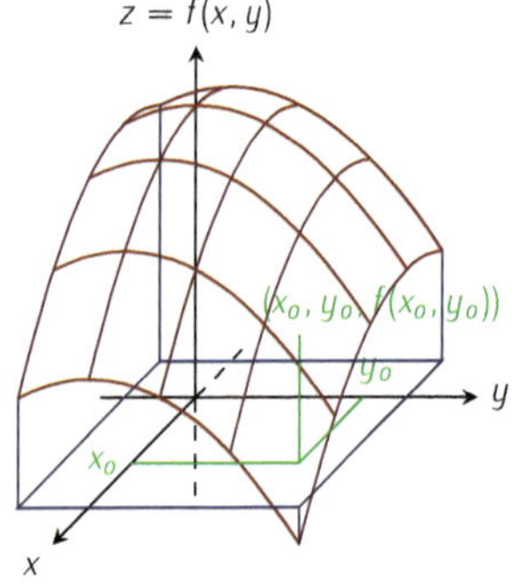

Bild 25.3: Rechtshändiges Koordinaten-System mit Abszisse (x-Achse), Ordinate (y-Achse) und Applikate (z-Achse) sowie Graph einer Funktion $z = f(x, y)$ für $(x, y) \in [x_{\min}, x_{\max}] \times [y_{\min}, y_{\max}]$

Eine Funktion f zweier Veränderlicher ordnet jedem Paar (x, y) reeller Zahlen im Definitionsbereich $(x, y) \in \mathbb{D}_f \subset \mathbb{R}^2$ von f genau einen reellen Funktionswert $z = f(x, y)$ zu. Wir beschränken uns hier also auf skalare, nämlich reell- oder komplex-wertige Funktionen zweier reeller Veränderlicher. Wie (x, y) der Funktionswert $f(x, y)$ zugeordnet wird, illustriert Bild 25.3.

Beispiel.
- ▷ Die Höhe $a = a(x, y)$ (altitude) über dem Meeresspiegel, *Höhe über NN*, bezeichnet den lotrechten Abstand eines Punktes (x, y) in Bezug auf ein festgelegtes Meeresniveau.
- ▷ Die elektrische Leistung $P = U \cdot I$ ist das Produkt aus Spannung U und Strom I. Der Preis $P = f(A, N)$ ist eine Funktion f von Angebot A und Nachfrage N.
- ▷ Das Volumen $V = A \cdot h$ eines verallgemeinerten Zylinders berechnet sich als Produkt aus Grundfläche A und Höhe h.
- ▷ Die Zustandsgleichung $p = \frac{nRT}{V}$ für ideale Gase gibt den Druck in Abhängigkeit von Temperatur T und Volumen V an.
- ▷ Die Geschwindigkeit $v = f(v_o, a)$ hängt von der Anfangsgeschwindigkeit v_o und der Beschleunigung a ab.

> ▷ Kennlinienfelder sind Funktionen meist mehrerer Veränderlicher: Z.B. bei Röhren ist der Anodenstrom abhängig von Gitter- und Anodenspannung. Z.B. bei Transistoren in Emitterschaltung ist der Kollektorstrom abhängig von Kollektor-Emitter-Spannung und Basisstrom.

Der Funktionsgraph $\text{graph}_f = \{(x, y, z) : (x, y) \in \mathbb{D}_f, z = f(x, y)\}$ einer solchen Funktion ist eine Fläche im dreidimensionalen Raum, dem $\mathbb{R}^3$, vgl. Bild 25.3 eines generischen Graphens.

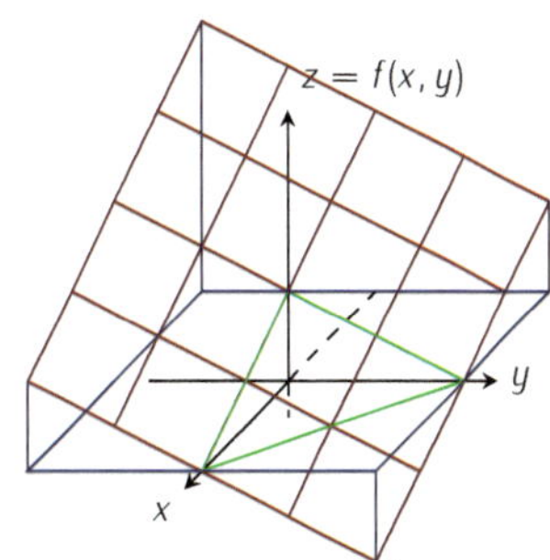

Bild 25.4: Die Ebene $\frac{x}{1} + \frac{y}{1} + \frac{z}{1/2} = 1$ ist Graph der Funktion $z = f(x, y) = \frac{1-x-y}{2}$, dargestellt für $x, y \in [-1, 1]$ Das grüne Dreieck der Achsenabschnitte liegt in dieser Ebene.

Beispiel.

- ▷ Der Graph einer Funktion $z = f(x, y) = ax + by$ für reelle Koeffizienten a und b ist eine Ebene im Raum, weil $ax+by-z = 0$ allgemeine Gleichung einer Ebene (s. Kapitel 36 in Band 3) durch den Ursprung ist. Bild 25.4 zeigt die Ebene $x + y + 2z = 1$ bzw. den Graphen der Funktion $f(x, y) = \frac{1}{2}(1 - x - y)$.
- ▷ Der Graph von $z = g(x, y) = \sqrt{1 - x^2 - y^2}$ ist die obere Einheitshalbkugel, weil $z^2 = 1-x^2-y^2$ oder eben $x^2+y^2+z^2 = 1^2$ die Gleichung der Einheitskugel ist, s. Bild 25.5.
- ▷ Der Graph von $z = h(x, y) = x^2+y^2$ ist das Rotationsparaboloid der Normal-Parabel, s. Bild 25.6. Ein Paraboloid entsteht durch Rotation einer Parabel um die z-Achse.
- ▷ $z = f(x, y) = \frac{1}{2\pi} e^{-(x^2+y^2)/2}$ ist die Wahrscheinlichkeitsdichte der zweidimensionalen Standard-Normalverteilung (s. Kapitel 79 in Band 5). Sie entsteht durch Rotation der skalierten Wahrscheinlichkeitsdichte der eindimensionalen Standard-Normalverteilung (s. Kapitel 47 in Band 3) um die z-Achse, s. Bild 25.7.

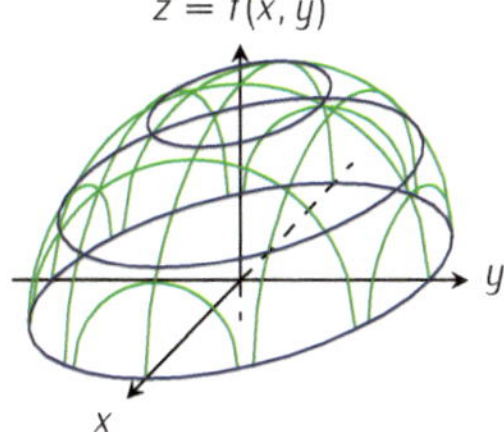

Bild 25.5: Die Einheitshalbkugel $x^2 + y^2 + z^2 = 1$ mit $z \geq 0$ ist Graph der Funktion $z = f(x, y) = \sqrt{1 - x^2 - y^2}$ mit partiellen Funktionen und Isolinien

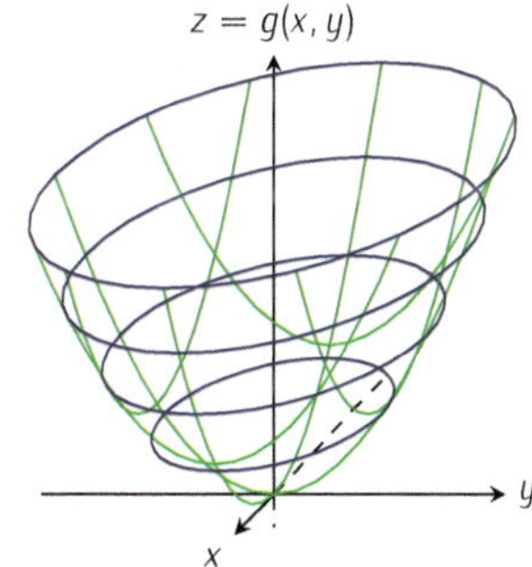

Bild 25.6: Das Normal-Paraboloid ist der Graph von $z = g(x, y) = x^2 + y^2$ mit partiellen Funktionen und Isolinien.

Schnitte des Funktionsgraphens mit bestimmten Ebenen sind bedeutungsvoll:

- ▷ Der Schnitt des Funktionsgraphens von f mit $x = x_o$, also mit der Ebene parallel zur y-z-Ebene durch $(x_o, 0, 0) \in \mathbb{R}^3$ ist der Funktionsgraph der sogenannten *partiellen* Funktion $z = f(x_o, y)$, einer Funktion der *einen* Veränderlichen y.
- ▷ Der Schnitt des Funktionsgraphens von f mit $y = y_o$, also mit der Ebene parallel zur x-z-Ebene durch $(0, y_o, 0) \in \mathbb{R}^3$ ist der Funktionsgraph der sogenannten *partiellen* Funktion $z = f(x, y_o)$, einer Funktion der *einen* Veränderlichen x.
- ▷ Schnitte des Funktionsgraphens von f mit $z = z_o$, also mit der Ebene parallel zur x-y-Ebene durch $(0, 0, z_o) \in \mathbb{R}^3$ sind die Ortskurven $\{(x, y) : f(x, y) = z_o\} \subset \mathbb{D}_f$, die sogenannten *Niveaulinien* oder *Isolinien* zum Niveau z_o. Projektion des Schnittes von graph(f) mit der Ebene $z = z_o$ in die x-y-Ebene liefert die Ortskurve $\{(x, y) : f(x, y) = z_o\} \subset \mathbb{D}_f$. Je nachdem, was man betonen möchte, visualisiert man Schnitte oder Ortskurven.

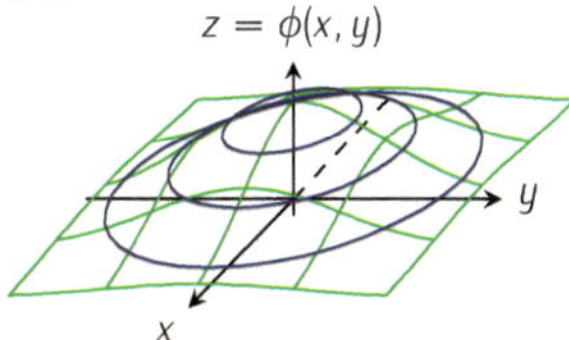

Bild 25.7: Graph der Wahrscheinlichkeitsdichte $z = \phi(x, y) = c\, e^{-(x^2+y^2)/2}$ mit partiellen Funktionen und Isolinien

Beispiel.

- ▷ Sei $a = a(x, y)$ die Höhe (altitude) über NN, jetzt NHN. Dann sind die beiden partiellen Funktionen $a(x_o, y)$ und $a(x, y_o)$ Höhenprofile durch $x = x_o$ bzw. $y = y_o$, während $\{(x, y) : a(x, y) = z_o\}$ die Höhenlinie zur Höhe z_o ist. Übrigens kostet Bewegung entlang einer Höhenlinie keine Energie, wenn man Reibung vernachlässigt.
- ▷ Die Graphen der partiellen Funktionen von $f(x, y) = ax + by$ mit $\mathbb{D}_f = \mathbb{R}^2$ sind Geraden im $\mathbb{R}^3$. Die Niveaulinien sind Geraden im $\mathbb{R}^2$, eingebettet in den $\mathbb{R}^3$, s. Bild 25.4.
- ▷ Die Graphen der partiellen Funktionen von $g(x, y) = \sqrt{1 - x^2 - y^2}$ mit $\mathbb{D}_g = \{(x, y) : x^2 + y^2 \leq 1\}$ sind obere Halbkreise. Die Niveaulinien sind Kreise, s. Bild 25.5.
- ▷ Die Graphen der partiellen Funktionen von $z = h(x, y) = x^2 + y^2$ mit $\mathbb{D}_h = \mathbb{R}^2$ sind Parabeln. Die Niveaulinien sind Kreise, s. Bild 25.6.
- ▷ Die partiellen Funktionen von $z = \phi(x, y) = \frac{1}{2\pi} e^{-(x^2+y^2)/2}$ mit $\mathbb{D}_\phi = \mathbb{R}^2$ sind skalierte Versionen der Wahrscheinlichkeitsdichte der eindimensionalen Standard-Normalverteilung. Die Niveaulinien sind Kreise, s. Bild 25.7.

Die *partiellen* Ableitungen einer Funktion mehrerer Veränderlicher sind die Ableitungen ihrer partiellen Funktionen. Dazu werden alle Veränderliche bis auf eine festgehalten und die 'konventionelle' Ableitung dieser (partiellen) Funktion einer Veränderlichen gebildet. Speziell gilt also

$$\frac{\partial f}{\partial x}(x_o, y_o) = \frac{d\, f(x, y_o)}{dx}(x_o) \qquad \text{und} \qquad \frac{\partial f}{\partial y}(x_o, y_o) = \frac{d\, f(x_o, y)}{dy}(y_o)$$

Üblich ist, $f_x(x_o, y_o) = \frac{\partial f}{\partial x}(x_o, y_o)$ und $f_y(x_o, y_o) = \frac{\partial f}{\partial y}(x_o, y_o)$ zur Abkürzung zu schreiben.

Beispiel.

- ▷ Für $z = f(x, y) = ax + by$ gilt $\frac{\partial f}{\partial x}(x_o, y_o) = a = f_x(x_o, y_o)$ und $\frac{\partial f}{\partial y}(x_o, y_o) = b = f_y(x_o, y_o)$.
- ▷ Für $g(x, y) = \sqrt{1 - x^2 - y^2}$ gilt $\frac{\partial g}{\partial x}(x_o, y_o) = \frac{-x_o}{\sqrt{1-x_o^2-y_o^2}} = g_x(x_o, y_o)$ und $\frac{\partial g}{\partial y}(x_o, y_o) = \frac{-y_o}{\sqrt{1-x_o^2-y_o^2}} = g_y(x_o, y_o)$.
- ▷ Für $z = h(x, y) = \frac{1}{2\pi} e^{-(x^2+y^2)/2}$ gilt $\frac{\partial h}{\partial x}(x_o, y_o) = -x_o\, h(x_o, y_o) = h_x(x_o, y_o)$ und $\frac{\partial h}{\partial y}(x_o, y_o) = -y_o\, h(x_o, y_o) = h_x(x_o, y_o)$.

Partielle Ableitungen lassen sich erneut ableiten, um so partielle Ableitungen höherer Ordnung zu gewinnen. Üblich ist,

$$f_{x_x} = \frac{\partial f_x}{\partial x}, f_{x_y} = \frac{\partial f_x}{\partial y}, f_{y_x} = \frac{\partial f_y}{\partial x} \text{ und } f_{y_y} = \frac{\partial f_y}{\partial y}$$

zu schreiben. Ein Satz von Schwarz garantiert, dass es auf die Reihenfolge der partiellen Ableitungen nicht ankommt, wenn alle Ableitungen stetig sind, speziell $\frac{\partial}{\partial x}\left(\frac{\partial}{\partial y}f(x,y)\right) = \frac{\partial}{\partial y}\left(\frac{\partial}{\partial x}f(x,y)\right)$ oder kurz $f_{x_y} = f_{y_x}$. Im Folgenden sei angenommen, dass alle partiellen Ableitungen höherer Ordnung existieren und stetig sind, und schreiben f_{xy} statt f_{x_y}.

Hermann Amandus Schwarz (1843–1921)

Der (Spalten-) Vektor der partiellen Ableitungen

$$\operatorname{grad} f(x_o, y_o) = \nabla f(x_o, y_o) = \begin{pmatrix} f_x(x_o, y_o) \\ f_y(x_o, y_o) \end{pmatrix}$$

einer Funktion $z = f(x, y)$ heißt *Gradient* von f in (x_o, y_o). Der Gradient ist also ein Vektor. Er zeigt im Punkt (x_o, y_o) in Richtung des stärksten Anstieges der Funktion.

Beispiel. Wenn $a(x, y)$ die Höhe über NN, jetzt NHN des Orts (x, y) angibt, so ist der Gradient $\nabla a(x, y)$ von a an der Stelle (x, y) ein Vektor, der in die Richtung des größten Höhenanstiegs von a zeigt und dessen Betrag die größte Steigung in diesem Punkt angibt.

Stellen (x^*, y^*), in denen der Gradient verschwindet, also $\nabla(x^*, y^*) = \begin{pmatrix} f_x(x^*, y^*) \\ f_y(x^*, y^*) \end{pmatrix} = \begin{pmatrix} 0 \\ 0 \end{pmatrix}$ heißen *stationäre* Punkte von f. Stationäre Punkte entsprechen den Nullstellen der ersten Ableitung einer Funktion von einer Veränderlichen. Nur dass Sie gewappnet sind: in aller Regel führt die Berechnung der stationären Punkte auf *nicht*-lineare Gleichungssysteme, für die es – im Gegensatz zu linearen Gleichungssystemen – keinen in jedem Fall funktionierenden Lösungsalgorithmus gibt.

Die sogenannte *Tangential-Ebene* von f in (x_o, y_o) ist die Ebene, die lokal tangential zu graph(f) in $\big(x_o, y_o, f(x_o, y_o)\big)$ ist. Sie entspricht der Tangenten an den Graphen einer Funktion einer Veränderlichen. Die Tangential-Ebene ist der Graph der affinen Approximation $f(x, y) \approx T_f(x, y) = f(x_o, y_o) + f_x(x_o, y_o) \cdot (x - x_o) + f_y(x_o, y_o) \cdot (y - y_o)$, also des Taylor-Polynoms (s. Kapitel 27) mit Totalgrad 1. Da für jeden Weg $\boldsymbol{r}(t)$ in der Tangential-Ebene mit $\boldsymbol{r}(0) = \boldsymbol{r}_o = (x_o, y_o, z_o)$ und $z_o = f(x_o, y_o)$ auch der Punkt $\boldsymbol{r}_o + \dot{\boldsymbol{r}}(0)$ in der Tangential-Ebene liegt, liegen die Vektoren $\big(1, 0, f_x(x_o, y_o)\big)$ für $\boldsymbol{r}(t) = \big(x_o + t, y_o, T_f(x_o + t, y_o)\big)$ und $\big(0, 1, f_y(x_o, y_o)\big)$ für $\boldsymbol{r}(t) = \big(x_o, y_o + t, T_f(x_o, y_o + t)\big)$ in der Tangential-Ebene. Die Tangential-Ebene an graph(f) in $\boldsymbol{r}_o$ wird also aufgespannt von beispielsweise $\big(1, 0, f_x(x_o, y_o)\big)$ und $\big(0, 1, f_y(x_o, y_o)\big)$.

Beispiel.

▷ Die Funktion $z = h(x, y) = ax + by$ mit $f_x(x, y) = a$ und $f_y(x, y) = b$ hat für $a \neq 0 \neq b$ keine stationären Punkte.

> ▷ Die Funktion $f(x, y) = \sqrt{1 - x^2 - y^2}$ mit $f_x(x, y) = \frac{-x}{\sqrt{1-x^2-y^2}}$ und $f_y(x, y) = \frac{-y}{\sqrt{1-x^2-y^2}}$ hat den einzigen stationären Punkt $(0, 0)$. Die Tangential-Ebene in $(0, 0)$ ist die Ebene $z = 1$.
> ▷ Die Funktion $z = \phi(x, y) = \frac{1}{2\pi} e^{-(x^2+y^2)/2}$ mit $\phi_x(x, y) = -x\, h(x, y)$ und $h_x(x, y) = -y\, h(x, y)$ hat den einzigen stationären Punkt $(0, 0)$. Die Tangential-Ebene in $(0, 0)$ ist die Ebene $z = \frac{1}{2\pi}$.

Ein stationärer Punkt (x^*, y^*) von f ist Extremwertstelle von f, wenn

$$f_{xx}(x^*, y^*)\, f_{yy}(x^*, y^*) > f_{xy}(x^*, y^*)\, f_{yx}(x^*, y^*) = (f_{xy}(x^*, y^*))^2$$

gilt. Gleichbedeutend ist, dass $|\boldsymbol{H}_f(x_o, y_o)| := \begin{vmatrix} f_{xx} & f_{xy} \\ f_{yx} & f_{yy} \end{vmatrix} (x^*, y^*) > 0$, d.h. die Determinante der Matrix der partiellen Ableitungen zweiter Ordnung, die sogenannte *Hesse*-Matrix $\boldsymbol{H}_f(x_o, y_o)$ positiv ist. Die rechte Seite der Bedingungsungleichung ist quadratisch und somit positiv, was impliziert, dass f_{xx} und f_{yy} dasselbe Vorzeichen haben: wenn f_{xx} und f_{yy} zugleich negativ (positiv) sind, ist (x^*, y^*) Maximumsstelle (Minimumsstelle).

Ludwig Otto Hesse (1811-1874)

25.2 Lernziele

Nr	Ich kann	Aufgabe	√
	Funktionen, weitere Eigenschaften (gerade/ungerade, konkav/konvex)		
234	eine Funktion als ungerade oder gerade erkennen	25.3, 25.2, 25.3, 25.4, 25.5, 25.6	
235	die Eigenschaften konkav und konvex verstehen	25.7, 25.8, 25.9	
236	aus dem Graphen der Funktion bestimmen, wo sie konvav oder konvex ist	25.10	
237	Wendepunkt am Graphen der Funktion identifizieren	25.8	
	Funktionen zweier Veränderlicher		
238	eine Funktion mit zwei oder mehr Variablen an einem Punkt auswerten	25.11	
239	die wichtigsten Eigenschaften einer Funktion zweier Variablen wie stationäre Punkte in 3D- oder Konturdarstellung ausmachen	25.11, 25.12, 25.13, 25.14	
240	die ersten partiellen Ableitungen einer Funktion von mehreren Variablen bestimmen	25.11	
241	geeignete Software zu Erstellung von 3D- oder Konturplots benutzen	25.11	

25.3 Aufgaben

Aufgabe 25.1 (5 min) Markieren Sie die jeweils zutreffenden Eigenschaften der Beispiel-Funktionen:

	gerade	ungerade	weder noch
$f(x) = \sqrt[3]{x}$	□	□	□
$g(x) = 1 - \lvert x\rvert$	□	□	□
$h(x) = x - \cos(x)$	□	□	□

Aufgabe 25.2 (10 min) Zeigen Sie:
a) Die Linarkombination gerader bzw. ungerader Funktionen ist wieder gerade bzw. ungerade.
b) Produkt und Quotient gerader Funktionen sind gerade, Produkt und Quotient zweier ungerader Funktionen sind gerade, Produkt und Quotient einer ungeraden und einer geraden Funktion sind ungerade.

Aufgabe 25.3 (10 min) Verifizieren Sie – geometrisch oder anhand der Taylor-Entwicklung um 0 (s. Kapitel 27):
a) $f_1(x) = \sin(x)$ ist ungerade.
b) $f_2(x) = \cos(x)$ ist gerade.
c) $f_3(x) = \tan(x)$ ist ungerade.
d) $f_4(x) = \sinh(x)$ ist ungerade.
e) $f_5(x) = \cosh(x)$ ist gerade.
f) Die Wahrscheinlichkeitsdichte $f_6(x) = \frac{1}{\sqrt{2\pi}}e^{-x^2/2}$ der Standard-Normalverteilung ist gerade.

Aufgabe 25.4 (15 min) Zeigen Sie:
a) Das Monom x^n ist gerade bzw. ungerade genau dann, wenn der Exponent n geradzahlig bzw. ungeradzahlig ist.
b) Sei f eine gerade und g eine ungerade Funktion und seien $\lambda, \mu \in \mathbb{R} \setminus \{0\}$. Wenn $\lambda f + \mu g$ gerade ist, dann verschwindet g. Wenn $\lambda f + \mu g$ ungerade ist, dann verschwindet f.
c) Ein Polynom $p(x) = a_n x^n + a_{n-1}x^{n-1} + \ldots + a_1 x + a_o$ ist gerade $\Leftrightarrow$ alle 'ungeraden' Koeffizienten a_1, a_3, ...von p verschwinden.
d) Ein Polynom $q(x) = b_n x^n + b_{n-1}x^{n-1} + \ldots + b_1 x + b_o$ ist ungerade $\Leftrightarrow$ alle 'geraden' Koeffizienten b_o, b_2, ...von q verschwinden.

Aufgabe 25.5 (5 min) Zeigen Sie:
a) Für eine differenzierbare, ungerade Funktion f ist f' gerade.
b) Für eine differenzierbare, gerade Funktion g ist g' ungerade.

Aufgabe 25.6 (10 min) Verifizieren Sie:
a) Wenn g gerade ist, so ist $f \circ g$ gerade für *jede* Funktion f.
b) Für ungerade Funktionen f und g ist $f \circ g$ ungerade.
c) Mit f ist auch die Umkehrfunktion f^{inv} ungerade.
d) Was weiß man über die Umkehrfunktion einer geraden Funktion?

Aufgabe 25.7 (5 min) Markieren Sie die jeweils zutreffenden Eigenschaften der Beispiel-Funktionen:

	konkav	konvex	weder noch
$f(x) = \sqrt[3]{x}$	□	□	□
$g(x) = 1 - \lvert x\rvert$	□	□	□
$h(x) = x - \cos(x)$	□	□	□

Aufgabe 25.8 (15 min) Bestimmen Sie die Wendepunkte und damit die Intervalle, in denen die Funktionen konkav bzw. konvex sind:

a) $f_1(x) = x^3 - 3x^2 + 3x$ (Welche geometrische Rolle spielt der Wendepunkt?),
b) die Dichte $f_2(x) = \frac{1}{\sqrt{2\pi}} e^{-x^2/2}$ der Standard-Normalverteilung,
c) $f_3(x) = \sin(x)$ und $f_4(x) = \cos(x)$,
d) $f_5(x) = \sinh(x)$ und $f_6(x) = \cosh(x)$.
e) Wieso haben $f_7(x) = e^x$ und $f_8(x) = \ln(x)$ keine Wendepunkte?

Aufgabe 25.9 (10 min) Zeigen Sie:

a) f ist in (a, b) konvex genau dann, wenn $-f$ in (a, b) konkav ist.
b) Die Summe konvexer Funktionen ist wieder konvex.
c) Die Linearkombination konvexer Funktionen mit positiven Koeffizienten ist wieder konvex.
d) Gelten entsprechende Aussagen auch für konkave Funktionen?

Aufgabe 25.10 (10 min) Zeigen Sie:

a) Sind f und g konvexe Funktionen, so ist auch $h = \max\{f, g\}$ konvex.
b) Gilt auch die Umkehrung?
c) Formulieren und zeigen Sie die entsprechende Aussage für konkave Funktionen.

Aufgabe 25.11 (15 min) Bestimmen Sie – soweit vorhanden – die (lokalen) *Extrema* der folgenden Funktionen und überprüfen Sie Ihre Ergebnisse an Visualisierungen:

a) $z = f(x, y) = 2x^2 - y^2$,
b) $z = g(x, y) = \sqrt{1 - x^2 - 2y^2}$,
c) $z = h(x, y) = x\, e^{-(x^2+y^2)/2}$.

Aufgabe 25.12 (15 min) Bestimmen Sie den *Schwerpunkt* eines starren Systems bestehend aus n Massepunkten der Masse m_i in (x_i, y_i) für $i = 1, 2, ..., n$.

a) Der Schwerpunkt (u^*, v^*) minimiert die gewichtete Summe $s(u, v) = \sum_{i=1}^{n} m_i\big((x_i - u)^2 + (y_i - v)^2\big)$ der Abstandsquadrate.
b) Verifizieren Sie: Falls alle Massen identisch sind, z.B. $m_i = 1$ für $i = 1, 2, ..., n$, so stimmt der Schwerpunkt mit dem arithmetischen Mittel der (x_i, y_i) für $i = 1, 2, ..., n$ überein.

Aufgabe 25.13 (15 min) Die *Regressions-* oder *Ausgleichsgerade* $y = ax + b$ zu n Beobachtungen (x_i, y_i) für $i = 1, 2, \dots, n$ minimiert die Summe der Fehlerquadrate $\mathrm{SSE}(a, b) = \sum_{i=1}^{n}\big(y_i - (ax_i + b)\big)^2$ (*sum of squared errors*). Hier wird im Grund unterstellt, dass y_i von x_i abhängen oder dass die x_i genau sind, während die y_i Fehlerbehaftet sind. Gesucht ist (a^*, b^*), das $\mathrm{SSE}(a, b)$ minimiert.

a) Bestimmen Sie die stationären Punkte (a^*, b^*) von SSE.
b) Klassifizieren Sie die stationären Punkte (a^*, b^*) von SSE.
c) Berechnen Sie die Ausgleichsgerade zu den drei Beobachtungen $(1, 1)$, $(2, 0)$ und $(3, 2)$ und visualisieren Sie die Ausgleichsgerade zusammen mit den Beobachtungen.

Aufgabe 25.14 (15 min) Im Grundriss wird ein Gang von den Graphen zweier Funktionen f und g berandet. Wenn man wissen will, ob zylindrische Objekte durch den Gang passen, interessiert $\min\{|P-Q| : P \in \text{graph}_f, Q \in \text{graph}_g\}$, also der *Abstand* der beiden Graphen.
Sei $f(x) = x^2$ und $g(x) = -(x-1.5)^2$ gegeben. Bestimmen Sie den Abstand der Graphen von f und g, d.h. bestimmen Sie mit $\min_{(x_1,x_2)\in\mathbb{R}^2} \left|\big(x_1, f(x_1)\big) - \big(x_2, g(x_2)\big)\right|$ den minimalen Abstand beliebiger Paare (P, Q) von Punkten $P = \big(x_1, f(x_1)\big)$ auf dem Graphen von f und Punkten $Q = \big(x_2, g(x_2)\big)$ auf dem Graphen von g.
a) Warum wird das Minimum des Abstandes und das Minimum des quadratischen Abstandes an denselben Stellen angenommen? Warum ist der quadratische Abstand leichter zu handhaben?
b) Bestimmen Sie die (reellen) stationären Punkte von $a(x_1, x_2) = \left|\big(x_1, f(x_1)\big) - \big(x_2, g(x_2)\big)\right|^2$.
c) Klassifizieren Sie die (reellen) stationären Punkte von a.

25.4 Lösungen

Lösung 25.1

	gerade	ungerade	weder noch
$f(x) = \sqrt[3]{x}$	☐	☒	☐
$g(x) = 1 - \|x\|$	☒	☐	☐
$h(x) = x - \cos(x)$	☐	☐	☒

Lösung 25.2
a) Seien f und g gerade Funktionen und $\lambda, \mu \in \mathbb{R}$. Dann gilt $\big(\lambda f + \mu g\big)(-x) = \lambda f(-x) + \mu g(-x) = \lambda f(x) + \mu g(x) = \big(\lambda f + \mu g\big)(x)$ für alle $x \in \mathbb{D}_f \cap \mathbb{D}_g$. Also ist $\lambda f + \mu g$ gerade.
Für ungerade Funktionen f und g gilt $\big(\lambda f + \mu g\big)(-x) = \lambda f(-x) + \mu g(-x) = -\lambda f(x) - \mu g(x) = -\big(\lambda f + \mu g\big)(x)$ für alle $x \in \mathbb{D}_f \cap \mathbb{D}_g$. Also ist $\lambda f + \mu g$ ungerade.
b) Seien f und g gerade Funktionen. Dann gilt $\big(fg\big)(-x) = f(-x) \cdot g(-x) = f(x) \cdot g(x) = \big(fg\big)(x)$ für alle $x \in \mathbb{D}_f \cap \mathbb{D}_g$. Also ist fg gerade. Für ungerade Funktionen f und g gilt $\big(fg\big)(-x) = f(-x) \cdot g(-x) = -f(x) \cdot \big(-g(x)\big) = \big(fg\big)(x)$ für alle $x \in \mathbb{D}_f \cap \mathbb{D}_g$. Also ist fg gerade.

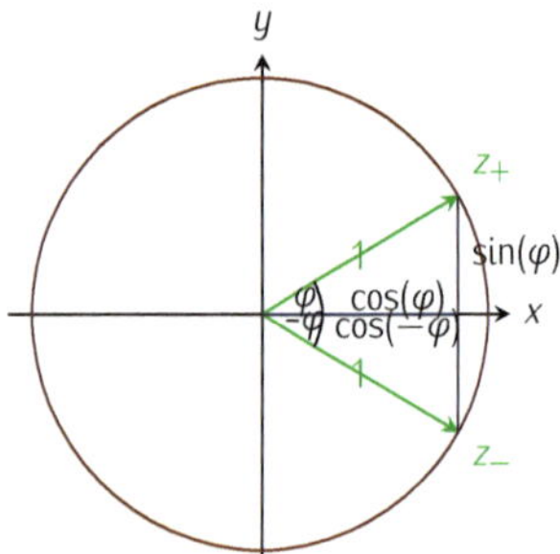

Bild 25.8: Die beiden Punkte $z_+ = e^{j\varphi} = (\cos(\varphi), \sin(\varphi))$ und $z_- = e^{-j\varphi} = (\cos(-\varphi), \sin(-\varphi)) = (\cos(\varphi), -\sin(\varphi))$ liegen auf dem Einheitskreis.

Sei f eine gerade und g eine ungerade Funktion. Dann gilt $(fg)(-x) = f(-x) \cdot g(-x) = f(x) \cdot (-g(x)) = -(fg)(x)$ für alle $x \in \mathbb{D}_f \cap \mathbb{D}_g$. Also ist fg ungerade.

Lösung 25.3

a) Im Einheitskreis ist $\sin(-x) = -\sin(x)$ ersichtlich, s. Bild 25.8.
Alternativ enthält die Taylor-Entwicklung $f(x) = \sum_{i=0}^{\infty}(-1)^i \frac{x^{2i+1}}{(2i+1)!}$ um 0 nur ungeradzahlige Potenzen von x. $f_1(x) = \sin(x)$ ist also ungerade.

b) Im Einheitskreis ist $\cos(-x) = \cos(x)$ ersichtlich, s. Bild 25.8.
Alternativ enthält die Taylor-Entwicklung $f_2(x) = \sum_{i=0}^{\infty}(-1)^i \frac{x^{2i}}{(2i)!}$ um 0 nur geradzahlige Potenzen von x. $f_2(x) = \cos(x)$ ist also gerade.

c) $f_3(x) = \tan(x)$ ist als Quotient einer ungeraden und einer geraden Funktion ungerade, was auch im Einheitskreis ersichtlich ist.

d) Per Definition gilt $f_4(-x) = \sinh(-x) = \frac{1}{2}\left(e^{-x} - e^{-(-x)}\right) = -\frac{1}{2}\left(-e^{-x} - e^{x}\right) = -\sinh(x) = -f_4(x)$.
Alternativ enthält die Taylor-Entwicklung $f_4(x) = \sum_{i=0}^{\infty} \frac{x^{2i+1}}{(2i+1)!}$ um 0 nur ungeradzahlige Potenzen von x. Also ist f_4 ungerade.
Schließlich gilt $\sinh(-x) = -i\,\sin(-ix) = i\,\sin(ix) = -\sinh(x)$, eben weil der Sinus ungerade ist.

e) Per Definition gilt $f_5(-x) = \cosh(-x) = \frac{1}{2}\left(e^{-x} + e^{-(-x)}\right) = \frac{1}{2}\left(e^{x} + e^{-x}\right) = \cosh(x) = f_5(x)$.
Alternativ enthält die Taylor-Entwicklung $f_5(x) = \sum_{i=0}^{\infty} \frac{x^{2i}}{(2i)!}$ um 0 nur geradzahlige Potenzen von x. Also ist f_5 gerade.
Schließlich gilt $\cosh(-x) \cos(-ix) = \cos(ix) = \cosh(x)$, eben weil der Cosinus gerade ist.

f) $f_6(-x) = \frac{1}{\sqrt{2\pi}} e^{-\frac{1}{2}(-x)^2} = \frac{1}{\sqrt{2\pi}} e^{-\frac{1}{2}x^2} = f_6(x)$.

Lösung 25.4

a) Das Monom ist gerade $\Leftrightarrow x^n = (-x)^n = (-1)^n x^n \Leftrightarrow (-1)^n = 1$ $\Leftrightarrow n$ ist geradzahlig.
Das Monom ist ungerade $\Leftrightarrow -x^n = (-x)^n = (-1)^n x^n \Leftrightarrow (-1)^n = -1 \Leftrightarrow n$ ist ungeradzahlig.

b) Wenn $cf + dg$ gerade ist, so gilt $cf(x) - dg(x) = (cf + dg)(-x) = (cf + dg)(x)$, was $-dg(x) = dg(x)$ und damit $g(x) = 0$ impliziert.
Wenn $cf + dg$ ungerade ist, so gilt $cf(x) - dg(x) = (cf + dg)(-x) = -(cf + dg)(x)$, was $cf(x) = -cf(x)$ und damit $f(x) = 0$ impliziert.

c) Sei $p(x) = f(x) + g(x)$ mit $f(x) = \sum_{i\,\text{ungerade}} a_i x^i$ und $g(x) = \sum_{i\,\text{gerade}} a_i x^i$, wo f als Linearkombination ungerader Monome ungerade und g als Linearkombination gerader Monome gerade ist. Für p folgt mit Teil b), dass f verschwindet. Ein Polynom ist identisch 0 genau dann, wenn alle seine Koeffizienten verschwinden, d.h. dass alle a_n für ungeradzahliges n verschwinden.

d) Sei $q(x) = f(x) + g(x)$ mit $f(x) = \sum_{i \text{ ungerade}} b_i x^i$ und $g(x) = \sum_{i \text{ gerade}} b_i x^i$, wo f als Linearkombination ungerader Monome ungerade und g als Linearkombination gerader Monome gerade ist. Für q folgt mit Teil b), dass g verschwindet. Ein Polynom ist identisch 0 genau dann, wenn alle seine Koeffizienten verschwinden, d.h. dass alle a_n für geradzahliges n verschwinden.

Lösung 25.5

a) Wenn die Taylor-Reihe bei Entwicklung um 0 von f existiert, enthält diese nur ungeradzahlige Potenzen von x, die bei Ableitung ausschließlich zu geradzahligen Potenzen von x führen, so dass f' gerade ist.
Sonst liefert der Differentialkoeffizient die gewünschte Antwort: $f'(-x_o) = \lim_{-x\to -x_o} \frac{f(-x)-f(-x_o)}{-x-(-x_o)} = \lim_{x\to x_o} \frac{-(f(x)-f(x_o))}{-(x-x_o))} = f'(x_o)$.

b) Wenn die Taylor-Reihe bei Entwicklung um 0 von f existiert, enthält diese nur gerade Potenzen von x, die bei Ableitung ausschließlich zu ungeradzahligen Potenzen von x führen, so dass g' ungerade ist.
Sonst liefert der Differentialkoeffizient die gewünschte Antwort: $g'(-x_o) = \lim_{-x\to -x_o} \frac{g(-x)-g(-x_o)}{-x-(-x_o)} = \lim_{x\to x_o} \frac{g(x)-g(x_o)}{-(x-x_o))} = -g'(x_o)$.

Lösung 25.6

a) $\big(f\circ g\big)(-x) = f\big(g(-x)\big)$ g ist gerade
$= f\big(g(x)\big) = \big(f\circ g\big)(x)$.

b) $\big(f\circ g\big)(-x) = f\big(g(-x)\big) = f\big(-g(x)\big)$ g ist ungerade
$= -f\big(g(x)\big) = -\big(f\circ g\big)(x)$. f ist ungerade

c) Für die Umkehrfunktion f^{inv} gilt $-x = f^{\text{inv}}\big(f(-x)\big) = f^{\text{inv}}\big(-f(x)\big)$. Ersetzen von x durch $f^{\text{inv}}(y)$ liefert dann $-f^{\text{inv}}(y) = f^{\text{inv}}(y)$.

d) Eine gerade Funktion ist sicher nicht injektiv, so dass die Umkehrfunktion ohne Beschränkung der Funktion auf einen Teil ihres Definitionsbereiches nicht existiert.

Lösung 25.7

	konkav	konvex	weder noch
$f(x) = \sqrt[3]{x}$	☐	☐	☒
$g(x) = 1 - \lvert x\rvert$	☐	☒	☐
$h(x) = x - \cos(x)$	☐	☐	☒

Lösung 25.8

a) Für $f_1(x) = (x-1)^3 + 1$ mit $f'(x) = 3x^2 - 6x + 3$ und $f''(x) = 6x - 6$ ist 1 die einzige Nullstelle von f''. Der Graph von f_1 ist punktsymmetrisch zum Wendepunkt $\big(1, f_1(1)\big) = (1,1)$. f_1 ist in $(-\infty, 1)$ konkav und in $(1,\infty)$ konvex.

b) Für $f_2(x) = \frac{1}{\sqrt{2\pi}} e^{-\frac{1}{2}x^2}$ gilt $f_2'(x) = -\frac{1}{\sqrt{2\pi}} x\, e^{-\frac{1}{2}x^2}$ und $f_2''(x) = -\frac{1}{\sqrt{2\pi}}(1 - x^2)e^{-\frac{1}{2}x^2}$ mit zwei Nullstellen $x_{1,2} = \pm 1$. Die beiden Wendepunkte sind $\big(-1, f_2(-1)\big)$ und $\big(1, f_2(1)\big)$ mit $f_2(\pm 1) = \frac{1}{\sqrt{2\pi}\sqrt{e}}$. Die Funktion $f_2(x) = \frac{1}{\sqrt{2\pi}} e^{-\frac{1}{2}x^2}$ ist konkav auf $(-1, 1)$ und konvex auf $(-\infty, -1)$ und auf $(1, \infty)$.

c) $f_3'(x) = \cos(x)$ und $f_3''(x) = -\sin(x)$ mit Nullstellen-Menge $\pi\mathbb{Z}$, wobei $-\sin(x) < 0$ für $x \in (0, \pi)$, so dass $f_3(x) = \sin(x)$ konkav auf $(0, \pi)$ ist.
$f_4'(x) = -\sin(x)$ und $f_4''(x) = -\cos(x)$ mit Nullstellen-Menge $\frac{\pi}{2} + \pi\mathbb{Z}$, wobei $-\cos(x) > 0$ für $x \in (\frac{1}{2}\pi, \frac{3}{2}\pi)$, so dass $f_4(x) = \cos(x)$ konvex auf $(\frac{1}{2}\pi, \frac{3}{2}\pi)$ ist.
In beiden Fällen sind f_3 und f_4 in jeder Richtung abwechselnd konkav und konvex beginnend mit den jeweiligen, vorstehenden Intervallen der Länge π.

d) $f_5'(x) = \cosh(x)$ und $f_5''(x) = \sinh(x)$ mit der einzigen Nullstelle 0, wobei $\sinh(x) < 0$ für $x \in (-\infty, 0)$ und $\sinh(x) > 0$ für $x \in (0, \infty)$, so dass $f_5(x) = \sinh(x)$ konvex auf $(-\infty, 0)$ und konkav auf $(0, \infty)$ ist.
$f_6'(x) = \sinh(x)$ und $f_6''(x) = \cosh(x) \geq 1$, so dass kein Wendepunkt existiert und $f_6(x) = \cosh(x)$ konvex auf ganz $\mathbb{R}$ ist.

e) $f_7'(x) = e^x = f_7''(x) > 0$, so dass $f_7(x) = e^x$ konvex auf $\mathbb{R}$ ist.
$f_8'(x) = \frac{1}{x}$ und $f_8''(x) = -\frac{1}{x^2} < 0$, so dass $f_8(x) = \ln(x)$ konkav auf $(0, \infty)$ ist.

Lösung 25.9

a) f ist auf (a, b) konvex $\Leftrightarrow f\big(cu + (1-c)v\big) \leq c\, f(u) + (1-c)\, f(v)$ für alle $u, v \in (a, b)$ und $c \in [0, 1] \Leftrightarrow -f\big(cu + (1-c)v\big) \geq -c\, f(u) - (1-c)\, f(v)$ für alle $u, v \in (a, b)$ und $c \in [0, 1] \Leftrightarrow -f$ ist auf (a, b) konkav.

b) Addition der Ungleichungen $f\big(cu+(1-c)v\big) \leq c\, f(u)+(1-c)\, f(v)$ und $g\big(cu+(1-c)v\big) \leq c\, g(u)+(1-c)\, g(v)$ für alle $u, v \in (a, b)$ und $c \in [0, 1]$ liefert $(f+g)\big(cu + (1-c)v\big) \leq c\,(f+g)(u) + (1-c)\,(f+g)(v)$ für alle $u, v \in (a, b)$ und $c \in [0, 1]$ und damit die Konvexität von $f + g$ auf (a, b).

c) Seien die Koeffizienten $s, t \geq 0$. Die beiden Ungleichungen bleiben bei Multiplikation mit s bzw. t erhalten, so auch bei Addition von $s\, f\big(cu + (1-c)v\big) \leq c\, s\, f(u) + (1-c)\, s\, f(v)$ und $t\, g\big(cu+(1-c)v\big) \leq c\, t\, g(u)+(1-c)\, t\, g(v)$ für alle $u, v \in (a, b)$ und $c \in [0, 1]$, die $(s\, f + t\, g)\big(cu + (1-c)v\big) \leq c\,(s\, f + t\, g)(u) + (1-c)\,(s\, f + t\, g)(v)$ für alle $u, v \in (a, b)$ und $c \in [0, 1]$ liefert und damit die Konvexität von $s\, f + t\, g$ auf (a, b).

d) Wenn f und g konkav sind, sind $-f$ und $-g$ konvex. Nach Teil b) ist auch $-f - g = -(f + g)$ konvex und damit ist $f + g$ konkav. Für positive Koeffizienten s und t ist nach Teil c) auch $-s\, f - t\, g = -(s\, f + t\, g)$ konvex und damit die Linearkombination $s\, f + t\, g$ konkav.

Lösung 25.10

a) f und g sind konvex, so dass $f\big(cu + (1-c)v\big) \leq c\, f(u) + (1-c)\, f(v) \leq c\, h(u) + (1-c)\, h(v)$ und $g\big(cu + (1-c)v\big) \leq c\, g(u) + (1-c)\, g(v) \leq c\, h(u) + (1-c)\, h(v)$ und damit $h\big(cu + (1-c)v\big) \leq c\, h(u) + (1-c)\, h(v)$ für alle $u, v \in \mathbb{D}_h = \mathbb{D}_f \cap \mathbb{D}_g$ und $c \in [0, 1]$ gilt.

b) Sei beispielsweise $f(x) = x^3$ und $g(x) = -x^3$. Dann ist $h(x) := \max\{f, g\}(x) = |x|^3$ auf $\mathbb{R}$ konvex, während f und g auf $\mathbb{R}$ weder konvex noch konkav sind.

c) Mit konkaven Funktionen f und g ist auch $h = \min\{f, g\}$ konkav.
Mit konkaven Funktionen f und g sind $-f$ und $-g$ konvex und mit Teil a) ist auch $\max\{-f, -g\}$ konvex. Dann ist aber $h = -\max\{-f, -g\} = \min\{f, g\}$ konkav.

Lösung 25.11

a) Mit $f_x = 4x$ und $f_y = -2y$ ist $\operatorname{grad} f(x, y) = \nabla f(x, y) = \begin{pmatrix} f_x(x, y) \\ f_y(x, y) \end{pmatrix} = \begin{pmatrix} 4x \\ -2y \end{pmatrix} = \begin{pmatrix} 0 \\ 0 \end{pmatrix} \Leftrightarrow x = 0 = y$. Der einzige stationäre Punkt ist $(0, 0)$. Nun ist $f_{xx} = 4$, $f_{yy} = -2$ und $f_{xy} = 0 = f_{yx}$, so dass wegen $f_{xx}(0, 0) \cdot f_{yy}(0, 0) = -8 \not> 0$ der stationäre Punkt $(0, 0)$ keine Extremwertstelle sondern ein Sattelpunkt ist, s. Bild 25.9.

b) Mit $g_x = -\frac{x}{\sqrt{1-x^2-2y^2}}$ und $g_y = -2\frac{y}{\sqrt{1-x^2-2y^2}}$ ist $(0, 0)$ der einzige stationäre Punkt und mit $g_{xx}(0, 0) = -1$, $g_{xy}(0, 0) = 0 = g_{yx}(0, 0)$, $g_{yy}(0, 0) = -2$ gilt $g_{xx}\, g_{yy} = 2 > g_{xy}\, g_{yx}$ in $(0, 0)$. Der stationäre Punkt ist eine Extremalstelle und zwar eine Maximumsstelle, weil $g_{xx}(0, 0)$ und $g_{yy}(0, 0)$ beide negativ sind. Das ist plausibel, weil der Graph von g ein oberes Halb-Ellipsoid ist, s. Bild 25.10.

c) Mit $h_x(x, y) = (1 - x^2)\, e^{-(x^2+y^2)/2}$ und $h_y(x, y) = -xy\, e^{-(x^2+y^2)/2}$ sind $(1, 0)$ und $(-1, 0)$ die stationären Punkte von h. Mit $h_{xx}(x, y) = \big(-2x - x(1 - x^2)\big)\, e^{-(x^2+y^2)/2} = x(x^2 - 3)\, e^{-(x^2+y^2)/2}$, $h_{xy}(x, y) = -(1-x^2)y\, e^{-(x^2+y^2)/2} = h_{yx}(x, y)$ und endlich $h_{yy}(x, y) = (xy^2 - x)\, e^{-(x^2+y^2)/2} = x(y^2-1)\, e^{-(x^2+y^2)/2}$ gilt $h_{xx}\, h_{yy} = -2 \cdot (-1)e^{-1} > 0 = h_{xy}\, h_{yx}$ in $(1, 0)$. Der stationäre Punkt $(1, 0)$ ist also eine Extremalstelle und zwar eine Maximumsstelle, weil $h_{xx}(1, 0)$ und $h_{yy}(1, 0)$ beide negativ sind. In $(-1, 0)$ gilt $h_{xx}\, h_{yy} = 2 \cdot 1e^{-1} > 0 = h_{xy}\, h_{yx}$. Der stationäre Punkt $(-1, 0)$ ist also eine Extremalstelle und zwar eine Minimumsstelle, weil $h_{xx}(-1, 0)$ und $h_{yy}(-1, 0)$ beide positiv sind. Das ist plausibel, weil h als Funktion in x ungerade und als Funktion in y gerade ist, s. Bild 25.11.

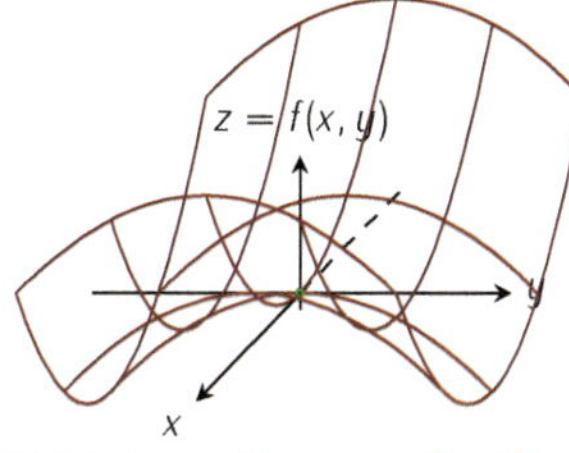

Bild 25.9: $z = f(x, y) = 2x^2 - y^2$ mit Sattelpunkt $(0, 0, 0)$

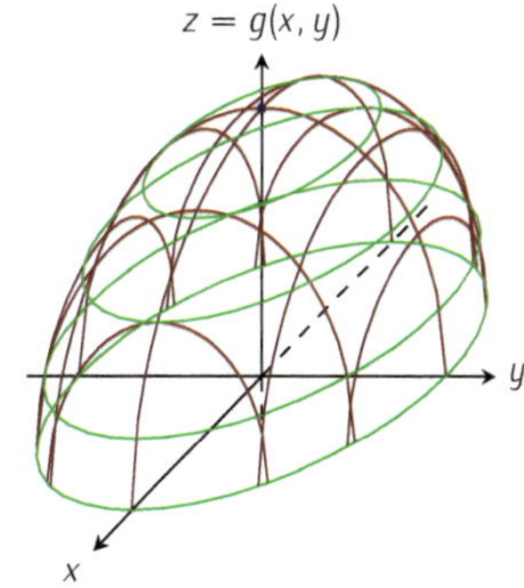

Bild 25.10: $z = g(x, y) = \sqrt{1 - x^2 - 2y^2}$ mit Schnitten, Isolinien und Maximum $(0, 0, 1)$

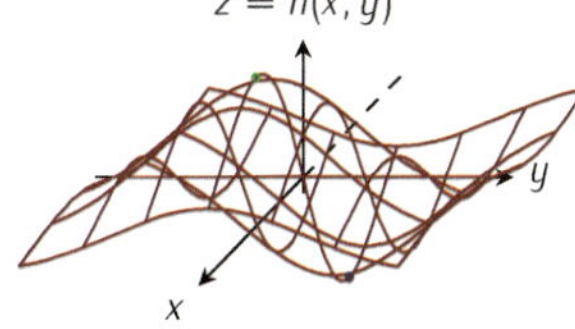

Bild 25.11: Funktion $z = h(x, y) = x\, e^{-(x^2+y^2)/2}$ mit Maximum $(1, 0, \frac{1}{\sqrt{e}})$ und Minimum $(-1, 0, \frac{-1}{\sqrt{e}})$

Lösung 25.12

a) Sei zur Abkürzung $[x] = \frac{1}{n}\sum_{i=1}^{n} x_i$, $[y] = \frac{1}{n}\sum_{i=1}^{n} y_i$, $[m] = \frac{1}{n}\sum_{i=1}^{n} m_i$ und $[mx] = \frac{1}{n}\sum_{i=1}^{n} m_i x_i$ gesetzt. Mit $s_u(u,v) = -2\sum_{i=1}^{n} m_i(x_i - u) = -2n([mx] - u[m])$ und mit $s_v(u,v) = -2\sum_{i=1}^{n} m_i(y_i - v) = -2n([my] - v[m])$ gilt $\nabla s(u,v) = \begin{pmatrix}0\\0\end{pmatrix}$ $\Leftrightarrow u^* = \frac{[mx]}{[m]}$ und $v^* = \frac{[my]}{[m]}$.
Mit $s_{uu}(u^*,v^*) = 2n[m]$, $s_{uv}(u^*,v^*) = 0 = s_{vu}(u^*,v^*)$ und $s_{vv}(u^*,v^*) = 2n[m]$ gilt $s_{uu}(u,v)\,s_{vv}(u,v) = 4n^2[m]^2 > 0 = s_{uv}(u,v)\,s_{vu}(u,v)$. Daher ist (u^*,v^*) eine Extremalstelle und zwar eine Minimumsstelle, weil $s_{uu}(u^*,v^*)$ und $s_{vv}(u^*,v^*)$ beide positiv sind.

b) Wegen $[m] = n$, $[mx] = [x]$ und $[my] = [y]$ gilt $(u^*,v^*) = ([x],[y]) = \frac{1}{n}\sum_{i=1}^{n}(x_i, y_i)$.

Lösung 25.13

a) Sei zunächst zur Abkürzung $[x] = \frac{1}{n}\sum_{i=1}^{n} x_i$, $[y] = \frac{1}{n}\sum_{i=1}^{n} y_i$, $[x^2] = \frac{1}{n}\sum_{i=1}^{n} x_i^2$ und $[xy] = \frac{1}{n}\sum_{i=1}^{n} x_i y_i$ gesetzt: die sogenannte Gauß-Klammer bezeichnet also den Mittelwert des Argumentes. Mit $\mathrm{SSE}_a(a,b) = -2\sum_{i=1}^{n}(y_i - ax_i - b)x_i = -2n\big([xy] - a[x^2] - b[x]\big)$ und $\mathrm{SSE}_b(a,b) = -2\sum_{i=1}^{n}(y_i - ax_i - b) = -2n\big([y] - a[x] - b\big)$ gilt $\nabla\,\mathrm{SSE}(a,b) = \begin{pmatrix}0\\0\end{pmatrix} \Rightarrow b = [y] - a[x]$ (Der Punkt $([x],[y]) = \frac{1}{n}\sum_{i=1}^{n}(x_i, y_i)$, also der Mittelwert der Beobachtungen (x_i, y_i) für $i = 1, 2, \ldots, n$ liegt auf der Ausgleichsgeraden.) und eingesetzt $[xy] - a[x^2] - ([y] - a[x])[x] = 0$ oder $([x^2] - [x]^2)a = [xy] - [x][y]$ oder eben $a^* = \frac{[xy]-[x][y]}{[x^2]-[x]^2}$ und $b^* = [y] - [x]a^*$. Es gibt nur diesen einen stationären Punkt (a^*, b^*).

b) Entweder $\mathrm{SSE}(a,b) \to +\infty$ für $|a| \to \infty$ oder $|b| \to \infty$ wird festgestellt, was impliziert, dass es eine Minimumsstelle geben muß, die nur der stationäre Punkt (a^*, b^*) sein kann.
Oder die Determinante der Hesse-Matrix mit den zweiten Ableitungen in (a^*, b^*) mit $\mathrm{SSE}_{aa} = 2n[x^2]$, $\mathrm{SSE}_{ab} = \mathrm{SSE}_{ba} = 2n[x]$ und $\mathrm{SSE}_{bb} = 2n$ wird untersucht. Nun gilt $\mathrm{SSE}_{aa}\,\mathrm{SSE}_{bb} = 4n^2[x^2] > 4n^2[x]^2 = \mathrm{SSE}_{ab}\,\mathrm{SSE}_{ba} \Leftrightarrow n\sum x_i^2 > \left(\sum x_i\right)^2$, weil Summation der $\binom{n}{2}$ Ungleichungen $(x_i - x_k)^2 \geq 0 \Leftrightarrow x_i^2 + x_k^2 \geq x_i x_k + x_k x_i$ eben $(n-1)\sum x_i^2 \geq \sum_{i\neq k} x_i x_k$ und damit $n\sum x_i^2 \geq \sum x_i^2 + \sum_{i\neq k} x_i x_k = \left(\sum x_i\right)^2$ liefert. In dieser Ungleichung gilt Gleichheit genau dann, wenn alle x_i identisch sind. Da $\mathrm{SSE}_{aa}(a^*, b^*)$ und $\mathrm{SSE}_{bb}(a^*, b^*)$ beide positiv sind, ist (a^*, b^*) eine Minimumsstelle.

c) Mit $[x] = 2$, $[y] = 1$, $[x^2] = \frac{13}{3}$ und $[xy] = \frac{7}{3}$ gilt $a^* = \frac{\frac{7}{3} - 2\cdot 1}{\frac{13}{3} - 2^2} = \frac{\frac{1}{3}}{\frac{1}{3}} = 1$ und $b^* = 1 - 2\cdot 1 = -1$, s. Bild 25.12.

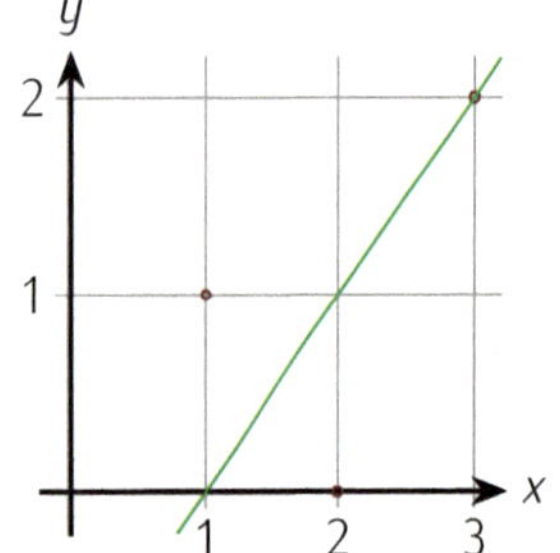

Bild 25.12: Drei Beobachtungen (data points) (1, 1), (2, 0) und (3, 2) und Ausgleichsgerade $y = x - 1$

Lösung 25.14

a) Sei $d(x_1, x_2) = \left|\left(x_1, f(x_1)\right) - \left(x_2, g(x_2)\right)\right|$ und $a(x_1, x_2) = d^2(x_1, x_2) = \operatorname{sqr}\left(d(x_1, x_2)\right)$ mit der quadrierenden Funktion $\operatorname{sqr}(x) = x^2$. Die Funktion sqr ist für positive Argumente monoton wachsend, so dass eine Extremwertstelle von d auch eine Extremwertstelle von a ist. Ebenso ist die Wurzelfunktion $\sqrt{x}$ monoton wachsend, so dass umgekehrt eine Extremwertstelle von a auch eine Extremwertstelle von d ist. Im Übrigen ist der quadratische Abstand leichter zu handhaben, weil die Quadratwurzel entfällt.

b) $a(x_1, x_2) = (x_2 - x_1)^2 + \left(g(x_2) - f(x_1)\right)^2 = (x_2 - x_1)^2 + \left((x_2 - 1.5)^2 + x_1^2\right)^2$ hat die partiellen Ableitungen $a_{x_1}(x_1, x_2) = -2(x_2 - x_1) + 4x_1\left((x_2 - 1.5)^2 + x_1^2\right)$ und $a_{x_2}(x_1, x_2) = 2(x_2 - x_1) + 4(x_2 - 1.5)\left((x_2 - 1.5)^2 + x_1^2\right)$. Stationäre Punkte (x_1^*, x_2^*) sind Lösungen des nicht-linearen Systems aus zwei Gleichungen in x_1 und x_2

$$\begin{aligned} \tfrac{1}{2}a_{x_1} &= -(x_2 - x_1) + 2x_1\left((x_2 - 1.5)^2 + x_1^2\right) = 0 \\ \tfrac{1}{2}a_{x_2} &= (x_2 - x_1) + 2(x_2 - 1.5)\left((x_2 - 1.5)^2 + x_1^2\right) = 0 \quad \text{oder} \\ -(x_2 - x_1)(x_2 - 1.5)) &+ 2x_1(x_2 - 1.5)\left((x_2 - 1.5)^2 + x_1^2\right) = 0 \\ (x_2 - x_1)x_1 &+ 2x_1(x_2 - 1.5)\left((x_2 - 1.5)^2 + x_1^2\right) = 0. \end{aligned}$$

Subtraktion der Gleichungen eliminiert den komplizierteren Term und liefert $(x_2 - x_1)(x_2 - 1.5 + x_1) = 0$ und damit die beiden Fälle

$x_1 = x_2$ impliziert $x_1\left((x_1 - 1.5)^2 + x_1^2\right) = 0$ also $x_1 = x_2 = 0$, was wegen $a_{x_2}(0, 0) = 0 - 6\frac{9}{4} \neq 0$ keine Lösung ist, oder $2x_1^2 - 3x_1 + \frac{9}{4} = 0$ mit ausschließlich komplexen Lösungen.

$x_1 + x_2 = 1.5$ oder $x_2 = \frac{3}{2} - x_1$ eingesetzt in $\frac{1}{2}a_{x_1} = 0$ liefert $-(1.5 - 2x_1) + 2x_1 \cdot 2x_1^2 = 4x_1^3 + 2x_1 - \frac{3}{2} = 0$ mit der einen reellen Lösung $x_1 = \frac{1}{2}$ und so den einzigen stationären Punkt $(x_1^*, x_2^*) = (0.5, 1)$.

c) Mit $a_{x_1x_1} = 2+4\left((x_2-1.5)^2+x_1^2\right)+8x_1^2 = 2+\left(4(x_2-1.5)^2+12x_1^2\right)$ mit $a_{x_1x_1}(0.5, 1) = 2 + (1 + 3) = 6$, $a_{x_1x_2} = -2 + 8x_1(x_2 - 1.5) = -2 + 8x_1x_2 - 12x_1 = a_{x_2x_1}$ mit $a_{x_1x_2}(0.5, 1) = -2 + 8\frac{1}{2}\frac{1}{2} = 0$ und $a_{x_2x_2} = 2+4\left((x_2-1.5)^2+x_1^2\right)+8(x_2-1.5)^2 = 2+4x_1^2+12(x_2-1.5)^2$ mit $a_{x_2x_2}(0.5, 1) = 2 + 1 + 3 = 6$ gilt $\left(a_{x_1x_1} \cdot a_{x_2x_2}\right)(0.5, 1) = 6^2 = 36 > 0 = \left(a_{x_1x_2} \cdot a_{x_2x_1}\right)(0.5, 1)$. Der stationäre Punkt $(0.5, 1)$ ist also eine Extremwertstelle und speziell eine Minimumsstelle, weil $a_{x_1x_1}(0.5, 1)$ und $a_{x_2x_2}(0.5, 1)$ beide zugleich positiv sind, s. Bild 25.13.

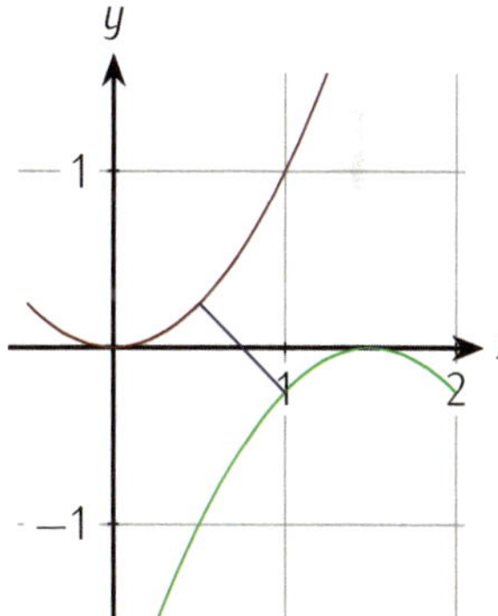

Bild 25.13: Der minimale Abstand der Graphen von $f(x) = x^2$ und $g(x) = -(x - 1.5)^2$ wird zwischen den Punkten $\left(\frac{1}{2}, f(\frac{1}{2})\right)$ und $\left(1, g(1)\right)$ auf den Graphen angenommen.

26 Stetigkeit und Differenzierbarkeit

26.1 Einleitung

Mit dem Konzept des Grenzwertes aus Kapitel 27 sind wir in der Lage, Eigenschaften wie Stetigkeit und Differenzierbarkeit reell- oder komplexwertiger Funktionen einer reellen Veränderlichen zu definieren und zu untersuchen. Wir definieren und differenzieren darüberhinaus Funktionen, die implizit oder parametrisiert gegeben sind. S.a. Abschnitt 5 mit Abschnitt 2.3.3 Brauch et al. (2006).

W. Brauch, H. J. Dreyer, und W. Haake. *Mathematik für Ingenieure*. Teubner Verlag, 11. Auflage, 2006

26.1.1 Stetigkeit

Eine Funktion $y = f(x)$ heißt in $x_o \in \mathbb{D}_f$ *stetig* genau dann, wenn

$$\lim_{n\to\infty} f(x_n) = f(x_o) = f\big(\lim_{n\to\infty} x_n\big)$$

für *jede* Folge (x_n) mit $\lim_{n\to\infty} x_n = x_o$. Wenn f in x_o stetig ist, kann man also die Operationen 'Funktionswert bilden' und 'Grenzwert bilden' vertauschen. Die Bedingung für Stetigkeit von f in x_o schreibt man auch kurz

$$\lim_{x\to x_o} f(x) = f(x_o).$$

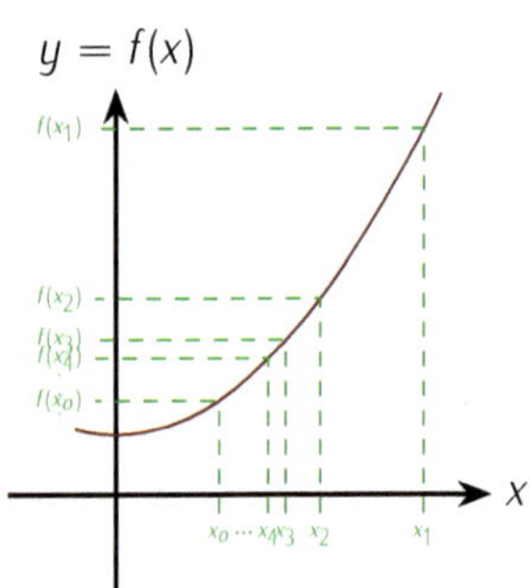

Bild 26.1: $x_1, x_2, x_3, x_4, \ldots \to x_o$ auf der Abszisse und $f(x_1), f(x_2), f(x_3), f(x_4), \ldots \to f(x_o)$ auf der Ordinate

Stetigkeit ist offensichtlich eine lokale Eigenschaft. Insofern heißt f auf $\mathbb{D}_f$ stetig genau dann, wenn f in jedem $x_o \in \mathbb{D}_f$ stetig ist.
Anschaulich gesprochen weist der Graph einer stetigen Funktion f, eingeschränkt auf beliebige Intervalle im Definitionsbereich von f, keine *Sprünge* auf. Als Beispiel wird die Funktion $f(x) = \frac{1}{x}$ (vgl. Kapitel 23) mit $\mathbb{D}_f = \mathbb{R} \setminus \{0\}$ betrachtet. Jedes Intervall in $\mathbb{D}_f$ liegt entweder in $(-\infty, 0)$ oder in $(0, \infty)$. Der Graph von f, eingeschränkt auf solche Intervalle, weist tatsächlich keinen Sprung auf: f ist auf ganz $\mathbb{D}_f$ stetig.

Beispiel.

▷ Die Grenzwertarithmetik aus Kapitel 27 liefert unmittelbar, dass jedes Polynom f auf ganz $\mathbb{R}$ und jede gebrochen rationale Funktion $g = \frac{p}{q}$ auf ganz $\mathbb{D}_g = \mathbb{R} \setminus \{x : q(x) = 0\}$ stetig sind.

- Die Funktion $f(x) = |x|$ ist auf ganz $\mathbb{R}$ stetig.
- Die Funktion $f(x) = \operatorname{sgn}(x)$ mit $\mathbb{D}_f = \mathbb{R}$ ist in 0 unstetig, weil etwa $\lim_{n\to\infty} f(-\frac{1}{n}) = \lim_{n\to\infty}(-1) = -1 \neq 1 = \lim_{n\to\infty} 1 = \lim_{n\to\infty} f(\frac{1}{n})$ gilt, und auf $\mathbb{R} \setminus \{0\}$ stetig, weil sie links von 0 konstant -1 und rechts von 0 konstant 1 ist.
- $f(x) = \sin(x)$ und $g(x) = \cos(x)$ sind auf $\mathbb{D}_f = \mathbb{D}_g = \mathbb{R}$ stetig, weil f und g als Projektionen (Schattenwurf) eines auf dem Einheitskreis gleichförmig umlaufenden Punktes auf Ordinate bzw. Abszisse angesehen werden können. Eine 'mathematischere' Begründung liefert die Differenzierbarkeit (s.u.) von f und g.
- Wie im Fall von f und g impliziert die Differenzierbarkeit (s.u.) von $h(x) = e^x$ die Stetigkeit von h auf ganz $\mathbb{R}$.

Eine Funktion f sei in einer Umgebung des Punktes x_o nicht aber in x_o selbst definiert und stetig auf $\mathbb{D}_f \supset [a, b] \setminus \{x_o\}$. Wenn nun der Grenzwert $\lim_{x\to x_o} f(x) = y_o$ existiert, kann man die Funktion f durch die Definition $f(x_o) := y_o$ in den Punkt x_o hinein *stetig fortsetzen* oder in x_o *stetig ergänzen*.

Beispiel. Man kann $\operatorname{si}(x) = \frac{\sin(x)}{x}$ und $\operatorname{sinc}(x) = \frac{\sin(\pi x)}{\pi x}$, dem unnormierten und normierten *sinus cardinalis* durch $\operatorname{si}(0) := 1 =: \operatorname{sinc}(0)$ in 0 stetig ergänzen, so dass $\operatorname{si}(x)$ und $\operatorname{sinc}(x)$ auf ganz $\mathbb{R}$ definiert und stetig sind, vgl. Bild 26.2. Übrigens ist der sinus cardinalis von besonderer Bedeutung in Informationstheorie und digitaler Signalverarbeitung.

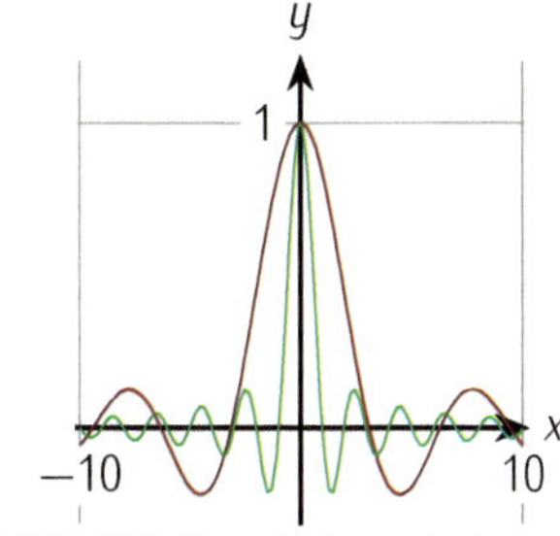

Bild 26.2: Der nicht normierte $y = \operatorname{si}(x) = \frac{\sin(x)}{x}$ und der normierte $y = \operatorname{sinc}(x) = \frac{\sin(\pi x)}{\pi x}$ sinus cardinalis

Laut Definition gilt $\lim_{x\to x_o} f(x) = c$ genau dann, wenn $\lim_{n\to\infty} f(x_n) = c$ für *jede* Folge $(x_n)_{n\in\mathbb{N}}$ mit $\lim_{n\to\infty} x_n = x_o$ gilt. Wenn man nun diese Folgen $(x_n)_{n\in\mathbb{N}}$ auf solche beschränkt, für die $x_n < x_o$ bzw. $x_n > x_o$ für alle $n \in \mathbb{N}$ gilt, so erhält man die *einseitigen Grenzwerte* $\lim_{x\to x_o^-} f(x)$ bzw. $\lim_{x\to x_o^+} f(x)$.

Beispiel.

- Sei $f(x) = \operatorname{sgn}(x)$. Dann gilt offensichtlich $\lim_{x\to 0^-} \operatorname{sgn}(x) = -1$, da f links von 0 konstant -1 ist, und $\lim_{x\to 0^+} \operatorname{sgn}(x) = +1$, da f rechts von 0 konstant 1 ist.
- Die Funktion $f(x) = \frac{\sqrt{1+x}-\sqrt{1-x}}{|x|}$ ist in 0 nicht definiert. Für $x \to 0^-$ oder $x \to 0^+$ ist der Bruch von der Form $\frac{0}{0}$, so dass die Regel von L'Hospital (siehe Aufgabe 26.16) angewendet werden darf: $\lim_{x\to 0^-} f(x) = \lim_{x\to 0^-} \frac{\sqrt{1+x}-\sqrt{1-x}}{-x} = \lim_{x\to 0^-} \frac{\frac{1}{2\sqrt{1+x}}+\frac{1}{2\sqrt{1-x}}}{-1} = \frac{\frac{1}{2}+\frac{1}{2}}{-1} = -1$ sowie

$$\lim_{x\to 0^+} f(x) = \lim_{x\to 0^+} \frac{\sqrt{1+x}-\sqrt{1-x}}{x} = \lim_{x\to 0^+} \frac{\frac{1}{2\sqrt{1+x}}+\frac{1}{2\sqrt{1-x}}}{1} = \frac{\frac{1}{2}+\frac{1}{2}}{1} = 1.$$

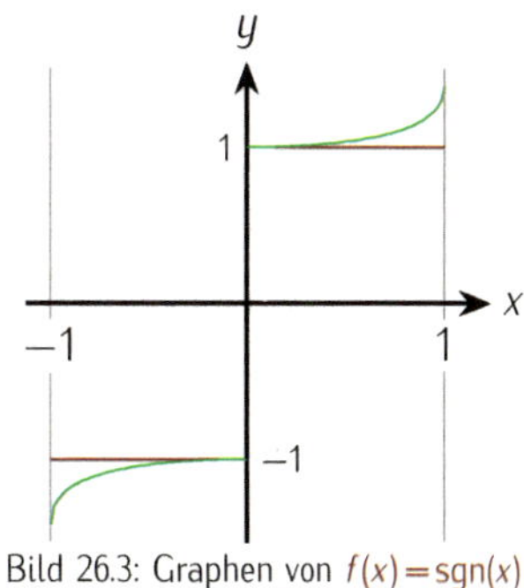

Bild 26.3: Graphen von $f(x) = \operatorname{sgn}(x)$ und $g(x) = \frac{\sqrt{1+x}-\sqrt{1-x}}{|x|}$

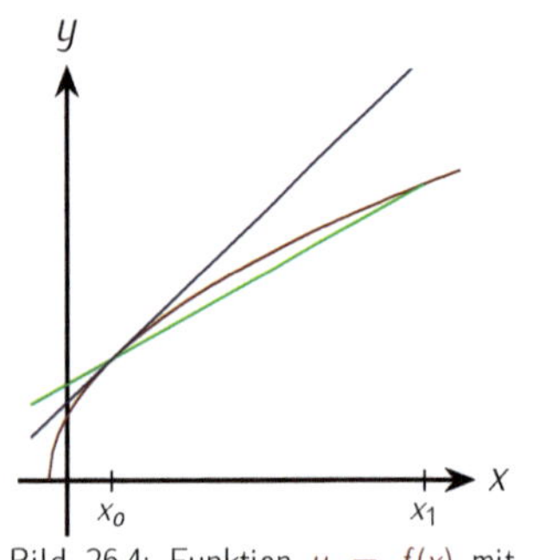

Bild 26.4: Funktion $y = f(x)$ mit Sekante $y = s(x) = f(x_o) + \frac{f(x_1)-f(x_o)}{x_1-x_o}(x-x_o)$ und Tangente $y = t(x) = f(x_o) + f'(x_o)(x-x_o)$

26.1.2 *Differenzierbarkeit*

Bezeichne $s(t)$ die bis zum Zeitpunkt t zurück gelegte Strecke. Dann gibt der sogenannte *Differenzenquotient* $\frac{\Delta s}{\Delta t} = \frac{s(t_1)-s(t_o)}{t_1-t_o}$ die Durchschnittsgeschwindigkeit im Zeitraum $[t_o, t_1]$ an. Im Grenzprozeß $t_1 \to t_o$ geht die Durchschnittsgeschwindigkeit in die Momentangeschwindigkeit zur Zeit t_o über. Geometrisch gesehen geht die Sekante in die Tangente an den Graphen von s in t_o und die Sekanten-Steigung $\frac{\Delta s}{\Delta t} = \frac{s(t_1)-s(t_o)}{t_1-t_o}$ in die Tangenten-Steigung $\frac{ds}{dt} = \lim_{t\to t_o} \frac{s(t)-s(t_o)}{t-t_o}$ über.

Für eine beliebige Funktion f gibt der *Differenzenquotient*

$$\frac{\Delta f}{\Delta x} = \frac{f(x_1) - f(x_o)}{x_1 - x_o}$$

die durchschnittliche Änderungsrate von f im Intervall $[x_o, x_1]$ (oder $[x_1, x_o]$) und der sogenannte *Differentialquotient*

$$f'(x_o) = \frac{df}{dx}(x_o) = \lim_{x\to x_o} \frac{f(x) - f(x_o)}{x - x_o} = \lim_{h\to 0} \frac{f(x_o + h) - f(x_o)}{h}$$

die momentane Änderungsrate von f in x_o an, wenn dieser Grenzwert existiert. Geometrisch gesehen stimmen Differenzenquotient und Sekanten-Steigung sowie Differentialquotient und Tangenten-Steigung überein. Wenn der Grenzwert existiert, heißt f in x_o *differenzierbar* und $f'(x_o)$ heißt *Ableitung* von f in x_o. Differenzierbarkeit ist wie Stetigkeit eine lokale Eigenschaft. Insofern heißt f auf $\mathbb{D}_f$ differenzierbar genau dann, wenn f in jedem $x_o \in \mathbb{D}_f$ differenzierbar ist. Dann gibt die Funktion $f'(x)$ für jedes Argument x_o die momentane Änderungsrate von f in x_o oder eben die Steigung der Tangenten an den Graphen von f in x_o an.
Anschaulich gesprochen, weisen die Graphen von differenzierbaren Funktionen keine *Knicke* auf.

Beispiel.

- ▷ Für eine Funktion f, die auf $\mathbb{D}_f$ konstant ist, d.h. $f(x) = c$ for $x \in \mathbb{D}_f$, verschwinden sowohl Differenzenquotienten als auch Diffenrentialquotienten, d.h. $f'(x) = 0$ für jedes $x \in \mathbb{D}_f$.
- ▷ Die auf $\mathbb{R}$ stetige Funktion $f(x) = |x|$ ist in 0 nicht differenzierbar, da der Grenzwert $\lim_{x\to 0} \frac{|x|}{x}$ nicht existiert: $\lim_{x\to 0^-} \frac{|x|}{x} = -1 \neq 1 = \lim_{x\to 0^+} \frac{|x|}{x}$. Für $x \neq 0$ gilt $f'(x) = \mathrm{sgn}(x)$.
- ▷ Für lineares $f(x) = cx$ gilt $\frac{\Delta f}{\Delta x} = \frac{c(x_1-x_o)}{x_1-x_o} = c$, d.h. $f'(x) = c$ für jedes $x \in \mathbb{R}$.
- ▷ Für quadratisches $f(x) = x^2$ gilt $\frac{\Delta f}{\Delta x} = \frac{x_1^2-x_o^2}{x_1-x_o} = \frac{(x_1-x_o)(x_1+x_o)}{x_1-x_o} = x_1 + x_o$, so dass für den Grenzwert $\lim_{x\to x_o} \frac{x_1^2-x_o^2}{x_1-x_o} = 2x_o$ folgt, d.h. $f'(x) = 2x$ für jedes $x \in \mathbb{R}$.
- ▷ Für $f(x) = \sin(x)$ gilt wegen der stetigen Ergänzung des *sinus cardinalis* $f'(0) = \lim_{x\to 0} \frac{\sin(x)-\sin(0)}{x-0} = \lim_{x\to 0} \frac{\sin(x)}{x} = 1$ und

damit

$f'(x_o) = \sin'(x_o) = \lim_{x\to x_o} \frac{\sin(x)-\sin(x_o)}{x-x_o}$ Additionstheorem, s. Kap. 19

$= \lim_{x\to x_o} \frac{2\sin\left(\frac{x-x_o}{2}\right)\cos\left(\frac{x+x_o}{2}\right)}{x-x_o}$ Grenzwertarithmetik

$= \lim_{x\to x_o} \frac{\sin\left(\frac{x-x_o}{2}\right)}{\frac{x-x_o}{2}} \cdot \lim_{x\to x_o}\cos\left(\frac{x+x_o}{2}\right)$ *sinus cardinalis* si(0) = 1

$= 1 \cdot \lim_{x\to x_o}\cos\left(\frac{x+x_o}{2}\right) = \cos(x_o)$ Stetigkeit des Cosinus in x_o.

- ▷ Für $f(x) = \ln x$ gilt $f'(x_o) = \lim_{x\to x_o} \frac{\ln(x)-\ln(x_o)}{x-x_o} = \lim_{x\to x_o} \frac{\ln(x/x_o)}{x-x_o}$. Für die spezielle Folge $x_n = (1+\frac{1}{n})x_o$ mit $\lim_{n\to\infty} x_n = x_o$ und mit dem Umstand, dass mit stetigen Funktionen (hier $\exp(x) = e^x$) auch deren Umkehrfunktionen (hier $\ln(x)$) stetig sind, folgt zumindest für diese eine Folge $f'(x_o) = \lim_{n\to\infty} \frac{\ln(1+\frac{1}{n})}{\frac{x_o}{n}} = \frac{1}{x_o}\lim_{n\to\infty} n\ln\left(1+\frac{1}{n}\right) = \frac{1}{x_o}\lim_{n\to\infty}\ln\left((1+\frac{1}{n})^n\right)$ und wegen der Stetigkeit des Logarithmus in $e = \lim_{n\to\infty}\left(1+\frac{1}{n}\right)^n$ weiter $f'(x_o) = \frac{1}{x_o}\ln\left(\lim_{n\to\infty}(1+\frac{1}{n})^n\right) = \frac{1}{x_o}\ln(e) = \frac{1}{x_o}$. So erweist sich der Sachverhalt $f'(x) = \ln'(x) = \frac{1}{x}$ als zumindest plausibel.

Eine Funktion zu differenzieren heißt, ihre Ableitung zu bestimmen. Einige wenige Regeln ermöglichen und erleichtern dieses Differenzieren. Für differenzierbare Funktionen f und g gilt nämlich:

- ▷ Monom-Regel: $\left(x^n\right)' = n\left(x^{n-1}\right)$ für $n \in \mathbb{N}$, sogar für $n \in \mathbb{Z}$.
- ▷ Linearität: $\left(a\,f + b\,g\right)'(x) = a\,f'(x) + b\,g'(x)$ für Konstanten a und b.
- ▷ Produkt-Regel: $\left(f\cdot g\right)'(x) = \left(f'\cdot g\right)(x) + \left(f\cdot g'\right)(x)$.
- ▷ Quotienten-Regel: $\left(\frac{f}{g}\right)'(x) = \frac{\left(f'\cdot g\right)(x)-\left(f\cdot g'\right)(x)}{g^2(x)}$.
- ▷ Ketten-Regel: $\left(f\circ g\right)'(x) = \left(f'\circ g\right)(x)\cdot g'(x)$.

Wiederholtes Differenzieren liefert *Ableitungen höherer Ordnung*: die n-te Ableitung $f^{(n)}(x)$ von f ist $f^{(0)} = f$, $f^{(1)} = f'$, $f^{(2)} = f''$ und $f^{(n+1)} = \frac{d\,f^{(n)}}{dx}$.

Beispiel.

- ▷ Monom-Regel und Linearität implizieren, dass Polynome p auf ganz $\mathbb{R}$ differenzierbar sind: $\left(\sum_{i=0}^{\deg p} c_i x^i\right)' = \sum_{i=1}^{\deg p} c_i\, i\, x^{i-1}$.
- ▷ $f(x) = \frac{1}{\sqrt{2\pi}}e^{-\frac{1}{2}x^2}$ ist die Wahrscheinlichkeitsdichte der Standard-Normalverteilung. Mit $f'(x) = -\frac{x}{\sqrt{2\pi}}e^{-\frac{1}{2}x^2}$ und $f''(x) = \frac{x^2-1}{\sqrt{2\pi}}e^{-\frac{1}{2}x^2}$ hat f die beiden Wendepunkte $\left(\pm 1, f(\pm 1)\right) = \left(\pm 1, \frac{1}{\sqrt{2\pi e}}\right)$.
- ▷ $\left(\sin^2(x)\right)' = 2\sin(x)\cos(x) = \sin(2x)$ und $\left(\cos^2(x)\right)' = -2\cos(x)\sin(x) = -\sin(2x)$.
- ▷ Mit Hilfe der Kettenregel läßt sich die Ableitung von Umkehrfunktionen bestimmen: Aus $f^{\text{inv}}\left(f(x)\right) = x$ folgt durch Differenzieren $\left(f^{\text{inv}}\left(f(x)\right)\right)' = \left(f^{\text{inv}\prime}\circ f\right)(x)\cdot f'(x) = 1$ und damit $f^{\text{inv}\prime}\left(f(x)\right) = \frac{1}{f'(x)}$ und nach Einsetzen von $x = f^{\text{inv}}(y)$ eben $f^{\text{inv}\prime}(y) = \frac{1}{f'\left(f^{\text{inv}}(y)\right)}$

oder in gewohnterer Darstellung $f^{\text{inv}\prime}(x) = \frac{1}{f'\left(f^{\text{inv}}(x)\right)}$.
So gilt z.B. $\exp'(x) = \frac{d}{dx}\ln^{\text{inv}}(x) = \frac{1}{\ln'\left(\ln^{\text{inv}}(x)\right)} = \frac{1}{\frac{1}{\exp(x)}} = \exp(x)$: die Exponential-Funktion stimmt mit ihrer Ableitung überein – ein Umstand, den auch zur Definition der Exponential-Funktion verwendet werden kann.

Die Differentationsregeln sind in Tabelle 26.1 zusammengefasst.

Tabelle 26.1: Differentationsregeln für differenzierbare Funktionen f und g, $n \in \mathbb{Z}$ und Konstanten $a, b \in \mathbb{R}$

Monom-Regel $\left(x^n\right)' = n\left(x^{n-1}\right)$
Linearität $\left(a\,f + b\,g\right)' = a\,f' + b\,g'$
Produkt-Regel $\left(f \cdot g\right)' = \left(f' \cdot g\right) + \left(f \cdot g'\right)$
Quotienten-Regel $\left(\frac{f}{g}\right)' = \frac{f' \cdot g - f \cdot g'}{g^2}$
Ketten-Regel $\left(f \circ g\right)' = (f' \circ g) \cdot g'$ und speziell $f^{\text{inv}\prime} = \frac{1}{f' \circ f^{\text{inv}}}$

26.1.3 *Implizit gegebene Funktionen*

Funktionen $y = f(x)$ können auch *implizit* definiert sein, d.h. durch Definitionsgleichungen der Form $F(x, f(x)) = F(x, y) = 0$.

Beispiel.

▷ Die Punkte (x, y) des Einheitskreises erfüllen die Kreisgleichung $x^2 + y^2 = 1$. Der Einheitskreis kann aber auch als Vereinigung der Graphen der beiden Funktionen $f(x) = \sqrt{1 - x^2}$ und $g(x) = -\sqrt{1 - x^2}$ aufgefasst werden. Die beiden Funktionen $y = f(x)$ bzw. $y = g(x)$ haben also die implizite Darstellung $F(x, y) = x^2 + y^2 - 1 = 0$.

▷ Die Ellipse mit Halbachsen a und b hat die Ellipsen-Gleichung $\frac{x^2}{a^2} + \frac{y^2}{b^2} = 1$, also haben die Funktionen $y = \pm\frac{b}{a}\sqrt{a^2 - x^2}$ die implizite Darstellung $F(x, y) := \frac{x^2}{a^2} + \frac{y^2}{b^2} - 1 = 0$.

▷ Die beiden Äste der Einheitshyperbel $x^2 - y^2 = 1$ (s. Kapitel 22) sind die Graphen der beiden Funktionen $y = \pm\sqrt{x^2 - 1}$ mit impliziter Darstellung $F(x, y) = x^2 - y^2 - 1 = 0$.

Implizit durch $F\left(x, f(x)\right) = F(x, y) = 0$ gegebene Funktionen $y = f(x)$ werden *implizit* differenziert. Anwendung der (verallgemeinerten) Ketten-Regel liefert nämlich $\frac{\partial F}{\partial x}\frac{dx}{dx} + \frac{\partial F}{\partial y}\frac{dy}{dx} = \frac{\partial F}{\partial x} + \frac{\partial F}{\partial y}y' = 0$ und damit

$$f' = \frac{dy}{dx} = -\frac{\frac{\partial F}{\partial x}}{\frac{\partial F}{\partial y}} = -\frac{F_x}{F_y}.$$

Beispiel.

▷ Die beiden Funktionen $y = f(x) = \pm\sqrt{1 - x^2}$ erfüllen die Einheitskreisgleichung $F(x, y) = x^2 + y^2 - 1 = 0$, implizit differenziert also $y' = -\frac{F_x}{F_y} = -\frac{2x}{2y} = -\frac{x}{y} = \mp\frac{x}{\sqrt{1-x^2}}$, was das Ergebnis der expliziten Differentation bestätigt.

▷ Der Logarithmus $y = f(x) := \ln(x)$ ist die Umkehrfunktion der Exponential-Funktion. Es gilt also die Gleichung $F(x, y) := e^y - x = e^{f(x)} - x = 0$ und damit bekanntermaßen $f'(x) = -\frac{F_x}{F_y} = -\frac{0-1}{e^y} = \frac{1}{x}$.

- ▷ Die Funktion $y = f(x) = x^x = e^{x\ln(x)}$ für $x > 0$ hat die Ableitung $f'(x) = e^{x\ln(x)}\big(\ln(x)+1\big) = \big(\ln(x)+1\big)x^x = \big(\ln(x)+1\big)\,f(x)$. Logarithmieren liefert $\ln(y) = \ln\big(f(x)\big) = x\ln(x)$ und damit die implizite Darstellung $F(x,y) = \ln(y) - x\ln(x) = 0$. Implizite Differentation liefert nun erneut $f'(x) = -\frac{F_x}{F_y} = -\frac{-\ln(x)-1}{1/y} = \big(\ln(x)+1\big)x^x$.

26.1.4 *Parametrisiert gegebene Funktionen*

Der Graph einer Funktion $y = f(x)$ einer Veränderlichen x ist eine Kurve im $\mathbb{R}^2$; solche Kurven haben Parameter-Darstellungen $(x,y) = \big(g(t), h(t)\big)$ mit Koordinaten-Funktionen $g(t)$ und $h(t)$ im Parameter t. Dann gilt $y = f(x) = h\big(g^{\text{inv}}(x)\big)$, solange die Umkehrfunktion g^{inv} existiert. Dabei kann man t etwa als Zeit beim Durchlauf durch die Kurve auffassen. Parametrisierungen sind nicht eindeutig. Beispielsweise läßt sich die Einheit der Zeit oder der Bezugspunkt $t = 0$ beliebig wählen. Eine besondere, *'ausgezeichnete'* Parametrisierung ist diejenige anhand der Kurvenlänge.

Beispiel.

- ▷ $(x,y) = \big(g(t), h(t)\big) = \big(\cos(t), \sin(t)\big)$ für $t \in [0, 2\pi)$ ist eine Parametrisierung des Einheitskreises, weil $g^2(t)+h^2(t) = 1$ für alle $t \in \mathbb{R}$ gilt. Der Parameter t entspricht hier dem Winkel, gemessen im Bogenmaß, zwischen Ortsvektor (x,y) und der positiven Abszisse und damit zugleich der Länge des zugehörigen Kreis-Bogens von $(1,0)$ bis $\big(\cos(t), \sin(t)\big)$, so dass $\big(\cos(t), \sin(t)\big)$ für $t \in [0, 2\pi)$ die 'ausgezeichnete' Parametrisierung des Einheitskreises anhand der Kurvenlänge ist.
- ▷ $(x,y) = \big(a\cos(t), b\sin(t)\big)$ für $t \in [0, 2\pi)$ ist eine Parameter-Darstellung der Achsen-parallelen Ellipse mit Halbachsen a und b.
- ▷ $(x,y) = \big(\cosh(t), \sinh(t)\big)$ ist Parameter-Darstellung der Einheitshyperbel (s. Kapitel 22), wo der Parameter $t \in \mathbb{R}$ der Fläche zwischen der Einheitshyperbel und ihren Asymptoten entspricht.

Wenn die Funktion $y = f(x)$ in Parameter-Darstellung durch $x = g(t)$ und $y = h(t)$ gegeben ist, so gilt

$$y' = \frac{dy}{dx} = \frac{\frac{dy}{dt}}{\frac{dx}{dt}} = \frac{\dot{y}}{\dot{x}}$$

wobei wie in der Physik üblich die Ableitung nach dem Parameter t durch den Punkt gekennzeichnet ist.

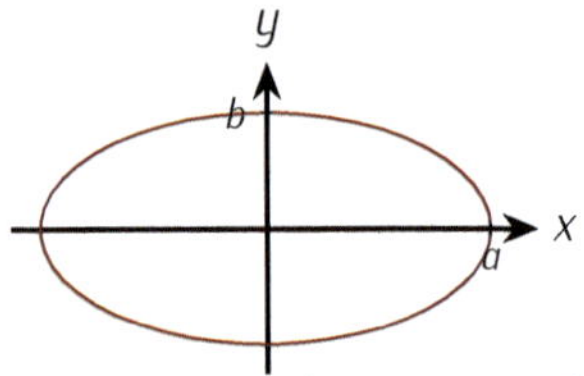

Bild 26.5: Ellipse $\big(a\cos(t), b\sin(t)\big)$ mit $a = 2$ und $b = 1$

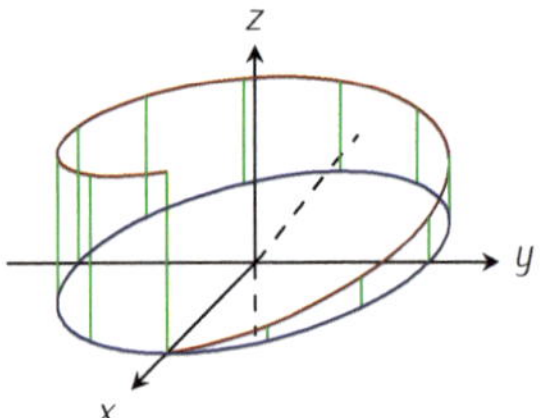

Bild 26.6: Helix $\big(\cos(t), \sin(t), \frac{1}{2\pi}t\big)$ mit $r = 1$ und $h = 1$. Der Einheitskreis ist die Projektion der Helix entlang der z-Achse in die x-y-Ebene

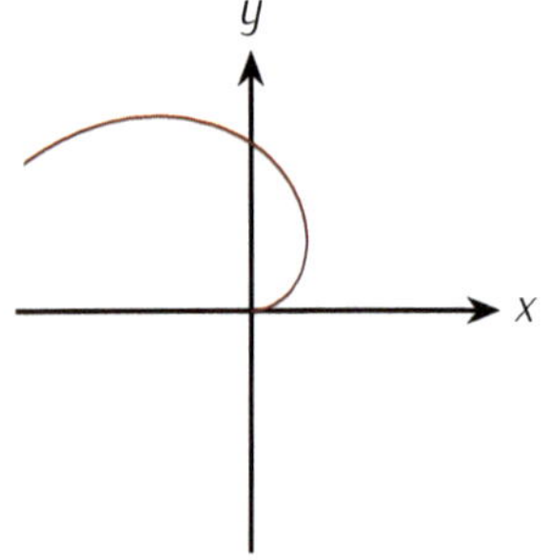

Bild 26.7: Archimedische Spirale $r = r(\varphi) = c\,\varphi$ mit der Konstanten $c = 1$

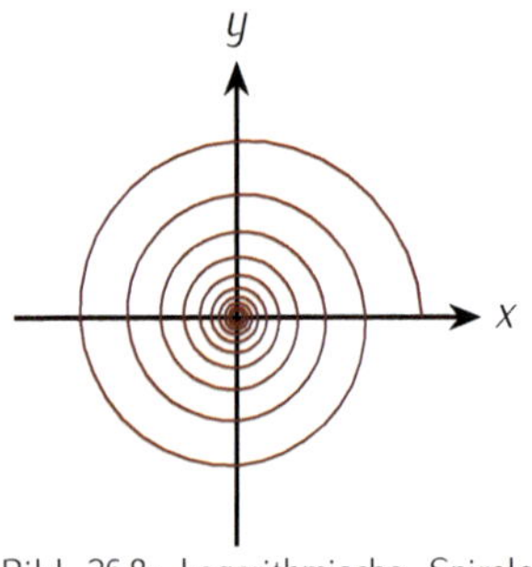

Bild 26.8: Logarithmische Spirale $r(\varphi) = \big(e^{c\varphi}\cos(\varphi), e^{-c\varphi}\sin(\varphi)\big)$ für $c = -1$ und zehn Windungen

Beispiel.

▷ $x = g(t) = \cos(t)$ und $y = h(t) = \sin(t)$ ist eine Parametrisierung des Einheitskreises. Differenzieren liefert erneut
$y' = \frac{\frac{d\sin(t)}{dt}}{\frac{d\cos(t)}{dt}} = -\frac{\cos(t)}{\sin(t)} = -\frac{x}{\sqrt{1-\cos^2(t)}} = -\frac{x}{y}$.

▷ Differentiation der parametrisiert gegebenen Funktion $(x, y) = \big(g(t), h(t)\big) = \big(\cosh(t), \sinh(t)\big)$, nämlich der Parameter-Darstellung der Einheitshyperbel, liefert $y' = \frac{\dot{y}}{\dot{x}} = \frac{\cosh(t)}{\sinh(t)} = \frac{x}{\sqrt{\cosh^2(t)-1}} = \frac{x}{\sqrt{x^2-1}}$, was mit der direkten Differentation von $f(x) = \sqrt{x^2 - 1}$ übereinstimmt.

Eine Verallgemeinerung sei hier erlaubt:
Graphen von Funktionen $y = f(x)$ sind spezielle Kurven, die parametrisiert durch $\big(x(t), y(t)\big) \in \mathbb{R}^2$ für $t \in [t_{\min}, t_{\max}]$ in der Ebene bzw. durch $\big(x(t), y(t), z(t)\big) \in \mathbb{R}^3$ für $t \in [t_{\min}, t_{\max}]$ im Raum gegeben sind. Wieder ist die Parametrisierung nicht eindeutig. Die Tangente im Punkt $\big(x(t_o), y(t_o)\big)$ bzw. $\big(x(t_o), y(t_o), z(t_o)\big)$ hat den Richtungs- oder Geschwindigkeitsvektor $\big(\dot{x}(t_o), \dot{y}(t_o)\big)$ bzw. $\big(\dot{x}(t_o), \dot{y}(t_o), \dot{z}(t_o)\big)$. Der Punkt steht hier wie üblich für die Ableitung nach dem Parameter t.

Beispiel.

▷ s. Bild 26.5.

▷ ist eine Windung der Helix mit Radius r und Ganghöhe h, also z.B. eine Windung eines Gewindes oder des Handlaufs einer Wendeltreppe, s. Bild 26.6.

In Polar-Koordinaten lassen sich so manche hübsche Kurven leicht beschreiben, in aller Regel als $r = r(\varphi)$ oder $r = r(t)$.

Beispiel.

▷ durch $r = r(\varphi) = c\,\varphi$ für eine Konstante $c > 0$, d.h. kartesisch durch $\big(x(\varphi), y(\varphi)\big) = c\varphi\big(\cos(\varphi), \sin(\varphi)\big)$ für $\varphi \in [0, \varphi_{\max})$ gegeben. Die Archimedische Spirale verläuft vom Ursprung nach außen, s. Bild 26.7.

▷ durch $r = r(\varphi) = e^{c\,\varphi}$ für eine Konstante $c \neq 0$, d.h. kartesisch $\big(x(\varphi), y(\varphi)\big) = e^{c\varphi}\big(\cos(\varphi), \sin(\varphi)\big)$ für $\varphi \in [0, \varphi_{\max})$. Die Logarithmische Spirale strebt für $c\,\varphi \to -\infty$ dem Ursprung zu, s. Bild 26.8.

In Kapitel 29 berechnen Sie beispielsweise die Länge von parametrisierten Kurven $\big(x(t), y(t)\big)$ oder definieren Rotationskörper vermittels solcher Kurven und bestimmen deren Volumina und Oberflächen.

26.2 Lernziele

Nr	Ich kann	Aufgabe	√
	Stetigkeit und Differenzierbarkeit		
242	die Konzepte Stetigkeit und Glattheit verstehen	26.1, 26.2, 26.3, 26.4, 26.5, 26.6, 26.7, 26.8, 26.9, 26.10, 26.11, 26.12, 26.13, 26.14, 26.22, 26.30	
243	inverse Funktion ableiten	26.15, 26.25	
244 *	die Regel von L'Hospital anwenden	26.16, 26.17	
245	implizit definierte Funktionen ableiten	26.24	
246	parametrisch definierte Funktionen ableiten	26.26	
247	die Wendepunkte einer Funktion bestimmen	26.18, 26.19	
248	kleinste und größte Werte physikalischer Größen bestimmen	26.20, 26.21, 26.23, 26.27	
249 *	parametrisierte Kurven als Verallgemeinerung von Funktionsgraphen verstehen, darstellen und ihre Momentan-Geschwindigkeitsvektoren bestimmen.	26.29, 26.28	

26.3 Aufgaben

Aufgabe 26.1 (5 min) Beurteilen Sie Stetigkeit und Differenzierbarkeit der Funktion *prozentualer Wertverlust* in Abhängigkeit von der Zeit seit Neuzulassung anhand der Graphik in Bild 26.9. Eine vergrößerte Version finden Sie auf S.201

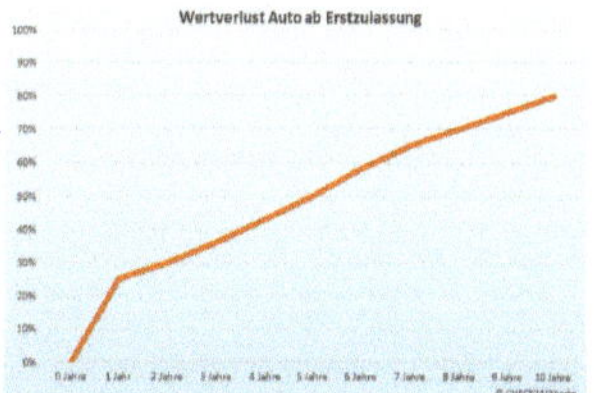

Bild 26.9: Prozentualer Wertverlust von PKW in den ersten zehn Jahren nach Neuzulassung

Aufgabe 26.2 (10 min) Beurteilen Sie Stetigkeit und Differenzierbarkeit in jedem Punkt des Definitionsbereiches der auf $\mathbb{R}$ stückweise gegebenen Funktion
$$f(x) = \begin{cases} 2\arctan(x-3)+1 & \text{für } 3 \leq x < \infty \\ (x-2)^2 & \text{für } 2 \leq x < 3 \\ \frac{x-2}{2\pi-8} & \text{für } \frac{\pi}{2} \leq x < 2 \\ \frac{1}{2}\cos(x) + \frac{1}{4}\sin(x) & \text{für } 0 \leq x < \frac{\pi}{2} \\ \frac{x^2-x+2}{(x-2)^2} & \text{für } -1 \leq x < 0 \\ \frac{1}{2} + \sqrt[3]{x+3} & \text{für } -\infty < x < -1 \end{cases}.$$

Aufgabe 26.3 (15 min) Verifizieren Sie:

a) $f(x) = \frac{p(x)}{q(x)}$ mit Polynomen p und q ist auf $\mathbb{D}_f$, $g(x) = \tan(x)$ ist auf $\mathbb{D}_g$ und $h(x) = \cot(x)$ ist auf $\mathbb{D}_h$ stetig.

b) Sei f in x_o und g in $y_o = f(x_o)$ stetig. Wieso ist dann $h = g \circ f$ in x_o stetig?

c) $f(x) = \sinh(x)$, $g(x) = \cosh(x)$ und $h(x) = \tanh(x)$ sind auf $\mathbb{R}$ stetig.

Aufgabe 26.4 (10 min) Die Funktion f ist *ε-δ-stetig* in $x_o \in \mathbb{D}_f$, genau dann wenn für jedes $\varepsilon > 0$ ein $\delta > 0$ existiert, derart dass $|f(x) - f(x_o)| < \varepsilon$ für alle $x \in \mathbb{D}_f$ mit $|x - x_o| < \delta$ gilt.
Zeigen Sie, dass ε-δ-stetige Funktionen auch Folgen-stetig sind und umgekehrt. Hinweis: "$\Leftarrow$" am besten indirekt zu zeigen

Aufgabe 26.5 (15 min) Gegeben sei $f(x) := \frac{x}{1+|x|}$. Bestimmen Sie den maximalen Definitionsbereich $\mathbb{D}_f$ und den Wertebereich $W = f(\mathbb{D}_f)$. Verifizieren Sie die Bijektivität von f und bestimmen Sie die Umkehrfunktion f^{inv}. Verifizieren Sie die Stetigkeit von f auf $\mathbb{D}_f$ und f^{inv} auf W.

Aufgabe 26.6 (15 min)

a) Gegeben seien die drei einschlägigen Funktionen
$f : [0,1] \cup (2,3] \to [0,2]$ mit $f(x) = \begin{cases} x & x \in [0,1] \\ x-1 & x \in (2,3] \end{cases}$
$g : (-1,0] \cup [1,2] \to [0,4]$ mit $g(x) = x^2$ und
$h : [0, 2\pi) \to \{z \in \mathbb{C} : |z| = 1\}$ mit $h(\vartheta) = e^{j\vartheta}$.
Bestimmen Sie die Umkehrfunktion zu jeder der drei Funktionen und untersuchen Sie jede Funktion zusammen mit ihrer Umkehrfunktion auf Stetigkeit.
Was haben alle drei Funktionen gemeinsam?

b) Zeigen Sie: wenn $f : D \to W$ eine Bijektion von Intervallen D und W sowie auf D echt monoton und stetig ist, dann ist die Umkehrfunktion $g = f^{\text{inv}} : W \to D$ auf W auch stetig.

c) Die Stetigkeit welcher Funktionen gewinnt man mit Teil b)?

Aufgabe 26.7 (30 min) Eines mehrerer Verfahren zur approximativen Bestimmung von Nullstellen stetiger Funktionen (auch die Lösungen vieler Gleichungen in einer Unbekannten können als Nullstellen geeigneter, stetiger Funktion aufgefasst werden) heißt *Intervallhalbierung* oder *Bisektion*. Voraussetzung ist die Stetigkeit einer Funktion auf einem Intervall $[a, b]$ mit Vorzeichenwechsel der Funktionswerte an den Rändern des Intervalls, d.h. mit $f(a)\,f(b) < 0$. Sei $a_o = a$ und $b_o = b$. Man geht nun zu der Intervall-Hälfte (a_1, b_1) über, an deren Rändern die Funktionswerte weiterhin (d.h. *invariant*) einen Vorzeichenwechsel aufweisen. So entsteht eine Folge (a_n, b_n) geschachtelter Intervalle. Das Verfahren in Pseudo-Code:

```
% input = auf (a,b) stetige Funktion f mit f(a)f(b) < 0
% return Näherung m = (a_n+b_n)/2 von x_o ∈ (a,b) mit f(x_o) = 0
n = 0;  a_n = a;  b_n = b;
repeat
   m = 1/2(a_n + b_n);
   if f(m) = 0 return m;
   if f(a_n) f(m) < 0
      then [a_{n+1}, b_{n+1}] = [a_n, m];
      else [a_{n+1}, b_{n+1}] = [m, b_n];
   n = n + 1;
until Abbruch-Kriterium erfüllt
return 1/2(a_n + b_n);
```

a) Zeigen Sie: $[a, b] = [a_o, b_o] \supset [a_1, b_1] \supset [a_2, b_2] \supset \dots$
b) Zeigen Sie: $\|[a_n, b_n]\| = \frac{1}{2^n}\|[a_o, b_o]\|$, wo $\|[a, b]\|$ die Länge $b - a$ des Intervalles $[a, b]$ bezeichnet.
c) Zeigen Sie: (a_n) ist monoton wachsend, (b_n) ist monoton fallend.
d) Zeigen Sie: $\lim_{n\to\infty} a_n = x_o = \lim_{n\to\infty} b_n$ mit $f(x_o) = 0$.
e) Unter welchen Kriterien sollte das Verfahren abgebrochen werden?
f) Approximieren Sie $\sqrt{2}$.
g) Geben Sie ein Beispiel dafür an, wie die konkrete Wahl des Intervalles $[a, b]$ bestimmt, welche Nullstelle der Funktion approximiert wird.
h) Geben Sie ein Beispiel dafür an, dass Stetigkeit von f notwendige Voraussetzung für das Terminieren des Algorithmus ist.

Aufgabe 26.8 (10 min) Zeigen Sie $\lim_{x\to 0} \mathrm{si}(x) = \lim_{x\to 0} \frac{\sin(x)}{x} = 1$
a) vermittels der Approximation der Funktion $\sin(x)$ durch ihr Taylor-Polynom ersten Grades bei Entwicklung um 0 (siehe Kapitel 27),
b) vermittels der Beobachtung im Einheitskreis, dass $|\sin(x)| < |x|$ für $|x| \ll 1$, d.h. für x nahe bei 0 gilt.
c) Welche Symmetrien weisen die Funktionen $\mathrm{si}(x)$ und $\mathrm{sinc}(x)$ auf?

Aufgabe 26.9 (10 min) Gegeben $f(x) = e^{-1/x^2}$.
a) Bestimmen Sie $\mathbb{D}_f$. Welche zwei Eigenschaften von f springen ins Auge? Weitere Eigenschaften wie maximaler Definitionsbereich $\mathbb{D}_f$, Achsenabschnitte des Graphen, Stetigkeit, Differenzierbarkeit, Symmetrien?
b) Für welche Argumente ist f nicht definiert? Kann etwas 'repariert' werden?

Aufgabe 26.10 (10 min) Wodurch ist die Funktion $h(x) = \frac{x^n - x_o^n}{x - x_o}$ in x_o stetig ergänzbar? Skizzieren Sie den Funktionsgraphen für $n = 3$.

Aufgabe 26.11 (20 min) Verifizieren Sie
a) die Monom-Regel unter Verwendung des Binomischen Lehrsatzes (s. Kapitel 6 in Band 1),
b) die Linearität der Differentation,
c) die Produkt-Regel,
d) die Quotienten-Regel
e) und die Ketten-Regel.

Aufgabe 26.12 (10 min) Die Funktion f sei auf (a, b) differenzierbar und habe in x_o eine Extremwertstelle. Zeigen Sie: dann gilt notwendigerweise $f'(x_o) = 0$. Hinweis: Untersuchen Sie die Differenzenquotienten links und rechts von x_o im Grenzübergang.

Aufgabe 26.13 (15 min) Die Funktion f sei in x_o differenzierbar. Zeigen Sie: dann ist f in x_o stetig. Verglichen mit der Differenzierbarkeit ist Stetigkeit also die schwächere Eigenschaft.

a) $R(x) := \frac{f(x)-f(x_o)}{x-x_o} - f'(x_o)$ ist in x_o *nicht* definiert. Kann $R(x)$ in x_o stetig ergänzt werden?

b) Verifizieren Sie $f(x) = f(x_o) + f'(x_o)\,(x - x_o) + R(x)\,(x - x_o)$ für $x \in \mathbb{D}_f$.

c) Wieso liefert Teil b) die Stetigkeit von f in x_o?

Aufgabe 26.14 (10 min) Verifizieren Sie $\cos'(x) = -\sin(x)$

a) wie im Fall des Sinus' vermittels des Differentialquotienten und der Additionstheoreme (s. Kapitel 19),

b) durch implizite Differentation,

c) anhand der beiden Gleichungen $\cos(x) = \sin(\frac{\pi}{2} - x)$ und $\sin(x) = \cos(\frac{\pi}{2} - x)$, die ihrerseits zu zeigen sind.

Aufgabe 26.15 (10 min) Bestimmen Sie die Ableitungen folgender Umkehr-Funktionen:

a) $f(x) = \arcsin(x)$, $g(x) = \arccos(x)$ und $h(x) = \arctan(x)$,

b) $f(x) = \operatorname{arsinh}(x)$, $g(x) = \operatorname{arcosh}(x)$ und $h(x) = \operatorname{artanh}(x)$,

c) $f(x) = e^x = \exp(x) = \ln^{\text{inv}}(x)$ mit Hilfe von $\ln'(x) = \frac{1}{x}$.

Aufgabe 26.16 (25 min) Zeigen Sie schrittweise den Mittelwertsatz der Differentialrechnung und seine Weiterungen.

Michel Rolle (1652-1719)

a) *Satz von Rolle*: wenn f auf (a,b) differenzierbar ist und $f(a) = f(b)$ gilt, dann gibt es (mindestens) einen stationären Punkt $x_o \in (a,b)$, also (mindestens) ein $x_o \in (a,b)$ mit $f'(x_o) = 0$.

b) *Verallgemeinerung*: f sei auf (a,b) differenzierbar. Dann gibt es (mindestens) ein $x_o \in (a,b)$, so dass die Tangente in x_o dieselbe Steigung wie die Sekante durch $(a, f(a))$ und $(b, f(b))$ hat, d.h. $f'(x_o) = \frac{f(b)-f(a)}{b-a}$: Tangente und Sekante sind parallel.
Hinweis: Wenden Sie Teil a) auf $g(x) = f(x) - \frac{f(b)-f(a)}{b-a}x$ an.

Joseph-Louis de Lagrange (1736-1813)

c) *Mittelwertsatz (Lagrange)*: $f(b) - f(a) = (b-a)\,f'(x_o)$ und gleichermaßen $f(a+h) = f(a) + h\,f'(a + c\,h)$ mit $c \in (0,1)$.
f sei differenzierbar. Wieso ist dann $f(x) = \text{const}$ äquivalent zu $f'(x) = 0$?
Welche Verbindung besteht zwischen Monotonie von f und f'?

Augustin-Louis Cauchy (1789-1857)

d) *Verallgemeinerung (Cauchy)*: für auf (a,b) differenzierbare Funktionen f und g gibt es (mindestens) ein $x_o \in (a,b)$, so dass $\big(f(b) - f(a)\big)g'(x_o) = \big(g(b) - g(a)\big)f'(x_o)$ oder einprägsamer $\frac{f(b)-f(a)}{g(b)-g(a)} = \frac{f'(x_o)}{g'(x_o)}$, solange die Nenner nicht verschwinden.
Hinweis: Wenden Sie Teil a) auf $h(x) = f(x) - \frac{f(b)-f(a)}{g(b)-g(a)}g(x)$ an.

Guillaume François Antoine, Marquis de L'Hospital (1661-1704)

e) *Regel von L'Hospital*: Für differenzierbare Funktionen f und g mit $f(x_o) = 0 = g(x_o)$ gilt $\lim_{x\to x_o} \frac{f(x)}{g(x)} = \lim_{x\to x_o} \frac{f'(x)}{g'(x)}$.

Hinweis: der Ausdruck $\frac{f(x)}{g(x)}$ ist notwendigerweise im Grenzwert von der Form $\frac{0}{0}$, um die Regel von L'Hospital anwenden zu können.
Bemerkung: die Regel von L'Hospital gilt auch für $\lim_{\to\infty}$ und $\lim_{x\to-\infty}$, kurz für $x_o = \pm\infty$ und für Ausdrücke der Form $\frac{\infty}{\infty} = \frac{1/0}{1/0} = \frac{0}{0}$.

Aufgabe 26.17 (20 min) Bestimmen Sie folgende Grenzwerte mit Hilfe der *Regel von L'Hospital*:

a) $\lim_{x\to0} \frac{(1+x)^n-1}{x}$,
b) $\lim_{x\to0} \frac{(x-\sin(x))}{x^3}$,
c) $\lim_{x\to0} \frac{x-x\cos(x)}{x-\sin(x)}$,
d) $\lim_{x\to\infty} \frac{e^x}{x^n}$,
e) $\lim_{x\to0} x^n \log x$,
f) $\lim_{x\to0}\left(\frac{1}{\sin(x)} - \frac{1}{x+x^2}\right)$.
g) Was zeigen Beispiele wie $\lim_{x\to\infty} \tanh(x)$ oder $\lim_{x\to\infty} \frac{x-\sin(x)}{x+\sin(x)}$?

Aufgabe 26.18 (10 min) Bestimmen Sie – soweit vorhanden – die *Wendepunkte* folgender Funktionen:

a) $f(x) = \sin(x)$ und $g(x) = \cos(x)$,
b) $h(x) = e^{\frac{1}{2}x^2}$.
c) Geben Sie Beispiele für Funktionen ohne Wendepunkte an.

Aufgabe 26.19 (20 min) In der Enzymkinetik beschreibt die sogenannte *Hill-Funktion* den Anteil H substratgebundenen Enzyms in Abhängigkeit vom Verhältnis t der *Affinität des Enzyms* zur Substratkonzentration. Die Hill-Funktion hat die Form $H_n(t) = \frac{1}{1+t^{-n}}$ für $t > 0$ und feste *Kooperativität* $n > 0$ des Enzyms.

a) Bestimmen Sie $H_n(1)$ sowie $\lim_{t\to0} H_n(t)$ und $\lim_{t\to\infty} H_n(t)$.
b) Untersuchen Sie $H_n(t)$ anhand $H_n'(t)$ auf Monotonie.
c) Bestimmen Sie Wendepunkte von H_n, falls solche existieren.
d) Visualisieren Sie $H_n(t)$ für $n = 0.5$, $n = 1$ und $n = 2$.

Aufgabe 26.20 (10 min) Wann liefert eine Spannungsquelle mit Quell-Spannung U_o und innerem Widerstand R_{innen} maximale Leistung $P(U, I) = U\,I$ am gesuchten Last-Widerstand R? s. Bild 26.10.

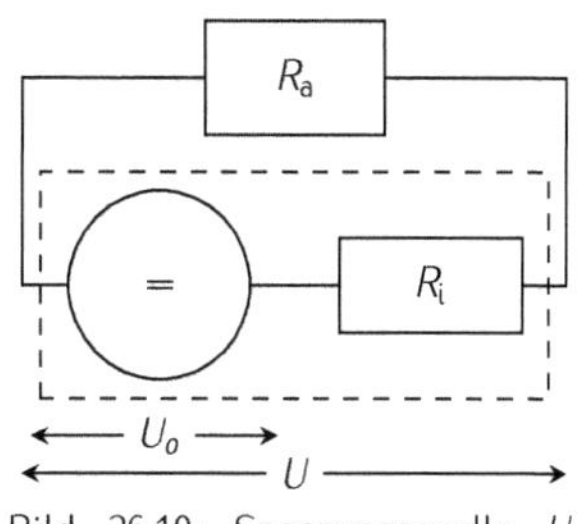

Bild 26.10: Spannungsquelle U_o mit Innenwiderstand R_i am Last-Widerstand R_a

Aufgabe 26.21 (20 min) Das erste Medium im Streifen $[0, a_1] \times \mathbb{R}$ erlaube die Maximal-Geschwindigkeit v_1, das zweite Medium im Streifen $[a_1, a_1 + a_2] \times \mathbb{R}$ erlaube die Maximal-Geschwindigkeit v_2. Ein Massepunkt bewege sich geradlinig gleichförmig durch jedes der beiden Medien. Auf welchem polygonalen Weg gelangt der Massepunkt in der kürzesten Zeit von $(0, 0)$ nach $(a_1 + a_2, b)$? Dabei sei $v_1 = 1$ und $v_2 = 3$, $a_1 = 3$, $a_2 = 1$ und $b = 4$.

Isaac Newton (1643-1727)
Joseph Raphson (1648-1715)

Aufgabe 26.22 (30 min) Das Newton-Raphson-Verfahren bestimmt – wie die Bisektion – näherungsweise Nullstellen von Funktionen f, die nicht nur stetig sondern darüber hinaus differenzierbar sind. In einem Iterationsschritt liefert die Nullstelle der Tangenten an den Graphen der Funktion in $(x_n, f(x_n))$ die nächste Näherung x_{n+1} für die Nullstelle x_o von f.

a) Bestimmen Sie die Nullstelle der Tangenten an den Graphen der Funktion in $(x_n, f(x_n))$ als die nächste Näherung x_{n+1} für die Nullstelle x_o von f. Das Verfahren startet mit einem Startwert x_1 in der Nähe von x_o.
b) Berechnen und visualisieren Sie die ersten fünf Näherungen für $\sqrt{2}$ als Nullstelle der Funktion $f(x) = x^2 - 2$ mit $x_1 = 1$. Beobachten Sie jeweils die Anzahl der korrekten Dezimalstellen.
c) Woran kann das Newton-Raphson-Verfahren scheitern? Wenden Sie das Verfahren auf $g(x) = x^3 - 2x + 2$ mit $x_1 = 0$ oder $x_1 = 1$ an. Benützen Sie ggfls. eine Tabellenkalkulation oder ein CAS.
d) Woran kann das Newton-Raphson-Verfahren scheitern? Wenden Sie das Verfahren auf $f(x) = \sin(x)$ mit $x_1 = \arctan(-2\pi)$ an. Benützen Sie ggfls. eine Tabellenkalkulation oder ein CAS.
e) Was bedeuten die Teile c) und d) für die Abbruch-Kriterien?

Aufgabe 26.23 (25 min) Eine *harmonische Schwingung* $A(t) = A_o \cos(\omega t + \varphi)$ mit *Amplitude* $A_o = A\left(-\frac{\varphi}{\omega}\right)$, *Kreisfrequenz* ω, *Phasenverschiebung* φ und mit *Periodendauer* $T = \frac{2\pi}{\omega}$ wechselt ihre Nulldurchgänge und Extremwertstellen alle $\frac{T}{4}$ ab. Was ist bei einer *gedämpften* Schwingung $A(t) = A_o e^{-\frac{t}{\tau}} \cos(\omega t + \varphi)$ mit der Zeitkonstanten τ anders?

a) Bestimmen Sie die Extremwertstellen von $A(t)$.
b) Vereinfachen Sie den Ausdruck für die Extremwertstellen mit Hilfe von $A\sin(x) + B\cos(x) = C\sin(x + \psi)$ mit $C = \sqrt{A^2 + B^2}$ und $\psi = \arctan\left(\frac{B}{A}\right)$ falls $A > 0$ und $A\sin(x) + B\cos(x) = C\cos(x - \psi)$ mit $\psi = \arctan\left(\frac{A}{B}\right)$ falls $B > 0$.
c) Inwiefern ist das Ergebnis plausibel?

Aufgabe 26.24 (10 min) Die im Ursprung zentrierte Ellipse mit Halbachsen a und b hat die Gleichung $\frac{x^2}{a^2} + \frac{y^2}{b^2} = 1$, die eine implizite Darstellung ist.

a) Bestimmen Sie die Funktion $y = f(x)$, deren Graph mit der oberen Halb-Ellipse zusammenfällt, sowie $y' = \pm f'(x)$.
b) Bestimmen Sie die Ableitung $y' = f'(x)$ durch implizite Differentation.
c) Bestimmen Sie die Ableitung $y' = f'(x)$ aus der Parameter-Darstellung $x = a\cos(t)$ und $y = b\sin(t)$.

Aufgabe 26.25 (20 min) Die Umkehrfunktion der Funktion $y = f(x) = xe^x$ oder meist komplex $w = ze^z$ heißt *Lambertsche W-Funktion*. Sie spielt z.B. in der Kombinatorik eine wichtige Rolle.

a) Wieso ist damit die Lambertsche W-Funktion implizit gegeben?
b) Bestimmen Sie die Ableitung $W'(z)$ durch implizite Differentation und stellen Sie eine Differentialgleichung (s. Band 3) für W auf.
c) Visualisieren Sie den reellen Zweig von W durch Spiegelung des Graphen von f an der Hauptdiagonalen.

Aufgabe 26.26 (5 min) Verifizieren Sie: $y' = \frac{\dot{y}}{\dot{x}}$ ist unabhängig von der gewählten Parametrisierung $x = x(t)$ und $y = y(t)$.

Aufgabe 26.27 (25 min) Das erste Medium im Streifen $[0, a_1] \times \mathbb{R}$ erlaube die Maximal-Geschwindigkeit v_1, das zweite Medium im Streifen $[a_1, a_1 + a_2] \times \mathbb{R}$ erlaube die Maximal-Geschwindigkeit v_2, das dritte Medium im Streifen $[a_1 + a_2, a_1 + a_2 + a_3] \times \mathbb{R}$ erlaube die Maximal-Geschwindigkeit v_3. Ein Massepunkt bewege sich geradlinig gleichförmig durch jedes der drei Medien. Auf welchem polygonalen Weg gelangt der Massepunkt in der kürzesten Zeit von $(0, 0)$ nach $(a_1 + a_2 + a_3, b)$? Dabei sei $v_1 = 1$, $v_2 = 2$ und $v_3 = 3$, $a_1 = 17$, $a_2 = \frac{7}{2}$ und $a_3 = 1$ sowie $b = 3$. Der leichten Lösbarkeit halber sei $b - d = c$ unterstellt. Dabei ist (a_1, c) der Punkt des Durchtritts vom ersten ins zweite Medium und $(a_1 + a_2, d)$ der Punkt des Durchtritts vom zweiten ins dritte Medium.

Aufgabe 26.28 (20 min)

a) Ein Punkt bewege sich mit konstanter Winkelgeschwindigkeit $\omega = \frac{2\pi}{T}$ auf einem Kreis mit Radius r um den Ursprung. Der Punkt befinde sich z.Zt. t in $\boldsymbol{r}(t)$. Bestimmen Sie die Bahngeschwindigkeit $\boldsymbol{v}(t)$ z.Zt. t. Wieso ist $\boldsymbol{v}(t)$ tangential zur Kreisbahn? Denken Sie an den Funkenflug einer rotierenden Schleifscheibe.
b) Verifizieren Sie: Jeder vom Ursprung ausgehende Strahl schneidet die Archimedische Spirale in Punkten mit dem Abstand $c\,2\pi$. Aus diesem Grund heißt die Archimedische Spirale auch *Arithmetische Spirale*.
c) Verifizieren Sie: Jeder vom Ursprung ausgehende Strahl schneidet die Logarithmische Spirale in Punkten, deren Abstand mit jeder Windung um einen konstanten Faktor wächst oder schrumpft. Aus diesem Grund könnte man die Logarithmische Spirale auch *Geometrische Spirale* nennen.
d) Was passiert in den 'Spitzen' der Zykloide $\boldsymbol{r}(t) = \big(x(t), y(t)\big) = r\big(t - \sin(t), 1 - \cos(t)\big)$, wobei r der Radius des abrollenden Kreises ist? Hinweis: Untersuchen Sie dazu den Geschwindigkeitsvektor $\dot{\boldsymbol{r}}(t) = \big(\dot{x}(t), \dot{y}(t)\big)$.

Aufgabe 26.29 (10 min) Visualisieren Sie mit Hilfe eines Werkzeuges Ihrer Wahl folgende Kurven:

a) Die *Kardioide* oder *Herzkurve* entsteht durch Abrollen eines Kreises auf einem Kreis mit demselben Radius r. Ihre Darstellung in Polar-Koordinaten ist $r = r(\varphi) = 2r\big(1 - \cos(\varphi)\big)$ mit dem Wälzwinkel $0 \leq \varphi < 2\pi$ als Parameter.

b) In Polar-Koordinaten haben *Kleeblätter* die klassische Darstellung $r(t) = \sin(bt)$, wobei der Parameter b die 'Blättrigkeit' kontrolliert. Für $b = 3$ und $t \in [0, \pi)$ ergibt sich ein dreiblättriges, für $b = 4$ und $t \in [0, 2\pi)$ ein vierblättriges Kleeblatt.

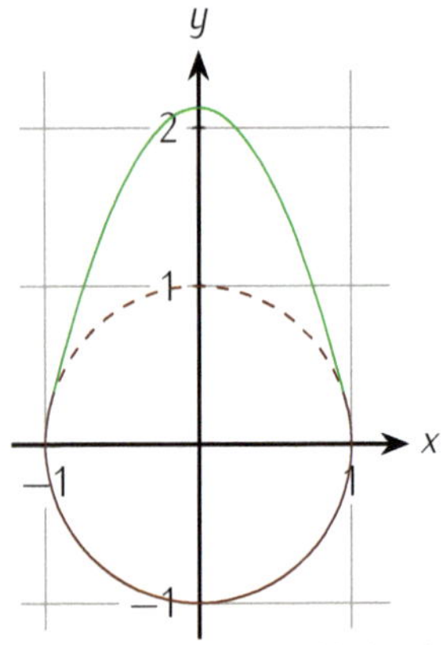

Bild 26.11: Schnitt durch Nocken, bestehend aus Kreissektor $x^2 + y^2 = 1$ und Parabel-Abschnitt $y = y(x) = b - cx^2$

Aufgabe 26.30 (20 min) Die *Nocken* einer Nockenwelle realisieren die Ventilsteuerung. Ihre Form bestimmt wesentlich die Leistung eines Verbrennungsmotors.

Bild 26.11 zeigt den Schnitt durch einen Nocken. Dieser besteht hier aus einem Sektor des Einheitskreises und einem Abschnitt des Graphens einer Parabel. Diese Parabeln sind durch $y_{\text{Parabel}}(x) = b - cx^2$ mit positiven Parametern b und c gegeben.

a) Bestimmen Sie $d = d(c)$ so, dass Einheitskreis und Parabel-Graph genau zwei Schnittpunkte gemein haben.

b) Argumentieren Sie geometrisch, warum Kreis und Parabel ohne Knick zusammenstossen, d.h. warum die Steigungen im Schnittpunkt identisch sind.

c) Verifizieren Sie Ihr Argument in Teil b) durch Vergleich der Steigungen von Kreis und Parabel in den Berührpunkten.

d) Visualisieren Sie ihr Ergebnis für $c = 2$.

26.4 Lösungen

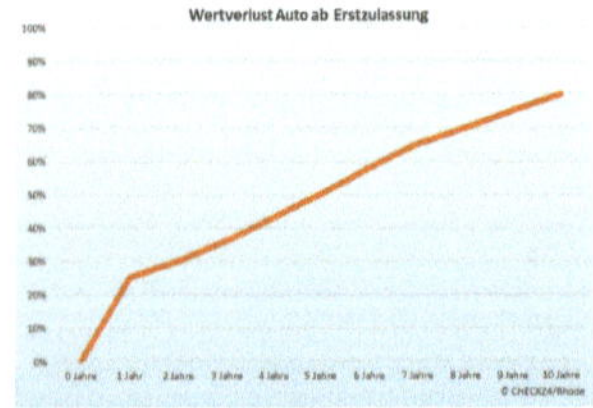

Bild 26.12: Prozentualer Wertverlust von PKW in den ersten zehn Jahren nach Neuzulassung

Lösung 26.1 Der Graph der Funktion *prozentualer Wertverlust* in Bild 26.12, vergrößert auf S.201, weist augenscheinlich keine Sprünge auf: die Funktion ist also in jedem Zeitpunkt stetig.

Der Funktionsgraph hat zum Zeitpunkt 'ein Jahr' einen deutlichen Knick: hier ist die Funktion sicher nicht differenzierbar. Einen weniger deutlichen Knick gibt es etwa zum Zeitpunkt '7 Jahre', so dass die Funktion hier ebenfalls nicht differenzierbar sein kann.

Vermutlich sind tatsächlich nur die Werteverluste nach ganzen Jahren erhoben worden und diese Datenpunkte dann irgendwie interpoliert, d.h. 'verbunden' worden. Falls das zutrifft, kann die Funktion noch in weiteren 'ganzen' Jahren unstetig sein.

Lösung 26.2 Die Funktion f ist stückweise definiert mit

$$f(x) = \begin{cases} 2\arctan(x-3)+1 & 3 \leq x < \infty \\ (x-2)^2 & 2 \leq x < 3 \\ \frac{x-2}{2\pi-8} & \frac{\pi}{2} \leq x < 2 \\ \frac{1}{2}\cos(x) + \frac{1}{4}\sin(x) & 0 \leq x < \frac{\pi}{2} \\ \frac{x^2-x+2}{(x-2)^2} & -2 \leq x < 0 \\ \frac{1}{2} + \sqrt[3]{x+2} & x < -2 \end{cases}.$$

Zwischen den Stoßstellen der Teilstücke besteht f aus Ausdrücken in den elementaren Funktionen, die stetig und differenzierbar sind. Es ist also zu untersuchen, ob f in den Stoßstellen -2, 0, $\frac{\pi}{2}$, 2 und 3 stetig bzw. differenzierbar ist.

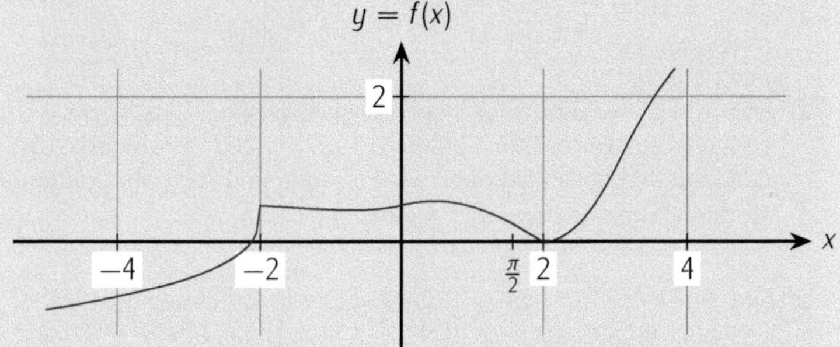

In $x = -2$ gilt $\frac{1}{2} + \sqrt[3]{x+2} = \frac{1}{2}$ und $\frac{x^2-x+2}{(x-2)^2} = \frac{8}{16} = \frac{1}{2}$, so dass f in -2 stetig ist. In $x = -2$ ist $\left(\frac{1}{2} + \sqrt[3]{x+2}\right)' = \frac{1}{3}\frac{1}{(x+2)^{2/3}}$ nicht definiert (der Graph von f hat in $x = -2$ eine senkrechte Tangente!), während $\left(\frac{x^2-x+2}{(x-2)^2}\right)' = \frac{(2x-1)(x-2)^2-2(x-2)(x^2-x+2)}{(x-2)^4}$ in $x = -2$ sehr wohl definiert ist, so daß f in -2 *nicht* differenzierbar ist.

In $x = 0$ gilt $\frac{x^2-x+2}{(x-2)^2} = \frac{2}{4} = \frac{1}{2}$ und $\frac{1}{2}\cos(x) + \frac{1}{4}\sin(x) = \frac{1}{2}$, so dass f in 0 stetig ist. In $x = 0$ gilt $\left(\frac{x^2-x+2}{(x-2)^2}\right)' = \frac{(2x-1)(x-2)-2(x^2-x+2)}{(x-2)^3} = \frac{2-4}{-8} = \frac{1}{4}$ und $\left(\frac{1}{2}\cos(x) + \frac{1}{4}\sin(x)\right)' = -\frac{1}{2}\sin(0) + \frac{1}{4}\cos(0) = \frac{1}{4}$, so dass f in 0 differenzierbar ist.

In $x = \frac{\pi}{2}$ gilt $\frac{1}{2}\cos(x) + \frac{1}{4}\sin(x) = \frac{1}{4}$ und $\frac{x-2}{2\pi-8} = \frac{\frac{\pi}{2}-2}{2(\pi-4)} = \frac{1}{4}$, so dass f in $x = \frac{\pi}{2}$ stetig ist. In $x = \frac{\pi}{2}$ gilt $\left(\frac{1}{2}\cos(x) + \frac{1}{4}\sin(x)\right)' = -\frac{1}{2}\sin(\frac{\pi}{2}) + \frac{1}{4}\cos(\frac{\pi}{2}) = -\frac{1}{2}$ und $\left(\frac{x-2}{2\pi-8}\right)' = \frac{1}{2\pi-8} \approx -0.582474$, so dass f in $x = \frac{\pi}{2}$ sicher *nicht* differenzierbar ist.

In $x = 2$ gilt $\frac{x-2}{2\pi-8} = 0$ und $(x-2)^2 = 0$, so dass f in $x = 2$ stetig ist. In $x = 2]$ gilt $\left(\frac{x-2}{2\pi-8}\right)' = \frac{1}{2\pi-8}$ und $\left((x-2)^2\right)' = 2(x-2) = 0$, so dass f in $x = 2$ *nicht* differenzierbar ist.

In $x = 3$ gilt $(x-2)^2 = 1$ und $2\arctan(x-3)+1 = 1$, so dass f oin $x = 3$ stetig ist. In $x = 3$ gilt $\left((x-2)^2\right)' = 2(x-2) = 2$ und $\left(2\arctan(x-3)+1\right)' = \frac{2}{1+(x-3)^2} = 2$, so dass f in $x = 3$ differenzierbar ist.

$\lim_{x\to-\infty}\left(\frac{1}{2}+\sqrt[3]{x+2}\right) = -\infty$ und $\lim_{x\to+\infty}\left(2\arctan(x-3)+1\right) = 2\frac{\pi}{2}+1 = \pi+1$ beschreibt das Verhalten von $f(x)$ für $x \to \pm\infty$.

Lösung 26.3

a) Grenzwertarithmetik liefert: f, g und h sind als Quotient stetiger Funktionen wieder stetig.

b) Sei $\lim_{n\to\infty} x_n = x_o$. Wegen der Stetigkeit von f gilt $\lim_{n\to\infty} y_n = \lim_{n\to\infty} f(x_n) = f(x_o) = f\left(\lim_{n\to\infty} x_n\right) = y_o$ Wegen der Stetigkeit von g in y_o gilt $\lim_{n\to\infty} h(x_n) = \lim_{n\to\infty} g\left(f(x_n)\right) = \lim_{n\to\infty} g(y_n) = g(y_o) = g\left(f(x_o)\right) = h(x_o) = g\left(\lim_{n\to\infty} y_n\right) = g\left(\lim_{n\to\infty} f(x_n)\right) = g\left(f(\lim_{n\to\infty} x_n)\right) = h(\lim_{n\to\infty} x_n)$. Also ist h in x_o stetig.

c) Mit $u(x) = -x$ und $v(x) = e^x$ ist auch $w(x) = v\left(u(x)\right) = e^{-x}$ stetig. Grenzwertarithmetik liefert: f und g sind als Linearkombinationen stetiger Funktionen wieder stetig und h ist als Quotient stetiger Funktionen wieder stetig.

Lösung 26.4 "$\Rightarrow$" Sei f in $x_o \in \mathbb{D}_f$ ε-δ-stetig. Zu beliebigem $\varepsilon > 0$ gibt es also $\delta > 0$, so dass $f(x) \in U_\varepsilon\left(f(x_o)\right)$ für alle $x \in \mathbb{D}_f$ mit $x \in U_\delta(x_o)$. Wenn eine beliebige Folge $(x_n)_{n\in\mathbb{N}} \subset \mathbb{D}_f$ gegen x_o konvergiert, so liegen fast alle x_n in $U_\delta(x_o)$. Damit liegen fast alle $f(x_n)$ in $U_\varepsilon\left(f(x_o)\right)$, also ist f in x_o Folgen-stetig.

"$\Leftarrow$" Angenommen, f ist in x_o nicht ε-δ-stetig, d.h. es gibt ein $\varepsilon > 0$ derart, dass für alle $\delta > 0$ ein $x = x(\delta)$ mit $|x - x_o| < \delta$ existiert, so dass $|f(x) - f(x_)| \geq \varepsilon$ gilt. Zu jedem $\delta = \frac{1}{n}$ gibt es also (mindestens) ein x_n mit $|x - x_o| < \delta$ und $|f(x_n) - f(x_)| \geq \varepsilon$. Da die Folge $\left(x_n\right)$ gegen x_o konvergiert, die Folge $f(x_n)$ aber nicht gegen $f(x_o)$ konvergiert, kann f in x_o nicht Folgen-stetig sein.

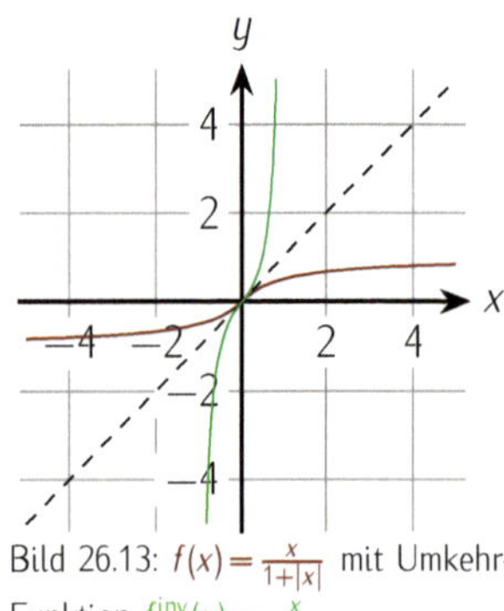

Bild 26.13: $f(x) = \frac{x}{1+|x|}$ mit Umkehr-Funktion $f^{\text{inv}}(x) = \frac{x}{1-|x|}$

Lösung 26.5 Die Funktion f ist auf $D = \mathbb{R}$ definiert. f ist ungerade. Für $x \geq 0$ gilt $0 \leq f(x) < 1$ mit $\lim_{x\to\infty} f(x) = 1$. Also gilt $f(D) = (-1, 1) = W$. f ist auf D echt monoton steigend, also injektiv, mit $f(D) = W$ eben auch surjektiv, zusammen also bijektiv mit Umkehr-Funktion $f^{\text{inv}}(x) = \frac{1}{1-|x|}$.

Mit Grenzwert-Arithmetik ist f jeweils auf $\mathbb{R}^+$ und $\mathbb{R}^-$ stetig und wegen $\lim_{x\to0^+} f(x) = 0 = \lim_{x\to0^-} f(x)$ auch in 0 und damit auf ganz $D = \mathbb{R}$ stetig.

Völlig analog ist f^{inv} jeweils auf $(-1, 0)$ und $(0, 1)$ stetig und wegen $\lim_{x\to0^+} f^{\text{inv}}(x) = 0 = \lim_{x\to0^-} f^{\text{inv}}(x)$ auch in 0 und damit auf ganz $W = (-1, 1)$ stetig, s. Bild 26.13.

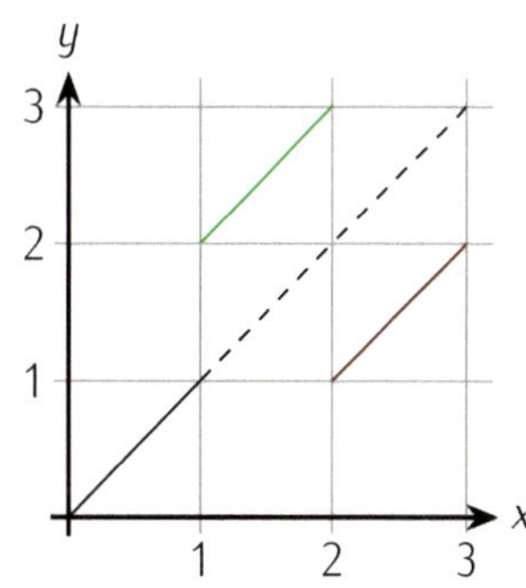

Bild 26.14: $y = f(x)$ und $y = f^{\text{inv}}(x)$ mit in $[0,1]$ identischen Graphen von f und f^{inv}

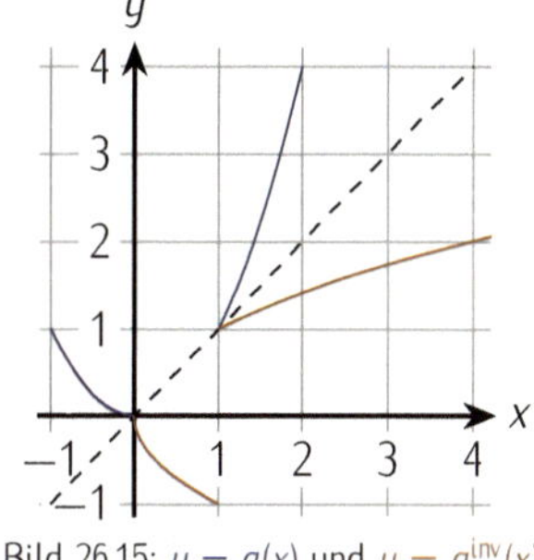

Bild 26.15: $y = g(x)$ und $y = g^{\text{inv}}(x)$

Lösung 26.6

a) Die Funktion f ist stetig auf $[0,1] \cup (2,3]$, weil sie auf jedem der beiden Teil-Intervalle stetig ist. Die Funktion f ist bijektiv, also existiert f^{inv} und es gilt $f^{\text{inv}}(y) = \begin{cases} y & y \in [0,1] \\ y+1 & y \in (1,2] \end{cases}$ mit $\lim_{y\to 1+} f^{\text{inv}}(y) = 2 \neq 1 = f^{\text{inv}}(1)$. Die Umkehrfunktion f^{inv} ist also in 1 *un*stetig, s. Bild 26.14.
Offensichtlich ist die Funktion g bijektiv mit Umkehrfunktion $g^{\text{inv}}(y) = \begin{cases} -\sqrt{y} & y \in [0,1] \\ \sqrt{y} & y \in (1,4] \end{cases}$. Die Funktion g ist stetig, ihre Umkehrfunktion g^{inv} ist in 1 *un*stetig, s. Bild 26.15.
Offensichtlich ist die Funktion h bijektiv und stetig mit $h^{\text{inv}}\left(e^{j\vartheta}\right) = \vartheta$. Sei $z_n = e^{j(2\pi - 1/n)}$. Dann gilt $|z_n| = 1$, $z_n \to 1$ und $h^{\text{inv}}(z_n) = 2\pi - \frac{1}{n}$, so dass $\lim_{n\to\infty} h^{\text{inv}}(z_n) = 2\pi \neq 0 = h^{\text{inv}}(1) = h^{\text{inv}}(e^{j0})$ und daher h^{inv} in 1 *un*stetig ist.
Alle drei Funktionen sind bijektiv und stetig auf ihrem Definitionsbereich, während ihre Umkehrfunktionen in jeweils genau einem Punkt *un*stetig sind.

b) Wir zeigen die ε-δ-Stetigkeit von f^{inv} in beliebigem $y_o \in W$. Sei also $\varepsilon > 0$ und $y_o \in W$ beliebig und $x_o = f^{\text{inv}}(y_o)$. Es gibt zwei Fälle, den allgemeinen und einen etwas technischen Spezialfall:

$x_o \notin \partial D$: wenn x_o kein Randpunkt des Intervalles D ist, so gibt es ein $0 < \varepsilon_o < \varepsilon$ mit $[x_o - \varepsilon_o, x_o + \varepsilon_o] \subset D$. Sei $y_1 = f(x_o - \varepsilon_o)$ und $y_2 = f(x_o + \varepsilon_o)$. Dann bildet f das Intervall $[x_o - \varepsilon_o, x_o + \varepsilon_o]$ bijektiv auf das Intervall $[\min\{y_1, y_2\}, \max\{y_1, y_2\}]$ ab. Mit $\delta = \min\{|y_1 - y_o, y_2 - y_o|\}$ gilt $f^{\text{inv}}\big((y_o - \delta, y_o + \delta)\big) \subset (x_o - \varepsilon_o, x_o + \varepsilon_o) \subset (x_o - \varepsilon, x_o + \varepsilon)$ also $|f^{\text{inv}}(y) - f^{\text{inv}}(y_o)| < \varepsilon$ für alle $y \in W$ mit $|y - y_o| < \delta$. Damit ist f^{inv} stetig in y_o.

$x_o \in \partial D$: wenn x_o Randpunkt des Intervalles D ist, ist x_o entweder Maximum oder Minimum der Elemente von D. Sei $x_o = \max_{x\in D} x$. Dann gibt es ein $0 < \varepsilon_o < \varepsilon$ mit $[x_o - \varepsilon_o, x_o] \subset D$. Sei f monoton wachsend und $\delta = f(x_o) - f(x_o - \varepsilon_o)$. Dann ist f eine Bijektion von $[x_o - \varepsilon_o, x_o]$ auf $[y_o - \delta, y_o] = \big[f(x_o - \varepsilon_o], f(x_o)\big]$, gleichbedeutend mit $f^{\text{inv}}\big([y_o - \delta, y_o]\big) = [x_o - \varepsilon_o, x_o] \subset (x_o - \varepsilon, x_o + \varepsilon)$. Wegen der Monotonie von f gibt es kein $y \in W$ mit $y > y_o$. Also gilt $|f^{\text{inv}}(y) - f^{\text{inv}}(y_o)| < \varepsilon$ für alle $y \in W$ mit $|y - y_o| < \delta$, d.h. f^{inv} ist stetig in y_o.
Der Fall $x_o = \min$ ist völlig analog zu behandeln.

c) Aus Monotonie und Stetigkeit von etwa $f = \sin|_{[-\frac{\pi}{2},\frac{\pi}{2}]}$, $g = \cos|_{[0,\pi]}$ und $h(x) = e^x$ folgt die Stetigkeit von $f^{\text{inv}}(x) = \arcsin(x)$, $g^{\text{inv}}(x) = \arccos(x)$ und von $h^{\text{inv}}(x) = \ln(x)$. Völlig analog er-

gibt sich die Stetigkeit von $\arctan(x)$ und $\operatorname{arccot}(x)$ sowie von $\operatorname{arcosh}(x)$, $\operatorname{arsinh}(x)$, $\operatorname{artanh}(x)$ und $\operatorname{arcoth}(x)$.
Übrigens werden dieselben Resultate auch von Aufgabe 26.15 zusammen mit Aufgabe 26.13 geliefert.

Lösung 26.7

a) Für alle $n \in \mathbb{N}_o$ gilt $[a_n, b_n] \supset [a_n, m]$ und $[a_n, b_n] \supset [m, b_n]$, wobei $m = \frac{1}{2}(a_n + b_n)$ das arithmetische Mittel von a_n und b_n ist — egal in welcher Intervall-Hälfte der Vorzeichenwechsel vorliegt.

b) Für alle $n \in \mathbb{N}_o$ gilt $\|[a_{n+1}, b_{n+1}]\| = b_{n+1} - a_{n+1} = m - a_n = \frac{1}{2}(a_n + b_n - 2a_n) = \frac{1}{2}(b_n - a_n) = \frac{1}{2}\|[a_n, b_n]\|$ und $\|[a_{n+1}, b_{n+1}]\| = b_{n+1} - a_{n+1} = b_n - m = \frac{1}{2}(2b_n - a_n - b_n) = \frac{1}{2}(b_n - a_n) = \frac{1}{2}\|[a_n, b_n]\|$ — egal in welcher Intervall-Hälfte der Vorzeichenwechsel vorliegt.

c) Falls $[a_{n+1}, b_{n+1}] = [a_n, m]$ gilt $a_{n+1} = a_n$ und $b_{n+1} < b_n$. Falls $[a_{n+1}, b_{n+1}] = [m, b_n]$ gilt $a_{n+1} > a_n$ und $b_{n+1} = b_n$. In beiden Fällen ist also $a_n \le a_{n+1}$ und $b_{b+1} \le b_n$. Die Folge (a_n) ist also monoton steigend, die Folge (b_n) ist monoton fallend. Selbstverständlich impliziert schon der Teil a) dieses Ergebnis.

d) Für alle $m, n \in \mathbb{N}_o$ gilt $a_m < b_n$, also $\lim_{m\to\infty} a_m < b_n$ und so $\lim_{m\to\infty} a_m \le \lim_{n\to\infty} b_n$. Wegen $\lim_{n\to\infty}(b_n - a_n) = 0$ gilt so $\lim_{m\to\infty} a_m = x_o = \lim_{n\to\infty} b_n$. Der Vorzeichenwechsel ist invariant, d.h. entweder $f(a_n) < 0 < f(b_n)$ oder $f(a_n) > 0 > f(b_n)$. Wegen der Stetigkeit von f gilt entweder $f(x_o) = \lim_{m\to\infty} f(a_m) \le 0 \le \lim_{n\to\infty} f(b_n) = f(x_o)$ oder $f(x_o) = \lim_{m\to\infty} f(a_m) \ge 0 \ge \lim_{n\to\infty} f(b_n) = f(x_o)$, was in beiden Fällen $f(x_o) = 0$ impliziert.

e) Mögliche Abbruch-Kriterien sind Kombinationen von $|(a_n, b_n)| < \delta$ und $|f(\frac{1}{2}(a_n + b_n))| < \epsilon$ und $n > n_{\max}$ für (kleine) Toleranzen $\delta > 0$ und $\epsilon > 0$ sowie eine geeignete Schranke $n_{\max}$ für die Anzahl der Iterationen.

f) Die Funktion $f(x) = x^2 - 2$ ist als Polynom stetig und weist in den Rändern von $[a, b] = [1, 2]$ einen Vorzeichenwechsel auf. Bisektion liefert die Intervallschachtelung $[1, 2] \supset [1, 1.5] \supset [1.25, 1.5] \supset [1.375, 1.5] \supset [1.375, 1.4375] \supset \ldots \ni \sqrt{2} \approx 1.4142$.

g) Die Funktion $f(x) = x(x^2 - 1)$ ist auf $\mathbb{R}$ stetig und hat die Nullstellen $x_1 = -1$, $x_2 = 0$ und $x_3 = 1$. Bisektion mit Startintervall $(-1.5, 1.5)$ liefert in einem Schritt die Nullstelle $m = \frac{-1.5+1.5}{2} = 0 = x_2$, Bisektion mit Startintervall $(-1.5 - \delta, 1.5)$ liefert Näherungen der Nullstelle $x_1 = -1 \in [a_1, b_1] = [-1.5 - \delta, -\frac{1}{2}\delta]$ und Bisektion mit Startintervall $(-1.5, 1.5 + \delta)$ liefert Näherungen der Nullstelle $x_3 = 1 \in [a_1, b_1] = [\frac{1}{2}\delta, 1.5 + \delta]$ für jedes (kleine) $\delta > 0$.

h) Sei $f(x) = \begin{cases} 1 & 0 < x \\ -1 & x \le 0 \end{cases}$ auf $\mathbb{R}$ definiert. Die Funktion hat keine Nullstelle. Das Startintervall sei $[a_o, b_o] = [-1, 1]$ mit

Vorzeichenwechsel in den Rändern von $[a_o, b_o]$.
Mit $m_o = \frac{1}{2}(a_o + b_o) = 0$ und $f(m_o) = -1$ folgt $[a_1, b_1] = [0, 1]$.
Mit $m_1 = \frac{1}{2}$ und $f(m_1) = 1$ folgt $[a_2, b_2] = [0, m_1]$.
Mit $m_2 = \frac{1}{4}$ und $f(m_2) = 1$ folgt $[a_3, b_3] = [0, m_2]$. usw.
Es gilt also $m_n = \frac{1}{2^n}$ und $[a_{n+1}, b_{n+1}] = [0, \frac{1}{2^n}]$ für $0 < n \in \mathbb{N}$. Je nach Abbruch-Kriterien termininert der Algorithmus nicht oder behauptet eine Nullstelle nahe bei 0. Die Stetigkeit von f auf $[a_o, b_o]$ ist also unverzichtbare Voraussetzung für eine korrekte Näherung einer Nullstelle von f in (a_o, b_o).

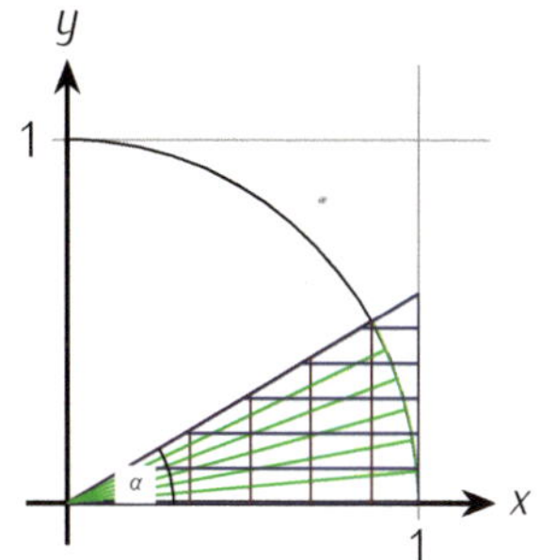

Bild 26.16: $|\Delta((0,0), (\cos(\alpha), 0), (\cos(\alpha), \sin(\alpha)))| \leq$ |Kreis-Sektor mit Winkel α| $\leq |\Delta((0,0), (1,0), (1, \tan(\alpha)))|$

Lösung 26.8

a) Wegen der Approximation $\sin(x) \approx x$ für $|x| \ll 1$, d.h. für x nahe bei 0, gilt $\lim_{x\to 0} \frac{\sin(x)}{x} \approx \lim_{x\to 0} \frac{x}{x} = 1$.

b) Für die Flächeninhalte gilt also $\frac{1}{2}\cos(x)\sin(x) \leq \frac{x}{2\pi}\pi 1^2 = \frac{x}{2} \leq \frac{1}{2} \cdot 1 \cdot \tan(x)$, was $\cos(x) \leq \frac{x}{\sin(x)} \leq \frac{1}{\cos(x)}$ und im Grenzübergang $x \to 0$ eben $\lim_{x\to 0} \frac{x}{\sin(x)} = 1 = \lim_{x\to 0} \frac{\sin(x)}{x}$ impliziert, s. Bild 26.16.

c) Die Funktionen si(x) und sinc(x) sind Quotienten ungerader Funktionen und somit gerade.

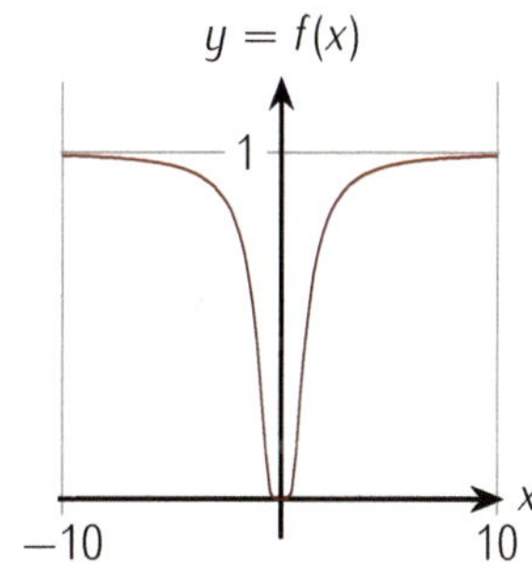

Bild 26.17: Graph der Funktion $y = f(x) = e^{-\frac{1}{x^2}}$ mit $D_f = \mathbb{R} \setminus \{0\}$

Lösung 26.9

a) Auf $\mathbb{D}_f = \mathbb{R} \setminus \{0\}$ ist f stetig, weil f Hintereinanderausführung stetiger Funktionen ist, nämlich Quadrat, Kehrwert und Exponential-Funktion. Außerdem ist f wegen $f(-x) = e^{-\frac{1}{(-x)^2}} = e^{-\frac{1}{x^2}} = f(x)$ eine gerade Funktion. Mit $f'(x) = \frac{2}{x^3}e^{-\frac{1}{x^2}} = \frac{2}{x^3}f(x)$ und $f''(x) = \left(\frac{4}{x^6} - \frac{6}{x^4}\right)e^{-\frac{1}{x^2}} = \left(\frac{4}{x^6} - \frac{6}{x^4}\right)f(x)$ hat f Wendepunkte genau dann, wenn $\frac{4}{x^6} = \frac{6}{x^4} \Leftrightarrow x^2 = \frac{2}{3} \Leftrightarrow x_{1,2} = \pm\sqrt{\frac{2}{3}} \approx \pm 0.8$. Damit ist f auf $(-\infty, x_2)$ sowie (x_1, ∞) konkav und auf (x_2, x_1) konvex, s. Bild 26.17.

b) f ist in 0 nicht definiert. Allerdings gilt $\lim_{x\to 0} f(x) = 0$, weil wegen Teil a) $\lim_{x\to 0} \frac{1}{x^2} = +\infty$ und $\lim_{y\to +\infty} e^{-y} = 0$ und daher $\lim_{x\to 0} e^{-\frac{1}{x^2}} = 0$ gilt. Also kann f durch $f(0) := 0$ in 0 stetig ergänzt werden.

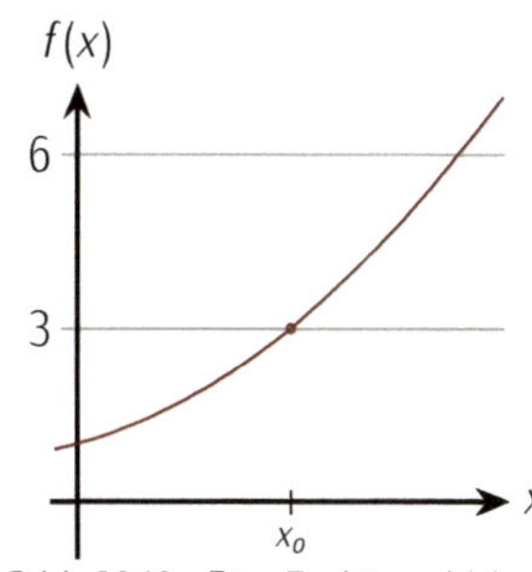

Bild 26.18: Die Funktion $h(x) = \frac{x^n - x_o^n}{x - x_o}$ (hier für $n=3$) wird in $x_o = 1$ stetig ergänzt durch $h(x_o) := 3$.

Lösung 26.10 Wegen $(x - x_o)\sum_{i=0}^{n-1} x^i x_o^{n-1-i} = \sum_{i=0}^{n} x^{i+1} x_o^{n-1-i} - \sum_{i=0}^{n} x^i x_o^{n-i} = x^1 x_o^{n-1} + x^2 x_o^{n-2} + \ldots + x^n x_o^0 - \left(x^0 x_o^n + x^1 x_o^{n-1} + \ldots + x^{n-1} x_o^1\right) = x^n - x_o^n$ gilt $h(x) = \sum_{i=0}^{n-1} x^i x_o^{n-1-i}$ für $x \neq x_o$. Da wegen Grenzwert-Arithmetik $\lim_{x\to x_o} h(x) = \sum_{i=0}^{n-1} \lim_{x\to x_o} x^i x_o^{n-1-i} = \sum_{i=0}^{n-1} x_o^{n-1} = n\, x_o^{n-1}$ gilt, kann h in x_o durch $h(x_o) := n\, x_o^{n-1}$ stetig ergänzt werden. Das bestätigt übrigens erneut die Monom-Regel (s.u.), s. Bild 26.18.

Lösung 26.11

a) Mit $f(x) = x^n$ gilt $f'(x_o) = \lim_{h\to 0} \frac{f(x_o+h)-f(x_o)}{h}$
$= \lim_{h\to 0} \frac{1}{h}\left(\sum_{k=0}^{n} \binom{n}{k} x_o^k h^{n-k} - x_o^n\right) = \lim_{h\to 0} \frac{1}{h} \sum_{k=0}^{n-1} \binom{n}{k} x_o^k h^{n-k}$
$= \lim_{h\to 0} \sum_{k=0}^{n-1} \binom{n}{k} x_o^k h^{n-1-k} = \sum_{k=0}^{n-1} \binom{n}{k} x_o^k \lim_{h\to 0} h^{n-1-k}$
$= \binom{n}{n-1} x_o^{n-1} \cdot 1 = n x_o^{n-1}$.

b) Mit Grenzwert-Arithmetik ergibt sich aus $\lim_{h\to 0} \frac{f(x_o+h)-f(x_o)}{h} = f'(x_o)$ und $\lim_{h\to 0} \frac{g(x_o+h)-g(x_o)}{h} = g'(x_o)$ sofort $\big(a\,f' + b\,g'\big)(x_o) = a\,f'(x_o) + b\,g'(x_o) = a \lim_{h\to 0} \frac{f(x_o+h)-f(x_o)}{h} + b \lim_{h\to 0} \frac{g(x_o+h)-g(x_o)}{h}$
$= \lim_{h\to 0} \frac{a\,f(x_o+h) - a\,f(x_o) + b\,g(x_o+h) - b\,g(x_o)}{h}$
$= \lim_{h\to 0} \frac{\big(a\,f + b\,g\big)(x_o+h) - \big(a\,f + b\,g\big)(x_o)}{h} = \big(a\,f + b\,g\big)'(x_o)$.

c) $\big(f \cdot g\big)(x_o) = \lim_{h\to 0} \frac{\big(f\cdot g\big)(x_o+h) - \big(f\cdot g\big)(x_o)}{h}$
$= \lim_{h\to 0} \frac{f(x_o+h)\big(g(x_o+h)-g(x_o)\big) + g(x_o)\big(f(x_o+h)-f(x_o)\big)}{h}$
$= \lim_{h\to 0} f(x_o+h) \frac{g(x_o+h)-g(x_o)}{h} + \lim_{h\to 0} g(x_o) \frac{f(x_o+h)-f(x_o)}{h}$
$= f(x_o) \cdot g'(x_o) + f'(x_o)\, g(x_o) = \big(f' \cdot g + f \cdot g'\big)(x_o)$.

d) Die Quotienten-Regel folgt direkt aus der Produkt-Regel: mit $h := \frac{1}{g}$ gilt nämlich $g \cdot h = 1$, differenziert $\big(g \cdot h\big)' = g' \cdot h + g \cdot h' = 0$ und somit $h' = -\frac{g' \cdot h}{g} = -\frac{g'}{g^2}$, also insgesamt $\left(\frac{1}{g}\right)' = -\frac{g'}{g^2}$.
Erneute Anwendung der Produkt-Regel liefert $\left(\frac{f}{g}\right)' = \big(f \cdot h\big)' = f' \cdot h + f \cdot h' = \frac{f'}{g} - f \frac{g'}{g^2} = \frac{f' \cdot g - f \cdot g'}{g^2}$.

e) $\big(f \circ g\big)'(x_o) = \lim_{x\to x_o} \frac{f\big(g(x)\big) - f\big(g(x_o)\big)}{x - x_o}$ — Differenzenquotienten erweitern
$= \lim_{x\to x_o} \frac{f\big(g(x)\big) - f\big(g(x_o)\big)}{g(x) - g(x_o)} \frac{g(x)-g(x_o)}{x-x_o}$ — unter Vorbehalt der Existenz der Grenzwerte eines jeden Faktors
$= \lim_{x\to x_o} \frac{f\big(g(x)\big) - f\big(g(x_o)\big)}{g(x) - g(x_o)} \lim_{x\to x_o} \frac{g(x)-g(x_o)}{x-x_o}$ — g diffbar, erst recht stetig: $y = g(x) \to y_o = g(x_o)$
$= \lim_{y\to y_o} \frac{f(y)-f(y_o)}{y-y_o} \cdot g'(x_o) = f'\big(g(x_o)\big) \cdot g'(x_o) = \big((f' \circ g) \cdot g'\big)(x_o)$.

Lösung 26.12 Angenommen, x_o ist (lokale) Maximumsstelle. Dann gilt $f(x_o + h) \leq f(x_o)$ für alle h in einer Umgebung der 0, d.h. $\frac{f(x_o+h)-f(x_o)}{h} \leq 0$ für kleine $h > 0$ und $\frac{f(x_o+h)-f(x_o)}{h} \geq 0$ für kleine $h < 0$. Im Grenzübergang $h \to 0$ ergibt sich $f'(x_o) \leq 0$ als auch $f'(x_o) \geq 0$, was $f'(x_o) = 0$ impliziert.
Der Fall eines Minimums in x_o ist völlig analog zu behandeln.

Lösung 26.13

a) Mit der Differenzierbarkeit von f in x_o gilt $\lim_{x\to x_o} R(x) = 0$. Die Funktion $R(x)$ kann also in x_o durch 0 stetig ergänzt werden.

b) $f(x_o) + f'(x_o)(x - x_o) + R(x)(x - x_o) = f(x_o) + f'(x_o)(x - x_o) + \frac{f(x)-f(x_o)}{x-x_o}(x - x_o) - f'(x_o)(x - x_o) = f(x)$ für alle $x \neq x_o$. In x_o selbst ist die Gleichung trivialerweise erfüllt.

c) Mit Grenzwert-Arithmetik gilt $\lim_{x\to x_o} f(x) = \lim_{x\to x_o}\big(f(x_o) + f'(x_o)(x-x_o) + R(x)(x-x_o)\big) = f(x_o)$, so dass f in x_o stetig ist.

Lösung 26.14

a) $f'(x) = \lim_{x\to x_o} \frac{\cos(x)-\cos(x_o)}{x-x_o}$ Additionstheorem, s. Kap. 19

$= -\lim_{x\to x_o} \frac{2\sin\left(\frac{x+x_o}{2}\right)\sin\left(\frac{x-x_o}{2}\right)}{x-x_o}$ Grenzwert-Arithmetik

$= -\lim_{x\to x_o} \sin\left(\frac{x+x_o}{2}\right) \lim_{x\to x_o} \frac{\sin\left(\frac{x-x_o}{2}\right)}{\frac{x-x_o}{2}}$ Stetigkeit des Sinus

$= -\sin(x_o)\lim_{h\to 0}\frac{\sin(h)}{h} = -\sin(x_o)$. $\mathrm{si}(0) = 1$

b) Differenzieren von $f^2(x) + \sin^2(x) = \cos^2(x) + \sin^2(x) = 1$ liefert $2f(x)f'(x) + 2\sin(x)\cos(x) = 0$ und damit $f'(x) = \cos'(x) = -\sin(x)$ für alle $x \in \mathbb{R}$.

c) Die besagten Gleichungen ergeben sich durch Spiegelung an der Hauptdiagonalen im Einheitskreis, s. Bild 26.19, oder vermittels der Additionstheoreme (s. Kapitel 19).
Gemäß der Additionstheoreme gilt $\sin(\frac{\pi}{2}-x) = \sin(\frac{\pi}{2})\cos(-x) - \sin(-x)\cos(\frac{\pi}{2}) = \cos(-x) - 0 = \cos(x)$ sowie $\cos(\frac{\pi}{2}-x) = \cos(\frac{\pi}{2})\cos(x) + \sin(\frac{\pi}{2})\sin(x) = 0 + 1\cdot\sin(x) = \sin(x)$.
Mit Hilfe dieser Relationen gilt $\cos'(x) = \frac{d}{dx}\sin(\frac{\pi}{2}-x) = -\cos(\frac{\pi}{2}-x) = -\sin(x)$.

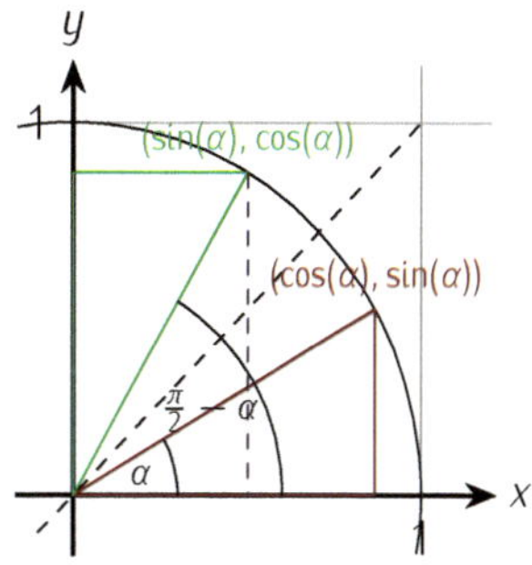

Bild 26.19: Die Spiegelung an der Hauptdiagonalen liefert $\sin(\alpha) = \cos(\frac{\pi}{2}-\alpha)$ und $\cos(\alpha) = \sin(\frac{\pi}{2}-\alpha)$.

Lösung 26.15

a) $f'(x) = \left(\sin^{\mathrm{inv}}\right)'(x) = \frac{1}{\cos\left(\arcsin(x)\right)} = \frac{1}{\sqrt{1-\sin^2\left(\arcsin(x)\right)}} = \frac{1}{\sqrt{1-x^2}}$,

$g'(x) = \left(\cos^{\mathrm{inv}}\right)'(x) = \frac{-1}{\sin\left(\arccos(x)\right)} = \frac{-1}{\sqrt{1-\cos^2\left(\arccos(x)\right)}} = \frac{-1}{\sqrt{1-x^2}}$,

$h'(x) = \left(\tan^{\mathrm{inv}}\right)'(x) = \frac{1}{1+\tan^2\left(\arctan(x)\right)} = \frac{1}{1+x^2}$, da $\tan' = 1+\tan^2$.

b) $f'(x) = \left(\sinh^{\mathrm{inv}}\right)'(x) = \frac{1}{\cosh\left(\operatorname{arsinh}(x)\right)} = \frac{1}{\sqrt{\sinh^2\left(\operatorname{arsinh}(x)\right)+1}} = \frac{1}{\sqrt{x^2+1}}$,

$g'(x) = \left(\cosh^{\mathrm{inv}}\right)'(x) = \frac{1}{\sinh\left(\operatorname{arcosh}(x)\right)} = \frac{1}{\sqrt{\cosh^2\left(\operatorname{arcosh}(x)\right)-1}} = \frac{1}{\sqrt{x^2-1}}$,

$h'(x) = \left(\tanh^{\mathrm{inv}}\right)'(x) = \frac{1}{1-\tanh^2\left(\operatorname{artanh}(x)\right)} = \frac{1}{1-x^2}$, da $\tanh' = 1-\tanh^2$.

c) $f'(x) = \exp'(x) = \left(\ln^{\mathrm{inv}}\right)'(x) = \frac{1}{\ln'(\exp(x))} = \frac{1}{\frac{1}{\exp(x)}} = \exp(x) = e^x$.

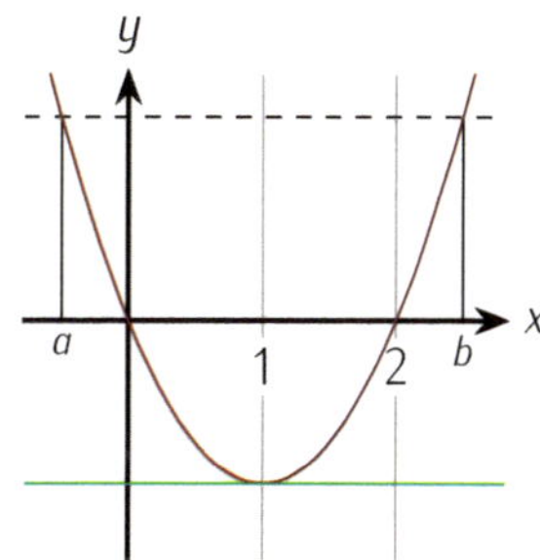

Bild 26.20: $y = f(x)$ mit $f(-\frac{1}{2}) = \frac{5}{4} = f(\frac{5}{2})$ und $f'(1) = 0$

Lösung 26.16

a) Da f insbesondere stetig ist (vgl. Aufgabe 26.13), existieren $m = \min\{f(x) : x \in (a,b)\}$ und $M = \max\{f(x) : x \in (a,b)\}$. Falls $m = M$, so ist f konstant und damit verschwindet f' auf dem ganzen Intervall (a,b). Falls nun $m < M$, so wird m oder M im Intervall (a,b) angenommen. Mit Aufgabe 26.12 sind aber Extremwertstellen stationäre Punkte. Also gibt es (mindestens)

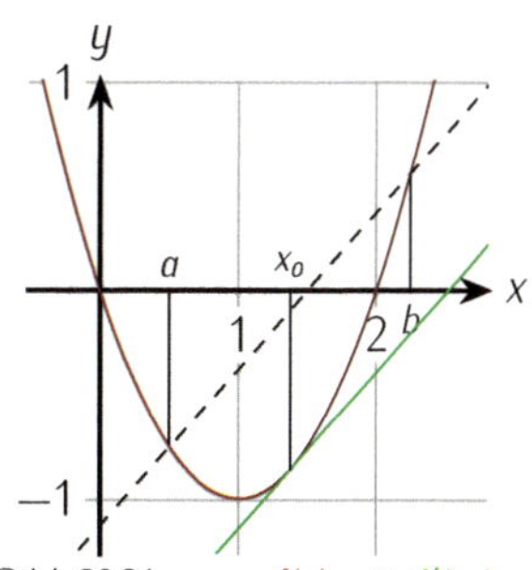

Bild 26.21: $y = f(x)$ mit $f'(x_o) =$ Sekanten-Steigung

ein $x_o \in (a, b)$ mit $f'(x_o) = 0$, vgl. Bild 26.20.

b) Die Funktion $g(x) = f(x) - \frac{f(b)-f(a)}{b-a}x$ ist auf (a, b) differenzierbar mit $g(a) = f(a) - \frac{f(b)-f(a)}{b-a}a = \frac{f(a)(b-a)-a(f(b)-f(a))}{b-a} = \frac{b\,f(a)-a\,f(b)}{b-a}$ und $g(b) = f(b) - \frac{f(b)-f(a)}{b-a}b = \frac{(b-a)f(b)-b(f(b)-f(a))}{b-a} = \frac{-a\,f(b)+b\,f(a))}{b-a}$, also $g(a) = g(b)$. Also existiert nach Teil a) $x_o \in (a, b)$ mit $g'(x_o) = 0$, d.h. $0 = f'(x_o) - \frac{f(b)-f(a)}{b-a}$ und damit $f'(x_o) = \frac{f(b)-f(a)}{b-a}$: Tangente und Sekante haben dieselbe Steigung, s. Bild 26.21.

c) Mit Teil b) gibt es ein $x_o \in (a, b)$ mit $f(b) - f(a) = (b-a)\,f'(x_o)$ oder für $b = a + h$ gibt es eben ein $c \in (0, 1)$ mit $f(a + h) = f(a) + h\,f(a + ch)$, zwei Formulierungen des sogenannten *Mittelwertsatzes*.

Ist die Funktion f konstant, dann verschwinden Differenzenquotienten und damit f'. Wenn umgekehrt $f' = 0$ auf $[a, b]$ gilt, dann folgt aus dem Mittelwertsatz $f(b) - f(a) = 0$ und damit ist f konstant.

Die differenzierbare Funktion f ist monoton wachsend bzw. fallend $\Leftrightarrow f(x_2) \geq f(x_1)$ bzw. $f(x_2) \leq f(x_1)$ für $x_1 < x_2 \Leftrightarrow (x_2 - x_1)\,f'(x_o) = f(x_2) - f(x_1) \geq 0$ bzw. $(x_2 - x_1)\,f'(x_o) = f(x_2) - f(x_1) \leq 0 \Leftrightarrow f'(x_o) \geq 0$ bzw. $f'(x_o) \leq 0$.

d) Ähnlich wie in Teil b) definiert man $h(x) = f(x) - \frac{f(b)-f(a)}{g(b)-g(a)}g(x)$ mit $h(a) = f(a) - \frac{f(b)-f(a)}{g(b)-g(a)}g(a) = \frac{(g(b)-g(a))f(a)-(f(b)-f(a))g(a)}{g(b)-g(a)} = \frac{g(b)f(a)-g(a)f(b)}{g(b)-g(a)}$ und entsprechend $h(b) = f(b) - \frac{f(b)-f(a)}{g(b)-g(a)}g(b) = \frac{(g(b)-g(a))f(b)-(f(b)-f(a))g(b)}{g(b)-g(a)} = \frac{-g(a)f(b)+g(b)f(a)}{g(b)-g(a)}$, also $h(a) = h(b)$. Mit Teil a) existiert also $x_o \in (a, b)$ mit $0 = h'(x_o) = f'(x_o) - \frac{f(b)-f(a)}{g(b)-g(a)}g'(x_o)$ oder $\big(g(b) - g(a)\big)f'(x_o) = \big(f(b) - f(a)\big)g'(x_o)$ oder einprägsamer $\frac{f(b)-f(a)}{g(b)-g(a)} = \frac{f'(x_o)}{g'(x_o)}$, solange die Nenner nicht verschwinden.

e) Grenzwert-Arithmetik liefert $\lim_{x\to x_o} \frac{f(x)}{g(x)} = \lim_{x\to x_o} \frac{\frac{f(x)-f(x_o)}{x-x_o}}{\frac{g(x)-g(x_o)}{x-x_o}} = \frac{f'(x_o)}{g'(x_o)} = \lim_{x\to x_o} \frac{f'(x)}{g'(x)}$.

Lösung 26.17

a) $\lim_{x\to 0} \frac{(1+x)^n-1}{x} = \lim_{x\to 0} \frac{n(1+x)^{n-1}}{1} = n$.

b) $\lim_{x\to 0} \frac{x-\sin(x)}{x^3} = \lim_{x\to 0} \frac{1-\cos(x)}{3x^2} = \lim_{x\to 0} \frac{\sin(x)}{6x} = \lim_{x\to 0} \frac{\cos(x)}{6} = \frac{1}{6}$ bei dreimaliger Anwendung der Regel von L'Hospital.

c) $\lim_{x\to 0} \frac{x-x\cos(x)}{x-\sin(x)} = \lim_{x\to 0} \frac{1-\cos(x)+x\sin(x)}{1-\cos(x)} = \lim_{x\to 0} \frac{2\sin(x)+x\cos(x)}{\sin(x)} = \lim_{x\to 0} \frac{3\cos(x)-x\sin(x)}{\cos(x)} = 3$ bei dreimaliger Anwendung der Regel von L'Hospital.

d) $\lim_{x\to\infty} \frac{e^x}{x^n} = \lim_{x\to\infty} \frac{e^x}{nx^{n-1}} = \ldots = \lim_{x\to\infty} \frac{e^x}{n!} = \infty$ bei n-maliger Anwendung der Regel von L'Hospital, d.h. dass die Exponential-Funktion für $x \to \infty$ schneller als jede Potenz von x wächst.

e) $y = \lim_{x\to 0} x^n \log(x) = \lim_{x\to 0} \frac{\log(x)}{\frac{1}{x^n}}$, so dass man die Regel von L'Hospital anwenden darf: $y = \lim_{x\to 0} \frac{\frac{1}{x}}{\frac{-n}{x^{n+1}}} = -\lim_{x\to 0} \frac{1}{x^n} n = 0$, d.h. dass für $x \to 0^+$ der Logarithmus betragsmäßig langsamer als jede (positive) Potenz von x wächst.

f) $y = \lim_{x\to 0}\left(\frac{1}{\sin(x)} - \frac{1}{x+x^2}\right) = \lim_{x\to 0} \frac{x+x^2-\sin(x)}{(x+x^2)\sin(x)}$ ist von der Form $\frac{0}{0}$. Die Regel von L'Hospital liefert $y = \lim_{x\to 0} \frac{1+2x-\cos(x)}{(1+2x)\sin(x)+(x+x^2)\cos(x)}$ $= \lim_{x\to 0} \frac{2+\sin(x)}{2\sin(x)+2(1+2x)\cos(x)-(x+x^2)\sin(x)} = 1$.

g) Im ersten Beispiel ist $\lim_{x\to\infty} \tanh(x) = \lim_{x\to\infty} \frac{\sinh(x)}{\cosh(x)}$ von der Form $\frac{\infty}{\infty}$. Die Regel von L'Hospital führt mit $\lim_{x\to\infty} \frac{\sinh(x)}{\cosh(x)} = \lim_{x\to\infty} \frac{\cosh(x)}{\sinh(x)} = \lim_{x\to\infty} \frac{\sinh(x)}{\cosh(x)}$ allerdings nicht weiter. Stattdessen hilft der Rückgriff auf die Definition und Grenzwert-Arithmetik: $\lim_{x\to\infty} \frac{\sinh(x)}{\cosh(x)} = \lim_{x\to\infty} \frac{e^x-e^{-x}}{e^x+e^{-x}} = \lim_{x\to\infty} \frac{1-e^{-2x}}{1+e^{-2x}} = 1$.
Auch das zweite Beispiel $\lim_{x\to\infty} \frac{x-\sin(x)}{x+\sin(x)}$ ist von der Form $\frac{\infty}{\infty}$. Die Regel von L'Hospital führt mit $\lim_{x\to\infty} \frac{x-\sin(x)}{x+\sin(x)} = \lim_{x\to\infty} \frac{1-\cos(x)}{1+\cos(x)}$ auch hier nicht weiter, weil die Grenzwerte in Zähler und Nenner nicht existieren. Stattdessen führt Grenzwert-Arithmetik mit $\lim_{x\to\infty} \frac{x-\sin(x)}{x+\sin(x)} = \lim_{x\to\infty} \frac{1-\frac{1}{x}\sin(x)}{1+\frac{1}{x}\sin(x)} = 1$ zum Ziel.

Lösung 26.18

a) $f'(x) = \cos(x)$ und $f''(x) = -\sin(x) = 0 \Leftrightarrow x \in \pi\mathbb{Z}$. Dabei gilt $f'''(x) = -\cos(x)$ mit $f'''(n\pi) = \pm 1 \neq 0$ für $n \in \mathbb{Z}$, so dass alle Wendepunkte von f Vielfache von π sind.
$g'(x) = -\sin(x)$ und $g''(x) = -\cos(x) = 0 \Leftrightarrow x \in \frac{\pi}{2} + \pi\mathbb{Z}$. Dabei gilt $g'''(x) = \sin(x)$ mit $g'''\left(\frac{\pi}{2} + n\pi\mathbb{Z}\right) = \pm 1 \neq 0$ für $n \in \mathbb{Z}$, so dass alle Wendepunkte von g um $\frac{\pi}{2}$ verschobene Vielfache von π sind.

b) $h'(x) = -x\,h(x)$ und $h''(x) = \left(x^2 - 1\right)h(x) = 0 \Leftrightarrow x = \pm 1$. Dabei gilt $h'''(x) = \left(3x - x^3\right)h(x)$ mit $|h'''(\pm 1)| = 2 \neq 0$, so dass -1 und 1 die beiden Wendepunkte von h sind.

c) Beispiele von Funktionen ohne Wendepunkte sind alle geraden Monome $f(x) = x^{2n}$ sowie $f(x) = c\,x$ mit festem $c \in \mathbb{R}$, $g(x) = e^x$ und Umkehr-Funktion $g^{\text{inv}}(x) = \ln(x)$ aber auch Funktionen wie $h(x) = \frac{1}{x}$.

Lösung 26.19

a) $H_n(1) = \frac{1}{1+\frac{1}{1^n}} = \frac{1}{2}$ sowie $\lim_{t\to 0} H_n(t) = \lim_{t\to 0} \frac{t^n}{t^n+1} = 0$ und $\lim_{t\to\infty} H_n(t) = \lim_{t\to\infty} \frac{1}{1+t^{-n}} = 1$ für alle $n > 0$.

b) Wegen $H_n'(t) = \frac{-(-n\,t^{-n-1})}{(1+t^{-n})^2} = \frac{n\,t^{-n-1}}{(1+t^{-n})^2} > 0$ ist $H_n(t)$ auf $(0, \infty)$ echt monoton wachsend mit $H_n'(0) = 0$.

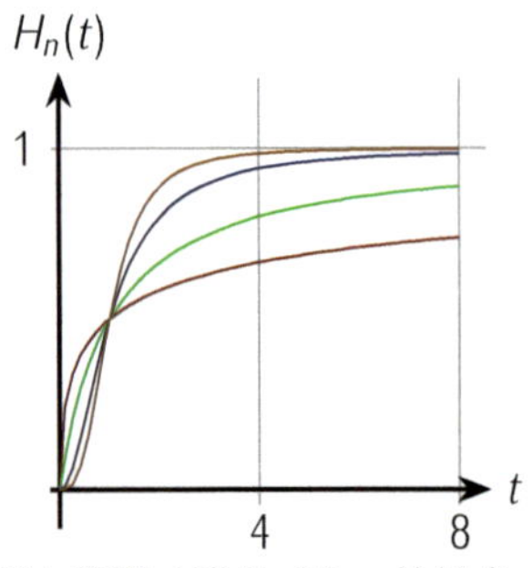

Bild 26.22: Hill-Funktion $H_n(t)$ für $n = 0.5$, $n = 1$, $n = 2$ und $n = 3$

c) $H_n''(t) = \frac{-n(n+1)\,t^{-n-2}(1+t^{-n})^2 + n\,t^{-n-1}2(1+t^{-n})nt^{-n-1}}{(1+t^{-n})^4} = \frac{p(t)}{(1+t^{-n})^3}$ mit Zähler-Polynom $p(t) = -n(n+1)\,t^{-n-2} - n(n+1)\,t^{-2n-2} + 2n^2t^{-2n-2} = t^{n-2}\big(-n(n+1) + n(n-1)t^{-n}\big)$. Nun ist $H_n''(t) = 0 \Leftrightarrow (n-1)t^{-n} = n+1 \Leftrightarrow t^{-n} = \frac{n+1}{n-1} \Leftrightarrow t^n = \frac{n-1}{n+1} \Leftrightarrow t_o = \sqrt[n]{\frac{n-1}{n+1}}$. Wendepunkte existieren also nur für $n > 1$. Der (einzige) Wendepunkt in t_o hat dann die Ordinate $H_n(t_o) = \frac{1}{1-t_o^{-n}} = \frac{1}{1+(n+1)/(n-1)} = \frac{n-1}{n-1+n+1} = \frac{n-1}{2n}$.

d) s. Bild 26.22

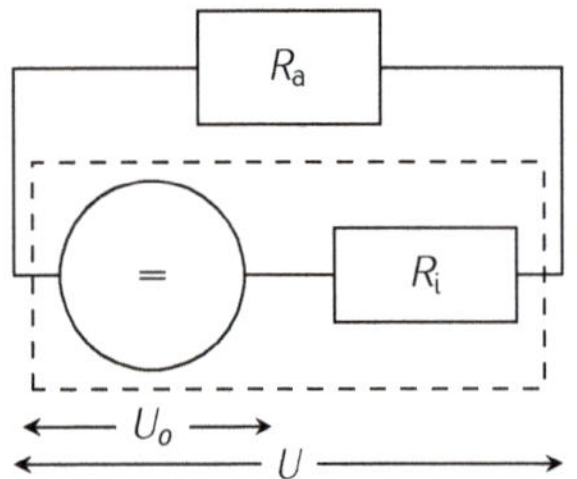

Bild 26.23: Spannungsquelle U_o mit Innenwiderstand R_i am Last-Widerstand R_a

Lösung 26.20 s. Bild 26.23
Zunächst gilt $I = \frac{U_o}{R_a+R_i}$ und damit $U = (U_o - R_iI) = U_o\frac{R_a}{R_a+R_i}$, so dass $P(R_a) = P(U,I) = \frac{U_o^2R_a}{(R_a+R_i)^2}$ und damit $P'(R_a) = \frac{U_o^2(R_i-R_a)}{(R_a+R_i)^3} = 0$ für $R_a = R_i$ gilt. 50% der Leistung gehen also am Innenwiderstand verloren.

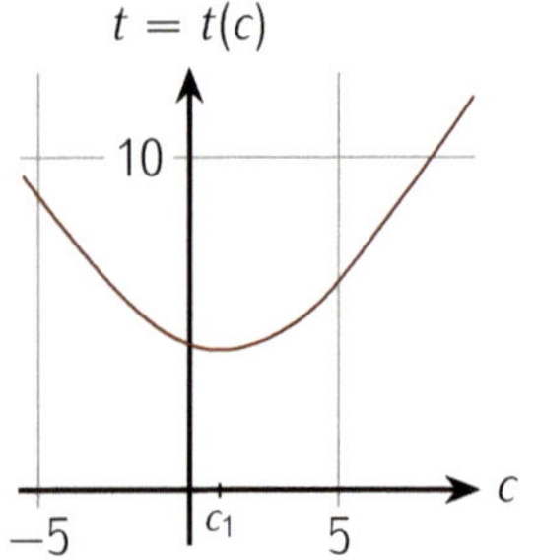

Bild 26.24: Zeit $t = t(c)$ für den polygonalen Weg durch zwei Medien von $(0,0)$ über (a_1, c) nach (a_1+a_2, b) mit $v_1 = 1$, $v_2 = 3$, $a_1 = 3$, $a_2 = 1$ und $b = 4$

Lösung 26.21 Der Massepunkt quere die Grenze zwischen den beiden Medien in (a_1, c). Er legt dann im ersten Medium die Strecke $s_1 = \sqrt{a_1^2 + c^2}$ in der Zeit $t_1 = \frac{s_1}{v_1} = \frac{1}{v_1}\sqrt{a_1^2+c^2}$ und im zweiten Medium die Strecke $s_2 = \sqrt{a_2^2 + (b-c)^2}$ in der Zeit $t_2 = \frac{s_2}{v_2} = \frac{1}{v_2}\sqrt{a_2^2+(b-c)^2}$ zurück. Die Gesamt-Zeit $t = t_1 + t_2$ ist zu minimieren. Man bestimmt $\frac{dt}{dc} = \frac{dt_1}{dc} + \frac{dt_2}{dc} = \frac{1}{v_1}\frac{c}{\sqrt{a_1^2+c^2}} + \frac{1}{v_2}\frac{c-b}{\sqrt{a_2^2+(b-c)^2}} = 0 \Leftrightarrow cv_2\sqrt{a_2^2+(b-c)^2} = (b-c)v_1\sqrt{a_1^2+c^2} \Rightarrow c^2v_2^2\big(a_2^2+(b-c)^2\big) = (b-c)^2v_1^2\big(a_1^2+c^2\big) \Leftrightarrow 9c^2\big(1+(4-c)^2\big) = (4-c)^2(9+c^2) \Leftrightarrow (c-1)(c^3-7c^2+9c+18) = 0 = (c-1)\,p(c)$ mit $c_1 = 1$ und $p(c) = c^3 - 7c^2 + 9c + 18$. Das kubische Polynom p hat eine reelle Nullstelle $c_2 \approx -1.0379$ und zwei konjugiert komplexe Nullstellen. Allerdings ist $c_2v_2\sqrt{a_2^2+(b-c_2)^2} = -(b-c_2)v_1\sqrt{a_1^2+c_2^2}$, so dass c_2 kein stationärer Punkt ist. Nun gilt $\frac{d^2t}{dc^2} = \frac{1}{v_1}\left(\frac{1}{\sqrt{a_1^2+c^2}} - \frac{c^2}{\sqrt{a_1^2+c^2}^3}\right) + \frac{1}{v_2}\left(\frac{1}{\sqrt{a_2^2+(b-c)^2}} - \frac{(b-c)^2}{\sqrt{a_2^2+(b-c)^2}^3}\right)$ mit $\frac{d^2t}{dc^2}(c_1) = \frac{1}{\sqrt{10}} - \frac{1}{\sqrt{10}^3} + \frac{1}{3}\frac{1}{\sqrt{10}} - \frac{1}{3}\frac{9}{\sqrt{10}^3} = \frac{9}{10}\frac{1}{\sqrt{10}} + \frac{1}{3}\frac{1}{10}\frac{1}{\sqrt{10}} > 0$, so dass $c_1 = 1$ Minimumsstelle und als einzige Minimumsstelle sogar globale Minimumsstelle ist, vgl. Bild 26.24 und Bild 26.25.

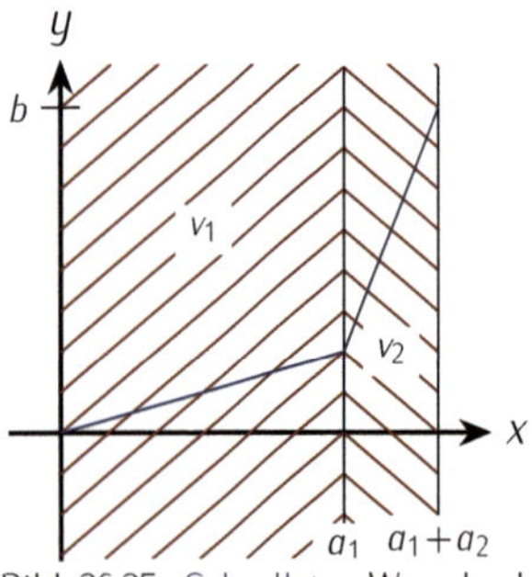

Bild 26.25: Schnellster Weg durch zwei Medien vom Start $(0,0)$ zum Ziel (a_1+a_2, b) mit $v_1 = 1$, $v_2 = 3$, $a_1 = 3$, $a_2 = 1$ und $b = 4$

Lösung 26.22

a) Die Punkt-Steigungsform der Tangenten an den Graphen von f in $\big(x_n, f(x_n)\big)$ ist $y = f(x_n) + f'(x_n)\,(x - x_n)$. Damit hat die Tangente die Nullstelle $x_{n+1} = x_n - \frac{f(x_n)}{f'(x_n)}$.

b) Mit $x_{n+1} = x_n - \frac{f(x_n)}{f'(x_n)} = x_n - \frac{x_n^2-2}{2x_n} = \frac{x_n^2+2}{2x_n}$ und $x_1 = 1$ gilt

n	1	2	3	4	5
x_n	1	$\frac{3}{2}$	$\frac{17}{12}$	$\frac{577}{408}$	$\frac{665857}{470832}$
$f(x_n)$	$\frac{3}{2}$	$\frac{1}{4}$	$\frac{1}{144}$	$\frac{1}{166464}$	$\frac{1}{221682772224}$.
$x_n \approx$	1	1.5	1.416	1.414215	1.414213562374
$\lceil -\log_{10}(\lvert x_n - \sqrt{2}\rvert)\rceil$			3	6	12

Die erste inkorrekte Dezimalstelle der x_n ist jeweils rot markiert. Anhand $\sqrt{2} \approx 1.414213562373095$ zeigt sich, dass die Anzahl korrekter Dezimalstellen schnell wächst. Es läßt sich zu recht mutmaßen, dass sich diese Anzahl mit jedem Iterationsschritt verdoppelt, s. Bild 26.26.

c) Mit $x_{n+1} = x_n - \frac{g(x_n)}{g'(x_n)} = x_n - \frac{x_n^3-2x_n+2}{3x_n^2-2} = \frac{3x_n^3-2x_n-x_n^3+2x_n-2}{3x_n^2-2} = \frac{2x_n^3-2}{3x_n^2-2}$ gilt für $x_1 = 0$ eben $x_2 = \frac{-2}{-2} = 1$ und für $x_1 = 1$ eben $x_2 = \frac{0}{1} = 0$. Die Näherungen oszillieren also zwischen 0 und 1 und das Verfahren terminiert nicht, s. Bild 26.27.

d) Mit $x_{n+1} = x_n - \frac{f(x_n)}{f'(x_n)} = x_n - \frac{\sin(x_n)}{\cos(x_n)} = x_n - \tan(x_n)$ und Startwert $x_1 = \arctan(-2\pi)$ gilt $x_{n+1} = x_1 + 2\pi n$, d.h. die Näherungen divergieren, s. Bild 26.28.
Wenn eine Näherung x_n also zufälligerweise mit einem stationären Punkt x^* zusammenfällt, ist x_{n+1} nicht mehr definiert und das Verfahren scheitert. Aber auch x_n nahe bei stationären Punkten würden bei stetigem f' betragsmäßig kleine Ableitungen $|f'(x_n)| \ll 1$ und damit große Inkremente $x_{n+1} - x_n$ aufweisen: Die x_n können sich vom Startwert x_1 entfernen und würden bestenfalls gegen Nullstellen konvergieren, die möglicherweise garnicht von Interesse sind.

e) Die Abbruch-Kriterien sollten sicherstellen,
- ▷ dass das Verfahren eine Nullstelle approximiert, zumindest also $|f(x_n)| < \epsilon$,
- ▷ dass die x_n konvergieren, zumindest also $|x_{n+1} - x_n| < \delta$
- ▷ und dass das Verfahren terminiert, zumindest also $n < n_{\max}$.

Falls eines der Kriterien verletzt wird, wird das Newton-Verfahren abgebrochen und etwa mit dem Bisektionsverfahren geeignet fortgesetzt.

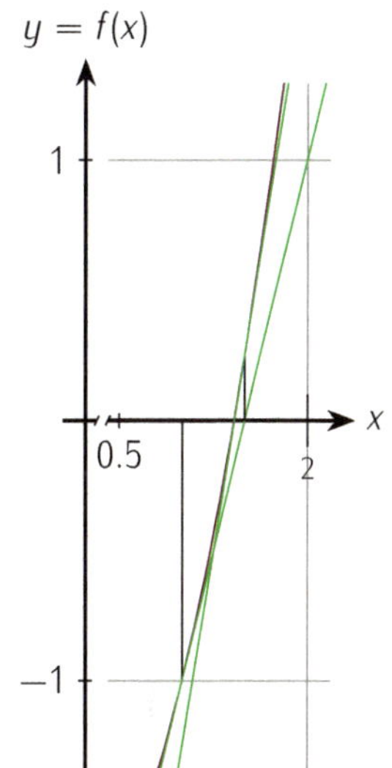

Bild 26.26: Newton-Verfahren für $f(x) = x^2 - 2$ mit Startwert $x_1 = 1$ und $x_2 = \frac{3}{2}$

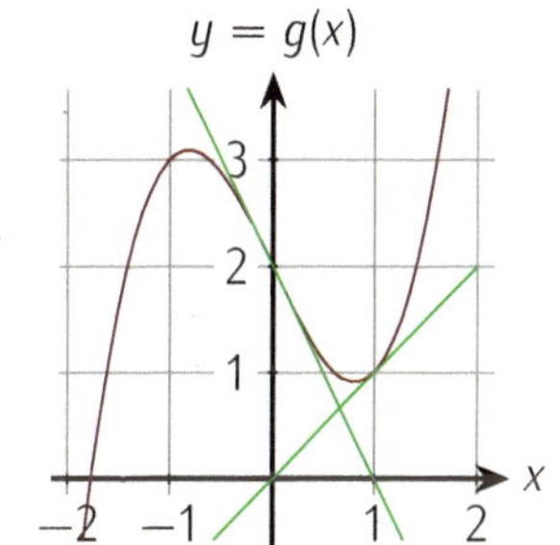

Bild 26.27: Newton-Verfahren für $g(x) = x^3 - 2x + 2$ mit Startwerten $x_1 = 0$ oder $x_1 = 1$ oszilliert!

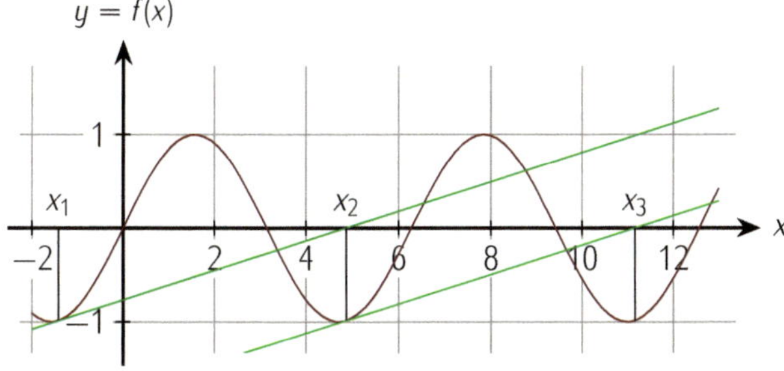

Bild 26.28: Newton-Verfahren für $f(x) = \sin(x)$ mit Startwert $x_1 = \arctan(-2\pi)$ divergiert

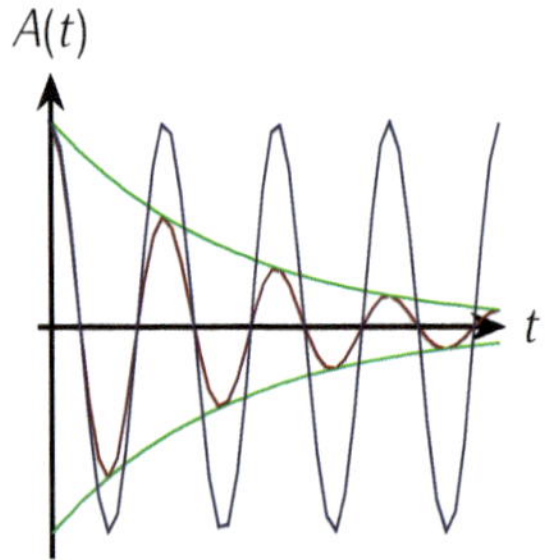

Bild 26.29: Gedämpfte Schwingung $A(t) = A_o e^{-t/\tau}\cos(\omega t + \varphi)$ mit Einhüllenden $\pm A_o e^{-\frac{t}{\tau}}$ und ungedämpfter Schwingung $A_o \cos(\omega t + \varphi)$

Lösung 26.23

a) $A(t) = A_o e^{-\frac{t}{\tau}}\cos(\omega t + \varphi)$ hat dieselben Nulldurchgänge wie die ungedämpfte Schwingung, vgl. Bild 26.29.
Ableitungen nach der Zeit werden in der Physik mit *Punkt* geschrieben. Sei zur Abkürzung $x := \omega t + \varphi$ gesetzt. $\dot{A}(t) = A_o e^{-\frac{t}{\tau}}\big(-\frac{1}{\tau}\cos(x) - \omega\sin(x)\big) = 0 \Leftrightarrow \frac{1}{\tau}\cos(x) + \omega\sin(x) = 0$.

b) $\omega\sin(x) + \frac{1}{\tau}\cos(x) = 0 = C\cos(x - \psi) = C\cos(\omega t + \varphi - \psi)$ mit $C = \sqrt{\omega^2 + \frac{1}{\tau^2}}$ und $\psi = \arctan\big(\omega\tau\big) > 0$, s. Bild 26.30.

c) ω und τ sind positiv. Also sind auch $\omega\tau$ und $\arctan(\omega\tau)$ positiv. Die Dämpfung führt also dazu, dass die Extrema jeweils nach links verschoben werden. Dieses Phänomen ist plausibel, weil durch Multiplikation mit $e^{-\frac{t}{\tau}}$ die rechte Flanke eines Extremums betragsmäßig stärker vermindert wird als die linke. Dass jedes Extremum um dieselbe Distanz nach links verschoben wird, war nicht ohne Weiteres zu erwarten und liefert erst diese Analyse.

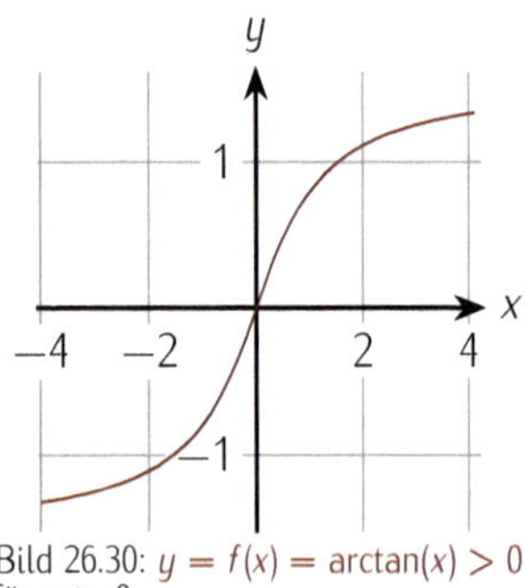

Bild 26.30: $y = f(x) = \arctan(x) > 0$ für $x > 0$

Lösung 26.24

a) Auflösen der Ellipsengleichung liefert
$y^2 = b^2\big(1 - \frac{x^2}{a^2}\big) = \frac{b^2}{a^2}(a^2 - x^2)$ und damit $y = f(x) = \frac{b}{a}\sqrt{a^2 - x^2}$ sowie $y' = \frac{b}{a}\frac{-x}{\sqrt{a^2 - x^2}} = -\frac{b^2}{a^2}\frac{x}{y}$.

b) Mit $F(x, y) = \frac{x^2}{a^2} + \frac{y^2}{b^2} - 1 = 0$ gilt $y' = -\frac{F_x}{F_y} = -\frac{\frac{2x}{a^2}}{\frac{2y}{b^2}} = -\frac{b^2}{a^2}\frac{x}{y}$.

c) $y' = \frac{\dot{y}}{\dot{x}} = -\frac{b\cos(t)}{a\sin(t)} = -\frac{b^2}{a^2}\frac{x}{y}$.

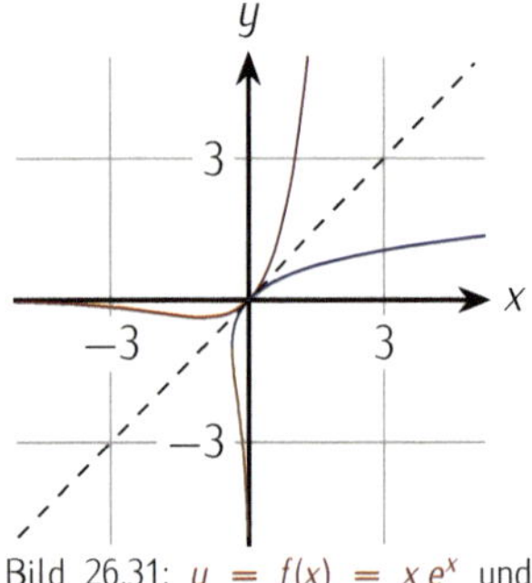

Bild 26.31: $y = f(x) = x\,e^x$ und der reelle Zweig der Umkehrfunktion $y = f^{\text{inv}}(x) = W(x)$ mit $x \geq -\frac{1}{e}$ und $y \geq -1$ bzw. $y \leq -1$

Lösung 26.25

a) Mit $f : w \mapsto z = w\,e^w$ gilt $W : z \mapsto w$ mit $w\,e^w = z$, d.h. $F\big(z, W(z)\big) = F(z, w) = w\,e^w - z = 0$, womit die Umkehr-Funktion $W = f^{\text{inv}}$ implizit definiert ist.

b) $W'(z) = -\frac{F_z}{F_w} = -\frac{-1}{(w+1)e^w} = \frac{1}{(w+1)e^w}$, was sich natürlich auch direkt aus $W'(z) = \big(f^{\text{inv}}\big)'(z) = \frac{1}{f' \circ W(z)} = \frac{1}{f'(w)} = \frac{1}{(w+1)e^w}$ ergibt. Eine W beschreibende Differentialgleichung (s. Band 3) ist also $W'(z) = \frac{1}{z + e^w} = \frac{1}{z + e^{W(z)}}$.

c) Mit $\mathbb{D}_f = \mathbb{R}$ und $(-\frac{1}{e}, -1)$ als einzigem Minimum von f gilt $\mathbb{W}_f = [-\frac{1}{e}, \infty) = \mathbb{D}_{f^{\text{inv}}} = \mathbb{D}_W$. f ist allerdings nicht bijektiv: Die Funktionswerte $-\frac{1}{e} < y < 0$ werden zweimal, nämlich links und rechts von -1 angenommen. Der Graph von W setzt sich daher aus zwei Ästen zusammen, nämlich $\{(x, y) : x = f(y), x \geq -\frac{1}{e}, y \geq -1\}$ und $\{(x, y) : x = f(y), x \geq -\frac{1}{e}, y \leq -1\}$, s. Bild 26.31.

Lösung 26.26 $x = x_1(t)$ mit $y = y_1(t)$ und $x = x_2(s)$ mit $y = y_2(s)$ seien zwei Parametrisierungen von $y = f(x)$, d.h. $y_1(t) = f\big(x_1(t)\big)$

und $y_2(s) = f\big(x_2(s)\big)$, was per Kettenregel $\dot{y}_1(t) = f'\big(x_1(t)\big) \cdot \dot{x}_1(t)$ und $\dot{y}_2(s) = f'\big(x_2(s)\big) \cdot \dot{x}_2(s)$ impliziert. Speziell für $x_1(t_o) = x_o = x_2(s_o)$ gilt also $\frac{\dot{y}_1}{\dot{x}_1}(t_o) = f'\big(x_1(t_o)\big) = f'(x_o) = f'\big(x_2(s_o)\big) = \frac{\dot{y}_2}{\dot{x}_2}(s_o)$.

Lösung 26.27 Der Massepunkt quere die Grenze zwischen den ersten beiden Medien in (a_1, c) und die Grenze zwischen den letzten beiden Medien in $(a_1 + a_2, d)$. Er legt dann im ersten Medium die Strecke $s_1 = \sqrt{a_1^2 + c^2}$ in der Zeit $t_1 = \frac{s_1}{v_1} = \frac{1}{v_1}\sqrt{a_1^2 + c^2}$, im zweiten Medium die Strecke $s_2 = \sqrt{a_2^2 + (d-c)^2}$ in der Zeit $t_2 = \frac{s_2}{v_2} = \frac{1}{v_2}\sqrt{a_2^2 + (d-c)^2}$ und im dritten Medium die Strecke $s_3 = \sqrt{a_3^2 + (b-d)^2}$ in der Zeit $t_3 = \frac{s_3}{v_3} = \frac{1}{v_3}\sqrt{a_3^2 + (b-d)^2}$ zurück.

Die Gesamt-Zeit $t = t_1 + t_2 + t_3$ ist zu minimieren. Um $\operatorname{grad} t = \mathbf{0}$ zu lösen, bestimmt man $\frac{\partial t}{\partial c} = \frac{\partial t_1}{\partial c} + \frac{\partial t_3}{\partial c} + \frac{\partial t_2}{\partial c} = \frac{1}{v_1}\frac{c}{\sqrt{a_1^2+c^2}} + \frac{1}{v_2}\frac{c-d}{\sqrt{a_2^2+(d-c)^2}} = 0 \Leftrightarrow cv_2\sqrt{a_2^2 + (d-c)^2} = (d-c)v_1\sqrt{a_1^2 + c^2}$, was die Gleichung $c^2v_2^2\big(a_2^2 + (d-c)^2\big) = (d-c)^2v_1^2(a_1^2 + c^2)$ impliziert. Entsprechend bestimmt man
$\frac{\partial t}{\partial d} = \frac{\partial t_1}{\partial d} + \frac{\partial t_2}{\partial d} + \frac{\partial t_3}{\partial d} = 0 + \frac{1}{v_2}\frac{d-c}{\sqrt{a_2^2+(d-c)^2}} + \frac{1}{v_3}\frac{d-b}{\sqrt{a_3^2+(b-d)^2}} = 0 \Leftrightarrow$
$(d-c)v_3\sqrt{a_3^2 + (b-d)^2} = (b-d)v_2\sqrt{a_2^2 + (d-c)^2}$, was die Gleichung $(d-c)^2v_3^2\big(a_3^2 + (b-d)^2\big) = (b-d)^2v_2^2\big(a_2^2 + (d-c)^2\big)$ impliziert. Mit den Vorgaben und der Annahme $b - d = c$ gilt also

$$4c^2\big(\tfrac{7}{2} + (3-2c)^2\big) = (3-2c)^2(17 + c^2)$$
$$4c^2\big(\tfrac{7}{2} + (3-2c)^2\big) = (3-2c)^2(9 + 9c^2)$$

was $17 + c^2 = 9 + 9c^2$ und damit $c^2 = 1$ bzw. $c_{1,2} = \pm 1$ impliziert. $c_2 = -1$ erfüllt allerdings schon die erste Gleichung nicht, so dass $(c^*, d^*) = (1, 2)$ die einzige Lösung ist, vgl. Bild 26.32.
Bemerkung: Ohne die willkürliche Unterstellung $b - d = c$ führen Lösungsversuche gängiger Computer-Algebra-Systeme auf die unlösbare Aufgabe, Nullstellen von Polynomen zwölften Grades exakt, d.h. symbolisch zu bestimmen. Solche Probleme sind nur numerisch, d.h. näherungsweise zu lösen.

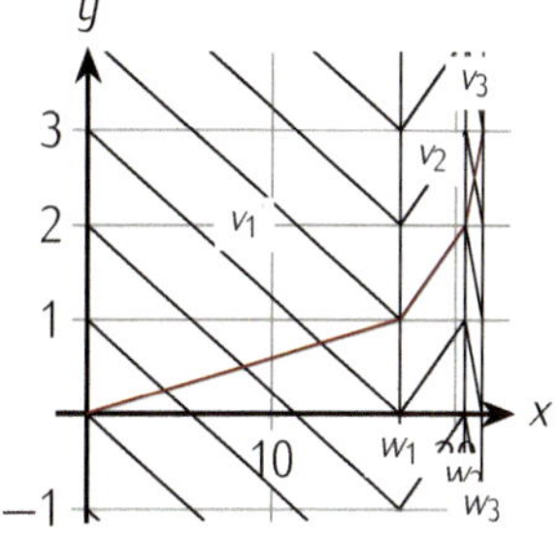

Bild 26.32: Schnellster Weg durch drei Medien von $(0, 0)$ nach $(w_3, 3)$ mit $w_1 = a_1 = 17$, $w_2 = w_1 + a_2 = 21.5$, $w_3 = w_2 + a_3 = 22.5$ mit $v_1 = 1$, $v_2 = 2$, $v_3 = 3$ und $b = 3$ sowie $c = 1$ und $d = 2$

Lösung 26.28

a) Aus dem Ortsvektor $\boldsymbol{r}(t) = r\big(\cos(\omega t), \sin(\omega t)\big)$ ergibt sich der Geschwindigkeitsvektor $\boldsymbol{v}(t) = \dot{\boldsymbol{r}}(t) = r\omega\big(-\sin(\omega t), \cos(\omega t)\big)$. und für das Skalarprodukt $(\boldsymbol{r} \cdot \boldsymbol{v})(t) = r^2\omega\big(-\cos(t)\sin(t) + \sin(t)\cos(t)\big) = 0$. Die Vektoren $\boldsymbol{r}(t)$ und $\boldsymbol{v}(t)$ sind also zu jedem Zeitpunkt t orthogonal. Also ist $\boldsymbol{v}(t)$ tangential an den Kreis, auf dem sich der Punkt bewegt, s. Bild 26.33.

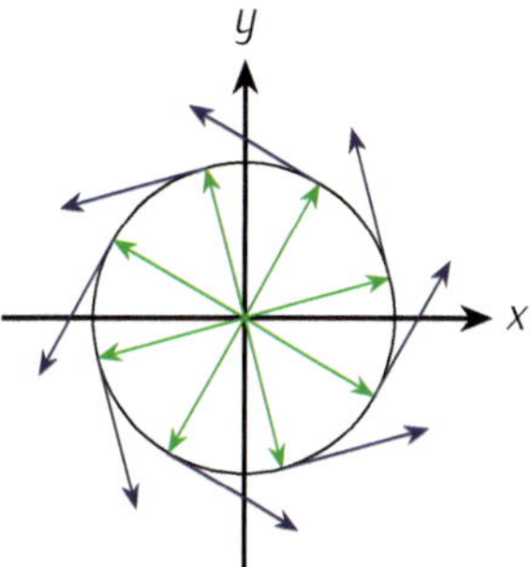

Bild 26.33: Ortsvektoren $\boldsymbol{r}(t)$ stehen senkrecht auf Geschwindigkeitsvektoren $\boldsymbol{v}(t)$

b) Schließt der Strahl mit der positiven x-Achse den Winkel φ_o ein, ergeben sich die Schnittpunkte $S_n = c(\varphi_o + n2\pi)\big(\cos(\varphi_o), \sin(\varphi_o)\big)$ für $n \in \mathbb{N}$, wobei zwei 'benachbarte' Schnittpunkte S_n und S_{n+1} den Abstand $c\,2\pi$ haben.

c) Schließt der Strahl mit der positiven x-Achse den Winkel φ_o ein, ergeben sich die Schnittpunkte $S_n = e^{c(\varphi_o+n2\pi)}\big(\cos(\varphi_o), \sin(\varphi_o)\big)$ für $n \in \mathbb{N}$, deren Abstand $e^{c(\varphi_o+n2\pi)} = e^{c\varphi_o}\left(e^{2\pi}\right)^{cn}$ vom Ursprung mit jeder Windung um den Faktor $\left(e^{2\pi}\right)^c$ wächst oder schrumpft.

d) Mit $\boldsymbol{r}(t) = r\big(t - \sin(t), 1 - \cos(t)\big)$ gilt $\boldsymbol{v}(t) = r\big(1 - \cos(t), \sin(t)\big)$ und damit $\boldsymbol{v}(0) = (0, 0)$. Wegen $\boldsymbol{v}(t) \approx r(0, t)$ für $|t| \ll 1$, also für t nahe bei 0, findet z.Zt. 0 eine Richtungsumkehr statt: der Punkt $\boldsymbol{r}(t)$ für $-1 \ll t \leq 0$ nähert sich dem Ursprung von oben (der Geschwindigkeitsvekor zeigt nach unten). Der Punkt $\boldsymbol{r}(t)$ für $0 \leq t \ll 1$ verläßt den Ursprung nach oben (der Geschwindigkeitsvekor zeigt nach oben), s. Bild 26.34. Diese Beobachtung gilt für jede 'Spitze'.

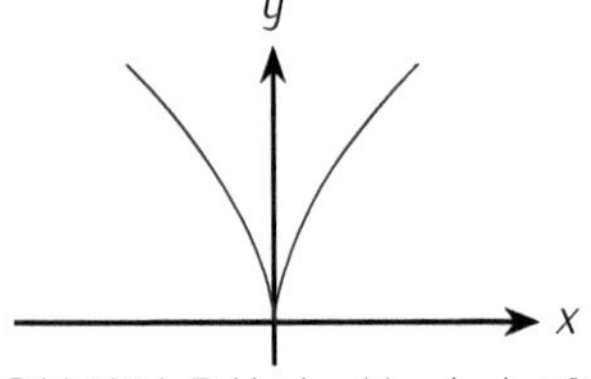

Bild 26.34: Zykloide $\boldsymbol{r}(t)$ nahe bei 0

Lösung 26.29

a) Kardioide, s. Bild 26.4 links.

b) Dreiblättriges Kleeblatt, s. Bild 26.4 Mitte. vierblättriges Kleeblatt, s. Bild 26.4 rechts.

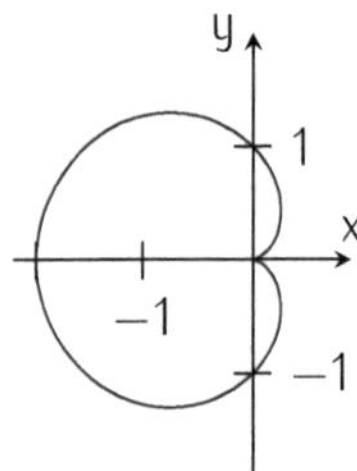

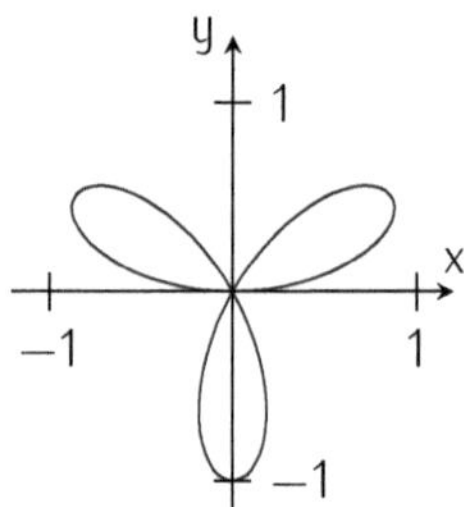

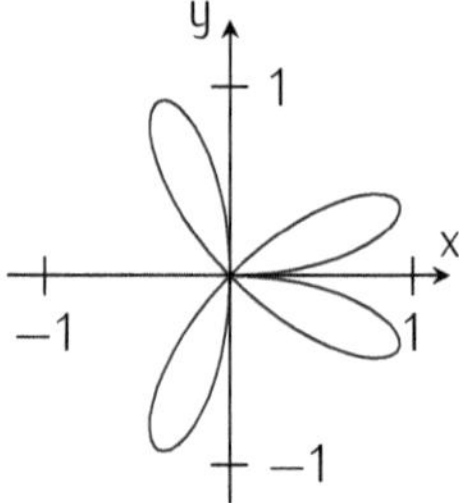

Bild 26.35: Links: Kardioide $r = r(\varphi) = 1 - \cos(\varphi)$ mit Radius $\frac{1}{2}$, Mitte: dreiblättriges Kleeblatt $r = r(t) = \sin(3t)$, Rechts: vierblättriges Kleeblatt $r = r(t) = \sin(4t)$

Lösung 26.30

a) Die Gleichung $1 - x^2 = y^2 = (b - c\,x^2)^2 = b^2 - 2bc\,x^2 + c^2x^4$ oder eben $c^2x^4 + (1 - 2bc)x^2 + (b^2 - 1) = 0$ ist biquadratisch. Mit $u = x^2$ ergibt sich die quadratische Gleichung $u^2 + \frac{1-2bc}{c^2}u + \frac{b^2-1}{c^2} = 0$. Die beiden Lösungen $u_{1,2} = \frac{2bc-1}{2c^2} \pm \frac{1}{2c^2}\sqrt{(2bc-1)^2 + (1-b^2)4c^2}$ fallen zusammen genau dann, wenn die Diskriminante verschwindet, d.h. $4c^2 - 4bc + 1 = 0$ oder eben $b = b(c) = \frac{4c^2+1}{4c} = c + \frac{1}{4c}$ mit der doppelten Lösung $u_o = \frac{2bc-1}{2c^2} = \frac{2c^2-1/2}{2c^2} = 1 - \frac{1}{4c^2}$. Es ergeben sich die beiden Berührpunkte mit Abszissen $x_\pm = \pm\sqrt{u_o} = \pm\sqrt{1 - \frac{1}{4c^2}} = \pm\frac{1}{2c}\sqrt{4c^2 - 1}$.

b) Für $u_1 \to u_o$ und $u_2 \to u_o$ gehen zwei Schnittpunkte in einen Berührpunkt über.

c) Für den Kreis $y = \sqrt{1-x^2}$ gilt $y' = \frac{-x}{\sqrt{1-x^2}}$ und eben $y'(x_\pm) = \frac{\mp\frac{1}{2c}\sqrt{4c^2-1}}{\sqrt{1-(1-1/4/c^2)}} = \mp\sqrt{4c^2-1}$, während für die Parabel $y = b - c\,x^2$ mit $y' = -2cx$ wieder $y'(x_\pm) = 2cx_\mp = \mp\sqrt{4c^2-1}$ gilt.

d) s. Bild 26.36

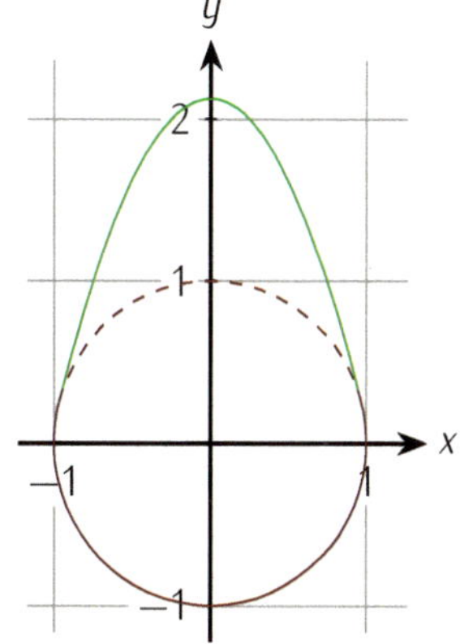

Bild 26.36: Schnitt durch Nocken, bestehend aus Kreissektor $x^2 + y^2 = 1$ und Parabel-Abschnitt $y = y(x) = b - c\,x^2$ für $c = 2$ und $b = 2.125$

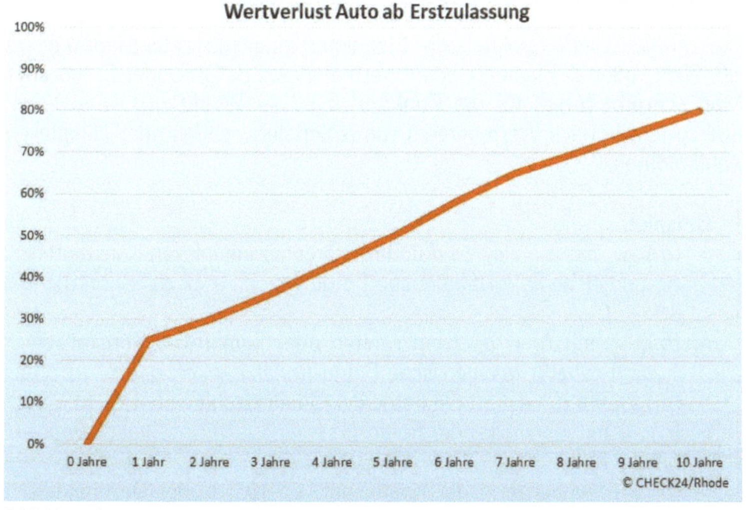

Bild 26.37: Prozentualer Wertverlust von PKW in den ersten zehn Jahren nach Neuzulassung mit freundlicher Genehmigung von Herrn Rhode von CHECK24

27 Folgen und Reihen

27.1 Einleitung

W. Brauch, H. J. Dreyer, und W. Haake. *Mathematik für Ingenieure*. Teubner Verlag, 11. Auflage, 2006

Dieses Kapitel vertieft Kapitel 6 aus Band 1, s.a. Abschnitt 2.3 und Abschnitt 7 in Brauch et al. (2006). Konvergenz bzw. Divergenz von Folgen und Reihen stehen im Fokus. Grenzwerte von konvergenten Folgen und Reihen lassen sich oft mit *'Grenzwert-Arithmetik'* aus schon bekannten Grenzwerten bestimmen.
Das Konzept des Grenzwertes ist fundamental für die gesamte Differential- und Integralrechnung. Grenzwerte spielen in Naturwissenschaft und Technik eine zentrale Rolle, z.B. Momentangeschwindigkeit (Physik), Reaktionskinematik (Chemie), Wachstumsraten (Biologie), Stromstärke als Ableitung der Ladung nach der Zeit (Elektrotechnik) Biegemomente (Statik, Maschinenbau) oder Elastizitäten (Wirtschaftswissenschaften).

27.1.1 Folgen

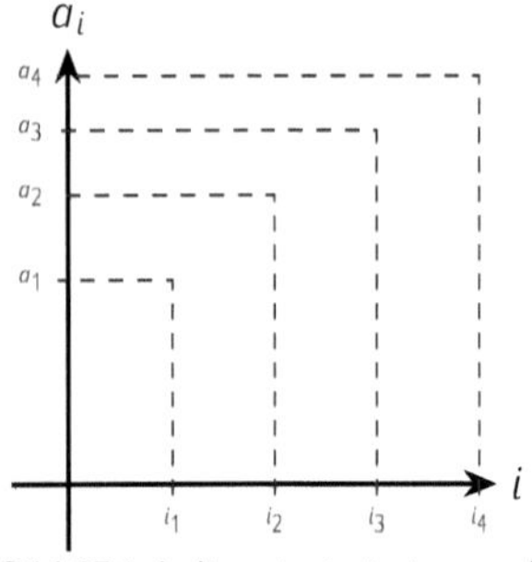

Bild 27.1: Indizes $i_1, i_2, i_3, i_4, \ldots$ auf der Abszisse und Folgen-Elemente $a_{i_1}, a_{i_2}, a_{i_3}, a_{i_4}, \ldots$ auf der Ordinate

Eine *Folge* ist eine Funktion, die Elementen einer (diskreten) *Indexmenge*, z.B. $\mathbb{N}$, $\mathbb{N}_o$ oder $\mathbb{Z}$, Elemente einer Wertemenge, z.B. $\mathbb{Q}$, $\mathbb{R}$ oder $\mathbb{C}$ zuordnet. Man schreibt $(a_i)_{i\in I}$ für die Funktion $a : I \to W$ mit $a(i) = a_i \in W$ und spricht je nach Wertebereich von rationalen, reellen oder komplexen Zahlenfolgen.

Beispiel.

- ▷ $(a_i)_{i\in\mathbb{N}_o}$ mit $a_i = a_o + i\,d$ und reellen oder komplexen Konstanten a_o und d heißt *arithmetische* Folge $(a_o, a_o + d, a_o + 2d, a_o + 3d, \ldots)$.
- ▷ $(b_i)_{i\in\mathbb{N}_o}$ mit $b_i = b_o c^i$ mit reellen oder komplexen Konstanten b_o und c heißt *geometrische* Folge $(b_o, b_o c, b_o c^2, b_o c^3, \ldots)$.
- ▷ $(n_i)_{i\in\mathbb{N}}$ mit $n_i = i^2$ ist die Folge der Quadratzahlen $(1, 4, 9, 16, \ldots)$.
- ▷ $(r_i)_{i\in\mathbb{N}}$ mit $r_i = \frac{1}{i}$ ist die Folge $(1, \frac{1}{2}, \frac{1}{3}, \frac{1}{4}, \ldots)$ und heißt *harmonische* Folge.
- ▷ $(p_i)_{i\in\mathbb{N}_o}$, wobei $p_i =$ der Koeffizient von 10^{-i} in der Dezimaldarstellung von π ist, ist die Folge der Dezimalziffern von π, d.h. $(p_i)_{i\in\mathbb{N}_o} = (3, 1, 4, 1, 5, 9, 2, 6, 5, \ldots)$.

Wie mit Funktionen kann man auch mit Folgen rechnen und Summen $(a_i)_{i\in I} + (b_i)_{i\in I} = (a_i + b_i)_{i\in I}$, skalare Vielfache $c(a_i)_{i\in I} = (ca_i)_{i\in I}$, Produkte $(a_i)_{i\in I} \cdot (b_i)_{i\in I} = (a_i \cdot b_i)_{i\in I}$ und Quotienten $(a_i)_{i\in I}/(b_i)_{i\in I} = (a_i/b_i)_{i\in I}$ (solange $b_i \neq 0$) bilden.

Eine Folge $(a_i)_{i\in I}$ hat einen *Häufungspunkt* a^* genau dann, wenn in jeder Umgebung von a^*, d.h. in jedem $U_\epsilon(a^*) = \{a \in W : |a - a^*| < \epsilon\}$ unendlich viele Folgen-Elemente a_i liegen. Der größte bzw. kleinste Häufungspunkt einer Folge $(a_i)_{i\in I}$ heißt *Limes superior* bzw. *Limes inferior* und wird mit $\limsup_{i\in I} a_i$ bzw. $\liminf_{i\in I} a_i$ bezeichnet.

Beispiel.

- ▷ Für $d \neq 0$ hat die arithmetische Folge $(a_i)_{i\in\mathbb{N}_o}$ mit $a_i = a_o + i\,d$ keinen Häufungspunkt. Angenommen, a^* sei Häufungspunkt. Wähle $\epsilon = \frac{1}{3}|d|$. Dann kann in $U_\epsilon(a^*)$ höchstens ein Folgen-Element liegen, weil jeweils benachbarte Folgen-Elemente den Abstand $|d|$ zueinander haben.
- ▷ Die geometrische Folge $(b_i)_{i\in\mathbb{N}_o}$ mit $b_i = b_o c^i$ und festem $|c| < 1$ hat genau den einen Häufungspunkt 0, weil in jeder Umgebung $U_\epsilon(0)$ von 0 sogar fast alle, d.h. alle bis auf endlich viele Folgen-Elemente liegen. Sei nämlich $\epsilon > 0$ beliebig (klein) und $i > i_o := \lceil \frac{\ln(\epsilon) - \ln|b_o|}{\ln|c|} \rceil$. d.h. i_o ist die kleinste ganze Zahl größer als der Bruch. Dann ist $|b_o c^i| < |b_o|\,|c|^{i_o} < \epsilon \Leftrightarrow |c|^{i_o} < \frac{\epsilon}{|b_o|}$ $\Leftrightarrow i_o \ln|c| < \ln(\epsilon) - \ln|b_o| \Leftrightarrow i_o > \frac{\ln(\epsilon) - \ln|b_o|}{\ln|c|}$ (da $\ln|c| < 0$). Diese Bedingung ist mit der obigen Definition von i_o erfüllt. Offensichtlich gilt $\liminf_{i\in\mathbb{N}_o} b_i = 0 = \limsup_{i\in\mathbb{N}_o} b_i$.
- ▷ Ebenso hat die harmonische Folge $(r_i)_{i\in\mathbb{N}}$ mit $r_i = \frac{1}{i}$ den einzigen Häufungspunkt 0, weil $r_i \in U_\epsilon(0) \Leftrightarrow i > i_o := \lceil \frac{1}{\epsilon} \rceil$.
- ▷ Die Folge $(p_i)_{i\in\mathbb{N}_o}$ der Dezimalziffern von π hat jede der Zahlen 0, 1, 2, …, 9 als Häufungspunkt, weil jede Ziffer in der Dezimaldarstellung von π unendlich oft vorkommt. Es gilt $\liminf_{i\in\mathbb{N}_o} p_i = 0$ und $\limsup_{i\in\mathbb{N}_o} p_i = 9$.

Eine Folge $(a_i)_{i\in I}$ heißt *beschränkt* genau dann, wenn es eine Schranke $S > 0$ mit $|a_i| < S$ für alle $i \in I$ gibt. Eine beschränkte Folge $(a_i)_{i\in\mathbb{N}}$ mit genau einem Häufungspunkt a^* heißt *konvergent*. Der eine Häufungspunkt wird als *Grenzwert* oder *Limes* der Folge bezeichnet und man schreibt in diesem Fall $a^* = \lim_{i\to\infty} a_i$. Offensichtlich gilt dann $\liminf_{i\in I} a_i = a^* = \limsup_{i\in I} a_i$.
Eine Folge, die nicht konvergiert, heißt *divergent*. Wenn fast alle Folgenglieder, d.h. alle bis auf endlich viele Ausnahmen, größer als jede beliebig große Schranke $S > 0$ ausfallen, heißt die Folge *bestimmt divergent* gegen $+\infty$ und man schreibt kurz $\lim_{i\to\infty} a_i = +\infty$, auch wenn der Limes ja gar nicht existiert und $+\infty$ keine reelle Zahl ist. Wenn fast alle Folgen-Elemente kleiner als jede beliebig kleine Schranke $s < 0$ ausfallen, heißt die Folge *bestimmt divergent* gegen $-\infty$ und man schreibt entsprechend kurz $\lim_{i\to\infty} a_i = -\infty$. Divergente Folgen, die nicht bestimmt divergent sind, heißen *unbestimmt divergent*.

Beispiel.

- $(a_i)_{i \in \mathbb{N}}$ mit $a_i = i$ ist bestimmt divergent gegen $+\infty$.
- $(a_i)_{i \in \mathbb{N}}$ mit $a_i = -i$ ist bestimmt divergent gegen $-\infty$.
- $(a_i)_{i \in \mathbb{N}}$ mit $a_i = (-1)^i i$ ist unbestimmt divergent.

Der Grenzwert $a^* = \lim_{i\to\infty} a_i$ ist auch dadurch charakterisiert, dass in jeder Umgebung $U_\epsilon(a^*)$ *fast alle* a_i liegen, d.h. alle a_i bis auf endlich viele Ausnahmen.

Beispiel.

- Der Limes der arithmetischen Folge $(a_i)_{i \in \mathbb{N}_o}$ mit $a_i = a_o + i\,d$ für $d \neq 0$ existiert nicht, weil die Folge keinen Häufungspunkt hat.
- Die geometrische Folge $(b_i)_{i \in \mathbb{N}_o}$ mit $b_i = b_o c^i$ und festem $|c| < 1$ hat genau den einen Häufungspunkt 0, also gilt $\lim_{i\to\infty} b_o c^i = 0$.
- Ebenso hat die harmonische Folge $(r_i)_{i \in \mathbb{N}}$ mit $r_i = \frac{1}{i}$ den einen Häufungspunkt 0, was $\lim_{i\to\infty} \frac{1}{i} = 0$ impliziert.
- Ein Grenzwert der Folge $(p_i)_{i \in \mathbb{N}_o}$ der Dezimalziffern von π existiert nicht, weil $(p_i)_{i \in \mathbb{N}_o}$ ja zehn Häufungspunkte hat.

Man kann mit Grenzwerten rechnen und nennt das *Grenzwert-Arithmetik*. Wenn die individuellen Grenzwerte existieren, gilt

$$\lim_{i\to\infty} a_i + \lim_{i\to\infty} b_i = \lim_{i\to\infty} (a_i + b_i), \qquad c \lim_{i\to\infty} a_i = \lim_{i\to\infty} (c\, a_i)$$

$$\left(\lim_{i\to\infty} a_i\right) \cdot \left(\lim_{i\to\infty} b_i\right) = \lim_{i\to\infty} (a_i \cdot b_i), \qquad \frac{\lim_{i\to\infty} a_i}{\lim_{i\to\infty} b_i} = \lim_{i\to\infty} \left(\frac{a_i}{b_i}\right).$$

Die letzte Gleichung kann natürlich nur gelten, solange $\lim_{i\to\infty} b_i \neq 0$ und $b_i \neq 0$ für alle $i \in I$ gilt.

Eine Folge $(a_i)_{i \in I}$ mit $\lim_{i\to\infty} a_i = 0$ heißt *Nullfolge*. Linearkombination von Nullfolgen sind wieder Nullfolgen und das Produkt aus einer Nullfolge und einer konvergenten Folge ist wieder eine Nullfolge.

Beispiel.

- Die geometrische Folge $(b_i)_{i \in \mathbb{N}_o}$ mit $b_i = b_o c^i$ und festem $|c| < 1$ ist eine Nullfolge.
- Die harmonische Folge $(r_i)_{i \in \mathbb{N}}$ mit $r_i = \frac{1}{i}$ und ihre Verallgemeinerung $(s_i)_{i \in \mathbb{N}}$ mit $s_i = \frac{1}{i^k}$ für festes $1 < k \in \mathbb{N}$ sind Nullfolgen.
- Sei $(a_i)_{i \in \mathbb{N}}$ eine Nullfolge und f eine in 0 stetige Funktion mit $f(0) = 0$. Dann ist auch $(t_i)_{i \in \mathbb{N}}$ mit $t_i = f(a_i)$ für alle $i \in \mathbb{N}$ eine Nullfolge.
- Wenn $|a_i| \leq d_i$ für fast alle $i \in \mathbb{N}$ gilt und $(d_i)_{i \in \mathbb{N}}$ eine Nullfolge ist, so ist auch $(a_i)_{i \in \mathbb{N}}$ eine Nullfolge. Beispielsweise sind die Folgen $a_i = (-1)^i \frac{1}{i}$, $b_i = \frac{1}{i!}$ und $c_i = \frac{i}{(i+1)^2}$ Nullfolgen, da $|a_i| \leq \frac{1}{i} = d_i$, $|b_i| \leq \frac{1}{i} = d_i$ und $|c_i| \leq \frac{i}{i^2} = \frac{1}{i} = d_i$. Die Nullfolge $(d_i)_{i \in \mathbb{N}} = (\frac{1}{i})_{i \in \mathbb{N}}$ heißt *konvergente Majorante* der Folgen (a_i), (b_i) und (c_i).

Monotone, beschränkte Folgen sind konvergent: genauer

$$\left.\begin{array}{l} a_i \leq a_{i+1} < a \text{ für (fast) alle } i \in I \\ a < a_{i+1} \leq a_i \text{ für (fast) alle } i \in I \end{array}\right\} \Rightarrow a^* = \lim_{i\to\infty} a_i \text{ existiert.}$$

27.1.2 Reihen

Aus einer Folge $(a_i)_{i\in\mathbb{N}}$ entsteht durch Summation $b_n = \sum_{i=1}^n a_i$ der ersten n Folgen-Elemente eine neue Folge, die *Folge der Teilsummen* oder *Teilsummenfolge*. $(b_n)_{n\in\mathbb{N}}$ heißt auch (unendliche) *Reihe*. Wenn die Teilsummenfolge konvergiert, bezeichnet man ihren Grenzwert mit

$$\sum_{i=1}^{\infty} a_i = \lim_{n\to\infty} b_n = \lim_{n\to\infty} \sum_{i=1}^{n} a_i.$$

Sprachlich wird die Reihe häufig mit diesem Grenzwert gleichgesetzt.

Beispiel.

- ▷ Für die arithmetische Folge $a_i = a_o + i\cdot d$ ist die Teilsummenfolge $b_n = \sum_{i=1}^n a_i = \sum_{i=1}^n (a_o + i\cdot d) = n\, a_o + d\sum_{i=1}^n i = n\, a_o + d\binom{n+1}{2}$ offensichtlich nur im Fall der Folge $a_i = 0$ für alle $i \in \mathbb{N}$ konvergent, sonst divergent.
- ▷ Damit $\lim_{n\to\infty}\sum_{i=1}^n a_i$ existiert, muß $(a_i)_{i\in\mathbb{N}}$ notwendigerweise eine Nullfolge sein, wie wenigstens für den Fall $\lim_{i\to\infty} a_i = a \neq 0$ illustriert sei: hier liegen fast alle a_i in $U_\varepsilon(a)$ für etwa $\varepsilon = \frac{1}{3}|a|$, d.h. für fast alle $i \in \mathbb{N}$ gilt $a_i > \frac{2}{3}a$ falls $a > 0$ und $a_i < \frac{2}{3}a$ falls $a < 0$. In beiden Fällen ist die Teilsummenfolge also divergent.
- ▷ Die Bedingung „$(a_i)_{i\in\mathbb{N}}$ ist Nullfolge" ist allerdings nicht hinreichend für die Konvergenz der Teilsummenfolge, wie das Beispiel der *harmonischen Reihe* $\sum_{i=1}^{\infty}\frac{1}{i}$ zeigt. Der Trick besteht darin, immer größere Anteile der Teilsummenfolge nach unten abzuschätzen: $\sum_{i=1}^{\infty}\frac{1}{i} = 1 + \frac{1}{2} + \left(\frac{1}{3}+\frac{1}{4}\right) + \left(\frac{1}{5}+\frac{1}{6}+\frac{1}{7}+\frac{1}{8}\right) + \ldots > 1 + \frac{1}{2} + 2\cdot\frac{1}{4} + 4\cdot\frac{1}{8} + 8\cdot\frac{1}{16} + \ldots = 1 + \frac{1}{2} + \frac{1}{2} + \frac{1}{2} + \frac{1}{2} + \ldots$, so dass die Teilsummenfolge nicht konvergieren kann.
- ▷ Für die geometrische Folge $(a_i)_{i\in\mathbb{N}_o} = (a_o c^i)_{i\in\mathbb{N}_o}$ ist die Teilsummenfolge $b_n = a_o\sum_{i=0}^n c^i$ konvergent falls $|c| < 1$ sonst divergent. Es gilt nämlich $(1-c)\sum_{i=0}^n c^i = (1 + c + c^2 + \ldots + c^n) - (c + c^2 + \ldots + c^{n+1}) = 1 - c^{n+1}$ und damit $\sum_{i=0}^n c^i = \frac{1-c^{n+1}}{1-c} = \frac{1}{1-c} - \frac{c^{n+1}}{1-c}$. Der Grenzwert 0 des zweiten Summanden existiert nur im Fall $|c| < 1$. Für $|c| < 1$ ist also $\sum_{i=0}^{\infty} a_i = a_o\sum_{i=0}^{\infty} c^i = \frac{a_o}{1-c}$ der Grenzwert der *geometrischen Reihe* $\sum_{i=0}^{\infty} a_o c^i$, vgl. Teil c) der Aufgabe 27.9.
- ▷ Die Reihe $\sum_{n=1}^{\infty}\frac{1}{i^2}$ ist konvergent, weil die Teilsummenfolge wegen $0 < \sum_{i=1}^n \frac{1}{i^2} < 1 + \sum_{i=2}^n \frac{1}{i(i-1)} = 1 + \sum_{i=2}^n\left(\frac{1}{i-1} - \frac{1}{i}\right) = 1 + 1 - \frac{1}{n} < 2$ beschränkt und monoton wachsend ist.
  Im Jahr 1734 gelang Euler, den Grenzwert selbst zu bestimmen und damit das Basel-Problem zu lösen: $\sum_{n=1}^{\infty}\frac{1}{i^2} = \frac{\pi^2}{6}$

Leonhard Euler (1707-1783)

27.1.3 Potenz-Reihen

Die wichtigsten unendlichen Reihen sind die *Potenz-Reihen* der Form

$$f(x) = \sum_{i=0}^{\infty} c_i (x - x_o)^i.$$

Dabei heißt x_o *Entwicklungspunkt* der Potenz-Reihe. Im Spezialfall $x_o = 0$, also

$$f(x) = \sum_{i=0}^{\infty} c_i x^i$$

Colin Maclaurin (1698-1746)

heißt die Potenz-Reihe auch *Maclaurin-Reihe*.

Im Gegensatz zu Polynomen müssen Potenz-Reihen als verallgemeinerte Polynome aber nicht überall konvergieren. Ihr *Konvergenzbereich* $\{x : \sum_{i=0}^{\infty} c_i(x - x_o)^i \text{ existiert}\}$ ergibt sich durch Vergleich mit der geometrischen Reihe (s.u.) als $U_\varrho(x_o)$ mit dem *Konvergenzradius* $\varrho = \liminf_{i\to\infty} \sqrt[i]{\frac{1}{|c_i|}} = \lim_{i\to\infty} \frac{|c_i|}{|c_{i+1}|}$, solange der letzte Grenzwert existiert.

> **Beispiel.**
>
> ▷ Erstes und vielleicht wichtigstes Beispiel ist die *geometrische Reihe* $f(x) = \sum_{i=0}^{\infty} x^i$, d.h. $x_o = 0$ und $c_i = 1$ für alle $i \in \mathbb{N}_o$, was $\varrho = \lim_{i\to\infty} \sqrt[i]{\frac{1}{|1|}} = 1$ und ebenso $\varrho = \lim_{i\to\infty} \frac{|1|}{|1|} = 1$ impliziert. Im Konvergenzbereich $U_1(0)$ gilt $f(x) = \sum_{i=0}^{\infty} x^i = \frac{1}{1-x}$ für jedes $x \in U_1(0)$.
>
> ▷ Sei $g(x) = \sum_{i=0}^{\infty} \frac{1}{i!} x^i$, d.h. $x_o = 0$ und $c_i = \frac{1}{i!}$ für alle $i \in \mathbb{N}_o$. Dann gilt $\varrho = \lim_{i\to\infty} \frac{1/i!}{1/(i+1)!} = \lim_{i\to\infty} \frac{(i+1)!}{i!} = \lim_{i\to\infty}(i + 1) = +\infty$. Der Konvergenzbereich ist also ganz $\mathbb{R}$.

Potenz-Reihen haben nur *schöne* Eigenschaften:
Sei $f(x) = \sum_{i=0}^{\infty} c_i(x - x_o)^i$ in $U_{\varrho_f}(x_o)$ und $g(x) = \sum_{i=0}^{\infty} d_i(x - x_o)^i$ in $U_{\varrho_g}(x_o)$. Dann gilt im Durchschnitt der beiden Konvergenzbereiche

▷ $c\,f(x) + d\,g(x) = \sum_{i=0}^{\infty}(c\,c_i + d\,d_i)(x - x_o)^i$ für alle $x \in U_{\min\{\varrho_f,\varrho_g\}}(x_o)$.

▷ $(f \cdot g)(x) = \sum_{i=0}^{\infty}\big(\sum_{j+k=i} c_j \cdot d_k\big)(x - x_o)^i$ für alle $x \in U_{\min\{\varrho_f,\varrho_g\}}(x_o)$.

▷ reziproke Funktion $\frac{1}{f}(x) = \frac{1}{f(x)} = \sum_{j=0}^{\infty} b_j(x - x_o)^j$ mit $b_o = \frac{1}{c_o}$ und $\sum_{i=0}^{j} b_i c_{j-i} = 0$ für alle $j > 0$, so dass $b_1, b_2, \ldots$ nacheinander bestimmt werden können. Die Taylor-Reihe stellt $\frac{1}{f}(x)$ für $x \in U_{\varrho_{1/f}}(x_o)$ mit $\varrho_{1/f} = \max\{r < \varrho_f : f(x) \neq 0 \text{ für alle } x \text{ mit } |x - x_o| < r\}$ dar.

▷ Der Quotient $\frac{f}{g}(x) = \frac{f(x)}{g(x)} = f(x)\frac{1}{g(x)}$ der Funktionen f und g wird auf Produkt und reziproke Funktion zurückgeführt.

▷ Man darf Summand-weise differenzieren:
$f'(x) = \sum_{i=1}^{\infty} i\,c_i(x - x_o)^{i-1} = \sum_{j=0}^{\infty}(j + 1)c_{j+1}(x - x_o)^j$.

▷ Man darf Summand-weise integrieren:
$\int f(x)\,dx = \sum_{i=0}^{\infty} c_i \frac{1}{i+1}(x - x_o)^{i+1} + C = \sum_{j=1}^{\infty} c_{j-1}\frac{1}{j}(x - x_o)^j + C$.

Bisher war eine Potenz-Reihe gegeben und die durch sie dargestellte Funktion zu bestimmen. Welche Potenz-Reihe stellt umgekehrt eine gegebene Funktion dar? Die Anwort liefern *Taylor*-Reihen: Unterstellt, die Funktion $y = f(x)$ sei als Potenz-Reihe $f(x) = \sum_{i=0}^{\infty} c_i(x - x_o)^i$ dargestellt. Dann gilt $c_i = \frac{1}{i!} f^{(i)}(x_o)$ wobei $f^{(0)} = f$ und $f^{(i+1)}(x) = \frac{d\,f^{(i)}}{dx}(x)$ gesetzt sei. Auswerten in x_o liefert $f(x_o) = \sum_{i=0}^{\infty} c_i \delta_{i,0} = c_o$ mit $\delta_{n,m} = \begin{cases} 1 & \text{falls } n = m \\ 0 & \text{sonst} \end{cases}$, also $c_o = f(x_o)$. Summand-weises Differenzieren liefert $f'(x) = \sum_{i=1}^{\infty} i\, c_i(x - x_o)^{i-1}$ mit $f'(x_o) = \sum_{i=1}^{\infty} i\, c_i \delta_{i,1} = 1\, c_1$, also $c_1 = \frac{1}{1} f'(x_o)$ und weiter $f''(x_o) = \sum_{i=2}^{\infty} i(i-1)\, c_i(x - x_o)^{i-2}$ mit $f''(x_o) = \sum_{i=2}^{\infty} i(i-1)\, c_i \delta_{i,2} = 2 \cdot 1\, c_2$, also $c_2 = \frac{1}{1 \cdot 2} f''(x_o)$ usw.
Per Induktion (s. Kapitel 33) ergibt sich

Brook Taylor (1685 – 1731)

Sprechweise: *die Funktion f wird in ihre Taylor-Reihe um x_o entwickelt.*

$$f(x) = \sum_{i=0}^{\infty} \tfrac{1}{i!} f^{(i)}(x_o)\,(x - x_o)^i.$$

Der Nutzen von Taylor-Reihen ist offensichtlich: die *Taylor-Polynome* $p_n(x) = \sum_{i=0}^{n} \frac{1}{i!} f^{(i)}(x_o)\,(x - x_o)^i$ approximieren für $x \in U_\varrho(x_o)$ die Funktion $f(x) = \sum_{i=0}^{\infty} \frac{1}{i!} f^{(i)}(x_o)\,(x - x_o)^i$. Funktionen mit *Taylor-Entwicklung*, also alle trigonometrischen, hyperbolischen Funktionen und ihre Inversen, Exponential-Funktion und Logarithmus können in ihren jeweiligen Konvergenzbereichen beliebig gut numerisch angenähert werden.

Beispiel.
▷ Sei $f(x) = \frac{1}{1-x}$. Dann gilt $f(0) = 1$, $f'(x) = \frac{1}{(1-x)^2}$ mit $f'(0) = 1$, $f''(x) = 2\frac{1}{(1-x)^3}$ mit $f''(0) = 2$, $f'''(x) = 2 \cdot 3 \frac{1}{(1-x)^4}$ mit $f'''(0) = 1 \cdot 2 \cdot 3$ usw. Per Induktion (siehe Kapitel 33) zeigt sich $f^{(i)}(0) = i!$. Die Taylor-Reihe von f stimmt also mit der geometrischen Reihe überein, s. Bild 27.2.
▷ Für $g(x) = \cos(x)$ gilt $g(0) = 1$, $g'(x) = -\sin(x)$ mit $g'(0) = 0$, $g''(x) = -\cos(x)$ mit $g''(0) = -1$, $g'''(x) = \sin(x)$ mit $g'''(0) = 0$, $g^{(4)}(x) = \cos(x) = g(x)$ mit $g^{(4)}(0) = g(0) = 1$. Wir schließen $g^{(4i)}(x) = \cos(x)$ mit $g^{(4i)}(0) = 1$, $g^{(4i+1)}(x) = -\sin(x)$ mit $g^{(4i+1)}(0) = 0$, $g^{(4i+2)}(x) = -\cos(x)$ mit $g^{(4i+2)}(0) = -1$ und $g^{(4i+3)}(x) = \sin(x)$ mit $g^{(4i+3)}(0) = 0$. Also gilt $g(x) = \cos(x) = \sum_{i=0}^{\infty} \frac{(-1)^i}{(2i)!} x^{2i}$, s. Bild 27.3.

y
2
x
−1
1

Bild 27.2: Graphen von $y = f(x) = \frac{1}{1-x} = \sum_{i=0}^{\infty} x^i$ sowie der Taylor-Polynome $p_n(x) = \sum_{i=0}^{n} x^i$ für $n = 0$, $n = 1$, $n = 2$ und $n = 3$

Die Funktionsgraphen der Beispiele legen nahe: Die Approximation von $f(x)$ durch das Taylor-Polynom $p_n(x)$ ist umso besser, je größer n und je näher x bei dem Entwicklungspunkt x_o liegt. Bestätigt wird dieser Sachverhalt durch

$$f(x) = \sum_{i=0}^{\infty} \frac{1}{i!} f^{(i)}(x_o)\,(x - x_o)^i = p_n(x) + R_{n+1}(x)$$

mit Taylor-Polynom $p_n(x) = \sum_{i=0}^{n} \frac{1}{i!} f^{(i)}(x_o)\,(x - x_o)^i$ und sogenanntem

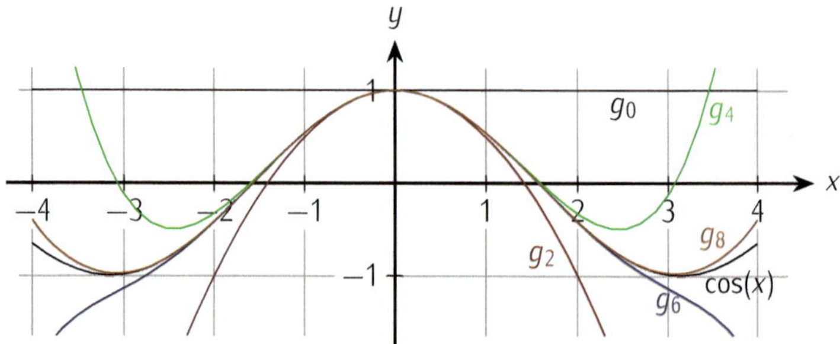

Bild 27.3: $\cos(x) = \sum_{i=0}^{\infty} \frac{(-1)^i}{(2i)!} x^{2i}$ mit den Taylor-Polynomen $g_{2n}(x) = \sum_{i=0}^{n} \frac{(-1)^i}{(2i)!} x^{2i}$ für $n = 0$, $n = 1$, $n = 2$, $n = 3$ und $n = 4$

Restglied $R_{n+1}(x) = \frac{f^{(n+1)}(x_m)}{(n+1)!}(x - x_o)^{n+1}$, wobei $x_m = x_m(x)$ zwischen 0 und x liegt. Das Restglied $R_{n+1}(x)$ ergibt sich durch partielle Integration.

Potenz- und Taylor-Reihen haben dieselben schönen Eigenschaften, auch dann, wenn die Koeffizienten komplex und die zu entwickelnden Funktionen komplex-wertig sind.

27.2 Lernziele

Nr	Ich kann	Aufgabe	✓
	Folgen und Reihen		
250	Konvergenz und Divergenz einer Folge verstehen	27.6, 27.7, 27.9	
251	erklären, was mit der Partialsumme gemeint ist	27.13	
252	das Konzept einer Potenzreihe verstehen	27.14, 27.15	
253	einfache Konvergenztests für eine Reihe anwenden	27.16	
254	tangentiale und quadratische Näherungspolynome zu einer Funktion bestimmen	27.17	
255	Konvergenzradien verstehen und berechnen	27.16	
256	Maclaurin-Reihen für elementare Funktionen (er)kennen	27.16	
257	verstehen, wie sich Maclaurin-Reihen zu Taylor-Reihen verallgemeinern	27.16	
258 *	Verbindungen zwischen hyperbolischen und trigonometrischen Funktion benennen und belegen	27.18	
259	Taylor-Reihen benutzen, um momentare Änderungsraten einer Funktion anzunähern	27.17, 27.19	

27.3 Aufgaben

Aufgabe 27.1 (5 min) Bestimmen Sie die jeweilige *arithmetische* Folge aus den Vorgaben:

a) $a_3 = 10$ und $a_6 = 1$,
b) $a_o = -2$ und $a_7 = 12$
c) $a_5 = 7$ und $d = 2$.

Aufgabe 27.2 (10 min) Der Aufwand für Betriebsmittel wie Gebäude, Maschinen, Fahrzeuge etc. wird in der Gewinn- und Verlust-Rechnung durch *Abschreibungen* oder *Absetzung für Abnutzung, AfA* abgebildet. Bei der linearen Abschreibung wird in jedem Jahr der Nutzungsdauer n (in Jahren) derselbe Betrag, also derselbe Anteil

$a = a_t$ an den Anschaffungskosten K_o abgeschrieben. Dadurch ergeben sich der Buchwert K_t nach t Jahren und der prozentuale Anteil c der jährlichen Abschreibung von K_o. Bestimmen Sie die jeweils fehlenden Größen aus den Vorgaben.

a) K_o und c,
b) K_1 und K_2,
c) K_o und a,
d) K_2 und n.

Aufgabe 27.3 (5 min) Bestimmen Sie die jeweilige *geometrische* Folge aus den Vorgaben:

a) $a_3 = 1$ und $a_6 = 8$,
b) $a_o = -2$ und $a_3 = \frac{1}{4}$,
c) $a_3 = 7$ und $c = 1.5$.

Aufgabe 27.4 (15 min) Angenommen, das Kapital K_o wird mit i % Zinsen pro Jahr so angelegt, dass die jährlich anfallenden Zinsen wiederangelegt und zum selben Zinsatz verzinst werden. Sei K_t das Kapital nach t Jahren.

a) Bestimmen Sie K_t.
b) Bestimmen Sie K_t, wenn die Zinsen halbjährlich wiederangelegt werden. Was erwarten Sie?
c) Ein Zertifikat mit fünf Jahren Laufzeit garantiert im ersten Jahr 2,75%, im zweiten 3%, im dritten 3,25%, im vierten 4% und im fünften Jahr 5% Zinsen. Der Anlagebetrag wird am Ende der Laufzeit zusammen mit den Zinsen ausgezahlt. Wie hoch ist das Kapital am Ende der Laufzeit und wie hoch ist die durchschnittliche jährliche Verzinsung in den fünf Jahren?

Aufgabe 27.5 (15 min) Der durchschnittliche Wertverlust (in Prozent des Neuwertes) von PKW nach bis zu zehn Betriebsjahren ist in Bild 27.4, vergrößert auf S.201 dargestellt.

a) Stellen Sie den Wertverlust (in Prozent des Neuwertes) nach 1, 2, …, 10 Betriebsjahren in einer Tabelle dar.
b) Berechnen Sie den jeweiligen Wertverlust und den jeweiligen Zeitwert für einen Neuwert von 30000 Euro.
c) Beurteilen Sie die veröffentlichten Daten unter Gesichtspunkten wie Jahreswagen, Lebensdauer, geplante Obsolenz u. drgl.

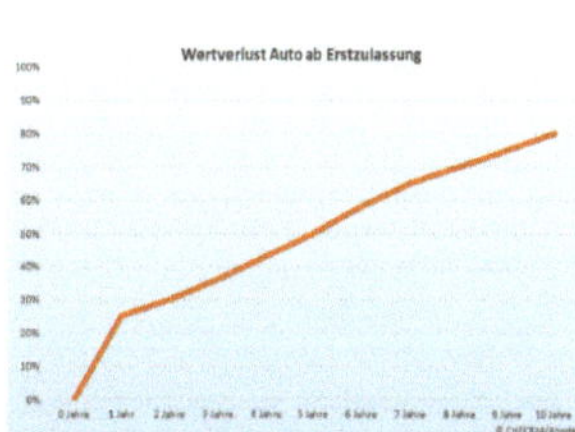

Bild 27.4: Wertverlust (in Prozent des Neuwertes) ab Erstzulassung

Aufgabe 27.6 (30 min) Wenn die Grenzwerte $a^* = \lim_{i\to\infty} a_i$ und $b^* = \lim_{i\to\infty} b_i$ der beiden Folgen $(a_i)_{i\in\mathbb{N}}$ und $(b_i)_{i\in\mathbb{N}}$ existieren, kann man mit ihnen rechnen! Verifizieren Sie:

a) $\lim_{i\to\infty}(a_i + b_i) = a^* + b^* = \lim_{i\to\infty} a_i + \lim_{i\to\infty} b_i$,
b) $\lim_{i\to\infty}(c\, a_i) = c\, a^* = c \lim_{i\to\infty} a_i$ für jede Konstante c. Welche Eigenschaft ergibt sich dann zusammen mit Teil a)?
c) $\lim_{i\to\infty}(a_i \cdot b_i) = a^* \cdot b^* = \lim_{i\to\infty} a_i \cdot \lim_{i\to\infty} b_i$,

d) $\lim_{i\to\infty} \frac{a_i}{b_i} = \frac{a^*}{b^*}$, wobei $b^* \neq 0 \neq b_i$ für alle $i \in \mathbb{N}$.
e) $a_i < b_i$ für alle $i \in \mathbb{N}$ impliziert $\lim_{i\to\infty} a_i \leq \lim_{i\to\infty} b_i$.
f) $a_i > b_i$ für alle $i \in \mathbb{N}$ impliziert $\lim_{i\to\infty} a_i \geq \lim_{i\to\infty} b_i$.
g) Geben Sie Beispiele dafür, dass aus der Existenz der Grenzwerte $\lim_{i\to\infty}(a_i + b_i)$ und $\lim_{i\to\infty}(a_i \cdot b_i)$ nicht notwendig auf die Existenz der Grenzwerte $\lim_{i\to\infty} a_i$ und $\lim_{i\to\infty} b_i$ geschlossen werden kann.
h) Welche Eigenschaft (s. Kapitel 26) einer Funktion f garantiert $\lim_{i\to\infty} f(a_i) = f(a^*)$ falls $\lim_{i\to\infty} a_i = a^*$?

Aufgabe 27.7 (10 min) Bestimmen Sie – soweit existent – die Grenzwerte folgender Folgen:
a) $(a_i)_{i\in\mathbb{N}}$ mit $a_i = (-1)^i \frac{1}{i}$,
b) $(b_i)_{i\in\mathbb{N}}$ mit $b_i = \frac{1}{i^2}$,
c) $(c_i)_{i\in\mathbb{N}}$ mit $c_i = \frac{5i^2-4i-3}{i^2-3i+5}$,
d) $(d_n)_{n\in\mathbb{N}}$ mit $d_n = \frac{2^n}{n!}$.

Aufgabe 27.8 (20 min) Bestimmen Sie – soweit existent – die Grenzwerte folgender Folgen:
a) $(a_n)_{n\in\mathbb{N}}$ mit $a_n = \sqrt[n]{n}$,
Hinweis: Wenden Sie auf $n = \left(1 + (\sqrt[n]{n} - 1)\right)^n$ den binomischen Lehrsatz an, schätzen Sie durch den dritten Term nach unten ab und lösen nach $\sqrt[n]{n}$ auf.
(Warum kann man Grenzwert-Arithmetik hier *nicht* anwenden?)
b) $(b_n)_{n\in\mathbb{N}}$ mit $b_n = \sqrt[n]{n!}$.
Hinweis: Finden Sie eine divergente Minorante.

Aufgabe 27.9 (20 min)
a) Die Folge $(a_i)_{i\in\mathbb{N}}$ sei konvergent. Begründen Sie, wieso dann $(a_i)_{i\in\mathbb{N}}$ beschränkt ist, d.h. wieso es eine Schranke S gibt, so dass $|a_i| < S$ für alle $i \in \mathbb{N}$ gilt?
b) $(a_i)_{i\in\mathbb{N}}$ sei monoton wachsend bzw. fallend, d.h. $a_i \leq a_{i+1}$ bzw. $a_i \geq a_{i+1}$ für alle $i \in \mathbb{N}$, und beschränkt, d.h. $|a_i| < S$ für eine Schranke S und alle $i \in \mathbb{N}$. Wieso ist dann $(a_i)_{i\in\mathbb{N}}$ konvergent?
Hinweis: $a^* = \lim_{i\to\infty} a_i$ kann am besten durch Intervall-Halbierung (Bisektion) (s. Aufgabe 26.7) bestimmt werden.
c) Sei $|c| < 1$ und $(s_n)_{n\in\mathbb{N}}$ mit $s_n = \sum_{i=0}^{n} c^i$ gegeben. Zeigen Sie zunächst $s_n = \frac{1-c^{n+1}}{1-c}$ und dann $\lim_{n\to\infty} s_n = \frac{1}{1-c}$.

Aufgabe 27.10 (30 min) Wieso ist die Folge $(a_n)_{n\in\mathbb{N}_0}$ mit $a_n = \left(1 + \frac{1}{n}\right)^n$ monoton wachsend und beschränkt, so dass $\lim_{n\to\infty} a_n$ existiert? (Der Grenzwert ist die Euler'sche Zahl e.)
Hinweis: Sie zeigen die Monotonie, indem Sie $\frac{a_n}{a_{n-1}}$ mit Hilfe der Bernoulli'schen Ungleichung $(1 + x)^n \geq 1 + nx$ (s. Band 1, S.40)

Leonhard Euler (1707-1783)

nach unten durch 1 abschätzen. Sie zeigen mit $0 < a_n < 3$ die Beschränktheit, indem Sie den Binomischen Lehrsatz (Band 1, S.116) auf $a_n = \left(1 + \frac{1}{n}\right)^n$ anwenden und $k! \geq 2^{k-1}$ für $k \in \mathbb{N}$ nutzen.

Aufgabe 27.11 (15 min) In Aufgabe 27.4 wurde die Entwicklung der Einlage K_t nach t Jahren bei jährlicher Zinszahlung mit Wiederanlage der Zinsen verallgemeinert zu einer halbjährlichen Zinszahlung mit Wiederanlage der Zinsen.

a) Bestimmen Sie K_t für m Zinsperioden pro Jahr.
b) Führen Sie den Grenzübergang $m \to \infty$ durch. Im Grenzfall spricht man von *stetiger Verzinsung* oder auch von *Momentanverzinsung* oder von *kontinuierlicher Verzinsung*.
   Hinweis: verwenden Sie $\lim_{n\to\infty}(1 + \frac{x}{n})^n = e^x$.
c) Veranschaulichen Sie die Kapital-Entwicklung für $m = 1, 2, 3$ und $m = \infty$.

Aufgabe 27.12 (15 min) Zeigen Sie etwa per vollständiger Induktion (s. Kapitel 33)

a) $\sum_{i=1}^{n} i = \binom{n+1}{2} = \frac{1}{2}n(n+1)$ für jedes $n \in \mathbb{N}$ und bestimmen Sie $\sum_{i=0}^{n}(2i+1)$,
b) $\sum_{i=1}^{n} i^2 = \frac{1}{3}n(n+\frac{1}{2})(n+1)$ für jedes $n \in \mathbb{N}$,
c) $\sum_{i=1}^{n} i\,i! = (n+1)! - 1$ für jedes $n \in \mathbb{N}$.
d) Bestimmen Sie $\sum_{i=2}^{n} \frac{1}{i^2-1}$ für jedes $2 < n \in \mathbb{N}$.
   Hinweis: $\frac{1}{i^2-1} = \frac{1}{2}\left(\frac{1}{i-1} - \frac{1}{i+1}\right)$ ('Partialbruchzerlegung')

Aufgabe 27.13 (30 min)

a) Wieso ist die Teilsummenfolge von $\sum_{i=0}^{\infty} \frac{1}{i!}$ monoton wachsend und beschränkt, so dass $\sum_{i=0}^{\infty} \frac{1}{i!}$ existiert? (Der Grenzwert ist die Euler'sche Zahl e.)
b) Zeigen Sie $a := \lim_{n\to\infty} a_n = \lim_{n\to\infty} b_n =: b$ für $(a_n)_{n\in\mathbb{N}}$ mit $a_n = \left(1+\frac{1}{n}\right)^n$ und $(b_n)_{n\in\mathbb{N}}$ mit $b_n = \sum_{i=0}^{n} \frac{1}{i!}$. Die beiden Folgen haben also denselben Grenzwert, die Euler'sche Zahl e.
c) Zeigen Sie $\frac{1}{x} = \sum_{k=0}^{\infty} \frac{1}{(x+k)(x+k+1)}$ für $x > 0$ vermittels Induktion (s. Kapitel 33) über die Teilsummen $s_n = \sum_{k=0}^{n} \frac{1}{(x+k)(x+k+1)}$.

Leonhard Euler (1707-1783)

Aufgabe 27.14 (15 min)

a) Die Potenz-Reihe $f(x) = \sum_{i=0}^{\infty} c_i(x-x_o)^i$ habe den Konvergenzbereich $U_\varrho(x_o)$ mit Konvergenzradius ϱ. Dann ist $g(x) = a\,f(x)+b$ durch welche Potenz-Reihe mit welchem Konvergenzbereich darstellbar?
   Durch welche Potenz-Reihe mit welchem Konvergenzbereich ist $h(x) = f(ax+b)$ darstellbar?
b) Verifizieren Sie: $f(x) = \frac{1}{1-x^2}$ ist durch eine Potenz-Reihe mit Konvergenzbereich $U_1(0)$ darstellbar.

c) Stellen Sie alternativ $g(x) = \frac{1}{1-x^2}$ (etwa per Partialbruchzerlegung aus Kapitel 23) als Linearkombination von zwei geometrischen Reihen dar.

Aufgabe 27.15 (20 min)

a) Eine durch eine Potenz-Reihe $f(x) = \sum_{i=0}^{\infty} c_i(x - x_o)^i$ dargestellte Funktion ist auf $U_\varrho(x_o)$ unendlich oft differenzierbar.

b) Zeigen Sie den Identitätssatz für Potenz- und Taylor-Reihen: $\sum_{i=0}^{\infty} c_i(x - x_o)^i = \sum_{i=0}^{\infty} d_i(x - x_o)^i$ für alle $x \in U_\varrho(x_o) \Leftrightarrow c_n = d_n$ für alle $n \in \mathbb{N}_o$.
Hinweis: Untersuchen Sie $f^{(n)}(x_o)$ für die auf $U_\varrho(x_o)$ verschwindende Funktion $f(x) := \sum_{i=0}^{\infty}(c_i - d_i)(x - x_o)^i = 0$.
Die Koeffizienten einer Potenz- oder Taylor-Reihe sind also eindeutig bestimmt.

c) Sei $f(y) = \sum_{i=0}^{\infty} c_i(y - y_o)^i$ für $y \in U_{\varrho_f}(y_o)$ mit $y_o = g(x_o)$ und $g(x) = \sum_{j=0}^{\infty} d_j(x - x_o)^j$ für $x \in U_{\varrho_g}(x_o)$. Bestimmen Sie das Taylor-Polynom dritten Grades von $h(x) = (f \circ g)(x) = f\big(g(x)\big)$ bei Entwicklung von h um x_o.

Aufgabe 27.16 (35 min) Entwickeln Sie die folgenden Funktionen jeweils um x_o und geben Sie die zugehörigen Konvergenzradien an.

a) $f_1(x) = \frac{1}{(1-x)^2}$ um $x_o = 0$,
b) $f_2(x) = \frac{1}{(1-x)^3}$ um $x_o = 0$,
c) $f_3(x) = \sin(x)$ um $x_o = 0$,
d) $f_4(x) = \sinh(x)$ und $f_5(x) = \cosh(x)$,
e) $f_6(x) = e^x = \exp(x)$ um $x_o = 0$ mit $\exp'(x) = \exp(x)$,
f) $f_7(x) = \ln(x)$ um $x_o = 1$ mit $\ln'(x) = \frac{1}{x}$.
g) Wodurch ist die Wahl von x_o jeweils bestimmt?

Aufgabe 27.17 (15 min) Bestimmen Sie die Taylor-Polynome dritten Grades bei Entwicklung folgender Funktionen um jeweils x_o.

a) $f(x) = \tan(x)$ um $x_o = 0$,
b) $g(x) = \tanh(x)$ um $x_o = 0$,

Aufgabe 27.18 (15 min) Trigonometrische, hyperbolische Funktionen und die Exponential-Funktion sind eng verwandt! Verifizieren Sie unter Verwendung der Potenz-Reihen:

a) $\sin(jz) = j\sinh(z)$ und $\sinh(jz) = j\sin(z)$ für alle $z \in \mathbb{C}$,
b) $\cos(jz) = \cosh(z)$ und $\cosh(jz) = \cos(z)$ für alle $z \in \mathbb{C}$,
c) die Euler-Gleichung $\exp(j\,x) = e^{jx} = \cos(x) + j\,\sin(x)$.

Aufgabe 27.19 (15 min) Bestimmen Sie die Taylor-Entwicklung des Arcus Tangens um 0.

a) Zur Vorbereitung verifizieren Sie $\arctan'(x) = \frac{1}{1+x^2}$.

b) Geben Sie die Taylor-Reihe für $\arctan'(x)$ an.
c) Bestimmen Sie entweder durch Integration von $\arctan'(x)$ oder durch Verifikation einer Hypothese die Taylor-Entwicklung von $\arctan(x)$ um 0.

27.4 Lösungen

Lösung 27.1

a) Subtraktion der Gleichungen $a_6 = a_o + 6d$ und $a_3 = 10 = a_o + 3d$ liefert $9 = -3d$ und so $d = -3$. Aus $10 = a_o + 3d = a_o - 9$ folgt $a_o = 19$ und $a_i = 19 - 3i$ für $i \in \mathbb{N}_o$.
b) $a_7 = 12 = a_o + 7d = -2 + 7d$ impliziert $d = 2$ und $a_i = a_o + i\,d = -2 + 2i$ für $i \in \mathbb{N}_o$.
c) $a_5 = 7 = a_o + 7d = a_o + 14$ impliziert $a_o = -7$ und damit $a_i = -7 + 2i$ für $i \in \mathbb{N}_o$.

Lösung 27.2

a) Wenn K_o und c in Prozent gegeben sind, gilt $n = \lceil \frac{100}{c} \rceil$, $a_t = \frac{c}{100} K_o$ für $t = 1, 2, \dots, n-1$ und $a_n = K_o - (n-1)a$, $K_t = (1 - t\frac{c}{100}) K_o$ für $t = 1, 2, \dots, n-1$ und $K_n = 0$.
b) Wenn K_1 und K_2 gegeben sind, gilt $a_2 = K_2 - K_1$, $K_o = K_1 + a_2$, $n = \lceil \frac{K_o}{a_2} \rceil$, $a = a_t = a_2$ für alle $t = 1, \dots, n-1$ und $a_n = K_o - (n-1)a$ sowie $c = \frac{a}{K_o} 100\ \%$.
c) Wenn K_o und a gegeben sind, gilt $n = \lceil \frac{K_o}{a} \rceil$, $a_t = a$ für $t = 1, \dots, n-1$ und $a_n = K_o - (n-1)a$ sowie $c = \frac{K_o}{a} 100\ \%$.
d) Wenn K_2 und n gegeben sind, ergibt sich das lineare Gleichungssystem $\begin{array}{l} K_o - 2a = K_2 \\ K_o - na = 0 \end{array}$ in K_o und a mit Lösung $K_o = \frac{n}{n-2} K_2$ und $a = \frac{1}{n-2} K_2$.

Lösung 27.3

a) Der Quotient von $a_3 = 1 = a_o c^3$ und $a_6 = 8 = a_o c^6$ ist $\frac{1}{8} = \frac{a_o c^3}{a_o c^6} = \frac{1}{c^3}$, was $c = 2$ impliziert. $a_3 = 1 = a_o 2^3 = 8a_o$ impliziert $a_o = \frac{1}{8}$ und damit $a_i = \frac{1}{8} 2^i = 2^{i-3}$ für $i \in \mathbb{N}_o$.
b) $a_3 = \frac{1}{4} = (-2)c^3$ impliziert $c^3 = -\frac{1}{8}$ und so $c = -\frac{1}{2}$ sowie $a_i = (-2)\left(-\frac{1}{2}\right)^i = (-1)^{i+1} 2^{1-i}$ für $i \in \mathbb{N}_o$.
c) $a_3 = 7 = a_o \left(\frac{3}{2}\right)^3 = a_o \frac{27}{8}$ impliziert $a_o = \frac{56}{27}$ und $a_i = \frac{56}{27} \left(\frac{3}{2}\right)^i$ für $i \in \mathbb{N}_o$.

Lösung 27.4

a) Mit $q = 1 + \frac{i}{100}$ gilt $K_1 = q\,K_o$, $K_2 = q\,K_1 = q^2\,K_o$ und so $K_t = q^t\,K_o$. Die K_t bilden also eine geometrische Folge.
b) Mit $q_2 = \left(1 + \frac{1}{2}\frac{i}{100}\right)^2$ gilt $K_1 = q_2 K_o$, $K_2 = q_2 K_1 = q_2^2 K_o$ und so $K_t = q_2^t K_o$.

Wegen $1+\frac{i}{100} < 1+\frac{i}{100}+\frac{i^2}{40000} = \left(1+\frac{1}{2}\frac{i}{100}\right)^2$ ist die halbjährliche Wiederanlage der Zinsen profitabler als die jährliche.

c) $K_5 = K_o \cdot 1.0275 \cdot 1.03 \cdot 1.035 \cdot 1.04 \cdot 1.05 \approx 1.19614 K_o$ und aus $q^5 = 1.19614$ folgt $q \approx 1.0364692$. Der durchschnittliche Zinssatz beträgt also ca. 3,65%.

Lösung 27.5

a) Mit unvermeidbaren Ablesefehlern ergibt sich folgende Tabelle:

nach Jahren	1	2	3	4	5	6	7	8	9	10
Wertverlust in % des Neuwerts	25	29	33	41	47	55	66	70	75	80

b) Verlust und Zeitwert jeweils in 1000 Euro:

nach Jahren	1	2	3	4	5	6	7	8	9	10
Verlust	7.5	8.7	9.9	12.3	14.1	16.5	19.8	21.0	22.5	24.0
Zeitwert	22.5	21.3	20.1	17.7	15.9	13.5	10.2	9.0	7.5	6.0

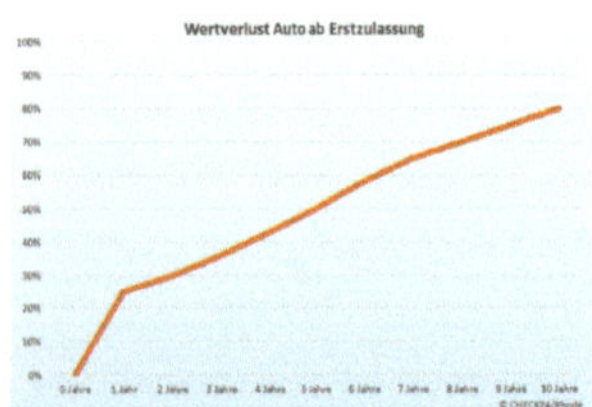

Bild 27.5: Wertverlust (in Prozent des Neuwertes) ab Erstzulassung

c) Ein *Jahreswagen* ist ein gebrauchtes Kraftfahrzeug, normalerweise ein PKW, dessen Erstzulassung weniger als 12 Monate zurückliegt. Mitarbeiter in Automobilwerken können alle 12 Monate einen Wagen aus der aktuellen Produktserie mit erheblichen Rabatten erwerben. Beim Weiterverkauf werden diese Rabatte auf *Jahreswagen* teilweise an die Käufer weitergegeben.
PKW werden für eine geplante Lebensdauer gebaut. Danach steigen die Kosten für Reparaturen und Verschleißteile stark an.

Lösung 27.6

a) Fast alle a_i liegen in $U_{\epsilon/2}(a^*)$, d.h. $|a_i - a^*| < \frac{\epsilon}{2}$, und fast alle b_i liegen in $U_{\epsilon/2}(b^*)$, d.h. $|b_i - b^*| < \frac{\epsilon}{2}$. Die Dreiecksungleichung (s. Aufgabe 24.13) liefert $|(a_i+b_i)-(a^*+b^*)| \leq |a_i-a^*|+|b_i-b^*| < \epsilon$. Also liegen fast alle $a_i + b_i$ in $U_\epsilon(a^* + b^*)$ für jedes $\epsilon > 0$, was gleichbedeutend mit $\lim_{i\to\infty}(a_i + b_i) = a^* + b^*$ ist.

b) In $U_{\frac{\epsilon}{|c|}}(a^*)$ liegen fast alle a_i und daher liegen fast alle $c\,a_i$ in $U_\epsilon(c\,a^*)$, was gleichbedeutend mit $\lim_{i\to\infty}(c\,a_i) = c\,a^* = c\lim_{i\to\infty} a_i$ ist.
Mit konvergenten Folgen (a_i) und (b_i) ist also auch jede Linearkombination dieser Folgen wieder konvergent.

c) Die Folge $(a_i)_{i\in\mathbb{N}}$ ist konvergent und daher beschränkt, d.h. $|a_i| < C$ für alle $i \in \mathbb{N}$ und eine geeignete Schranke C. Sei $\epsilon > 0$ beliebig. Dann liegen fast alle a_i in $U_{\frac{\epsilon}{2|b*|}}(a^*)$ und fast alle b_i in $U_{\frac{\epsilon}{2C}}(b^*)$. Wegen $|(a_i \cdot b_i) - (a^* \cdot b^*)| = |a_i \cdot b_i - a_i \cdot b^* + a_i \cdot b^* - a^* \cdot b^*| \leq |a_i \cdot b_i - a_i \cdot b^*| + |a_i \cdot b^* - a^* \cdot b^*| = |a_i| \cdot |b_i - b^*| + |b^*| \cdot |a_i - a^*| \leq C\frac{\epsilon}{2C} + |b^*|\frac{\epsilon}{2|b^*|} = \epsilon$ liegen also fast alle $a_i \cdot b_i$ in $U_\epsilon(a^* \cdot b^*)$.

d) Wegen Teil b) bleibt nur $\lim_{i\to\infty}\frac{1}{b_i} = \frac{1}{b^*}$ mit $b^* \neq 0 \neq b_i$ für alle $i \in \mathbb{N}$ zu zeigen. Sei nun $0 < \varepsilon$ beliebig (klein) gewählt. Wegen $\lim_{i\to\infty} b_i = b^*$ liegen fast alle b_i in $U_{\frac{|b^*|}{2}}(b^*)$, d.h. insbesondere $|b_i| > |b^*|/2$ und für fast alle $i \in \mathbb{N}$ gilt $|b_i - b^*| < \varepsilon\frac{1}{2}|b^*|^2$. Dann folgt $\left|\frac{1}{b_i} - \frac{1}{b^*}\right| = \frac{|b_i-b^*|}{|b_i||b^*|} < \frac{|b_i-b^*|}{|b^*|^2/2} < \varepsilon$ für fast alle $i \in \mathbb{N}$.

e) Sei $c_i := b_i - a_i > 0$. Wir zeigen $\lim_{i\to\infty} c_i = c^* \geq 0$, was per Grenzwert-Arithmetik $\lim_{i\to\infty}(b_i - a_i) = \lim_{i\to\infty} b_i - \lim_{i\to\infty} a_i = b^* - a^* \geq 0$ und damit die Behauptung impliziert. Angenommen $c^* < 0$. Dann liegen sogar fast alle c_i in $U_{|c^*|/2}(c^*)$, was im Widerspruch zu $c_i > 0$ steht. Also gilt $c^* = \lim_{i\to\infty} c_i \geq 0$.

f) $-a_i < -b_i$ für alle $i \in \mathbb{N}$ impliziert laut Teil e) $\lim_{i\to\infty} -a_i \leq \lim_{i\to\infty} -b_i$, also $\lim_{i\to\infty} a_i \geq \lim_{i\to\infty} b_i$.

g) Mit $a_i = (-1)^i$ und $b_i = -(-1)^i$ gilt $a_i + b_i = 0$ für alle i, also existiert $\lim_{i\to\infty}(a_i + b_i) = \lim_{i\to\infty} 0 = 0$, während sowohl (a_i) als auch (b_i) die beiden Häufungspunkte ± 1 haben, so dass weder $\lim_{i\to\infty} a_i$ noch $\lim_{i\to\infty} b_i$ existieren, Entsprechend existieren $\lim_{i\to\infty}(a_i \cdot b_i) = -1$ aber weder $\lim_{i\to\infty} a_i$ noch $\lim_{i\to\infty} b_i$.

h) Wenn f in a^* stetig ist, gilt per Definition $\lim_{i\to\infty} f(a_i) = f(a^*)$.

Lösung 27.7

a) Für beliebiges $\epsilon > 0$ gilt $a_i \in U\epsilon(0)$ für alle $i > \frac{1}{\epsilon}$.

b) Entweder man faßt (b_i) als Produkt der Folge $(\frac{1}{i})_{i\in\mathbb{N}}$ mit sich selbst auf und erhält $\lim_{i\to\infty} b_i = \lim_{i\to\infty}\left(\frac{1}{i}\right)^2 = \left(\lim_{i\to\infty}\frac{1}{i}\right)^2 = 0$ oder man stellt fest, dass $b_i \in U_\epsilon(0)$ für alle $i > \frac{1}{\sqrt{\epsilon}}$ gilt, was ebenfalls impliziert, dass $(b_i)_{i\in\mathbb{N}}$ eine Nullfolge ist.

c) Mit Grenzwert-Arithmetik gilt $\lim_{i\to\infty}\frac{5i^2-4i-3}{i^2-3i+5} = \lim_{i\to\infty}\frac{5-\frac{4}{i}-\frac{3}{i^2}}{1-\frac{3}{i}+\frac{5}{i^2}} = \frac{\lim_{i\to\infty}(5-\frac{4}{i}-\frac{3}{i^2})}{\lim_{i\to\infty}(1-\frac{3}{i}+\frac{5}{i^2})} = \frac{5}{1} = 5$, wobei jeder Schritt erst im Nachhinein damit gerechtfertigt wird, dass die involvierten Grenzwerte existieren.

d) Grenzwert-Arithmetik hilft hier nicht weiter, weil die Grenzwerte in Zähler und Nenner nicht existieren. Allerdings gilt $0 < d_n = \frac{2^n}{n!} = \frac{2}{1}\frac{2}{2}\prod_{i=3}^{n}\frac{2}{i} < 2\left(\frac{2}{3}\right)^{n-2} =: d_n'$ für $n > 2$, was $0 \leq \lim_{n\to\infty} d_n \leq \lim_{n\to\infty} d_n' = 0$ und daher $\lim_{n\to\infty} d_n = \lim_{n\to\infty}\frac{2^n}{n!} = 0$ impliziert.

Lösung 27.8

a) Sei $\varepsilon > 0$ beliebig klein gegeben. Gesucht ist $n_o \in \mathbb{N}$, so dass $1 < \sqrt[n]{n} < 1 + \varepsilon$ für alle $n > n_o$ gilt. Damit ist dann $\lim_{n\to\infty} e_n = \lim_{n\to\infty}\sqrt[n]{n} = 1$ gezeigt.
Wähle nun $n_o = \lceil 1 + \frac{2}{\varepsilon^2}\rceil$. Dann gilt für jedes $n > n_o$ mit dem Binomischen Lehrsatz (s. Kapitel 6 in Band 1)
$n = \left(1 + (\sqrt[n]{n} - 1)\right)^n = \sum_{k=0}^{n}\binom{n}{k}(\sqrt[n]{n} - 1)^k > \binom{n}{2}(\sqrt[n]{n} - 1)^2 = \frac{n(n-1)}{2}(\sqrt[n]{n} - 1)^2 \Leftrightarrow (\sqrt[n]{n} - 1)^2 < \frac{2}{n-1} \Leftrightarrow \sqrt[n]{n} < 1 + \sqrt{\frac{2}{n-1}} \leq 1 + \sqrt{\frac{2}{n_o-1}} = 1 + \sqrt{\frac{2}{1+\frac{2}{\varepsilon^2}-1}} = 1 + \sqrt{\varepsilon^2} = 1 + \varepsilon.$

b) Verschiedene Lösungswege machen sich unterschiedliche Ergebnisse der Analysis zu Nutze. Eine Auswahl:

▷ Da die Hälfte der Faktoren in $n!$ nicht kleiner als $\frac{n}{2}$ sind, gilt $n! \geq \left(\frac{n}{2}\right)^{n/2}$, was $\sqrt[n]{n!} \geq \sqrt{\frac{n}{2}}$ und damit $\lim_{n\to\infty} \sqrt[n]{n!} = \infty$ impliziert.

▷ Die Taylor-Reihe $e^x = \sum_{i=0}^{\infty} \frac{x^n}{n!}$ der Exponential-Funktion liefert $e^x > \frac{x^n}{n!}$ für alle $0 \leq x \in \mathbb{R}$ und $n \in \mathbb{N}$. Für $x = n$ folgt $n! \geq \left(\frac{n}{e}\right)^n$ sowie $\sqrt[n]{n!} \geq \frac{n}{e}$ und damit $\lim_{n\to\infty} \sqrt[n]{n!} = \infty$.

▷ Wenn man die Faktoren von $n!$ einmal aufsteigend und einmal absteigend notiert und in Paare zusammenfaßt, ergibt sich $(n!)^2 = \big(1 \cdot n\big)\big(2 \cdot (n-1)\big)\big(3 \cdot (n-2)\big) \cdots \big((n-2) \cdot 3\big)\big((n-1) \cdot 2\big)\big(n \cdot 1\big) \geq n^n$ und damit $n! \geq \sqrt{n}^n$ sowie $\sqrt[n]{n!} \geq \sqrt{n}$, was $\lim_{n\to\infty} \sqrt[n]{n!} = \infty$ impliziert.

James Stirling (1692–1770)

▷ Mit der Näherung von Stirling $n! \approx \left(\frac{n}{e}\right)^n \sqrt{2\pi n}$ gilt $\sqrt[n]{n!} \approx \frac{n}{e}\sqrt[n]{2\pi}\sqrt[n]{n} \approx \frac{n}{e}$ für $n \to \infty$, weil $\sqrt[n]{2\pi} \to 1$ und nach Teil e) $\sqrt[n]{n} \to 1$ für $n \to \infty$ gilt.

Lösung 27.9

a) Sei $a^* = \lim_{i\to\infty} a_i$. Dann gibt es ein i_o, so dass $|a_i - a^*| < \frac{1}{2}|a^*|$ und damit $|a_i| < \frac{3}{2}|a^*|$ für alle $i > i_o$ gilt. Mit $S := \max\{\frac{3}{2}|a^*|, |a_1|, |a_2|, \ldots, |a_{i_o}|\}$ gilt $|a_i| \leq S$ für alle $i \in \mathbb{N}$.

b) Sei zunächst der Fall einer streng monoton wachsenden Folge $a_i < a_{i+1}$ für alle $i \in \mathbb{N}$ behandelt. Mit einem Bisektionsverfahren kann $a^* = \lim_{i\to\infty} a_i$ bestimmt werden: Man startet mit $b_o = a_1$ und $c_o = S$, halbiert das Intervall $[b_o, c_o]$ und fährt mit der Intervallhälfte $[b_1, c_1]$ fort, in der fast alle a_i liegen. Es ergibt sich eine Folge von Intervallen $[b_i, c_i] \supset [b_{i+1}, c_{i+1}]$, in denen jeweils fast alle a_i liegen. Wie im Fall des Bisektions- oder Intervallhalbierungsverfahrens (s. Aufgabe 26.7) folgt dann $\lim_{i\to\infty} b_i = a^* = \lim_{i\to\infty} c_i$.
Der Fall monoton fallender Folgen ist entsprechend zu behandeln.

c) $(1-c)s_n = \sum_{i=0}^{n} c^i - \sum_{i=0}^{n} c^{i+1} = 1+c+c^2+\ldots+c^n - \big(c+c^2+c^3+\ldots+c^{n+1}\big) = 1 - c^{n+1}$ und damit gilt $s_n = \frac{1-c^{n+1}}{1-c}$ für jedes $n \in \mathbb{N}$ sowie $\lim_{n\to\infty} s_n = \lim_{n\to\infty} \frac{1-c^{n+1}}{1-c}\frac{1}{1-c} - \lim_{n\to\infty} \frac{c^{n+1}}{1-c} = \frac{1}{1-c} - \frac{1}{1-c}\lim_{n\to\infty} c^{n+1} = \frac{1}{1-c} - 0 = \frac{1}{1-c}$.

s. Kapitel 2.1.9 in Band 1

Lösung 27.10 Die Folge (a_n) ist monoton wachsend genau dann, wenn $\frac{a_n}{a_{n-1}} > 1$ gilt. Mit der Bernoulli Ungleichung $(1+x)^n \geq 1+nx$ für $x \geq -1$ und Abschätzen nach unten ergibt sich:

$$\frac{a_n}{a_{n-1}} = \frac{(1+1/n)^n}{(1+1/(n-1))^{n-1}} = \left(\frac{1+1/n}{1+1/(n-1)}\right)^{n-1}\left(1+\frac{1}{n}\right)$$
$$= \left(\frac{(n+1)/n}{n/(n-1)}\right)^{n-1}\left(1+\frac{1}{n}\right) = \left(\frac{(n+1)(n-1)}{n^2}\right)^{n-1}\left(1+\frac{1}{n}\right)$$
$$= \left(\frac{n^2-1}{n^2}\right)^{n-1}\left(1+\frac{1}{n}\right) = \left(1-\frac{1}{n^2}\right)^{n-1}\left(1+\frac{1}{n}\right)$$
$$\geq \left(1-(n-1)\frac{1}{n^2}\right)\left(1+\frac{1}{n}\right) = 1+\frac{1}{n}-\frac{n-1}{n^2}-\frac{n-1}{n^3}$$
$$= 1+\frac{n^2-n(n-1)-(n-1)}{n^3} = 1+\frac{1}{n^3} > 1.$$

Mit Hilfe des Binomischen Lehrsatzes (Band 1, S.116) läßt sich a_n nun nach oben abschätzen:

$a_n = \left(1+\frac{1}{n}\right)^n = \sum_{k=0}^{n}\binom{n}{k}\frac{1}{n^k} = 1+\sum_{k=1}^{n}\frac{n(n-1)\cdot\ldots\cdot(n-k+1)}{k!}\frac{1}{n^k}$

$= 1+\sum_{k=1}^{n}\frac{n}{n}\frac{n-1}{n}\cdot\ldots\cdot\frac{n-k+1}{n}\frac{1}{k!}$

$= 1+\sum_{k=1}^{n}1\cdot(1-\frac{1}{n})\cdot\ldots\cdot(1-\frac{k-1}{n})\frac{1}{k!}$

$\leq 1+1+\sum_{k=2}^{n}\frac{1}{k!} \leq 2+\sum_{k=2}^{n}\frac{1}{2^{k-1}}$ da $k! \geq 2^{k-1}$ für $k \in \mathbb{N}$

$\leq 1+\sum_{k=1}^{\infty}\frac{1}{2^{k-1}} = 1+\sum_{i=0}^{\infty}\frac{1}{2^i} = 1+\frac{1}{1-\frac{1}{2}} = 3.$

Also ist (a_n) monoton wachsend und beschränkt und daher konvergent.

Lösung 27.11 Bezeichne i wieder den Zinssatz pro Jahr in Prozent.

a) $K_t = \left(1+\frac{1}{m}\frac{i}{100}\right)^{mt}K_o.$

b) $K_t = \left(\lim_{m\to\infty}\left(1+\frac{1}{m}\frac{i}{100}\right)^m\right)^t K_o = \left(e^{i/100}\right)^t K_o = K_o e^{0.01\,i\,t}.$

c) s. Bild 27.6.

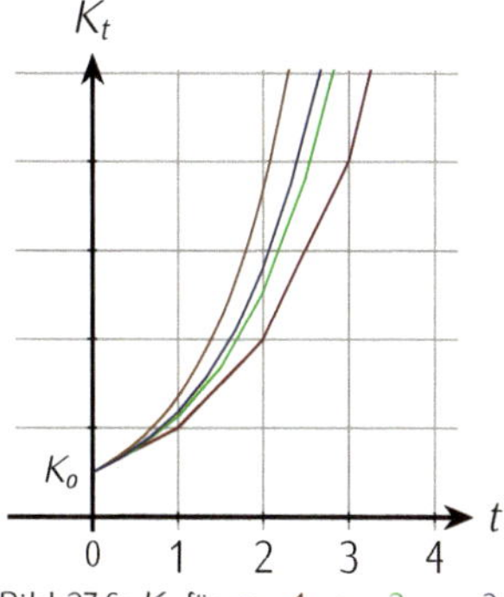

Bild 27.6: K_t für $m=1$, $m=2$, $m=3$, $m=\infty$ Kapitalwerte K_t für $m<\infty$ sind diskret: der verbindende Polygonzug soll sie nur sichtbar machen!

Lösung 27.12

a) Für $n=1$ gilt $1=\frac{1}{2}1\cdot 2$ und unter der Induktionsannahme $\sum_{i=1}^{n} i = \frac{1}{2}n(n+1)$ eben die Induktionsbehauptung $\sum_{i=1}^{n+1} i = \frac{1}{2}n(n+1)+(n+1) = \frac{1}{2}(n+1)(n+2)$.
Mit diesem Resultat gilt $\sum_{i=0}^{n}(2i+1) = 2\sum_{i=0}^{n} i + \sum_{i=0}^{n} 1 = 2\frac{1}{2}n(n+1)+(n+1) = (n+1)^2$.

b) Für $n=1$ gilt $1^2 = 1 = \frac{1}{3}1\cdot\frac{3}{2}\cdot 2 = 1$ und $\sum_{i=1}^{n+1} i^2 = \frac{1}{3}n(n+\frac{1}{2})(n+1)+(n+1)^2 = \frac{1}{3}(n+1)\left(n^2+\frac{n}{2}+n+1\right)$
$= \frac{1}{3}(n+1)(n+\frac{3}{2})(n+2) = \frac{1}{3}(n+1)(n+1+\frac{1}{2})(n+2)$.

c) Für $n=1$ gilt $1\cdot 1! = 1 = 2-1 = 2!-1$ und $\sum_{i=1}^{n+1} i\,i! = (n+1)!-1+(n+1)\,(n+1)! = (n+1)!\left(1+(n+1)\right)-1 = (n+2)!-1$.

d) $\sum_{i=2}^{n}\frac{1}{i^2-1} = \frac{1}{2}\left(\sum_{i=2}^{n}\frac{1}{i-1}-\sum_{i=2}^{n}\frac{1}{i+1}\right) = \frac{1}{2}\left(\frac{1}{2-1}+\frac{1}{3-1}+\ldots+\frac{1}{n-1}-\frac{1}{2+1}-\frac{1}{3+1}-\ldots-\frac{1}{n+1}\right) = \frac{1}{2}\left(\frac{1}{1}+\frac{1}{2}+\frac{1}{3}+\ldots+\frac{1}{n-1}-\frac{1}{3}-\frac{1}{4}-\ldots-\frac{1}{n+1}\right) = \frac{1}{2}\left(\frac{3}{2}-\frac{1}{n}-\frac{1}{n+1}\right) = \frac{1}{4}\left(3-\frac{4n+2}{n(n+1)}\right) = \frac{1}{4}\frac{3n^2+3n-4n-2}{n(n+1)} = \frac{3n^2-n-2}{4n(n+1)}$.

Lösung 27.13

a) $(a_n)_{n\in\mathbb{N}}$ ist monoton wachsend, da $a_{n+1}-a_n = \sum_{i=0}^{n+1}\frac{1}{i!}-\sum_{i=0}^{n}\frac{1}{i!} = \frac{1}{(n+1)!} > 0$ für alle $n\in\mathbb{N}$ und beschränkt, da $0 < a_n = \sum_{i=0}^{n}\frac{1}{i!} = \frac{8}{3}+\sum_{i=4}^{n}\frac{1}{i!} < \frac{8}{3}+\sum_{i=4}^{n}\frac{1}{2^i} = \frac{8}{3}-\frac{15}{8}+\sum_{i=0}^{n}\frac{1}{2^i} = \frac{19}{24}+\sum_{i=0}^{n}\left(\frac{1}{2}\right)^i < 1+\frac{1-1/2^{n+1}}{1-1/2} = 1+2-2^{-n} \leq 3$.
Mit Teil b) existiert also $e = \lim_{n\to\infty}\sum_{i=0}^{n}\frac{1}{i!}$ mit $2<e<3$.

b) Der Binomische Lehrsatz (s. Kapitel 6 in Band 1) liefert $a_n = \sum_{i=0}^{n}\binom{n}{i}\frac{1}{n^i} = 1+1+\sum_{i=2}^{n}\frac{1}{i!}\frac{n}{n}\frac{n-1}{n}\cdots\frac{n-i+1}{n} < \sum_{i=0}^{n}\frac{1}{i!} = b_n$.
Damit gilt zum einen $a\leq b$.

Sei nun $2 \leq k \in \mathbb{N}$ beliebig gewählt. Für $n > k$ gilt dann $a_n \geq 1 + 1 + \sum_{i=2}^{k} \frac{1}{i!} 1\left(1 - \frac{1}{n}\right)\left(1 - \frac{2}{n}\right) \cdots \left(1 - \frac{i-1}{n}\right) =: c_n$, wobei mit $n \to \infty$ jeder Faktor gegen 1 konvergiert und somit $\lim_{n\to\infty} c_n = b_k$. Aus $a \leftarrow a_n \geq c_n \to b_k$ folgt $a \geq b_k$. Da k beliebig gewählt ist, folgt zum anderen $a \geq b$, zusammen also $a = b$.

c) $s_o = \frac{1}{x(x+1)}$, $s_1 = s_o + \frac{1}{(x+1)(x+2)} = \frac{2(x+1)}{x(x+1)(x+2)} = \frac{2}{x(x+2)}$, $s_2 = s_1 + \frac{1}{(x+2)(x+3)} = \frac{2(x+3)+x}{x(x+2)(x+3)} = \frac{3(x+2)}{x(x+2)(x+3)} = \frac{3}{x(x+3)}$ etc. führt auf die Hypothese $s_n = \frac{n+1}{x(x+n+1)}$. Wir zeigen dies mit Induktion (s. Kapitel 33): die Hypothese ist korrekt für $n = 0$ und $s_{n+1} = s_n + \frac{1}{(x+n+1)(x+n+2)} = \frac{n+1}{x(x+n+1)} + \frac{1}{(x+n+1)(x+n+2)} = \frac{(n+1)(x+n+2)+x}{x(x+n+1)(x+n+2)} = \frac{(n+2)x+(n+1)(n+2)}{x(x+n+1)(x+n+2)} = \frac{(n+2)(x+n+1)}{x(x+n+1)(x+n+2)} = \frac{n+2}{x(x+n+2)}$. Damit gilt nun $\sum_{k=0}^{\infty} \frac{1}{(x+k)(x+k+1)} = \lim_{n\to\infty} \sum_{k=0}^{n} \frac{1}{(x+k)(x+k+1)} = \lim_{n\to\infty} s_n = \lim_{n\to\infty} \frac{n+1}{x(x+n+1)} = \lim_{n\to\infty} \frac{1}{x(\frac{x}{n+1}+1)} = \frac{1}{x}$ (Grenzwert-Arithmetik).

Lösung 27.14

a) Die Funktion $g(x) = a\,f(x) + b$ hat die Potenz-Reihe $g(x) = ac_o + b + a\sum_{i=1}^{\infty} c_i(x - x_o)^i$ mit demselben Konvergenzbereich wie f.
Die Funktion $h(x) = f(ax + b) = \sum_{i=0}^{\infty} c_i(ax + b - x_o)^i = \sum_{i=0}^{\infty} c_i a^i\left(x - \frac{x_o-b}{a}\right)^i = \sum_{i=0}^{\infty} d_i\left(x - \frac{x_o-b}{a}\right)^i$ mit $d_i = c_i a^i$ für alle $i \in \mathbb{N}_o$ hat den Konvergenzbereich $U_{\varrho_h}\left(\frac{x_o-b}{a}\right)$ mit $\varrho_h = \liminf_{i\to\infty}\sqrt[i]{\frac{1}{|d_i|}} = \liminf_{i\to\infty}\sqrt[i]{\frac{1}{|c_i|\cdot|a|^i}} = \frac{1}{|a|}\liminf_{i\to\infty}\sqrt[i]{\frac{1}{|c_i|}} = \frac{1}{|a|}\varrho_f$.

b) Man ersetzt x in $f(x) = \sum_{i=0}^{\infty} x^i$ durch x^2 und erhält $g(x) = f(x^2) = \frac{1}{1-x^2} = \sum_{i=0}^{\infty} x^{2i} = \sum_{i=0}^{\infty} c_i x^i$ mit $c_{2i} = 1$ und $c_{2i+1} = 0$ für $i \in \mathbb{N}_o$ und Konvergenzbereich $U_\varrho(0)$ mit $\varrho = \liminf_{i\to\infty}\sqrt[i]{\frac{1}{c_i}} = \frac{1}{\limsup_{i\to\infty}\sqrt[i]{c_i}} = \frac{1}{\limsup_{i\to\infty}\sqrt[2i]{1}} = 1$, weil die $c_{2i+1} = 0$ den größten Häufungspunkt nicht verändern.

c) $g(x) = \frac{1}{1-x^2} = \frac{1}{(1-x)(1+x)} = \frac{1}{2}\frac{1}{1-x} + \frac{1}{2}\frac{1}{1+x} = \frac{1}{2}\sum_{i=0}^{\infty} x^i + \frac{1}{2}\sum_{i=0}^{\infty}(-x)^i = \sum_{i=0}^{\infty} \frac{1+(-1)^i}{2}x^i = \sum_{i=0}^{\infty} c_i x^i$ mit $c_{2i} = 1$ und $c_{2i+1} = 0$, was weniger aufwändig auch als $g(x) = \sum_{i=0}^{\infty} x^{2i}$ geschrieben werden kann.

Lösung 27.15

a) Der Einfachkeit halber sei im Folgenden die Existenz des Grenzwertes $\varrho = \lim_{i\to\infty}\left|\frac{c_i}{c_{i+1}}\right|$ unterstellt und damit der Fall $\varrho = \infty$ ausgeschlossen.
$f'(x) = \sum_{i=1}^{\infty} i\,c_i(x - x_o)^{i-1} = \sum_{i=0}^{\infty}(i + 1)c_{i+1}(x - x_o)^i =: \sum_{i=0}^{\infty} d_i(x - x_o)^i$ mit $\varrho' = \lim_{i\to\infty}\left|\frac{d_i}{d_{i+1}}\right| = \lim_{i\to\infty}\left|\frac{(i+1)c_{i+1}}{(i+2)c_{i+2}}\right| = \lim_{i\to\infty}\left|\frac{c_{i+1}}{c_{i+2}}\right| = \lim_{i\to\infty}\left|\frac{c_i}{c_{i+1}}\right| = \varrho$. Damit hat f' denselben Kon-

vergenzbereich wie f. Iterieren dieses Argumentes zeigt, dass f beliebig oft differenzierbar ist und die Potenzreihe $f^{(m)}(x) = \sum_{i=m}^{\infty} \frac{i!}{(i-m)!} c_i(x-x_o)^{i-m}$ denselben Konverganzradius wie f hat.

b) $\sum_{i=0}^{\infty} c_i(x-x_o)^i = \sum_{i=0}^{\infty} d_i(x-x_o)^i$ für alle $x \in U_\varrho(x_o)$ impliziert $f(x) := \sum_{i=0}^{\infty}(c_i - d_i)(x-x_o)^i = 0$ für alle $x \in U_\varrho(x_o)$. Die Funktion f wie auch alle ihre Ableitungen verschwindet in $U_\varrho(x_o)$, d.h. $f^{(n)}(x) = \sum_{i=n}^{\infty}(c_i - d_i)\frac{i!}{(i-n)!}(x-x_o)^{i-n} = 0$ mit $f^{(n)}(x_o) = (c_n - d_n)\, n! = 0$ und damit $c_n = d_n$ für alle $n \in \mathbb{N}_o$.

c) Um p_3 angeben zu können, sind $h(x_o)$, $h'(x_o)$, $h''(x_o)$ und $h'''(x_o)$ zu bestimmen:

$h = f \circ g$ mit $h(x_o) = f\big(g(x_o)\big) = f(y_o) = c_o$,

$h' = (f \circ g)' = (f' \circ g) \cdot g'$ mit $g'(x_o) = \sum_{i=1}^{\infty} i\, d_i(x-x_o)^{i-1}\big|_{x=x_o} = d_1$ und $f'\big(g(x_o)\big) = \sum_{i=1}^{\infty} i\, c_i(y-y_o)^{i-1}\big|_{y=y_o} = c_1$ und daher $h'(x_o) = c_1 \cdot d_1$,

$h'' = \big((f' \circ g) \cdot g'\big)' = (f' \circ g)' \cdot g' + (f' \circ g) \cdot g''$
$= (f'' \circ g)(g')^2 + (f' \circ g) \cdot g''$ mit $(f \circ g)''(x_o) = 2c_2 \cdot d_1^2 + c_1 \cdot 2d_2$

$h''' = (f''' \circ g)(g')^3 + 3(f'' \circ g)g'\, g'' + (f' \circ g)g'''$ mit $h'''(x_o) = 6c_3 \cdot d_1^3 + 3 \cdot 2c_1 \cdot d_1 \cdot 2d_2 + c_1 \cdot 6d_3$.

Dann gilt $p_3(x) = \sum_{i=0}^{3} b_i(x-x_o)^i = \sum_{i=0}^{3} \frac{h^{(i)}(x_o)}{i!}(x-x_o)^i = \frac{c_o}{0!} + \frac{c_1 d_1}{1!}(x-x_o) + \frac{2c_2 d_1^2 + c_1 2d_2}{2!}(x-x_o)^2 + \frac{6c_3 \cdot d_1^3 + 12c_1 d_1 d_2 + 6c_1 d_3}{3!}(x-x_o)^3$.

Übrigens, die höheren Ableitungen von $h = f \circ g$ lassen sich mit Hilfe der verhältnismäßig komplizierten Formel von Faà di Bruno, s. https://de.wikipedia.org/wiki/Formel_von_Faà_di_Bruno, einer Verallgemeinerung der Kettenregel berechnen.

Francesco Faà di Bruno (1825–1888)

Lösung 27.16

a) $f_1(0) = 1$, $f_1'(x) = 2\frac{1}{(1-x)^3}$ mit $f_1'(0) = 2$, $f_1''(x) = 2 \cdot 3\frac{1}{(1-x)^4}$ mit $f_1''(0) = 2 \cdot 3$ etc., so dass per Induktion (siehe Kapitel 33) $f_1^{(i)}(x) = (i+1)!\frac{1}{(1-x)^{i+2}}$ mit $f_1^{(i)}(0) = (i+1)!$ geschlossen werden kann. Damit ist $f_1(x) = \sum_{i=0}^{\infty} \frac{f_1^{(i)}(0)}{i!}x^i = \sum_{i=0}^{\infty} \frac{(i+1)!}{i!}x^i = \sum_{i=0}(i+1)x^i$ mit $\varrho = \lim_{i\to\infty} |\frac{c_i}{c_{i+1}}| = \lim_{i\to\infty} \frac{i+1}{i+2} = 1$.

b) $f_2(0) = 1$, $f_2'(x) = 3\frac{1}{(1-x)^4}$ mit $f_2'(0) = 3$, $f_2''(x) = 3 \cdot 4 \cdot 3\frac{1}{(1-x)^5}$ mit $f_1''(0) = 3 \cdot 4$ etc., so dass per Induktion (s. Kapitel 33) auf $f_2^{(i)}(x) = \frac{1}{2}(i+2)!\frac{1}{(1-x)^{i+3}}$ mit $f_2^{(i)}(0) = \frac{1}{2}(i+2)!$ geschlossen werden kann. Damit ist $f_2(x) = \sum_{i=0}^{\infty} \frac{f_2^{(i)}(0)}{i!}x^i = \sum_{i=0}^{\infty} \frac{1}{2}\frac{(i+2)!}{i!}x^i = \sum_{i=0} \frac{1}{2}(i+1)(i+2)x^i$ mit $\varrho = \lim_{i\to\infty} |\frac{c_i}{c_{i+1}}| = \lim_{i\to\infty} \frac{i+2}{i+3} = 1$.

c) $f_3(0) = 0$, $f_3'(x) = \cos(x)$ mit $f_3'(0) = 1$, $f_3''(x) = -\sin(x)$ mit $f_3''(0) = 0$, $f_3'''(x) = -\cos(x)$ mit $f_3'''(0) = -1$ und $f_3^{(4)}(x) = \sin(x) = f_3(x)$. Die Periodizität garantiert $f_3^{(4i)}(x) = \sin(x)$ mit $f_3^{(4i)}(0) = 0 = f_3^{(4i+2)}(0)$ und $f_3^{(4i+1)}(0) = 1$ und $f_3^{(4i+3)}(0) =$

-1. Damit gilt $f_3(x) = \sin(x) = \sum_{i=0}^{\infty} \frac{(-1)^i}{(2i+1)!} x^{2i+1}$ mit $\varrho = \liminf_{i\to\infty} \sqrt[i]{\frac{1}{|c_i|}} = \frac{1}{\limsup_{i\to\infty} \sqrt[i]{|c_i|}} = \infty$, weil mit $\sqrt[2i]{c_i} = 0$ und $\sqrt[2i+1]{\frac{1}{(2i+1)!}} \to 0$ für $i \to \infty$ der Limes superior im Nenner verschwindet.

d) $f_4(0) = 0$, $f_4'(x) = \cosh(x)$ mit $f_4'(0) = 1$, $f_4''(x) = \sinh(x) = f_4(x)$, so dass per Periodizität $f_4^{(2i)}(0) = 0$ und $f_4^{(2i+1)}(0) = 1$ und damit $f_4(x) = \sinh(x) = \sum_{i=0}^{\infty} \frac{1}{(2i+1)!} x^{2i+1}$ mit $\varrho = \infty$ wie in Teil c) folgt.
$f_5(0) = 1$, $f_5'(x) = \sinh(x)$ mit $f_5'(0) = 0$, $f_5''(x) = \cosh(x) = f_5(x)$, so dass per Periodizität $f_5^{(2i)}(0) = 1$ und $f_5^{(2i+1)}(0) = 0$ und damit $f_5(x) = \cosh(x) = \sum_{i=0}^{\infty} \frac{1}{(2i)!} x^{2i}$ mit $\varrho = \infty$ wie in Teil c) folgt.

e) Aus $f_6(0) = f_6^{(i)}(0) = 1$ folgt $f_6(x) = e^x = \sum_{i=0}^{\infty} \frac{1}{i!} x^i$ mit $\varrho = \lim_{i\to\infty} |\frac{c_i}{c_{i+1}}| = \lim_{i\to\infty} \frac{(i+1)!}{i!} = \lim_{i\to\infty}(i+1) = \infty$. Die Taylor-Reihe der Exponential-Funktion konvergiert also auf ganz $\mathbb{R}$.

f) $f_7(1) = \ln(1) = 0$, $f_7'(x) = \frac{1}{x}$ mit $f_7'(1) = 1$, $f_7''(x) = -\frac{1}{x^2}$ mit $f_7''(1) = -1$, $f_7'''(x) = \frac{2}{x^3}$ mit $f_7'''(1) = 2$, $f_7^{(4)}(x) = -\frac{6}{x^4}$ mit $f_7^{(4)}(1) = -2 \cdot 3$, so dass per Induktion (siehe Kapitel 33) $f_7^{(i)}(1) = -(-1)^i(i-1)!$ und damit $\ln(x) = \sum_{i=1}^{\infty} \frac{-(-1)^i}{i}(x-1)^i$ folgt. Die Reihe konvergiert in $U_\varrho(1)$ mit $\varrho = \lim_{i\to\infty} |\frac{-(-1)^i/i}{(-1)^i/(i+1)}| = \lim_{i\to\infty} \frac{i+1}{i} = 1$.
Man erhält die häufig verwendete Darstellung $\ln(1+x) = \sum_{i=1}^{\infty} \frac{(-1)^i}{i} x^i$ für $|x| < 1$, indem man x durch $1 + x$ ersetzt.

g) Wegen $f(x) = f(x_o) + f'(x_o)(x - x_o) + \ldots$ muss neben allen Ableitungen $f^{(n)}(x_o)$ auch $f(x_o)$ bekannt sein. Beispielsweise im Fall des Logarithmus ist dies nur für $x_o = 1$ gegeben.

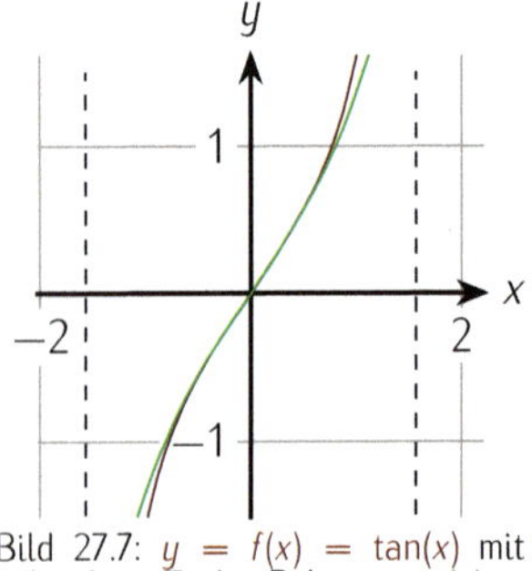

Bild 27.7: $y = f(x) = \tan(x)$ mit kubischem Taylor-Polynom $p_3(x) = x + \frac{1}{3}x^3$

Lösung 27.17

a) Wegen $f(0) = 0$, $f'(x) = \frac{\cos^2(x)+\sin^2(x)}{\cos^2(x)} = 1 + \tan^2(x)$ mit $f'(0) = 1$, $f''(x) = 2\tan(x)\big(1+\tan^2(x)\big) = 2\tan(x) + 2\tan^3(x)$ mit $f''(0) = 0$ und $f'''(x) = 2\big(1+\tan^2(x)\big) + 6\tan^2(x)\big(1+\tan^2(x)\big) = 2 + 8\tan^2(x) + 6\tan^4(x)$ mit $f'''(0) = 2$ ist $p_3(x) = 0 + 1 \cdot x + 0 \cdot x^2 + \frac{2}{6}x^3 = x + \frac{1}{3}x^3$ das kubische Taylor-Polynom bei Entwicklung von $f(x) = \tan(x)$ um 0, s. Bild 27.7

b) Wegen $g(0) = 0$, $g'(x) = \frac{\cosh^2(x)-\sinh^2(x)}{\cosh^2(x)} = 1 - \tanh^2(x)$ mit $g'(0) = 1$, $g''(x) = -2\tanh(x)\big(1-\tanh^2(x)\big) = 2\tanh^3(x) - 2\tanh(x)$ mit $g''(0) = 0$ und $g'''(x) = \big(6\tanh^2(x) - 2\big)\big(1 - \tanh^2(x)\big) = -6\tanh^2(x) + 8\tanh^2(x) - 2$ mit $g'''(0) = -2$ ist $q_3(x) = 0 + 1 \cdot x + 0 \cdot x^2 - \frac{2}{6}x^3 = x - \frac{1}{3}x^3$ das kubische Taylor-Polynom bei Entwicklung von $g(x) = \tanh(x)$ um 0, s. Bild 27.8.

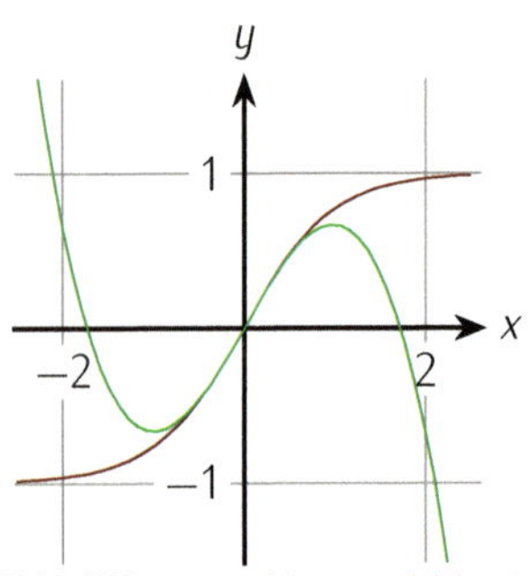

Bild 27.8: $y = g(x) = \tanh(x)$ mit kubischem Taylor-Polynom $q_3(x) = x - \frac{1}{3}x^3$

Lösung 27.18

a) $\sin(jz) = \sum_{i=0}^{\infty} \frac{(-1)^i}{(2i+1)!}(jz)^{2i+1} = \sum_{i=0}^{\infty} \frac{(-1)^i}{(2i+1)!} j(-1)^i z^{2i+1}$
$= j \sum_{i=0}^{\infty} \frac{1}{(2i+1)!} z^{2i+1} = j \sinh(z)$ für alle $z \in \mathbb{C}$.
Ersetzen von z durch $-jz$ in $\sin(jz) = j\sinh(z)$ liefert $\sin(z) = \sin(-j^2 z) = j\sinh(-jz) = -j\sinh(jz)$ und bei Multiplikation mit j eben $\sinh(jz) = j\sin(z)$ für alle $z \in \mathbb{C}$.

b) $\cos(jz) = \sum_{i=0}^{\infty} \frac{(-1)^i}{(2i)!}(jz)^{2i} = \sum_{i=0}^{\infty} \frac{(-1)^i}{(2i)!}(-1)^i z^{2i} = \sum_{i=0}^{\infty} \frac{1}{(2i)!} z^{2i}$
$= \cosh(z)$ für alle $z \in \mathbb{C}$.
Ersetzen von z durch $-jz$ in $\cos(jz) = \cosh(z)$ liefert $\cos(z) = \cos(-j^2 z) = \cosh(-jz) = \cosh(jz)$ für alle $z \in \mathbb{C}$.

c) $e^{jx} = \sum_{i=0}^{\infty} \frac{1}{i!}(jx)^i = \sum_{i=0}^{\infty} \frac{1}{(2i)!}(jx)^{2i} + \sum_{i=0}^{\infty} \frac{1}{(2i+1)!}(jx)^{2i+1} = \sum_{i=0}^{\infty} \frac{(-1)^i}{(2i)!} x^{2i} + j \sum_{i=0}^{\infty} \frac{(-1)^i}{(2i+1)!} x^{2i+1} = \cos(x) + j\sin(x)$ für alle $x \in \mathbb{R}$.

Lösung 27.19

a) $\arctan'(x) = \frac{1}{\tan'\left(\arctan(x)\right)} = \frac{1}{1+\tan^2\left(\arctan(x)\right)} = \frac{1}{1+x^2}$.

b) Ersetzen von x durch $-x^2$ in der geometrischen Reihe $\frac{1}{1-x} = \sum_{i=0}^{\infty} x^i$ liefert $\arctan'(x) = \sum_{i=0}^{\infty}(-x^2)^i = \sum_{i=0}^{\infty}(-1)^i x^{2i}$.
Alternativ kann man auch $f(x) = \sum_{i=o}^{\infty} b_i x^i = \frac{1}{1+x^2} = \frac{1}{g(x)}$ als Reziproke der Potenz-Reihe $g(x) = 1 + x^2 = \sum_{i=o}^{\infty} c_i x^i$ mit $c_o = c_2 = 1$ und $c_i = 0$ für $i = 1, 3, 4, \ldots$ auffassen. Dann gilt
$b_o = \frac{1}{c_o} = 1$,
$0 = b_o c_1 + b_1 c_o \Rightarrow b_1 = 0$,
$0 = b_o c_2 + b_1 c_1 + b_2 c_o = 1 + b_2 \Rightarrow b_2 = -1$,
$0 = b_o c_3 + b_1 c_2 + b_2 c_1 + b_3 c_o = b_3 \Rightarrow b_3 = 0$,
$0 = b_o c_4 + b_1 c_3 + b_2 c_2 + b_3 c_1 + b_4 c_o = -1 + b_4 \Rightarrow b_4 = 1$ usw.,
also erneut $b_{2i+1} = 0$ für $i \in \mathbb{N}_o$ und $b_{2i} = (-1)^i$ für $i \in \mathbb{N}_o$.

c) $\arctan(x) = \sum_{i=0}^{\infty}(-1)^i \frac{1}{2i+1} x^{2i+1} + C$, wobei die Integrationskonstante C verschwindet, weil $\arctan(x)$ wie auch die Reihe in $x = 0$ verschwinden.
Verifikation bestätigt $\frac{d}{dx} \sum_{i=0}^{\infty}(-1)^i \frac{1}{2i+1} x^{2i+1} = \sum_{i=0}^{\infty}(-1)^i x^{2i} = \frac{1}{1+x^2} = \arctan'(x)$ und $\sum_{i=0}^{\infty}(-1)^i \frac{1}{2i+1} x^{2i+1}\Big|_{x=0} = 0 = \arctan(0)$.

28 Methoden der Integration

28.1 Einleitung

In Kapitel 10 von Band 1 wird die Integration mit linearen Zerlegungen behandelt. Weitergehende Methoden stehen im Zentrum dieses Kapitels. Bei rationalen Funktionen ist deren Partialbruchzerlegung der Schlüssel zu ihrer Integration. Partielle Integration teilt ein Integral in eine Stammfunktion und ein weiteres zumeist einfacheres Integral auf. Die schon in Kapitel 10 verwendete lineare Transformation des Integrationsbereiches ist ein Spezialfall der Substitution. Mit der Verwendung passender nichtlinearer Funktionen ist die Substitution ein sehr mächtiges Werkzeug. Hier sind trigonometrische und hyperbolische Substitutionen von besonderer Bedeutung.

Uneigentliche Integrale betreffen nicht begrenzte Integrationsbereiche oder Integranden. Schließlich lassen sich die Quadratur-Formeln aus Kapitel 11 mit Hilfe der Restglied-Abschätzung zur numerischen Lösung von Integralen benutzen. Ein anwendungsbezogener Einstieg in die Integrationsmethoden ist in Knorrenschild (2022) zu finden. Eine Integraltabelle finden Sie im Anhang dieses Buches, Abschnitt 30.4.

M. Knorrenschild. *Mathematik für Ingenieure 1. Grundlagen im Bachelorstudium.* Hanser, München, 2. Auflage, 2022

28.1.1 Integration rationaler Funktionen

Die Integration einer rationalen Funktion $\frac{p(x)}{q(x)}$ für zwei Polynome $p(x)$, $q(x)$ mithilfe der Partialbruchzerlegung besteht aus diesen Schritten.

- ▷ Zerlegung zu echt gebrochen rationaler Funktion,
- ▷ Zerlegung des Nenners $q(x)$ in Faktoren,
- ▷ Ansatz als Summe aus Partialbrüchen,
- ▷ Lösung des Gleichungssystems für die Koeffizienten der Summe,
- ▷ Integration der Partialbrüche.

Jeder der Schritte wird im Folgenden mit dieser Funktion ausgeführt:

$$f(x) = \frac{x^5 + 2x^4 + 3x^3 - 4x^2 - 5x - 3}{x^5 + 3x^4 + 4x^3 - 5x - 3}.$$

Die Zerlegung in eine echt gebrochen rationale Funktion und ein Polynom kann durch *Polynomdivision* erreicht werden. Das verbleibende Zählerpolynom ist dann von kleinerem Grad als das Nennerpolynom.

Die Zerlegung rationaler Funktion mit der Partialbruchzerlegung wird ausführlich in Kapitel 23 behandelt.

Beispiel. Zerlegung zu echt gebrochen rationaler Funktion.

$f(x) = 1 + \frac{-x^4-x^3-4x^2}{x^5+3x^4+4x^3-5x-3}$.

Der Nenner $q(x)$ wird in Linearfaktoren und *irreduzible* quadratische Polynome zerlegt. Wenn ein reelles Polynom komplexe Nullstellen hat, treten diese paarweise als konjugiert komplexe Nullstellen auf. Um die Zerlegung im Reellen zu behandeln, werden diese Faktoren als ein irreduzibles Polynom $x^2 + p\,x + q$ mit $p^2 < 4\,q$ notiert. Für die Linearfaktoren werden die Nullstellen von $q(x)$ bestimmt. Mit Polynomdivision oder dem Horner-Schema wird die Faktorisierung durchgeführt.

Der Nullstellensuche bei Polynomen widmet sich der Beginn von Kapitel 30.

Beispiel. Zerlegung des Nenners $q(x)$

Die Summe der Koeffizienten von q ist $1+3+4+(-5)+(-3) = 0$, daher ist 1 Nullstelle von q. Ebenfalls ist die alternierende Summe der Koeffizienten $1-3+4-(-5)+(-3) = 0$, daher ist auch -1 eine Nullstellen. Es ist $x^5+3x^4+4x^3-5x-3 = (x-1)(x+1)^2(x^2+2x+3)$. Das verbleibende quadratische Polynom ist irreduzibel.

Die Partialbrüche, in die die Funktion zerlegt wird, haben die Form $\frac{c_i}{(x-x_i)^j}$, wobei x_i Nullstellen des Nenners q sind, oder $\frac{d_1x+d_0}{(x^2+p\,x+q)^j}$ für irreduzible Faktoren von q. Bei einer n-fachen Nullstelle stehen im Ansatz alle Potenzen des Linearfaktors $(x - x_i)^j$ von $j = 1$ bis n im Nenner verschiedener Summanden. Entsprechend wird bei mehrfachen komplexen Nullstellen verfahren.

Vergleiche Kapitel 23.

Beispiel. Ansatz der Partialbruchzerlegung.

Ansatz: $\frac{a}{x-1} + \frac{b}{x+1} + \frac{c}{(x+1)^2} + \frac{d(2x+2)+e}{x^2+2x+3} = \frac{-x^4-x^3-4x^2}{x^5+3x^4+4x^3-5x-3}$.

Für die zweifache Nullstelle -1 stehen die zwei Terme mit den Koeffizienten b und c im Ansatz. Im Zähler über dem irreduziblen Polynom ist der erste Koeffizient passend zur Ableitung des Nenners gewählt und der zweite zur Konstante.

Im Ansatz werden alle Terme auf den Hauptnenner $q(x)$ gebracht und die Zähler gleich gesetzt. Ein *Koeffizientenvergleich* liefert die linearen Gleichungen. Dazu werden jeweils nur die Monome mit gleichem Exponenten berücksichtigt.

Mit der Lösung linearer Gleichungssysteme befasst sich Kapitel 40 von Band 3.

Beispiel. Lösung des linearen Gleichungsystem für die Koeffizienten.

$a(x^4+4x^3+8x^2+8x+3)+b(x^4+2x^3+2x^2-2x-3)+c(x^3+x^2+x-3)+d(2x^4+4x^3-4x-2)+e(x^3+x^2-x-1) = -x^4-x^3-4x^2$

Die linearen Gleichung werden hier als erweiterte Koeffizientenmatrix dargestellt, deren letzte Spalte die rechte Seite (r.S.) der Gleichungen enthält.

Potenz	a	b	c	d	e	r.S.
x^4	1	1	0	2	0	−1
x^3	4	2	1	4	1	−1
x^2	8	2	1	0	1	−4
x	8	−2	1	−4	−1	0
1	3	−3	−3	−2	−1	0

Die Lösung ist $a=-\frac{1}{4}, b=-\frac{7}{4}, c=1, d=\frac{1}{2}, e=\frac{1}{2}$.

Die Partialbruchzerlegung ist die langwierige Vorarbeit, die Integration der Partialbrüche dagegen mit Hilfe von Standardintegralen schnell erledigt. Standardintegrale für die Fälle einer einfachen und einer mehrfachen reellen Nullstelle sind die folgenden:

▷ $\int \frac{1}{x-x_0}\,dx = \ln(|x-x_0|) + C$,

▷ $\int \frac{1}{(x-x_0)^n}\,dx = \frac{-1}{(n-1)(x-x_0)^{n-1}} + C$ für ganzzahliges $n > 1$.

Für konjugiert komplexe, einfache Nullstellen im Nenner, also x^2+px+q mit $q > \frac{p^2}{4}$ werden diese beiden Stammfunktionen benötigt:

▷ $\int \frac{2x+p}{x^2+px+q}\,dx = \ln(|x^2+px+q|) + C$,

▷ $\int \frac{1}{x^2+px+q}\,dx = \frac{1}{\sqrt{q-\frac{p^2}{4}}} \arctan\left(\frac{x+p/2}{\sqrt{q-\frac{p^2}{4}}}\right) + C$.

Nach der linearen Substitution mit $t = x + \frac{p}{2}$ bleibt im Nenner t^2+a^2 mit $a = \sqrt{q - p^2/4}$. Die Stammfunktionen hierfür sind

▷ $\int \frac{2t}{t^2+a^2}\,dt = \ln(|t^2+a^2|) + C$,

▷ $\int \frac{1}{t^2+a^2}\,dt = \frac{1}{a}\arctan(\frac{t}{a}) + C$.

Schließlich können mehrfache konjugiert komplexe Nullstellen im Nenner durch entsprechende Kombinationen zusammengesetzt werden. So ist z.B.

▷ $\int \frac{1}{(x^2+a^2)^2}\,dx = \frac{1}{2a^3}\arctan(\frac{x}{a}) + \frac{x}{2a^2(x^2+a^2)} + C$.

Beispiel. Integration der Partialbrüche.

Für die Beispielfunktion ergibt sich

$\int f(x)\,dx = \int \left(1 + \frac{a}{x-1} + \frac{b}{x+1} + \frac{c}{(x+1)^2} + \frac{d(2x+2)+e}{x^2+2x+3}\right) dx = x + a\ln(|x-1|) + b\ln(|x+1|) + \frac{-c}{x+1} + d\ln(|x^2+2x+3|) + \frac{e}{\sqrt{2}}\arctan(\frac{x+1}{\sqrt{2}}) + C = x - \frac{1}{4}\ln(|x-1|) - \frac{7}{4}\ln(|x+1|) + \frac{-1}{x+1} + \frac{1}{2}\ln(|x^2+2x+3|) + \frac{1}{2\sqrt{2}}\arctan(\frac{x+1}{\sqrt{2}}) + C.$

28.1.2 Partielle Integration

Aus der Produktregel der Differentialrechnung

$$(f(x)\,g(x))' = f'(x)\,g(x) + f(x)\,g'(x)$$

leitet sich die Methode der *partiellen Integration* ab, siehe nebenstehend. Sie löst ein Integral mit Hilfe eines anderen.

Mit der *Produktregel* $(fg)' = f'g + fg'$ wird die *partielle Integration* hergeleitet. Eine Stammfunktion H zu $f'g$ führt wegen $(fg - H)' = f'g + fg' - f'g = fg'$ zu einer Stammfunktion von fg' nämlich $fg - H$.

$$\int f(x)g'(x)\,dx = f(x)g(x) - \int f'(x)g(x)\,dx$$

Partiell heißt diese Methode deshalb, weil auf der rechten Seite ein Integral stehen bleibt. Sie verlangt eine Zerlegung des Integranden in Faktoren f und g', sodass

▷ eine Stammfunktion g zu g' bekannt ist,
▷ der Faktor f eine Ableitung f' hat,
▷ mit der sich das Produkt $f'g$ einfacher integrieren lässt.

Beispiel.

$$\begin{aligned}\int \underbrace{x}_{f}\,\underbrace{e^x}_{g'}\,dx &= \underbrace{x}_{f}\,\underbrace{e^x}_{g} - \int \underbrace{1}_{f'}\,\underbrace{e^x}_{g}\,dx\\ &= (x-1)\,e^x + C\end{aligned}$$

Wie in diesem Beispiel eignet sich die partielle Integration beispielsweise für Produkte eines Polynoms mit einer Exponential-, Sinus- oder Cosinus-Funktion. Zu letzterer lässt sich einfach eine Stammfunktion bestimmen, das Polynom vereinfacht sich nach Ableitung, da der Grad um eins kleiner wird. Bei Polynomen höheren Grades wird die partielle Integration mehrfach angewandt.

Beispiel. Zweifache Verwendung der partiellen Integration.

$$\int \underbrace{x^2}_{f_1}\,\underbrace{e^{-3x}}_{g_1'}\,dx = \underbrace{x^2}_{f_1}\,\underbrace{-\tfrac{1}{3}e^{-3x}}_{g_1} - \int \underbrace{2x}_{f_1'}\,\underbrace{(-\tfrac{1}{3}e^{-3x})}_{g_1}\,dx$$

$$= -\tfrac{1}{3}x^2e^{-3x} + \int \underbrace{\tfrac{2}{3}x}_{f_2}\,\underbrace{(e^{-3x})}_{g_2'}\,dx$$

$$= -\tfrac{1}{3}x^2e^{-3x} + \underbrace{\tfrac{2}{3}x}_{f_2}\,\underbrace{(-\tfrac{1}{3}e^{-3x})}_{g_2} - \int \underbrace{\tfrac{2}{3}}_{f_2'}\,\underbrace{(-\tfrac{1}{3}e^{-3x})}_{g_2}\,dx$$

$$= \left(-\tfrac{1}{3}x^2 - \tfrac{2}{9}x - \tfrac{2}{27}\right)\,e^{-3x} + C$$

28.1.3 Substitution

Bei der Integration einer Verkettung $(f \circ g)(x) = f(g(x))$ hilft der Faktor $g'(x)$. Dann liefert eine Stammfunktion F zur äußeren Funktion f

$$\int f(g(x))g'(x)\,dx = F(g(x)) + C.$$

Mit der *Kettenregel* $(F \circ g)' = (F' \circ g)\,g'$ wird die *Substitution* hergeleitet. Die Stammfunktion F zu f liefert für $\int f(g(x))\,g'(x)\,dx$ die Verkettung $F(g(x)) + C$.

Die *Substitutionsregel* kann direkt aus der Kettenregel der Differentialrechnung abgeleitet werden, wie nebenstehend gezeigt wird. Mit einer linearen inneren Funktion $g(x) = ax + b$ wird das besonders einfach, da deren Ableitung konstant ist. Es ergibt sich:

$\int f(ax+b)\,dx = \frac{1}{a}\int f(ax+b)a\,dx = \frac{1}{a}F(ax+b) + C.$

Beispiel. Anwendung der Substitutionsformel.
- ▷ $\int \sin^3(x)\cos(x)\,dx = \frac{1}{4}\sin^4(x) + C$
- ▷ $\int x^2\sin(x^3)\,dx = \frac{1}{3}\int \sin(x^3)3x^2\,dx = -\frac{1}{3}\cos(x^3) + C$

Substitution bedeutet Ersetzung. Mit der Substitutionsregel wird die innere Funktion einer Verknüpfung durch eine neue Variable ersetzt. In den beiden Beispielen sieht das so aus.

Beispiel. Explizite Substitution bei obigen Integralen.
- ▷ Ersetze $\sin(x)$ durch die Variable t. Dann ist $t = \sin(x)$, $\frac{dt}{dx} = \cos(x)$ und $\cos(x)\,dx = dt$. Der Ausdruck mit t wird integriert und anschließend für t wieder $\sin(x)$ eingesetzt.

  $\int \sin^3(x)\cos(x)\,dx = \int t^3\,dt = \frac{1}{4}t^4 + C = \frac{1}{4}\sin^4(x) + C$
- ▷ Substituiere $t = x^3$, $\frac{dt}{dx} = 3x^2 \Rightarrow 3x^2\,dx = dt$. $\int x^2\sin(x^3)\,dx = \frac{1}{3}\int \sin(t)\,dt = \frac{1}{3}(-\cos(t)) + C = -\frac{1}{3}\cos(x^3) + C$.

Bei bestimmten Integralen entfällt die in den Beispielen gezeigte Rück-Substitution. Dafür werden die Integralgrenzen mit der inneren Funktion transformiert. Es gilt

$$\int_a^b f(g(x))g'(x)\,dx = \int_{g(a)}^{g(b)} f(t)\,dt \quad \text{bei der Substitution } t = g(x).$$

Beispiel. Zu bestimmen ist $\int_0^2 xe^{1-x^2}\,dx$. Substituiere $t = g(x) = 1 - x^2 \Rightarrow dt = -2x\,dx$ sowie $g(0) = 1, g(2) = -3$. Es ist $\int_0^2 xe^{1-x^2}\,dx = -\frac{1}{2}\int_0^2 e^{1-x^2}(-2x)\,dx = -\frac{1}{2}\int_1^{-3} e^t\,dt = \frac{e-e^{-3}}{2}$.

28.1.4 Umgekehrte Substitution

Die direkte Substitution formt das Integral $\int f(g(x))g'(x)\,dx$ nach $\int f(t)\,dt$ um. Bei der *umgekehrten Substitution* wird gerade anders herum umgeformt. In die Integrandenfunktion wird eine andere Funktion eingeschoben.

$$\int f(x)\,dx = \int f(s(u))s'(u)\,du$$

Die Kunst besteht in der Wahl einer inneren Funktion $s(u)$, mit der das Integral einfacher zu bearbeiten ist.

Ist der *Integrand eine Verkettung* mit der inneren Funktion g, bietet sich deren Umkehrfunktion g^{inv} an. Die umgekehrte Substitution wird dann

$$\int f(g(x))\,dx = \int f(t)(g^{inv})'(t)\,dt.$$

Beispiel. Gesucht ist eine Stammfunktion zur auf $\mathbb{R}^+$ definierten Funktion $e^{\sqrt{x}}$. In diesem Bereich ist die Variable $t = g(x) = \sqrt{x}$ definiert. Mit $t = \sqrt{x}$ ist $x = t^2$ und $dx = 2t\,dt$. Dies ist die Ableitung der Umkehrfunktion. Damit wird $\int e^{\sqrt{x}}\,dx = \int e^t 2t\,dt = 2(t-1)e^t + C = 2(\sqrt{x}-1)e^{\sqrt{x}} + C$.

Das Integral $\int e^t 2t\,dt$ ist im Beispiel zur partiellen Integration behandelt.

Beim Berechnen bestimmter Integrale kann auch hier die Rücksubstitution entfallen. Auf die Integralgrenzen wird die Umkehrfunktion $s^{inv}(x)$ der eingesetzten inneren Funktion $s(u)$ angewandt. Es gilt

$$\int_a^b f(x)\,dx = \int_{s^{inv}(a)}^{s^{inv}(b)} f(s(u))s'(u)\,du.$$

Im Falle der Substitution mit der Umkehrfunktion der inneren Funktion einer Verkettung wird daraus:

$$\int_a^b f(g(x))\,dx = \int_{g(a)}^{g(b)} f(t)(g^{inv})'(t)\,dt.$$

Beispiel. Für das bestimmte Integral $\int_2^4 e^{\sqrt{x}}\,dx$ ist wie oben $t = g(x) = \sqrt{x}$ und $g^{inv}(t) = t^2$. Dann ergibt sich $\int_2^4 e^{\sqrt{x}}\,dx = \int_{\sqrt{2}}^{\sqrt{4}} e^t\,2t\,dt = [2(t-1)e^t]|_{\sqrt{2}}^{2} = 2e^2 - 2(\sqrt{2}-1)e^{\sqrt{2}}$.

28.1.5 Substitution mit trigonometrischen und hyperbolischen Funktionen

Findet sich im Integranden die Wurzel eines quadratischen Polynoms, können Substitutionen mit trigonometrischen oder hyperbolischen Funktionen zur Lösung des Integrals führen. Dabei wird von den Identitätsgleichungen Gebrauch gemacht, wie sie in Tabelle 28.1 zu den Substitutionen angegeben sind.

> **Beispiel.** Gesucht ist das unbestimmte Integral $\int \sqrt{1-x^2}\,dx$. Substituiert wird $x = \sin(\varphi)$. Dann ist $dx = \cos(\varphi)\,d\varphi$. Damit ist
>
> $$\int \sqrt{1-x^2}\,dx = \int \sqrt{1-\sin^2(\varphi)}\cos(\varphi)\,d\varphi.$$
>
> Beachten Sie: der Definitionsbereich des Integranden ist gerade der Bildbereich $[-1, 1]$ der Sinusfunktion. Wegen der Identität $\sin^2(\varphi) + \cos^2(\varphi) = 1$ ist $\sqrt{1-\sin^2(\varphi)} = \sqrt{\cos^2(\varphi)} = \cos(\varphi)$. Die letzte Gleichung gilt im Definitionsbereich $[-\frac{\pi}{2}, \frac{\pi}{2}]$ des Sinus, denn dort ist der Cosinus positiv. Damit ist $\int \sqrt{1-x^2}\,dx = \int \cos^2(\varphi)\,d\varphi$. Dieses Integral lässt sich durch zweimalige partielle Integration als $\frac{1}{2}(\sin(\varphi)\cos(\varphi) + \varphi) + C$ bestimmen. Durch Einsetzen von $\varphi = \arcsin(x)$ ergibt sich $\frac{1}{2}(x\cos(\arcsin(x)) + \arcsin(x)) + C$. Wegen $\cos(\varphi) = \sqrt{1-\sin^2(\varphi)}$ ist
>
> $$\int \sqrt{1-x^2}\,dx = \frac{1}{2}\left(x\sqrt{1-x^2} + \arcsin(x)\right) + C.$$

Tabelle 28.1: Trigonometrische und hyperbolische Substitutionen

Term	Substitution	Differential	Identität
$\sqrt{r^2-x^2}$	$x = r\sin(\varphi)$	$dx = r\cos(\varphi)d\varphi$	$1-\sin^2(\varphi) = \cos^2(\varphi)$
	$x = r\cos(\varphi)$	$dx = -r\sin(\varphi)d\varphi$	$1-\cos^2(\varphi) = \sin^2(\varphi)$
$\sqrt{r^2+x^2}$	$x = r\tan(\varphi)$	$dx = r\sec^2(\varphi)d\varphi$	$1+\tan^2(\varphi) = \sec^2(\varphi)$
	$x = r\cot(\varphi)$	$dx = -r\csc^2(\varphi)d\varphi$	$1+\cot^2(\varphi) = \csc^2(\varphi)$
	$x = r\sinh(\varphi)$	$dx = r\cosh(\varphi)d\varphi$	$1+\sinh^2(\varphi) = \cosh^2(\varphi)$
$\sqrt{x^2-r^2}$	$x = r\sec(\varphi)$	$dx = r\tan(\varphi)\sec(\varphi)d\varphi$	$\sec^2(\varphi)-1 = \tan^2(\varphi)$
	$x = r\csc(\varphi)$	$dx = -r\cot(\varphi)\csc(\varphi)d\varphi$	$\csc^2(\varphi)-1 = \cot^2(\varphi)$
	$x = r\cosh(\varphi)$	$dx = r\sinh(\varphi)d\varphi$	$\cosh^2(\varphi)-1 = \sinh^2(\varphi)$

> **Beispiel.** Gesucht ist $\int \frac{1}{\sqrt{4+x^2}}dx$. Mit der Substitution $x = 2\cot(t)$ und $dx = -2\csc^2(t)dt$ ist $\int \frac{1}{\sqrt{4+x^2}}dx = \int \frac{1}{\sqrt{4+4\cot^2(t)}}(-2\csc^2(t))dt = -2\int \frac{1}{\sqrt{4\csc^2(t)}}\csc^2(t)dt = -2\int \frac{1}{2\csc(t)}\csc^2(t)dt = -\int \csc(t)dt =$

> $-\ln(|\tan(t/2)|)+C = \ln\left(\frac{1}{|\tan(t/2)|}\right)+C = \ln(|\cot(t/2)|)+C$. Hier wurde benutzt, dass csc bzw. cot jeweils die Kehrwerte von sin bzw. tan sind. Da $t = \operatorname{arccot}(x/2)$ ist und für den Cotangens die Halbwinkelformel $\cot(x/2) = \cot(x)+\sqrt{1+\cot^2(x)}$ gilt, kann resubstituiert werden: $\ln(\cot(t/2)) = \ln\left(\cot(t)+\sqrt{1+\cot^2(t)}\right) = \ln\left(\frac{x}{2}+\sqrt{1+\frac{x^2}{4}}\right)$.
> Zusammen gilt also $\int \frac{1}{\sqrt{4+x^2}}dx = \ln\left(\frac{x}{2}+\sqrt{1+\frac{x^2}{4}}\right)+C$.

Ausdrücke der Form $\sqrt{ax^2+bx+c}$ im Integral können mit Hilfe quadratischer Ergänzung als $\sqrt{a}\sqrt{(x+\frac{b}{2a})^2+\frac{4ac-b^2}{4a^2}}$ geschrieben werden. Mit der linearen Substitution $u = x+\frac{b}{2a}$, $du = dx$ wird der rechte Teil auf eine der Formen $\sqrt{u^2+r^2}$, $\sqrt{u^2-r^2}$ oder $\sqrt{r^2-x^2}$ gebracht.

> **Beispiel.** Gesucht ist das Integral $I = \int \frac{1}{\sqrt{(x^2-2x+5)^3}}\,dx$.
>
> Zuerst erfolgt die lineare Substitution $u = x-1$, $du = dx$. So wird $I = \int \frac{1}{\sqrt{(u^2+2^2)^3}}\,du$.
>
> Nun wird mit $u = 2\sinh(t)$ und $du = 2\cosh(t)\,dt$ substituiert. Es wird
>
> $I = \int \frac{1}{\sqrt{(2^2\sinh^2(t)+2^2)^3}}\,2\cosh(t)\,dt = \frac{1}{4}\int \frac{1}{\cosh^2(t)}\,dt =$
>
> $\frac{1}{4}\tanh(t)+C = \frac{1}{4}\frac{\sinh(t)}{\sqrt{1+\sinh^2(t)}}+C = \frac{1}{4}\frac{\frac{u}{2}}{\sqrt{1+(u/2)^2}}+C =$
>
> $\frac{1}{4}\frac{u}{\sqrt{u^2+4}}+C = \frac{x-1}{4\sqrt{x^2-2x+5}}+C.$

28.1.6 *Uneigentliche Integrale*

Uneigentliche Integrale gibt es als Integration über *eine unbeschränkte Funktion* oder über *ein unendliches Intervall*. Zunächst wird das Integral über eine unbeschränkte Funktion betrachtet. Die Stammfunktion zu der auf $\mathbb{R}^+$ definierten Funktion $f(x) = \frac{1}{2\sqrt{x}}$ ist $F(x) = \sqrt{x}$. Sie lässt sich in den Grenzen 0 bis 4 auswerten: $F(4)-F(0) = 2$. Andererseits ist das Integral $\int_0^4 f(x)\,dx$ nicht im Sinne des Riemann-Integrals definiert, da f bei Null nicht definiert ist, sondern dort eine Polstelle hat. Ein bestimmtes Integral über eine Funktion, die an mindestens einer der Grenzen eine Polstelle hat, wird *uneigentliches Integral* genannt.

Sei $f(x)$ eine in $(a, b]$ definierte Funktion, die in a eine Polstelle hat. Sofern der Grenzwert existiert, ist das uneigentliche Integral definiert als:

$$\int_a^b f(x)\,dx = \lim_{c\to a,\, c>a}\int_c^b f(x)\,dx = \lim_{c\to a^+}\int_c^b f(x)\,dx.$$

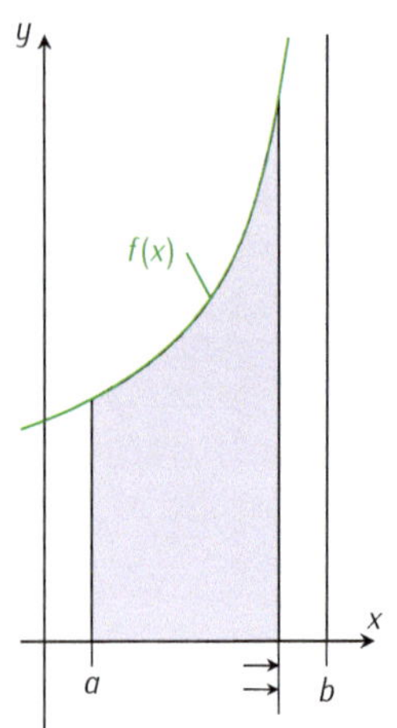

Bild 28.1: Uneigentliches Integral über eine unbeschränkte Funktion f, die bei b eine Polstelle hat. $\int_a^b f(x)\,dx = \lim_{c\to b^-} \int_a^c f(x)\,dx$, falls der Grenzwert existiert.

Beispiel. Uneigentliche Integration an einer Polstelle

$\int_0^1 \frac{1}{\sqrt[4]{x}}\,dx = \lim_{c\to 0} \int_c^1 \frac{1}{\sqrt[4]{x}}\,dx = \lim_{c\to 0} \frac{4}{3}\left(1^{3/4} - c^{3/4}\right) = \frac{4}{3}$

Beispiel. $\int_0^1 \frac{1}{x}\,dx = \lim_{c\to 0} \int_c^1 \frac{1}{x}\,dx = \lim_{c\to 0} (\ln(1) - \ln(c))$. Der Grenzwert existiert nicht, da $-\ln(c)$ mit $c \to 0$ bestimmt divergent gegen $+\infty$ ist.

Bei einer in $[a, b)$ definierten Funktion wird der Grenzwert bei der oberen Integralgrenze gebildet, wie in Bild 28.1 dargestellt. Für eine nur in (a, b) definierte Funktion $f(x)$ ist das uneigentliche Integral als die Summe der Grenzwerte definiert $\int_a^b f(x)\,dx = \lim_{c\to a^+} \int_c^m f(x)\,dx + \lim_{d\to b^-} \int_m^d f(x)\,dx$. Der Wert m ist dabei eine beliebige Zahl $m \in (a, b)$.

Beispiel. Bestimmen Sie $\int_{-1}^1 f(x)\,dx$ mit $f(x) = \frac{2x}{1-x^2}$.

Der Integrand hat die Stammfunktion $-\ln(1-x^2)$. Die Funktion hat bei -1 wie bei 1 eine Polstelle. Deshalb ist das uneigentliche Integral die Summe zweier Grenzwerte zu einem $m = 0 \in (-1, 1)$

$I = \int_{-1}^1 f(x)\,dx = \lim_{c\to -1} \int_c^m \frac{2x}{1-x^2}\,dx + \lim_{d\to 1} \int_m^d \frac{2x}{1-x^2}\,dx$

Das Integral von c bis m ergibt $-\ln(1-m^2) + \ln(1-c^2)$, das Integral von m bis d ergibt $-\ln(1-d^2) + \ln(1-m^2)$.

Die Terme mit m heben sich weg und es bleibt $I = \lim_{c\to -1} \ln(1 - c^2) - \lim_{d\to 1} \ln(1-d^2)$. Die Differenz ist nicht definiert, denn beide Grenzwert existieren nicht.

Das uneigentliche Integral darf nicht etwa als *ein* Grenzwert wie $\lim_{c\to 0} \int_{-1+c}^{1-c} f(x)\,dx$ bestimmt werden. Wegen der Symmetrie der Funktion würde sich hier Null ergeben. Werden aber bei oberer und unterer Grenze verschieden schnelle Näherungen benutzt, kann der Grenzwert einen anderen Wert ergeben. So ist $\lim_{c\to 0} \int_{-1+2c}^{1-c} f(x)\,dx = \lim_{c\to 0} \left[-\ln(1-x^2)\right]_{-1+2c}^{1-c}$

$= \lim_{c\to 0} \left(\ln(4c - c^2) - \ln(2c - c^2)\right) = \lim_{c\to 0} \left(\ln\left(\frac{4-c}{2-c}\right)\right) = \ln(2)$.

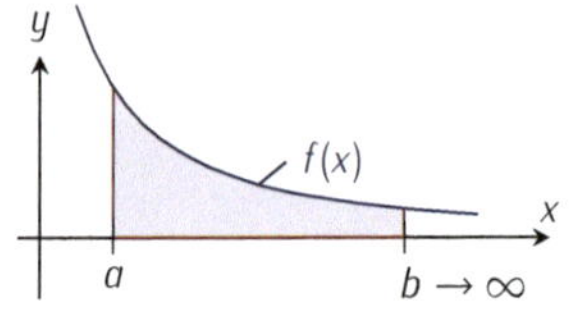

Bild 28.2: Uneigentliches Integral über ein unendliches Intervall $\int_a^\infty f(x)\,dx = \lim_{b\to\infty} \int_a^b f(x)\,dx$, falls der Grenzwert existiert.

Ein Integral über ein unendliches Intervall kommt in der Praxis z.B. bei der Bestimmung der Gesamtladung in einem abklingenden Entladungsvorgang oder bei der Integration einer Wahrscheinlichkeitsdichte vor. Das uneigentliche Integral I über das unendliche Intervall $[a, \infty)$ wird definiert als

$$I = \int_a^\infty f(x)\,dx = \lim_{b\to\infty} \int_a^b f(x)\,dx,$$

falls der Grenzwert existiert. Siehe Bild 28.2.

Bei einem uneigentlichen Integral über dem Intervall (∞, a) einer Funktion $f(x)$ erfolgt die Grenzwertbildung an der unteren Grenze. $\int_{-\infty}^{a} f(x)\,dx = \lim_{s\to-\infty} \int_{s}^{a} f(x)\,dx$.

Beispiel. Abklingende Exponentialfunktion
$\int_0^\infty e^{-x}\,dx = \lim_{b\to\infty} \int_0^b e^{-x}\,dx = \lim_{b\to\infty} [-e^{-x}]_0^b$
$= \lim_{b\to\infty} \left(-e^{-b} - (-1)\right) s = 1$

Beispiel. $\int_0^\infty \frac{1}{1+x^2}\,dx = \lim_{b\to\infty} \int_0^b \frac{1}{1+x^2}\,dx$
$= \lim_{b\to\infty} \left(\arctan(b) - \arctan(0)\right) = \frac{\pi}{2}$.
Die Funktion $\frac{1}{1+x^2}$ ist gerade, der Funktionsgraph also spiegelsymmetrisch. Daher ist die gesamte Fläche A unter dem Graphen der Funktion $A = \int_{-\infty}^{\infty} \frac{1}{1+x^2}\,dx = \pi$. Siehe Bild 28.3.

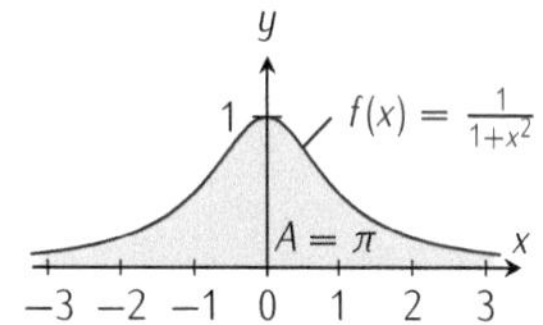

Bild 28.3: Fläche unter der Funktion $f(x) = \frac{1}{1+x^2}$.

Ohne die Symmetrieeigenschaft der Beispielfunktion muss das uneigentliche Integral über die gesamte reelle Achse als Summe zweier Grenzwerte definiert werden. Für einen beliebigen Wert $m \in \mathbb{R}$ z. B. $m = 0$ ist

$$\int_{-\infty}^{\infty} f(x)\,dx = \lim_{a\to-\infty} \int_a^m f(x)\,dx + \lim_{b\to\infty} \int_m^b f(x)\,dx.$$

Wenn im Integral $\int_a^b f(x)\,dx$ der Integrand $f(x)$ keine einfach zu integrierende Funktion ist, kann ein Näherungsverfahren wie die Simpson-Quadratur benutzt werden. Bei einem uneigentlichen Integral wie $\int_a^\infty f(x)\,dx$ muss jedoch zuvor geklärt werden, ob der Grenzwert überhaupt existiert. Dies kann mithilfe von Majorante oder Minorante geschehen. Mit einer konvergenten *Majorante*, also einer Funktion $g(x)$, die überall größer ist als $f(x)$ und deren Integral $\int_a^\infty g(x)\,dx$ konvergiert, gilt das für $\int_a^\infty f(x)\,dx$. Mit einer divergenten *Minorante*, also einer Funktion $k(x)$, die kleiner $f(x)$ ist und deren Integral $\int_a^\infty k(x)\,dx$ divergiert, ist dies beim Integral für f der Fall. Tabelle 28.2 zeigt die genauen Definitionen.

Tabelle 28.2: Majoranten- und Minorantenkriterium

Die Funktionen f, g, k seien in $[a, \infty)$ definiert.
Majorantenkriterium g heißt *Majorante* zu f, wenn $\forall x \in (a, \infty)\ \lvert f(x)\rvert \leq g(x)$. Dann gilt $\int_a^\infty g(x)\,dx < \infty$ $\Rightarrow \int_a^\infty f(x)\,dx < \infty$
Minorantenkriterium k heißt *Minorante* zu f, wenn $\forall x \in (a, \infty)\ 0 \leq k(x) \leq f(x)$. Dann gilt $\int_a^\infty k(x)\,dx$ divergent $\Rightarrow \int_a^\infty f(x)\,dx$ divergent.

Beispiel. Die Funktion $f(x) = e^{-x^2/2}$ ist bis auf eine Konstante die Wahrscheinlichkeitsdichte der Standard-Normalverteilung. Sie wird *Glockenkurve* genannt. Eine Stammfunktion zu f kann nicht analytisch bestimmt werden, das heißt, sie läßt sich nicht mit elementaren Funktionen ausdrücken. Wie kann gezeigt werden, dass das Integral $\int_{-\infty}^{\infty} f(x)\,dx$ konvergiert?

Wegen der Achsensymmetrie der Glockenkurve reicht es, das Integral von 0 bis ∞ zu betrachten. Dann ist im Intervall $(2, \infty)$ die Funktion $g(x) = e^{-x}$ eine konvergente Majorante zur Glockenkurve, da $x \geq 2 \Rightarrow x^2 \geq 2x \Rightarrow -\frac{x^2}{2} \leq -x \Rightarrow f(x) = e^{-x^2/2} \leq e^{-x} = g(x)$. Der letzte Schluss beruht auf der Monotonie der Exponentialfunktion. Im Intervall $[0, 2]$ ist $f(x)$ durch 1 begrenzt, also endlich. Damit ist das Integral $\int_{-\infty}^{\infty} f(x)\,dx$ konvergent.

Zwei wichtige Kandidaten bei der Suche nach einer geeigneten Majorante oder Minorante sind diese uneigentlichen Integrale.

Beispiel. Konvergentes Integral

$\int_1^\infty \frac{1}{x^2}\, dx = \lim_{b\to\infty} \int_1^b x^{-2}\, dx = \lim_{b\to\infty} \left[-x^{-1}\right]_1^b$
$= \lim_{b\to\infty} \left(-\frac{1}{b}+1\right) = 1$

Beispiel. Divergentes Integral

$\int_1^\infty \frac{1}{x}\, dx = \lim_{b\to\infty} [ln(|x|)]_1^b = \lim_{s\to\infty} (ln(|b|) - 0)$ divergent.

Beispiel. Anwendung einer Minorante

Die Konvergenz des Integrals $\int_1^\infty \frac{1}{x+\ln(x)}\, dx$ soll beurteilt werden. Eine Majorante ist die Funktion $g(x) = \frac{1}{x}$, die allerdings divergent ist. Eine Minorante ist aber ebenfalls leicht bestimmt. Denn $\ln(x) \le x \Rightarrow x + \ln(x) \le 2x \Rightarrow \frac{1}{x+\ln(x)} \ge \frac{1}{2x}$. Auch diese Minorante ist divergent, weswegen das fragliche uneigentliche Integral divergiert.

Die Grenze zwischen den Kandidaten x^{-2} (konvergent) und x^{-1} (divergent) lässt sich noch schärfer ziehen.

Beispiel. Potenzfunktion $f(x) = x^{-a}$ mit $a \neq 1$

$\int_1^\infty x^{-a}\, dx = \lim_{b\to\infty} \int_1^b x^{-a}\, dx = \lim_{b\to\infty} \left[\frac{1}{1-a}x^{1-a}\right]_1^b$ impliziert $\int_1^\infty x^{-a}\, dx = \frac{1}{a-1}$ falls $a > 1$. Falls $a \le 1$, divergiert das uneigentliche Integral.

28.1.7 Anwendungen und Näherungen

Näherungsverfahren sind für die Praxis von großer Bedeutung für Funktionen, die sich nicht analytisch integrieren lassen. Die zwei wichtigsten Verfahren sind die Sehnen-Trapez-Näherung und die Simpson-Näherung, die bereits in Kapitel 11 von Band 1 behandelt wurden. Dort finden sich auch die Näherungsformeln für die Restglieder. Für ein bestimmtes Integral $\int_a^b f(x)\, dx$ und eine Intervallteilung mit Breite $\triangle x = \frac{b-a}{k}$ werden Stützstellen $x_i = a + i\triangle x$ für $i = 0, 1, ..., k$ ausgewertet. Die Anzahl k der Teilintervalle ist typischerweise eine Potenz von 2, auf jeden Fall gerade. Dann gilt für die *Trapez-Näherung*

$Q_T = \frac{\triangle x}{2}\left(f(x_0) + 2\big(f(x_1) + f(x_2) + \ldots f(x_{k-1})\big) + f(x_k)\right)$
mit der Abschätzung des Restglieds $|R_T| \le \frac{b-a}{12}(\triangle x)^2 \max_{a\le x\le b} |f''(x)|$.
Für die *Simpson-Näherung* gilt

$$Q_S = \frac{\triangle x}{3}\left(f(a) + f(b) + 4\sum_{i=1}^{k/2} f(x_{2i-1}) + 2\sum_{i=1}^{k/2-1} f(x_{2i})\right)$$

mit der Abschätzung des Restglieds $|R_S| \le \frac{b-a}{180}(\triangle x)^4 \max_{a\le x\le b}|f^{(4)}(x)|$.

Mit den Formeln für das Restglied lässt sich die Intervallbreite bestimmen, die für eine gewünschte Toleranz nötig ist. Dies wird am Beispiel aus Kapitel 11 von Band 1 verdeutlicht.

Beispiel. Berechnung der Intervallbreite bei Trapez-Näherung

Gesucht ist $\int_0^2 f(x)\,dx$ zur Funktion $f(x) = \frac{e^x}{x+0.5}$ mit einer Toleranz von 0.001. Bekannt ist $\max_{0\leq x\leq 2} f''(x) = 10$.

Es folgt $\frac{b-a}{12}(\triangle x)^2\, 10 \leq 0.001 \Rightarrow \triangle x \leq \sqrt{\frac{12\cdot 0.001}{2\cdot 10}} \approx 0.02449$.

Wegen $\frac{2}{0.02449} \approx 81.7$ werden mindestens $k = 82$ Intervalle benötigt.

Beispiel. Berechnung der Intervallbreite bei Simpson-Näherung

Es geht um die gleiche Aufgabenstellung. Bekannt ist $\max_{0\leq x\leq 2} f^{(4)}(x) = 466$. Es folgt $\frac{b-a}{180}(\triangle x)^4\, 466 \leq 0.001 \Rightarrow \triangle x \leq \sqrt[4]{\frac{180\,0.001}{2\,466}} \approx 0.1179$. Es ist $\frac{2}{0.1179} \approx 16.96$. Da bei der Simpson-Näherung eine gerade Anzahl k an Intervallen benötigt wird, muss hier $k \geq 18$ sein.

28.2 Lernziele

Nr	Ich kann	Aufgabe	√
	Integrationsmethoden		
260	Partialbruchzerlegung zur Berechnung der Integrale von gebrochen rationalen Funktionen einsetzen	28.1, 28.2, 28.3, 28.4	
261	partielle Integration bei bestimmten oder unbestimmten Integralen anwenden	28.5, 28.6, 28.7, 28.8, 28.9, 28.10, 28.11, 28.12	
262	Substitution zur Lösung bestimmter oder unbestimmter Integrale verwenden	28.11, 28.13, 28.14, 28.15, 28.16, 28.17, 28.18, 28.26, 28.27, 28.28, 28.29, 28.34, 28.19, 28.20, 28.21, 28.22, 28.23, 28.24, 28.25	
263 *	trigonometrische und hyperbolische Funktionen zur Substitution verwenden	28.15, 28.29-c, 28.19, 28.20, 28.21, 28.22, 28.23, 28.24, 28.25	
	Anwendung und Näherungen		
264	praktische Probleme bearbeiten, die die Integration einer Funktion benötigen	28.10, 28.12, 28.30	
265	einfache Beispiele von uneigentlichen Integralen erkennen	28.10, 28.12, 28.30, 28.31, 28.34	
266	die Formel für den maximalen Fehler einer Trapez-Näherung verwenden	28.32, 28.33-a, 28.35-ab,	
267	die Formel für den maximalen Fehler einer Simpson-Näherung verwenden	28.33-b, 28.35-cdef,	

28.3 Aufgaben

Aufgabe 28.1 (10 Min) Gegeben seien die beiden Funktionen $F(x) = \frac{1}{b-a}\ln(|\frac{x+a}{x+b}|)$ und $f(x) = \frac{1}{(x+a)(x+b)}$, wobei a, b reelle Konstanten mit $a \neq b$ sind.

a) Zeigen Sie, dass $F(x)$ eine Stammfunktion zu $f(x)$ ist.

b) Berechnen Sie das bestimmte Integral $\int_0^6 \frac{1}{x^2+6x+8}\,dx$.

Aufgabe 28.2 (20 Min) Lösen Sie die angegebenen unbestimmten Integrale mit Partialbruchzerlegung.

a) $\int \frac{1}{x^2-4}\,dx$ b) $\int \frac{4x^2-7x+3}{4x^2-16x+15}\,dx$ c) $\int \frac{3x^2-4x+1}{x^2+x-6}\,dx$

Aufgabe 28.3 (10 Min) Bestimmen Sie $\int \frac{1}{x^3+8}\,dx$.

Aufgabe 28.4 (15 Min) Bestimmen Sie diese unbestimmten Integrale mit Partialbruchzerlegung:

a) $\int \frac{3}{(x-1)^3}\,dx$ b) $\int \frac{7x^2+6}{x^4-5x^3}\,dx$ c) $\int \frac{x^4}{x^3-4x^2-3x+18}\,dx$

Aufgabe 28.5 (5 Min) Bestimmen Sie mithilfe partieller Integration $\int x\cosh(x)\,dx$.

Aufgabe 28.6 (15 Min) Bestimmen Sie folgende unbestimmte Integrale mit partieller Integration:

a) $\int (2x\,e^{x/2})\,dx$

b) $\int \ln(x)\,dx = \int 1\cdot\ln(x)\,dx$

c) $\int \cos^2(x)\,dx$ Hinweis: Verwenden Sie nach partieller Integration $\sin^2(x) = 1-\cos^2(x)$ und lösen Sie die erhaltene Gleichung nach dem gesuchten Integral auf.

Aufgabe 28.7 (10 Min) Berechnen Sie für beliebige reelle Werte a, b, c, d das unbestimmte Integral $\int (ax^2+bx+c)\,e^{dx}\,dx$. Überprüfen Sie die erhaltene Formel an den schon gerechneten Beispielen.

Aufgabe 28.8 (10 Min) Berechnen Sie das bestimmte Integral $\int_0^2 x\,e^{-\frac{1}{2}x^2}\,dx$.

Aufgabe 28.9 (10 Min) Bestimmen Sie folgende Integrale:

a) $\int_0^\pi x^2\sin(x)\,dx$, b) $\int x\,e^{-x}\,dx$.

Aufgabe 28.10 (15 Min) In dieser Aufgabe geht es um die *Gamma-Funktion*. Für $k = 0, 1, 2, \ldots$ sei I_k definiert als $I_k = \int_0^\infty x^k e^{-x}\, dx$.
a) Wie kann I_{k+1} aus I_k bestimmt werden?
b) Was ist I_k explizit?
c) Ergibt der Ausdruck $I_{\frac{3}{2}}$ Sinn?

Aufgabe 28.11 (10 Min) Die *Gamma-Funktion* ist auch für halbzahlige Werte definiert. Für die Normierung des gaußschen *Fehlerintegrals* wird der Wert des bestimmten Integrals $\int_{-\infty}^{\infty} e^{-x^2/2} dx = \sqrt{2\pi}$ benötigt. Das Integral $\int_0^\infty \sqrt{x}\, e^{-x}\, dx$ lässt sich durch Substitution und partielle Integration darauf zurückführen. Berechnen Sie seinen Wert. Für die Substitution beachten Sie das jeweilige Argument der Exponentialfunktion.

Aufgabe 28.12 (15 Min) Die *Exponentialverteilung* wird in der Statistik benutzt, um die Zeit bis zum Eintreffen eines Ereignisses zu modellieren. Bekannt ist dabei zumeist eine *Rate* λ, die die mittlere Anzahl der Ereignisse angibt, die pro Zeiteinheit eintreten. Die Lebensdauer elektronischer Bauteile wird häufig dieser Verteilung modelliert. Dabei wird angenommen, dass die Bauteile nicht altern. Die Exponentialverteilung hat die *Dichtefunktion*

$$f(x) = \begin{cases} 0 & \text{falls } x < 0, \\ \lambda\, e^{-\lambda x} & \text{falls } x \geq 0. \end{cases}$$

a) Eine Dichtefunktion der Statistik muss $\int_{-\infty}^{\infty} f(x)\, dx = 1$ erfüllen. Zeigen Sie, dass dies gegeben ist, indem Sie zunächst $\int_a^b f(x)\, dx$ berechnen und dann überlegen, was für a gegen $-\infty$ und b gegen ∞ passiert.
b) Bestimmen Sie für den Wert $\lambda = 1$ den *Erwartungswert* der Verteilung, der durch das Integral $\int_{-\infty}^{\infty} x\, f(x)\, dx$ gegeben ist.
c) Bestimmen Sie ebenfalls für $\lambda = 1$ die *Verteilungsfunktion* $F(x) = \int_{-\infty}^{x} f(t)\, dt$. Sie gibt die Wahrscheinlichkeit dafür an, dass die Wartezeit auf das Ereignis kleiner oder gleich x ist.

Aufgabe 28.13 (5 Min) Berechnen Sie $\int_0^1 x\,(1 - x^2)^9\, dx$.

Aufgabe 28.14 (5 Min) Benutzen Sie die Integraltabelle und lineare Substitution um das Integral $\int \tanh(ax)\, dx$ für $a \neq 0$ zu bestimmen.

Aufgabe 28.15 (5 Min) Berechnen Sie $\int \frac{1}{1+x^2}\, dx$ durch umgekehrte Substitution mit $x = \tan(u)$.

Aufgabe 28.16 (10 Min) Bestimmen Sie $\int \frac{1}{2+\sqrt{x+1}}\, dx$ durch Substitution der Wurzel.

Aufgabe 28.17 (10 Min) Bestimmen Sie durch Substitution das unbestimmte Integral $\int \frac{\sqrt{\ln(x)}}{x}\,dx$.

Aufgabe 28.18 (10 Min) Bestimmen Sie $\int \frac{1}{x\sqrt{x^2-1}}\,dx$ durch Substitution mit $x = \frac{1}{u}$.

Aufgabe 28.19 (10 Min) Berechnen Sie $\int \frac{x}{\sqrt{3-x^2}}\,dx$ mit Hilfe einer trigonometrischen Substitution.

Aufgabe 28.20 (10 Min) Berechnen Sie das Integral $\int \frac{x^3+2x}{\sqrt{(1+x^2)^3}}\,dx$.

Aufgabe 28.21 (15 Min) Bestimmen Sie $\int \frac{\sqrt{x^2-4}}{x}\,dx$ mit Hilfe einer Substitution, die die Wurzel entfernt.

Aufgabe 28.22 (10 Min) Bestimmen Sie das Integral $\int \frac{a}{x\sqrt{a^2-x^2}}\,dx$ mit einer trigonometrischen Substitution.

Aufgabe 28.23 (10 Min) Berechnen Sie das bestimmte Integral $\int_{-1}^{1} \sqrt{1-x^2}\,dx$. Erklären Sie das Ergebnis geometrisch.

Aufgabe 28.24 (10 Min) Bestimmen Sie das Integral $\int \sqrt{\frac{x}{2-x}}\,dx$. Substituieren Sie das Quadrat einer trigonometrischen Funktion.

Aufgabe 28.25 (10 Min) Berechnen Sie mit Hilfe einer hyperbolischen Substitution das unbestimmte Integral $\int \frac{\sqrt{1+x^2}}{x^2}\,dx$.

Aufgabe 28.26 (10 Min) Lösen Sie die beiden unbestimmten Integrale durch Substitution. Welche Substitutionsmethode verwenden Sie?

a) $\int \frac{e^{\sqrt{x}}}{\sqrt{x}}\,dx$

b) $\int e^{\sqrt{x}}\,dx$

Aufgabe 28.27 (5 Min) Geben Sie die Integrationsmethode für $\int_0^2 x\,e^{-x^2/2}\,dx$ an und berechnen Sie das Integral.

Aufgabe 28.28 (15 Min) Berechnen Sie $\int \sin(\ln(x))\,dx$ durch Substitution und mithilfe der Integraltabelle. Machen Sie die Probe.

Aufgabe 28.29 (20 Min) Bestimmen Sie durch Substitution

a) $\int_1^5 x\sqrt{5-x}\,dx$
b) $\int_0^1 \frac{1}{\sqrt{16-7x}}\,dx$
c) $\int \frac{x^2}{\sqrt{1-x^6}}\,dx$
d) $\int \frac{e^x}{a-e^x}\,dx$

Aufgabe 28.30 (25 Min) Der Abbau eines erschlossenen Rohstoffvorkommens von $M = 10000$ Tonnen wird begonnen. Gesucht ist die optimale Dauer der Abbauphase A, in der mit konstanter Abbaurate $\frac{M}{A}$ gefördert wird. Bekannt ist die Gewinnfunktion $G(t) = \frac{10^7\,t}{(t+20)^3}$, die den kostenbereinigten Gewinn zum Zeitpunkt t beim Verkauf einer Tonne des Rohstoffs angibt. Optimieren Sie die Dauer der Abbauphase A unter der Annahme, dass der Verkauf zeitgleich zum Abbau erfolgt. Rechnen Sie ohne explizite Zeit-, Mengen- oder Geldeinheiten, die Zeit zu Abbaubeginn ist $t = 0$.

a) Untersuchen Sie die Gewinnfunktion $G(t)$ auf Extremwerte und beschreiben Sie sie für $t \to \infty$.
b) Stellen Sie den Gesamterlös E der Förderung als bestimmtes Integral dar. Achten Sie darauf, dass darin die Dauer der Abbauphase, die Gewinnfunktion und die Abbaurate vorkommen.
c) Berechnen Sie das bestimmte Integral E unter Verwendung von linearer Substitution.
d) Optimieren Sie E in Abhängigkeit von A und geben Sie den optimalen Gesamterlös an.

Aufgabe 28.31 (5 Min) Zeigen Sie mit einem passenden Konvergenzkriterium, dass $\int_e^\infty e^{-x\,\ln(x)}\,dx$ konvergiert.

Aufgabe 28.32 (10 Min) Benutzen Sie die Formel für den Fehler der Sehnen-Trapez-Näherung, um die folgenden Integrale auf 10^{-2} genau zu bestimmen. Verwenden Sie dabei als Intervallbreite $\triangle x$ eine Zweier-Potenz.

a) $\int_2^4 \ln(x)\,dx$
b) $\int_2^4 \frac{1}{\ln(x)}\,dx$

Aufgabe 28.33 (15 Min) Das Integral $\int_0^1 x\,e^{-x}\,dx$ soll mit einer Toleranz von 10^{-4} bestimmt werden. Verwenden Sie die Fehlerabschätzungen der Quadraturformeln und eine wiederholte Halbierung des Intervalls.

a) Bestimmen Sie die Näherung mit der Trapez-Näherung.
b) Bestimmen Sie die Näherung mit der Simpson-Näherung.

Aufgabe 28.34 (10 Min) Bestimmen Sie folgende uneigentlichen Integrale, indem Sie mit $t = \ln(x)$ substituieren.

a) $\int_2^\infty \frac{1}{x\ln(x)}\,dx$

b) $\int_2^\infty \frac{1}{x\ln^2(x)}\,dx$

c) Für $\epsilon > 0$: $\int_2^\infty \frac{1}{x\,(\ln(x))^{1+\epsilon}}\,dx$

Aufgabe 28.35 (20 Min) Es soll das bestimmte Integral $\int_1^2 f(x)\,dx$ zur Funktion $f(x) = \frac{\ln(x)}{e^x}$ näherungsweise mit einer Toleranz von 0.001 bestimmt werden. Gegeben sind diese Größen $\max_{x\in[1,2]} |f''(x)| \approx 1.104$, $\max_{x\in[1,2]} |f^{(4)}(x)| \approx 8.83$. Welche Intervallbreite wird benötigt? Verwenden Sie eine Tabellenkalkulation für die Berechnung.

a) Bestimmen Sie die nötige Intervallbreite für eine Sehnen-Trapez-Näherung.

b) Bestimmen Sie den mit dieser Sehnen-Trapez-Näherung erzielten Näherungswert.

c) Bestimmen Sie die nötige Intervallbreite für eine Simpson-Näherung.

d) Bestimmen Sie den mit dieser Simpson-Näherung erzielten Näherungswert.

e) Werten Sie die Fehlerabschätzung der Simpson-Näherung für die in b) verwendete Intervallbreite aus.

f) Bestimmen Sie den Wert der Simpson-Näherung für die zuletzt verwendete Intervallbreite.

28.4 Lösungen

Lösung 28.1

a) $F(x)$ lässt sich schreiben: $F(x) = \frac{1}{b-a}\,(\ln(|x+a|) - \ln(|x+b|))$.
Damit wird:
$F'(x) = \frac{1}{b-a}\left(\frac{1}{x+a} - \frac{1}{x+b}\right) = \frac{1}{b-a}\left(\frac{x+b}{(x+a)(x+b)} - \frac{x+a}{(x+a)(x+b)}\right)$
$= \frac{1}{b-a}\,\frac{b-a}{(x+a)(x+b)} = \frac{1}{(x+a)(x+b)} = f(x)$.

b) Das quadratische Polynom x^2+6x+8 im Nenner wird zunächst in Linearfaktoren zerlegt. Nullstellen sind $x_{1/2} = -3 \pm \sqrt{9-8}$, d.h. $x_1 = -2$, $x_2 = -4$. Damit ist $\int_0^6 \frac{1}{x^2+6x+8}\,dx = \int_0^6 \frac{1}{(x+2)(x+4)}\,dx = \frac{1}{4-2}\ln(|\frac{x+2}{x+4}|)|_0^6 = \frac{1}{2}\left(\ln(|\frac{8}{10}|) - \ln(|\frac{2}{4}|)\right) = \frac{1}{2}\ln(\frac{8}{5})$.

Lösung 28.2

a) Das Nennerpolynom x^2-4 hat die Nullstellen 2 und -2. Zerlegung: $\frac{a}{x-2} + \frac{b}{x+2} = \frac{1}{x^2-4}$ liefert nach Erweitern im Zähler $a\,(x+2) + b\,(x-2) = 1$ und damit die Gleichungen $a+b=0$ und $2a-2b=1$. Die Lösung ist $a = \frac{1}{4}$, $b = -\frac{1}{4}$. Es ist daher $\int \frac{1}{x^2-4}\,dx = \frac{1}{4}\int(\frac{1}{x-2} - \frac{1}{x+2})\,dx = \frac{1}{4}\,(\ln(|x-2|) - \ln(|x+2|)) +$

$C = \frac{1}{4}\ln(|\frac{x-2}{x+2}|) + C = \ln(\sqrt[4]{|\frac{x-2}{x+2}|}) + C$.

Die letzten beiden Umformungen sind nicht notwendig, sondern zeigen nur, wie verschieden die Funktion notiert werden kann.

b) Bei $\int \frac{4x^2-7x+3}{4x^2-16x+15}\,dx$ wird zunächst der Integrand in ein Polynom und eine echt gebrochen rationale Funktion zerlegt: $\frac{4x^2-7x+3}{4x^2-16x+15} = \frac{4x^2-16x+15+9x-12}{4x^2-16x+15} = 1 + \frac{9x-12}{4x^2-16x+15}$. Das Nennerpolynom hat die Nullstellen 1.5 und 2.5 und kann als $(2x-3)(2x-5)$ geschrieben werden. Der Ansatz $\frac{a}{2x-3} + \frac{b}{2x-5} = \frac{9x-12}{4x^2-16x+15}$ liefert im Zähler $a(2x-5) + b(2x-3) = 9x-12$ und damit die Gleichungen $2a + 2b = 9$ sowie $-5a - 3b = -12$. Die Lösungen sind $a = -\frac{3}{4} = -0.75$, $b = \frac{21}{4} = 5.25$.

Damit ist $\int \frac{4x^2-7x+3}{4x^2-16x+15}\,dx = \int 1\,dx - \frac{3}{4}\int \frac{1}{2x-3}\,dx + \frac{21}{4}\int \frac{1}{2x-5}\,dx = x - \frac{3}{8}\ln(|2x-3|) + \frac{21}{8}\ln(|2x-5|) + C$.

c) $\int \frac{3x^2-4x+1}{x^2+x-6}\,dx = \int \frac{3x^2+3x-18-7x+19}{x^2+x-6}\,dx = \int 3\,dx + \int \frac{-7x+19}{x^2+x-6}\,dx$.

Für das Nennerpolynom gilt $x^2+x-6 = (x-2)(x+3)$. Der Ansatz $\frac{a}{x-2} + \frac{b}{x+3} = \frac{-7x+19}{x^2+x-6}$ liefert $a(x+3) + b(x-2) = -7x+19$. Das Gleichungssystem $a+b = -7$ und $3a-2b = 19$ hat die Lösung $a = 1, b = -8$. Somit gilt $\int \frac{3x^2-4x+1}{x^2+x-6}\,dx = 3x + \int \frac{1}{x-2}\,dx - 8\int \frac{1}{x+3}\,dx = 3x + \ln(|x-2|) - 8\ln(|x+3|) + C$.

Lösung 28.3 Der Integrand ist eine gebrochen rationale Funktion, daher kann das Integral mithilfe der Partialbruchzerlegung bestimmt werden: Das Polynom x^3+8 hat die Nullstelle -2. Es ist $x^3+8 = (x+2)(x^2-2x+4)$, wobei der zweite Faktor nur komplexe Nullstellen hat und sich daher nicht in reelle Linearfaktoren zerlegen lässt.

Ansatz: $\frac{1}{x^3+8} = \frac{a}{x+2} + \frac{bx+c}{x^2-2x+4}$
$= \frac{ax^2-2ax+4a+bx^2+2bx+cx+2c}{x^3+8} = \frac{(a+b)x^2+(-2a+2b+c)x+(4a+2c)}{x^3+8}$

Koeffizientenvergleich im Zähler liefert $a+b = 0$, $-2a+2b+c = 0$, $4a+2c = 1 \Rightarrow b = -a$, $c = 4a$, $\Rightarrow a = \frac{1}{12}$, $b = -\frac{1}{12}$, $c = \frac{1}{3}$.

$\int \frac{1}{x^3+8}\,dx = \int (\frac{1}{12}\frac{1}{x+2} - \frac{1}{12}\frac{x-4}{x^2-2x+4})\,dx$
$= \frac{1}{12}\int \frac{1}{x+2}\,dx - \frac{1}{24}\int \frac{2x-2}{x^2-2x+4}\,dx + \frac{1}{4}\int \frac{1}{x^2-2x+4}\,dx$

Das erste Integral wird zu $\ln(x+2)$, das zweite zu $\ln(x^2-2x+4)$ bestimmt. Beim dritten Integral führt die Substitution $u = \frac{1}{\sqrt{3}}(x-1)$ auf $\frac{1}{u^2+1}$ als Integranden mit der Stammfunktion $\arctan(u)$.

Im Ergebnis ist $\int \frac{1}{x^3+8}\,dx =$
$\frac{1}{12}\ln(|x+2|) - \frac{1}{24}\ln(|x^2-2x+4|) + \frac{\sqrt{3}}{12}\arctan\left(\frac{\sqrt{3}}{3}(x-1)\right) + C$.

Lösung 28.4

a) $\int \frac{3}{(x-1)^3}\,dx = \int 3\,(x-1)^{-3}\,dx = -\frac{3}{2}\,(x-1)^{-2} + C = \frac{-3}{2\,(x-1)^2} + C.$

b) Mit dem Ansatz $\frac{7x^2+6}{(x-5)\,x^3} = \frac{a}{x^3} + \frac{b}{x^2} + \frac{c}{x} + \frac{d}{x-5}$ ergibt sich im Zähler die Gleichung $7x^2+6 = a(x-5) + b(x^2-5x) + c(x^3-5x^2) + dx^3$. Koeffizientenvergleich liefert vier Gleichungen $c+d=0$, $b-5c=7$, $a-5b=0$, $-5a=6$, die durch $a=-\frac{6}{5}$, $b=-\frac{6}{25}$, $c=-\frac{181}{125}$, $d=\frac{181}{125}$ gelöst werden. Damit wird $\int \frac{3}{(x-1)^3}\,dx = \frac{3}{5x^2} + \frac{6}{25x} - \frac{181}{125}\ln(|x|) + \frac{181}{125}\ln(|x-5|) + C = \frac{3}{5x^2} + \frac{6}{25x} + \frac{181}{125}\ln(|\frac{x-5}{x}|) + C$ für $x \neq 0$ und $x \neq 5$.

c) Durch Polynomdivision lässt sich $\frac{x^4}{x^3-4x^2-3x+18}$ zerlegen in $x + 4 + \frac{19x^2-6x-72}{x^3-4x^2-3x+18}$. Der Nenner kann zu $(x-3)^2\,(x+2)$ faktorisiert werden. Der echt gebrochen rationale Term wird mit dem Ansatz $\frac{A}{(x-3)^2} + \frac{B}{x-3} + \frac{C}{x+2}$ zerlegt. Das sich ergebende Gleichungssystem aus dem Koeffizientenvergleich führt zu $A = \frac{81}{5}$, $B = \frac{459}{25}$, $C = \frac{16}{25}$. Damit wird das Integral für $x \neq 2$ und $x \neq 3$ gelöst durch

$$\frac{1}{2}x^2 + 4x - \frac{81}{5\,(x-3)} + \frac{459}{25}\ln(|x-3|) + \frac{16}{25}\ln(|x+2|) + C.$$

Lösung 28.5 Partielle Integration liefert $\int x\cosh(x)\,dx = x\sinh(x) - \int 1\cdot\sinh(x)\,dx = x\sinh(x) - \cosh(x) + C.$

Lösung 28.6

a) $\int (2x\,e^{x/2})\,dx = 2x\,2e^{x/2} - \int (2\cdot 2e^{x/2})\,dx = (4x-8)e^{x/2} + C$

b) $\int \ln(x)\cdot 1\,dx = \ln(x)\,x - \int \frac{1}{x}\,x\,dx = x\ln(x) - \int 1\,dx$
$= x\,(\ln(x)-1) + C$

c) $\int \cos^2(x)\,dx = \sin(x)\cos(x) - \int \sin(x)\,(-\sin(x))\,dx$
$= \sin(x)\cos(x) + \int \sin^2(x)\,dx = \sin(x)\cos(x) + \int (1-\cos^2(x))\,dx$
$= \sin(x)\cos(x) + x - \int \cos^2(x)\,dx \Rightarrow$

$2\int \cos^2(x)\,dx = \sin(x)\cos(x) + x + C \Rightarrow$
$\int \cos^2(x)\,dx = \frac{1}{2}\,(\sin(x)\cos(x) + x) + C.$

Lösung 28.7 Mit zweimaliger Ausführung einer partiellen Integration ergibt sich $\int (ax^2+bx+c)\,e^{dx}\,dx = \frac{1}{d^3}\,(ad^2x^2 + (bd^2-2ad)\,x + cd^2 - bd + 2a)\,e^{dx} + C.$

Lösung 28.8 Mit der direkten Substitution $t = -\frac{1}{2}x^2$, $dt = -x\,dx$ wird $\int x\,e^{-x^2/2}\,dx = -1\int e^t\,dt = -e^t + C = -e^{-x^2/2} + C.$

Probe: $(-e^{-\frac{1}{2}x^2})' = (-e^{-\frac{1}{2}x^2})(-\frac{1}{2})\,2x = x\,e^{-\frac{1}{2}x^2}$ ✓

Damit ist die Stammfunktion ermittelt und das bestimmte Integral berechnet sich zu:

$\int_0^2 x\, e^{-\frac{1}{2}x^2}\, dx = \left[-e^{-\frac{1}{2}x^2}\right]_0^2 = -e^{-2} - (-e^0) = 1 - \frac{1}{e^2}.$

Alternativ werden bei der direkten Substitution die Grenzen durch die Funktion $t = -\frac{1}{2}x^2$ mit transformiert: untere Grenze wird $-\frac{1}{2}\,0^2 = 0$, obere Grenze wird $-\frac{1}{2}\,2^2 = -2$, also

$\int_0^2 x\, e^{-\frac{1}{2}x^2}\, dx = -\int_0^{-2} e^t\, dt = -(e^{-2}) + (e^0) = 1 - \frac{1}{e^2}.$

Lösung 28.9

a) Das unbestimmte Integral wird so berechnet: $\int x^2 \sin(x)\, dx = x^2(-\cos(x)) - \int 2x(-\cos(x))\, dx = -x^2\cos(x) + 2x\sin(x) - \int 2\sin(x) dx = (2 - x^2)\cos(x) + 2x\sin(x) + C$. Damit wird $\int_0^{\pi/2} x^2 \sin(x)\, dx = (2 - \frac{\pi^2}{4})\cos(\frac{\pi}{2}) + \pi\sin(\frac{\pi}{2}) - 2\cos(0) - 0 = \pi - 2$.

b) $\int xe^{-x}\, dx = x(-e^{-x}) - \int 1 \cdot (-e^{-x})\, dx = -xe^{-x} + \int e^{-x}\, dx = (-x-1)e^{-x} + C$

Lösung 28.10

a) Mit partieller Integration wird $I_{k+1} = (k+1)\, I_k$ gezeigt, weil dabei $\left[x^{k+1}(-e^{-x})\right]_0^\infty = 0$ gilt.

b) Aus $I_0 = \int_0^\infty e^{-x}\, dx = 1$ ergibt sich $I_k = k!$.

c) Im Sinne der ursprünglichen Integraldefinition ist der Ausdruck wohl definiert. Die Funktion wurde von Gauß $\Pi(x)$ genannt, durchgesetzt hat sich dann aber Legendre's *Gamma-Funktion* $\Gamma(x) = \int_0^\infty t^{x-1}\, e^{-t}\, dt$ mit der Eigenschaft $\Gamma(n+1) = n!$ für $n = 0, 1, 2, \ldots$.

Für halbzahliges n lässt sich der Ausdruck mithilfe des *Fehlerintegrals* bestimmen. Der Ausdruck ergibt $I_{\frac{3}{2}} = \Gamma(\frac{5}{2}) = \frac{3}{2}\Gamma(\frac{3}{2}) = \frac{3}{4}\sqrt{\pi}$. Siehe hierzu auch Aufgabe 28.11.

Carl Friedrich Gauß, 1777-1855
Adrien-Marie Legendre, 1752-1833

Lösung 28.11 Mit der Substitution $u = \sqrt{2x}, x = \frac{u^2}{2}, dx = u\, du$ wird $\int_0^\infty \sqrt{x}\, e^{-x}\, dx = \int_0^\infty \frac{u}{\sqrt{2}}\, e^{-u^2/2}\, u\, du = \frac{1}{\sqrt{2}} \int_0^\infty u^2\, e^{-u^2/2}\, du$. Für die partielle Integration wird der Term u^2 in beide Faktoren zerlegt, da $\int u\, e^{-u^2/2} du = -e^{-u^2/2} + C$. Es ist $\int_0^\infty u \cdot u\, e^{-u^2/2}\, du = \left(u(-e^{-u^2/2})\right)\Big|_0^\infty - \int_0^\infty 1 \cdot (-e^{-u^2/2})\, du = 0 + \frac{1}{2}\int_{-\infty}^\infty e^{-u^2/2}\, du$. Die Auswertung des ersten Terms ergibt Null wegen des Grenzwertes $\lim_{u\to\infty} u \cdot e^{-u^2/2} = 0$, der zweite Term ist das halbe Fehlerintegral, da die Funktion gerade ist. Zusammen ergibt sich $\int_0^\infty \sqrt{x}\, e^{-x}\, dx = \frac{1}{\sqrt{2}}\frac{1}{2}\sqrt{2\pi} = \frac{\sqrt{\pi}}{2}$.

Lösung 28.12

a) Das Integral wird in die verschiedenen Definitionsbereiche zerlegt. Wenn a gegen $-\infty$ und b gegen ∞ geht, kann $a < 0 < b$ vorausgesetzt werden.

$\int_a^b f(x)\,dx = \int_a^0 f(x)\,dx + \int_0^b f(x)\,dx = 0 + \int_0^b \lambda\, e^{-\lambda x}\,dx = \left[-e^{-\lambda x}\right]_0^b = 1 - e^{-\lambda b}$. Wegen $\lim_{b\to\infty} e^{-\lambda b} = 0$ ist f eine Dichtefunktion.

b) Zunächst wird eine Stammfunktion mithilfe partieller Integration bestimmt: $\int x\, e^{-x}\,dx = x\,(-e^{-x}) - \int 1 \cdot (-e^{-x})\,dx = -x\,e^{-x} + \int e^{-x}\,dx = (-x-1)\,e^{-x}$. Damit ist $\int_{-\infty}^{\infty} x\, f(x)\,dx = 0 + \int_0^{\infty} x\, e^{-x}\,dx = [(-x-1)\,e^{-x}]_0^{\infty} = 0 - (-1) = 1$ weil $x\,e^{-x}$ für große Werte gegen Null geht. Für $x \to \infty$ geht e^{-x} schneller gegen 0 als jede Potenz von x gegen Unendlich geht. Vergleiche die Regel von L'Hospital in Kapitel 26. Der Erwartungswert ist also 1.

c) Aus der Stammfunktion und der Forderung $F(0) = 0$ ergibt sich die Verteilungsfunktion $F(x) = \begin{cases} 0 & \text{falls } x < 0, \\ 1 - e^{-x} & \text{falls } x \geq 0. \end{cases}$

Lösung 28.13 Mit der direkten Substitution $t = (1 - x^2)$ und $dt = -2x\,dx$ folgt $\int_0^1 x(1-x^2)^9\,dx = -\frac{1}{2}\int_0^1 (1-x^2)^9(-2x)\,dx = -\frac{1}{2}\int_1^0 t^9\,dt = -\frac{1}{2}\,(\frac{1}{10}t^{10})|_1^0 = -\frac{1}{2}\,(0 - \frac{1}{10}) = \frac{1}{20}$.

Lösung 28.14 Der Integraltabelle wird die Formel entnommen $\int \tanh(x)dx = \ln(|\cosh(x)|) + C$. Substitution mit $t = ax, dt = a\,dx$ ergibt $\int \tanh(ax)\,dx = \frac{1}{a}\int \tanh(t)\,dt = \frac{1}{a}\ln(|\cosh(t)|) + C$. Wiedereinsetzen von ax für t führt auf die Formel
$\int \tanh(ax)\,dx = \frac{1}{a}\ln(|\cosh(ax)|) + C$.

Lösung 28.15 Die Substitution $x = \tan(u)$ und $dx = \frac{1}{\cos^2(u)}\,du$ liefert $\int \frac{1}{1+x^2}\,dx = \int \frac{1}{1+\tan^2(u)}\,\frac{1}{\cos^2(u)}\,du = \int \frac{1}{\cos^2(u)+sin^2(u)}\,du = \int 1\,du = u + C$. Auflösen von $x = \tan(u)$ nach u ergibt $u = \arctan(x)$, damit ist $\int \frac{1}{1+x^2}\,dx = \arctan(x) + C$.

Lösung 28.16 Das Integral $\int \frac{1}{2+\sqrt{x+1}}\,dx$ wird mit umgekehrter Substitution $u = \sqrt{x+1}$, $x = u^2 - 1$, $dx = 2u\,du$ gelöst.

$\int \frac{1}{2+\sqrt{x+1}}\,dx = \int \frac{1}{2+u}\,2u\,du = \int \left(2 + \frac{-4}{2+u}\right)\,du =$

$2u - 4\ln(|2+u|) + C = 2\sqrt{x+1} - 4\ln(2+\sqrt{x+1}) + C$. Die Betragsstriche im Argument des Logarithmus entfallen, weil der Ausdruck positiv ist.

Lösung 28.17 Die Substitution $u = \ln(x)$ und $du = \frac{1}{x}\,dx$ führt auf die Lösung $\int \frac{\sqrt{\ln(x)}}{x}\,dx = \frac{2}{3}\,(\ln(x))^{\frac{3}{2}} + C$.

Lösung 28.18 $I = \int \frac{1}{x\sqrt{x^2-1}}\,dx$ wird substituiert mit $x = \frac{1}{u}$, $dx = -\frac{1}{u^2}du$. Dann ist $I = \int \frac{1}{\frac{1}{u}\sqrt{\frac{1}{u^2}-1}}(-\frac{1}{u^2})\,du = -\int \frac{1}{\sqrt{1-u^2}}\,du = -\arcsin(u) + C = -\arcsin(\frac{1}{x}) + C$.

Lösung 28.19 Im Integral wird substituiert $x = \sqrt{3}\cos(t)$ und $dx = -\sqrt{3}\sin(t)\,dt$. Dann wird $\sqrt{3-x^2} = \sqrt{3-3\cos^2(t)} = \sqrt{3}\sin(t)$. Das gesamte Integral wird $\int \frac{x}{\sqrt{3-x^2}}dx = \int \frac{\sqrt{3}\cos(t)}{\sqrt{3}\sin(t)}\left(-\sqrt{3}\sin(t)\right)dt = -\sqrt{3}\int \cos(t)\,dt = -\sqrt{3}\sin(t) + C$. Für die Rücksubstitution wird dieses Ergebnis als Ausdruck von x geschrieben:

$$\int \frac{x}{\sqrt{3-x^2}}dx = -\sqrt{3}\sin(t) + C = -\sqrt{3}\sqrt{1-\cos^2(t)} + C$$
$$= -\sqrt{3-(\sqrt{3}\cos(t))^2} + C = -\sqrt{3-x^2} + C.$$

Lösung 28.20 Substitution mit $x = \tan(t)$ und $dx = \frac{1}{\cos^2(t)}\,dt$ liefert $\int \frac{x^3+2x}{\sqrt{(1+x^2)^3}}\,dx = \int \frac{\tan^3(t)+2\tan(t)}{\sqrt{(1+\tan^2(t))^3}}\,\frac{1}{\cos^2(t)}\,dt = \int \frac{\tan^3(t)+2\tan(t)}{\frac{1}{\cos(t)^3}}\,\frac{1}{\cos^2(t)}dt =$

$$\int(\tan^3(t) + 2\tan(t))\cos(t)dt$$
$$= \int \tan(t)(\tan^2(t)+1)\cos(t)\,dt + \int \tan(t)\cos(t)\,dt$$
$$= \int \frac{\sin(t)}{\cos^2(t)}\,dt + \int \sin(t)\,dt = \frac{1}{\cos(t)} - \cos(t) + C.$$

Hier wurden die Indentitäten $\tan^2(t)+1 = \frac{1}{\cos^2(t)}$ und $\tan(x)\cos(x) = \sin(x)$ genutzt. Für die Rücksubstitution wird der Cosinus durch Tangens ausgedrückt mit $\cos(x) = \frac{1}{\sqrt{1+\tan^2(x)}}$. Dann ergibt sich $\int \frac{x^3+2x}{\sqrt{(1+x^2)^3}}\,dx = \frac{1}{\cos(t)} - \cos(t) + C = \sqrt{1+x^2} - \frac{1}{\sqrt{1+x^2}} + C = \frac{x^2}{\sqrt{1+x^2}} + C$.

Lösung 28.21 Beim Integral $I = \int \frac{\sqrt{x^2-4}}{x}\,dx$ wird zunächst mit $x = 2\sec(t)$ substituiert. Es ist $dx = 2\sec(t)\tan(t)dt$ und $\sqrt{x^2-4} = \sqrt{4\sec^2(t)-4} = 2\tan(t)$ wegen der trigonometrischen Identität $\tan^2(z) = \sec^2(z) - 1$.

Damit ist $I = \int \frac{2\tan(t)}{2\sec(t)}\,2\sec(t)\tan(t)dt = 2\int \tan^2(t)dt$. Mit der erneuten Nutzung der Identität und der Ableitung $(\tan(t))' = \sec^2(t)$ wird $I = 2\int(\sec^2 - 1)dt = 2\tan(t) - 2t + C$.

Nun ist $\sec(t) = \frac{1}{\cos(t)}$ also $x = \frac{2}{\cos(t)} \Rightarrow t = \arccos(\frac{2}{x})$.
Damit wird mit der Rücksubstitution und $\tan(t) = \frac{\sin(t)}{\cos(t)} = \frac{\sqrt{1-\cos^2(z)}}{\cos(z)}$ aus dem Integral $I = 2\frac{\sqrt{1-\cos^2(t)}}{\cos(t)} - 2t + C = 2\frac{\sqrt{1-(2/x)^2}}{\frac{2}{x}} - 2\arccos(\frac{2}{x}) + C = \sqrt{x^2-4} - 2\arccos(\frac{2}{x}) + C$.

Lösung 28.22 Substitutiert wird mit $x = a\sin(t)$, $dx = a\cos(t)\,dt$.
Es wird $I = \int \frac{a}{x\sqrt{a^2-x^2}}\,dx$
$= \int \frac{a}{a\sin(t)\,a\cos(t)}\,a\cos(t)\,dt = \int \frac{1}{\sin(t)}\,dt = \ln(|\tan(\frac{t}{2})|) + C$.
Mit der Halbwinkelformel $\tan(\frac{x}{2}) = \frac{1-\cos(x)}{\sin(x)}$ lässt sich das Ergebnis mit Hilfe des Sinus ausdrücken. So wird $I = \ln(|\frac{1-\sqrt{1-\sin^2(t)}}{\sin(t)}|) + C$.
Rücksubstition mit $t = \arcsin(x/a)$ liefert dann
$I = \ln(|\frac{1-\sqrt{1-(x/a)^2}}{(x/a)}|) + C = \ln(|\frac{a-\sqrt{a^2-x^2}}{(x)}|) + C$.

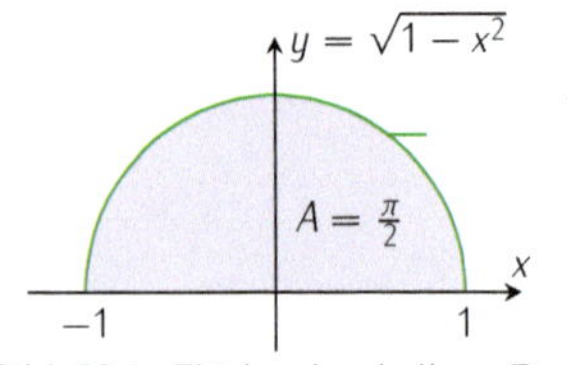

Bild 28.4: Fläche des halben Einheitskreises

Lösung 28.23 Das Integral $\int_{-1}^{1} \sqrt{1-x^2}\,dx$ wird mit der umgekehrten Substitution $x = \sin(u)$ und $dx = \cos(u)\,du$ gelöst. Die Integralgrenzen werden gemäß $u = \arcsin(x)$ transformiert.
$\int_{-1}^{1} \sqrt{1-x^2}\,dx = \int_{\arcsin(-1)}^{\arcsin(1)} \sqrt{1-\sin^2(u)}\,\cos(u)\,du =$
$\int_{-\frac{\pi}{2}}^{\frac{\pi}{2}} \cos^2(u)\,du = \frac{1}{2}[\sin(u)\,\cos(u) + u]_{-\frac{\pi}{2}}^{\frac{\pi}{2}} = \frac{\pi}{2}$.
Das Integral bestimmt die Fläche A der oberen Hälfte des Einheitskreises. Siehe Bild 28.4.

Lösung 28.24 Das Integral $I = \int \sqrt{\frac{x}{2-x}}\,dx$ wird mit $x = 2\sin^2(u)$ und $dx = 4\sin(u)\cos(u)\,du$ substituiert.
$I = \int \sqrt{\frac{2\sin^2(u)}{2-2\sin^2(u)}} \cdot 4\sin(u)\cos(u)\,du = \int \sqrt{\frac{\sin^2(u)}{\cos^2(u)}} \cdot 4\sin(u)\cos(u)\,du$
$= \int 4\sin^2(u)\,du = 2u - 2\sin(u)\cos(u) + C$
$= 2u - 2\sin(u)\sqrt{1-\sin^2(u)} + C$.
Jetzt ist der Term so umgeformt, um die Rücksubstitution mit $u = \arcsin(\sqrt{x/2})$ vorzunehmen. $I = 2\arcsin(\sqrt{\frac{x}{2}}) - 2\sqrt{\frac{x}{2}}\sqrt{1-\frac{x}{2}} + C = 2\arcsin(\sqrt{\frac{x}{2}}) - 2\sqrt{\frac{x}{2}}\sqrt{1-\frac{x}{2}} + C = 2\arcsin(\sqrt{\frac{x}{2}}) - \sqrt{x(2-x)} + C$.

Lösung 28.25 Das Integral $I = \int \frac{\sqrt{1+x^2}}{x^2}\,dx$ wird substituiert mit $x = \sinh(t)$, $dx = \cosh(t)\,dt$. Damit wird
$I = \int \frac{\sqrt{1+\sinh^2(t)}}{\sinh^2(t)}\cosh(t)\,dt = \int \frac{\cosh^2(t)}{\sinh^2(t)}\,dt = \int \coth^2(t)\,dt$
$= t - \coth(t) + C = t - \frac{\sqrt{1+\sinh^2(t)}}{\sinh(t)} + C$.
Nach Rücksubstitution wird $I = \operatorname{arsinh}(x) - \frac{\sqrt{1+x^2}}{x} + C$.

Lösung 28.26

a) Direkte Substitution: $t = \sqrt{x}$, $dt = \frac{1}{2\sqrt{x}}\,dx$,

$\int \frac{e^{\sqrt{x}}}{\sqrt{x}}\,dx = 2\int \frac{e^{\sqrt{x}}}{2\sqrt{x}}\,dx = 2\int e^t\,dt = 2e^t + C = 2e^{\sqrt{x}} + C$

b) Umgekehrte Substitution: $\sqrt{x} = u$, $x = u^2$, $dx = 2u\,du$,

$\int e^{\sqrt{x}}\,dx = \int 2u\,e^u\,du = 2u\,e^u - 2\int e^u\,du = 2(u-1)\,e^u + C = 2(\sqrt{x}-1)\,e^{\sqrt{x}} + C.$

Lösung 28.27 Direkte Substitution mit $t = -\frac{1}{2}x^2$, $dt = -x\,dx$

$\int x\,e^{-x^2/2}\,dx = -\int e^t\,dt = -e^t + C = -e^{-\frac{1}{2}x^2} + C.$

Damit ist die Stammfunktion ermittelt und das bestimmte Integral berechnet sich zu $\int_0^2 x\,e^{-x^2/2}\,dx = \left[-e^{-\frac{1}{2}x^2}\right]_0^2 = -e^{-2} - (-e^0) = (1 - \frac{1}{e^2})$.

Alternativ werden bei der direkten Substitution die Grenzen durch die Funktion $t = -\frac{1}{2}x^2$ mit transformiert: die untere Grenze wird $-\frac{1}{2}\,0^2 = 0$, die obere Grenze $-\frac{1}{2}\,2^2 = -2$.

$\int_0^2 x\,e^{-\frac{1}{2}x^2}\,dx = -\int_0^{-2} e^t\,dt = -(e^{-2}) + (e^0) = (1 - \frac{1}{e^2}).$

Lösung 28.28 Es wird umgekehrte Substitution mit $u = \ln(x)$, $x = e^u$, $dx = e^u\,du$ angewandt. $\int \sin(\ln(x))\,dx = \int \sin(u)\,e^u\,du = \frac{1}{2}e^u\,(\sin(u) - \cos(u)) + C$ nach Integraltabelle für $e^{ax}\sin(bx)$ mit $a = b = 1$.

Daraus ergibt sich durch Rücksubstitution
$\int \sin(\ln(x))\,dx = \frac{1}{2}e^{\ln(x)}\,(\sin(\ln(x)) - \cos(\ln(x))) + C$
$= \frac{1}{2}x\,(\sin(\ln(x)) - \cos(\ln(x))) + C.$

Probe durch Ableiten $\left(\frac{1}{2}x\,(\sin(\ln(x)) - \cos(\ln(x)))\right)'$
$= \frac{1}{2}\,(\sin(\ln(x)) - \cos(\ln(x))) + \frac{1}{2}x\,(\cos(\ln(x))\,\frac{1}{x} - (-\sin(\ln(x))\,\frac{1}{x}))$
$= \sin(\ln(x))$ $\surd$

Lösung 28.29

a) Substitution mit $x = 5 - u$, $dx = -du$ liefert

$$\begin{aligned}
&\int_1^5 x\,\sqrt{5-x}\,dx \\
&= \int_{5-1}^{5-5}(5-u)\sqrt{u}\,(-1)\,du = -\int_4^0 \left(5\sqrt{u} - u^{3/2}\right)\,du \\
&= \int_0^4 \left(5\sqrt{u} - u^{3/2}\right)\,du = \left[\tfrac{10}{3}u^{3/2} - \tfrac{2}{5}u^{5/2}\right]_0^4 = \tfrac{10}{3}4^{3/2} - \tfrac{2}{5}4^{5/2} \\
&= \tfrac{80}{3} - \tfrac{64}{5} = \tfrac{208}{15}.
\end{aligned}$$

b) $\int_0^1 \frac{1}{\sqrt{16-7x}}\,dx$ wird substituiert mit der Umkehrung der inneren Funktion $16-7x = u$ oder $x = \frac{16}{7} - \frac{u}{7}$, $dx = -\frac{1}{7}\,du$. Damit wird das Integral $\int_{16-0}^{16-7\cdot 1} \frac{1}{\sqrt{u}}(-\frac{1}{7})\,du = -\frac{1}{7}\int_{16}^{9} u^{-\frac{1}{2}}\,du = -\frac{1}{7}\left[2\sqrt{u}\right]_{16}^{9} = \frac{8}{7} - \frac{6}{7} = \frac{2}{7}$.

c) Wird im Integral $\int \frac{x^2}{\sqrt{1-x^6}}\,dx$ mit $x^3 = \sin(u)$ substituiert, ist $u = \arcsin(x^3)$ und $du = \frac{1}{\sqrt{1-x^6}}(3x^2)\,dx$. Dann ist $\int \frac{x^2}{\sqrt{1-x^6}}\,dx = \int \frac{1}{3}\,du = \frac{u}{3} + C = \frac{1}{3}\arcsin(x^3) + C$.

d) Im Integrand von $\int \frac{e^x}{a-e^x}\,dx$ steht im Zähler bis auf das Vorzeichen die Ableitung des Nenners. Daher ist $-\ln(a-e^x)$ eine Stammfunktion. Das gleiche Resultat wird durch die Substitution $u = a - e^x$, $x = \ln(a-u)$ erzielt.

Lösung 28.30

a) $G(t)$ ist für $t \geq 0$ positiv und geht für $t \to \infty$ gegen 0. Wegen $G'(t) = 10^7\,\frac{1\cdot(t+20)^3 - t\cdot 3(t+20)^2}{(t+20)^6} = 10^7\,\frac{20-2t}{(t+20)^4}$ hat G ein Maximum bei $t = 10$. Es handelt sich um ein globales Maximum, weil $G(0) = 0$, $G(t) \geq 0$ und $\lim_{t\to\infty} G(t) = 0$ gelten.

b) Der Gesamterlös E ist das Integral über das Produkt aus Abbaurate und Gewinnfunktion im Intervall, in dem abgebaut wird, also $[0, A]$. $E = \int_0^A \frac{M}{A}\,G(t)\,dt = \frac{10^7 M}{A}\int_0^A \frac{t}{(t+20)^3}\,dt$

c) Lineare Substitution mit $u = t + 20$ und $du = dt$ liefert E
$= \frac{10^7 M}{A}\int_0^A \frac{t}{(t+20)^3}\,dt = \frac{10^7 M}{A}\int_{20}^{A+20} \frac{u-20}{u^3}\,du$
$= \frac{10^7 M}{A}\int_{20}^{A+20}\left(u^{-2} - 20u^{-3}\right)du = \frac{10^7 M}{A}\left(-u^{-1} + 10u^{-2}\right)\Big|_{20}^{A+20}$
$= \frac{10^7 M}{A}\left(\frac{-1}{A+20} + \frac{10}{(A+20)^2} + \frac{1}{20} - \frac{10}{400}\right) = \frac{10^7 M}{A}\left(\frac{-(A+20)+10+\frac{1}{40}A^2+A+10}{(A+20)^2}\right)$
$= \frac{10^7 M}{40A}\,\frac{A^2}{(A+20)^2} = \frac{2.5\cdot 10^5 MA}{(A+20)^2}$.

d) $E(A) = 2.5\cdot 10^5\,\frac{MA}{(A+20)^2}$, $E'(A) = 2.5\cdot 10^5 M\,\frac{(A+20)^2 - A\cdot 2(A+20)}{(A+20)^4} = 2.5\cdot 10^5 M\,\frac{A+20-2A}{(A+20)^3} = 2.5\cdot 10^5 M\,\frac{20-A}{(A+20)^3}$.

$E'(A) = 0$ liefert $A = 20$. Es handelt sich hierbei um ein Maximum, da $E(0) = 0 = \lim_{A\to\infty} E(A)$ und $E(A) \geq 0$.

Der optimale Gesamterlös ist $E(20) = 2.5\cdot 10^5 M\,\frac{20}{40^2} = 3125$.

Lösung 28.31 $\ln(x) \geq 1$ für $x \geq e$, also $x\ln(x) \geq x$ oder $-x\ln(x) \leq -x$ und $e^{-x\ln(x)} \leq e^{-x}$, weil die Exponentialfunktion monoton wachsend ist. Die Funktion e^{-x} ist damit eine Majorante für $e^{x\ln(x)}$.

Da $\int_e^\infty e^{-x}\,dx = \lim_{t\to\infty}\int_e^t e^{-x}\,dx = \lim_{t\to\infty}(-e^{-x})|_e^t = \lim_{t\to\infty} -e^t + e^{-e} = e^{-e}$ endlich ist, konvergiert das Integral $\int_e^\infty e^{-x\ln(x)}\,dx$.

Lösung 28.32

a) Es ist $f(x) = \ln(x), f'(x) = \frac{1}{x}, f''(x) = -\frac{1}{x^2}$. Für die Sehnen-Trapez-Quadratur Q_T zum Integral $\int_a^b f(x)\,dx$ gilt die Fehlerabschätzung $R_T \leq \frac{b-a}{12}(\triangle x)^2 \max_{a\leq x\leq b}|f''(x)|$. Damit ist hier $R_T \leq \frac{2}{12}(\triangle x)^2 \frac{1}{4} < 10^{-2} \Leftrightarrow \triangle x < \sqrt{0.24} \approx 0.4899$. Mit der Intervallbreite als Zweier-Potenz wird $\triangle x = \frac{1}{4}$ und $Q_T = \frac{0.25}{2}\left(\ln(2) + \ln(4) + 2\sum_{i=1}^{7}\ln(2+\frac{i}{4})\right) \approx 2.1576$. Es ist $R_T \leq 0.0026$.

b) Es ist $f(x) = \frac{1}{\ln(x)}, f'(x) = -\frac{1}{x\ln^2(x)}, f''(x) = \frac{\ln(x)+2}{x^2\ln^3(x)}$. Die zweite Ableitung ist im fraglichen Intervall eine Summe aus zwei monoton fallenden Funktionen, somit liegt das betragsmäßige Maximum bei $x = 2$ mit $f''(2) \approx 2.022$. Dies ergibt die Anforderung $\triangle x < 0.1723$, somit $\triangle x = 0.125$. Hier wird $Q_T \approx 1.9236$ und $R_T \leq 0.005266$.

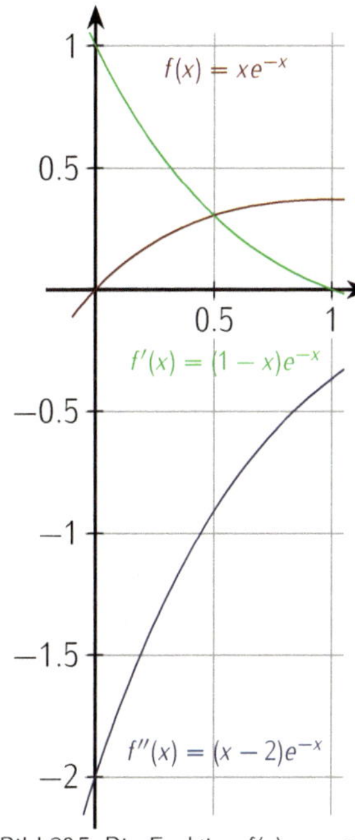

Bild 28.5: Die Funktion $f(x) = x\,e^{-x}$ und ihre ersten beiden Ableitungen.

Lösung 28.33 Die Ableitungen von $f(x) = x\,e^{-x}$ sind $f'(x) = (1-x)\,e^{-x}$, $f''(x) = (x-2)\,e^{-x}$, $f'''(x) = (3-x)\,e^{-x}$, $f^{(4)}(x) = (x-4)\,e^{-x}$. Vergleiche Bild 28.5.

a) Maximalwert der zweiten Ableitung ist $\max_{0\leq x\leq 1}|f''(x)| = |f''(0)| = |-2| = 2$.

Damit muss $\frac{1}{12}(\triangle x)^2 \cdot 2 < 10^{-4} \Rightarrow \triangle x < \sqrt{6\cdot 10^{-4}} \approx 0.0245$ sein. Teilung mit Halbierung bedeutet $\triangle x = \frac{1}{64} \approx 0.0156$. Es wird $Q_T \approx 0.2642207$.

b) Maximalwert der vierten Ableitung ist $\max_{0\leq x\leq 1}|f^{(4)}(x)| = |f^{(4)}(0)| = |-4| = 4$.

Damit muss $\frac{1}{180}(\triangle x)^4 \cdot 4 < 10^{-4} \Rightarrow \triangle x < \sqrt[4]{\frac{180}{4}10^{-4}} \approx 0.259$. Teilung mit Halbierung bedeutet $\triangle x = \frac{1}{4}$. Es wird $Q_S \approx 0.26423806$.

Lösung 28.34 Substitution mit $t = \ln(x)$ und $dt = \frac{1}{x}\,dx$.

a) $\int_2^\infty \frac{1}{x\ln(x)}\,dx = \lim_{s\to\infty}\int_2^s \frac{1}{\ln(x)}\frac{1}{x}\,dx = \lim_{s\to\infty}\int_{\ln(2)}^{\ln(s)}\frac{1}{t}\,dt$
$= \lim_{s\to\infty}(\ln(t))\Big|_{\ln(2)}^{\ln(s)} = \lim_{s\to\infty}\ln(\ln(s)) - \ln(\ln(2))$ divergent.

b) $\int_2^\infty \frac{1}{x\ln^2(x)}\,dx = \lim_{s\to\infty}\int_2^s \frac{1}{\ln^2(x)}\frac{1}{x}\,dx = \lim_{s\to\infty}\int_{\ln(2)}^{\ln(s)}\frac{1}{t^2}\,dt$
$= \lim_{s\to\infty}(-t^{-1})\Big|_{\ln(2)}^{\ln(s)} = \frac{1}{\ln(2)} - \lim_{s\to\infty}\frac{1}{\ln(s)} = \frac{1}{\ln(2)}$.

c) $\int_2^\infty \frac{1}{x(\ln(x))^{1+\epsilon}}\,dx = \lim_{s\to\infty}\int_2^s \frac{1}{(\ln(x))^{1+\epsilon}}\frac{1}{x}\,dx$
$= \lim_{s\to\infty}\int_{\ln(2)}^{\ln(s)}\frac{1}{t^{1+\epsilon}}\,dt = \lim_{s\to\infty}(-\frac{1}{\epsilon}t^{-\epsilon})\Big|_{\ln(2)}^{\ln(s)}$
$= \frac{1}{\epsilon}\frac{1}{(\ln(2))^\epsilon} - \lim_{s\to\infty}\frac{1}{\epsilon}\frac{1}{(\ln(s))^\epsilon} = \frac{1}{\epsilon}\frac{1}{(\ln(2))^\epsilon} \approx \frac{1}{\epsilon}$, wenn $\epsilon \ll 1$. Damit konvergiert das Integral für beliebiges $\epsilon > 0$.

Lösung 28.35

a) Ausgehend von der Abschätzung für das Restglied

$|R_T| \leq \frac{b-a}{12} (\triangle x)^2 \max_{a \leq x \leq b} |f''(x)| \leq 0.001$ ergibt sich

$\triangle x \leq \sqrt{12 \cdot \frac{0.001}{1.104}} \approx 0.10425$. Das Intervall $[1, 2]$ wird somit in zehn Teile zerlegt. Die Intervallbreite beträgt $\triangle = 0.1$.

b) Die Funktion $f(x)$ wird an Stellen $1.0, 1.1, \ldots, 1.9, 2.0$ ausgewertet und mit Gewichten von $0.05, 0.1, \ldots 0.1, 0.05$ multipliziert und summiert. Es ergibt sich $Q_T \approx 0.076348178$.

c) Ausgehend von der Formel für das Restglied $|R_S| \leq \frac{b-a}{180} (\triangle x)^4 \max_{a \leq x \leq b} |f^{(4)}(x)| \leq 0.001$ ergibt sich $\triangle \leq \sqrt[4]{180 \cdot \frac{0.001}{8.83}} \approx 0.377857$. Da die Simpsonnäherung eine gerade Anzahl an Intervallen benötigt, wird in vier Teile zerlegt. Die Intervallbreite beträgt $\triangle = 0.25$.

d) Die Funktion $f(x)$ wird an Stellen $1.0, 1.25, 1.5, 1.75, 2.0$ ausgewertet und mit Gewichten $\frac{1}{12}, \frac{4}{12}, \frac{2}{12}, \frac{4}{12}, \frac{1}{12}$ multipliziert und summiert. Es ergibt sich $Q_S \approx 0.076621968$.

e) Es ist $R_S \leq \frac{b-a}{180} 0.1^4 \cdot 8.83 \approx 4.9 \cdot 10^{-6}$.

f) Hier wird $Q_S \approx 0.07667467$.

29 Anwendungen der Integration

29.1 Einleitung

In diesem Kapitel werden einige klassische Anwendungen der Integration präsentiert, s.a. Abschnitt 6.4 in Brauch et al. (2006). Letztlich basieren alle diese Anwendungen auf dem Konzept des Riemann-Integrals.

W. Brauch, H. J. Dreyer, und W. Haake. *Mathematik für Ingenieure*. Teubner Verlag, 11. Auflage, 2006

Georg Friedrich Bernhard Riemann (1826–1866)

29.1.1 Mittelwert einer Funktion

Das arithmetische Mittel von Funktionswerten $y_i = f(x_i^*)$ mit $x_i^* \in [x_{i-1}, x_i]$ zur äquidistanten Zerlegung $x_i = a + i\frac{b-a}{n} =: a + i\Delta x$ des Intervalles $[a, b]$ beträgt $\frac{1}{n}\sum_{i=1}^n y_i = \frac{1}{b-a}\sum_{i=1}^n y_i\Delta x$, was im Grenzübergang $n \to \infty$ auf das Mittel $\overline{f} = \frac{1}{b-a}\int_a^b f(x)\,dx$ führt.

Beispiel.
- ▷ Der Mittelwert $\overline{\sin}$ einer halben Periode von Sinus beträgt $\overline{\sin} = \frac{1}{\pi}\int_o^\pi \sin(t)\,dt = -\frac{1}{\pi}\cos(t)|_o^\pi = -\frac{1}{\pi}(-1-1) = \frac{2}{\pi}$.
- ▷ Nicht überraschend gilt ebenso $\overline{\cos} = \frac{1}{\pi}\int_{-\pi/2}^{\pi/2}\cos(t)\,dt = \frac{2}{\pi}$.

29.1.2 Quadratisches Mittel einer Funktion

Das *quadratische Mittel*, der *quadratische Mittelwert* oder *root mean square, RMS* der Zahlen $(y_i)_{i=1,\ldots,n}$ beträgt $y_{RMS} = \sqrt{\frac{y_1^2+y_2^2+\ldots+y_n^2}{n}}$. Für eine Funktion im Intervall $[a, b]$ geht der Ausdruck $\sqrt{\frac{f^2(z_1)+f^2(z_2)+\ldots+f^2(z_n)}{n}} = \sqrt{\frac{f^2(z_1)+f^2(z_2)+\ldots+f^2(z_n)}{b-a}\,\frac{b-a}{n}} = \sqrt{\frac{f^2(z_1)+f^2(z_2)+\ldots+f^2(z_n)}{b-a}\,\Delta x_i}$ mit $z_i \in [x_{i-1}, x_i]$ im Grenzübergang $n \to \infty$ über in $f_{RMS} = \sqrt{\frac{1}{b-a}\int_a^b f^2(x)\,dx}$.

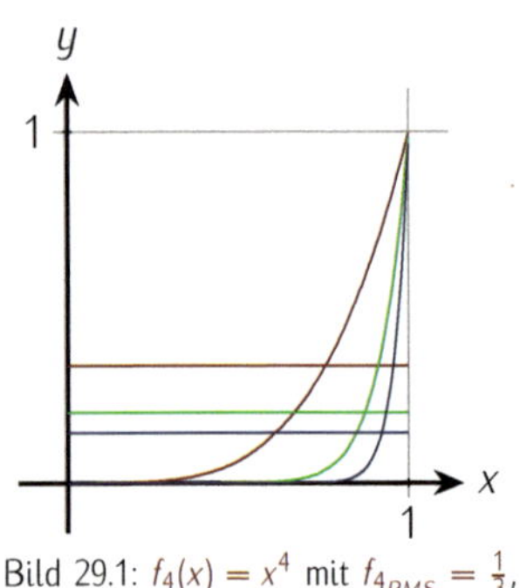

Bild 29.1: $f_4(x) = x^4$ mit $f_{4_{RMS}} = \frac{1}{3}$, $f_{12}(x) = x^{12}$ mit $f_{12_{RMS}} = \frac{1}{5}$ und $f_{24}(x) = x^{24}$ mit $f_{24_{RMS}} = \frac{1}{7}$

Beispiel. Das quadratische Mittel $f_{n_{RMS}}$ der Monome $f_n(x) = x^n$ über dem Einheitsintervall $[0,1]$ beträgt $f_{n_{RMS}} = \sqrt{\int_o^1 x^{2n}\, dx} = \sqrt{\frac{1}{2n+1}\, x^{2n+1}\big|_o^1} = \frac{1}{\sqrt{2n+1}}$, speziell z.B. also $f_{4_{RMS}} = \frac{1}{3}$, $f_{12_{RMS}} = \frac{1}{5}$, $f_{24_{RMS}} = \frac{1}{7}, \ldots$ Das ist zumindest konsistent mit $f_n(x) > f_{n+1}(x)$ für alle $x \in (0,1)$ und $n \in \mathbb{N}$, vgl. Bild 29.1.

29.1.3 Flächenschwerpunkt

Für den Schwerpunkt (x_s, y_s) eines starren Systems von Massepunkten m_i, konzentriert in den Punkten (x_i, y_i) der Ebene gilt

$$x_s = \frac{\sum m_i \cdot x_i}{\sum m_i} \quad \text{und} \quad y_s = \frac{\sum m_i \cdot y_i}{\sum m_i}\,.$$

Zur Berechnung des Flächenschwerpunktes der durch Funktionen f und g mit $f < g$ auf $[a,b]$ berandeten Fläche A wird A durch Rechtecke approximiert. Ein solches Rechteck hat die Masse, d.h. bei gleichmäßiger Massenverteilung die Fläche $\Delta x_i\,(g(z_i) - f(z_i))$ für $z_i \in [x_{i-1}, x_i]$ und den Schwerpunkt $\left(\frac{x_{i-1}+x_i}{2}, \frac{f(z_i)+g(z_i)}{2}\right)$. Ein solches Rechteck läßt sich auffassen als im Schwerpunkt konzentrierter Massepunkt mit einer Masse proportional zur Fläche des Rechteckes. Damit ergibt sich

$$x_s = \frac{\sum \Delta x_i\,(g(z_i) - f(z_i))\,\frac{x_{i-1}+x_i}{2}}{\sum \Delta x_i\,(g(z_i) - f(z_i))} \quad \text{und} \quad y_s = \frac{\sum \Delta x_i\,(g(z_i) - f(z_i))\,\frac{f(z_i)+g(z_i)}{2}}{\sum \Delta x_i\,(g(z_i) - f(z_i))}$$

und im Grenzübergang $n \to \infty$ mit $z_i = \frac{x_{i-1}+x_i}{2}$ und $\max_{1 \le i \le n} \Delta x_i \to 0$

$$x_s = \tfrac{1}{A} \int_a^b \big(g(x) - f(x)\big)\, x\, dx$$

$$y_s = \frac{1}{2A} \int_a^b \left(g^2(x) - f^2(x)\right)\, dx \qquad \text{mit} \qquad A = \int_a^b \big(g(x) - f(x)\big)\, dx$$

Bild 29.2: Flächenschwerpunkt $S = (0, \frac{2}{5})$ der Fläche zwischen dem Graphen von $y = g(x) = 1 - x^2$ und der Abszisse

Beispiel. Der Flächenschwerpunkt der Fläche A zwischen der Abszisse und dem Graphen von $g(x) = 1 - x^2$ mit $A = \int_{-1}^1 g(x)\, dx = 2 - \frac{1}{3}x^3\big|_{-1}^1 = 2 - \frac{2}{3} = \frac{4}{3}$ liegt wegen der Symmetrie auf der Ordinate bei $y_s = \frac{3}{8}\int_{-1}^1 (1 - x^2)^2\, dx = \frac{3}{4}\int_o^1 (1 - 2x^2 + x^4)\, dx = \frac{3}{4}\left(x - \frac{2}{3}x^3 + \frac{1}{5}x^5\right)\big|_o^1 = \frac{3}{4}(1 - \frac{2}{3} + \frac{1}{5}) = \frac{2}{5}$, s. Bild 29.2.

29.1.4 Momente erster und zweiter Ordnung

Momente kommen in Stochastik (siehe Kapitel 43 in Band 3), in Festigkeitslehre (Flächenträgheitsmoment) oder in der Physik (Drehmoment, Biegemoment, Torsionsmoment, Antriebsmoment) vor. Hier soll es um Anwendungen z.B. in Statik oder Bauphysik gehen.

Eine Platte sei in der Ebene von $x = x_{\min}$, $x = x_{\max}$ und den Graphen der beiden Funktionen f und g mit $f > g$ auf $[x_{\min}, x_{\max}]$ berandet. In jedem Punkt (x, y) sei $\varrho(x, y)$ die Dichte des Materials der Platte. Ihre Masse beträgt dann

$$m = \iint_D \varrho(x, y)\, dxdy = \int_{x=x_{\min}}^{x=x_{\max}} \left(\int_{y=g(x)}^{y=f(x)} \varrho(x, y)\, dy \right) dx.$$

Die *statischen Massenmomente* oder *Massenmomente erster Ordnung* einer solchen Platte D variabler Dichte $\varrho(x, y)$ bezüglich der y- und der x-Achse sind

$$m_y = \iint_D x\, \varrho(x, y)\, dxdy = \int_{x=x_{\min}}^{x=x_{\max}} \left(\int_{y=g(x)}^{y=f(x)} x\, \varrho(x, y)\, dy \right) dx,$$

$$m_x = \iint_D y\, \varrho(x, y)\, dxdy = \int_{x=x_{\min}}^{x=x_{\max}} \left(\int_{y=g(x)}^{y=f(x)} y\, \varrho(x, y)\, dy \right) dx.$$

Damit ergibt sich der Schwerpunkt $S = (x_s, y_s)$ mit $x_s = \frac{m_y}{m}$ und $y_s = \frac{m_x}{m}$, wie vorstehend im Abschnitt 29.1.3.

Beispiel. Sei D das Quadrat der Seitenlänge 2 im ersten Quadranten links unten. Sei ϱ konstant, bei geeigneter Wahl der Einheiten also $\varrho = 1$. Dann gilt $m = 4$, $m_y = \int_0^2 \left(\int_0^2 x\, dy \right) dx = \int_0^2 2x\, dx = x^2\big|_o^2 = 4$ und gleichermaßen $m_x = 2$. Der Schwerpunkt liegt erwartungsgemäß in $(x_s, y_s) = (1, 1)$, s. Bild 29.3.

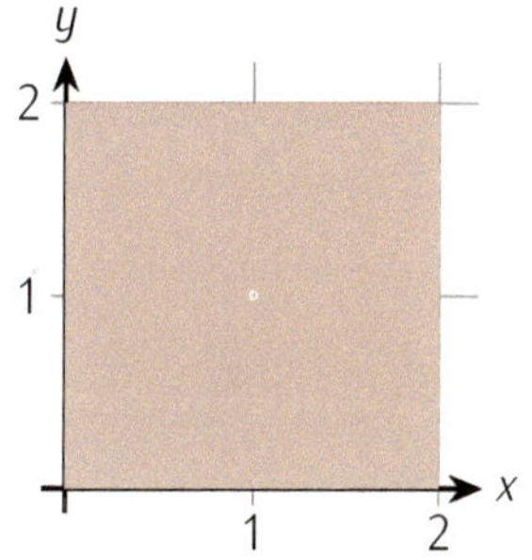

Bild 29.3: Flächenschwerpunkt (1, 1) des 2 × 2 Quadrates

Die *Massenträgheitsmomente* oder *Massenmomente* zweiter Ordnung einer Platte D mit variabler Dichte ϱ sind

$$I_{xx} = \iint_D y^2 \varrho(x, y)\, dxdy = \int_{x=x_{\min}}^{x=x_{\max}} \left(\int_{y=g(x)}^{y=f(x)} y^2 \varrho(x, y)\, dy \right) dx,$$

$$I_{xy} = I_{yx} = \iint_D xy\, \varrho(x, y)\, dxdy = \int_{x=x_{\min}}^{x=x_{\max}} \left(\int_{y=g(x)}^{y=f(x)} xy \varrho(x, y)\, dy \right) dx,$$

$$I_{yy} = \iint_D x^2 \varrho(x, y)\, dxdy = \int_{x=x_{\min}}^{x=x_{\max}} \left(\int_{y=g(x)}^{y=f(x)} x^2 \varrho(x, y)\, dy \right) dx.$$

Beispiel. Für das Quadrat D gilt $I_{xx} = \int_o^2 \left(\int_o^2 y^2\, dy \right) dx = \int_o^2 \frac{8}{3}\, dx = \frac{16}{3}$, $I_{xy} = I_{yx} = \int_o^2 \left(\int_o^2 xy\, dy \right) dx = \int_o^2 2x\, dx = 4$ und wegen der Symmetrie erwartungsgemäß $I_{yy} = \int_o^2 \left(\int_o^2 x^2\, dy \right) dx = \int_o^2 2x^2\, dx = \frac{16}{3}$, s. Bild 29.3.

29.1.5 Kurvenlänge

Die Graphen von Funktionen oder allgemeiner beliebige Kurven können durch Polygonzüge approximiert werden, um ihre Länge zu bestimmen. Die Länge der Verbindungsstrecke von $(x_{i-1}, f(x_{i-1}))$ nach $(x_i, f(x_i))$ beträgt $\sqrt{(x_i - x_{i-1})^2 + (f(x_i) - f(x_{i-1}))^2}$. Die Länge des Polygonzuges mit Ecken $(x_i, f(x_i))$ für $i = 0, 1, \ldots, n$ mit etwa äquidistanter Zerlegung des Argument-Intervalles $[a, b]$ durch $x_i = a + i\frac{b-a}{n}$ beträgt dann $\sum_{i=1}^{n} \sqrt{(x_i - x_{i-1})^2 + (f(x_i) - f(x_{i-1}))^2}$. Im Grenzübergang $n \to \infty$ ergibt sich mit $\Delta x_i := x_i - x_{i-1} = \frac{b-a}{n}$ die Kurvenlänge ℓ des Abschnittes des Funktionsgraphen von f im Intervall $[a, b]$ zu

$$\ell = \lim_{n\to\infty} \sum_{i=1}^{n} \sqrt{(x_i - x_{i-1})^2 + (f(x_i) - f(x_{i-1}))^2}$$
$$= \lim_{n\to\infty} \sum_{i=1}^{n} \sqrt{1 + (\tfrac{f(x_i)-f(x_{i-1})}{\Delta x_i})^2}\Delta x_i = \int_a^b \sqrt{1 + f'^2(x)}\, dx.$$

Bild 29.4: Katenoide $y = g(x) = \cosh(x)$

Beispiel. Für $f(x) = \cosh(x)$ beträgt die Kurvenlänge ℓ der Katenoide (s. Kapitel 22) im Intervall $[a, b]$ gerade $\ell = \int_a^b \sqrt{1 + \sinh^2(x)}\, dx$ $= \int_a^b \sqrt{\cosh^2(x)}\, dx = \int_a^b \cosh(x)\, dx = \sinh(x)|_a^b = \sinh(b) - \sinh(a)$, s. Bild 29.4.

29.1.6 Volumen von Rotationskörpern

Bei Rotation eines Abschnittes des Graphen einer Funktion f wird die Oberfläche eines Rotationskörpers überstrichen. Dieser Körper wird entweder durch zur Rotationsachse konzentrische Scheiben (Zylinder) mit Volumen $|S| = \pi r^2 h$ oder Hohlzylinder mit Volumen $|H| = 2\pi\, r_m\, h\, s$ bei mittlerem Radius r_m, Höhe h und Wandstärke s approximiert.

Rotation senkrechter oder waagerechter Streifen um die x-Achse oder um die y-Achse erzeugt vier verschiedene Rotationskörper.

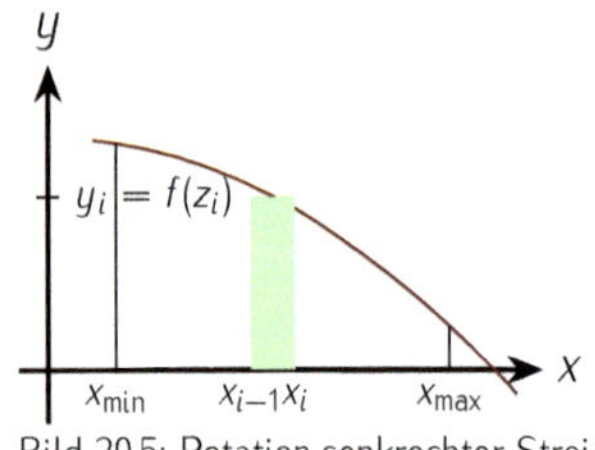

Bild 29.5: Rotation senkrechter Streifen entweder um x-Achse oder um y-Achse mit $z_i \in (x_{i-1}, x_i)$

Rotation senkrechter Streifen s. Bild 29.5

- ▷ um die x-Achse: Es entstehen Scheiben S_i mit Höhe Δx_i und Radius $y_i = f(x_i)$ und dem Volumen $|S_i| = \pi\, y_i^2\, \Delta x_i$. Das angenäherte Volumen des Rotationskörpers $V_x^s \approx \sum_i |S_i| = \pi \sum_i y_i^2\, \Delta x_i$ wird – aufgefaßt als Riemannsche Summe – im Grenzübergang zu

$$V_x^s = \pi \int_{x_{min}}^{x_{max}} f^2(x)\, dx$$

Rotation der durch $x = x_{max}$, den Graphen von f, $x = x_{min}$ und die x-Achse berandeten Fläche um die x-Achse;

- ▷ um die y-Achse: Es entstehen Hohlzylinder H_i mit mittlerem Radius $\frac{x_{i-1}+x_i}{2}$, Wandstärke Δx_i und Höhe $y_i = f(x_i)$ und dem Volumen $|H_i| = \pi\,(x_{i-1} + x_i)\, y_i\, \Delta x_i$. Das angenäherte Volumen des Rotationskörpers $V_y^s \approx \sum_i |H_i| = 2\pi \sum_i \frac{x_i + x_{i-1}}{2}\, y_i\, \Delta x_i$ wird – aufgefaßt als Riemannsche Summe – im Grenzübergang zu

$$V_y^s = 2\pi \int_{x_{min}}^{x_{max}} x\, f(x)\, dx$$

Rotation der durch $x = x_{max}$, den Graphen von f, $x = x_{min}$ und die x-Achse berandeten Fläche um die y-Achse;

Rotation waagerechter Streifen s. Bild 29.6

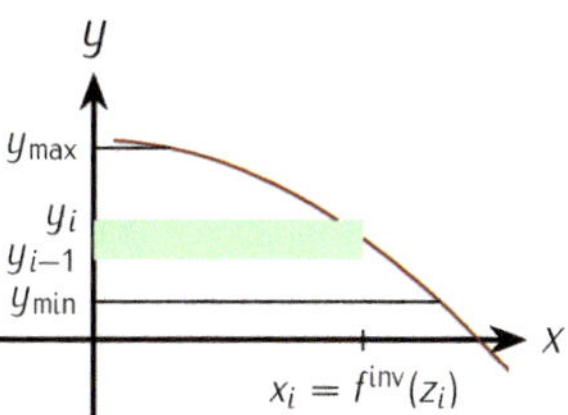

Bild 29.6: Rotation waagerechter Streifen entweder um x-Achse oder um y-Achse mit $z_i \in (y_{i-1}, y_i)$

▷ um die x-Achse: Es entstehen Hohlzylinder H_i mit mittlerem Radius $\frac{y_{i-1}+y_i}{2}$, Wandstärke Δy_i und Höhe $x_i = f^{\text{inv}}(y_i)$ und dem Volumen $|H_i| = \pi\,(y_{i-1}+y_i)\,x_i\,\Delta y_i$. Hier bezeichnet f^{inv} die Umkehr-Funktion von f. Das angenäherte Volumen des Rotationskörpers $V_x^w \approx \sum_i |H_i| = 2\pi \sum_i (y_{i-1}+y_i)\,x_i\,\Delta y_i$ wird – aufgefaßt als Riemannsche Summe – im Grenzübergang zu

$$V_x^w = 2\pi \int_{y_{\min}}^{y_{\max}} y\, f^{\text{inv}}(y)\, dy$$

Rotation der durch $y = y_{\min}$, den Graphen von f, $y = y_{\max}$ und die y-Achse berandeten Fläche um die x-Achse;

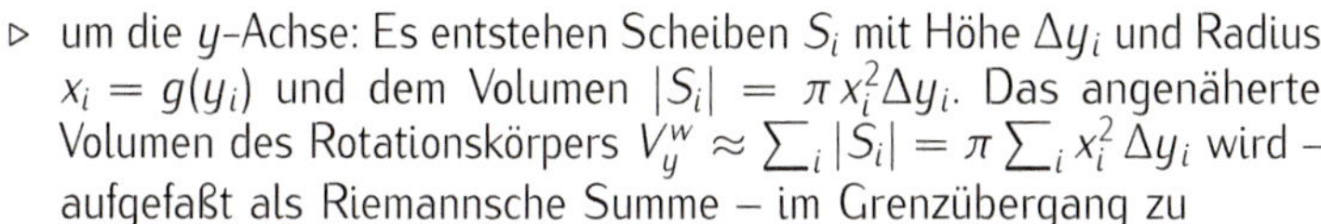

▷ um die y-Achse: Es entstehen Scheiben S_i mit Höhe Δy_i und Radius $x_i = g(y_i)$ und dem Volumen $|S_i| = \pi\, x_i^2 \Delta y_i$. Das angenäherte Volumen des Rotationskörpers $V_y^w \approx \sum_i |S_i| = \pi \sum_i x_i^2\, \Delta y_i$ wird – aufgefaßt als Riemannsche Summe – im Grenzübergang zu

$$V_y^w = \pi \int_{y_{\min}}^{y_{\max}} {f^{\text{inv}}}^2(y)\, dy$$

Rotation der durch $y = y_{\min}$, den Graphen von f, $y = y_{\max}$ und die y-Achse berandeten Fläche um die y-Achse.

29.1.7 *Oberfläche von Rotationskörpern*

Die Oberfläche, eigentlich die Mantel-Fläche M_x von zur x-Achse rotationssymmetrischen Körpern wird durch schmale Kegel-Stümpfe mit der Mantel-Fläche $\pi\, s\,(r + R)$ bei Seitenlänge s und Radien r und R angenähert. Die Mantel-Fläche M eines Kegels mit Seitenlänge s und Radius r ist nämlich der Anteil $\frac{2\pi r}{2\pi s}$ der Kreisfläche mit Radius s, also $M = \pi\, s\, r$.

Bild 29.7 zeigt nun den Schnitt durch einen solchen Kegelkstumpf.

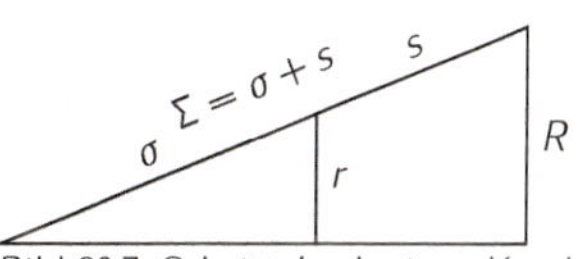

Bild 29.7: Schnitt durch einen Kegel-Stumpf mit $\Sigma = \sigma + s$

Die Mantel-Fläche des Kegelstumpfes mit Seitenlänge s sowie Radien r und R ergibt sich als Differenz der Mantel-Flächen der Kegel mit Seitenlängen Σ bzw. σ und Radien R bzw. r mit $\Sigma - \sigma = s$. Wegen $\frac{\sigma}{r} = \frac{\Sigma}{R}$ gilt für die Differenz $\pi\Sigma R - \pi\sigma r = \pi(\Sigma R - \sigma r) = \pi(sR + \sigma R - \sigma r) = \pi(sR + \Sigma r - \sigma r) = \pi(sR + sr) = \pi s(R + r)$ und daher für einen der approximierenden Kegel-Stümpfe $M_i = \pi\,\Delta s_i\,(y_{i-1} + y_i)$, also $M_x \approx \sum_{i=1}^n M_i = \sum_{i=1}^n \pi(y_{i-1} + y_i)\Delta s_i = \pi \sum_{i=1}^n (y_{i-1} + y_i)\sqrt{1 + \left(\frac{\Delta y_i}{\Delta x_i}\right)^2}\,\Delta x_i$

bzw. $M_x \approx \pi \sum_{i=1}^n (y_{i-1}+y_i)\sqrt{\left(\frac{\Delta x_i}{\Delta y_i}\right)^2 + 1}\,\Delta y_i$.

Aufgefaßt als Riemann'sche Summen gilt dann im Grenzübergang

$$M_x = 2\pi \int_{x_{\min}}^{x_{\max}} f(x)\sqrt{1 + \left(f'(x)\right)^2}\,dx = 2\pi \int_{y_{\min}}^{y_{\max}} y\sqrt{\left({f^{\text{inv}}}'(y)\right)^2 + 1}\,dy$$

wobei sich das zweite Integral mittels der Substitution durch die Umkehr-Funktion $x = f^{\text{inv}}(y)$ von f ergibt.

Jean Baptiste Joseph Fourier (1768-1830)
Ralph Vinton Lyon Hartley (1888-1970)
Pierre-Simon Laplace (1749-1827)
David Hilbert (1862-1943)
Hermann Hankel (1839-1873)

Einen großen und wichtigen Bereich der Anwendungen der Integration machen die Integraltransformationen wie die Fourier-, Hartley-, Hilbert-, Hankel-Transformation und ihre diskreten Varianten aus, die in Signalverarbeitung, Bildverarbeitung u.ä. eingesetzt werden. Laplace- (Kapitel 62) und z-Transformation (Kapitel 63) werden in Band 3 behandelt.

29.2 Lernziele

Nr	Ich kann	Aufgabe	√
	Anwendungen der Integration		
268	die Länge einer ebenen Kurve bestimmen	29.4, 29.5, 29.6	
269 *	das Volumen eines Rotationskörpers bestimmen	29.7, 29.8	
270	die Oberfläche eines Rotationskörpers bestimmen	29.9, 29.10	
271	Mittelwert und quadratisches Mittel einer Funktion in einem Intervall bestimmen	29.1	
272	erstes und zweite Momente einer ebenen Fläche um eine Achse bestimmen	29.3	
273	den Schwerpunkt einer ebenen Fläche und einer Rotationsfläche bestimmen	29.2	

29.3 Aufgaben

Aufgabe 29.1 (5 min) Ein Drehspulgalvanometer misst den über eine Halbperiode gemittelten Strom, den *galvanometrischen Mittelwert* $\imath_{\text{gal}} = \frac{2}{T}\int_0^{T/2} \imath(t)\,dt$, also den Mittelwert, falls dessen Frequenz groß gegenüber der Eigenfrequenz des Messinstrumentes ist. Ein Dreheiseninstrument, dessen Ausschlag proportional zum Quadrat der Stromstärke ist, misst die *effektive Stromstärke* $\imath_{eff} = \sqrt{\frac{1}{T}\int_0^T \imath^2(t)\,dt}$, also das quadratische Mittel $\imath_{RMS}$. Bestimmen Sie für $\imath(t) = \hat{\imath}\sin(\omega t)$ mit (maximaler) Amplitude $\hat{\imath}$ und Kreisfequenz ω.

a) den galvanometrischen Mittelwert $\imath_{\text{gal}}$,
b) die effektive Stromstärke $\imath_{\text{eff}}$.

Aufgabe 29.2 (10 min)

a) Bestimmen Sie Flächenschwerpunkt des Kreis-Sektors mit Mittelpunkt im Ursprung, Radius r und Öffnungswinkel 2φ, der symmetrisch zur Ordinate liegt.
b) Wo liegt der Flächenschwerpunkt des Einheitskreis-Sektors für $\varphi = \frac{\pi}{4}$? Prüfen Sie an einer Graphik die Plausibilität Ihres Ergebnisses.

Aufgabe 29.3 (10 min) Die Dichte im Punkt (x, y) des Quadrats aus Bild 29.3 betrage $\varrho(x, y) = xy$. Skizzieren Sie $\varrho(x, y)$ für $0 \leq x, y \leq 2$ mit einem Werkzeug Ihrer Wahl, bestimmen Sie die Momente erster und zweiter Ordnung für dieses Quadrat und prüfen Sie die Plausibilität.

Aufgabe 29.4 (5 min) Bestimmen Sie die Länge $L(a, b)$ des Abschnittes des Graphen der Normalparabel für $x \in [a, b]$.

Aufgabe 29.5 (15 min)

a) Bestimmen Sie die Länge einer Kurve in Parameter-Darstellung $\boldsymbol{r}(t) = \big(x(t), y(t)\big)$ für $t \in [t_{\min}, t_{\max}]$.
Hinweis: Approximieren Sie wie im Fall der Länge von Funktionsgraphen die Kurve durch Polygonzüge mit immer mehr, immer kürzeren Streckenelementen und betrachten Sie den Grenzfall.

b) Verifizieren Sie mit Teil a), dass der Umfang des Einheitskreises 2π beträgt.

c) Auf welche Schwierigkeit stossen Sie beim Versuch, den Umfang einer Ellipse zu bestimmen?

Aufgabe 29.6 (5 min) Wenn ein Kreis mit Radius r auf der Abszisse abrollt, beschreibt ein Punkt auf der Kreis-Linie eine sogenannte (gewöhnliche) *Zykloide* mit Parameter-Darstellung $\boldsymbol{r}(t) = \big(x(t), y(t)\big) = r\big(t - \sin(t), 1 - \cos(t)\big)$, falls sich der Punkt z.Zt. $t = 0$ im Ursprung befindet, s. Bild 29.8. Bestimmen Sie die Länge $L(t_o)$ der Zykloide für $t \in [0, t_o]$ und speziell $L(2\pi)$.

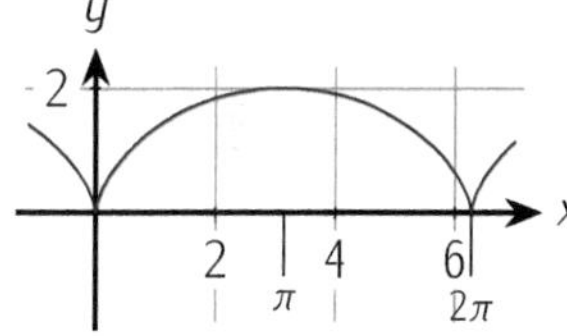

Bild 29.8: Zykloide mit $r = 1$ für eine Umdrehung des abrollenden Kreises

Aufgabe 29.7 (10 min) Ein Rotationsellipsoid, z.B. ein Rugby-Ball, entsteht durch Rotation einer Ellipse um eine der Symmetrie-Achsen. Bestimmen Sie das Volumen der beiden Rotationsellipsoide, die durch Rotation der Ellipse $\frac{x^2}{a^2} + \frac{y^2}{b^2} = 1$ um die x-Achse bzw. um die y-Achse enstehen.

Aufgabe 29.8 (10 min) Ein Torus (Fahrrad-Schlauch) entsteht durch Rotation der Kreisscheibe $(x - R)^2 + y^2 \leq r^2$ um die y-Achse oder gleichermaßen durch Rotation der Kreisscheibe $x^2 + (y - R)^2 \leq r^2$ um die x-Achse. Bestimmen Sie das *Torus-Volumen* auf beide Weisen.

Aufgabe 29.9 (10 min) Ein Torus (Fahrrad-Schlauch) entsteht durch Rotation der Kreisscheibe $(x - R)^2 + y^2 \leq r^2$ um die y-Achse oder gleichermaßen durch Rotation der Kreisscheibe $x^2 + (y - R)^2 \leq r^2$ um die x-Achse. Bestimmen Sie die *Torus-Oberfläche* auf beide Weisen.

Aufgabe 29.10 (10 min) Leiten Sie die zu M_x entsprechende Formel für M_y her.

Aufgabe 29.11 (15 min) Um den Flächeninhalt eines Ausschnittes $A = \{(x, y, f(x, y)) : (x, y) \in D\}$ des Graphen der Funktion $z = f(x, y)$ zu bestimmen, approximieren Sie den Ausschnitt durch Parallelogramme, so dass die Summe der Flächeninhalte der Parallelogramme den Flächeninhalt des Ausschnittes des Graphen approximiert. Verwenden Sie das Vektor-Produkt (s. Kapitel 38 in Band 3) zur Berechnung der Flächeninhalte der Parallelogramme. Zeigen Sie, dass für $D = \{(x,y) : x \in [x_{\min}, x_{\max}], y \in [y_{\min}(x), y_{\max}(x)]\}$ oder $D = \{(x,y) : y \in [y_{\min}, y_{\max}], x \in [x_{\min}(y), x_{\max}(y)]\}$ im Grenzübergang

$$|A| = \int_{x_{\min}}^{x_{\max}} \int_{y_{\min}(x)}^{y_{\max}(x)} \sqrt{1+(f_x)^2+(f_y)^2}\, dy\, dx = \int_{y_{\min}}^{y_{\max}} \int_{x_{\min}(y)}^{x_{\max}(y)} \sqrt{1+(f_x)^2+(f_y)^2}\, dx\, dy$$

gilt. Doppelintegrale werden ausführlich in Kapitel 55 in Band 4 behandelt.

Aufgabe 29.12 (20 min) Der Flächeninhalt $|A|$ eines Ausschnittes A des Graphens einer Funktion $f = f(x,y)$ sei zu bestimmen. Ein Ausschnitt $A = \text{graph}(f) = \{(x, y, f(x,y)) : (x,y) \in D\}$ ergibt sich, indem f auf den Argumentbereich $D \subset \mathbb{D}_f$ mit $D = \{(x,y) : x \in [x_{\min}, x_{\max}], y \in [y_{\min}(x), y_{\max}(x)]\}$ oder $D = \{(x,y) : y \in [y_{\min}, y_{\max}], x \in [x_{\min}(y), x_{\max}(y)]\}$ beschränkt wird. Der Graph von $f|_D$ hat dann den Flächeninhalt $|A| = \iint_D \sqrt{1+(f_x)^2+(f_y)^2}\, dy\, dx$, d.h.

$$|A| = \int_{x_{\min}}^{x_{\max}} \int_{y_{\min}(x)}^{y_{\max}(x)} \sqrt{1+(f_x)^2+(f_y)^2}\, dy\, dx = \int_{y_{\min}}^{y_{\max}} \int_{x_{\min}(y)}^{x_{\max}(y)} \sqrt{1+(f_x)^2+(f_y)^2}\, dx\, dy$$

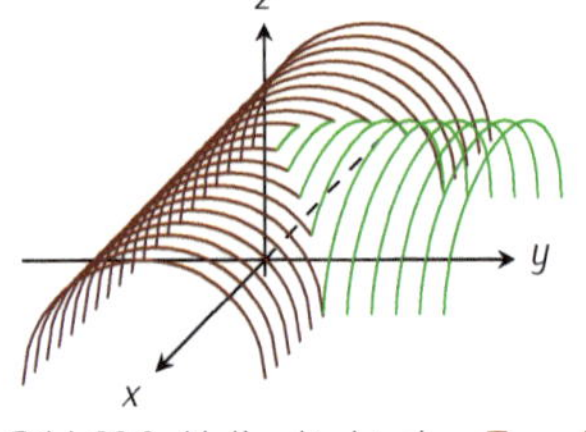

Bild 29.9: Halbzylindrischer Tunnel mit senkrechter Einmündung

Ein halbzylindrischer Tunnel entlang der x-Achse mit Radius r ist durch $z = f(x,y) = \sqrt{r^2 - y^2}$ für $y \in [-r, r]$ und $x \in \mathbb{R}$ gegeben. Das Aufnahmestück ist eine Teilmenge für $x \in [-r, r]$ und passende $y > 0$.
Ein halbzylindrischer Tunnel (Einmündung) entlang der y-Achse mit Radius r ist durch $z = g(x,y) = \sqrt{r^2 - x^2}$ für $x \in [-r, r]$ und $y > 0$ gegeben. Das Ansatzstück ist eine Teilmenge für $y \in [0, r]$ und passende $x \in [-r, r]$.
Der Tunnel mit Einmündung ist im Einmündungsbereich durch $z = h(x,y) = \max\{f(x,y), g(x,y)\}$ für $(x,y) \in [-r, r]^2$ gegeben.

a) Bestimmen Sie den Flächeninhalt des Ansatzstücks (ohne halbzylindrische Anteile) für senkrechte Einmündungen.
b) Bestimmen Sie den Flächeninhalt des Aufnahmestücks (ohne halbzylindrische Anteile) für senkrechte Einmündungen.

29.4 Lösungen

Lösung 29.1

a) Mit $T = \frac{2\pi}{\omega}$ gilt $\imath_{\text{gal}} = \frac{2}{T} \int_o^{T/2} \imath(t)\, dt = \frac{2}{2\pi/\omega} \int_o^{\pi/\omega} \hat{\imath} \sin(\omega t)\, dt = -\frac{\omega}{\pi} \hat{\imath}\, \frac{1}{\omega} \cos(\omega t)\Big|_o^{\pi/\omega} = \frac{1}{\pi}\big(1 - \cos(\pi)\big)\hat{\imath} = \frac{2}{\pi}\hat{\imath}$.
b) Mit $T = \frac{2\pi}{\omega}$ gilt $\imath_{\text{eff}}^2 = \frac{1}{T} \int_o^T \imath^2(t)\, dt = \frac{\omega}{2\pi} \int_o^{2\pi/\omega} \hat{\imath}^2 \sin^2(\omega t)\, dt = \frac{\omega}{2\pi} \hat{\imath}^2 \frac{1}{\omega} \int_o^{2\pi} \sin^2(u)\, du = \frac{1}{2\pi}\hat{\imath}^2\, \frac{1}{2}\big(u - \sin(u)\, \cos(u)\big)\Big|_o^{2\pi} = \frac{1}{4\pi}\hat{\imath}^2 2\pi = \frac{1}{2}\hat{\imath}^2$ und damit $\imath_{\text{eff}} = \frac{\sqrt{2}}{2}\hat{\imath}$.

Lösung 29.2

a) Wegen Symmetrie ist $x_s = 0$. Die beiden begrenzenden Radien liegen auf den Graphen von $y = f(x) = \pm\tan(\frac{\pi}{2} - \varphi)x = \pm\cot(\varphi)x$. Der begrenzende Kreisbogen liegt auf dem Graphen der Funktion $y = g(x) = \sqrt{r^2 - x^2}$. Für die Fläche A des Kreissektors gilt $A = \frac{2\varphi}{2\pi}\pi r^2 = \varphi r^2$ und für die Ordinate des Flächenschwerpunktes $y_s = \frac{1}{2\varphi r^2}\int_{-r\sin(\varphi)}^{r\sin(\varphi)}(g^2(x) - f^2(x))\,dx = \frac{1}{\varphi r^2}\int_0^{r\sin(\varphi)}(r^2 - x^2 - \cot^2(\varphi)x^2)\,dx = \frac{1}{\varphi r^2}\big(r^3\sin(\varphi) - \frac{1}{3}(1 + \cot^2(\varphi))r^3\sin^3(\varphi)\big) = \frac{r\sin(\varphi)}{\varphi}\big(1 - \frac{1}{3}(\sin^2(\varphi) + \cos^2(\varphi))\big) = \frac{2}{3}\frac{\sin(\varphi)}{\varphi}r$. Die Abhängigkeit der Ordinate von φ wird also durch ein skalares Vielfaches des sinus cardinalis, s. Kapitel 26, beschrieben.

b) Für $\varphi = \frac{\pi}{4}$ gilt $y_s = \frac{2}{3}\frac{\sqrt{2}}{2}\frac{4}{\pi} = \frac{4}{3}\frac{\sqrt{2}}{\pi} \approx 0.6$, s. Bild 29.10.

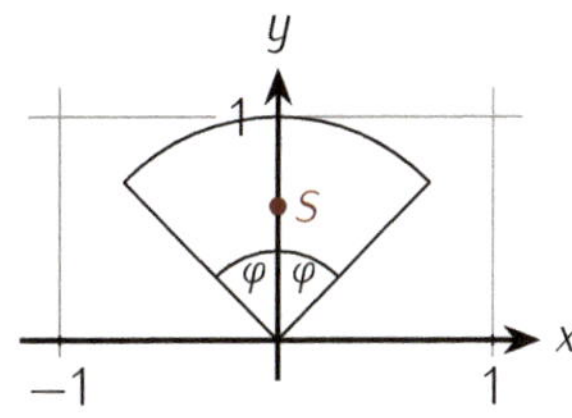

Bild 29.10: Flächenschwerpunkt $S = (0, \frac{4\sqrt{2}}{3\pi})$ des Einheitskreis-Sektors mit Winkel $2\varphi = \frac{\pi}{2}$

Lösung 29.3 Bild 29.11 zeigt, wie die Dichte vom Ursprung hin zu $(2,2)$ zunimmt. Mit $m = 4$ gilt $m_x = \int_0^2\big(\int_0^2 y\,xy\,dy\big)dx = \int_0^2 \frac{8}{3}x\,dx = \frac{4}{3}\,x^2\big|_0^2 = \frac{16}{3}$ und $m_y = \int_0^2\big(\int_0^2 x\,xy\,dy\big)dx = \int_0^2 2x^2\,dx = \frac{2}{3}\,x^3\big|_0^2 = \frac{16}{3}$ und $S = (s_x, s_y)$ mit $s_x = \frac{m_x}{m} = \frac{4}{3}$ und $s_y = \frac{m_x}{m} = \frac{4}{3}$.

$I_{xx} = \int_0^2\big(\int_0^2 y^2\,xy\,dy\big)dx = \int_0^2 4x\,dx = 2\,x^2\big|_0^2 = 8,$

$I_{xy} = \int_0^2\big(\int_0^2 xy\,xy\,dy\big)dx = \int_0^2 \frac{8}{3}x^2\,dx = \frac{8}{9}\,x^3\big|_0^2 = \frac{64}{9},$

$I_{yy} = \int_0^2\big(\int_0^2 x^2\,xy\,dy\big)dx = \int_0^2 2x^3\,dx = \frac{1}{2}\,x^4\big|_0^2 = 8.$

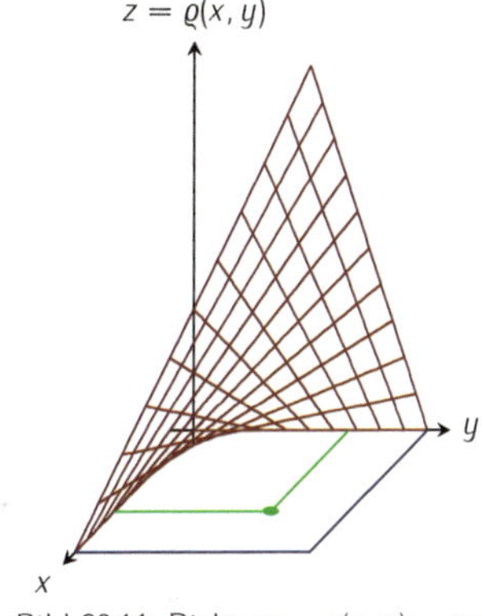

Bild 29.11: Dichte $z = \varrho(x, y) = xy$ für $(x, y) \in [0, 2] \times [0, 2]$ mit Schwerpunkt $(\frac{4}{3}, \frac{4}{3})$

Lösung 29.4 $L(a, b) = \int_a^b \sqrt{1 + (2x)^2}\,dx = \frac{1}{2}\int_{2a}^{2b}\sqrt{1 + u^2}\,du$ und mit der Substitution $u = \sinh(v)$ oder mit einer Integraltabelle gilt dann $L(a, b) = \frac{1}{4}\,\big(u\sqrt{1 + u^2} + \operatorname{arsinh}(u)\big)\Big|_{2a}^{2b}$
$= \frac{1}{2}\big(b\sqrt{1 + 4b^2} - a\sqrt{1 + 4a^2}\big) + \frac{1}{4}\big(\operatorname{arsinh}(2b) - \operatorname{arsinh}(2a)\big)$.

Lösung 29.5

a) Die Länge der Verbindungsstrecke von $\big(x(t_{i-1}), y(t_{i-1})\big)$ nach $\big(x(t_i), y(t_i)\big)$ beträgt $\sqrt{(x(t_i) - x(t_{i-1}))^2 + (y(t_i) - y(t_{i-1}))^2}$. Die Länge des approximierenden Polygonzuges ergibt sich dann zu

$\sum_{i=1}^n \sqrt{(x(t_i) - x(t_{i-1}))^2 + (y(t_i) - y(t_{i-1}))^2}$.

Im Grenzübergang $n \to \infty$ gilt für die Kurvenlänge L somit

$L = \lim_{n\to\infty}\sum_{i=1}^n \sqrt{(x(t_i) - x(t_{i-1}))^2 + (y(t_i) - y(t_{i-1}))^2}$

$= \lim_{n\to\infty}\sum_{i=1}^n \sqrt{(\frac{x(t_i)-x(t_{i-1})}{t_i-t_{i-1}})^2 + (\frac{y(t_i)-y(t_{i-1})}{t_i-t_{i-1}})^2}$

$= \int_{t_{min}}^{t_{max}} \sqrt{(\dot{x}(t))^2 + (\dot{y}(t))^2}\,dt.$

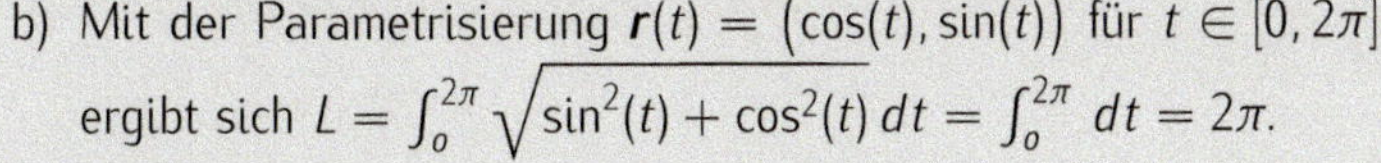

b) Mit der Parametrisierung $\boldsymbol{r}(t) = \big(\cos(t), \sin(t)\big)$ für $t \in [0, 2\pi]$ ergibt sich $L = \int_0^{2\pi}\sqrt{\sin^2(t) + \cos^2(t)}\,dt = \int_0^{2\pi} dt = 2\pi$.

c) $\boldsymbol{r}(t) = \big(a\cos(t), b\sin(t)\big)$ für $t \in [0, 2\pi]$ ist eine Parametrisierung der Ellipse mit Halbachsen a und b mit Umfang $L = \int_o^{2\pi} \sqrt{a^2\sin^2(t) + b^2\cos^2(t)}\,dt$. Solche sogenannten *elliptischen* Integrale lassen sich – wie die Verteilungsfunktion der Normalverteilung – nicht geschlossen lösen und daher nicht exakt angeben. Da bleibt nur die numerische Approximation von L, s. Kapitel 11.1.4 in Band 1.

Lösung 29.6 $L(t_o) = r\int_o^{t_o} \sqrt{(1-\cos(t))^2 + \sin^2(t)}\,dt$ $= r\int_o^{t_o} \sqrt{2 - 2\cos(t)}\,dt = 2r\int_o^{t_o} \sqrt{\frac{1-\cos(t)}{2}}\,dt = 2r\int_o^{t_o} \sin(\frac{t}{2})\,dt =$ $-4r\cos(\frac{t}{2})\Big|_o^{t_o} = 4r\big(1 - \cos(\frac{t_o}{2})\big) = 8r\sin^2(\frac{t_o}{4})$ mit den Halbwinkel-Formeln aus Kapitel 19 und daher $L(2\pi) = 8r$.

Lösung 29.7 Das Volumen $V_{\text{Ellipsoid}} = V_x^s$ des Rotationsellipsoids bei Rotation um die x-Achse beträgt $V_x^s = \pi\int_{-a}^{a}\big(\frac{b}{a}\sqrt{a^2 - x^2}\big)^2\,dx =$ $2\pi\frac{b^2}{a^2}\int_o^a (a^2 - x^2)\,dx = 2\pi\frac{b^2}{a^2}\big(a^3 - \frac{1}{3}a^3\big) = \frac{4}{3}\pi ab^2$.
Das Volumen $V_{\text{Ellipsoid}} = V_y^s$ des Rotationsellipsoids bei Rotation um die y-Achse beträgt das Doppelte des Volumens, das die Viertel-Ellipse im ersten Quadranten bei Rotation um die y-Achse überstreicht, d.h.

$V_y^s = 4\pi\int_o^a x\frac{b}{a}\sqrt{a^2 - x^2}\,dx$ Substitution $x = au$
$= 4\pi ab\int_o^1 u\sqrt{a^2 - a^2u^2}\,du$
$= 4\pi a^2 b\int_o^1 u\sqrt{1 - u^2}\,du$ Substitution $v = 1 - u^2$
$= 4\pi a^2 b\int_1^o \big(-\frac{1}{2}\sqrt{v}\big)\,dv = 2\pi a^2 b\frac{2}{3}\,v^{3/2}\Big|_o^1 = \frac{4}{3}\pi a^2 b.$

Lösung 29.8 Einerseits gilt $V_{\text{Torus}} = V_{\text{außen}} - V_{\text{innen}} = \overline{V}_x^s - \underline{V}_x^s =$ $\pi\int_{-r}^{r}\big(R + \sqrt{r^2 - x^2}\big)^2\,dx - \pi\int_{-r}^{r}\big(R - \sqrt{r^2 - x^2}\big)^2\,dx$ $= 4\pi R\int_{-r}^{r}\sqrt{r^2 - x^2}\,dx = 4\pi R\frac{1}{2}\pi r^2 = 2\pi^2 r^2 R$, weil das Integral gerade dem Flächeninhalt des Halbkreises um den Ursprung mit Radius r entspricht.

Andererseits ist V_{Torus} das Doppelte des oberen Halbtorus und mit $f(x) = \sqrt{r^2 - (x - R)^2}$ daher $V_{Torus} = V_y^s = 2\cdot 2\pi\int_{R-r}^{R+r} x\,f(x)\,dx$

$= 4\pi\int_{R-r}^{R+r} x\sqrt{r^2 - (x - R)^2}\,dx$ Substitution $u = x - R$
$= 4\pi\int_{-r}^{r}(u + R)\sqrt{r^2 - u^2}\,du$ $u\sqrt{r^2 - u^2}$ ist ungerade
$= 0 + 4\pi R\int_{-r}^{r}\sqrt{r^2 - u^2}\,du$ Substitution oder Integral-Tafel
$= 4\pi\frac{1}{2}\,\big(u\sqrt{r^2 - u^2} + r^2\arcsin(\frac{u}{r})\big)\Big|_{-r}^{r} = 2\pi r^2 R\arcsin(1) = 2\pi^2 r^2 R.$

Lösung 29.9 Sei $f(x) = R + \sqrt{r^2 - x^2}$ und $g(x) = R - \sqrt{r^2 - x^2}$ mit $f'(x) = \frac{-x}{\sqrt{r^2-x^2}}$ und $g'(x) = -f'(x)$. Bei Rotation um die x-Achse überstreicht der Graph von f für $x \in [-r, r]$ die Außenseite des Torus und derjenige von g für $x \in [-r, r]$ die Innenseite des Torus. Also gilt

$M_{\text{Torus}} = M_x^{\text{außen}} + M_x^{\text{innen}}$

$= 2\pi \int_{-r}^{r} \big(R + \sqrt{r^2 - x^2}\big)\sqrt{1 + (f'(x))^2}\, dx$

$\quad +2\pi \int_{-r}^{r} \big(R - \sqrt{r^2 - x^2}\big)\sqrt{1 + (g'(x))^2}\, dx$

$= 4\pi R \int_{-r}^{r} \sqrt{1 + \big(\frac{x}{\sqrt{r^2-x^2}}\big)^2}\, dx = 4\pi R \int_{-r}^{r} \sqrt{\frac{r^2-x^2+x^2}{r^2-x^2}}\, dx$

$= 4\pi r R \int_{-r}^{r} \frac{1}{\sqrt{r^2-x^2}}\, dx = 4\pi r R \arctan\big(\frac{x}{\sqrt{r^2-x^2}}\big)\Big|_{-r}^{r}$

$= 4\pi r R\, 2 \arctan(\infty) = 4\pi^2 r R.$

Mit $f(x) = R + \sqrt{r^2 - (x - R)^2}$ mit $f'(x) = \frac{-(x-R)}{\sqrt{r^2-(x-R)^2}}$ sowie $g(x) = R - \sqrt{r^2 + (x - R)^2}$ mit $g'(x) = -f'(x)$ und dem Ergebnis von Aufgabe 29.10 gilt $M_y = M_y^{\text{außen}} + M_y^{\text{innen}}$

$= 4\pi \int_{R}^{R+r} x\sqrt{1 + \big(f'(x)\big)^2}\, dx + 4\pi \int_{R-r}^{R} x\sqrt{1 + \big(g'(x)\big)^2}\, dx$

$= 4\pi \int_{R-r}^{R+r} x\sqrt{1 + \big(\frac{(R-x)}{\sqrt{r^2-(x-R)^2}}\big)^2}\, dx$ Substitution $u = x - R$

$= 4\pi \int_{-r}^{r} (u + R)\sqrt{1 + \big(\frac{-u}{\sqrt{r^2-u^2}}\big)^2}\, du = 4\pi \int_{-r}^{r} (u + R)\frac{r}{\sqrt{r^2-u^2}}\, du$

$= 4\pi r R \int_{-r}^{r} \frac{du}{\sqrt{r^2-u^2}} = 4\pi^2 r R$ Symmetrie, Integration wie oben

Lösung 29.10 Die Mantel-Fläche M_y von zur y-Achse rotationssymmetrischen Körpern wird durch schmale Kegel-Stümpfe mit der Mantel-Fläche $\pi\, s\,(r + R)$ bei Seitenlänge s und Radien r und R angenähert. Also gilt $M_y \approx \sum_{i=1}^{n} M_i = \sum_{i=1}^{n} \pi \Delta s_i (x_{i-1} + x_i)$

$= \pi \sum_{i=1}^{n} \sqrt{\Delta x_i^2 + \Delta y_i^2}(x_{i-1}+x_i) = \pi \sum_{i=1}^{n} \sqrt{1+(\frac{\Delta y_i}{\Delta x_i})^2}(x_{i-1}+x_i)\Delta x_i$

bzw. $M_y \approx \pi \sum_{i=1}^{n} \sqrt{(\frac{\Delta x_i}{\Delta y_i})^2+1}(x_{i-1}+x_i)\Delta y_i$ und damit

$M_y = 2\pi \int_{x_{\min}}^{x_{\max}} x\sqrt{1+\big(f'(x)\big)^2}\, dx = 2\pi \int_{y_{\min}}^{y_{\max}} f^{\text{inv}}(y)\sqrt{\big(f^{\text{inv}\prime}(y)\big)^2+1}\, dy$

wobei sich das zweite Integral mittels der Substitution $x = f^{\text{inv}}(y)$ ergibt.

Lösung 29.11 Der Ausschnitt A des Funktionsgraphen werde durch Parallelogramme $A_{i,j}$ mit den vier Eckpunkten $(x_{i-1}, y_{j-1}, f_{i-1,j-1})$, $(x_i, y_{j-1}, f_{i,j-1})$, $(x_i, y_j, f_{i,j})$ und $(x_{i-1}, y_j, f_{i-1,j})$, wo zur Abkürzung $f_{i,j} = f(x_i, y_j)$ gesetzt sei, approximiert. Dies liefert

$|A| \approx \sum_{i=1}^{n} \sum_{j=1}^{m} |A_{i,j}|$

$= \sum_{i=1}^{n} \sum_{j=1}^{m} \big|\big((x_i, y_{j-1}, f_{i,j-1}) - (x_{i-1}, y_{j-1}, f_{i-1,j-1})\big) \times$

$\quad \big((x_{i-1}, y_j, f_{i-1,j}) - (x_{i-1}, y_{j-1}, f_{i-1,j-1})\big)\big|$

$= \sum_{i=1}^{n} \sum_{j=1}^{m} \left| \frac{(x_i, y_{j-1}, f_{i,j-1}) - (x_{i-1}, y_{j-1}, f_{i-1,j-1})}{\Delta x_i} \times \frac{(x_{i-1}, y_j, f_{i-1,j}) - (x_{i-1}, y_{j-1}, f_{i-1,j-1})}{\Delta y_j} \right| \Delta x_i \Delta y_j$, was im Grenzübergang $n, m \to \infty$ mit $\lim_{n\to\infty} \max_i \Delta x_i = 0$ und $\lim_{m\to\infty} \max_j \Delta y_j = 0$ auf $|A| = \iint_D \left|(x, y, f_x) \times (x, y, f_y)\right| dx\, dy$ führt. Aus $\left|(x, y, f_x) \times (x, y, f_y)\right| = \left| \begin{vmatrix} \boldsymbol{e}_x & \boldsymbol{e}_y & \boldsymbol{e}_z \\ 1 & 0 & f_x \\ 0 & 1 & f_y \end{vmatrix} \right| = |(-f_x, -f_y, 1)|$ $= \sqrt{1 + f_x^2 + f_y^2}$ folgt dann

$$|A| = \int_{x_{\min}}^{x_{\max}} \int_{y_{\min}(x)}^{y_{\max}(x)} \sqrt{1+(f_x)^2+(f_y)^2}\, dy\, dx = \int_{y_{\min}}^{y_{\max}} \int_{x_{\min}(y)}^{x_{\max}(y)} \sqrt{1+(f_x)^2+(f_y)^2}\, dx\, dy.$$

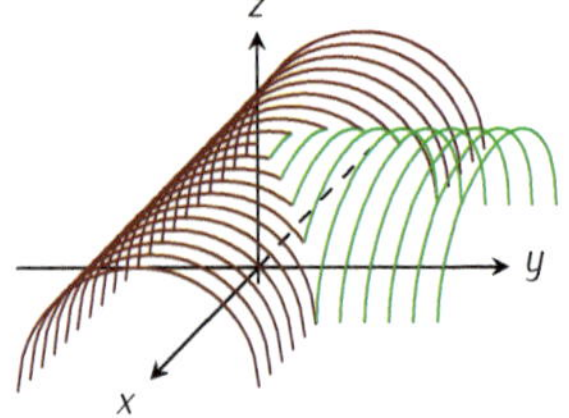

Bild 29.12: Halbzylindrischer Tunnel für $r = 1$, $\ell = 4$ mit senkrechter Einmündung

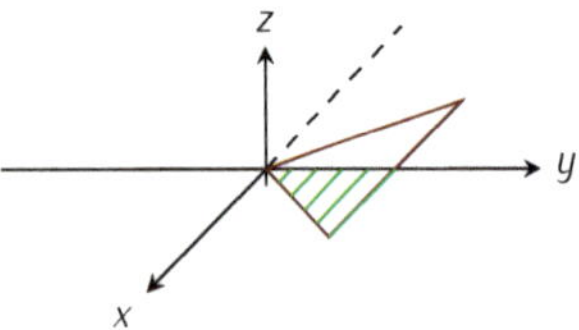

Bild 29.13: Projektion des Ansatzstücks in x-y-Ebene liefert den Integrationsbereich $D_{\text{Ansatz}} = \{(x, y) : 0 \le x \le y \le r\}$

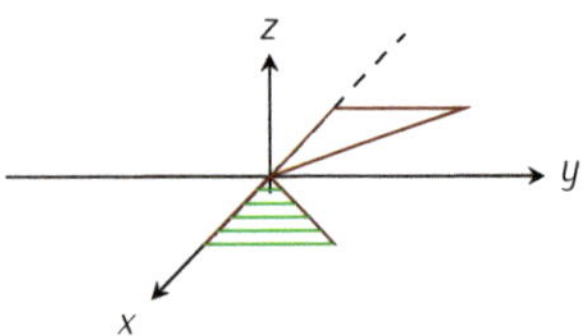

Bild 29.14: Projektion des Aufnahmestücks in x-y-Ebene liefert den Integrationsbereich $D_{\text{Aufnahme}} = \{(x, y) : 0 \le y \le x \le r\}$

Lösung 29.12 s. Bild 29.12

a) Das Ansatzstück der Einmündung besteht aus einem halbzylindrischen Anteil plus zwei spiegelsymmetrischen Teilmengen E_1 und E_2 des Graphen von $f(x, y) = \sqrt{r^2 - x^2}$ mit $f_x(x, y) = \frac{-x}{\sqrt{r^2-x^2}}$ und $f_y(x, y) = 0$, so dass $|E_1| = |E_2| = \iint_{D_e} \sqrt{1 + f_x^2 + f_y^2}\, dx\, dy$ $= \int_0^r \int_0^y \sqrt{1 + (\frac{-x}{\sqrt{r^2-x^2+0}})^2}\, dx\, dy = \int_0^r \int_0^y \sqrt{\frac{r^2}{r^2-x^2}}\, dx\, dy$ $= r \int_0^r \int_0^y \frac{dx}{\sqrt{r^2-x^2}}\, dy = r \int_0^r \arcsin(\frac{y}{r})\, dy = r^2 \int_0^1 \arcsin(u)\, du =$ $r^2 \left(v \arcsin(v) + \sqrt{1 - v^2}\right)\Big|_0^1 = \frac{1}{2}(\pi - 2)r^2$ folgt, s. Bild 29.13.
Der Flächeninhalt des Ansatzstücks der Einmündung ohne halbzylindrische Anteile beträgt also $|E_1| + |E_2| = (\pi - 2)r^2$.

b) Das Aufnahmestück im Tunnel besteht aus einem Viertelzylinder der Höhe $2r$ mit Flächeninhalt $\frac{1}{4} 2\pi r\, 2r = \pi r^2$ plus zwei spiegelsymmetrischen Teilstücken A_1 und A_2 des Graphen von $g(x, y) = \sqrt{r^2 - y^2}$ mit $g_x(x, y) = 0$ und $g_y(x, y) = \frac{-y}{\sqrt{r^2-y^2}}$, so dass $|A_1| = |A_2| = \iint_{D_a} \sqrt{1 + g_x^2 + g_y^2}\, dx\, dy =$ $\int_0^r \int_0^x \sqrt{1 + 0 + (\frac{-y}{\sqrt{r^2-y^2}})^2}\, dy\, dx = \int_0^r \int_0^x \sqrt{\frac{r^2}{r^2-y^2}}\, dy\, dx$ $= r \int_0^r \int_0^x \frac{dy}{\sqrt{r^2-y^2}}\, dx = r \int_0^r \arcsin(\frac{x}{r})\, dx = r^2 \int_0^1 \arcsin(v)\, dv =$ $r^2 \left(v \arcsin(v) + \sqrt{1 - v^2}\right)\Big|_0^1 = \frac{1}{2}(\pi - 2)r^2$ folgt, s. Bild 29.14.
Der Flächeninhalt der Aufnahme ohne halbzylindrische Anteile beträgt also $\pi r^2 + |A_1| + |A_2| = 2(\pi - 1)r^2$.
Der Umstand $|E_1| = |E_2| = |A_1| = |A_2|$ sollte nicht überraschen, sind doch die vier Teilflächen bis auf Spiegelsymmetrie identisch.

30 Nichtlineare Gleichungen lösen

30.1 Einleitung

Für Gleichungen wie zum Beispiel $x^6 - x - 1 = 0$ gibt es keine geschlossenen Lösungsmethoden wie die $p-q$-Formel für quadratische Gleichungen. Lösungen werden iterativ angenähert. Dies betrifft nicht nur Polynome höheren Grades wie im Beispiel, die Betrachtung von Polynomen ist aber für die Praxis von hoher Wichtigkeit. Mit der Beispielgleichung werden in diesem Kapitel Näherungsmethoden wie die Bisektion, Fixpunktverfahren und das Newton- oder Newton-Raphson-Verfahren untersucht. Nichtlineare Gleichungssysteme, wie sie etwa für Aufgabe 26.27 benötigt werden, behandelt dieses Kapitel nicht. Vertiefende Informationen dazu finden sich in Dahmen und Reusken (2022).

W. Dahmen und A. Reusken. *Numerik für Ingenieure und Naturwissenschaftler.* Springer Vieweg, 2. Auflage, 2022

30.1.1 Horner-Schema

Ein Werkzeug bei der Suche nach polynomialen Nullstellen ist das *Horner-Schema*, das platzsparend die Division des Polynoms $p(x)$ durch den Linearfaktor $(x - x_o)$ berechnet. Wenn diese Division aufgeht, ist x_o eine Nullstelle von $p(x)$, also $p(x_o) = 0$. Das Horner-Schema ist eine Tabelle aus drei Zeilen. In der ersten Zeile stehen die Koeffizienten a_n bis a_0. In der zweiten Zeile wird jeweils der Wert der dritten Zeile aus der vorigen Spalte mit x_0 multipliziert. In der dritten Zeile werden die beiden Werte darüber summiert. In der letzten Spalte ergibt sich unten $p(n)$.

Das Horner-Schema findet keine Nullstellen sondern wertet lediglich ein Polynom aus.

So kann das Polynom $u(x) = x^6 - x - 62$ an der Stelle $x = 2$ ausgewertet werden. Dabei wird $u(2)$ durch einen Ausdruck berechnet, der nur mit Multiplikationen und Additionen auskommt:

$u(2) = (((((1 \cdot 2 + 0)\,2 + 0)\,2 + 0)\,2 + 0)\,2 - 1)\,2 - 62.$

	1	0	0	0	0	−1	−62
$x = 2$	0	2	4	8	16	32	62
	1	2	4	8	16	31	0

Es ergibt sich $u(2) = 0$ und das Horner-Schema enthält links neben der sich ergebenden Null die Koeffizienten des Quotientenpolynoms. Somit ist $u(x) = (x^5 + 2x^4 + 4x^3 + 8x^2 + 16x + 31)(x - 2)$.

Im Fall von $p(x) = x^6 - x - 1$ gibt der Test an der Stelle $x = -1$ die folgende Situation.

	1	0	0	0	0	−1	−1
$x = -1$	0	−1	1	−1	1	−1	2
	1	−1	1	−1	1	−2	1

Es ist also $p(-1) = 1$ und das Ergebnis ist die Division von $p(x)$ durch $x+1$ mit Rest: $(x^6 - x - 1) \div (x+1) = (x^5 - x^4 + x^3 - x^2 + x - 2)$ Rest 1.

30.1.2 Polynome und ihre Nullstellen

Zum Fundamentalsatz der Algebra siehe Band 1, Kapitel 4.

Der *Fundamentalsatz der Algebra* besagt, dass ein Polynom $p(x)$ vom Grad n sich in n Linearfaktoren $(x - z_i)$ zerlegen lässt. Es lässt sich schreiben als

$$p(x) = a_n x^n + a_{n-1} x^{n-1} + \dots a_0 = a_n (x - z_1)(x - z_2) \dots (x - z_n).$$

Dabei sind z_i die Nullstellen, die allerdings komplex sein können. Es kann auch mehrfache Nullstellen geben. Wie viele reelle Nullstellen sich ergeben, ist damit für das Beispiel $p(x) = x^6 - x - 1$ noch nicht klar.

Ob es rationale Nullstellen gibt, zeigt der rationalen Nullstellen-Test: Wenn ein Polynom ganzzahlige Koeffizienten und eine rationale Nullstelle x_o hat, so ist diese von der Form $n = \pm\frac{b}{c}$, wobei b ein Teiler vom konstanten Term a_0 und c ein Teiler von höchsten Koeffizienten a_n ist.

Beispiel.

- ▷ Für das quadratische Polynom $p(x) = 15x^2 - 11x - 14$ ergeben sich mögliche rationale Nullstellen aus Brüchen, deren Zähler ein Teiler von $a_0 = 14$ ist, also $1, 2, 7$ oder 14 und deren Nenner ein Teiler von $a_2 = 15$ ist, also $1, 3, 5$ oder 15. Eine rationale Nullstelle muss also in der Menge $M^+ = \{1, \frac{1}{3}, \frac{1}{5}, \frac{1}{15}, 2, \frac{2}{3}, \frac{2}{5}, \frac{2}{15}, 7, \frac{7}{3}, \frac{7}{5}, \frac{7}{15}, 14, \frac{14}{3}, \frac{14}{5}, \frac{14}{15}\}$ oder der Menge $M^- = \{-m | m \in M^+\}$ liegen. Tatsächlich stellen sich $x_1 = \frac{7}{5}$ und $x_2 = -\frac{2}{3}$ als Nullstellen heraus.
- ▷ Für das quadratische Polynom $p(x) = 15x^2 - 10x - 14$ kann eine rationale Nullstelle nur in den eben aufgeführten Mengen M^+ oder M^- liegen. Dort ist keine Nullstelle zu finden, also sind die Nullstellen irrational. Da es sich um ein quadratisches Polynom handelt sind, sind sie leicht als $x_{1/2} = \frac{1}{3} \pm \sqrt{\frac{47}{45}}$ bestimmt.
- ▷ Auf das Polynom $p(x) = (x - e)(x - \pi)$ kann der rationale Nullstellen-Test nicht angewandt werden, denn seine Koeffizienten sind nicht ganzzahlig. Natürlich sind e und π Nullstellen.

▷ Das Beispielpolynom $p(x) = x^6 - x - 1$ hat keine rationale Nullstelle. Mögliche rationale Werte der Form $\pm\frac{\text{Teiler von } a_0}{\text{Teiler von } a_6}$ sind nur -1 und 1. Wegen $p(1) = -1$, $p(-1) = 1$ liegen dort keine Nullstellen vor.

Der rationale Nullstellen-Test kann zur vollständigen Zerlegung eines Polynoms im Sinne des Fundamentalsatzes verwendet werden.

Beispiel. Das Polynom $v(x) = 4x^4 + 4x^3 + 5x^2 - 22x - 12$ soll auf seine Nullstellen untersucht werden. Sind rationale Zahlen unter den Nullstellen, so haben diese die Form $\pm\frac{b}{c}$, mit $b \in \{1, 2, 3, 4, 6, 12\}$ und $c \in \{1, 2, 4\}$. Dies führt auf die ganzen Zahlen $1, -1, 2, -2, 3, -3, 4, -4, 6, -6, 12, -12$ und die Brüche $\frac{1}{2}, -\frac{1}{2}, \frac{3}{2}, -\frac{3}{2}, \frac{1}{4}, -\frac{1}{4}, \frac{3}{4}, -\frac{3}{4}$.

Die Probe mit $-\frac{1}{2}$ stellt sich als Treffer heraus:

	4	4	5	−22	−12
$x = -\frac{1}{2}$	0	−2	−1	−2	12
	4	2	4	−24	0

Das verbleibende Quotientenpolynom $4x^3 + 2x^2 + 4x - 24$ hat die gleichen Nullstellen wie $2x^3 + x^2 + 2x - 12$. Damit reduziert sich die Liste möglicher Nullstellen um die Brüche mit 4 im Nenner und natürlich die schon probierten Werte und eine nächste rationale Nullstelle ist $x = \frac{3}{2}$.

	4	2	4	−24
$x = \frac{3}{2}$	0	6	12	24
	4	8	16	0

Das verbleibende quadratische Polynom ist irreduzibel, hat also keine reellen Nullstellen. Damit ist eine ausreichende Zerlegung von $v(x)$ durch $v(x) = 4\,(x + \frac{1}{2})\,(x - \frac{3}{2})\,(x^2 + 2x + 4)$ gegeben.

30.1.3 Die Vorzeichenregel von Descartes

An quadratischen Polynomen sind die Vorzeichen der Nullstellen leicht zu erkennen. In der Zerlegung $a_2x^2 + a_1x + a_0 = a_2\,(x - n_1)\,(x - n_2)$ ist $a_1 = -a_2\,(n_1 + n_2)$ und $a_0 = a_2\,n_1\,n_2$.

Haben also a_0 und a_2 verschiedenes Vorzeichen, sind auch die Vorzeichen der Nullstellen verschieden, es gibt eine positive und eine negative Nullstelle. Außerdem kann das Polynom nicht irreduzibel sein, da es bei $x = 0$ den Wert a_0 annimmt, für betragsmäßig große positive wie negative x dagegen das Vorzeichen von a_2 bekommt. Weil Polynome stetig sind, gibt es zwischen einem positiven und einem negativen Funktionswert immer eine Nullstelle. Dies folgt aus dem *Nullstellensatz von Bolzano*[1]: zwischen zwei Argumenten, an denen eine stetige Funktion einmal einen negativen und zum anderen einen positiven Wert annimmt, liegt immer eine Nullstelle.

[1] Bernhard Bolzano (1781-1848)

Der Beweis des Nullstellensatzes von Bolzano nutzt eine Intervallschachtelung oder *Bisektion*, wie sie unten erläutert wird.

Haben a_0 und a_2 das selbe Vorzeichen, kann das Polynom entweder zwei Nullstellen gleichen Vorzeichens haben oder irreduzibel sein, also keine reelle Nullstelle haben. Hat a_1 ebenfalls das selbe Vorzeichen wie a_0 und a_2 können beide Nullstellen nur negativ sein, unterscheidet sich a_1 im Vorzeichen von a_0 und a_2 können beide Nullstellen nur positiv sein.

Wechselt in der Folge der Koeffizienten a_2, a_1, a_0 das Vorzeichen zweimal gibt es zwei positive Nullstellen oder keine. Wechselt das Vorzeichen nur einmal gibt es eine positive Nullstelle und wechselt es gar nicht, gibt es keine positive Nullstelle.

Diese Regel lässt sich auf beliebige Polynome verallgemeinern. Sie heißt die *Vorzeichenregel* von Decartes.

Der französische Philosoph und Mathematiker René Descartes (1596-1650) hat 1637 sein Werk *La Géométrie* veröffentlicht, in der er diese Vorzeichenregel formuliert hat.

Die Anzahl aller positiven Nullstellen eines reellen Polynoms ist gleich der Zahl der Vorzeichenwechsel seiner Koeffizientenfolge oder um eine gerade natürliche Zahl kleiner als diese, wobei jede Nullstelle ihrer Vielfachheit entsprechend gezählt wird.

Für die Anzahl der negativen Nullstellen lässt sich durch Spiegelung an der y-Achse die entsprechende Aussage treffen. Die Spiegelung wird durch Bilden des Polynoms $p(-x)$ und damit dem Vorzeichenwechsel aller ungeradzahlig indizierten Koeffizienten erreicht.

> **Beispiel.** Das Beispielpolynom $p(x) = x^6 - x - 1$ hat nur einen Vorzeichenwechsel. Es hat daher genau eine positive Nullstelle. $p(-x) = x^6 + x - 1$ hat ebenfalls nur einen Vorzeichenwechsel. Das Polynom $p(x)$ hat also genau eine negative Nullstelle.

30.1.4 *Abschätzung von Nullstellen*

Die Nullstelle des Polynoms $p(x) = x^6 - x - 1$ lässt sich einfach abschätzen, indem $p(x) = 0$ als $x^6 = x+1$ geschrieben wird. Bei $x = 0$ ist die rechte Seite größer, während für betragsmäßig größere x das Monom x^6 oberhalb der Gerade $x + 1$ liegt. Es muss also zwei Nullstellen geben. Eine Abschätzung ergibt sich aus $\sqrt[6]{2} \approx 1.1225$ mit $2 = (\sqrt[6]{2})^6 < \sqrt[6]{2} + 1$, aber $\sqrt[3]{2} \approx 1.2599$ mit $4 = (\sqrt[3]{2})^6 > \sqrt[3]{2}+1$. Es liegt also eine Nullstelle im Intervall $[1.1225, 1.2599]$. Eine Abschätzung der negativen Nullstelle ergibt sich z.B. so $(-0.8)^6 = (0.8^3)^2 = 0.512^2 > 0.5^2 = 0.25 > -0.8 + 1 = 0.2$ und $(-0.75)^6 = ((\frac{3}{4})^3)^2 = (\frac{27}{64})^2 < 0.5^2 = 0.25 = -0.75 + 1$. Eine andere Nullstelle liegt somit im Intervall $[-0.8, -0.75]$.

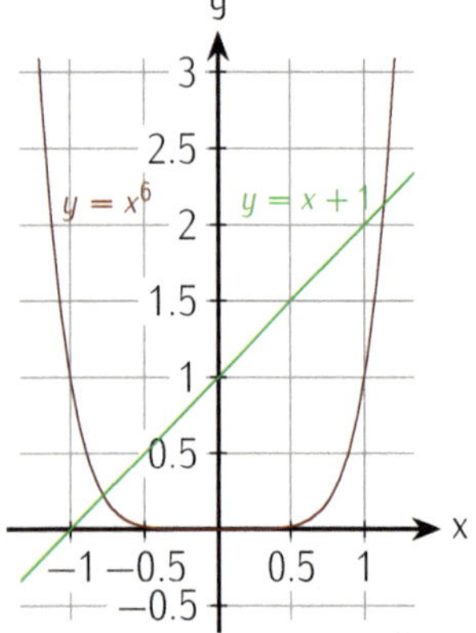

Bild 30.1: Die Graphen $y = x^6$ und $y = x + 1$ haben zwei Schnittpunkte, die die Nullstellen von $x^6 - x - 1$ zeigen.

Als Schnittpunkt der Graphen von $y = x^6$ und $y = x + 1$ lassen sich die Nullstellen visualisieren, indem die Graphen zusammen dargestellt werden. Siehe Bild 30.1.

30.1.5 Bisektion

Unter der Voraussetzung, dass ein Intervall zur Eingrenzung der gesuchten Nullstelle vorhanden ist, legt sich das Verfahren der *Bisektion* nahe, um eine gute Näherung der Nullstelle zu erzielen. Ein Pseudocode finden sich in Aufgabe 26.7, hier werden nur die Elemente des Verfahrens zusammengestellt.

Gegeben ist

- ▷ eine stetige Funktion $f(x)$, deren Nullstelle x_o mit $f(x_o) = 0$ gesucht ist,
- ▷ ein Intervall $[a, b]$, in dem f das Vorzeichen wechselt. Das Intervall $[a, b]$ muss im Definitionsbereich von f enthalten sein. Mit der Bedingung $f(a)f(b) < 0$ ist der Vorzeichenwechsel im Intervall garantiert. Wegen der Stetigkeit von f liegt dort mindestens eine Nullstelle von f,
- ▷ die gewünschte *Toleranz*, also die maximale Abweichung des ausgegebenen Wertes von der tatsächlichen Nullstelle x_0.

Der Algorithmus besteht aus diesen Schritten:

- ▷ Es wird die Intervallmitte $m = \frac{a+b}{2}$ und $f(m)$ bestimmt.
- ▷ Ist $f(m) = 0$ so ist die gesuchte Nullstelle gefunden und der Algorithmus beendet.
- ▷ Sonst wird das Intervall $[a, b]$ entweder durch $[a, m]$ ersetzt, wenn $f(a)f(m) < 0$ oder durch $[m, b]$, wenn $f(m)f(b) < 0$. Eine von beiden Bedingungen muss erfüllt sein.
- ▷ Diese Schritte werden wiederholt, bis die gewünschte Toleranz bei der Angabe von x_o unterschritten ist.

Nach I Iterationen der Bisektion wird die Intervallbreite $2^{-I}(b-a)$. Daher kann für eine gewünschte Toleranz die Zahl an Iterationen vorab bestimmt werden.

Beispiel. Für die Beispielfunktion $p(x) = x^6 - x - 1$ wird im Intervall $[1.12, 1.26]$ die Nullstelle gesucht. Wegen $p(1.12) \approx -0.146 < 0 < p(1.26) \approx 1.742$ liegt die Nullstelle in diesem Intervall. Mit der Intervallbreite $1.26 - 1.12 = 0.14$ berechnet sich die Anzahl der Iterationen, um die Nullstelle auf 0.001 genau anzugeben, zu $\log_2(\frac{0.14}{0.001}) \approx 7$.

i	a_i	b_i	$m = \frac{a_i+b_i}{2}$	$f(m)$	$\delta = b_i - a_i$
0	1.12	1.26	1.19	0.649761	0.14
1	1.12	1.19	1.155	0.219061	0.07
2	1.12	1.155	1.1375	0.0287493	0.035
3	1.12	1.1375	1.12875	−0.0605784	0.0175
4	1.12875	1.1375	1.13313	−0.0163879	0.00875
5	1.13313	1.1375	1.13531	0.00606146	0.004375
6	1.13313	1.13531	1.13422	−0.0051929	0.0021875
7	1.13422	1.13531	1.13477	0.000426842	0.00109375

Die Nullstelle liegt im Intervall $[1.13422, 1.13477]$.

30.1.6 Fixpunkt-Näherungen

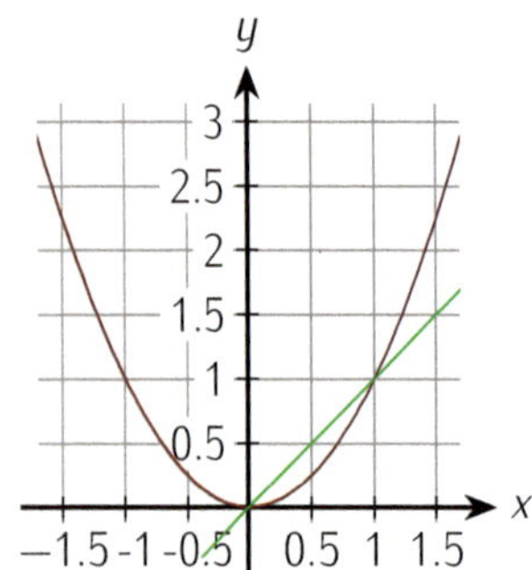

Bild 30.2: Fixpunkte der Funktion $g(x) = x^2$ sind die Schnittpunkte mit der Winkelhalbierenden $y = x$. Sie haben die Werte $x = 0$ und $x = 1$.

Fixpunkt-Algorithmen sind bei vielen numerischen Verfahren von Bedeutung. Zu einer Funktion g ist x genau dann ein *Fixpunkt* der Funktion, wenn

$$x = g(x) \quad x \text{ ist Fixpunkt von } g.$$

Im Graphen von g zeigt sich ein Fixpunkt als Schnittpunkt mit der Winkelhalbierenden $y = x$.

Um einen Fixpunkt einer Funktion berechnen, kann die Gleichung $x = g(x)$ in die allgemeine algebraische Gleichung $f(x) = 0$ umgeformt und z.B. mit dem Bisektionsverfahren eine Nullstelle von f gesucht werden. Eine Möglichkeit f zu wählen ist $f(x) = x - g(x)$. Diese Umformung ist äquivalent, d.h. x ist genau dann ein Fixpunkt von g, wenn x eine Nullstelle von f ist.

Mit der Definition kann umgekehrt ein Problem, bei dem eine Nullstelle gesucht wird, als Fixpunktproblem formuliert werden. Der zugehörige Algorithmus ist denkbar einfach und besteht aus der Iteration von:

$$x_i = g(x_{i-1}).$$

Drei Fragen stellen sich:

- ▷ Konvergiert die so definierte Folge (x_i)?
- ▷ Wenn ja, ist der Grenzwert $x_L = \lim_{i\to\infty} x_i$ ein Fixpunkt von g, d.h. gilt $x_L = g(x_L)$?
- ▷ Wenn ja, ist dieser Fixpunkt eindeutig und sind damit weitere Fixpunkte ausgeschlossen?

Am Beispiel $g(x) = x^2$ ist zu sehen, dass die Antworten nicht ohne weiteres positiv ausfallen. Für einen Startwert x_0 mit $|x_0| < 1$ konvergiert die Folge gegen den Fixpunkt $x = 0$. Nur für einen Startwert $x_0 = \pm 1$ konvergiert die Folge gegen den anderen Fixpunkt $x = 1$. Aber für $|x_0| > 1$ divergiert die Folge!

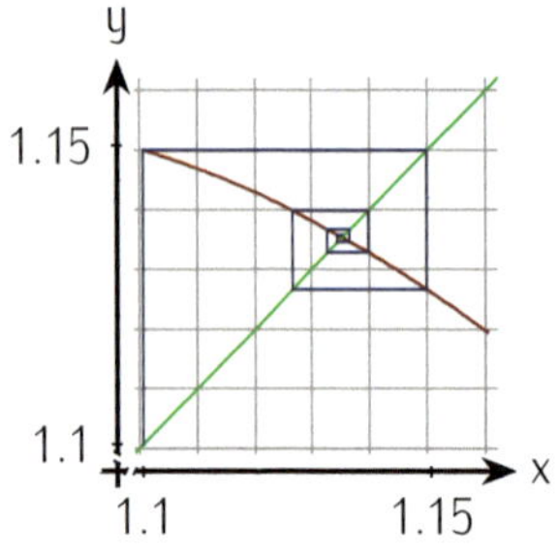

Bild 30.3: Fixpunkt-Näherung als Spirale: Fixpunkt-Funktion $g(x) = -0.15\,x^6 + 1.15\,x + 0.15$, Winkelhalbierende, vertikal: $(x_i, x_i) - (x_i, x_{i+1})$ mit $x_{i+1} = g(x_i)$, horizontal: $(x_i, x_{i+1}) - (x_{i+1}, x_{i+1})$

Konvergenz und Eindeutigkeit des Fixpunktes ist gegeben, wenn es sich bei der Funktion g um eine *kontrahierende* Abbildung handelt. Die Details dazu finden sich in Aufgabe 30.15. Für eine differenzierbare Funktion reicht es, dass die Ableitung in der Umgebung des Fixpunktes betragsmäßig kleiner als 1 ist. Die Stetigkeit der Funktion g garantiert, dass der Konvergenzpunkt der Folge wirklich ein Fixpunkt ist.

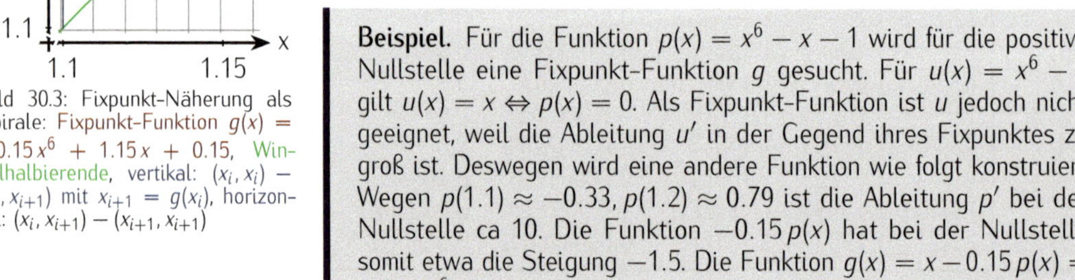

Beispiel. Für die Funktion $p(x) = x^6 - x - 1$ wird für die positive Nullstelle eine Fixpunkt-Funktion g gesucht. Für $u(x) = x^6 - 1$ gilt $u(x) = x \Leftrightarrow p(x) = 0$. Als Fixpunkt-Funktion ist u jedoch nicht geeignet, weil die Ableitung u' in der Gegend ihres Fixpunktes zu groß ist. Deswegen wird eine andere Funktion wie folgt konstruiert. Wegen $p(1.1) \approx -0.33$, $p(1.2) \approx 0.79$ ist die Ableitung p' bei der Nullstelle ca 10. Die Funktion $-0.15\,p(x)$ hat bei der Nullstelle somit etwa die Steigung -1.5. Die Funktion $g(x) = x - 0.15\,p(x) = -0.15x^6 + 1.15x + 0.15$ hat bei der Nullstelle von p also etwa die Steigung -0.5. Zugleich gilt $g(x) = x \Leftrightarrow -0.15\,p(x) = 0 \Leftrightarrow p(x) = 0$. Jetzt wird mit $x_1 = 1.1$ iterativ $x_{i+1} = g(x_i)$, eine gegen den Fixpunkt von g konvergente Folge bestimmt, wie in Bild 30.3 veranschaulicht.

Bei der Wahl der Fixpunkt-Funktion gibt es mehrere Möglichkeiten. Entscheidend ist, dass ihre Steigung beim Fixpunkt möglichst nahe bei 0 liegt.

Eine bessere Wahl zur Näherung an den positiven Fixpunkt als in Bild 30.3 ist z.B. $g_1(x) = x - 0.1\,p(x)$. Hier liefert die Iteration mit dem Startwert $x_0 = 1.1$ die Folge $1.1, 1.13284, 1.13477, 1.13472, 1.13472$. Oberhalb von 1 steigen Wurzelfunktionen nur langsam. Deshalb ist mit $x^6 - x - 1 = 0 \Leftrightarrow x^6 = x + 1 \Rightarrow x = \sqrt[6]{x+1}$ die Funktion $g_2(x) = \sqrt[6]{x+1}$ ebenfalls eine gut geeignete Fixpunkt-Funktion für die gesuchte Nullstelle x_o. Die Iteration liefert die Folge $1.1, 1.13163, 1.13445, 1.13470, 1.13472, 1.13472$. Ihre schnelle Konvergenz wird in Bild 30.4 verdeutlicht.

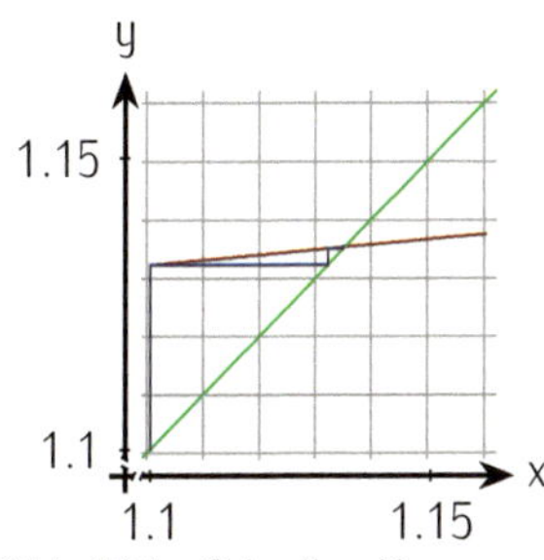

Bild 30.4: Schnelle Konvergenz der Fixpunkt-Näherung bei geringer Steigung der Fixpunkt-Funktion: Fixpunkt-Funktion $g_2(x) = \sqrt[6]{x+1}$, Winkelhalbierende

Sind mehrere Nullstellen gesucht, muss jede mit einer eigenen Fixpunkt-Funktion gefunden werden. So wird die negative Nullstellen von $p(x) = x^6 - x - 1$ durch die Funktion $g(x) = x + 0.4p(x) = 0.4x^6 + 0.6x - 0.4$ angenähert, die bei der negativen Nullstelle $x_o \approx -0.7780896$ eine Ableitung nahe Null besitzt.

30.1.7 Das Newton-Verfahren

Das Verfahren nach Newton bzw. Newton-Raphson wählt die Fixpunkt-Funktion dynamisch aus. Es wurde bereits in Aufgabe 26.22 untersucht. Zur Suche der Nullstelle einer Funktion $f(x)$ wird eine Fixpunkt-Funktion $g(x) = x - \alpha\, f(x)$ ausgewählt, so dass g bei der Nullstelle von f eine möglichst kleine Ableitung besitzt.

Die Konvergenz des Fixpunkt-Verfahrens ist dann gut, wenn $g'(x)$ in der Nähe des Fixpunktes nahe 0 ist.

$$0 \approx g'(x) = 1 - \alpha\, f'(x) \Rightarrow \alpha = \frac{1}{f'(x)}.$$

Das Newton-Verfahren benötigt eine differenzierbare Funktion f und einen Anfangswert x_0. Dann ist

$$x_{i+1} = x_i - \frac{f(x_i)}{f'(x_i)} \quad \text{der Iterationsschritt im Newton-Verfahren.}$$

Geometrisch kann das Newton-Verfahren so interpretiert werden: Suche zu x_i den Schnittpunkt der Tangente von f bei x_i mit der x-Achse. Die Iteration funktioniert daher nur, wenn $f'(x) \neq 0$.

Beispiel. Für die Funktion $p(x) = x^6 - x - 1$ wird mit Startwert $x_0 = 1$ folgendes gefunden:

i	x_i	$f(x_i)$	$f'(x_i)$	$x_{i+1} - x_i$
0	1	1	5	0.2
1	1.2	0.785984	13.9299	−0.056424157
2	1.1435758	0.09303196	10.73481	−0.008666380
3	1.1349095	0.001907397	10.29685	−0.0001852409
4	1.1347242	$8.537194 \cdot 10^{-7}$	10.28763	$-8.298502 \cdot 10^{-8}$
5	1.1347241	$1.703082 \cdot 10^{-13}$	10.28763	$-1.66533 \cdot 10^{-14}$

Entsprechend wird mit dem Startwert $x_0 = -1$ die andere Nullstelle erreicht:

i	x_i	$f(x_i)$	$f'(x_i)$	$x_{i+1} - x_i$
0	1	1	−7	0.1428571
1	−0.8571429	0.2537123	−3.775986	0.0671910
2	−0.7899519	0.03295042	−2.845671	0.01157914
3	−0.7783727	0.0007680138	−2.714310	0.00028295
4	−0.7780898	$4.406060 \cdot 10^{-7}$	−2.71120	$1.625135 \cdot 10^{-7}$
5	−0.778090	$1.454392 \cdot 10^{-13}$	−2.711194	$5.362377 \cdot 10^{-14}$

30.1.8 *Konvergenz der Verfahren*

Beim letzten Beispiel ist die höhere Konvergenzgeschwindigkeit deutlich. Bei der Bisektion ist die maximale Abweichung zwischen gefundener Näherung $\hat{x}$ und Nullstelle x_0 eine geometrische Folge mit Faktor $q = \frac{1}{2}$. Bei der Fixpunkt-Näherung verringert sich die Abweichung $|\hat{x} - x_o|$ zwischen Näherungswert und gesuchtem Fixpunkt x_o ebenfalls geometrisch. Als Faktor kann hier $q = \max_{x \in U(x_o)} |g'(x)|$ in einer passenden Umgebung $U(x_o)$ des gesuchten Fixpunktes angesehen werden. Dagegen ist die Konvergenzgeschwindigkeit beim Newton-Verfahren quadratisch. Mit der Nullstelle x_o als Grenzwert bedeutet das

$$|x_{i+1} - x_o| \approx C\,|x_i - x_o|^2.$$

Dieser Vorteil in der Konvergenzgeschwindigkeit ist nur von Nutzen, wenn ein vernünftiger Startwert gewählt werden kann. Die Bisektion bietet den Vorteil, dass für eine stetige Funktion und ein Intervall, in dem eine Nullstelle liegt, die Konvergenz garantiert ist. Fixpunkt-Verfahren hängen von der Güte der gewählten Fixpunkt-Funktion ab, Beim Newton-Verfahren ist entscheidend, dass der Startwert nahe der Nullstelle gewählt wird und die Nähe zu stationären Punkten vermieden wird.

30.2 Lernziele

Nr	Ich kann	Aufgabe	√
	Nullstellen von nichtlinearen Funktionen		
274	den Schnittpunkt von Graphen zur näherungsweisen Lösung nichtlinearer Gleichungen nutzen	30.1, 30.3	
275	die Vorzeichenregel von Descartes für Nullstellen eines Polynoms nutzen	30.2, 30.4, 30.5,	
	Näherungsverfahren		
276	den Unterschied zwischen punktweisen Schätzmethoden und Intervallzerlegungen verstehen	30.8, 30.10, 30.9, 30.12	
277	eine punktweise Schätzmethode und eine Intervallzerlegung zur Lösung eines praktischen Problems benutzen	30.6 30.7, 30.9, 30.11, 30.14, 30.13, 30.17, 30.18, 30.19	
278	die verschiedenen Konvergenzkriterien verstehen	30.11, 30.13, 30.15, 30.17, 30.19	
279	geeignete Software zur Lösung nichtlinearer Gleichungen nutzen	30.16	

30.3 Aufgaben

Aufgabe 30.1 (10 Min) Bestimmen Sie die Nullstellen der Funktion $f(x) = \frac{1}{4}x^4 - 8x + 12$, indem Sie diese als Schnittpunkte zweier Funktionen ermitteln.

Aufgabe 30.2 (5 Min) Das Polynom $p(x) = 2x^3 - 4x^2 + 91x - 8$ hat als Polynom dritten Grades auf jeden Fall eine reelle Nullstelle. Nutzen Sie die Vorzeichenregel von Descartes, um zu entscheiden, ob diese positiv oder negativ ist.

Aufgabe 30.3 (5 Min) Lösen Sie die Gleichung $|x + 2| = 2^x - 3$, indem Sie beide Funktionsverläufe skizzieren.

Aufgabe 30.4 (10 Min) Wie viele positive und negative Nullstellen hat das Polynom $p(x) = 5x^3 - 13x^2 - 23x + 7$ aufgrund der Vorzeichenregel von Descartes? Finden Sie heraus, ob das Polynom rationale Nullstellen hat und bestimmen Sie alle Nullstellen.

Aufgabe 30.5 (10 Min) Untersuchen Sie das Polynom $p(x) = -2x^3 + 3x^2 + 7x - 4$ auf Nullstellen.

Aufgabe 30.6 (10 Min) Ermitteln Sie mit dem Newton-Verfahren Nullstellen der Funktion $f(x) = 5x^3 - 13x^2 - 23x + 7$ mit der Genauigkeit von 10^{-4}. Verwenden Sie dabei halbzahlige Startwerte zwischen -2 und 4. Erklären Sie die Ergebnisse.

Aufgabe 30.7 (15 Min) Die kleinste Nullstelle x_0 dieser Funktion ist gesucht $f(x) = \ln(x) - 0.5\,x + 0.8$.

a) Geben Sie den maximalen Definitionsbereich D_f der Funktion f an.
b) Finden Sie durch Probieren zwei Zahlen, die links und rechts der Nullstelle liegen.
c) Verwenden Sie das Bisektionsverfahren und berechnen Sie n bis zu einer Genauigkeit von 0.05.
d) Geben Sie das Intervall an, in dem x_0 liegt.
e) Welche Eigenschaft der Funktion $f(x)$ garantiert, dass beim Bisektionsverfahren eine Nullstelle gefunden wird?

Aufgabe 30.8 (5 Min) Kreuzen Sie die richtige Aussage zur Bisektion an. Beim Bisektionsalgorithmus wird ...

- □ ... in jedem Schritt der gesuchte Wert halbiert,
- □ ... in jedem Schritt ein Intervall halbiert,
- □ ... eine monoton steigende und eine monoton fallende Folge berechnet,
- □ ... nach endlich vielen Schritten der Zielwert erreicht.

Aufgabe 30.9 (15 Min) Gesucht sind Nullstellen der Funktion $f(x) = x^3 + x - 15$.

a) Wie viele Nullstellen hat die Funktion? Begründen Sie und grenzen Sie die Nullstellen ein.
b) Berechnen Sie mit dem Bisektionsverfahren eine Nullstelle x_0 bis zur Genauigkeit 0.125.
c) Untersuchen Sie die Funktion $f(x)$ auf Extremwerte.
d) Welche Einschränkungen bestehen für die Startwerte beim Newton-Verfahren für diese Funktion?

Aufgabe 30.10 (5 Min) Welche Aussagen über das Verfahren der Bisektion sind richtig? Kreuzen sie an.

- □ Mit der Bisektion wird das Maximum einer Funktion angenähert.
- □ Mit der Bisektion wird das Minimum einer Funktion angenähert.
- □ Mit der Bisektion wird eine Nullstelle der Funktion angenähert.
- □ Mit der Bisektion wird ein Mittelwert einer Funktion angenähert.
- □ Im Startintervall darf beim Bisektionsverfahren die Ableitung der Funktion nicht verschwinden.
- □ Im Startintervall sollte die Ableitung der Funktion mindestens einmal verschwinden.
- □ Im Startintervall darf beim Bisektionsverfahren die Funktion nicht verschwinden.
- □ Im Startintervall sollte die Funktion mindestens einmal verschwinden.
- □ Als Startintervall beim Bisektionsverfahren kann jedes beliebige Intervall gewählt werden.
- □ Die maximal mögliche Abweichung der Funktionswerte zu Null im Näherungsintervall halbiert sich beim Bisektionsverfahren in jedem Schritt.

- ☐ Die maximal mögliche Abweichung der Funktionswerte zu Null im Näherungsintervall hängt vom Verlauf der Funktion ab.
- ☐ Die maximal mögliche Abweichung des Näherungswertes von der gesuchten Nullstelle wird beim Bisektionsverfahren in jedem Schritt halbiert.
- ☐ Die maximal mögliche Abweichung des Näherungswertes von der gesuchten Nullstelle hängt vom Verlauf der Funktion ab.
- ☐ Das Bisektionsverfahren konvergiert für beliebige Funktionen.
- ☐ Das Bisektionsverfahren konvergiert für stetige Funktionen.
- ☐ Das Bisektionsverfahren konvergiert für differenzierbare Funktionen.

Aufgabe 30.11 (10 Min) Berechnen Sie die Lösung der algebraischen Gleichung $x^3 + x - 3 = 0$ mit Bisektion auf drei Nachkommastellen. Bestimmen Sie die Zahl der notwendigen Iterationen vorab.

Aufgabe 30.12 (5 Min) In dieser Aufgabe geht es um die *Genauigkeit einer Nullstellennäherung*.

a) Gesucht ist eine Nullstelle der Funktion $f(x) = e^x - 1000000$.
   - ▷ Bestimmen Sie x_0 als Lösung der Gleichung $f(x) = 0$.
   - ▷ Beurteilen Sie die Näherung $\hat{x} = \ln(999875) = 13.8153855502$. Ist $\hat{x}$ eine gute Näherung für die Nullstelle x_0?
   - ▷ Berechnen Sie $\hat{x} - x_0$ und $f(x_0)$.

b) Gegeben die Funktion $f(x) = \frac{1}{x}$.
   - ▷ Berechnen Sie den Funktionswert an der Stelle $\hat{x} = 10^8$.
   - ▷ Ist $\hat{x}$ eine gute Näherung an eine Nullstelle von f?

Aufgabe 30.13 (10 Min) *Heron's Verfahren*: Durch die rekursive Vorschrift

$$a_{n+1} = \frac{w + a_n^2}{2a_n}$$

wird für einen festen Wert w eine Folge definiert, die gegen $\sqrt{w}$ konvergiert. Das Verfahren ist schon sehr lange bekannt und stammt vom griechischen Mathematiker *Heron*.

Heron von Alexandria, griechischer Mathematiker im 1. Jahrhundert n.Chr.

a) Berechnen Sie für den Wert $w = 3$ mit dem Startwert $a_0 = 1.5$ die nächsten vier Werte der Folge.
b) Versuchen Sie es mit einen Startwert, der größer als 2 ist.
c) Untersuchen Sie das Verfahren auf den Fixpunkt.
d) Zusatz: Berechnen Sie die Ableitung der Funktion und erklären Sie daraus die besonders gute Konvergenz des Verfahrens. Sie können sich auf positive Werte beschränken.

Aufgabe 30.14 (20 Min) Die Funktion $f(x) = x^8 - x + 0.5$ hat Nullstellen in der Nähe von 0.5 und 0.9. Ziel ist die Definition einer Iteration, die sich der Nullstelle nähert.

a) Stellen Sie den Graphen der Funktion mit einem Programm Ihrer Wahl zwischen 0 und 1 dar.

b) Definieren Sie eine Fixpunkt-Funktion $g(x)$, sodass $g(x) = x \Leftrightarrow f(x) = 0$.
c) Testen Sie die durch $g(x)$ definierte Iteration.
d) Begründen Sie, warum die Iteration nur eine der Nullstellen erreicht.
e) Definieren Sie eine zweite Iterationsfunktion, mit der sie den anderen Grenzwert erreichen.

Rudolf Lipschitz, 1832-1903

Aufgabe 30.15 (20 Min) Eine reelle Funktion $f : \mathbb{R} \to \mathbb{R}$ heißt *Lipschitz-stetig* zur Konstante L_f, wenn $|f(x_2) - f(x_1)| \leq L_f\,|x_2 - x_1|$ für alle Werte $x_1, x_2 \in \mathbb{R}$ gilt. Die Funktion f heißt *kontrahierend*, wenn sie Lipschitz-stetig zu einer Konstante $L_f < 1$ ist.
a) Benutzen Sie die Folgendefinition, um zu begründen, dass jede Lipschitz-stetige Funktion f auf $\mathbb{R}$ stetig ist. Dazu untersuchen Sie die Funktionswerte einer konvergenten Folge $(x_n)_{n\in\mathbb{N}}$.
b) Geben Sie für die rekursiv definierte Folge $x_{n+1} = f(x_n)$ mit Startwert x_0 eine obere und eine untere Schranke für alle Folgenglieder x_n an, wenn f eine kontrahierende Funktion ist.
c) Benutzen Sie, dass jede beschränkte Folge mindestens einen Häufungspunkt hat, um zu zeigen, dass jede kontrahierende Funktion genau einen Fixpunkt hat.

Aufgabe 30.16 (15 Min) Untersuchen Sie mit einem Werkzeug Ihrer Wahl das Newton-Verfahren. Finden Sie Nullstellen der Funktion $\cos(x)$. Experimentieren Sie mit Startwerten in der Nähe von 0.4. Finden Sie mindestens zehn verschiedene Konvergenzpunkte.

Aufgabe 30.17 (15 Min) Gesucht ist die kleinste positive Nullstelle der Funktion $f(x) = -0.8+0.5x+\cos(x)$. Bestimmen Sie ein Intervall, in der diese Nullstelle liegt, und führen Sie zwei Iterationen mit der Bisektion durch. Benutzen Sie den gefundenen Wert, um mit dem Newton-Verfahren eine Genauigkeit auf drei Nachkommmastellen zu erzielen. Die erzielte Genauigkeit können Sie dabei aus der letzten Differenz $|x_{i+1} - x_i|$ abschätzen.

Aufgabe 30.18 (10 Min) Die Gleichung $x^3 = \cos(x)$ soll mit dem Newton-Verfahren gelöst werden. Wie sieht die Funktion $f(x)$ aus? Berechnen Sie drei Iterationen mit dem Startwert 1.

Aufgabe 30.19 (20 Min) Gesucht eine positive Nullstelle der Funktion $f(x) = 2\,\ln(x+1) - x$.
a) Berechnen Sie die Ableitung $f'(x)$.
b) Welcher Wert x_{krit} ist als Startwert für das Newton-Verfahren auszuschließen?
c) Berechnen Sie zwei Newton-Iterationen $x_{i+1} = x_i - \frac{f(x_i)}{f'(x_i)}$ zu dem Startwert $x_0 = 2$

d) Ein guter Maßstab für die erzielte Genauigkeit ist die absolute Differenz der letzten beiden Näherungswerte $|x_n - x_{n-1}|$. Wie gut ist die in **c)** erzielte Genauigkeit δ?

e) Geben Sie für das Bisektionsverfahren an, wie gut die Genauigkeit δ_n nach n Iterationen ist, wenn das Anfangsintervall die Breite 1 hat.

f) Fünf Iterationen für das Newton-Verfahren mit der Funktion f und dem Startwert $x_0 = 2$ erzielen bereits eine Genauigkeit von 10^{-14}! Geben Sie zum Vergleich an, wie viele Iterationen das Bisektionsverfahren für diese Genauigkeit benötigt.

30.4 Lösungen

Lösung 30.1 Es ist $f(x) = 0 \Leftrightarrow \frac{1}{4}x^4 = 8x - 12$. Das Bild 30.5 zeigt keinen Schnittpunkt beider Funktionen, aber einen Berührpunkt bei $(2, 4)$. Dann läge eine doppelte Nullstelle von f vor. Bei höherer Auflösung könnten sich an der Stelle ein knappes Verfehlen der Funktionsgraphen wie auch benachbarte Schnittpunkte befinden. Einsetzen von $x = 2$ mit Hilfe des Horner-Schemas liefert die doppelte Nullstelle:

	0.25	0	0	−8	12
$x = 2$	0	0.5	1	2	−12
	0.25	0.5	1	−6	0

	0.25	0.5	1	−6
$x = 2$	0	0.5	2	6
	0.25	1	3	0

Es ist $f(x) = 0.25\,(x-2)^2\,(x^2 + 4x + 12)$. Das verbleibende quadratische Polynom ist irreduzibel, hat also keine reellen Nullstellen. Dies stimmt mit dem Bild beider Graphen überein, die keinen weiteren Schnitt- oder Berührpunkt aufweisen.

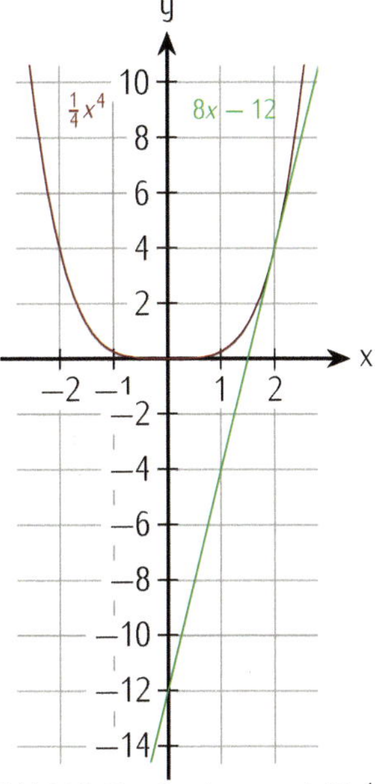

Bild 30.5: Die Graphen von $0.25\,x^4$ und $8x - 12$ berühren sich im Punkt $(2, 4)$.

Lösung 30.2 Das Polynom hat drei Vorzeichenwechsel in den Koeffizienten, daher hat es drei oder eine positive Nullstelle, also mindestens eine positive. Umgekehrt hat das Polynom $p(-x) = -2x^3 - 4x^2 - 91x - 8$ keinen Vorzeichenwechsel, es gibt also keine negative Nullstelle. Eine Nullstelle ist daher auf jeden Fall positiv.

Lösung 30.3 In Bild 30.6 ist der Schnittpunkt beider Funktionen eindeutig. Es ist $|3 + 2| = 5 = 2^3 - 3$.

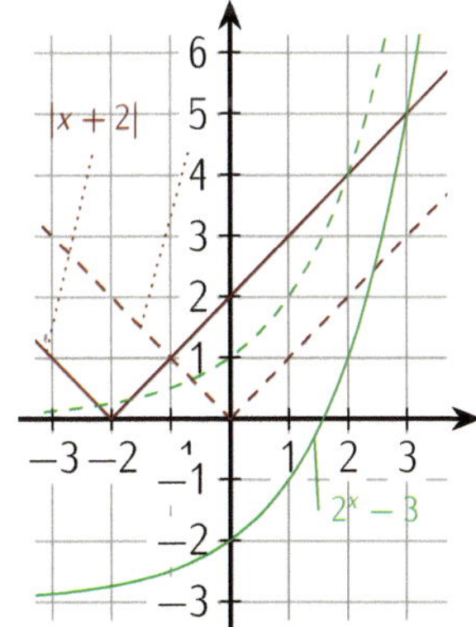

Bild 30.6: Die Funktion $|x + 2|$ ist die um 2 nach links verschobene, gestrichelt gezeichnete Betragsfunktion $|x|$. Die Funktion $2^x - 3$ ist die um 3 nach unten verschobene, gestrichelt gezeichnete Exponentialfunktion 2^x. Beide schneiden sich im Punkt $(3, 5)$.

Lösung 30.4 Die Koeffizienten des Polynoms haben zwei Vorzeichenwechsel, es hat also zwei oder keine positive Nullstellen. Das Polynom $p(-x) = -5x^3 - 13x^2 + 23x + 7$ hat nur einen Vorzeichenwechsel, es hat also eine negative Nullstelle.

Als rationale Nullstellen kommen nur Zahlen der Form $\pm\frac{b}{c}$ in Frage, bei denen b Teiler von $a_0 = 7$ und c Teiler von $a_3 = 5$ ist. Dies sind die Zahlen $1, -1, \frac{1}{5}, -\frac{1}{5}, 7, -7, \frac{7}{5}, -\frac{7}{5}$.

Bei 7 und −7 ist ohne Rechnung klar, dass der Term $5x^3$ die Summe aller weiteren Terme betragsmäßig deutlich übersteigt. Bei 1 und −1 ist an der Summe der Koeffizienten bzw. der alternierenden Summe der Koeffizienten zu sehen, dass sich nicht Null ergibt. Weder 1 noch −1 sind also Nullstellen.

Für die verbleibenden Brüche wird das Horner-Schema verwendet.

	5	−13	−23	7
$x = \frac{1}{5}$	0	1	$-\frac{12}{5}$	$-\frac{127}{25}$
	5	−12	$-\frac{127}{5}$	$\frac{48}{25}$

	5	−13	−23	7
$x = \frac{7}{5}$	0	7	$-\frac{42}{5}$	$-\frac{1099}{25}$
	5	−6	$-\frac{157}{5}$	$-\frac{924}{25}$

	5	−13	−23	7
$x = -\frac{1}{5}$	0	−1	$\frac{14}{5}$	$\frac{101}{25}$
	5	−14	$-\frac{101}{5}$	$\frac{276}{25}$

	5	−13	−23	7
$x = -\frac{7}{5}$	0	−7	28	−7
	5	−20	5	0

Damit ist $p(x) = (x+\frac{7}{5})(5x^2-20x+5)$. Das Quotientenpolynom lässt sich mit der $p-q$-Formel zerlegen. Nullstellen von $5(x^2 - 4x + 1)$ sind $x_{2,3} = 2 \pm \sqrt{3}$.

Damit ist $p(x) = 5\,(x + \frac{7}{5})\,(x - 2 - \sqrt{3})\,(x - 2 + \sqrt{3})$.

Lösung 30.5 Gemäß der Vorzeichenregel von Descartes hat das Polynom zwei oder keine positive Nullstelle und eine negative Nullstelle. Da $p(0) = -4, p(1) = -2+3+7-4 = 4$ und das Polynom im positiven Bereich gegen $-\infty$ und im negativen Bereich gegen $+\infty$ geht, gibt es drei reelle Nullstellen, zwei positive und eine negative.

Als rationale Nullstellen kommen nur die Werte $\pm\frac{1 \text{ oder } 2 \text{ oder } 4}{1 \text{ oder } 2}$ in Frage, also $\frac{1}{2}, -\frac{1}{2}, 1, -1, 2, -2, 4, -4$.

Mit dem Horner-Schema wird ausgewertet.

	-2	3	7	-4
$x = \frac{1}{2}$	0	-1	1	4
	-2	2	8	0

Die Nullstellen des verbleibenden quadratischen Polynoms werden mit der $p-q$-Formel zu $\frac{1}{2} - \sqrt{\frac{17}{4}}$ und $\frac{1}{2} + \sqrt{\frac{17}{4}}$ ausgewertet.

Lösung 30.6 Die Funktion ist ein kubisches Polynom mit drei reellen Nullstellen $-1.4, 2-\sqrt{3} \approx 0.26795, 2+\sqrt{3} \approx 3.73205$. In der Nähe dieser Nullstellen konvergiert der Algorithmus schnell gegen diese Nullstelle. Die Funktion hat zwei Extremwerte. In Tabelle 30.1 sind die Näherungswerte zu den Startwerten mit der Anzahl der Iterationen zusammengestellt. Unterhalb des Maximums bei -0.6448 konvergiert der Algorithmus immer gegen die kleinste Nullstelle, oberhalb des Minimums bei 2.3781 immer gegen die größte Nullstelle. Auf der anderen Seite dieser Extremwerte, also unterhalb von 2.3781 und oberhalb von -0.6448, und in deren Nähe ist die Steigung nahe Null und es werden weit entfernte Nullstellen erreicht. Dies ist bei den Startwerten $x_0 = 2$ und $x_0 = -0.5$ zu beobachten. Der Startwert $x_0 = 2$ hat die Besonderheit, dass die Tangente direkt durch die Nullstelle $(-1.4, 0)$ verläuft. Es braucht nur eine Iteration zur Lösung.

Tabelle 30.1: Zu verschiedenen Startwerten x_0 sind die erreichte Näherungwerten x_n nach n Iterationen aufgeführt.

x_0	x_n	n
−2	−1.400000042	4
−1.5	−1.400038963	2
−1	−1.400001408	4
−0.5	3.732050818	6
0	0.2679492389	3
0.5	0.2679869017	2
1	0.2679492053	3
1.5	0.2680068201	3
2	−1.4	1
2.5	3.732050889	8
3	3.73206404	4
3.5	3.732050912	3
4	3.732050884	3

Lösung 30.7

a) Maximaler Definitionsbereich von f ist $D = \mathbb{R}^+ = (0, \infty)$ wegen des Logarithmus.
b) Da $\lim_{x\to 0^+} \ln(x) = -\infty$, muss die kleinste Nullstelle zwischen 0 und 1 liegen, denn $f(1) = \ln(1) - 0.5 + 0.8 = 0.3 > 0$. Eine zweite Nullstelle der Funktion liegt zwischen 4 und 5.

c)

i	a_i	b_i	m	$f(m)$	$\delta = b_i - a_i$
1	0.5	1	0.75	0.137318	0.5
2	0.5	0.75	0.625	0.017496	0.25
3	0.5	0.625	0.5625	-0.056614	0.125
4	0.5625	0.625	0.59375	-0.018172	0.0625

Für die zweite Nullstelle sieht das so aus:

i	a_i	b_i	m	$f(m)$	$\delta = b_i - a_i$
1	4	5	4.5	0.0540774	1
2	4.5	5	4.75	-0.0168554	0.5
3	4.5	4.75	4.625	0.0189764	0.25
4	4.625	4.75	4.6875	0.00114939	0.125
5	4.6875	4.75	4.71875	-0.00783107	0.0625

d) Die gesuchte Nullstelle x_0 liegt im Intervall $[0.59375, 0.625]$.

e) Die Eigenschaft von $f(x)$, die das Finden der Nullstelle beim Bisektionsverfahren garantiert, ist ihre *Stetigkeit*.

Lösung 30.8 Beim Bisektionsalgorithmus wird ...

☐ ... in jedem Schritt der gesuchte Wert halbiert, *Beim Bisektionsalgorithmus wird nicht der gesuchte Wert sondern das Intervall halbiert.*

☒ ... in jedem Schritt ein Intervall halbiert,

☒ ... eine monoton steigende und eine monoton fallende Folge berechnet, *nämlich die monoton steigende Folge der unteren und die monoton fallende Folge der oberen Intervallgrenzen.*

☐ ... nach endlich vielen Schritten der Zielwert erreicht. *Nur in Ausnahmefällen wird der Zielwert in endlich vielen Schritten erreicht.*

Lösung 30.9

a) Die Funktion hat nur eine Nullstelle, da x^3 wie x streng monoton wachsend sind. Die Nullstelle von f löst die Gleichung $x^3 = 15 - x$. Es ist $2^3 = 8, 3^3 = 27$ und $15 - 2 = 13, 15 - 3 = 12$, also liegt die Nullstelle im Intervall $[2, 3]$.

b)

i	a_i	b_i	m	$f(m)$	δ
1	2	3	2.5	3.125	1
2	2	2.5	2.25	-1.359375	0.5
3	2.25	2.5	2.375	0.771484	0.25

Es gilt $n \in [2.25, 2.375]$.

c) Wegen $f'(x) = 3x^2 + 1 > 0$ gibt es keinen Extremwert der Funktion.

d) Einschränkungen für die Startwerte beim Newton-Verfahren bestehen nicht, da die Ableitung nirgends 0 wird.

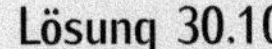

Lösung 30.10

- ☐ Mit der Bisektion wird das Maximum einer Funktion angenähert.
- ☐ Mit der Bisektion wird das Minimum einer Funktion angenähert.
- ☒ Mit der Bisektion wird eine Nullstelle der Funktion angenähert.
- ☐ Mit der Bisektion wird ein Mittelwert einer Funktion angenähert.
- ☐ Im Startintervall darf beim Bisektionsverfahren die Ableitung der Funktion nicht verschwinden.
- ☐ Im Startintervall sollte die Ableitung der Funktion mindestens einmal verschwinden.
- ☐ Im Startintervall darf beim Bisektionsverfahren die Funktion nicht verschwinden.
- ☒ Im Startintervall sollte die Funktion mindestens einmal verschwinden. *Im Startintervall muss eine Nullstelle liegen.*
- ☐ Als Startintervall beim Bisektionsverfahren kann jedes beliebige Intervall gewählt werden.
- ☐ Die maximal mögliche Abweichung der Funktionswerte von Null im Näherungsintervall halbiert sich beim Bisektionsverfahren in jedem Schritt. *Die Intervallbreite halbiert sich, nicht die Funktionswerte.*
- ☒ Die maximal mögliche Abweichung der Funktionswerte von Null im Näherungsintervall hängt vom Verlauf der Funktion ab.
- ☒ Die maximal mögliche Abweichung des Näherungswertes von der gesuchten Nullstelle wird beim Bisektionsverfahren in jedem Schritt halbiert.
- ☐ Die maximal mögliche Abweichung des Näherungswertes von der gesuchten Nullstelle hängt vom Verlauf der Funktion ab.
- ☐ Das Bisektionsverfahren konvergiert für beliebige Funktionen.
- ☒ Das Bisektionsverfahren konvergiert für stetige Funktionen.
- ☒ Das Bisektionsverfahren konvergiert für differenzierbare Funktionen. *Die Stetigkeit ist ausreichend. Differenzierbare Funktionen sind erst recht stetig.*

Lösung 30.11 Der variable Teil der Funktion $f(x) = x^3 + x - 3$ ist die Summe der streng monotonen Monome x^3 und x^1. f hat daher nur eine Nullstelle, die zwischen $a_0 = 1$ und $b_0 = 2$ liegt, da $f(a_0) = -1.0$ und $f(b_0) = 7.0$. ist. Damit ist das Startintervall definiert. Als Toleranz ist $\delta = 0.001$ vorgegeben.

Die Intervallbreite $b_i - a_i$ erfüllt $b_i - a_i = 2^{-i}(b_0 - a_0) = 2^{-i}$. Es ist $2^{-i} < \delta = 0.001 \Leftrightarrow 2^i > 1000 \Leftrightarrow i > \log_2(1000) \approx 9.966 \Rightarrow i = 10$. Es werden zehn Iterationsschritte benötigt. Im Ergebnis ist die Nullstelle $x_0 \approx 1.213$.

i	a_i	b_i	m	$f(m)$
0	1.00000000	2.00000000	1.50000000	1.87500000
1	1.00000000	1.50000000	1.25000000	0.20312500
2	1.00000000	1.25000000	1.12500000	-0.45117188
3	1.12500000	1.25000000	1.18750000	-0.13793945
4	1.18750000	1.25000000	1.21875000	0.02902222
5	1.18750000	1.21875000	1.20312500	-0.05533981
6	1.20312500	1.21875000	1.21093750	-0.01338053
7	1.21093750	1.21875000	1.21484380	0.00776550
8	1.21093750	1.21484380	1.21289060	-0.00282166
9	1.21289060	1.21484380	1.21386720	0.00246845
10	1.21289060	1.21386720	1.21337890	-0.00017748
	1.21337890	1.21386720		

Lösung 30.12

a) Bei $\hat{x}$ handelt es sich um eine Näherung, denn $|\hat{x} - x_0| < 0.001$. Dass $|f(\hat{x}) - f(x_0)| = |-125 - 0| = 125$ eine große Abweichung des Funktionswertes darstellt, spielt dafür keine Rolle.

b) Da $f(x)$ keine Nullstelle hat, handelt es sich bei $\hat{x}$ nicht um eine Näherung. Der kleine Funktionswert $f(\hat{x}) = 10^{-8}$ ist nicht relevant.

Lösung 30.13

a) $a_0 = 1.5, a_1 = 1.75, a_2 = 1.73214285714, a_3 = 1.73205081001, a_4 = 1.73205080757$.

b) Startwert $a_0 = 3, a_1 = 2, a_2 = 1.75, a_3 = 1.73214285714, a_5 = 1.73205081001, a_5 = 1.73205080757$.

c) Zur Funktion $g(x) = \frac{w+x^2}{2x}$ ist x_o ein Fixpunkt, wenn $x_o = \frac{w+x_o^2}{2x_o} \Leftrightarrow 2x_o^2 = w + x_o^2 \Leftrightarrow x_o^2 = w \Leftrightarrow x_o = \pm\sqrt{w}$.

d) Es ist $g'(x) = \frac{4x^2-2(w+x^2)}{4x^2} = \frac{x^2-w}{2x^2} = \frac{1}{2} - \frac{w}{2x^2}$ und $g''(x) = \frac{w}{x^3}$. $g'(x)$ hat eine Nullstelle bei $\sqrt{w}$ und wegen der Definition von $g(x)$ ein Minimum. Die Ableitung ist in der Umgebung des Fixpunktes also nahe 0, dort ist die Konvergenzgeschwindigkeit damit besonders hoch.

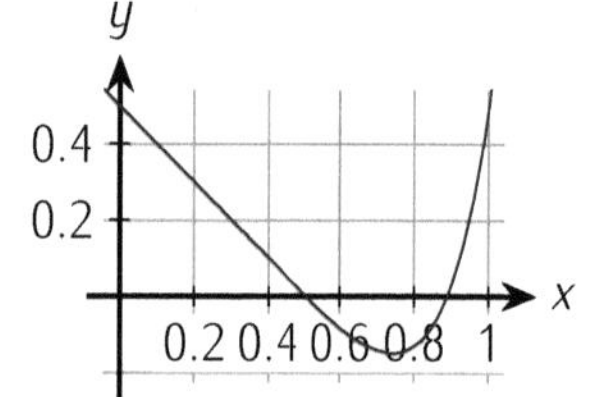

Bild 30.7: $f(x) = x^8 - x + 0.5$

Lösung 30.14

a) Siehe Bild 30.7.

b) $f(x) = 0 \Leftrightarrow x^8 - x + 0.5 = 0 \Leftrightarrow x = x^8 + 0.5 \Leftrightarrow x = g_1(x)$ mit $g_1(x) = x^8 + 0.5$.

c) Die ersten Werte mit Startwert 0 sind 0, 0.5, 0.50390625, 0.50415717, 0.50417376, 0.50417486, 0.50417493, 0.50417494, 0.50417494. Nach acht Schritten ist der Wert in den ersten acht Nachkommastellen bestimmt.
Bei Startwerten größer 0.9 divergiert die Folge allerdings rasch gegen Unendlich.

d) Dazu betrachte ich die Ableitung der Funktion g_1. Es ist $g_1'(x) = 8\,x^7$. Es ist $g_1'(0.5) = 0.625$ aber $g_1'(0.9) = 3.8264$. Konvergenz beim Fixpunkt setzt eine Steigung vom Betrag kleiner 1 voraus.

e) $f(x) = 0 \Leftrightarrow x^8 = x - 0.5 \Leftrightarrow x = g_2(x)$ mit $g_2(x) = \sqrt[8]{x - 0.5}$.

$g_2(x)$ ist nur für Werte $x \geq 0.5$ definiert, bei 0.5 ist die Steigung $+\infty$, die Nullstelle von f bei 0.5 kann so nicht gefunden werden. Die Ableitung $g_2'(x) = \frac{1}{8}(x - 0.5)^{-\frac{7}{8}}$ wird bei 0.9 hingegen schon ausreichend klein $g_2'(0.9) = 0.2787$. Und die Folge konvergiert schnell. Mit Startwert 1 ergeben sich $1, 0.91700404$, 0.89643238, 0.8907814, 0.8891842, 0.8887291, 0.88859913, 0.88856198, 0.88855136, 0.88854833, 0.88854746, 0.88854721, 0.88854714, 0.88854712, 0.88854712. Nach vierzehn Schritten ist der Wert in den ersten acht Nachkommastellen bestimmt.

Lösung 30.15

a) Sei x_0 ein beliebiges, reelles Argument und (x_n) eine Folge mit $\lim_{n\to\infty} x_n = x_0$. Dann gilt $|f(x_n) - f(x_0)| \leq L_f\,|x_n - x_0|$. Die rechte Seite ist eine Nullfolge, also gilt $\lim_{n\to\infty} f(x_n) = f(x_0)$.

b) Sei $x_n = f(x_{n-1})$ mit einem Startwert der Folge x_0. Dann ist $|x_n - x_0| \leq |x_n - x_{n-1}| + |x_{n-1} - x_{n-2}| + \ldots + |x_1 - x_0| \leq L_f^{n-1}|x_1 - x_0| + L_f^{n-2}|x_1 - x_0| + \ldots + 1\cdot|x_1 - x_0| = \frac{1-L_f^n}{1-L_f}\,|x_1 - x_0| \leq \frac{1}{1-L_f}\,|x_1 - x_0|$. Bezeichne $C = \frac{1}{1-L_f}\,|x_1 - x_0|$ dann ist $x_0 - C \leq x_n \leq x_0 + C$ für alle $n \in \mathbb{N}$. Die Folge (x_n) ist also beschränkt.

c) Die Abschätzung lässt sich für $m < n$ so verfeinern: $|x_n - x_m| \leq |x_n - x_{n-1}| + |x_{n-1} - x_{n-2}| + \ldots + |x_{m+1} - x_m| \leq L_f^{n-m-1}\,|x_{m+1} - x_m| + L_f^{n-m-2}\,|x_{m+1} - x_m| + \ldots + 1\cdot|x_{m+1} - x_m| \leq \frac{1}{1-L_f}|x_{m+1} - x_m| \leq \frac{1}{1-L_f}|x_1 - x_0|\,L_f^m = C\,L_f^m$. Angenommen, es gibt für die Folge (x_n) zwei verschiedene Häufungspunkte h_0 und h_1. Dann wähle m so, dass $C\,L_f^m < \frac{|h_1 - h_0|}{3}$. Das geht, weil $L_f < 1$ ist. Da h_0 und h_1 Häufungspunkte der Folge sind, gibt es oberhalb von m Indizes n_0 und n_1, so dass $|h_i - x_{n_i}| < \frac{|h_1 - h_0|}{3}$. Dann ist aber $|h_1 - h_0| \leq |h_1 - x_{n_1}| + |x_{n_1} - x_{n_0}| + |x_{n_0} - h_0| < 3\frac{|h_1 - h_0|}{3} = |h_1 - h_0|$. Dieser Widerspruch bedeutet: es gibt nur einen Häufungspunkt der Folge, der ihr Grenzwert ist. Für zwei verschiedene Startwerte lassen sich entsprechende Abschätzungen vornehmen, mit denen zu sehen ist, dass unabhängig vom Startwert alle durch f definierten rekursiven Folgen einen gemeinsamen Grenzwert haben, der der Fixpunkt von f ist.

Lösung 30.16 Das Newton-Verfahren zur Näherung einer Nullstelle von $\cos(x)$ führt bei Startwerten zwischen 0.41 und $\frac{\pi}{2}$ verlässlich auf den Konvergenzpunkt $\frac{\pi}{2}$, die erste positive Nullstelle des Cosinus. In der Nähe von 0.4 können (theoretisch) alle anderen Nullstellen des Cosinus erreicht werden.

Startwert	Konvergenzpunkt	als	Vielfaches von π
0.3980380	1195.376	=	$380.5\,\pi$
0.3980381	1443.5618	=	$459.5\,\pi$
0.3980382	1820.5529	=	$579.5\,\pi$
0.3980383	2470.8626	=	$786.5\,\pi$
0.3980384	3828.0306	=	$1218.5\,\pi$
0.3980385	8568.694	=	$2727.5\,\pi$
0.3980386	−35624.09	=	$-11339.5\,\pi$
0.3980387	−5769.5349	=	$-1836.5\,\pi$
0.3980388	−3140.0219	=	$-999.5\,\pi$
0.3980389	−2156.7034	=	$-686.5\,\pi$
0.3980390	−1644.6238	=	$-523.5\,\pi$

Nach der dritten Iteration wird in diesen Beispielen ein Wert nahe $2\pi \approx 6.2831853$ erreicht. Die Funktion $\cos(x)$ hat dort die Ableitung 0. Die Tangente an den Wert schneidet die x-Achse erst wieder bei weit von 0 entfernten Werten und konvergiert in der Regel dort zu einem ungeradzahligen Vielfachen von $\pi/2$ - den Nullstellen des Cosinus.

Lösung 30.17 Um die kleinste Nullstelle zu finden, wird das Verhalten der Funktion $f(x) = -0.8 + 0.5x + \cos(x)$ oberhalb 0 untersucht. Es ist $f(0) = 0.2 > 0$. Die Ableitung $f'(x) = 0.5 - \sin(x)$ ist in Intervall $[\frac{\pi}{6}, \frac{5\pi}{6}]$ negativ. Da $f(\pi) = -0.8 + \frac{\pi}{2} + \cos(\pi) = \frac{\pi}{2} - 1.8 < 0$ muss die Funktion im Bereich ihrer negativen Steigung die erste Nullstelle erreichen. Dort kann nur eine Nullstelle liegen.

Bisektion mit Startintervall $[x_0, X_0] = [\frac{\pi}{6}, \frac{5}{6}\pi] \approx [0.523599, 2.617994]$

i	a_i	b_i	m	$f(m)$
0	0.52359878	2.61799388	1.57079633	−0.01460184
1	0.52359878	1.57079633	1.04719755	0.22359878
2	1.04719755	1.57079633	1.30899694	0.11331751

Newton mit Startwert $x_0 = 1.30899694$:

i	x_i	$f(x_i)$	$f'(x_i)$	$\frac{f(x_i)}{f'(x_i)}$
0	1.30899690	0.11331753	−0.46592582	−0.24320939
1	1.55220629	−0.00530789	−0.49982721	0.01061945
2	1.54158684	−0.00000125	−0.49957343	0.00000250

Die letzte Differenz $|x_i - x_{i-1}|$ beträgt $2.5 \cdot 10^{-6}$ ist damit ausreichend.

Lösung 30.18 Die Funktion f muss genau dort eine Nullstelle haben, wo die Gleichung erfüllt ist. Daher wird $f(x) = x^3 - \cos(x)$ gewählt.

Für die Berechnung des Newton-Verfahrens wird die Ableitung $f'(x) = 3x^2 + \sin(x)$ benötigt.

$x_0 = 1$, $x_1 = x_0 - \frac{f(x_0)}{f'(x_0)} = 1 - \frac{1^3 - \cos(1)}{3 \cdot 1^2 + \sin(1)} \approx 1 - \frac{0.45969769}{3.84147098} \approx 0.88033390$,

$x_2 = x_1 - \frac{f(x_1)}{f'(x_1)} \approx 0.86568416$, $x_3 = x_2 - \frac{f(x_2)}{f'(x_2)} \approx 0.86547407$.

Lösung 30.19

a) $f'(x) = \frac{2}{x+1} - 1$.

b) $x_{\text{krit}} = 1$, da $f'(1) = 0$.

c) $x_0 = 2$, $x_1 = x_0 - \frac{f(x_0)}{f'(x_0)} \approx 2 - \frac{0.19722458}{-0.33333333} \approx 2.59167373$, $x_2 = x_1 - \frac{f(x_1)}{f'(x_1)} \approx 2.59167373 - \frac{-0.034437103}{-0.44315655} \approx 2.51396507$

d) $|x_2 - x_1| \approx |2.51396507 - 2.59167373| \approx 0.077708663$

e) Beim Bisektionsverfahren halbiert sich die Intervallbreite in jedem Schritt, daher ist $\delta_n = 2^{-n}$.

f) Nach der für das Bisektionsverfahren gegebenen Formel muss n die Ungleichung $2^{-n} \leq 10^{-14}$ erfüllen. Umformen ergibt $2^{-n} \leq 10^{-14} \Leftrightarrow \ln(2^{-n}) \leq \ln(10^{-14}) \Leftrightarrow -n\ln(2) \leq -14\ln(10) \Leftrightarrow n\ln(2) \geq 14\ln(10) \Rightarrow n \geq 14\,\frac{\ln(10)}{\ln(2)} \approx 46.50699 \Rightarrow n = 47$.

   Das Bisektionsverfahren benötigt 47 Iterationen und damit in diesem Fall etwa zehnmal so viele.

Integraltabellen

Tabelle 30.2: Integraltabelle elementarer Funktionen. Ergänzen Sie bei unbestimmter Integration die Konstante $+C$ in der zweiten und vierten Spalte.

$f(x)$	$F(x)+C$	$f(x)$	$F(x)+C$
Elementare Funktionen		Exp. und Log.	
a	ax	e^x	e^x
x^r, für $r \neq 1$	$\frac{1}{r+1} \cdot x^{r+1}$	a^x	$\frac{1}{\ln(a)} \cdot a^x$
$\frac{1}{x}$	$\ln(\lvert x \rvert)$	$\ln(x)$	$x \cdot \ln(x) - x$
Kehrwerte quadratischer Funktionen			
$\frac{1}{x^2+a^2}$	$\frac{1}{a} \cdot \arctan(\frac{x}{a})$	$\frac{1}{x^2-a^2}$	$-\frac{1}{a} \cdot \operatorname{arcoth}(\frac{x}{a})$
		$\frac{1}{a^2-x^2}$	$\frac{1}{a} \cdot \operatorname{artanh}(\frac{x}{a})$
Wurzeln quadratischer Funktionen			
$\sqrt{a^2-x^2}$	$\frac{x}{2}\sqrt{a^2-x^2} + \frac{a^2}{2} \arcsin(\frac{x}{a})$	$\sqrt{x^2+a^2}$	$\frac{x}{2}\sqrt{x^2+a^2} + \frac{a^2}{2} \operatorname{arsinh}(\frac{x}{a})$
		$\sqrt{x^2-a^2}$	$\frac{x}{2}\sqrt{x^2-a^2} - \frac{a^2}{2} \operatorname{arcosh}(\frac{x}{a})$
Deren Kehrwerte			
$\frac{1}{\sqrt{a^2-x^2}}$	$\arcsin(\frac{x}{a})$	$\frac{1}{\sqrt{x^2+a^2}}$	$\operatorname{arsinh}(\frac{x}{a})$
		$\frac{1}{\sqrt{x^2-a^2}}$	$\operatorname{arcosh}(\frac{x}{a})$

Tabelle 30.3: Integraltabelle trigonometrischer und hyperbolischer Funktionen. Ergänzen Sie bei unbestimmter Integration die Konstante $+C$ in der zweiten und vierten Spalte.

$f(x)$	$F(x)+C$	$f(x)$	$F(x)+C$
Trigonometrische Funktionen		Hyperbolische Funktionen	
$\sin(x)$	$-\cos(x)$	$\sinh(x)$	$\cosh(x)$
$\cos(x)$	$\sin(x)$	$\cosh(x)$	$\sinh(x)$
$\tan(x)$	$-\ln(\lvert\cos(x)\rvert)$	$\tanh(x)$	$\ln(\cosh(x))$
$\cot(x)$	$\ln(\lvert\sin(x)\rvert)$	$\coth(x)$	$\ln(\lvert\sinh(x)\rvert)$
Deren Quadrate			
$\sin^2(x)$	$\frac{1}{4}(2x-\sin(2x))$	$\sinh^2(x)$	$\frac{1}{4}(\sinh(2x)-2x)$
$\cos^2(x)$	$\frac{1}{4}(2x+\sin(2x))$	$\cosh^2(x)$	$\frac{1}{4}(\sinh(2x)+2x)$
$\tan^2(x)$	$\tan(x)-x$	$\tanh^2(x)$	$x-\tanh(x)$
$\cot^2(x)$	$-\cot(x)-x$	$\coth^2(x)$	$x-\coth(x)$
Trigonometrische Kehrwerte		Hyperbolische Kehrwerte	
$\frac{1}{\sin(x)}$	$\ln(\lvert\tan(\frac{x}{2})\rvert)$	$\frac{1}{\sinh(x)}$	$-2\cdot\operatorname{artanh}(e^x)$
$\frac{1}{\cos(x)}$	$\ln(\lvert\tan(\frac{x}{2}+\frac{\pi}{4})\rvert)$	$\frac{1}{\cosh(x)}$	$2\cdot\arctan(e^x)$
$\frac{1}{\sin^2(x)}$	$-\cot(x)$	$\frac{1}{\sinh^2(x)}$	$-\coth(x)$
$\frac{1}{\cos^2(x)}$	$\tan(x)$	$\frac{1}{\cosh^2(x)}$	$\tanh(x)$
Exponentiell moduliert		für $a^2 \neq b^2$	
$e^{ax}\sin(bx)$	$\frac{e^{ax}(a\sin(bx)-b\cos(bx))}{a^2+b^2}$	$e^{ax}\sinh(bx)$	$\frac{e^{ax}(a\sinh(bx)-b\cosh(bx))}{a^2-b^2}$
$e^{ax}\cos(bx)$	$\frac{e^{ax}(a\cos(bx)+b\sin(bx))}{a^2+b^2}$	$e^{ax}\cosh(bx)$	$\frac{e^{ax}(a\cosh(bx)-b\sinh(bx))}{a^2-b^2}$

Literaturverzeichnis

B. Alpers. *A Framework for Mathematics Curricula in Engineering Education.* European Society for Engineering Education (SEFI), 3. Auflage, 2014.

W. Brauch, H. J. Dreyer, und W. Haake. *Mathematik für Ingenieure.* Teubner Verlag, 11. Auflage, 2006.

G. Bär. *Geometrie.* Vieweg+Teubner Verlag, Wiesbaden, 2 Auflage, 2001.

W. Dahmen und A. Reusken. *Numerik für Ingenieure und Naturwissenschaftler.* Springer Vieweg, 2. Auflage, 2022.

K. Fritzsche. *Tutorium Mathematik für Einsteiger.* Springer Spektrum, Berlin Heidelberg, 2016.

H.-O. Georgii. *Stochastik.* De Gruyter, Berlin, 5. Auflage, 2015.

C. Groth. Windkraftanlagen-turm dynamik. `http://www.cae-wiki.info/wikiplus/index.php/Windkraftanlagen-Turm_Dynamik`, 2015.

M. Knorrenschild. *Mathematik für Ingenieure 1. Grundlagen im Bachelorstudium.* Hanser, München, 2. Auflage, 2022.

L. Papula. *Mathematik für Ingenieure und Naturwissenschaftler Band 1.* Springer Vieweg, Wiesbaden, 14. Auflage, 2014.

L. Sachs und J. Hedderich. *Angewandte Statistik.* Springer Spektrum, Berlin, Heidelberg, 17. Auflage, 2020.

T. Westermann. *Mathematik für Ingenieure: ein anwendungsorientiertes Lehrbuch.* Springer, Berlin, 8. Auflage, 2020.

Index